LEONHARDI EULERI OPERA OMNIA

SUB AUSPICIIS SOCIETATIS SCIENTIARUM NATURALIUM HELVETICAE

EDENDA CURAVERUNT

F. RUDIO · A. KRAZER · A. SPEISER · L. G. DU PASQUIER

SERIES TERTIA · OPERA PHYSICA · VOLUMEN PRIMUM

LEONHARDI EULERI

COMMENTATIONES PHYSICAE

AD PHYSICAM GENERALEM ET AD THEORIAM SONI PERTINENTES

EDIDERUNT

EDUARD BERNOULLI RUDOLF BERNOULLI

FERDINAND RUDIO ANDREAS SPEISER

ADIECTA EST EULERI EFFIGIES
AD IMAGINEM A DARBES PICTAM EXPRESSA

LIPSIAE ET BEROLINI

TYPIS ET IN AEDIBUS B. G. TEUBNERI

MCMXXVI

LEONHARDI EULERI
OPERA OMNIA

LEONHARDI EULERI
OPERA OMNIA

SUB AUSPICIIS
SOCIETATIS SCIENTIARUM NATURALIUM
HELVETICAE

EDENDA CURAVERUNT

FERDINAND RUDIO
ADOLF KRAZER ANDREAS SPEISER
LOUIS GUSTAVE DU PASQUIER

SERIES TERTIA
OPERA PHYSICA MISCELLANEA EPISTOLAE
VOLUMEN PRIMUM

LIPSIAE ET BEROLINI
TYPIS ET IN AEDIBUS B. G. TEUBNERI
MCMXXVI

LEONHARDI EULERI

COMMENTATIONES PHYSICAE

AD PHYSICAM GENERALEM
ET AD THEORIAM SONI PERTINENTES

EDIDERUNT

EDUARD BERNOULLI RUDOLF BERNOULLI
FERDINAND RUDIO ANDREAS SPEISER

ADIECTA EST EULERI EFFIGIES
AD IMAGINEM A DARBES PICTAM EXPRESSA

LIPSIAE ET BEROLINI
TYPIS ET IN AEDIBUS B. G. TEUBNERI
MCMXXVI

VORWORT

Der vorliegende Band III1 eröffnet die dritte Serie von *Leonhardi Euleri Opera omnia*, nämlich *Opera physica, Miscellanea, Epistolae.* Er zerfällt in zwei Teile, von denen der erste der *Allgemeinen Physik*, der zweite der *Akustik* mit Einschluß der *Musik* gewidmet ist. Der erste Teil umfaßt nur die beiden Abhandlungen 91 und 842 des *Verzeichnisses* von Eneström.[1]) Nach dem ursprünglichen Einteilungsplane Stäckels[2]) hätte darin auch die Abhandlung 843 *Constructio manometri densitatem aëris quovis tempore accurate monstrantis* Aufnahme finden sollen; eine genauere Prüfung ergab aber, daß sie besser der Abteilung über Instrumenten- und Maschinenwesen zuzuweisen sei, und so wird sie denn im Bande II15 der zweiten Serie erscheinen. Der zweite Teil des vorliegenden Bandes III1 bringt sechs Abhandlungen, nämlich die Dissertationen 2, 305, 306, 307, 340, 852, die der *Akustik* gelten, und vier, nämlich 33, 314, 315, 457, die sich speziell mit *Musik* beschäftigen, unter diesen das umfangreiche Werk *Tentamen novae theoriae musicae* aus dem Jahre 1739. Wenden wir uns nun zu einer kurzen Übersicht[3]) über den Inhalt der in unserem Bande abgedruckten Arbeiten.

Der erste Teil des Bandes wird eröffnet durch die Abhandlung 91 *Recherches physiques sur la nature des moindres parties de la matiere,* die nach einer Randbemerkung am Anfang des zugehörigen Summariums am 18. Juni 1744 in der Berliner Akademie gelesen worden ist. Aber nur dieses Summarium erschien in den Memoiren der Akademie, die Abhandlung selbst kam 1746 in den *Opuscula varii argumenti* zum Abdruck. Euler hatte sich in den Jahren 1744—1750 stark mit den Fragen nach der Beschaffenheit der Materie beschäftigt[4]), wovon auch seine Schrift *Gedancken von den Elementen der Cörper,* Berlin 1746,

1) G. Eneström, *Verzeichnis der Schriften Leonhard Eulers,* Erste Lieferung, Leipzig 1910, Zweite Lieferung, Leipzig 1913.

2) *Einteilung der sämtlichen Werke Leonhard Eulers,* Jahresbericht der Deutschen Mathematiker-Vereinigung, **19**, 1910, p. 104, 129.

3) Diese Übersicht ist von A. Speiser und mir gemeinsam verfaßt. Überdies hat E. Bernoulli p. XVI—XX eine Reihe von Ergänzungen beigesteuert.

4) Über die Leistungen Eulers auf diesem Gebiet und über seinen Einfluß auf Kant siehe die ausführliche Darstellung in H. Schmalenbach, *Leibniz,* München 1921.

Zeugnis ablegt, die mit der Abhandlung 91 enge zusammenhängt.[1]) In der Abhandlung 91 beschäftigt sich EULER besonders mit Fragen, die sich auf die Schwere beziehen, die Schwere der Körper und ihrer kleinsten Teilchen, ihrer Moleküle. Jeder Körper besitzt eine bestimmte Quantität von Materie, die sozusagen sein Wesen ausmacht und deren träge Masse diejenige des Körpers selbst bestimmt. Außer dieser ihm eigentümlichen Materie besitzt aber jeder Körper auch noch eine fremde, die seine Poren völlig durchdringt und sich reibungslos und frei darin bewegt. Diese flüssige, elastische und sehr subtile fremde Materie, die man *Äther* nennt, erfüllt den ganzen Weltraum. Sie, und keine Fernkraft, ist Ursache der Schwere, und zwar ist die Schwere eines Körpers nichts anderes als die Resultante der Druckkräfte, die der Äther auf die Oberfläche der Moleküle ausübt. Daß der Stoß der Flüssigkeit keine Wirkung ausübt, ist eine Entdeckung EULERS (siehe *LEONHARDI EULERI Opera omnia* II11, p. 268), welche die CARTESISCHE Wirbellehre, wonach die Körper im Äther *mitschwimmen*, widerlegte. Weil nach den Gesetzen der Hydrodynamik die Druckresultante dem Volumen des beanspruchten Körpers proportional ist, so folgt, daß Moleküle gleichen Volumens gleich schwer sind. Andererseits ist bekanntlich das Gewicht auch der trägen Masse proportional, und hieraus folgert EULER, daß die *Masse eines Körpers seinem „wahren" Volumen gleich ist.*

Die Abhandlung 842 *Anleitung zur Naturlehre, worin die Gründe zur Erläuterung aller in der Natur sich ereignenden Begebenheiten und Veränderungen festgesetzet werden,* die umfangreichste und wichtigste unter den Abhandlungen EULERS, die sich mit den Grundgesetzen der Materie beschäftigen, ist von zwei Mißgeschicken betroffen worden. Von EULER während seiner Berliner Zeit verfaßt hat sie das Schicksal jener Arbeiten geteilt, die, in Vergessenheit geraten, Jahrzehnte lang unbeachtet in irgend einem Winkel lagen, bis sie endlich 1844 von P. H. v. FUSS entdeckt und ans Tageslicht gezogen wurden.[2]) Und als die Abhandlung im Jahre 1862 in den *Opera postuma* abgedruckt werden sollte, da zeigte sich, daß mehrere Blätter des Manuskriptes verloren gegangen waren, nämlich der Schluß des 5. und der Anfang des 6. Capitels[3]) (siehe p. 50 unseres Bandes). Immerhin sind die wichtigsten Abschnitte vollständig erhalten und EULER selber hat den wissenschaftlichen Inhalt der Abhandlung auch noch in verschiedenen anderen Arbeiten veröffentlicht.

1) Aus Gründen äußerlicher Natur konnte diese Schrift nicht auch in den Band III1 aufgenommen werden. Sie ist dem Bande III11 zugewiesen worden.

2) Siehe zu diesem Funde das *Vorwort zur Gesamtausgabe der Werke von LEONHARD EULER* im Bande I1 von *LEONHARDI EULERI Opera omnia.*

3) Die Überschrift dieses 6. Capitels hat vermutlich gelautet: *Von den Kräften im allgemeinen.*

In den ersten fünf Capiteln von 842 handelt EULER von der Naturlehre überhaupt und von den allgemeinen Eigenschaften der Körper. Während er aber noch 1745 bei der Bearbeitung der *Neuen Grundsätze der Artillerie* von ROBINS (*LEONHARDI EULERI Opera omnia* II14) die *Trägheit* als die Grundeigenschaft der Materie angesehen hat (l. c. p. 246), ist es jetzt die *Undurchdringlichkeit*, aus der er alle Eigenschaften herleitet.[1] Dieselben Anschauungen sind auch in den p. VII zitierten *Gedancken von den Elementen der Cörper* niedergelegt und sie finden sich auch in den *Lettres à une princesse d'Allemagne* (*Opera omnia*, III9), z. B. in lettre 69 vom 21. Oktober 1760.

Die Capitel 6—11 handeln von den Kräften. Ihr Wesen wird aus der Undurchdringlichkeit hergeleitet (§ 90). Es sei besonders auf §§ 80—82 hingewiesen, wo die GALILEISCHEN Bezugssysteme und die bei ungleichförmiger Bewegung des Zuschauers entstehenden Scheinkräfte besprochen werden.

Die Capitel 12—19 enthalten die Lehre vom Äther und von der Gravitation. Hier kommt insbesondere der Inhalt der vorangegangenen Abhandlung 91 zur Geltung. Nachdem EULER im Capitel 13 ausführlicher von den besonderen Eigenschaften der „groben" und der „subtilen" Materie gesprochen, geht er im Capitel 14 speziell zur Behandlung des „Äthers oder der subtilen Himmelsluft" über. Er entwickelt zunächst in den Capiteln 15—17 Betrachtungen über das Wesen der Flüssigkeit, über die verschiedenen Gattungen der Körper, über die Festigkeit der Körper, immer im Hinblick auf die grobe und die subtile Materie, die sie enthalten, um im Capitel 18 zu der Zusammendrückung und Federkraft der Körper überzugehen. Damit hat EULER die Grundlagen gewonnen, um nun (Cap. 19) zu der Betrachtung der Schwere und der Kräfte überzugehen, „so auf die himmlischen Körper wirken". Zur Erklärung der Gravitation bedarf EULER der Hypothese, daß der Druck des Äthers in der Nähe der Himmelskörper eine gewaltige Abnahme erleidet, während er fern von ihnen viel mehr als 20 Millionen Atmosphären beträgt.[2]) Hierdurch entsteht eine Bewegung nach den Himmelskörpern zu. Die Frage, wieso die Kompression des Äthers mit der Unendlichkeit des Raumes verträglich ist, will EULER nicht beantworten (§ 106 und 146).

Capitel 20 handelt von den Gesetzen des Gleichgewichtes in flüssigen Materien und Capitel 21 von den Gesetzen der Bewegung flüssiger Materien. Hier ist besonders die Herleitung der EULERSCHEN Kontinuitätsgleichung (p. 168—170) bemerkenswert.

1) Auch diese Wandlung der Anschauungen liefert eine Bestätigung der Behauptung ENESTRÖMS, daß die Abhandlung 842 frühestens 1745 verfaßt worden sei (siehe die Anmerkung zu p. 80 unseres Bandes).

2) Diese Hypothese hatte EULER mit den zugehörigen Formeln bereits 1745 in der Pariser Preisschrift *Dissertatio de magnete* entwickelt (Abhandlung 109 des ENESTRÖMSCHEN Verzeichnisses; *Opera omnia*, III8).

Wie schon angegeben, ist der zweite Teil des Bandes III 1 der *Akustik* und besonders der *Musik* gewidmet. EULER hat sich zu allen Zeiten viel mit Musik beschäftigt. Dabei handelte es sich für ihn nicht nur um die mathematischen Gesetze der Konsonanz, sondern um die musikalische Komposition in ihrem ganzen Umfang. Daß er sich schon früh mit dem Plane eines größeren Werkes über Musik getragen hat, geht aus einem Entwurfe hervor, der sich in seinem ersten Notizbuch p. 70—72 findet. Dieses Notizbuch stammt nach ENESTRÖM[1]) noch aus EULERS Basler Zeit und die darin enthaltenen Notizen dürften um 1726 eingetragen sein. Der Entwurf besteht aus folgendem Schema:

MUSICES THEORETICAE SYSTEMA

SECTIO I.

DE COMPOSITIONE SOLIUS DISCANTUS

Cap. 1. De distributione sonorum.
Cap. 2. De fine cantilenarum et medio.
Cap. 3. De divisione cantus in durum, mollem et neutrum.
Cap. 4. De cantu in certo aliquo sono.
Cap. 5. De cantu duro in quodam sono.
Cap. 6. De cantu molli in certo sono.
Cap. 7. De cantu neutro in aliquo sono.
Cap. 8. De excursione in alios cantus ex canto duro.
Cap. 9. De excursione ex cantu molli.
Cap. 10. De excursione ex cantu neutro.

SECTIO II.

DE COMPOSITIONE INTEGRORUM CONCERTORUM

Cap. 1. De distributione harmoniarum.
Cap. 2. De insecutione harmoniarum.
Cap. 3. De fine et medio concertorum.
Cap. 4. De cantu in certo quodam sono duro.
Cap. 5—11 ohne Titel.

---

1) Siehe G. ENESTRÖM, *Bericht an die Eulerkommission der Schweizerischen naturforschenden Gesellschaft über die EULERSCHEN Manuskripte der Petersburger Akademie*, Jahresbericht der Deutschen Mathematiker-Vereinigung, **22**, 1913, p. 197.

SECTIO III.

DE COMPOSITIONE CERTARUM SPECIERUM

In demselben Notizbuch finden sich gleich nach diesem Schema Aufzeichnungen über Akkordfolgen in Dur- und Molltonarten in vierstimmigem Satz. Da sie wohl das Einzige darstellen, was von EULER in diesem Gebiet erhalten ist, so sollen sie hier vollständig wiedergegeben werden. Die Zahlen 1 bis 7 bezeichnen die Töne der Dur- resp. Moll-Tonleiter, also z. B. in *C*:

C, D, E, F, G, A, H

resp.

C, D, Es, F, G, As, B.

Die drei letzten Tabellen enthalten eine Liste der Akkorde in dur, mol und „tres mol".

Da die Oktave, innerhalb welcher die Töne gespielt werden sollen, nicht angegeben ist, so besteht ein gewisser Spielraum in der Wiedergabe. Die Reihenfolge der Zeilen von oben nach unten ist stets: Sopran, Alt, Tenor, Baß.

JEU DUR
CADENCES FINALES

5	54	3	62	321	1	1	7	6	5	4	3212	321	1	1	7♭	6	2	2	5	5	4♯	4	3	3
2	2	21	1	14	4323	3	4	3	2	2	1	14	4323	3	3	1	4	5	1	1	1	2	1	1
7	7	5	2	37	5	6	7	6	7	7	2	37	5	5	5	5	6	7	3	5	2	5	5	6
5	7	1	4♯	5	1	6	2	1	7	5	4	5	1	3	3	4	4	4	3	6	6	7	1	4♯

21	7	11	1	7	1	2	3	4	5	3	321	2	217	1	2	7	1	1	7	1	17	1
2	2	33	2	2	3	7	1	2	2	1	176	5432	3	54♯	4♯	52	31	2	2	432	12	3
6	5	55	5	4	5	2	1	17	7	1234	5	7	5	6	6	5	5	5	54	5	34	5
4♯	4	31	5	5	1	5	5	5	5	5	5	5	5	5	5	5	5	5	5	1	1	1

JEU MOL
CADENCES FINALES

5	5	4	4	3	2	2	1	217♮ 6♮	56♮	7♮	3	2	21	1	7♮ 7♮	1
7	1	1	3	5	1	4	3♮	7♮ 2	321	2	1	5	3	212	2 2	3♮
3	3	6♮	7♮	7	5	7♮	5	5	55	5	5	17♮	5	5	5 4	5
3	6♮	6♮	5	1	5	5	1	5	5	5	5	5	5	5	5	1

JEU DUR PARFAITE CADENCE FINALE

en 1. ton

1	5	43	24	171	1	6	4	4	3	127	7	1	2	1	1	7	1	15	6	67	1	43	4	3
3	2	1	21	24	4323	1	2	7	1	6	5	5	53	4♯	5	4	3	1	1	1	3	22	45	2171
5	5	5	6	57	5	4	2	5	1	6	3	21	71	6	5	5	5	5	5	4	5	67	♯ 7	5
1	7	1	4	5	1					4♯	5	5	5	5	5	5	1	3	4	4	3	27	5	1

JEU DUR PARFAITE CADENCE

en 6. ton — en 5. ton — en 3. ton

1	4	4	3	33	6	6	7	36	5♯	6	2	3	4♯	5	7	1	6	7	5♯
4	1	2	2	11	3	2	2	6	2	2171	2	1	1	1767	2	3	1	2	3
6	6	7	5	53	6	4	4	7	7	3	5	5	2	2	5	5	4	5	7
4	212	5	1	16	43	4	2	3	3	6	7	1	6	5	4	3	4	2	3

JEU DUR PARFAITE CADENCE

en 3. ton — en 5. ton

7	7	6	6	6	5	4♯	54♯	3	5	17	1	212	321	2
3	3	1	1	2♯	3	1	32♯	65 4♯ 5	2	32	3	232	323	2
5	5	3	3	6	7	3	76	7	7	54	5	555	555	7
3	17	1	4♯	767	3	6	7	3	5	32	1	767	171	5

JEU MOL
IMPARFAITE CADENCE
en 5. ton

5	5	4	3	5	4	3	2
1	2	2	1	12	2	1	2
3	5	5	5	5	7♮	3	87♮
1	7♮	5	1	3	2	34	5

JEU DUR
IMPARFAITE CADENCE
en 1. ton

1	76	6	5	56	54	3
3	2	112	2	2	2	3
5	4	544	7	7	7	5
1	2	44321	7	5	7	1

JEU DUR
PARFAITE CADENCE
en 5. ton

5	31	5	1	76	7
2	2171	5	3	54♯	2
5	3/5	23	5	2	65
7	11	71	6	2	5

JEU DUR
PARFAITE CADENCE
en 5. ton

1	321	225	67	1	7
33	343	222	33	2	2
55	575	555	55	4♯	65
32	123	757	16	2	5

JEU DUR
CADENCE FINALE

1	2	4	43	321	7	3	4♯ 5	543	234	2	1
3	2	1	5	4	4	1	1 7	4	43	17	3
5	5	6	7	6	5	5	6	6	71	54	5
1	7	6	5	4	4	3	2	2	5	5	1

JEU DUR CADENCE FINALE

3	321	75	5432	1567	17	654	3
17	666	57	1117	11	33	444	1
3	444	432	132154	33432	35	677	5
1	444	5	6655	1	1	1	1

JEU MOL CADENCE FINALE

1	7♮	2	56	7♮23	2	1	7♮	1
54	26	7♮	1	217♮1	2	32	2	3♮
6♮	5	5	5	5	5	5	4	5
6♮	5	5	5	5	5	5	5	1

JEU MOL CADENCE FINALE

	3	3	2	1	2	12	7♮	1	17♮	13	4	423	2	2	1·
	1	1	54	3	5	34	2	3	32	3♮1	12	7♮1	16♮7♮	4	43♮23♮
	6♮	3	7♮	5	7♮	6♮	5	5	54	53	4	5	5	7♮	5
176♮5	4♯	5	5	1	5	54	4	34	5	16♮	6♮54	5	5	5	1

JEU DUR IMPARFAITE CADENCE
en 6. ton

5	5	4	4	4	3	3	2	2	37	1
3	1	1	2	2	1	1	1	1	3	3
7	3	4	5	5	5	5	6	6	7	76
3	65	6	7	17	1	3	4♯3	4♯	5♯	656

JEU DUR TRES ELEGANTES LIGATURES

	3	1			5	5	5	4
	5♯	3			3	3	1♯	2
	7				7♭	6	3/6	6
765♯ 4♯	2	1	34♯ 5♯ etc.	432	1♯	1♯	2	2

JEU DUR
TRES ELEGANTES LIGATURES

3	6	6	5	4	3	3	2	2	1	7♭	6	2	2	5
1♯	1	1	3	1	1♯	5	4	4	3	3	1	4	5	1
3	4♯	3	7	6	5	7	5	5	5	5	5	6	7	3
6	2♯	3	3	6	7♭	7	7	3	3	3	4	4	4	3

JEU MOL
TRES ELEGANTES LIGATURES EN CE TON

6♮	7	7	7	7	3	1	2	1	2	2
1	2	3	3	2	5	3	2	3	4♯	4♯
3	4	5	4	4	7	5	3	6♮	6♮	6♮
6♮	6♮	5	7	7	3	1	6♮	6♮	4♯	2

JEU DUR TRES ELEGANTES FORMULES
POUR COMMENCER LE JEU

1	6	6	7	1	2	2	3	4	4	3	2	2	2	2
3	1	1	2	3	4	1	1	1	2	1	1	2	1 4	5
5	5	4	4	5	6 7	3 4 5	5	4	7	3	2	7	6	7
1	1	1	1	1	1	7	7♭	6	5	5	5	5	5	5

JEU MOL TRES ELEGANTES FORMULES
POUR COMMENCER LE JEU

5	6♮	7♮	1	3	4♯	5	54	4	3
1	3	2	4	3	3	2	1	2	1
3	5	4 6♮	5	5	6♮	7	6♮	7♮	3
1	1	1	1	1	1	7	6♮	5	5

JEU DUR
TONS EN CE TON USITABLES

1	5	3	4	2	7	2	6	4♯	1	5	3	1	4	6	2	4	2	4♯	6	3	2	7	5	4	1	6	4♯	6	5	2	7	4	2	7	2	7♭	5
5	3	1	2	7	4	6	4♯	2	5	3	1	6	1	4	7	2	6	2	4♯	1	7	5	2	1	6	4	2	4♯	2	7	5	2	7	4	7♭	5	2
3	1	5	7	4	2	4♯	2	6	3	1	5	4	6	1	4	7	4♯	6	2	5	5	2	7	6	4	1	6	2	7	5	2	7	4	2	5	2	7♭
1	1	1	2	2	2	2	2	2	3	3	3	4	4	4	4	4	4♯	4♯	4♯	5	5	5	5	6	6	6	6	6	7	7	7	7	7	7	7♭	7♭	7♭

JEU MOL
TONS EN CE TON USITABLES

1	5	3	2	7♮	4	2	6♮	4♯	1	5	3	1	6♮	4	1	3	2	7♮	5	4	1	6♮	6♮	1	6♮	4♯	5	2	7♮	4
5	3	1	7♮	4	2	6♮	4♯	2	5	3	1	6♮	4	1	5	1	7♮	5	2	1	6♮	4	1	6♮	4♯	1	2	7♮	5	2
3	1	5	4	2	7♮	4♯	2	6♮	3	1	5	4	1	6♮	3♮	5	5	2	7♮	6♮	4	1	3	4♯	1	6♮	7♮	5	2	7♮
1	1	1	2	2	2	2	2	2	3	3	3	4	4	4	3♮	5	5	5	5	6♮	6♮	6♮	6♮	6♮	6♮	6♮	7♮	7♮	7♮	7♮

JEU TRES MOL
TONS EN CE TON USITABLES

1	7	1	7	21	3	1	2	2
5	4	5	5	6	7	6	7	7
3♮	2	3	3♮	4	5	3	4	5
1	2	3	3♮	4	5	6	7	7

Der in jenem Schema (p. X—XI) skizzierte Plan wurde damals nicht ausgeführt. EULER war 1727 nach Petersburg übergesiedelt und nun warteten seiner andere Arbeiten, größere und kleinere, die ihn nötigten, die Ausführung seiner musikalischen Pläne vorläufig noch zurückzustellen. Erst als er 1736 seine *Mechanica* veröffentlicht hatte, konnte er die früheren Pläne, die ihn nie ganz hatten ruhen lassen, wieder aufnehmen und die letzte Hand an das große Werk legen, das inzwischen langsam herangereift war. So erschien denn endlich 1739 in Petersburg sein *Tentamen novae theoriae musicae ex certissimis harmoniae principiis dilucide expositae*, dem später noch drei kleinere Abhandlungen (314, 315, 457 des ENESTRÖMSCHEN Verzeichnisses) musikalischen Inhaltes folgten.[1])

1) Über die Vorgeschichte des *Tentamen* siehe EULERS Brief an JOHANN I BERNOULLI vom 25. Mai 1731 und dessen Antwort vom 11. August 1731 (G. ENESTRÖM, *Der Briefwechsel zwischen LEONHARD EULER und JOHANN I BERNOULLI*, Biblioth. Mathem. 4_3, 1903, p. 383—388; *LEONHARDI*

Die sämtlichen Publikationen EULERS über Musik handeln von der mathematischen Theorie der Tonintervalle. Die Hauptgedanken lassen sich kurz so wiedergeben: Den für die Musik brauchbaren Intervallen entsprechen einfache rationale Zahlenverhältnisse. Von vornherein werden alle Oktaven mit jedem Ton zugelassen, d. h. man darf jedes zulässige Zahlenverhältnis mit einer beliebigen Potenz von 2 multiplizieren oder dividieren. Die übrigen vorkommenden Primzahlen bestimmen das *Tongeschlecht* (*genus*). Nehmen wir als Beispiel das Geschlecht, das durch die Zahl $3^3 \cdot 5$ bestimmt ist. Hier darf die Primzahl 3 höchstens zur dritten Potenz vorkommen und 5 höchstens zur ersten. Um nun die Töne der hierher gehörigen Oktave zu bestimmen, hat man die sämtlichen Teiler von $3^3 \cdot 5$ aufzuschreiben und sie durch eine so hohe Potenz von 2 zu dividieren, daß der Quotient zwischen 1 und 2 liegt. Diese Brüche hat man der Größe nach zu ordnen. Man erhält so in unserm Beispiel

$$\frac{135}{128}, \frac{9}{8}, \frac{5}{4}, \frac{45}{32}, \frac{3}{2}, \frac{27}{16}, \frac{15}{8}.$$

Diese Zahlen bringe man auf den gemeinsamen Nenner 128 und schreibe sie in fortlaufender Proportion, indem man am Anfang noch die untere Oktave des obersten Tones hinzufügt. So ergibt sich

$$120 : 128 : 135 : 144 : 160 : 180 : 192 : 216 : 240.$$

Diese Tonleiter stimmt nach Weglassung des Tones 135 mit unserer Durtonleiter überein, nämlich mit

$$E : F : G : A : H : c : d : e$$

$$30 : 32 : 36 : 40 : 45 : 48 : 54 : 60.$$

Nimmt man das Geschlecht $3^3 \cdot 5^2$, so erhält man auf dieselbe Weise 12 Töne in der Oktave, unter denen die soeben gefundenen natürlich alle mitenthalten sind, und man erhält das genus diatonico-chromaticum, das unserer Musik zugrunde liegt. Diesem genus sind im *Tentamen* die Capitel 9 und 11—14 gewidmet. Im Capitel 10 *De aliis magis compositis generibus musicis* weist EULER nach, daß das zur Zahl $3^7 \cdot 5^2$ gehörige genus mit genügender Näherung durch das genus diatonico-chromaticum ersetzt werden kann. Schließlich stellt er noch das genus $3^3 \cdot 5^2 \cdot 7$ auf, gibt aber der Überzeugung Ausdruck, daß die Einführung der Zahl 7 musikalisch nicht möglich sein werde.

EULERI Opera omnia, III 12). Es geht daraus hervor, daß das *Tentamen* im Mai 1731 fast fertig war. Nach der Bogensignatur lautete der ursprüngliche Titel *Tractatus de musica*. — Eine französische Übersetzung des Tentamen und der drei Abhandlungen 314, 315, 457 erschien 1865 in Paris unter dem Titel *L. EULER, Musique mathématique.*

Im einzelnen erfordert das *Tentamen* zu seinem Verständnis noch eine Reihe von Zusätzen und Erklärungen. Der Herausgeber des Werkes, EDUARD BERNOULLI, hat die Freundlichkeit gehabt, diese Ausführungen zu redigieren und sie für unser Vorwort zur Verfügung zu stellen. Sie mögen daher jetzt folgen (p. XVI—XX).

EULER hat in seinem *Tentamen* mehrfach Bezug auf die Geschichte der altgriechischen Musiktheorie genommen. So in Cap. IV § 16—19, wo ausdrücklich ein Streit zwischen den PYTHAGOREERN und PTOLEMAEUS[1]) erwähnt wird, ferner in Cap. VIII § 27—28, wo auch noch des ARISTOXENOS[1]) von Tarent, eines ARISTOTELES-Schülers, gedacht ist. Vgl. übrigens schon Cap. IV § 19. Jeweilen handelt es sich um die Intervallenlehre der Alten. Und wenn z. B. an der eben genannten Stelle die Begriffe *superparticularis* und *superpartiens* von EULER verwendet werden, so greift er auf die Terminologie eines BOETHIUS zurück, der durch das ganze Mittelalter unter den Musiktheoretikern ein „geradezu kanonisches Ansehen" genossen hat (PETER WAGNER). So lesen wir in seinem Werk *De institutione musica* (Übersetzung von OSKAR PAUL, Leipzig 1872, p. 12 und 13) folgendes: „Das Uebermehrtheilige jedoch (superpartiens) ist unpassend für den harmonischen Zusammenklang, wie mit Ausnahme des PTOLEMAEUS die Meinung gewisser Theoretiker zu sein scheint." Und: „Die übermehrtheilige Ungleichheit aber bewahrt nichts Ganzes und nimmt auch nicht einzelne Theile hinweg. Daher wird sie auch nach der Meinung der PYTHAGOREER für untauglich zum Ausdruck der Consonanzen gehalten. PTOLEMAEUS jedoch setzt auch diese Proportion unter die Consonanzen, wie ich nachher zeigen will."

Von BOETHIUS also sind solche Termini technici zunächst in die Traktate mittelalterlicher Musikschriftsteller übergegangen. So definiert JOHANNES DE MURIS, ein Mathematiker des 14. Jahrhunderts, das *genus superparticulare* und das *genus superpartiens* folgendermaßen (GERBERT, *Scriptores ecclesiastici de musica*, t. III, p. 287a): „Secundum vero genus vocatur superparticulare vel subsuperparticulare: et est genus superparticulare, quando maior numerus continet in se minorem tantum semel et aliquam vel aliquotam partem eius praecise. Genus autem subsuperparticulare est, quando minor numerus totus cum ejus aliqua parte aliquota praecise continetur semel in maiori. Circa quod notandum est, quod pars aliquota vocatur illa, quae aliquem numerum multiplicat, vel aliquotiens sumta reddit suum totum praecise . . ."

p. 288a: „Tertium vero genus vocatur superpartiens vel subsuperpartiens, et est genus superpartiens, quando maior numerus continet in se minorem semel, et eius insuper partem

1) *Claudii Ptolemaei Harmonicorum libri tres.* Ed. J. WALLIS, Oxonii 1682. — In den Capiteln II, V, VI des ersten Buches werden die PYTHAGOREER, darauf in den Capiteln IX und XII die Anhänger des ARISTOXENOS widerlegt.

non aliquotam, sed aliquantam, vel etiam aliquas aliquotas, quae simul tamen sumtae non faciunt unam aliquotam. Genus autem subsuperpartiens est, quando minor numerus totus semel cum eius aliquanta parte, non aliquota, continetur in maiori. Circa quae notandum est, quod pars aliquanta, sicut hic sumitur, seu non aliquota est opposita parti aliquotae. Nam pars aliquanta est illa, quae per quemcumque numerum multiplicata non reddit suum totum praecise, sed plus vel minus . . ."

p. 288b: „Quartum vero genus est, quod ex multiplici et superparticulari coniungitur, et vocatur multiplex superparticulare vel submultiplex superparticulare. Et est genus multiplex superparticulare [289a], quando maior numerus continet in se minorem multipliciter et eius insuper aliquam partem aliquotam vel aliquas non aliquotas, quae tamen simul sumtae reddunt unam partem aliquotam . . ." „Quintum autem genus vocatur multiplex superpartiens vel submultiplex superpartiens; et est genus multiplex superpartiens, quando maior numerus continet in se minorem totum multipliciter et eius insuper aliquam partem, non aliquotam sed aliquantam, aut plures aliquotas, quae tamen simul sumtae non faciunt aliquotam unam. Et secundum [289b] multiplicitatem et quantitatem et quotitatem partium denominanda est proportio ut: dupla, tripla, quadrupla et ultra, ut: bipartiens, tripartiens, quadripartiens . . ."

Die Beispiele des Theoretikers lauten:

Zum genus superparticulare	3 ad 2 6 ad 4 9 ad 6 etc.
Zum genus subsuperparticulare	2 ad 3 4 ad 6 6 ad 9 etc.
Zum genus superpartiens	5 ad 3 7 ad 5 etc.

Man sehe zudem die Proportionstabellen p. 290 und 291 in GERBERT III.

Ein hochangesehener Komponist und Theoretiker ferner, ADAM VON FULDA, drückt sich in einem gegen Ende des 15. Jahrhunderts (1490) geschriebenen Traktat so aus (GERBERT III, p. 370a):

2. Superparticularis est habitudo numeri ad alterum comparati, quotiens habet in se totum breviorem et partem eius aliquam: qui si brevioris habet medietatem, dicitur sesquialtera, si tertiam partem, sesquitertia; et his nominibus in infinitum ductis facit sesquialteram, sesquitertiam, sesquiquartam, sesquioctavam.

3. Superpartiens est habitudo numeri ad alterum comparati, habens eum totum infra se, et eius insuper aliquas partes vel duas vel tres vel quot ipsa tulerit comparatio: si

duas, superbipartiens dicitur, si tres, supertripartiens et in infinitum facit superbipartientem supertripartientem, superquadripartientem.

4. Multiplex superparticularis est habitudo quantitatis vel numeri maioris ad breviorem, eum multotiens continens et eius partem aliquotam; facit proportionem duplam superbiparticularem (GERBERT: „lege *superparticularem*“).

5. Multiplex superpartiens est habitudo quantitatis vel numeri maioris ad breviorem, ipsum multotiens, insuper eius partes aliquotas continens, ex quibus non fit una aliquota; facit proportionem duplam superbipartientem.

Was nun insbesondere die Konsonanzen-Intervalle betrifft, so setzt sich EULER speziell in § 18 und 19 von Cap. IV seines *Tentamen* direkt mit PTOLEMAEUS auseinander und es mögen deshalb hier auch die einschlägigen Erklärungen von PTOLEMAEUS selbst folgen.

Die Überschrift von Cap. VI des 1. Buches in der oben (p. XVI) zitierten Ausgabe des Werkes von PTOLEMAEUS lautet: Quod perperam ratiocinati sint, PYTHAGOREI, de Consonantiis, und es heißt z. B. da (p. 23 und 24): „Nam (universim) Dia-pason consonantia (eo quod qui ipsam efficiunt soni, perinde se habent, potestate, quasi unus essent sonus) cuivis reliquarum adiecta, illius formam imperturbatam servat. (Quemadmodum se habet, verbi gratia, numerus Denarius ad alios ipso minores).“

Ferner (p. 24 und 25): Debent itaque, eandem auribus perceptionem facere, tum Diatessaron et Dia-pason, quam sola Dia-tessaron; tum Dia-pente et Dia-pason, quam sola facit Dia-pente. Atque hinc propterea omnibus sequitur, tum, quia Dia-pente consonum est etiam Dia-pason et Dia-pente consonum esse; tum, quia Dia-tessaron consonum est, etiam Dia-pason et Dia-tessaron esse consonum: atque similiter se habere ipsius Diapente et Diapason perceptionem ad eam, quae est ipsius Dia-tessaron et Dia-pason; ac solius Dia-pente ad solius Diatessaron: prout etiam evidenti experientia compertum est. Non levem autem illis difficultatem creat; quamobrem his solis superparticularium et multiplicium rationibus . . . attribuunt consonantias et non item aliis . . .[1])

Selbst sagenhaft gefärbte Überlieferungen zitiert EULER gelegentlich, so wenn er Cap. VIII, § 25, schreibt: *Intelligitur autem ex hoc quam pertinaciter veteres musici primo Mercurii invento adhaeserint* etc. (s. auch § 27 desselben Capitels). Und vollends, nicht nur gewissermaßen nebenbei, schreibt er in § 17: . . . *cuius auctor erat primus musicae inventor in Graecia Mercurius, qui hos quatuor sonos totidem chordis expressit, unde instrumentum tetrachordon est appellatum. Ab hoc etiam instrumento sequentes musici venerationis*

1) Vgl. auch J. WALLIS, *Operum Mathematicorum* vol. 3, p. 12 Sp. 1 und p. 13 Sp. 2 (den lateinischen Übersetzungstext).

erga Mercurium ostendendae gratia sua magis composita generi in tetrachorda dividere sunt soliti.

So wird auch herangezogen werden dürfen, was O. PAUL (l. c. p. 22) nach den Worten des BOETHIUS folgendermaßen deutsch wiedergibt: „NICOMACHUS erzählt, dass zu Anfang eine ganz einfache Musik vorhanden gewesen sei, so dass sie nur aus 4 Saiten bestanden habe. Dies wäre bis zur Zeit des ORPHEUS der Fall gewesen, daß die 1ste und 4te Saite zusammen in der Consonanz Diapason erklangen. Die Mittelsaiten hätten mit den aeussern Diapente und Diatessaron, zu einander aber den Ganzton [!] ergeben. Von diesem Quadrichord soll MERCUR der Erfinder sein" — „Simplicem principio fuisse musicam NICOMACHUS refert adeo, ut quattuor nervis constaret, idque usque ad ORPHEUM duravit, ut primus quidem nervus et quartus diapason consonantiam resonarent, ⟨medii vero ad se invicem atque ad extremos diapente ac diatessaron, nihil vero in eis esset inconsonum, ad imitationem scilicet musicae mundanae, quae ex quattuor constat elementis⟩. Cuius quadrichordi MERCURIUS dicitur inventor."[1])

Endlich kann in diesem Zusammenhang noch auf Cap. VIII, §§ 26, 31 und 32 des *Tentamen* hingewiesen werden, wo sich EULER mit den altgriechischen Tongeschlechtern beschäftigt. Zu vergleichen sind hierbei PTOLEMAEI liber I, cap. XV, XVI, ed. WALLIS, mit WESTPHAL, *Geschichte der alten und mittelalterlichen Musik*, p. 221, 227, 229, 240, ferner mit WESTPHAL, *Theorie der musischen Künste der Hellenen*, I, p. 363, für Bezeichnungen wie:

a. (*διατονιαίου διατονικά*) = p. 86 et 87 resp. *Διάτονον διατονιαῖον*: Diatonum diatoniacum, Ditonicum.

b. (*μαλακοῦ διατονικά*) = p. 78 *Μαλακὸν διάτονον*: molle diatonum.

c. (*τονιαίου διατονικά*) = p. 78 *Μέσον μαλακὸν διάτονον*: Medium molle diatonum, Diatonicum toniacum.

d. (*ὁμαλοῦ διατονικά*) = p. 81 *Διάτονον ὁμαλόν*: Diatonum aequabile — nach den Angaben des PTOLEMAEUS.

---

1) Die Keilklammern deuten lediglich auf die etwas freie, indessen sinngemäße Übersetzung. Denn innerhalb der Oktave $d - \bar{d}$ beispielsweise sind die betreffenden Mittelsaiten auf g und a gestimmt zu denken, und das Schema sieht hier so aus:

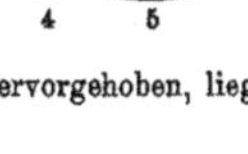

Der Ganzton, durch unser Merkzeichen hervorgehoben, liegt zwischen g und a.

Den Bemerkungen zur Geschichte der Intervallenlehre fügen wir, im Hinblick auf den Text von EULERS *Tentamen*, insbesondere auf die Notentabellen, zur Erklärung bei, daß das alte Schlüsselzeichen ‖3 im oberen Liniensystem unser $\bar{c}$ auf der untersten Linie andeutet, daß also, mit dem jetzt jedermann geläufigen 𝄞-Schlüssel notiert, alles im Diskantsystem um eine große Terz tiefer gelesen werden muß. Als Beispiel geben wir p. 341 in moderner Schrift.

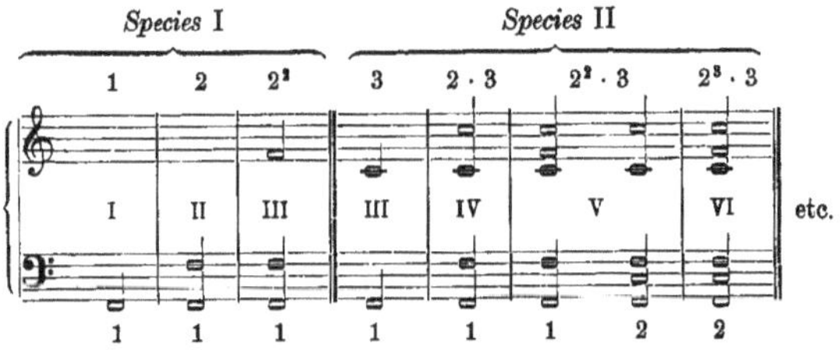

Soweit EDUARD BERNOULLI.

Außer dem *Tentamen* befinden sich in unserem Bande noch drei weitere Abhandlungen musikalischen Inhaltes, die beiden in französischer Sprache geschriebenen Aufsätze 314 und 315 (nach ENESTRÖMS Verzeichnis) und die lateinisch abgefaßte Abhandlung 457. Von diesen war 314 *Conjecture sur la raison de quelques dissonances généralement reçues dans la musique* nach C. G. J. JABOBI am 10. Juli 1760 und 315 *Du véritable caractère de la musique moderne* nach demselben Gewährsmann am 1. und 22. November 1764 der Berliner Akademie vorgelegt worden. In der Abhandlung 314 geht EULER von der Tatsache aus, daß die moderne Musik gewisse Akkorde, insbesondere den Septimenakkord, mit Vorliebe anwendet, und zwar nicht als Dissonanz. Der Unterschied zwischen Konsonanzen und Dissonanzen ist für EULER überhaupt nur ein gradueller, insofern jene in einfacheren Proportionen enthalten sind, die sich dem Verständnis leichter darbieten, während die Dissonanzen kompliziertere Proportionen umfassen, die daher schwerer zu verstehen sind. Faßt man die Septime als zwei Quarten auf und bildet das zugehörige Zahlenverhältnis, so erhält man $C:E:G:B$

$$36 : 45 : 54 : 64.$$

Das kleinste gemeinsame Vielfache dieser Zahlen ist $8640 = 2^6 \cdot 3^3 \cdot 5$, eine Zahl, die EULER den *Exponenten* des Akkordes nennt. Könnte das Ohr einen derart zusammengesetzten Exponenten ertragen, so würde das Verständnis auch nicht wesentlich erschwert werden, wenn man noch andere Töne hinzufügen würde, die in demselben Exponenten enthalten wären. Da nun 8640 auch noch die Faktoren 40, 48, 60 enthält, so würde durch Hinzufügen der entsprechenden Töne der Akkord

36, 40, 45, 48, 54, 60, 64

entstehen, der für das Ohr ebenso angenehm sein müßte wie der frühere Septimenakkord. Der neue Akkord aber ist nichts anderes als die Dur-Tonleiter und ergibt eine unerträgliche Dissonanz. EULER findet den Ausweg aus diesem Dilemma, das theoretisch die Verurteilung des Septimenakkordes in sich schließen würde, in der Annahme, daß das Ohr den unreinen Intervallen von sich aus reine substituiert, und zwar ist es um so weniger empfindlich, je schwieriger die Intervalle sind. Liegt also z. B. die Proportion 36 : 45 : 54 : 64 vor, so wird das Ohr an den drei ersten Tönen nichts ändern, da diese eine vollständige Konsonanz bilden, aber es wird nach der Meinung EULERS ganz unwillkürlich die Zahl 64 durch die kaum davon verschiedene Zahl 63 ersetzen. Dadurch werden die vier Zahlen durch 9 teilbar, wodurch die Proportion 4 : 5 : 6 : 7 entsteht, die nun dem Verständnis keine Schwierigkeiten mehr bereitet und die durch das Ohr von 36 : 45 : 54 : 64 kaum unterschieden werden kann.

Ähnliche Überlegungen finden in der Abhandlung 315 Platz, in der er die moderne Musik, insbesondere die von ihr verwendeten Akkorde, mit der Vergangenheit vergleicht. Dabei kommt er zu dem Resultate, daß der Unterschied wesentlich auf die Einführung der Zahl 7 in die Reihe der Konsonanzen hinausläuft, was ihn, im Hinblick auf einen bekannten Ausspruch von LEIBNIZ, zu der scherzhaften Wendung veranlaßt, die Musik habe jetzt gelernt, bis 7 zu zählen. Eine Reihe von Auseinandersetzungen wesentlich musikpädagogischer Natur bildet den Schluß der Abhandlung, wobei EULER namentlich noch auf den Unterschied zwischen den Akkorden, die für die moderne Musik charakteristisch sind, und den eigentlichen Dissonanzen hinweist.

Die dritte jener Abhandlungen über Musik, 457, *De harmoniae veris principiis per speculum musicum repraesentatis* wurde nach den Akten am 22. März 1773 der Petersburger Akademie vorgelegt. EULER beginnt damit, daß jede Harmonie, ja geradezu die gesamte Musik, auf vier einfachen Konsonanzen beruhe, nämlich dem Unisono, der Oktave, der Quinte und der großen Terz, denen in der Neuzeit, als fünfte, noch die Septime hinzugefügt worden ist. Diese letztere ist in dem Verhältnis 4 : 7 enthalten, während die vier Konsonanzen der alten Musik nur der Zahlen 1 bis 5 bedurft hatten. Nachdem er nun diese Hauptkonsonanzen ausführlich besprochen, untersucht er, auf welche Weise sich der Übergang von einem Ton zum andern unter Wahrung der Prinzipien der Harmonie, so wie sie in jenen Konsonanzen zum Ausdruck kommt, zu vollziehen habe. Zur Veranschaulichung dieser Übergänge, die er durch mehrere Beispiele erläutert, führt EULER einen besonderen Schematismus ein, den er *speculum musicum* nennt.

EULERS Arbeiten über Akustik, zu denen wir uns jetzt zu wenden haben, werden eröffnet durch die kleine *Dissertatio physica de sono*, die in dem ENESTRÖMSCHEN Verzeichnis die Nummer 2 trägt und die 1727 in Basel gedruckt wurde.

Sie ist nicht, wie es oft heißt, EULERS Doktordissertation[1]), vielmehr war sie verfaßt zur Bewerbung um die erledigte Professur der Physik an der Basler Universität. Sie ist eine der vier Abhandlungen (1, 2, 3, 4 des ENESTRÖMSCHEN Verzeichnisses), die EULER noch in Basel vor seiner Abreise nach Petersburg, die am 5. April 1727 erfolgte, redigiert hatte.[2]) Die *Dissertatio de sono* besteht aus zwei Capiteln, von denen das erste, das von der Natur und der Fortpflanzung des Schalles handelt, wesentlich historischen Charakter hat, indem es sich im Anschluß an die Experimente englischer Physiker, insbesondere NEWTONS, mit der Fortpflanzungsgeschwindigkeit des Schalles beschäftigt, während das zweite von den verschiedenen Erzeugungsarten des Schalles (z. B. durch Blas- und Streichinstrumente) handelt. In seiner p. 128 dieses Bandes zitierten Arbeit urteilt LAGRANGE über EULERS *Dissertatio de sono* folgendermaßen (*Oeuvres de LAGRANGE*, t. 1, p. 123): „Le célèbre M. EULER a tâché le premier de raprocher les théories de ces deux espèces d'instruments (die Blas- und Streichinstrumente) dans sa *Thèse sur le son*, imprimée à Bâle l'année 1727, puis dans son excellent *Traité de Musique*, qui a paru l'année 1739. Il compare en effet dans ces endroits la colonne d'air contenue dans un tuyau à une corde du même poids et de même longueur, et qui serait tendue par un poids égal à celui d'un cylindre de mercure, dont la base fût la même que celle du tuyau et la hauteur celle du baromètre. Par cette comparaison il détermine le son que doit rendre une flûte quelconque donnée et il le trouve entièrement d'accord avec l'expérience. Il faut avouer que cette théorie a été portée par ce savant Auteur au plus haut degré de perfection, et qu'il n'y restait rien à désirer qu'une démonstration analytique et tirée de la nature même des mouvements qu'il a comparés ensemble."

Etwas anders lautet freilich das eigne Urteil EULERS in seinem Briefe vom 23. Oktober 1769 an LAGRANGE (*Oeuvres de LAGRANGE*, t. 14, p. 166): „Je pense à la propagation du son, dont je n'ai jamais pu venir à bout, quelques efforts que je me suis donnés, car ce que j'en avais donné dans ma jeunesse était fondé sur quelque idée illusoire, pour mettre d'accord la théorie avec l'expérience sur la vitesse du son."

Es vergingen etwa drei Jahrzehnte seit dem Erscheinen jener „Jugendarbeit", bis EULER wieder auf die Theorie des Schalles zurückkam. Die Abhandlungen 305, 306, 307,

1) Eine solche existiert überhaupt nicht. Die Magisterwürde (A. L. M.) aber hatte EULER noch als Student der Theologie, siebzehn Jahre alt, am 8. Juni 1724 zugleich mit JOHANN II BERNOULLI erlangt.

2) Siehe hierzu die Briefe 1 und 2 in *LEONHARDI EULERI Opera omnia*, III_{13}.

in denen er seine akustischen Untersuchungen wieder aufnahm, wurden nach C. G. J. JACOBI im November und Dezember 1759 der Berliner Akademie vorgelegt. Der eigentliche Grund, weshalb EULER diese Arbeiten so lange Zeit hatte liegen lassen, bestand, wie er selber im Anfang der Abhandlung 305 *De la propagation du son* auseinandersetzt, in einem philosophischen Einwand. Das allgemeine Kontinuitätsgesetz, das LEIBNIZ am schärfsten formuliert und im Gesetz der prästabilierten Harmonie verankert hatte, besagt, daß zwei Vorgänge, die ein Stück weit einander gleich sind, notwendig im ganzen Verlauf übereinstimmen müssen. Man betrachte nun bei der Entstehung einer Schallwelle eine Partikel der Luft: Vor der Erregung ist ihre Verrückung 0 und nach einiger Zeit wird sie wieder 0 sein; in der Zwischenzeit findet die Abweichung statt. Der Zustand völliger Ruhe stimmt mit diesem Fall ganz überein, bis auf das Zeitintervall, in dem die Welle hindurchgeht. LAGRANGE hatte 1759 auf ganz anderem Wege das Problem erfolgreich in Angriff genommen und nun tritt EULER sofort energisch für die Einführung „diskontinuierlicher“ Funktionen ein und zeigt, daß sich alsdann das Phänomen der Fortpflanzung des Schalles erklären läßt. Zunächst behandelt er nur den eindimensionalen Fall, d. h. die Fortpflanzung des Schalles längs einer geraden Linie, und klärt zum Schluß noch das Paradoxon auf, daß die anfängliche Erregung sich nach beiden Seiten fortpflanzt, während die Erregung sich nachher in der primitiven Richtung abspielt.

Nachdem Euler diesen eindimensionalen Fall erledigt hatte, wandte er sich in der Abhandlung 306 *Supplément aux recherches sur la propagation du son* den allgemeinen Fällen zu, indem er voraussetzte, daß die Luft zunächst nach zwei und sodann nach drei Dimensionen ausgedehnt sei. Wenn p, q, r (für den Fall dreier Dimensionen) die Geschwindigkeitskomponenten bedeuten und $v = \frac{\partial p}{\partial x} + \frac{\partial q}{\partial y} + \frac{\partial r}{\partial z}$ die räumliche Dilatation ist, während m^2 eine Konstante darstellt, so gilt

$$\frac{\partial^2 v}{\partial t^2} = m^2 \triangle v, \quad \frac{\partial^2 p}{\partial t^2} = m^2 \frac{\partial v}{\partial x}, \quad \frac{\partial^2 q}{\partial t^2} = m^2 \frac{\partial v}{\partial y}, \quad \frac{\partial^2 r}{\partial t^2} = m^2 \frac{\partial v}{\partial z}.$$

EULER behandelt nun den Fall der Kugelwellen und reduziert (unter V den Radius vector verstanden) das Problem auf die Lösung der Gleichung

$$m^2 \frac{\partial^2 s}{\partial t^2} = \frac{4}{V} \frac{\partial s}{\partial V} + \frac{\partial^2 s}{\partial V^2}.$$

Der Ansatz $s = f(V) \sin(\alpha t + b)$ liefert ihm für $f(V)$ die Gleichung

$$f'' + \frac{n}{V} f' + c^2 f = 0,$$

wo n im zweidimensionalen Fall den Wert 3, im dreidimensionalen den Wert 4 hat. Diese Gleichung führt auf eine RICCATISCHE und zwar für $n = 3$ auf einen irreduziblen Fall, für

$n = 4$ aber auf einen reduziblen. In der Abhandlung 307 *Continuation des recherches sur la propagation du son* führt dies EULER weiter aus, wobei er eine unendliche Reihe von Lösungen erhält. Dadurch wird er in den Stand gesetzt, die Gleichung direkt durch einen Ansatz mit zwei willkürlichen Funktionen zu lösen, und diese Lösung ist nicht auf „kontinuierliche" Funktionen beschränkt, weshalb er sie auch als viel allgemeiner ansieht. Bekanntlich hat erst FOURIER die Synthese vorgenommen und gezeigt, daß auch „diskontinuierliche" Funktionen durch analytische Ausdrücke dargestellt werden können. Hiermit erst war das Kontinuitätsgesetz endgültig überwunden, aber man muß zugeben, daß EULER einen ersten wichtigen Schritt in dieser Sache getan hat.

Sechs Jahre später, 1765, hat sich EULER nochmals mit dem Problem des Schalls beschäftigt, nämlich in der Abhandlung 340 *Eclaircissemens plus détaillés sur la génération et la propagation du son et sur la formation de l'écho,* die nach C. G. J. JACOBI am 19. und 26. September 1765 der Berliner Akademie vorgelegt wurde. Er beschränkt sich hier auf die Fortpflanzung in Röhren (Blasinstrumente), wobei es keinen Unterschied ausmacht, ob man die Röhren als gerade oder irgendwie gekrümmt voraussetzt. Durch eine neue Rechnung gelangt er zu der Gleichung

$$m^2 P - m^2 \frac{\partial^2 v}{\partial x^2} + \frac{\partial^2 v}{\partial t^2} = 0,$$

die sich von der früheren, im § 17 der Abhandlung 305 entwickelten Gleichung durch den Zusatz $m^2 P$ unterscheidet, wobei P eine Funktion von x allein ist. EULER zeigt nun, daß sich diese Gleichung vollständig integrieren läßt.

Bei allen diesen Untersuchungen hatte EULER vorausgesetzt, daß sich die Röhre nach beiden Seiten hin ins Unendliche erstrecke. Nunmehr nimmt er zum Schlusse an, sie sei entweder einseitig oder beiderseitig begrenzt, und er zeigt, daß sich durch diese Annahme die Bildung des Echos erklären lasse.

Die kleine Abhandlung 852 *Meditatio de formatione vocum,* die den Schluß unseres Bandes bildet, ist der Lehre von den Lauten der menschlichen Sprache gewidmet. Sie gehört zu jenen Arbeiten EULERS, die, völlig in Vergessenheit geraten, von FUSS im Jahre 1844 wieder aufgefunden und dann 1862 in den *Opera postuma* veröffentlicht worden waren.

Nach dem allgemeinen Redaktionsplane der Eulerausgabe[1]) soll diese so viele Bildnisse von EULER bringen als nur möglich; zum mindesten aber soll jede neue Serie durch ein solches eröffnet werden. Das unserem Bande III_1 vorangestellte Porträt ist der Abdruck

1) *Redaktionsplan für die Eulerausgabe*, Jahresbericht der Deutschen Mathematiker-Vereinigung **19**, **1910**, p. **94**.

einer Stahlplatte, die der Petersburger Akademie gehört und die diese in dankenswertester Weise dem Redaktionskomitee zur Verfügung gestellt hat. Es ist dieselbe Platte, von der das Titelbild zum ersten Bande der berühmten von P. H. Fuss herausgegebenen *Correspondance mathématique et physique de quelques célèbres géomètres du XVIIIième siècle*, St. Pétersbourg 1843, abgedruckt worden ist. Sie ist dem Unterzeichneten von der Akademie als „gravé par un inconnu d'après l'original de Mr. Küttner" übergeben worden. Fuss schreibt darüber in der Vorrede zur *Correspondance* (p. XXV): „Le portrait d'Euler est une copie fidèle de celui qui fut peint par Küttner et gravé à Mitau par Darbes, en 1780. J'ai donné la préférence à ce portrait parce que, selon le témoignage de mon père, il est le plus ressemblant de toux ceux qui existent. C'est un portrait de vieillard, il est vrai; mais, comme on le verra par la suite, il le représente à l'époque de sa plus grande fécondité." Im *Vorwort zur Gesamtausgabe der Werke von Leonhard Euler (Leonhardi Euleri Opera omnia*, I 1, p. XIV) hat der Unterzeichnete auseinandergesetzt, daß Fuss die Namen Küttner und Darbes verwechselt habe und daß Darbes der Maler, Küttner der Stecher war. Das Originalölgemälde von Darbes befindet sich jetzt im Musée des Beaux-Arts zu Genf. Nach diesem hatte Küttner 1780 seinen Stich hergestellt.

An der Herstellung des vorliegenden Bandes haben sich außer den auf dem Titelblatte genannten Herausgebern die sämtlichen Mitglieder des Redaktionskomitees beteiligt. Es ist mir eine angenehme Pflicht, ihnen allen für ihre so wertvolle Mitarbeit auch an dieser Stelle aufs herzlichste zu danken. Dank und Anerkennung gebühren auch der Verlagsfirma B. G. Teubner für die große Sorgfalt und Geduld, die sie auf die Drucklegung verwendet hat.

Zürich, im November 1925.

Ferdinand Rudio.

INDEX

Insunt in hoc volumine indicis ENESTROEMIANI commentationes
91, 842; 2, 33, 305, 306, 307, 314, 315, 340, 457, 852

PARS PRIMA
COMMENTATIONES PHYSICAE
AD PHYSICAM GENERALEM PERTINENTES

PARS ALTERA
COMMENTATIONES PHYSICAE
AD THEORIAM SONI PERTINENTES

d*

Leonhard Euler

PARS PRIMA

COMMENTATIONES PHYSICAE

AD PHYSICAM GENERALEM PERTINENTES

RECHERCHES PHYSIQUES SUR LA NATURE DES MOINDRES PARTIES DE LA MATIERE[1]

Commentatio 91 indicis ENESTROEMIANI
Opuscula varii argumenti 1, 1746, p. 287—300

SUMMARIUM

sous le titre

SUR LA NATURE DES MOINDRES PARTIES DE LA MATIERE

Mémoires de l'académie des sciences de Berlin [1] (1745), 1746, p 28—32
[Lu le] 18 juin 1744

Le principe de l'Indiscernibilité est à présent généralement avoué. Manifeste dans les grands corps, le microscope le découvre avec la même évidence dans les plus petits. La diversité qui différentie les corps ne regarde pas seulement la figure et l'arrangement des parties; elle s'étend aux qualités moins essentielles qui diffèrent par tout si considérablement, qu'on ne sçauroit trouver deux corps qui possèdent la même qualité dans le même degré. On a lieu de croire, par exemple, qu'il n'y a pas au monde deux corps qui soient parfaitement teints de la même couleur. La grandeur elle-même ne sçauroit être exceptée; malgré l'exactitude que nous apportons à donner à certaines choses les mêmes dimensions ou les mêmes poids, tout ce que nous faisons, c'est de détruire les différences sensibles, mais il en reste toujours d'imperceptibles.

Il y a deux sources d'où résulte la diversité des corps; l'une, c'est la diversité des particules mêmes dont ils sont composés, et l'autre, celle qui se trouve dans leur arrangement. L'une et l'autre est capable de produire une infinité de variations.

---

1) Dans l'indice du premier volume des *Opuscula*, ce titre est *Recherches sur la nature des moindres particules des corps.* F. R.

On ne sçauroit néanmoins bien déterminer, si les plus petites et dernieres molécules de la matiere sont susceptibles de diversité dans leur état; au moins, si elles n'avoient plus de parties dont elles fussent composées, les deux causes de la diversité cesseroient.

La question, si les plus petites particules de matiere sont toutes semblables entr'elles ou non, étant très importante tant en Physique qu'en Métaphysique, Mr. EULER s'est proposé de l'examiner, et nous allons donner le résultat de ses recherches.

Entre les diverses routes qui pouvoient être suivies dans cette discussion, Mr. EULER s'est borné à comparer le rapport qu'il y a entre l'étendue et l'inertie des moindres molécules de la matiere. Quoique les experiences ne puissent pas aller jusques là, il est connu en général, et NEWTON l'a démontré presque géometriquement que les poids des corps sont proportionnels à leur inertie. La pesanteur, puisqu'elle est proportionnelle à l'inertie, est donc une juste mesure de la quantité de matiere dont chaque corps est composé.

L'experience enseigne encore que tous les corps diffèrent par rapport à leur gravité spécifique, et comme cette diversité ne leur vient que des parties dont ils sont composés il semble d'abord que ces moindres particules mêmes doivent varier à l'infini par rapport à leur gravité spécifique. Mais Mr. EULER prétend démontrer d'une maniere incontestable que les moindres molécules qui composent les corps qui nous environnent, sont toutes également pesantes.

Chaque corps a sa matiere propre et une matiere étrangere qui en pénètre les pores et y circule librement. De plus, tout les corps étant poussés en bas par une force mechanique, ce qui constitue le phénomène de la pesanteur, il faut qu'il y ait une matiere subtile quelconque qui leur donne cette direction et dont tous leurs pores soient pénétrés. Mais puisque les corps ne sont pas tout pores et qu'ils ont de la matiere propre, il se trouve donc des endroits par où la matiere subtile, cause de la gravité, ne sçauroit passer des particules qui sont impénétrables pour elle, sinon parce qu'il n'y a plus du tout de pores, au moins parce qu'ils sont d'une petitesse qui refuse le passage. Ces particules ne sont pas encore des Elémens, car elles sont composées d'autres plus petites: on peut les appeller *molécules*. Ainsi chaque corps est composé d'un certain nombre de molécules qui constituent sa matiere propre et qui par leur arrangement forment des pores par où la matiere subtile qui produit la pesanteur peut continuellement passer.

La cause de la gravité, de quelque maniere qu'on l'explique, étant l'effet de la pression d'un fluide, la force avec laquelle chaque molécule est poussée sera toujours proportionnelle à l'étendue ou au volume, suivant cette loi générale de l'Hydrostatique que les fluides agissent selon les volumes. Ainsi de l'aveu de tous les Physiciens, les dernieres molécules de matiere qui soutiennent la force de la gravité sont poussées par des forces proportionelles à leur volume. Donc deux molécules de volumes égaux seront aussi également pesantes; et si leur volume est inégal, les poids différeront dans la même proportion.

Pour s'approcher davantage de sa démonstration, Mr. EULER observe que toutes les molécules des corps sont également denses, entendant par densité le rapport qu'il y a entre la quantité de matiere qu'un corps renferme et son étendue. En effet la pesanteur n'est pas une propriété fixe des corps, elle dépend de leur proximité à la surface de la Terre, mais il n'en est pas de même de la densité qui n'est attachée à aucune situation puisque la diversité des lieux ne sçauroit rien changer, ni à la quantité de matiere, ni à l'étendue des molécules. Il s'ensuit de là que, malgré la diversité de pesanteur entre deux volumes égaux, l'un d'or et l'autre d'eau ou d'air, les molécules ont la même densité et la même pesanteur dans ces divers corps. Et ce raisonnement peut s'étendre à tous les autres corps qui se trouvent dans les entrailles de la Terre ou qui constituent les corps célestes, car nous n'avons aucune raison de douter que la pesanteur ne suive la même loi dans toutes les Planetes qu'autour de la Terre. Il régnera donc dans toutes les molécules des corps la même densité, ce qui est d'autant plus surprenant que la Nature paroit affecter partout ailleurs une diversité infinie. Mais peut-être (et c'est une réflexion de Mr. EULER, que nous rapportons avec ses propres termes) «peut-être que cette uniformité est une suite nécessaire de l'essence de la matiere et que, si nous la connoissions plus parfaitement, nous ne manquerions pas de voir que ce degré de densité est aussi essentiel à la matiere qu'il l'est à un triangle que ses angles ensemble soient égaux à deux droits».

La matiere subtile elle-même, d'où procède la pesanteur, sera-t-elle assujettie à l'hypothese de Mr. EULER? Car ce fluide, quel qu'il soit, est pourtant matériel et, s'il est de l'essence de la matiere d'avoir un certain degré de densité, on sera en droit de dire que les particules de cette matiere subtile sont aussi denses que les molécules des corps.

Mais il résulte de grands inconveniens de cette opinion, car alors on est obligé de séparer les particules de la matiere subtile si loin les unes des autres, pour produire un vuide qui suffise à expliquer le mouvement, qu'on ne sçauroit plus concevoir comment une semblable matiere produit la pesanteur. Car il est incontestable que le fluide qui cause la gravité doit être extrêmement comprimé; et le moyen d'accorder une telle compression avec des particules dissipées et éloignées les unes des autres?

Ces difficultés engagent Mr. EULER à adopter un autre sentiment et à concevoir la matiere subtile qui constitue le fluide, cause de la pesanteur, comme étant d'une nature tout à fait différente de la matiere dont les corps sensibles sont composés. Il y aura donc deux especes de matiere, l'une, qui fournit l'étoffe à tous les corps sensibles et dont toutes les particules ont la même densité, qui est trés considérable et qui surpasse même plusieurs fois celle de l'or; l'autre espece de matiere sera celle dont ce fluide subtil qui cause la gravité est composé et que nous nommons *l'éther*. Il est probable que cette matiere a pareillement partout le même degré de densité, mais qui est incomparablement plus petit que celui de la premiere espece. Non seulement le raisonnement tiré de la possibilité du mouvement nous prouve cette extrême rareté de la seconde espece de la matiere; mais la propagation de la lumiere, qui se fait sans doute par ce même fluide subtil nous fait aussi voir que sa densité doit être plusieurs milliers de fois plus petite que celle de l'air et par conséquent plusieurs millions de fois plus petite que la densité des molécules dont les corps grossiers sont composés. Mais ce sont là les Terres Australes des Physiciens, dont l'entiere découverte est encore fort éloignée, si tant est, qu'elle soit possible.

1. La variété est une propriété si universelle et si essentielle à tous les corps qu'on n'en sçauroit trouver deux qui se ressemblent parfaitement. Dans les corps qui sont d'une grandeur considérable, cette diversité est si manifeste que personne n'en peut douter, et dans les petits qui échappent à nos yeux le microscope nous découvre tant de différentes especes que plusieurs philosophes n'ont pas balancé d'établir la diversité et la nonressemblance comme une loi générale de la nature. En effet, cette diversité s'y trouve non seulement dans la figure et dans l'arrangement des parties, mais aussi les qualités moins essentielles diffèrent partout si considérablement qu'on ne sçauroit trouver deux corps qui possèdent la même qualité dans le même degré. C'est ainsi qu'on remarque une diversité presque infinie dans les couleurs, et nous avons lieu de croire qu'il n'y a pas dans le monde deux corps colorés qui soient parfaitement d'une même nuance. Il en sera peut-être de même de la dureté, de la mollesse, du ressort et de toutes les autres qualités qui diffèrent presqu'à l'infini dans les corps sur lesquels il nous est permis de faire des experiences. Il semble même qu'on n'en sçauroit excepter la grandeur: car bien que ce soit une chose que nous pouvons changer dans la pluspart des corps à notre gré, on trouve pourtant tant de difficulté de rendre par exemple les deux bras d'une balance également longs ou également pesans que, lors même qu'on y a réussi en apparence, l'on est pourtant obligé de croire qu'il s'y trouve encore quelques différences, dont la petitesse seule est cause qu'elles échappent à nos sens. Mais non obstant cette petitesse, rien n'empêche que ces choses ne puissent encore varier à l'infini.

2. Quoique cette diversité se trouve aussi bien dans les plus petites particules des corps que dans les corps mêmes, il n'y a nul doute que, plus les corps sont grands, plus ils seront susceptibles de variété. Car outre la diversité qui se trouve dans les moindres particules, leurs arrangemens peuvent changer à l'infini, de sorte que, quand même les moindres particules seroient

semblables entr'elles, leurs diverses combinaisons pourroient produire des corps fort différents. Il y a donc deux sources d'où la diversité des corps résulte, l'une est la diversité des particules mêmes dont les corps sont composés, et l'autre est la variété qui se trouve dans leur arrangement. L'une et l'autre est capable de produire une infinité de variations. Quand même toutes les moindres particules seroient semblables entr'elles, la seule diversité de leur arrangement nous pourroit fournir une infinité de corps tout à fait différens; et s'il n'y avoit qu'une seule maniere d'arranger et de combiner les moindres particules, ce seroit alors à leur différence intrinseque qu'il faudroit attribuer la diversité des corps. Mais comme la diversité dont les corps sont susceptibles augmente à proportion de la grandeur de ces corps, on a bien des raisons de douter, si les plus petites, les dernieres molécules de la matiere sont susceptibles de quelque diversité dans leur état. Car n'ayant plus de parties dont elles soient composées, l'une et l'autre cause de la diversité doit cesser dans ce cas. C'est donc une question bien importante, tant dans la physique que dans la métaphysique, de sçavoir, si les plus petites particules de la matiere sont toutes semblables entr'elles, ou non. Les philosophes sont fort partagés sur ce sujet; quelques-uns soutiennent que toutes ces dernieres particules diffèrent tellement qu'il n'y en a pas même deux qui soient parfaitement semblables. D'autres veulent au contraire qu'elles se ressemblent toutes parfaitement.

3. Il seroit témeraire d'entreprendre la décision de cette question, l'experience nous refusant tout secours pour cela et la raison seule n'étant pas suffisante pour nous éclaircir sur ce point. Je bornerai donc mes recherches à examiner seulement le rapport qu'il y a entre l'étendue et l'inertie des moindres molécules de la matiere; car quoiqu'il ne soit pas possible de pousser les experiences jusques là, j'ai pourtant remarqué que l'experience commune, aidée de quelques principes incontestables de la raison, nous peut conduire à une conclusion seure, qui ensuite ne manquera pas de nous découvrir plusieurs autres propriétés de la matiere, sur lesquelles nous ne sommes que trop incertains. Newton a démontré presque géometriquement que les poids des corps sont proportionnels à leurs inerties; et comme l'idée de l'inertie ne diffère point de celle de la masse ou de la quantité de matiere dont un corps est composé, il s'ensuit que le poids de chaque corps est proportionnel à la quantité de matiere qui y est renfermée; de sorte que, plus un corps sera pesant, plus il contiendra de matiere. Ainsi si nous considérons deux

boules de la même grandeur, l'une d'or et l'autre d'argent, de ce que la premiere est plus pesante que l'autre, nous en concluons seurement qu'il y a plus de matiere renfermée dans la boule d'or que dans celle d'argent. La pesanteur, étant proportionnelle à l'inertie, sera donc une juste mesure de la quantité de matiere dont chaque corps est composé. La raison de cette découverte dépend en partie de l'experience et en partie du raisonnement; celle-là nous a fait voir que tous les corps tombent avec la même vitesse dans un espace vuide d'air; et le raisonnement nous montre que, pour communiquer à divers corps le même mouvement, il faut absolument que les forces soient proportionnelles aux inerties, c'est à dire à la quantité de la matiere de ces corps. Or dans ce cas les forces sont la gravité qui rend les corps pesans; par conséquent cette gravité sera proportionnelle à la quantité de la matiere.

4. La *gravité spécifique* est le rapport qu'il y a entre le poids d'un corps et son étendue; plus ce rapport est grand, plus la gravité spécifique sera grande et réciproquement. Si nous concevons deux corps d'une étendue égale, par exemple chacun d'un pied-cubique, leurs gravités spécifiques seront entr'elles comme les poids; et c'est ainsi qu'on determine la gravité spécifique de tous les corps. Cette circonstance est connue de tout le monde, et lorsqu'on dit absolument qu'une matiere est plus pesante que l'autre, cela se doit entendre de leur gravité spécifique, c'est à dire que, si l'on prend deux volumes égaux de ces deux matieres, le poids du premier surpassera celui de l'autre. Ainsi tout le monde comprend, quand on dit que l'or est plus pesant que l'argent, que cela s'entend de volumes égaux; car personne ne disconviendra qu'un lingot d'argent de cent livres ne soit plus pesant qu'un lingot d'or de cinquante. Dans ce sens on dit que le mercure est plus pesant que l'eau; que l'eau est plus pesante que l'esprit de vin; et dans ces manieres de parler, chacun voit d'abord qu'on suppose des volumes égaux. Or nous trouvons une si grande variété parmi les corps par rapport à la gravité spécifique, qu'on auroit bien de la peine de trouver deux matieres qui soient également pesantes; et quand même on n'y pourroit pas remarquer la moindre différence, ce ne seroit apparemment que faute d'instrumens assés subtils pour nous la découvrir. C'est pourquoi, bien que deux lingots d'or du même volume nous semblent égalment pesants, nous avons néanmoins lieu de croire que leur poids n'est pas précisement le même et que, si nous avions des instruments plus exquis, nous ne manquerions pas d'y observer quelque différence.

Car, comme l'or n'est rien moins qu'une matiere semblable ou homogene, il n'est pas à présumer que toutes ses parties ayent la même gravité spécifique. Cette même reflexion peut être appliquée aux autres metaux et à toutes les matieres qui nous semblent homogenes.

5. Puisque l'on peut donc dire avec assés de fondement que tous les corps diffèrent par rapport à leur gravité spécifique, on demandera, si la même diversité ne se trouve pas aussi dans les moindres molécules dont ces corps sont composés. A regarder cette question en gros, il semble d'abord qu'on la devroit affirmer. On pourroit dire que, puisque tous les corps diffèrent entr'eux selon leur gravité spécifique, cette diversité ne leur vient que des parties dont ils sont composés, et que par consequent ces moindres particules elles-mêmes doivent varier à l'infini par rapport à la gravité spécifique. On pourroit même pousser le principe de la non-ressemblance ou celui de la raison suffisante si loin que de soutenir que la diversité par rapport à la gravité spécifique se trouve aussi bien dans les moindres particules de la matiere que dans les corps grossiers. Mais non obstant la vraisemblance de toutes ces raisons, on se tromperoit extrêmement, si l'on y vouloit ajouter foi. Car je ferai voir si clairement que personne ne pourra plus en douter que toutes les moindres molécules qui composent les corps qui nous environnent, sont également pesantes, ou qu'elles ont toutes la même gravité spécifique. On regardera peut-être d' abord cette proposition comme un grand paradoxe et les Métaphysiciens, qui étendent l'inégalité universelle jusqu'aux élémens mêmes de la matiere, seront bien surpris que l'identité de pesanteur spécifique se puisse trouver non dans les élémens, mais généralement dans toutes les moindres particules de la matiere même qui sont encore bien éloignées de ces élémens, comme je ferai voir bientôt. J'espere de démontrer ce que je viens d'avancer, assés rigoureusement, pour être dispensé de répondre aux objections qu'on me pourroit faire; et je me contenterai d'avoir découvert une si belle propriété de la matiere, qui pourra nous en découvrir peut-être plusieurs autres, si l'on ne se précipite point dans ses raisonnemens.

6. Avant que d'entreprendre la démonstration de ce paradoxe, il faut que j'explique plus clairement ce que j'entend sous le nom des moindres particules des corps, et cette explication nous mènera à la démonstration même. Chaque corps a une certaine quantité de matiere, qui lui est propre et qui constitue pour ainsi dire l'être du corps; ce sont les parties qui se

meuvent conjointement avec le corps et dont la pesanteur produit le poids du corps même. Il faut donc distinguer cette matiere propre à chaque corps de celle qui pénètre librement à travers ses pores et qui remplit conjointement avec les parties propres l'espace que le corps occupe. Ainsi tout le monde sçait distinguer les parties de l'air qui se trouve dans les pores d'un éponge, d'avec les parties de l'éponge même. Et comme il n'y a nul doute que le monde ne soit rempli d'une matiere fluide, élastique et très subtile, qu'on nomme l'éther, les pores des corps seront pénétrés de cette matiere subtile, qui par conséquent occupera une bonne partie de l'espace que les corps nous paroissent remplir. Cette matiere, quoique comprise entre les mêmes bornes qui terminent le corps, ne doit donc pas être censée appartenir au corps même: c'est pourquoi je la nommerai étrangére, pour la distinguer de la matiere propre des corps, aussi bien que les autres matieres fluides, tant visibles qu'invisibles, qui se pourroient trouver dans la cavité des pores.

7. Que la gravité de tous les corps qui environnent la terre ait une cause physique, ou qu'il y ait une force mechanique qui les pousse en bas, c'est ce que je me puis bien dispenser de prouver ici, quoique la véritable cause nous en soit encore inconnue en détail. Mais en général il est certain qu'il y a une matiere extrêmement subtile qui par son mouvement est douée d'une force capable de pousser les corps en bas et de produire tous les phénomènes de la gravité. Il m'importe peu que cette matiere soit l'éther luimême ou non; ses effets nous montrent clairement qu'elle est extrêmement subtile; puisque nulle experience n'est capable de nous la faire sentir ou d'en altérer les effets. Donc tous les corps, en tant qu'ils sont pesans, seront pénétrés de cette matiere subtile qui par conséquent traverse librement leurs pores. Mais comme les corps ne sont pas des pores dans toute leur étendue et qu'ils renferment aussi une matiere qui leur est propre, il est clair qu'il doit y avoir dans chaque corps des particules destituées de pores, par où la matiere subtile qui produit la gravité ne sçauroit passer; et ce sont ces moindres particules des corps, dont je parle ici. Je ne dis pas que ces particules n'ayent point du tout des pores; peut-être en ont elles encore, mais de si petits que la matiere subtile dont je parle n'y sçauroit passer. Ces particules seront donc d'une grandeur finie, par conséquent composées de parties plus petites encore et ainsi bien différentes de celles qui sont comprises sous le nom d'élémens. Le terme de molécule sera le plus propre à désigner ces petites particules des corps; et partant chaque corps est com-

posé d'un certain nombre de molécules qui constituent sa matiere propre et qui par leur arrangement forment des pores par où la matiere subtile qui renferme la cause de la pesanteur peut librement passer.

8. Le poids d'un corps n'est donc autre chose que la somme de toutes les forces dont ses molécules sont poussées en bas, et par ce que nous avons prouvé dessus de la pesanteur, il est clair aussi que les forces dont les molécules sont poussées doivent être proportionnelles à l'inertie de ces molécules ou à la quantité de matiere qu'elles contiennent. Or de quelque maniere que nous nous imaginions la cause de la gravité, comme elle est l'effet de la pression d'un fluide, la force avec laquelle chaque molécule est poussée sera toujours proportionnelle à l'étendue ou au volume de cette molécule. Car c'est une regle générale de l'hydrostatique que les fluides agissent selon les volumes: un corps submergé dans l'eau est constamment poussé par une force égale à celle d'un volume égal d'eau, mais dans une direction contraire. De là vient que les corps enfoncés dans l'eau perdent une partie de leur poids et que cette partie perdue est toujours proportionnelle au volume. Cette même loi a lieu dans tous les fluides qui agissent par pression, de quelque nature qu'ils soient; et tous ceux qui ont entrepris d'expliquer la cause de la pesanteur, quelque différentes que soyent leurs hypotheses, sont pourtant tous d'accord sur cet article que les dernieres molécules de la matiere qui soutiennent la force de la gravité, sont poussées par des forces proportionnelles à leurs volumes. Ainsi deux molécules de volumes égaux seront aussi également pesantes, et si ces molécules sont inégales par rapport au volume, leurs poids différeront dans la même proportion.

9. Ayant donc démontré plus haut que les poids des molécules sont proportionnels à l'inertie ou à la quantité de matiere que chaque molécule contient, il s'ensuit que dans les molécules la quantité de matiere est constamment proportionnelle à leurs volumes; de sorte que, si ces molécules étoient égales en étendue, elles le seroient aussi par rapport à la quantité de matiere dont elles sont composées, et même encore par rapport à leur pesanteur. On appelle *densité* le rapport qu'il y a entre la quantité de matiere qu'un corps renferme, et son étendue; et l'on dit que deux corps sont également denses, lorsqu'ils contiennent d'égales portions de matiere sous des volumes égaux, ou ce qui revient au même, lorsque les poids sont en raison des volumes. Ensuite un corps est dit plus dense, lorsqu'il contient plus de

matiere ou plus de poids sous le même volume. Puis donc que toutes les molécules dont les corps sont composés pèsent en raisòn de leurs volumes aussi bien qu'en raison de leurs masses, elles auront toutes la même gravité spécifique et seront aussi toutes également denses. Or comme la pesanteur dans le degré où nous l'observons n'est qu'une propriété des corps qui se trouvent à la surface de la terre, et que le même corps changeroit de pesanteur, s'il étoit transporté dans un autre endroit, il est clair que la pesanteur ne nous marque point une propriété fixe des corps. C'est pourquoi, quand je dis que les molécules ou les moindres particules des corps pèsent en raison de leurs volumes, il faut sousentendre cette condition: lorsqu'elles se trouvent à peu près à la même distance du centre de la terre. Mais quand je dis que les masses (ou les quantités de matiere) des molécules sont proportionnelles à leurs volumes, c'est une proposition générale qui n'est plus attachée à une certaine situation, puisque la diversité du lieu n'en sçauroit rien changer, ni à la quantité de matiere ni à l'étendue des molécules. C'est donc une vérité suffisamment prouvée que toutes les molécules des corps sont également denses et que l'inégalité de densité qu'on observe dans tous les corps grossiers s'évanouit tout à fait dans les molécules dont tous les corps sont composés.

10. Quelque différence donc qu'il y ait par rapport à la densité ou à la gravité spécifique dans les corps qui nous environnent, il est pourtant certain que toutes les molécules dont ils sont composés ont la même gravité spécifique, ou, pour parler plus précisement, la même densité. Par conséquent quoique l'or soit le corps le plus pesant et le plus dense que nous connoissions, on peut néanmoins asseurer que les molécules qui le composent ne sont pas plus pesantes ou plus denses que celles qui composent l'eau ou l'air ou même les corps les plus légers. Il ne peut donc y avoir d'autre raison pourquoi l'or est plus pesant que les autres corps, si ce n'est parce qu'il renferme sous le même volume une plus grande quantité de molécules. Or comme l'or a encore une grande quantité de pores, s'il étoit possible de le comprimer au point que toutes ses molécules se touchassent exactement l'une l'autre et qu'il n'y eût plus d'intervalles entr'elles, il est évident qu'il deviendroit encore bien plus dense et plus pesant qu'il n'est actuellement. Mais dans cet état sa gravité spécifique seroit précisement la même que celle des molécules; d'où il s'ensuit que la gravité spécifique des molécules doit de beaucoup surpasser celle de l'or. Supposons que les pores de l'or occupent

la moitié du volume; la gravité spécifique des molécules dont tous les corps sont composés sera deux fois plus grande que celle de l'or. Mais nous avons lieu de croire que les pores de l'or occupent une beaucoup plus grande partie de tout le volume que la moitié; donc la gravité spécifique ou la densité des molécules sera plusieurs fois plus grande que celle de l'or. Comme l'eau est environ 19 fois plus légere que l'or, si nous nous arrêtons à la premiere supposition, ce ne sera que la 38me partie du volume que l'eau occupe et qui sera remplie de molécules; tout le reste sera ou vuide ou rempli d'une matiere étrangere qui ne fait pas partie de l'eau. Et dans l'air, qui est 800 fois plus léger que l'eau, il n'y aura que la 30400me partie de son volume qui contienne la matiere qui est propre à l'air.

11. Ce raisonnement, que nous avons tiré de la nature de la pesanteur, nous fait voir seulement que les molécules des corps qui environnent la terre et qui pèsent vers elle sont toutes également denses, et on pourroit encore douter, si la même propriété s'étend aussi aux corps qui se trouvent dans les entrailles de la terre, ou à ceux qui constituent les autres corps célestes. Mais comme nous n'avons nulle raison de douter que la pesanteur ne suive la même loi dans toutes les planetes qu'elle observe autour de la terre, nous devons conclure que tous les corps de chaque planete sont composés de molécules pareillement égales par rapport à la densité. Et tous les corps célestes étant sollicités par des forces qui suivent une loi générale, en leur appliquant le raisonnement que je viens de faire, on reconnoîtra que non seulement les corps de la terre, mais aussi ceux qui se trouvent dans les planetes et même dans les cometes, doivent tous être composés de molécules également denses. Il régnera donc partout dans toutes les molécules des corps la même densité; ce qui est d'autant plus surprenant que d'ailleurs dans tout le monde la nature nous paroit affecter une diversité infinie. Mais peut-être que cette uniformité est une suite nécessaire de l'essence de la matiere et que, si nous la connoissions plus parfaitement, nous ne manquerions pas de voir que ce degré de densité est aussi essentiel à la matiere qu'il l'est à un triangle que ses angles ensemble soient égaux à deux droits.

12. Mais examinons un peu de plus près l'état de ces moindres particules des corps, que nous avons nommées molécules et qui soutiennent les impressions de la matiere subtile, cause de la pesanteur. Comme cette matiere ne trouve plus de passages par ces molécules, ou elles n'auront point du tout

de pores ou, si elles en ont, ces pores seront trop petits ou trop étroits pour donner passage à la matiere subtile; d'où résulte cette question: si les molécules des corps sont tout à fait solides, ou si elles ont des pores? Si l'on dit qu'elles ont des pores, on sera obligé de dire, puisque toutes les molécules sont également denses, qu'il se trouve dans chaque molécule la même raison entre l'espace rempli de matiere et celui qui est occupé par les pores. Or non seulement nous ne voyons aucune raison d'une telle disposition générale, mais plutôt l'experience nous apprend que, dès qu'il y a des pores dans les corps, le rapport entre les pores et la partie solide varie à l'infini. On peut encore moins dire que ces molécules soient des pieces organisées et composées de plusieurs parties, car il seroit impossible que l'organisation de chacune fût telle que le rapport entre la partie solide et poreuse demeurât toujours le même. Soutenons donc le premier et disons que toutes les molécules sont parfaitement solides et tout à fait destituées de pores. Elles seront donc de petites masses solides et, puisque toutes leurs parties ont la même densité, on les pourra considérer comme parfaitement homogenes ou composées d'une matiere similaire. Cela étant, on ne pourra imaginer aucune autre différence parmi ces molécules, si non par rapport à leur grandeur et à leur figure, dont ni l'un ni l'autre ne sçauroit rien changer dans leur essence. Au reste, il n'y a aucun doute que ces particules ne soient extrêmement petites et que leur petitesse passe notre imagination; toutes fois, bien qu'elles n'aient plus de pores qui marquent une composition des parties, on auroit grand tort de soutenir que ces particules soient tout à fait indivisibles; car ayant encore une grandeur finie, la divisibilité leur doit convenir nécessairement, quoiqu'elles ne soient pas subdivisées en effet.

13. Ce que je viens de dire ne regarde que les corps pesants et leurs parties, et il n'en sera peut-être pas de même des corps qui n'ont aucune pesanteur, je veux parler de la matiere subtile même qui cause la pesanteur. Il paroit d'abord fort vraisemblable qu'il doit y avoir une grande différence entre la matiere qui cause par ses pressions continuelles la pesanteur, et entre celle qui en reçoit les impressions. Cependant ce fluide, quelque subtil qu'il soit, sera pourtant materiel, et s'il étoit de l'essence de la matiere d'avoir un certain degré de densité, il faudroit dire que les particules de cette matiere subtile seroient aussi denses que les molécules des corps. Si l'on vouloit ensuite soutenir que tout le monde est parfaitement rempli de matiere et qu'il n'y a point du tout de vuide, tout l'espace seroit rempli

d'une matiere partout également dense et même plus dense que l'or; ce qui rendroit fort difficile, pour ne pas dire impossible, l'explication du mouvement. Car quoiqu'il n'y ait qu'une petite partie des corps qui soit pesants et qui se fasse sentir par les phénomènes, l'autre partie, à cause de sa très grande densité, ne laisseroit pas de résister au mouvement; or nous ne remarquons presque pas la moindre résistance par laquelle le mouvement des corps soit diminué, dés que nous avons oté la résistance des corps pesans, comme de l'air. Cette considération nous oblige donc de dire, ou qu'il y a du vuide dans le monde et que même la plus grande partie de l'espace ne contient aucune matiere, ou que la matiere subtile qui cause la pesanteur est d'une espece tout à fait différente de celle dont les corps pesants sont composés.

14. En embrassant le premier sentiment nous gagnerons fort peu. Car si nous disons que les particules de cette matiere subtile sont aussi denses ou épaisses que les molécules des corps, nous serons obligé de séparer les particules de la matiere subtile si loin les unes des autres, pour obtenir un vuide suffisant à expliquer le mouvement, que nous ne saurions plus concevoir, comment la pesanteur pourroit être produite par une telle matiere. Car il est incontestable que le fluide qui cause la gravité doit être extrêmement comprimé; mais comment pourra-t-on accorder un tel état de compression avec des particules dissipées et éloignées les unes des autres. Il ne nous reste donc que l'autre sentiment, en vertu duquel nous soutiendrons que la matiere qui constitue le fluide subtil, cause de la pesanteur, est d'une nature tout à fait différente de la matiere dont tous les corps sensibles sont composés. Il y aura donc deux especes de matiere, l'une qui fournit l'étoffe à tous les corps sensibles et dont toutes les particules ont la même densité, qui est très considérable et qui surpasse même de plusieurs fois celle de l'or; l'autre espece de matiere sera celle dont ce fluide subtil qui cause la gravité est composé, et que nous nommons l'éther. Il est probable que cette matiere a pareillement partout le même degré de densité, mais que ce degré est incomparablement plus petit que celui de la premiere espece. Non seulement le raisonnement tiré de la possibilité du mouvement nous prouve cette extrême rareté de la seconde espece de matiere, mais aussi la propagation de la lumiere qui se fait sans doute par ce même fluide subtil nous fait voir que sa densité doit être plusieurs mille fois plus petite que celle de l'air et par conséquent plusieurs millions de fois plus petite que la densité des molécules dont les corps grossiers sont composés.

ANLEITUNG ZUR NATURLEHRE WORIN DIE GRÜNDE ZU ERKLÄRUNG ALLER IN DER NATUR SICH EREIGNENDEN BEGEBENHEITEN UND VERÄNDERUNGEN FESTGESETZET WERDEN

Commentatio 842 indicis ENESTROEMIANI
Opera postuma 2, 1862, p. 449—560

CAPITEL 1

VON DER NATURLEHRE ÜBERHAUPT

1. *Die Naturlehre ist eine Wissenschaft, die Ursachen der Veränderungen, welche sich an den Körpern ereignen, zu ergründen.*

Wo eine Veränderung vorgeht, da muss auch eine Ursache sein, welche dieselbe hervorbringt, weil gewiss ist, dass nichts ohne einen zureichenden Grund geschehen kann. Wer also den Grund anzeigen kann, warum eine Veränderung vorgegangen, der erkennet die Ursache derselben, und leistet dadurch dem Endzweck der Naturlehre ein Genügen. Die eigentliche Absicht dieser Wissenschaft ist demnach nur auf die Veränderungen gerichtet, denn so lang eine Sache in eben demselben Zustand verbleibet, so lässt sich davon kein anderer Grund anzeigen, als die Abwesenheit solcher Ursachen, welche vermögend sind, eine Veränderung hervorzubringen; so bald sich aber eine Veränderung ereignet, so ist man auch befugt, nach der Ursache derselben zu fragen, und die Naturlehre ist bemüht, die Ursachen aller Veränderungen ausfindig zu machen. Hierin ist aber unsere Wissenschaft noch sehr unvollkommen, indem man von den wenigsten Veränderungen die Ursachen mit Gewissheit anzuzeigen im Stande ist; und deswegen kann man auch von der

Naturlehre nicht verlangen, dass sie von allen Veränderungen die Ursachen wirklich anzeigen soll. In dieser Absicht ist demnach die Beschreibung der Naturlehre so eingerichtet worden, dass dieselbe nur bemühet ist, die Ursachen der vorgehenden Veränderungen zu ergründen. Ferner wird die Naturlehre nur auf die Veränderungen, welche sich an den Körpern ereignen, eingeschränkt, um dieselbe von der Geisterlehre abzusondern, als welche mit Erklärung der bei dem Geiste vorgehenden Veränderungen beschäftigt ist.

2. *Alle Veränderungen, welche sich an den Körpern ereignen, müssen ihren Grund in dem Wesen und den Eigenschaften der Körper selbst haben.*

Entweder ist die Ursache einer solchen Veränderung in dem Körper selbst, oder ausser dem Körper; im ersteren Falle ist der Satz klar, indem sowohl die Ursache als die Veränderung, welche dadurch gewirket wird, in dem Wesen und den Eigenschaften der Körper gesucht werden muss. Im anderen Falle aber, wann gleich die Ursache nicht in den Körpern befindlich ist, so geschieht doch die Veränderung selbst in den Körpern, und muss folglich in dem Wesen und den Eigenschaften der Körper gegründet sein. Denn hieraus erkennt man, was für Veränderungen an den Körpern möglich sind, ohne auf die Ursachen zu sehen, durch welche dieselben gewirket werden. Es kommen nämlich in der Naturlehre immer zwei Sachen zu betrachten vor: erstlich die Veränderung selbst, welche vorgegangen, und dann zweitens die Ursache, welche dieselbe hervorgebracht. Die erste ist zweifelsohne allezeit in dem Wesen und den Eigenschaften der Körper gegründet, und dieses ist genug zu Behauptung unseres Satzes. Ist aber die Ursache nicht in den Körpern befindlich, so muss sie nothwendig einem Geiste zugeschrieben werden, weil in der Welt man keine andere Wesen als Geister und Körper behaupten kann. Allein solche Veränderungen an den Körpern, welche von Geistern hervorgebracht werden, überschreiten die Gränzen der Naturlehre, sowohl als die Wunderwerke, welche unmittelbar durch eine göttliche Kraft gewirket werden. Inzwischen ist so viel zu merken, dass, wann eine Veränderung unmöglich aus dem Wesen der Körper erkläret werden kann, dieselbe nothwendig einem Geiste zugeschrieben oder gar für ein Wunderwerk gehalten werden müsse.

3. *Vor allen Dingen ist also nöthig, dass man sich bemühe, das Wesen und die Eigenschaften der Körper zu erforschen.*

Das Wesen der Körper wird von den meisten Weltweisen für eine unergründliche Sache gehalten, zu dessen Erkenntniss man nimmermehr gelangen könne. Dieser Meinung zufolge müssen wir uns mit der Erkenntniss einiger Eigenschaften begnügen und keine andere Veränderungen in den Körpern erklären wollen, als welche in diesen Eigenschaften gegründet sind. Allein hier ist der Ort noch nicht, von der Möglichkeit oder Unmöglichkeit einer vollständigen Erkenntniss zu urtheilen; wir müssen vorher allen gehörigen Fleiß anwenden, um zu einer solchen Erkenntniss zu gelangen, und alsdann wird es nicht schwer sein, zu urtheilen, wie weit wir das Wesen der Körper erkannt haben. Es sind aber in dem Wesen alle Eigenschaften gegründet, welche den Körpern immer zukommen, und wer das Wesen derselben einmal erkannt hat, dem können auch alle Eigenschaften nicht mehr verborgen sein; wie dann auch demjenigen, der alle mögliche Eigenschaften der Körper ergründet hat, das Wesen nicht unbekannt sein kann. Die erste und vornehmste Bemühung der Naturlehrer gehet also dahin, dass wir aus einer genauen Betrachtung der Körper ihre Eigenschaften zu erkennen trachten.

4. *Was allen Körpern ohne einige Ausnahmen zukommt, wird eine Eigenschaft der Körper genannt, und daher werden alle Dinge, in welchen sich diese Eigenschaft nicht findet, von dem Geschlecht der Körper ausgeschlossen.*

Hier ist die Rede von den allgemeinen Eigenschaften der Körper, welche allen Körpern ohne Ausnahme zukommen; und diese müssen wohl unterschieden werden von denjenigen Eigenschaften, welche nur einer besonderen Art der Körper eigen sind. Wir müssen aber vorher die Eigenschaften aller Körper überhaupt kennen lernen, ehe wir zur Untersuchung der besonderen Eigenschaften, welche nur gewissen Arten der Körper zukommen, fortschreiten können; denn die Erwägung der allgemeinen Eigenschaften wird uns lehren, was für Veränderungen der Körper überhaupt in denselben ihren Grund haben und folglich aus denselben erklärt werden können, da sich hingegen in besonderen Arten der Körper solche Veränderungen ereignen können, welche aus den besonderen Eigenschaften einer jeglichen Art erkläret werden müssen. Wir haben aber zwei Wege, um zur Erkenntniss der allgemeinen Eigenschaften der Körper zu gelangen; der erste Weg bestehet darin, dass wir erforschen, was alle Körper unter sich gemein haben; weilen wir aber über die wenigsten Körper, welche sich in der Welt befinden, eine solche Untersuchung anzustellen vermögend sind, so bedienen wir uns mit grösserer Sicherheit des anderen Weges, welcher darauf beruhet, dass wir alles dasjenige für Eigenschaften der Körper annehmen, ohne welches die Körper aufhören würden, Körper zu sein. Denn was den Körpern dergestalt zukommt, dass wir alle diejenigen Dinge, in welchen sich dieses nicht befindet, auch nicht für Körper halten würden, dasselbe ist mit Recht für eine allgemeine Eigenschaft der Körper zu halten. Da wir nun einen solchen Begriff von den Körpern voraussetzen, welcher aber gleich noch unvollständig doch hinlänglich ist, die Körper von denjenigen Dingen, welche nicht Körper sind, zu unterscheiden, so können wir auch vermittelst dieses Begriffes die allgemeinen Eigenschaften der Körper ausfindig machen. Und eben diese Entwickelung der allgemeinen Eigenschaften wird uns nach und nach zu einem vollständigen Begriff der Körper leiten, durch welchen wir endlich mit aller Gewissheit zu einer vollkommenen Erkenntniss aller Eigenschaften und sogar des Wesens der Körper selbst werden gelangen können.

5. *Das Wesen der Körper bestehet in einer solchen Eigenschaft, welche nicht nur allen Körpern gemein, sondern auch dergestalt eigen ist, dass alle Dinge, welchen diese Eigenschaft zukommt, auch nothwendig für Körper gehalten werden müssen.*

Für eine blosse Eigenschaft ist es genug, dass wir alle Dinge, in welchen sich dieselbe nicht befindet, aus dem Geschlechte der Körper mit Recht ausschliessen können; es kann aber noch sein, dass auch anderen Dingen diese Eigenschaft zukommt, welche doch nicht Körper sind; und dieses ist alsdann eine blosse Eigenschaft, worin das Wesen der Körper noch nicht gesetzt werden kann. Eine solche Eigenschaft aber, welche den Körpern dergestalt eigen ist, dass, sobald sich dieselbe bei einem Dinge befindet, dieses Ding auch sogleich für einen Körper gehalten werden muss, enthält auch nothwendig das Wesen der Körper in sich. Denn wann eine Eigenschaft so beschaffen ist, dass alle Dinge, welche damit begabet sind, auch sogleich für Körper gehalten werden müssen, und es unmöglich ist, dass eine Sache, in welcher sich diese Eigenschaft befindet, nicht ein Körper sein sollte, so muss das Wesen der Körper nothwendig in derselben bestehen. Hieraus ist auch klar, dass nur eine einzige solcher Eigenschaften das Wesen der Körper ausmacht; denn wenn zwei oder mehr dergleichen Eigenschaften dazu erfordert würden, so würde ein Ding, das nur mit einer derselben begabet wäre, noch nicht für einen Körper zu halten sein, welches demjenigen, so angenommen worden, widerspräche. So bald wir also eine einzige solcher Eigenschaften werden entdecket haben, so können wir auch sicher behaupten, dass in derselben das Wesen der Körper bestehe, und haben also eine vollständige Erkenntniss der Körper erlanget.

6. *Alle allgemeine Eigenschaften der Körper sind in ihrem Wesen gegründet, und es kann den Körpern keine allgemeine Eigenschaft zugeschrieben werden, welche nicht in ihrem Wesen enthalten wäre.*

Sobald sich diejenige Eigenschaft, in welcher das Wesen der Körper bestehet, bei einem Dinge befindet, so ist dasselbe ein Körper, wenn es auch gleich keine andere Eigenschaften hat, welche mit jener in keiner Verknüpfung stehen. Daher sind alle diejenigen Eigenschaften, welche nicht nothwendig aus dem Wesen der Körper herfliessen, keine allgemeine Eigenschaften derselben, weil die Körper auch ohne dieselben Körper bleiben würden, und also können den Körpern keine andere allgemeine Eigenschaften zugeschrieben werden, als welche aus ihrem Wesen nothwendig folgen. Wer demnach das Wesen der Körper erkannt hat, dem kann auch keine einzige allgemeine Eigenschaft derselben verborgen sein.

7. *Alle besondere Arten von Körpern haben auch ihre besondere Eigenschaften, welche aber nichts anderes sind als sonderbare Einschränkungen der allgemeinen Eigenschaften.*

Der Begriff von den Körpern, welchen wir bisher betrachtet haben, ist ein allgemeiner Begriff, weil er alle Körper überhaupt in sich begreiffet, und deswegen nothwendig unbestimmt. Ebenso ist auch das Wesen der Körper überhaupt nebst den daraus herfliessenden Eigenschaften unbestimmt und leidet demnach unterschiedene Bestimmungen und Einschränkungen, aus welchen die besonderen Arten der Körper entstehen. Wenn also das Wesen der Körper überhaupt auf eine gewisse Art bestimmt und eingeschränket wird, so entsteht daher das Wesen einer besonderen Art von Körpern, deren Eigenschaften ebenfalls aus diesem eingeschränkten Wesen entspringen, welche folglich von den allgemeinen Eigenschaften nicht anders unterschieden sein können, als in Absicht auf dieselbe besondere Bestimmung des Wesens. Wird das Wesen nach seinem ganzen Umfang in allen Stücken bestimmt, so entsteht daher ein einzelner Körper, in welchem gar nichts unbestimmtes mehr vorhanden ist, dergleichen alle Körper sind, welche als Theile der Welt wirklich da sind: indem nichts wirklich da sein kann, als was in allen Stücken völlig bestimmt ist. Wenn also das allgemeine Wesen der Körper nur in einigen Stücken bestimmet wird, so entstehen daher die besonderen Arten der Körper, und in diesen sind ferner die einzelnen Körper enthalten, wann die Bestimmung ganz und gar vollendet wird, dass daran nichts unbestimmtes mehr übrig bleibt.

8. *Die Naturlehre wird also am füglichsten dergestalt abgehandelt werden, dass man erstlich die allgemeinen Eigenschaften und daher das Wesen der Körper erforschet, hernach aber alle besondere Arten der Körper auf gleiche Weise untersuchet.*

Die Veränderungen, welche in den Körpern vorgehen, können nicht anders als aus den Eigenschaften und dem Wesen der Körper erkannt werden, und die Ursachen derselben, in sofern dieselben in den Körpern zu suchen sind, müssen auch nothwendig aus eben dieser Quelle hergeleitet werden. Da nun die Naturlehre eine Wissenschaft ist, die Ursachen der Veränderungen, so an den Körpern vorgehen, zu ergründen, so kann man dazu auf keine andere Art gelangen, als dass man sowohl die allgemeinen als besonderen Eigenschaften der Körper fleissig untersuchet, um daraus zu erkennen, was für Veränderungen bei den Körpern möglich sind und von was für Ursachen dieselben hervorgebracht werden können. Und nach dieser Erkenntniss muss hernach die Untersuchung der Ursachen aller bei den Körpern sich ereignenden besonderen Veränderungen angestellet werden.

CAPITEL 2

VON DER AUSDEHNUNG ALS DER ERSTEN ALLGEMEINEN EIGENSCHAFT DER KÖRPER

9. *Die erste allgemeine Eigenschaft der Körper bestehet in der Ausdehnung, dergestalt, dass alles, was keine Ausdehnung hat, auch für keinen Körper gehalten werden kann.*

Wir sind nicht nur durch die Erfahrung überzeugt, daß alle Körper, so wir kennen, eine *Ausdehnung* haben, sondern unser Begriff von den Körpern schliesset auch die Ausdehnung dergestalt in sich, dass wir vermöge desselben alle Dinge, welche keine Ausdehnung haben, aus der Zahl der Körper mit Recht ausschliessen. Hieran hat nicht nur keine Naturlehre jemals gezweifelt, sondern CARTESIUS[1]) ist auch so weit gegangen, dass er das Wesen der Körper in der Ausdehnung gesetzt; wir werden aber weiter unten sehen, dass dieses keineswegs mit Recht geschehen kann; denn obgleich alle Körper ohne Zweifel ausgedehnt sind, so folget nicht, dass alle Dinge, welche ausgedehnt sind, sogleich zu Körper werden. Ein leerer Raum mag möglich sein oder nicht, so ist doch soviel gewiss, dass der Begriff eines leeren Raumes, welcher unstreitig möglich ist, von dem Begriff der Körper abgesondert werden muss; woraus erhellet, dass unser Begriff von den Körpern noch etwas mehreres als die Ausdehnung allein in sich schliesse. Die übrigen Eigenschaften, welche nebst der Ausdehnung den Begriff der Körper ausmachen, sollen im Folgenden angezeigt werden, nachdem wir alle Nebeneigenschaften, welche mit der Ausdehnung nothwendig verbunden sind, werden untersuchet haben. Denn eine jegliche Haupt-Eigenschaft schliesset verschiedene Nebeneigenschaften in sich, welche folglich den Körpern ebenso nothwendig müssen zugeeignet werden, als die Haupt-Eigenschaft selbst.

1) RENÉ DESCARTES (1596—1650), *Principia philosophiae*, Amstelodami 1644; *Oeuvres de Descartes* (publiées par CH. ADAM et P. TANNERY), t. VIII, Paris 1905, p. 42. F. R.

10. *Was also auch immer von der Ausdehnung, in sofern sie Ausdehnung ist, gesagt werden kann, dasselbe kann auch ohne Ausnahme allen Körpern zugeeignet werden.*

Weil die Ausdehnung den Körpern nothwendig zukommt, so kommt ihnen auch alles dasjenige eben so nothwendig zu, was mit der Ausdehnung verbunden ist; folglich alle Eigenschaften der Ausdehnung sind auch zugleich Eigenschaften der Körper. Denn sobald den Körpern die Ausdehnung zugeschrieben wird, so muss ihnen zugleich auch alles dasjenige zugeeignet werden, was mit der Ausdehnung in einer nothwendigen Verknüpfung stehet; sonsten wären sie nicht ausgedehnt und also nicht einmal Körper. Da das Wesen der Körper nicht in der blossen Ausdehnung bestehet, so sind ausgedehnte Dinge möglich, welche nicht Körper sind; und der Begriff von einem ausgedehnten Ding überhaupt enthält den Begriff eines Körpers in sich; daher müssen auch alle Eigenschaften eines ausgedehnten Dinges überhaupt als Eigenschaften der Körper angesehen werden. Gegen diesen Schluss wird zwar von einigen eingewendet, dass die Ausdehnung nur ein abgesonderter Begriff sei, und daher die Eigenschaft derselben keineswegs den Körpern als wirklichen Dingen beigelegt werden könne. Hierauf dient aber zur Antwort, dass alle allgemeine Begriffe auch abgesonderte Begriffe sind; und Niemand hat sich noch einfallen lassen, zu behaupten, dass die Begriffe der Geschlechter nicht abgesonderte Begriffe sein sollten. Dem ungeachtet bleibet die Regel auf das festeste gegründet, dass alle Eigenschaften der Geschlechter auch allen darunter befindlichen besonderen Arten und einzelnen Dingen zukommen, und auf dieser Regel gründet sich sogar unsere ganze Erkenntniss. Gleichwie nun alles, was von den Körpern überhaupt, welches ein abgesonderter Begriff ist, gesagt werden kann, auch allen besonderen Arten und sogar allen einzelnen Körpern zugeeignet werden muss, so muss auch von den Körpern sowohl überhaupt als insbesondere alles dasjenige gelten, was von der Ausdehnung als einem noch allgemeineren Begriff gesagt werden kann; und wer sich diesen Schluss zu läugnen untersteht, der stösst die sichersten Regeln der Vernunftlehre um. Wer demnach den Körpern die Eigenschaften, so mit der Ausdehnung nothwendig verbunden sind, abspricht, derselbe entzieht ihnen die Ausdehnung selbst und schliesst sie folglich von dem Geschlecht der Körper aus.

11. *Alles, was ausgedehnt ist, ist theilbar, und gehet zugleich die Theilbarkeit ohne Ende immer weiter fort; daher müssen auch alle Körper unendlich theilbar sein.*

Der dagegen von dem abgesonderten Begriff der Ausdehnung hergeleitete Einwurf ist schon entkräftet worden, wann nur gesagt wird, daß die unendliche Theilbarkeit der Ausdehnung, insofern sie Ausdehnung ist, zukomme. Dieser Beweiss wird aber in der Geometrie geführt, allwo auf das bündigste dargethan wird, dass alles, was ausgedehnt ist, ohne Ende immerfort theilbar sein müsse; und wann wir weiter nachsuchen, warum die unendliche Theilbarkeit der Ausdehnung zugeschrieben werde, so finden wir ganz deutlich, dass solches aus der Natur der Ausdehnung nothwendig folge. Wo also immer eine Ausdehnung vorhanden ist, da findet auch die unendliche Theilbarkeit statt; und da alle Körper ausgedehnt sind, so müssen sie auch nothwendig in's Unendliche theilbar sein. Wir wissen sogar aus der Erfahrung, dass die wirkliche Zertheilung vieler Körper erstaunlich weit getrieben werden kann; und es ist klar, dass nur unsere Werkzeuge und die Sinne selbst zu stumpf sind, dass die Zertheilung nicht noch weiter fortgesetzt werden kann. Allein hier ist nicht die Rede von dem, was wirklich bewerkstelligt werden kann, sondern vielmehr von der blossen Möglichkeit, die Zertheilung noch immer weiter zu treiben. Man setze, ein Körper sei schon wirklich in 1000 Theile zertheilet worden, so wird ein jeder Theil noch eine gewisse Grösse haben und ist daher gewiss, dass ein jeder Theil noch einer weitern Eintheilung fähig sei; und da die Theile, so weit man auch immer in den Gedanken mit der Zertheilung gekommen sein mag, doch noch immer eine gewisse Grösse und Ausdehnung behalten, so bleibt auch die fernere Fortsetzung eben so möglich als von Anfang. Hier scheinen zwar unsre Sinne zu stutzen, allein die Wahrheit muss nicht nach den Sinnen, sondern allein nach der Vernunft beurtheilet werden. Sollte man nach einer eingebildeten, jedoch bestimmten Zergliederung endlich auf solche Theile gerathen, welche keiner ferneren Zertheilung mehr fähig wären, so müssten dieselben auch aller Grösse beraubet sein, welches einen wahren Widerspruch in sich enthält, denn so widersprechend es ist, dass die Hälfte oder der dritte Theil eines Körpers keine Grösse mehr haben sollte, ebenso widersprechend ist es, wenn man ein solches von den tausendsten oder millionsten oder noch weit kleineren Theilen behaupten wollte, denn ehe man auf diese letzten Theile käme, so hätte man unmittelbar vorher doch noch solche Theile, welche sich theilen liessen und folglich eine Ausdehnung hätten, von welchen gleichwohl die Hälfte aller Grösse beraubet wäre. Man giebt zwar vor, daß man die unendliche Theilbarkeit durch unumstössliche Gründe widerleget habe; allein die Schwäche derselben soll in den folgenden Sätzen klar erwiesen werden.

12. *Ungeachtet die Körper in's Unendliche theilbar sind, so ist doch der Satz, dass ein jeglicher Körper aus unendlich vielen Theilen bestehe, schlechterdings falsch und stehet sogar mit der unendlichen Theilbarkeit in offenbarem Widerspruch.*

Man sieht gemeiniglich diese zwei Sätze:

Ein jeder Körper ist in's Unendliche theilbar

und

Ein jeder Körper ist aus unendlich vielen Theilen zusammengesetzt

als gleichgültig an und beweist durch unumstössliche Gründe, dass der letztere unmöglich mit der Wahrheit bestehen könne. Es ist so fern, dass ich diese Gründe wollte zu entkräften suchen, dass ich denselben vielmehr die Kraft eines völligen Beweises beilege und den letzten Satz gänzlich verwerfe. Ich werde aber zeigen, dass dieser Satz einen offenbaren Widerspruch in sich selbst fasse und dem ersteren schnurgerade entgegen stehe; daher alle Einwürfe, so wider den letzteren gemacht werden, den ersteren ganz und gar nicht treffen und die unendliche Theilbarkeit der Körper im geringsten nicht bestreiten. Dann wann gesagt wird, dass ein Körper aus unendlich vielen Theilen bestehe, so stellt man sich den Körper als in Theile zertheilt vor und sagt, dass die Anzahl dieser Theile unendlich sei. Nun frage ich, von was für Theilchen die Anzahl unendlich sei? Es giebt vielerlei Theile, als halbe, drittel, zehntel, hundertstel und so fort; niemand wird aber sagen, dass die Anzahl der halben Theile oder der drittel oder der hundertstel oder tausendsten Theile unendlich sei, sondern man giebt zu erkennen, dass von den letzten Theilen, in welche ein Körper nach einer ohne Ende fortgesetzten Zergliederung zertheilet wird, die Rede sei; und muss folglich der Satz also ausgelegt werden, dass die Anzahl der letzten Theile eines Körpers unendlich sei. Nach dem ersten Satz aber wird ausdrücklich geläugnet, dass es letzte Theilchen gäbe; denn da behauptet wird, dass, so weit auch immer die Theilung fortgesetzet sein mag, dieselbe doch noch immer mit gleicher Möglichkeit fortgesetzet werden könne und dieses ohne Ende, so werden die letzten Theile als unmöglich ganz und gar ausgeschlossen. Wer demnach sagt, dass ein Körper unendlich theilbar sei und dabei aus einer unendlichen Anzahl Theile bestehe, der widerspricht sich selbst, und ist kein Wunder, dass eine solche ungereimte Meinung durch die stärksten Beweise umgestossen werden kann.

13. *Ungeachtet ferner ein Körper wegen seiner Theilbarkeit als ein zusammengesetztes Ding anzusehen ist, so ist derselbe doch keineswegs aus einfachen Dingen zusammengesetzt; denn wenn er aus einfachen Dingen zusammengesetzt wäre, so wäre er nicht unendlich theilbar und also nicht ausgedehnt.*

Die Ausdehnung schliesst nehmlich an und für sich selbst schon alle einfachen Theilchen aus, weil nach derselben keine letzten Theilchen zugegeben werden können. Denn man mag einen Körper in so viel Theile theilen, als man immer will, so behalten doch diese Theile noch allezeit eine Ausdehnung, kraft welcher dieselben noch immer weiter zertheilet werden können. Demnach hält dieser Satz: *dass, wo zusammengesetzte Dinge sind, daselbst auch einfache sein müssen,* keineswegs Stich; indem alle Theile, welche man sich in einem Körper vorstellen kann, noch ausgedehnt und folglich zusammengesetzt sind. Die Vertheidiger der einfachen Dinge sagen zwar, dass die einfachen Dinge, welche einen Körper darstellen, sich in einer Entfernung von einander befinden und wegen dieser ihrer Entfernung eine Ausdehnung vorstellen. Allein wenn alle diese einfachen Dinge von einander entfernt wären, und sich also nichts zwischen denselben befände, so würde auch nichts im Wege sein, dass man dieselben so nah zusammentreiben könnte, bis keine Entfernung mehr zwischen denselben vorhanden wäre, und in diesem Falle, da alle Theile keine Ausdehnung haben, so würden sie auch in einem Punkte zusammengebracht werden können, welches doch sowohl wider die Erfahrung als Vernunft streitet. Man giebt zwar gern zu, dass sich in einem jeglichen Körper eine grosse Menge solcher Räumchen befinde, welche keine zum Körper eigentlich gehörende Materie enthalten; allein ausser dem, dass hier noch kein Unterschied zwischen der eigenthümlichen und fremden Materie eines Körpers gemacht wird, indem unter dem Namen eines Körpers alles dasjenige mit begriffen wird, was in dem Umfang seiner Ausdehnung enthalten ist, so muss doch auch bei diesem Unterschied die eigenthümliche Materie einen gewissen Theil der ganzen Ausdehnung anfüllen, und folglich gilt auch von diesem Theil, dass derselbe ins Unendliche theilbar sein müsse. Wofern man also die Körper nicht völlig in nichts verwandeln und zu einem blossen leeren Raume machen will, so kann man ihnen die Theilbarkeit in's Unendliche nicht absprechen. Aber auch allem diesen ungeachtet, weil wir unter einem Körper hauptsächlich seine Ausdehnung verstehen, so kann kein Zweifel übrig bleiben, dass nicht diese Ausdehnung in's Unendliche theilbar sein sollte.

14. *Wann demnach von den Theilen eines Körpers die Rede ist, so ist diese Redensart unbestimmt, wofern man nicht hinzusetzt, was für oder die wievielsten Theile des Körpers verstanden werden.*

Dass man die letzten Theile, weil keine vorhanden sind, nicht verstehen könne, ist schon gewiesen worden; setzt man aber hinzu, die wievielsten Theile, als die halben oder dritten oder zehnten oder hundertsten man meinet, so hat die Sache keine Schwierigkeit und kann daher kein Einwurf gegen die unendliche Theilbarkeit der Körper hergenommen werden. Man pflegt aber dagegen einzuwenden, dass, wenn die Körper aus keiner bestimmten Anzahl einfacher Theile bestünden, Gott selbst dieselben nicht vollkommen erkennen könnte, welches höchst ungereimt wäre. Dieser Einwurf scheint zwar etwas verlegen zu sein, indem man behaupten will, Gott könne ausgedehnte und folglich zusammengesetzte Sachen nicht anders als aus ihren letzten Theilen erkennen; allein wer wird läugnen, daß Gott nicht alle wirkliche Theile, als die halben, drittel und so fort vollkommen erkennen sollte? Von Theilen aber, die nicht vorhanden sind, als die letzten, kann auch nicht einmal bei Gott eine Erkenntniss gesucht werden. Diese Einwürfe aber gegen die unendliche Theilbarkeit sind von geringem Gewicht, und da wir alle diejenigen, welche gegen die unendliche Anzahl der Theile gemacht werden, aus dem Wege geräumet, so bleibt wohl die unendliche Theilbarkeit ausser allem Zweifel gesetzt.

15. *Ein jeglicher Körper hat aber nicht nur eine Ausdehnung, sondern ist immer nach den sogenannten drei Ausmessungen in die Länge, Breite und Tiefe ausgedehnt und muss folglich eine nach allen Gegenden bestimmte Figur haben.*

Was nur nach einer Gegend ausgedehnt ist, wird eine Linie, und was nach zwei Gegenden ausgedehnt ist, eine Oberfläche genannt; beide sind ihrer Art auch Ausdehnungen, aber doch keine Körper, und wir haben also hier schon ein Zeugniss, dass nicht alle Dinge, so ausgedehnt sind, für Körper gehalten werden können. Ein Körper muss eine dreifache Ausdehnung haben, in die Länge, Breite und Tiefe oder Dicke. Mehr Arten von Ausdehnungen sind auch nicht möglich und daher müssen sich in einem Körper alle möglichen Ausdehnungen finden, das ist, er muss nach allen Gegenden ausgedehnt sein. Ein Körper ist also ringsherum eingeschränkt und der äussere Umfang der Ausdehnung wird seine Figur genannt, wovon unendlich viel verschiedene Gattungen möglich sind, wie in der Geometrie gelehret wird. Diese Figur ist bei allem einzelnen Körper in allen Stücken bestimmt; wenn aber von dem Körper insgemein die Rede ist, so kann ihm nicht mehr als die Eigenschaft, eine Figur anzunehmen, zugeschrieben werden: man muss nehmlich diese Eigenschaft selbst als unbestimmt ansehen. Von den Theilen eines Körpers aber überhaupt kann man nicht sagen, daß sie eine bestimmte Figur haben, auch nicht einmal, wenn gesagt wird, der wievielste Theil es ist; denn man kann aus einem gegebenen Körper auf unendlich vielerlei Arten ein Stück ausschneiden, welches die Hälfte des ganzen beträgt, daher seine Figur auch unendlich verschieden sein kann. Demnach ist die Frage, wie die Figur der Theile eines Körpers beschaffen sei, ganz ungereimt, und kann nur bei denen Statt finden, welche in den Körpern letzte Theile behaupten, bei welchen jedoch, von ihnen alle Grösse abgesprochen, der Begriff von der Figur völlig wegfällt. Dieses scheint hinlänglich zu sein, um uns einen vollständigen Begriff von der Ausdehnung und den damit verknüpften Eigenschaften zu geben, daher wir zu Untersuchung anderer allgemeinen Eigenschaften der Körper fortschreiten wollen.

CAPITEL 3

VON DER BEWEGLICHKEIT ALS DER ZWEITEN ALLGEMEINEN EIGENSCHAFT DER KÖRPER

16. *Kein Körper ist dergestalt an den Ort, wo er sich befindet, gebunden, dass es nicht möglich sein sollte, denselben an einen jeglichen anderen Ort zu versetzen. Diese Möglichkeit, einen anderen Ort einzunehmen, wird die Beweglichkeit genannt, welche folglich den Körpern als die zweite allgemeine Eigenschaft zugeschrieben werden muss.*

Was wir uns auch für einen Begriff von dem Raume machen, so können wir uns keinen Körper anders vorstellen, als dass er einen gewissen Theil des Raumes einnimmt und gleichsam ausfüllt. Dieser von einem Körper eingenommene Theil des Raumes, welcher der Ausdehnung nach dem Körper vollkommen gleich sein muss, wird sein Ort genannt; ob nun wohl ein Körper zugleich an nicht mehr als einem Orte sein kann, so ist er doch nicht dergestalt daran verknüpfet, dass er nicht zu einer anderen Zeit sich an einem anderen Orte sollte befinden können; denn weder in dem Raume noch dem Körper selbst ist nichts, wodurch dieser Möglichkeit widersprochen würde. Diese Möglichkeit, einen Körper von einem Orte zu einem anderen zu versetzen, ist unserem Begriff von den Körpern so eigen, dass man sich keinen Körper vorstellen kann, wo dieselbe nicht Platz haben sollte. Man kann sich wohl einen Körper immer an ebendemselben Orte vorstellen; allein hier ist nicht die Frage, ob ein Körper immer wirklich an einem Orte verbleibe oder nicht, sondern bloss, ob es nicht möglich wäre, dass derselbe an einen anderen Ort versetzet würde. In dieser blossen Möglichkeit besteht nun die Beweglichkeit, welche mit allem Rechte von allen Naturlehrern unter die allgemeinen Eigenschaften der Körper gezählet wird. Es ist also möglich, dass ein Körper, welcher jetzt hier ist, sich nach einiger Zeit an einem jeglichen anderen Ort befinden könnte; und weil dieses ohne Bewegung nicht geschehen kann, so wird diese Eigenschaft die *Beweglichkeit* oder Möglichkeit sich zu bewegen genannt.

17. *So lange sich ein Körper an ebendemselben Orte befindet, so sagt man, derselbe sei in Ruhe; rückt er aber von einem Orte zu einem anderen fort, so wird ihm eine Bewegung zugeeignet. Also bestehet die Ruhe in der Verbleibung eines Körpers an ebendemselben Orte, die Bewegung aber in der Fortrückung von einem Orte zu dem andern.*

Ein Körper kann sich nach seinem äusserlichen Umfange an einerlei Ort befinden, wenn gleich in seinen inwendigen Theilen eine Bewegung vorgeht; also kann von einer Uhr ihrem äusserlichen Umfange nach gesagt werden, dass sie in Ruhe sei, ungeachtet sich das inwendige Räderwerk in einer beständigen Bewegung befindet; daher muss der Zustand eines ganzen Körpers von dem Zustande seiner Theile wohl unterschieden werden; wenn inzwischen alle Theile in einer vollkommenen Ruhe befindlich sind, so ist es gewiss, dass auch das Ganze in Ruhe sein muss, gleichwie hinwiederum das Ganze sich nicht bewegen kann, ohne dass zugleich seine Theile mit beweget werden. In diesen allgemeinen Untersuchungen wird aber nur von der Ruhe und Bewegung des Ganzen hauptsächlich gehandelt werden und alles, was da vorgefunden werden wird, muss auch hernach von der Ruhe und Bewegung eines jeglichen Theiles insbesondere gelten. Hier wird also bloss auf das Verhältniss, in welchem der äussere Umfang eines Körpers mit dem Raume stehet, in Betrachtung gezogen, und wenn dieses Verhältniss unverändert bleibt, so befindet sich der Körper in Ruhe, wird aber dieses Verhältniss verändert, so ist der Körper in Bewegung.

18. *Insofern also durch die Bewegung bloss allein das Verhältniss, in welchem der äussere Umfang eines Körpers mit dem Raume steht, verändert wird, so leidet daher der innere Zustand eines Körpers keine Veränderung und demnach kann die Bewegung weder unter die Eigenschaften noch Zufälligkeiten eines Körpers gerechnet werden.*

Es ist unter den Schullehrern stark gestritten worden, ob die Bewegung unter die Eigenschaften (*proprietates*) oder Zufälligkeiten (*accidentiae*) eines Körpers gezählt werden müsse oder nicht? Eine Eigenschaft kann dieselbe nicht sein, weil die Eigenschaften eines Dinges unveränderlich sind; und da die Zufälligkeiten also erklärt werden, dass alle Veränderungen eines Dinges in den Zufälligkeiten vorgehen dergestalt, dass, wenn diese verändert werden, das Ding selbst eine Veränderung leide, so ist es klar, dass man die Bewegung auch nicht unter die Zufälligkeiten eines Körpers zählen könne. Man muss aber zweierlei Zufälligkeiten zugeben, davon die einen das Ding an und für sich selbst angehen, die anderen aber nur in seinem Verhältnisse mit anderen Dingen bestehen; und alsdann bleibt kein Zweifel übrig, dass nicht die Bewegung unter diese letztere Art von Zufälligkeiten zu rechnen sei. Solchergestalt fallen alle Schwierigkeiten weg, welche sowohl gegen die Bewegung selbst als die Mittheilung derselben vorgebracht zu werden pflegen. Dieses ist aber nur in Ansehung der Bewegung des ganzen Körpers, insofern sein äusserer Umfang mit dem Raume in Vergleichung gezogen wird; denn wenn die inneren Theile unter sich in Bewegung gesetzet werden, so wird dadurch nicht nur der wahre Zustand eines Körpers verändert, sondern es wird auch unten gezeigt werden, dass sich in einem Körper keine andere Veränderungen als aus eben diesem Grunde ereignen können. Die Bewegung des ganzen kann zwar öfters auch etwas dazu beitragen, allein dieses geschieht nicht wegen der Bewegung an und für sich selbst, sondern wegen besonderer Folgen, so daraus nothwendig fliessen, wie aus den nachfolgenden Untersuchungen deutlicher erhellen wird.

19. *Wenn sich ein Körper bewegt, so rücket er immer von einem Orte in einen anderen, so nächst daran liegt, fort und befindet sich also alle Augenblicke an einem anderen Orte, ohne sich an irgend einem nur im geringsten aufzuhalten.*

Indem sich ein Körper bewegt, so lässt sich nicht füglich sagen, dass er sich inzwischen jemals an einem gewissen Orte befinde, indem diese Redensart einen Aufenthalt anzudeuten scheint. Das Wort durchgehen würde sich besser schicken, weil die Bewegung ein beständiger Durchgang von einem Orte zu dem anderen ist. Eine unrichtige Erklärung dergleichen Redensarten kann leicht in grobe Irrthümer verleiten; daher meinen einige, dass die Bewegung nicht anders als eine Folge vieler kleinen Verbreitungen an Mittelorten anzusehen sei. Man nenne den Ort, von welchem der Körper ausgeht, A und den, an welchen er nach einiger Zeit hinkommt, Z; so stellen sie sich eine gewisse Anzahl Mittelorte vor, als B, C, D, E etc., und sagen, dass der Körper gleichsam hüpfend von A zu B springe und in B sich ein wenig verbreite und gleichsam ausruhe; gleichergestalt springe er ferner von B nach C, von da nach D und so weiter. Eine solche hüpfende und durch kleine Verbreitungen unterbrochene Bewegung lässt sich zwar wohl vorstellen und möchte in gewissen Fällen auch möglich sein; allein hier würde doch der Sprung von *A* zu *B* eine wahre Bewegung bleiben, dergleichen wir hier betrachten, und durch keine fernere kleine Verweilung unterbrochen sein. Wollten sie aber sagen, dass zwischen *A* und *B* wieder einige Ruhplätze kämen und zwischen diesen wiederum andere und so fort ohne Ende, so ist klar, dass der Körper nimmer von seiner Stelle kommen würde, indem er sich auf einem jeglichen Ruheplatz etwas verweilen müsste; oder man müsste sagen, dass eine jede Verweilung unendlich kurz dauerte, das ist, von gar keiner Dauer wäre, wodurch dieser sonderbare Begriff von selbst zernichtet würde. Geht aber der Körper von *A* bis nach *Z* fort, ohne unterdessen irgendwo auszuruhen, so durchläuft er alle Mittelorte *B*, *C*, *D* etc. und es würde ungereimt sein, wenn man alle mögliche Mittelorte zählen wollte. Denn kein Ort kann dem andern so nahe sein, dass zwischen denselben nicht noch ein Mittelort, und das in's Unendliche, vorhanden sein sollte, welche sogar alle von dem Körper wirklich durchlaufen werden. Hierauf gründet sich der Begriff des Stetigen, welcher sowohl der Ausdehnung als Bewegung wesentlich zukommt, worin sich zwar Theile begreifen lassen, in der That aber nicht als von einander abgesondert angesehen werden können. In dem Stetigen hängt gleichsam alles an einander und findet darin keine wirkliche Abtheilung, wonach man die Theile zählen könnte, statt.

20. *Wenn sich ein Körper bewegt, so beschreiben alle Punkte, welche man sich in demselben vorstellen kann, gewisse Linien, welche man den von einem jeglichen Punkte beschriebenen Weg zu nennen pflegt.*

So lang man sich einen ganzen Körper zugleich vorstellt, so ist es schwer, sich einen richtigen Begriff von seiner Bewegung zu machen, indem in den verschiedenen Theilen, welche sich in einem jeglichen Körper begreifen lassen, ganz verschiedene Bewegungen stattfinden können. Daher pflegt man, um unserm Verstande zu Hülfe zu kommen, alle Punkte, welche man sich in einem Körper vorstellen kann, besonders zu betrachten; und da ein jeglicher Punkt mit dem Körper fortgehet, so hat man nur nöthig, den Weg, das ist die Linie, in der sich ein jeder bewegt, in Erwägung zu ziehen. Man stellt sich hier nämlich einen Punkt, wie in der Geometrie, ohne Theile vor, und da also keine Verschiedenheit darin Platz findet, so kann die Bewegung desselben aus dem durchlaufenen Wege am füglichsten erkannt werden. Weiss man aber für einen jeglichen Punkt des Körpers den Weg, so derselbe während der Bewegung beschreibet, anzuzeigen, so hat man einen zureichenden Begriff von der Bewegung des Körpers selbst. Es scheint zwar, dass wegen der Unendlichkeit der Punkte, so man sich an einem Körper vorstellen kann, diese Art, zur Erkenntniss seiner Bewegung zu gelangen, viel zu weitläuftig und zu unmöglich sein müsste. Allein ausser dem, dass es bei vielen Körpern genug ist, wenn man die Bewegung nur von einigen Punkten erforschet hat, indem die Bewegung aller anderen daraus von selbsten bestimmt wird, so hat man in der Auflösungskunst solche sichere Hülfsmittel, durch welche auch alle Schwierigkeiten, so sich wegen der Unendlichkeit der zu betrachtenden Stücke ereignen, überwunden werden können.

21. *Zu einer vollständigen Erkenntniss aber der Bewegung eines Punktes wird nicht nur erfordert, dass man den von demselben beschriebenen Weg anzuzeigen wisse, sondern man muss in diesem Wege für einen jeglichen Zeitpunkt die Stelle bestimmen können, wo sich der bewegte Punkt damals befunden.*

Hier ist also bloss von der Bewegung eines Punktes die Rede, nicht als wenn wir die Punkte als Theile eines Körpers ansehen, sondern weil sich die Bewegung eines Körpers durch die Bewegung der darinn betrachteten Punkte am füglichsten begreifen lässt. Wenn man aber auf einen jeglichen Zeitpunkt den Ort bestimmen kann, wo sich der bewegte Punkt alsdann befindet oder durch welchen derselbe vielmehr durchstreichet, so hat man eine vollständige Erkenntniss von desselben Bewegung und hierin ist sogar auch schon der beschriebene Weg selbst mit begriffen. Denn wenn alle Punkte in dem Raume bestimmt werden, durch welchen der bewegte Punkt zu einer jeglichen Zeit durchgegangen, so wird durch dieselben zugleich der ganze beschriebene Weg bestimmet. Wenn man also ferner auf diese Art die Bewegung aller in dem Körper eingebildeten Punkte erkannt hat, so kann man sich einer vollständigen Erkenntniss der Körper selbst rühmen. Denn es lässt sich nichts in der Bewegung der Körper begreifen, welches nicht aus dieser Erkenntniss allein völlig erörtert werden könnte. Viele stellen sich die Lehre von der Bewegung als höchst dunkel und geheimnissvoll vor, welches daher rühret, dass ihnen die Art, alle Umstände, so dabei vorkommen, deutlich zu entwickeln und auseinander zu setzen, verborgen gewesen. Die Wissenschaft der Bewegung ist aber heutzutage in ein solches Licht gesetzet worden, dass alle Schwierigkeiten, welche darinn noch vorkommen, nicht der Wissenschaft selbst, sondern einzig und allein der Auflösungskunst zugeschrieben werden müssen; an der Erweiterung dieser Kunst ist also hauptsächlich alles gelegen.

22. *Eine gradlinichte und gleichförmige Bewegung ist, wenn der Punkt sich erstlich nach einer graden Linie beweget und hernach in gleichen Zeiten gleiche Theile dieser Linie durchläuft; woraus zugleich verstanden wird, was eine krummlinichte und ungleichförmige Bewegung sei.*

Diese zwei Umstände, dass der Punkt erstlich in einer graden Linie fortgehet und hernach in gleichen Zeiten gleiche Wege durchläuft, stellen ohne Zweifel diejenige Art der Bewegung vor, welche sich am leichtesten begreifen lässt und von welcher man sich vor allen Dingen einen deutlichen Begriff machen muss. Dieser ist um so viel nöthiger, weil nach demselben auch die krummlinichten Bewegungen beurtheilt werden müssen. Die grade Linie und die Beschreibung gleicher Wege in gleichen Zeiten machen also diesen Hauptfall der Bewegung aus, denn man sieht leicht, dass sich ein Punkt nach einer graden Linie bewegen könnte, ohne in gleichen Zeiten gleiche Wege durchzulaufen; oder ein Punkt könnte in gleichen Zeiten gleiche Wege durchlaufen, ohne eine grade Linie zu beschreiben. Wenn aber hier von gleichen Wegen, so in gleichen Zeiten durchlaufen werden, die Rede ist, so muss solches von allen gleichen, auch den kleinsten Theilen der Zeit, verstanden werden; es ist nämlich nicht genug, dass alle Stunden gleiche Wege durchlaufen werden, sondern es müssen auch die Wege, so alle Minuten durchlaufen werden, unter sich gleich sein, wie auch diejenigen, so alle Secunden, ja Tertien und so fort durchlaufen werden. Dieser Umstand kann am bequemsten nach der Lehre der Verhältnisse also ausgesprochen werden, dass die Wege sich immer wie die Zeiten verhalten müssen. Wenn demnach durch eine solche Bewegung in einer Stunde 60 Ruthen zurück gelegt werden, so wird in einer jeglichen Minute eine Ruthe, in einer jeglichen Secunde der sechzigste Teil einer Ruthe und so weiter durchlaufen werden; und hierauf beruhet der Begriff von einer gleichförmigen Bewegung.

23. *Bei einer gradlinichten und gleichförmigen Bewegung wird die grade Linie die Richtung der Bewegung genannt; die Geschwindigkeit aber ist das Verhältniss des Weges zu der Zeit, in welcher derselbe durchlaufen wird.*

Wenn man den Weg weiss, welcher bei einer solchen Bewegung in einer gewissen Zeit beschrieben wird, so kann man daraus auch den Weg finden, welcher in einer jeglichen anderen Zeit beschrieben wird; denn um wieviel grösser oder kleiner die Zeit ist, um so viel grösser oder kleiner wird auch der Weg sein, oder der Weg wird zu der Zeit immer einerlei Verhältniss haben. Von einer solchen Bewegung wird nun gesagt, dass sie immer mit einerlei Geschwindigkeit geschehe. Wenn wir uns aber zwei Punkte vorstellen, deren jeder sich gleichförmig bewegt, der erste aber alle Secunden 2 Schuh, hingegen der andere alle Secunden 4 Schuh beschreibet, so sagen wir, dass die Geschwindigkeit des letzteren zweimal so gross sei als die des ersteren; und sollte der letztere alle Secunden 6 oder 8 Schuh durchlaufen, so würde seine Geschwindigkeit 3 mal oder 4 mal so gross sein. Je ein grösseres Verhältniss folglich der Weg hat zu der Zeit, in welcher er durchlaufen wird, um so viel grösser wird auch die Geschwindigkeit geschätzet; jenes Verhältniss wird aber gefunden, wenn man den Weg durch die Zeit theilet. Also wenn ein Punkt in der Zeit T den Weg S, ein anderer aber in der Zeit t den Weg s durchläuft, so ist die Geschwindigkeit jenes zur Geschwindigkeit dieses Punktes wie $\frac{S}{T}$ zu $\frac{s}{t}$. Nimmt man für die Zeit und den Weg gewisse und bestimmte Maasse an, so kann man sagen, dass die Geschwindigkeit gleich sei dem Weg getheilt durch die Zeit; diesemnach wird der Weg gleich der Geschwindigkeit mit der Zeit multiplicirt, und die Zeit gleich dem Weg durch die Geschwindigkeit getheilt, welche Bestimmungen man sich wohl bekannt zu machen hat. Was ferner die Richtung anlangt, so zeigt bei einer gradlinichten Bewegung die grade Linie an, nach was für einer Gegend der bewegte Punkt läuft, und weil sie grad ist, so erkennet man, dass die Bewegung immer nach einerlei Gegend gerichtet ist; daher wird auch die grade Linie die Richtung der Bewegung genannt.

24. *Ist die Bewegung aber krummlinicht und ungleichförmig, so kann man sich für einen jeglichen Zeitpunkt eine gradlinichte und gleichförmige Bewegung vorstellen, welche in diesem Augenblicke mit derselben völlig übereinkommt; und so-*

wohl die Richtung als die Geschwindigkeit dieser letzten Bewegung wird auch für diesen Augenblick der ersteren Bewegung zugeschrieben.

Man pflegt zu sagen, eine jegliche Bewegung könne für einen einzigen Augenblick als gradlinicht und gleichförmig angesehen werden, eben wie in der Geometrie die unendlich kleinen Theilchen einer jeglichen krummen Linie mit Recht für grad gehalten werden. Weil aber eine unrichtige Erklärung des unendlich Kleinen leicht Schwierigkeiten machen möchte, so habe ich die Sache auf eine andere Art vorgestellt, welches aber auf eines hinausläuft. Hieraus begreift man nun leicht, dass, wenn sich ein Punkt in einer krummen Linie bewegt, die berührenden graden Linien derselben an einem jeden Ort die Richtung der Bewegung anzeigen; hernach wird durch die Differential-Rechnung die Geschwindigkeit gefunden, wenn man das Differentiale des Weges durch das Differentiale der Zeit theilet; eben als wenn die Bewegung durch einen unendlich kleinen Weg gleichförmig wäre. Es kann also sein, dass bei einer Bewegung sowohl die Richtung als die Geschwindigkeit alle Augenblick verändert werde; man sieht aber deutlich, dass die ganze Erkenntniss einer krummlinichten und ungleichförmigen Bewegung darauf beruhe, dass man alle Augenblicke die Richtung und Geschwindigkeit, so dem bewegten Punkte zukommt, anzeigen könne, und hierauf ist auch die ganze Lehre von der Bewegung der Körper gerichtet.

25. *Die Beweglichkeit unterscheidet die Körper von dem Raume, als welchem diese Eigenschaft keineswegs kann zugeschrieben werden. Doch kann das Wesen der Körper nicht in der blossen Beweglichkeit gesetzet werden.*

Die Körper haben die Ausdehnung mit dem Raume gemein, weil immer der Ort, welchen ein Körper einnimmt, mit demselben eine gleiche Ausdehnung hat; da sich aber an dem Raume selbst keine Grenzen begreifen lassen und folglich seine Ausdehnung unendlich ist, so kommt die Ausdehnung dem Raume auf eine andere Art zu als dem Körper. Ein Ort aber, wie wir uns denselben vorstellen, kann eigentlich nicht anders als ein Theil des unendlichen Raumes angesehen werden, als insofern er von einem Körper eingenommen wird. Ohne die Körper würde sich in den verschiedenen Orten kein Unterschied befinden, aus welchem man dieselben von einander unterscheiden könnte; viel weniger wäre es möglich, dass ein Ort auf eine andere Stelle versetzet würde. Daher kann die Beweglichkeit weder dem unermesslichen Raume selbst, noch den Theilen, welche wir uns nur in Ansehung der Körper in demselben vorstellen, zugeschrieben werden. Von einem leeren Raume, wie sich denselben einige Weltweise zwischen den Körpern vorstellen, kann man auch nicht sagen, dass er beweglich sei; denn, wenn zum Exempel in meinem Zimmer ein leerer Raum wäre, derselbe aber nach einiger Zeit ausgefüllt würde, zugleich aber in einem anderen Zimmer ein leerer Raum entstände, so könnte man nicht sagen, dass der leere Raum, so in meinem Zimmer gewesen, in das andere Zimmer wäre übergetragen worden. Denn dieser hätte entstehen können, ohne dass jener wäre ausgefüllt worden. Ich rede aber hier nach dem gemeinen Begriff vom Raume ohne Absicht auf die Frage, ob der Raum für etwas Wirkliches zu halten sei oder nicht. Wir müssen uns erst um einen vollständigen Begriff von den Körpern bewerben, ehe wir uns an diese Frage wagen dürfen. Endlich kann man auch nicht sagen, dass das Wesen der Körper in der blossen Beweglichkeit bestehe. Diese Eigenschaft schliesst zwar noch andere Eigenschaften in sich, welche das Wesen der Körper noch mehr zu erschöpfen scheinen; doch sind auch diese noch nicht hinlänglich, wie wir hernach sehen werden, um ein ausgedehntes Ding zu einem Körper zu machen. Ein Ding kann nämlich ausgedehnt und beweglich sein und deswegen doch noch kein Körper.

CAPITEL 4

VON DER STANDHAFTIGKEIT ALS DER DRITTEN ALLGEMEINEN EIGENSCHAFT DER KÖRPER

26. *Ein Körper, der einmal in Ruhe ist, wird immer in Ruhe verbleiben, wofern er nicht von einer äusseren Ursache in diesem Zustande gestöret und in Bewegung gesetzet wird.*

Wenn sich ein Körper in Ruhe befindet und von aussen nichts vorhanden ist, welches auf denselben wirken könnte, so lässt sich nicht begreifen, wie derselbe sollte können in Bewegung gesetzet werden. Denn sollte er anfangen sich zu bewegen, so müsste solches nach einer gewissen Gegend geschehen; es ist aber kein Grund da, warum er sich viel mehr nach dieser als nach einer anderen Gegend bewegen sollte; und aus dem Mangel eines solchen hinreichenden Grundes können wir sicher schliessen, dass ein Körper, welcher einmal in Ruhe ist, immer fort in diesem Zustande verbleiben müsse, wofern nämlich keine Ursache von aussen dazu kommt, welche vermögend ist, den Körper in Bewegung zu setzen. Dieser Grundsatz lehret uns also, dass in dem Körper selbst keine Ursache vorhanden ist, denselben, wenn er einmal in Ruhe ist, in Bewegung zu setzen; und dadurch werden alle diejenigen eingebildeten Kräfte, welche von einigen Naturlehrern den Körpern zugeschrieben werden, wodurch sie sich bemühen sollen, in Bewegung zu gerathen, aus dem Wege geräumet. Wenn demnach ein Körper, welcher bisher geruhet, anfängt sich zu bewegen, so muss diese Veränderung einer ausser dem Körper befindlichen Ursache zugeschrieben werden. Diese Eigenschaft nun, wodurch ein ruhender Körper in dem Ruhestand verharret, ist der Natur des Körpers gemäss und muss in dem Wesen der Körper ihren Grund haben; insofern diese Eigenschaft den ruhenden Körpern zukommt, so begreife ich dieselbe unter dem Namen der *Standhaftigkeit*, also dass die Standhaftigkeit eines ruhenden Körpers darin besteht, dass derselbe immer fort in Ruhe verbleiben muss; so lang nämlich von aussen sich keine Ursachen ereignen, welche vermögend sind, den Körper in seiner Ruhe zu stören und in Bewegung zu setzen.

27. *Der Ruhestand eines Körpers kann nicht also erklärt werden, dass demselben eine Bemühung, sich nach allen Gegenden zugleich zu bewegen, zugeschrieben wird und dass wegen der Gleichheit aller dieser Bemühungen der Körper dennoch in Ruhe verbleibe.*

Man läugnet nicht, dass ein Körper, welcher von aussen nach allen Gegenden gleich stark angetrieben wird, in Ruhe verbleibe, weil alle diese Triebe einander im Gleichgewichte halten und die Wirkung eines jeden durch den Entgegenstehenden zernichtet wird. Wie denn ein in das Wasser versenkter Körper in Ruhe bleibt, ungeachtet er von dem Druck des Wassers nach allen möglichen Gegenden angetrieben wird. Dass sich aber in einem Körper solche innerliche Triebe befinden sollen, von welchen er nach allen Gegenden gleich stark gedränget wird, lässt sich auf keine Weise behaupten; denn wenn ein jeglicher Theil des Körpers gleiche Triebe hätte, sich sowohl vorwärts als rückwärts zu bewegen, so zernichten diese Triebe einander vollkommen und es ist eben so viel, als wenn diese Triebe garnicht vorhanden wären. Einige

Naturforscher sind aber deswegen auf solche Triebe verfallen, weil sie nicht begreifen konnten, wie bei dem Stoss der Körper einer auf den andern wirken und ihn in Bewegung setzen könnte; sie vermeinten demnach, die Sache also begreiflich zu machen, dass sie sagten, es werde durch den Stoss der innerliche Trieb nach einer Gegend aufgehoben und dadurch gewinne der entgegengesetzte Trieb die Oberhand, durch welchen folglich der Körper wirklich in Bewegung gebracht werde. Allein diese Leute scheinen nicht bedacht zu haben, dass einerlei Kraft erfordert wird, einen Trieb, welchen ein Körper hat, sich nach einer gewissen Gegend zu bewegen, aufzuheben, als dem Körper selbst eben diejenige Bewegung einzudrücken, welche von einem gleichen entgegengesetzten Triebe entstehen müsste, also dass auf diese Art die Erklärung der durch den Stoss mitgetheilten Bewegung im geringsten nicht erleichtert wird. Solche eingebildete Kräfte werden demnach billig verworfen, nachdem ausgemacht worden, dass ein ruhender Körper vermöge seiner Natur immerfort in Ruhe verbleiben muss. Dagegen müssen aber nicht mit einer Federkraft begabte Körper angeführt werden, in welchen allerdings ein Trieb zu einer Bewegung vorhanden ist; derselbe aber rührt von dem ganz besonderen Bau dieser Körper her, dessen Erklärung schon eine weit tiefere Einsicht in die Lehre von der Bewegung erfordert. Hier ist aber allein die Rede von den allgemeinen Eigenschaften aller Körper, mit welchen nothwendig der Anfang gemacht werden muss.

28. *Ein Körper, welcher sich in Bewegung befindet, muss seine Bewegung vermöge seiner Natur immer nach ebenderselben Gegend fortsetzen, das ist, er muss sich beständig nach einer graden Linie fortbewegen, so lange diese seine Richtung nicht durch eine äusserliche Ursache geändert wird.*

Hier ist die Frage noch nicht, ob die Körper die Bewegung fortsetzen oder plötzlich in Ruhe gestellt werden? Wollte man auch das letztere sagen, so würde man unserem Satze nicht widersprechen; denn da in der Ruhe keine Richtung ferner Platz findet, so könnte man auch nicht einwenden, dass die Richtung wäre verändert worden. Das erstere soll aber sogleich erwiesen werden und da kommt es in Ansehung der Richtung auf diese Frage an, ob ein Körper, welcher sich jetzt in Bewegung befindet, seine Bewegung nach einer graden oder krummen Linie fortsetzen werde. Wir betrachten hier aber den Körper als einen Punkt; denn da die Bewegung eines Körpers nicht anders als aus der Bewegung aller in demselben begreiflichen Punkte erkannt werden kann, so müssen wir auch unsere Untersuchung von diesen anfangen, welche durch ihre Bewegung eine Linie, so entweder grad oder krumm ist, beschreiben. Weil wir nun alle äusseren Umstände beiseit setzen, so sieht man sogleich, dass in dem Körper selbst kein Grund vorhanden sein könne, warum derselbe von seiner Richtung viel mehr nach dieser als irgend einer anderen Gegend ausweichen sollte; daher muss derselbe vermöge seiner Natur die Bewegung nach einer graden Linie fortsetzen. Wo wir also bemerken, dass ein Körper seine Richtung verändert und sich nach einer krummen Linie beweget, da können wir sicher schliessen, dass eine äusserliche Ursache vorhanden sein müsse, welcher diese Veränderung in der Richtung zuzuschreiben sei. Ein Körper behält demnach vermöge seiner Natur in seiner Bewegung beständig einerlei Richtung; und diese Beibehaltung ebenderselben Richtung ist eine zweite Folge derjenigen Eigenschaft, welche wir hier durch den Namen der Standhaftigkeit andeuten. Es wird aber bald gezeigt werden, dass wir diese Benennung mit Recht, anstatt des sonst gewöhnlichen Namens der Trägheit, gebrauchen, weil dieser zu unrichtigen Begriffen Anlass gegeben.[1])

29. *Ein Körper, welcher sich in Bewegung befindet, muss dieselbe nicht nur vermöge seiner Natur nach einer graden Linie fortsetzen, sondern auch beständig einerlei Geschwindigkeit behalten und also in gleichen Zeiten immer gleiche Wege durchlaufen, wofern diese Gleichförmigkeit nicht durch äussere Ursachen gestöret wird.*

Hier ist nur die Rede, was in einem bewegten Körper kraft seiner eigenen Natur vorgehen muss, und werden also alle äusserliche Ursachen beiseit gesetzt. Die Natur des Körpers muss also eine gewisse Bestimmung in sich schliessen, nach welcher die Fortsetzung der Bewegung sich richtet; oder in derselben muss der Grund vorhanden sein, warum die Bewegung viel mehr so, als anders fortgesetzet wird. Die Bewegung wird aber durch die Richtung und Geschwindigkeit bestimmet und bleibt also unverändert, so lange die Richtung und Geschwindigkeit nicht verändert werden. Da nun erwiesen worden, dass ein bewegter Körper vermöge seiner Natur allezeit einerlei Richtung behalten muss, so ist noch übrig zu entscheiden, was es für eine Bewandtniss mit der Geschwindigkeit habe; ob dieselbe verändert werde oder einerlei bleibe. Es lässt sich aber in dem Körper selbst nichts begreifen,

1) Siehe § 31. F. R.

weswegen seine Geschwindigkeit einer Veränderung unterworfen sein sollte; und weil kein Grund zu einer solchen Veränderung vorhanden, so muss man schliessen, dass ein bewegter Körper vermöge seiner Natur auch beständig einerlei Geschwindigkeit behalte. So fest aber dieser Schluss in der Vernunft gegründet ist, so scheinet demselben die Erfahrung zu widersprechen, da wir wahrnehmen, dass alle von uns hervorgebrachten Bewegungen nach und nach abnehmen und endlich gar aufhören. Allein die Ursache hiervon ist auch offenbar in einem ausserordentlichen Widerstand von Seiten der Luft oder des Reibens an einen anderen Körper gelegen; woher wir dann sicher schliessen können, dass wenn kein solcher Widerstand vorhanden wäre,. die Bewegung auch keinen Abgang an der Geschwindigkeit leiden würde. Die Erhaltung ebenderselben Geschwindigkeit ist demnach einem Körper ebenso natürlich als die Erhaltung der Richtung, und wo in der einen oder der anderen eine Veränderung vorgeht, da muss die Ursache davon ausser dem bewegten Körper gesucht werden. Folglich kommt allen Körpern diese Eigenschaft zu, dass sie sich bestreben, ihre Bewegung nach einerlei Richtung mit einerlei Geschwindigkeit fortzusetzen.

30. *Man sagt, ein Körper verbleibe in ebendemselben Zustande, wenn derselbe entweder in Ruhe verbleibt oder seine Bewegung nach ebenderselben Richtung mit einerlei Geschwindigkeit fortsetzet.*

Man kann sich in einem Körper einen doppelten Zustand vorstellen, den äusserlichen und den innerlichen. Dieser bestehet in der Art der Theile, aus welchen der Körper bestehet, und ihrer Zusammensetzung selbst; der äusserliche Zustand aber, von welchem allhier allein die Rede ist, besteht in den Verhältnissen des Körpers mit dem Raume. So lange sich nun ein Körper in Ruhe befindet, so bleibt er an ebendemselben Ort und ist also kein Zweifel, dass er nicht in ebendemselben Verhältnisse mit dem Raume verharren sollte. Wenn sich aber ein Körper beweget, so verändert er zwar beständig seinen Ort; wenn aber dieses immer nach einerlei Richtung und mit ebenderselben Geschwindigkeit geschieht, so bleibt in der Veränderung des Orts selbst eine beständige Gleichheit und daher lässt sich auch in diesem Fall sagen, dass das Verhältniss gegen den Raum einerlei bleibe. In beiden Fällen aber wird gesagt, dass der Körper in einerlei Zustand verharre. Wenn aber entweder ein ruhender Körper in Bewegung gesetzt oder bei einem bewegten Körper entweder die Richtung oder Geschwindigkeit oder beides zugleich verändert wird, so leidet auch sein Zustand eine Veränderung, wovon die Ursache, wie gewiesen worden, nicht in dem Körper selbst befindlich sein kann, sondern ausser demselben gesucht werden muss. So lang aber ein Körper entweder in Ruhe verbleibet, oder seine Bewegung nach einerlei Richtung gleichgeschwind fortsetzet, das ist, gleichförmig in einer graden Linie fortgeht, so steckt die Ursache dieser Verharrung in einerlei Zustand in dem Körper selbst und muss daher einem jeglichen Körper ein Vermögen zugeschrieben werden, in seinem Zustande unverrückt zu verharren. Dieses Vermögen ist also eine allgemeine Eigenschaft der Körper, welche aus der Beweglichkeit unmittelbar und nothwendig folgt.

31. *Diese Eigenschaft aller Körper, in ihrem Zustand zu verharren, soll hier unter dem Namen der Standhaftigkeit begriffen werden; welche sich also ebensowohl auf die Bewegung als auf die Ruhe erstreckt.*

Diese Eigenschaft wird sonst die Trägheit, nach dem lateinischen Worte *inertia*, genannt, welche Benennung in Ansehung der ruhenden Körper und ihres Vermögens, in Ruhe zu verharren, nicht ungeschickt wäre, indem dadurch etwas, so sich der Bewegung widersetzet, angedeutet wird. Da aber diese Eigenschaft einem bewegten Körper ebensowohl zukommt und man von einem Körper, welcher immer gleichgeschwind fortläuft, nicht füglich sagen kann, dass er träg sei, so will sich die Benennung der Trägheit hier nicht wohl schicken. Denn ungeachtet die Worte gleichgültig sind, wofern man nur die Begriffe, so dadurch angedeutet werden, richtig bestimmt, so lässt sich doch die aus diesem Wort fliessende irrige Meinung, als wenn die Körper eine gewisse Neigung zur Ruhe hätten, kaum vermeiden. Wenn man hingegen das Wort Standhaftigkeit einführt, so scheint dadurch die Verharrung in einerlei Zustand am schicklichsten angedeutet zu werden; denn es mag ein Körper in Ruhe verbleiben oder nach einer graden Linie gleichgeschwind fortlaufen, so ist dabei eine Art von Standhaftigkeit zu bemerken. Mit dem Worte Trägheit ist man auch gewohnt, eine Kraft zu verbinden und dem Körper die Kraft der Trägheit zuzuschreiben, wodurch grosse Verwirrungen veranlasset werden; denn da eine Kraft eigentlich dasjenige genannt wird, welches vermögend ist, den Zustand eines Körpers zu verändern, so kann dasjenige, worauf sich die Erhaltung eben desselben Zustandes gründet, unmöglich als eine Kraft angesehen werden. Wird nun anstatt dieses verführerischen Worts ein anders, so die Beschaffenheit der ·Sache genauer ausdrückt, in Gebrauch gebracht, so werden alle dergleichen Verwirrungen vermieden.

32. *Wenn die äusserlichen Ursachen, wodurch der Zustand eines Körpers bisher verändert worden, aufhören zu wirken, so verharret der Körper in demjenigen Zustand, in welchem er sich denselben Augenblick befunden, als die äusserlichen Ursachen aufgehört zu wirken.*

Vermöge der Standhaftigkeit bemühet sich ein Körper, in demjenigen Zustand zu verharren, in welchem er sich wirklich befindet; so sehr demnach durch äusserliche Ursachen der Zustand eines Körpers verändert wird, so befindet sich derselbe doch einen jeglichen Augenblick in einem gewissen Zustand, und in demselben würde er fernerhin unverrückt verbleiben, wenn dieselben äusserlichen Ursachen aufhören sollten, auf ihn zu wirken. Man stelle sich einen Körper vor, welcher durch äusserliche Ursachen genöthigt worden, sich ungleichförmig nach einer krummen Linie zu bewegen, und dass diese Ursachen nun plötzlich aufhören, auf den Körper zu wirken; so wird die Standhaftigkeit darinn bestehen, dass der Körper von diesem Augenblick an seine Bewegung nach einer graden Linie gleichgeschwind fortsetzet, nämlich nach derselben Richtung und mit derselben Geschwindigkeit, welche er in demselben Augenblick gehabt. Wenn also ein Körper bisher in Ruhe gewesen, durch die Wirkung einer äusserlichen Ursache aber in Bewegung gesetzet worden, so wird er mit eben dem Vermögen von nun an diese Bewegung fortsetzen, mit welchem er in dem Ruhestand würde verharret haben, wenn er nicht darin wäre gestöret worden. Die Standhaftigkeit ist also nicht mehr mit einem Zustand verbunden als mit einem jeglichen anderen, und in was für einen Zustand auch immer ein Körper mag sein gesetzet worden, so hat er ein gleiches Vermögen, in demselben immerfort zu beharren. Daher sagt man, dass sich ein Körper gegen alle möglichen Zustände gleichgültig verhalte und keine grössere Neigung zu einem als zu irgend einem anderen besitze; er mag sich nun in Ruhe oder Bewegung befinden, so muß dieser Zustand ins künftige unverändert fortgesetzet werden, wofern derselbe nicht durch äusserliche Ursachen gestöret wird.

33. *Sobald die Standhaftigkeit der Körper festgesetzet worden, so ist es ein offenbarer Widerspruch, wenn man den Körpern noch gewisse Kräfte, ihren Zustand zu verändern, zueignen will.*

Wenn die Körper mit einer Kraft begabet wären, ihren Zustand zu verändern, wie von einigen Weltweisen behauptet wird, so wäre es falsch, dass sie ein Vermögen hätten, in ihrem Zustande unverrückt zu verharren, und ist also ein offenbarer Widerspruch zwischen solchen Kräften und der Standhaftigkeit. Da ferner die Standhaftigkeit eine allgemeine Eigenschaft aller Körper ist, so kann auch keiner besondern Art von Körpern eine Kraft beigemessen werden, vermöge welcher sie sich bemühen sollten, ihren Zustand zu verändern. Denn so oft es sich zuträgt, dass der Zustand eines Körpers verändert wird, so ist es gewiss, dass die Veränderung von einer äusserlichen Ursache herrühre und folglich keiner innerlichen Kraft der Körper zugeschrieben werden könne. Wenn also gleich eingewendet wird, dass uns nicht alle Eigenschaften der Körper bekannt sind, so können wir doch sicher behaupten, dass sich in denselben unmöglich solche Eigenschaften befinden, welche mit denjenigen, so wir kennen, in einem offenbaren Widerspruch stehen. Denn wie es ungereimt wäre, den Körpern eine Eigenschaft zuzuschreiben, wodurch die Ausdehnung oder Beweglichkeit aufgehoben würde, ebenso ungereimt würde es sein, wenn man, nachdem die Standhaftigkeit bewiesen worden, noch behaupten wollte, dass die Körper mit Kräften begabet seien, welche auf Veränderung ihres Zustandes abzielten. Man muss sich also verwundern, wie einige Naturforscher den Körpern zugleich solche Kräfte und diejenige Eigenschaft, welche wir hier Standhaftigkeit nennen, zueignen können; sie sind aber zu den ersteren durch übereilte Schlüsse verleitet worden, und da auf der Standhaftigkeit alle Grundsätze der Bewegung, deren Wahrheit unmöglich in Zweifel gezogen werden kann, beruhen, so waren sie genöthigt, auch dieselbe zuzugeben, wodurch sie gleichsam unvermerkt in einen solchen offenbaren Widerspruch hingerissen worden.

34. *So oft also in dem Zustande eines Körpers eine Veränderung vorgeht, so ist es gewiss, dass die Ursache dieser Veränderung nicht in dem Körper selbst befindlich ist, sondern ausser demselben gesucht werden muss.*

Wenn entweder ein Körper, der bisher in Ruhe gewesen, sich zu bewegen anfängt oder ein bewegter Körper entweder nicht nach einer graden Linie oder mit einer ungleichen Geschwindigkeit fortgehet, so wird sein Zustand verändert, und da der Grund dieser Veränderung nicht in dem Körper selbst sein kann, so muss derselbe ausser demselben gesucht werden. Wo aber derselbe Grund anzutreffen sei, ist hier der Ort noch nicht zu untersuchen, wir müssen erst noch zu einer vollständigen Erkenntniss der Körper gelangen, und alsdann wird derselbe von selbst offenbar werden. Wenn daher einige also zu schliessen pflegen:

In der Welt gehen beständig Veränderungen vor und kein Körper verbleibet lange in demjenigen Zustande, in welchem er sich einmal befunden; daher muss in den Körpern eine Kraft befindlich sein, ihren Zustand unaufhörlich zu verändern,

so ist dieses ein sehr übereilter Schluss und widerspricht schnurgerad den ersten Eigenschaften der Körper, welche wir auf das deutlichste erkennen; man will auf solche Art die Ursache der in den Körpern vorgehenden Veränderungen ausfindig machen, ehe man die Umstände, unter welchen solche vorgehen, genugsam in Erwägung gezogen, welches ein Irrweg ist, den man in Erforschung der Natur der Dinge auf das sorgfältigste vermeiden muss. Der Vordersatz des erwähnten Schlusses, dass der Zustand fast eines jeglichen Körpers in der Welt unaufhörlichen Veränderungen unterworfen sei, mag wohl seine Richtigkeit haben, allein daraus folgt keineswegs, dass die Ursache davon in ebendemselben Körper, in welchem die Veränderung vorgeht, befindlich sei; dieselbe liegt vielmehr, wie unten gezeigt werden soll, in andern Körpern, welche unter gewissen Umständen in andern eben deswegen Veränderungen hervorbringen müssen, weil sie selbst mit der Standhaftigkeit begabet sind und sich aller Veränderung widersetzen.

CAPITEL 5

VON DER UNDURCHDRINGLICHKEIT ALS DER VIERTEN ALLGEMEINEN EIGENSCHAFT UND DEM WESEN DER KÖRPER.

35. *Ein jeglicher Körper muss in dem Raume einen besonderen Ort einnehmen, und es ist unmöglich, dass zwei Körper zugleich an eben demselben Orte sein könnten.*

Unser Begriff von den Körpern schliesst die *Undurchdringlichkeit* so nothwendig in sich, dass Niemand ein Ding, welches mit dieser Eigenschaft nicht begabt ist, für einen Körper halten würde. Deswegen werden auch die Bilder, so durch Hülfe der Spiegel vorgestellt werden, nicht für Körper gehalten, ob sie gleich ausgedehnt und beweglich sind, und also aus dieser Ursach allein, weil sie einander frei durchdringen. Es ist daher eine wesentliche und allgemeine Eigenschaft aller Körper, dass sich keiner an ebendemselben Ort befinden kann, welchen ein anderer wirklich einnimmt. Das Dasein eines Körpers an einem gewissen Ort schliesst alle andere Körper von diesem Ort aus, so lang nämlich sich jener darin aufhält; und kein anderer kann diesen Ort einnehmen, ohne zugleich denselben daraus zu vertreiben. Hierin besteht auch ein wesentlicher Unterschied zwischen dem blossen Raume und einem Körper, da sich jener von allen Körpern frei durchdringen lässt, ein Körper aber an keinen Ort kommen kann, wo ein anderer sich schon wirklich befindet. Es ist also eine völlige Unmöglichkeit, dass zwei Körper zugleich ebendenselben Ort einnehmen könnten; folglich muss ein jeglicher Körper seinen besonderen Ort haben, in welchen kein anderer kommen kann, so lang jener daraus nicht vertrieben wird. So wenig ebenderselbe Körper zugleich an mehr als einem Ort vorhanden sein kann, ebensowenig können zwei Körper zugleich an ebendemselben Orte sein. Diese Eigenschaft wird auch von allen denjenigen, welche von der Natur der Körper geschrieben, ohne einige Ausnahme zugegeben, und ungeachtet CARTESIUS[1]) das Wesen der Körper in der blossen Ausdehnung gesetzt, so hat er doch geglaubt, dass die Undurchdringlichkeit mit der Ausdehnung verbunden sei.

36. *Dass ein Körper ziemlich frei durch die Luft, das Wasser und andere flüssige Materien durchgehen kann, streitet keineswegs mit der Undurchdringlichkeit sowohl des Körpers selbst als der flüssigen Materien.*

Wenn die Luft kein Körper wäre, so würde der Undurchdringlichkeit eines Körpers kein Abbruch geschehen, wenn derselbe gleich ganz frei durch die Luft bewegt werden könnte; da aber die Luft so wie andere flüssige Materie auch ein Körper ist, so kann sich auch kein Körper durch die Luft bewegen, ohne beständig diejenigen Theile der Luft von dem Platze zu vertreiben, an welchen derselbe hinrückt. Die Erfahrung bezeuget solches auch augenscheinlich, indem sich kein Körper durch die Luft bewegen kann, ohne zu-

1) Siehe die Note p. 22. F. R.

gleich diese in eine Bewegung zu setzen, und daher rühret auch der Widerstand, welchen ein Körper, so sich in der Luft oder einer andern flüssigen Materie beweget, leidet und wodurch seine Bewegung immerfort vermindert wird, wie in der Lehre von der Bewegung gezeigt zu werden pflegt. Von allen Orten also, welche der Körper nach und nach einnimmt, wird die Luft immerfort vertrieben, dass niemals an ebendemselben Orte zugleich Luft und der Körper sein kann. Sobald aber der Körper einen Ort verlassen, so hindert nichts, dass derselbe nicht sogleich von der Luft oder einem anderen Körper eingenommen werde. Ebenso verhält es sich auch mit dem Wasser und anderen flüssigen Materien, da die Unmöglichkeit, dass zwei Körper zugleich an einem Ort sein können, um so handgreiflicher wird, je gröber die flüssige Materie ist; denn da wird der Widerstand um so viel grösser, welches ein deutliches Zeichen der Undurchdringlichkeit ist. Ungeachtet wir also die Natur der flüssigen Körper noch nicht erforschet haben, so kann doch daher kein Einwurf gegen die allgemeine Eigenschaft, von welcher hier die Rede ist, gemacht werden.

37. *Wenn es bisweilen scheint, dass sich ein Körper in einen andern völlig hinein begiebt, so findet doch auch alsdann keine Durchdringung statt; sondern die Poren des einen nehmen die Theilchen des andern in sich, nachdem die in denselben vorher befindliche Materie daraus vertrieben worden.*

Wenn ein Stück Zucker mit Wasser angefeuchtet wird, so dringt das Wasser dergestalt in den Zucker hinein, dass es scheint, dass eben der Ort, welchen vorher der Zucker allein eingenommen, nun auch zugleich mit Wasser angefüllt werde. Allein, wenn man die Sache genauer betrachtet, so findet sich, dass der ganze Umfang des Orts nicht allein von Zucker eingenommen gewesen, sondern dass sich in dem Zucker eine Menge kleiner Löcher, so *Poren* genannt werden, befinde, welche mit Luft oder einer anderen unsichtbaren Materie angefüllt sind. In diese Poren dringt nun das Wasser hinein, doch dergestalt, dass die darin vorher befindlich gewesene Materie daraus vertrieben worden. Wenn man nun auf diesen Umstand nicht Acht giebt, so scheint es allerdings, als wenn sich Zucker und Wasser zugleich an einem Ort befänden. Ein gleiches ist auch bei allen Vermischungen zu bemerken, wo zwei Körper in ganz kleine Theilchen aufgelöset und diese unter einander vermenget werden, und nimmermehr kann es sich zutragen, dass zwei solche

Theilchen an ebendemselben Orte sein sollten. In Ansehung des erst erwähnten Falles vom Zucker ist hier zu erinnern, dass alle Körper, welche wir kennen, mit einer grossen Menge von Poren durch und durch angefüllt sind, welche Luft oder eine andere unsichtbare Materie enthalten. Diese fremde Materie muss also von der eigenthümlichen Materie der Körper selbst wohl unterschieden werden; und da es öfters geschehen kann, dass diese Poren mit einer anderen sichtbaren Materie angefüllt werden, nachdem nämlich die erste daraus vertrieben worden, so fallen alle Zweifel, welche daher gegen die Undurchdringlichkeit der Körper entstehen könnten, von selbsten weg.

38. *Die Undurchdringlichkeit schliesset für sich schon die Ausdehnung und Beweglichkeit und folglich auch die Standhaftigkeit in sich. Wenn man also dem Körper die Undurchdringlichkeit zueignet, so muss man ihm auch die übrigen Eigenschaften zuschreiben.*

Wo keine Ausdehnung vorhanden ist, da findet auch der Begriff von der Undurchdringlichkeit nicht statt, denn ein Ding, das keine Ausdehnung hat, kann auch keinen Ort einnehmen, und folglich nicht einmal die Frage entstehen, ob ein anderes Ding zugleich an ebendemselben Orte sein könne oder nicht? Ein undurchdringliches Ding ist also nothwendig ausgedehnt und das nach allen drei Ausmessungen, denn von einer blossen Linie oder Oberfläche kann auch nicht füglich gesagt werden, dass sie undurchdringlich sei. Man kann sich ferner auch ein Ding, das undurchdringlich ist, nicht anders als beweglich vorstellen; denn wenn dasselbe auch gleich an einem Ort so befestigt wäre, dass es durch keine Gewalt lossgerissen werden könnte, so wäre doch dieses eine äusserliche Gewalt, und in dem Dinge selbst kann nichts angetroffen werden, warum es nicht sollte von dieser Seite gerückt werden können. Hier ist aber von der blossen Möglichkeit, den Ort zu verändern, die Rede, und demnach muss einem undurchdringlichen Ding auch die Beweglichkeit zugeschrieben werden. Mit der Beweglichkeit aber ist die Standhaftigkeit unmittelbar verbunden, denn sobald ein Ding beweglich ist, so muss demselben auch die Standhaftigkeit zugeeignet werden, weil sonst eine jegliche Veränderung ohne einen hinreichenden Grund geschehen würde. Daher sind in der Undurchdringlichkeit schon alle vorher erklärten Eigenschaften, nämlich die Ausdehnung, Beweglichkeit und Standhaftigkeit, enthalten.

39. *Alles was undurchdringlich ist, gehört in das Geschlecht der Körper, und daher besteht das Wesen der Körper in der Undurchdringlichkeit, in welcher folglich alle übrigen Eigenschaften ihren Grund haben müssen.*

Das Wesen der Körper besteht in einer solchen Eigenschaft, welche nicht nur allen Körpern gemein, sondern auch so eigen ist, dass sie keinem andern Ding zukommt. Um dieser Ursache willen kann das Wesen der Körper nicht in der Ausdehnung gesetzt werden, weil der Raum auch ausgedehnt ist, und wer den Raum nicht zugeben will, dem kann der Schatten und durch Spiegel oder Gläser vorgestellte Bilder entgegengesetzt werden, welchen weder die Ausdehnung noch Beweglichkeit abgesprochen werden kann; dem ungeachtet aber wird Niemand dieselben für Körper halten. Woraus erhellet, dass auch die Beweglichkeit, wenn sie gleich mit der Ausdehnung verbunden wird, das Wesen der Körper nicht ausmachen kann. Von der Standhaftigkeit kann solches ebenso wenig behauptet werden, weil dieselbe eine nothwendige Folge der Beweglichkeit ist. Niemand aber wird zweifeln, dass die gedachten Bilder, wenn sie mit der Undurchdringlichkeit begabet wären, nicht mit allem Recht unter das Geschlecht der Körper gehören sollten. Da nun ein jegliches Ding, welches undurchdringlich ist, mit Recht für einen Körper gehalten wird, so ist offenbar, dass das Wesen der Körper in der Undurchdringlichkeit bestehe. Wer dieses läugnen wollte, der müsste behaupten, dass undurchdringliche Dinge entweder wirklich vorhanden oder doch möglich wären, welche doch nicht Körper genannt werden könnten. Da wir nun das Wesen der Körper entdeckt haben, so ist klar, dass alle Eigenschaften der Körper in der Undurchdringlichkeit ihren Grund haben müssen, wie solches von dem vorhererklärten schon gezeiget worden, und dass den Körpern keine Eigenschaften zukommen können, welche nicht mit der Undurchdringlichkeit nothwendig verbunden sind.

40. *Weil die Körper kraft ihres Wesens undurchdringlich sind, so ist auch keine Gewalt vermögend, so gross dieselbe auch immer sein mag, zwei Körper dergestalt zusammen zu pressen, dass auch nur in den kleinsten Theilen derselben eine wirkliche Durchdringung geschehe.*

Wenn durch irgend eine Gewalt zwei Körper in einander und in einen Ort gedrängt werden könnten, so könnte man nicht sagen, dass dieselben undurchdringlich wären, sondern dass nur etwa eine grosse Gewalt erfordert würde, um die Durchdringung zu bewerkstelligen. Da aber das Wesen der Körper in der Undurchdringlichkeit besteht, so ist eine Durchdringung platterdings unmöglich, und wenn auch die allergrösste Gewalt zwei Körper gegen einander stiesse. Man weiss zwar aus der Erfahrung, dass viele Körper durch eine hinreichende Gewalt in einen weit kleineren Raum gedrängt werden können; allein hier geschieht nichts anderes, als dass die eigenthümlichen Theilchen der Körper näher zusammen getrieben und die dazwischen befindlichen Poren kleiner gemacht werden, nachdem die Luft oder andere unsichtbare Materien, womit dieselben angefüllt waren, daraus vertrieben worden, wie solches durch einen Schwamm begreiflich gemacht werden kann. Die Luft ist insbesondere ein solcher Körper, welcher sich in einen weit kleineren Raum zusammendrücken lässt; allein es ist kein Zweifel, dass dieselbe nicht sehr viel leere oder mit einer noch subtileren Materie angefüllte Räumchen in sich enthalten sollte. Von dem Wasser aber hat man so viel erfahren, dass keine Gewalt vermögend ist, dasselbe in einen kleinern Raum zu treiben; daher ist die Undurchdringlichkeit stark genug, auch der grössten Gewalt zu widerstehen und aller wirklichen Durchdringung vorzubeugen.

. . . .*)

49. *Alle Veränderungen, welche in der Welt an den Körpern vorgehen, insofern dazu von Geistern nichts beigetragen wird, werden von den Kräften der Undurchdringlichkeit der Körper hervorgebracht, und finden also in den Körpern keine anderen als diese Kräfte statt.*

Hier werden diejenigen Veränderungen mit Fleiss ausgeschlossen, welche unmittelbar von Gott oder einem Geiste hervorgebracht werden. Wenn wir also in der Welt nichts als Körper betrachten, so ist klar, dass ein jeder Körper so lange in seinem Zustande verbleiben muss, als sich von aussen keine Ursache ereignet, welche vermögend ist, in demselben eine Veränderung zu wirken. So lange aber die Körper von einander entfernt, so verhindert keiner, dass die Uebrigen nicht in ihrem Zustande verharren könnten; ja

*) Die Paragraphen 41 bis 48, d. h. die letzten des gegenwärtigen 5. und die ersten des folgenden 6. Capitels, fehlen (auch im Manuskript, wo die betreffenden Blätter verloren gegangen sind. F. R.).

wenn die Körper einander frei durchdringen könnten, so würde der Zustand keines einzigen durch die Uebrigen gestört werden. Hieraus folget, dass der Zustand der Körper nur in sofern verändert wird, als dieselben nicht darin verharren können, ohne einander durchzudringen; und aus dieser Quelle entspringen folglich alle Veränderungen in dem Zustande der Körper. Da nun keine Veränderung ohne eine Kraft geschehen kann, so nehmen alle Kräfte, welche die Veränderungen in der Welt hervorbringen, aus der Undurchdringlichkeit der Körper ihren Ursprung, und daher sind in der körperlichen Welt keine anderen Kräfte anzutreffen als die, welche aus der Undurchdringlichkeit der Körper entstehen. Hier haben wir also überhaupt die wahre Ursache aller Veränderungen, so in der Welt vorgehen; und da die Körper dergestalt mit einander vereinbaret sind, dass fast keiner nur einen Augenblick in seinem Zustande verharren kann, ohne andere in dem Ihrigen zu stören, so sehen wir auch überhaupt, warum in der Welt beständig Veränderungen vorgehen müssen. Anstatt also dass einige Weltweise aus den immerwährenden Veränderungen der Welt geschlossen haben, dass die Körper mit Kräften begabet sein müssen, ihren Zustand zu verändern, so sehen wir jetzt, dass eben diese Veränderungen eine nothwendige Folge der Undurchdringlichkeit und Standhaftigkeit der Körper sind, ungeachtet diese letztere Eigenschaft mit dergleichen Kräften in einem offenbaren Widerspruche stehet.

50. *Die ganze Naturlehre besteht also darin, dass man bei einer jeglichen vorfallenden Veränderung zeige, in was für einem Zustand sich die Körper befunden, und dass wegen ihrer Undurchdringlichkeit eben diejenige Veränderung habe entstehen müssen, welche wirklich vorgegangen.*

Wer auf solche Art die Veränderungen, so sich in der Natur zutragen, zu erklären im Stande ist, derselbe leistet der Naturlehre ein vollkommenes Genügen, indem er die wahre Ursache aus ihren ersten und unumstösslichen Gründen herleitet. Denn da keine Veränderung in dem Zustande der Körper vorgehen kann, als insofern dieselben nicht ein jeglicher in seinem Zustande verbleiben kann, ohne die übrigen in dem ihrigen zu stören, so entstehen alle Veränderungen aus den Kräften der Undurchdringlichkeit, in sofern dadurch das wirkliche Durchdringen verhütet werden muss; daher kommt alles in der Naturlehre darauf an, dass man in einem jeglichen Falle zeige, wie die Körper unmöglich in ihrem Zustande hätten verbleiben können, ohne einander durchzudringen, und dass durch die Kräfte der Undurchdringlichkeit, wodurch dem Durchdringen vorgebeugt werden musste, eben die Veränderungen hervorgebracht werden müssen, welche wirklich vorgegangen. Weil aber hiezu eine genaue Erkenntniss aller Körper nach ihren besonderen Arten erfordert wird, so kann man selten zu einer solchen vollkommenen Erklärung gelangen. Man muss sich oft begnügen, einige Begebenheiten als bekannt anzunehmen, um daraus andere zu erklären, welche vermittelst dieser Grundsätze aus denselben entspringen. Um aber im Stande zu sein, in einem jeglichen Falle zu bestimmen, was für eine Veränderung durch die Kräfte der Undurchdringlichkeit hervorgebracht worden, so ist vor allen Dingen nöthig, die Lehre von den Kräften überhaupt abzuhandeln, als worauf der Grund aller vollkommenen Erklärung beruhen muss. Hieraus wird man aber schon die Ursachen von einer grossen Menge Veränderungen anzeigen können, auf welche die besonderen Arten der Körper keinen Einfluss haben; denn wo es nöthig ist, diese zugleich mit in Betrachtung zu ziehen, da trifft man gemeiniglich die grössten Schwierigkeiten an.

CAPITEL 7

VON DER WIRKUNG DER KRÄFTE AUF DIE GESCHWINDIGKEIT DER KÖRPER

51. *Um die Geschwindigkeit eines Körpers allein zu verändern, wird eine Kraft erfordert, welche auf den Körper nach seiner eigenen Richtung wirket und denselben entweder vorwärts oder rückwärts stösst; im ersteren Falle wird seine Geschwindigkeit vermehret, im anderen aber vermindert werden.*

Wir haben gesehen, dass alle Kräfte, welche aus der Undurchdringlichkeit entspringen, in einem Druck bestehen, wodurch die Körper an dem Orte ihrer Berührung auf einander wirken und einer den andern gleichsam von sich wegzustossen bemühet ist. Bei einer jeglichen Kraft kommen also zwei Stücke zu betrachten vor: erstlich ihre Grösse und hernach ihre Richtung, weil eine jede Kraft mit einer gewissen Gewalt nach einer gewissen Gegend stösst. Wir sehen hier erstlich auf die Richtung der Kraft in Ansehung der Richtung des bewegten Körpers, auf welchen dieselbe wirket. Lasst uns also setzen, der Körper *A* (Fig. 1 [1])) bewege sich nach der Richtung *CE* mit einer gewissen Geschwindigkeit und werde von einer Kraft nach eben dieser Gegend *CE* gestossen, so ist klar, dass dadurch seine Geschwindigkeit müsse vermehret werden, ohne seine Richtung zu verändern, und in diesem Falle sagt man, der Körper werde vorwärts gestossen. Sollte aber die Kraft den Körper rückwärts nach *CF* stossen, so würde er dadurch ebenfalls in seiner Richtung keine Aenderung leiden, seine Geschwindigkeit aber würde vermindert werden. Hieraus begreift man, dass, wenn die Kraft den Körper *A* so seitwärts nach der Gegend *CG* stösst, dass die Linie *CG* auf *CE* winkelrecht ist, alsdann die Geschwindigkeit des Körpers daher zum wenigsten im

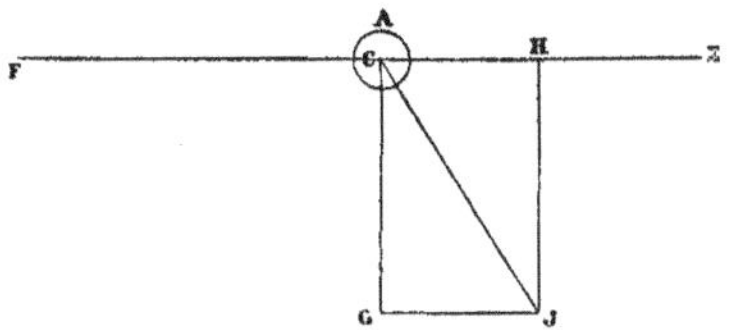

Fig. 1.

ersten Augenblicke keine Veränderung leiden, sondern die Richtung des Körpers allein von *AE* seitwärts gegen *CG* gelenket werden müsse. Wenn aber die Kraft den Körper nach einer schiefen Richtung *CJ* stösst, so ist aus der Lehre von dem Gleichgewicht bekannt, dass eine solche schiefe Kraft *CJ* eben die Wirkung hervorbringe als zwei andere *CG* und *CH*, aus welchen ein solches rechtwinklichtes Viereck *CGJH* gemacht werden kann, davon *CJ* die Querlinie vorstellt. Von der Kraft *CH* wird nun allein die Geschwindigkeit, von der Kraft *CG* aber die Richtung des Körpers allein verändert werden.

52. *Wenn ein bewegter Körper von einer Kraft vorwärts getrieben wird, so ist der Zuwachs der Geschwindigkeit um so viel grösser, je länger diese Kraft auf den Körper wirket, und ebenso verhält es sich mit dem Verlust der Geschwindigkeit, wenn die Kraft rückwärts auf den Körper wirket.*

---

1) Den Figurennummern 1 bis 22 der vorliegenden Ausgabe entsprechen in den *Opera postuma* die Nummern 220 bis 241. F. R.

Hier muss die Zeit, so lang der Körper von der Kraft gedrückt wird, nothwendig in Betrachtung gezogen werden; denn wenn ein Druck eine Wirkung hervorbringen soll, so muss derselbe von einiger Dauer sein, so kurz dieselbe auch sein mag. Je länger also ebendieselbe Kraft auf den Körper wirket, je grösser muss die Veränderung sein, welche in dem Zustande desselben hervorgebracht wird; in einer doppelten Zeit wird nämlich die Veränderung zweimal, in einer dreifachen Zeit dreimal so gross sein und so fort. Da wir nun setzen, dass der Körper von der Kraft vorwärts fortgestossen werde, so besteht die Veränderung seines Zustandes in der Vermehrung seiner Geschwindigkeit, und also muss von ebenderselben Kraft die Geschwindigkeit in einer doppelten Zeit einen zweimal so grossen Zuwachs erhalten, in einer dreifachen Zeit einen dreimal so grossen und so fort; das ist, der Zuwachs der Geschwindigkeit, so von ebenderselben Kraft in dem Körper gewirket wird, muss sich wie die Zeit verhalten. Wenn wir demnach die Geschwindigkeit, welche der Körper jetzt hat, durch v andeuten und den Zuwachs derselben durch dv, welcher in der Zeit dt gewirket wird, so verhält sich dv wie dt; nämlich in einer anderen Zeit ndt wird der Zuwachs der Geschwindigkeit sein ndv, und dieses ist wahr, man mag die Zeit dt nebst dem inzwischen gewirkten Zuwachs der Geschwindigkeit dv als unendlich kleine Grössen ansehen oder als endliche, wenn nur die Kraft die ganze Zeit über einerlei Grösse behält. Da nun der Zuwachs der Geschwindigkeit, welcher in einer endlichen Zeit hervorgebracht wird, nicht anders als endlich sein kann, so muss der Zuwachs der Geschwindigkeit dv, so in einem unendlich kleinen Zeitpunkt dt gewirket wird, unendlich klein sein. Eine gleiche Bewandniss hat es mit dem Verluste der Geschwindigkeit, wenn der Körper von der Kraft rückwärts gedrückt wird; alsdann aber wird derselbe Verlust durch $-dv$ ausgedrückt, und verhält sich also $-dv$ wie dt.

53. *Wenn ein bewegter Körper vorwärts gestossen wird, so ist der Zuwachs der Geschwindigkeit, welcher in einer gewissen Zeit hervorgebracht wird, um so viel grösser oder kleiner, je grösser oder kleiner die Kraft ist, welche auf den Körper wirket; und ebenso verhält es sich mit dem Verlust der Geschwindigkeit, wenn der Körper von der Kraft rückwärts gestossen wird.*

Eine doppelte Kraft muss in einerlei Zeit eine doppelte Wirkung hervorbringen, denn eben deswegen halten wir sie für doppelt so gross. Wenn also eine Kraft, deren Grösse durch p ausgedrückt wird, den Körper fortstösst und die Zeit, so lang der Stoss dauert, wie vorher durch dt angedeutet wird, so verhält sich der Zuwachs der Geschwindigkeit, welcher dv sein soll, wie die Kraft p, wenn die Zeit dt einerlei ist. Wir haben aber gesehen, dass, wenn die Kraft einerlei ist, die Zeit dt aber als veränderlich angesehen wird, der Zuwachs der Geschwindigkeit dv sich wie die Zeit dt verhalten müsse; woraus folget, dass sich dv verhalten müsse wie pdt, nämlich der Zuwachs der Geschwindigkeit verhält sich wie die Kraft p mit der Zeit dt multiplicirt. Hieraus sehen wir, dass auch die kleinste Kraft vermögend sei, den Zustand eines Körpers zu verändern; denn da von einer grossen Kraft gewiss ist, dass dieselbe in einem Körper eine gewisse Aenderung wirken müsse, so wird eine Kraft, die tausendmal kleiner ist, in gleicher Zeit eine tausendmal kleinere Wirkung hervorbringen; und wenn diese eine tausendmal längere Zeit auf den Körper wirken sollte, so würde sie sogar ebendieselbe Veränderung verursachen, als die grosse Kraft. Also ist es ungegründet, wenn einige vorgeben, dass eine Kraft von einer gewissen Grösse sein müsse, ehe sie vermögend sei, den Zustand eines Körpers zu verändern.

Endlich begreift man von selbst, dass, wenn eben die Kraft p den Körper rückwärts stossen sollte, der daher in der Zeit dt erlittene Verlust der Geschwindigkeit $-dv$ sich wie pdt verhalten müsse.

54. *Wenn ein bewegter Körper von einer gewissen Kraft vorwärts gestossen wird, so ist der Zuwachs der Geschwindigkeit, welche in einer gewissen Zeit hervorgebracht wird, um so viel grösser, je kleiner die Standhaftigkeit des Körpers ist; oder dieser Zuwachs verhält sich umgekehrt wie die Standhaftigkeit.*

Weil es vermöge der Standhaftigkeit ist, dass ein Körper sich bemühet, in seinem Zustande unverrückt zu verharren, so widersetzt sich die Standhaftigkeit aller Veränderung, und eben deswegen werden Kräfte erfordert, um eine Veränderung hervorzubringen. Je grösser also die Standhaftigkeit ist, je eine grössere Kraft ist nöthig, wenn ebendieselbe Veränderung in ebenderselben Zeit gewirkt werden soll, und hieraus begreift man, dass die Standhaftigkeit in das Geschlecht der Grössen gehöre und sich ausmessen lasse. Weil demnach eine doppelte Standhaftigkeit eine doppelte Kraft erfordert, wenn die Wirkung einerlei sein soll, so wird eine einfache Kraft nur eine halb so grosse Wirkung hervorbringen; das ist, die Wirkung ebenderselben Kraft in einerlei Zeit wird um so viel kleiner sein, je grösser die Standhaftigkeit ist. In unserm Falle aber bestehet die Wirkung in dem Zuwachs der Geschwindigkeit; wenn derhalben die Kraft durch p, die Zeit durch dt, der Zuwachs der Geschwindigkeit durch dv und die Standhaftigkeit des Körpers durch M angedeutet wird, so verhält sich dv umgekehrt wie M, oder dv ist wie $\frac{1}{M}$, wenn die Kraft p und die Zeit dt einerlei ist. Lasst uns nun dasjenige, was vorher von dem Verhältniss des Zuwachses der Geschwindigkeit dv gegen die Zeit dt und die Kraft p erwiesen worden, zusammen nehmen, so wird sich finden, dass der Zuwachs der Geschwindigkeit dv sich verhalten müsse wie $\frac{p\,dt}{M}$; derselbe ist nämlich wie die Kraft p multiplicirt mit der Zeit dt dividirt durch die Standhaftigkeit M. Wenn die Kraft den Körper zurückstossen sollte, so würde der Verlust der Geschwindigkeit, nämlich $-dv$, ebenfalls sich verhalten wie $\frac{p\,dt}{M}$.

55. *Die Grösse der Standhaftigkeit in einem jeglichen Körper wird seine Masse oder Menge der Materie, woraus er bestehet, genannt; und also muss die Masse eines Körpers mit in Betrachtung gezogen werden, wenn man die Veränderung, so eine gegebene Kraft in dem Zustand desselben hervorbringt, bestimmen will.*

Auf diese Art gelangen wir zu einem deutlichen Begriffe von demjenigen, was die *Masse* oder Menge der Materie eines jeden Körpers genannt zu werden pflegt. Man unterscheidet deswegen die Masse eines Körpers von der Grösse seiner Ausdehnung, weil öfters ein kleiner Körper eine ebenso grosse Kraft erfordert, um in seinem Zustande eine gewisse Aenderung hervorzubringen, als ein grosser und hieraus hat man geschlossen, dass man die Menge der Materie, woraus ein Körper besteht, nicht aus der Grösse seiner Ausdehnung urtheilen müsse. Einige schätzen die Masse aus dem Gewicht; da aber das Gewicht von einer äusserlichen Ursache herkommt und nach Verschiedenheit des Orts und der Umstände verschieden sein kann, so kann dasselbe nicht füglich zu Ausmessung einer wesentlichen Eigenschaft aller Körper gebraucht werden. Nur alsdann, wenn die Körper an ebendemselben Orte auf der Erde gewogen werden, und das in einem luftleeren Raume, so kann man zuverlässig sagen, dass ihre Massen sich wie ihre Gewichte verhalten, sonst nicht. Andere schätzen die Masse eines Körpers aus der sogenannten Kraft der Trägheit, welches mit gegenwärtigem Begriffe vollkommen übereinstimmt, indem wir an die Stelle dieser unbequemen Benennung die Standhaftigkeit setzen. Hier äussert sich gleich eine unrichtige Folge dieser Benennung, da einige behaupten, keine Kraft sei vermögend, einen Körper in Bewegung zu setzen, wofern dieselbe nicht grösser sei als seine Kraft der Trägheit. Ausserdem aber, dass gezeigt worden, dass diese Eigenschaft auf keinerlei Weise als eine Kraft angesehen und folglich mit den wahren Kräften in keine Vergleichung gezogen werden könne, so erkennen wir aus dem Vorhergehenden, dass auch die kleinste Kraft vermögend ist, den grössten Körper in Bewegung zu setzen oder sonst seinen Zustand zu verändern. Denn da sich verhält dv wie $\frac{pdt}{M}$, so sieht man, dass die Standhaftigkeit oder Masse M nicht so mit der Kraft p in Vergleichung stehe, dass p grösser sein müsse als M, sondern dass, so klein auch p und so gross hingegen M sein mag, dennoch allezeit Mitwirkung erfolgen müsse.

56. *Wenn also ein bewegter Körper von einer Kraft vorwärts angetrieben wird, so verhält sich der Zuwachs seiner Geschwindigkeit, welcher in einer gewissen Zeit hervorgebracht wird, wie die Kraft multiplicirt mit der Zeit und dividirt durch die Masse des Körpers.*

Dieses ist in dem Vorigen schon erwiesen worden, wenn man nur anstatt der Grösse der Standhaftigkeit die Masse setzt, und dieses ist der Grundsatz, auf welchem die ganze Lehre von der Bewegung einzig und allein beruhet. Da nun diese Lehre durch die genauste Uebereinstimmung mit der Erfahrung in die grösste Gewissheit gesetzt worden, so könnte auch die Wahrheit dieses Grundsatzes im geringsten nicht in Zweifel gezogen werden, wenn derselbe gleich nicht durch solche unumstössliche Gründe wäre befestigt worden. Wer also die Stärke dieser Gründe einzusehen nicht im Stande ist, den verweisen wir auf die unstreitige Wahrheit der ganzen Lehre von der Bewegung, als welche in ihrem ganzen Umfange aus diesem einzigen Grundsatze hergeleitet worden. Setzt man nun die fortstossende Kraft $= p$, die Zeit, während welcher sie auf den Körper wirket, $= dt$, den hervorgebrachten Zuwachs der Geschwindigkeit $= dv$ und die Masse des Körpers $= M$, so verhält sich, wie schon gewiesen worden, dv wie $\frac{pdt}{M}$. Wenn man also in einem einzigen Falle weiss, einen wie grossen Zuwachs der Geschwindigkeit eine gegebene Kraft in einer gegebenen Zeit an einem gegebenen Körper hervorgebracht, so kann man durch Hülfe dieses Verhältnisses in allen andern Fällen die Wirkung bestimmen. Es kommt hier nur darauf an, dass man die verschiedenen Grössen, welche hier vorkommen, als die Kraft, die Zeit, die Geschwindigkeit und die Masse, auf eine bestimmte Art, welche willkührlich ist und auf eines jeden Belieben ankommt, durch Zahlen ausdrücke, und wenn man in allen andern Fällen eben diese Art auszudrücken beibehält, so kann man auch die Wirkung durch Hülfe dieser Verhältnisse anzeigen. Also wenn nach angenommenen gewissen Maassen in einem Falle gefunden wird $dv = \frac{npdt}{M}$, so muss auch in einem jeglichen anderen Falle sein $dv = \frac{npdt}{M}$.

57. *Wenn ein Körper A* (Fig. 2), *der bisher in C geruhet, von einer beständigen Kraft nach der Gegend CS fortgetrieben wird, so wird demselben eine Bewegung nach eben dieser Gegend eingedrückt werden und nach einiger Zeit wird sich seine Geschwindigkeit verhalten wie die Kraft multiplicirt mit der Zeit und dividirt durch seine Masse.*

Weil der Körper anfänglich in Ruhe gesetzet wird, so muss ihm von der Kraft, welche ihn nach der Gegend CS stösst, sogleich eine Bewegung nach eben dieser Gegend eingedrückt werden; und weil die Kraft beständig nach eben dieser Gegend wirket, so wird auch der Körper in seiner Bewegung eben diese Richtung behalten, seine Geschwindigkeit aber wird immerfort vermehrt werden. Weil ferner auch die Kraft von gleicher Grösse bleibt, so wird der Zuwachs der Geschwindigkeit sich wie die Zeit verhalten; da aber der Körper anfänglich keine Geschwindigkeit gehabt, so wird nach Verfliessung einiger Zeit seine ganze Geschwindigkeit dem während dieser Zeit erhaltenen Zuwachs gleich sein. Wenn wir also wie bisher die Kraft durch p, die Masse des Körpers durch M und die in der Zeit t erlangte Geschwindigkeit durch v andeuten, so wird sich diese Geschwindigkeit v verhalten wie $\frac{pt}{M}$. Eben dieses erhalten wir auch durch die Integral-Rechnung, wenn wir nur den in einem jeglichen unendlich kleinen Zeitpunkt gewirkten Zuwachs der Geschwindigkeit betrachten. Denn es sei die in der Zeit t erlangte Geschwindigkeit $= v$ und der in dem Zeitpunkt dt erzeugte Zuwachs derselben $= dv$, so muss aus dem

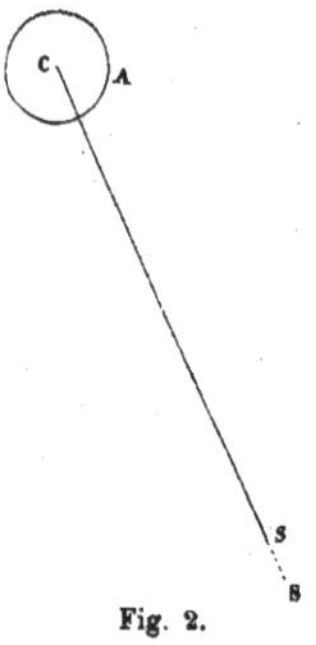

Fig. 2.

Vorhergehenden sein $dv = \frac{npdt}{M}$, wenn nämlich die hier vorkommenden Grössen nach gewissen Maassen ausgedrückt werden und der Werth der Zahl n aus einem bekannten Falle bestimmt worden ist. Nun aber sind hier n, p und M unveränderliche Grössen; und daher erhält man durch das integriren den ganzen in der Zeit t erhaltenen Zuwachs, das ist die ganze Geschwindigkeit des Körpers $v = \frac{npt}{M}$. Aus dieser letzteren Berechnung sieht man zugleich, wie man verfahren müsse, wenn die Kraft p von einer veränderlichen Grösse wäre, gleichwohl aber beständig einerlei Richtung behielte; da müsste bei der Integration der Formul $\frac{npdt}{M}$ zugleich die Veränderlichkeit der Kraft p in Betrachtung gezogen werden; man würde nämlich erhalten $v = \frac{n}{M}\int p\,dt$. Was aber eine auf die Richtung des Körpers schief wirkende Kraft für eine Veränderung sowohl in der Geschwindigkeit als Richtung desselben hervorbringen müsse, wird im folgenden Capitel gezeigt werden.

58. *Unter eben diesen Umständen wird der Weg CS, durch welchen der Körper A in einer gewissen Zeit fortbeweget worden, sich verhalten wie die Kraft multiplicirt mit dem Quadrat der Zeit und dividirt durch die Masse des Körpers.*

Da der Körper in der graden Linie CS fortläuft, so sei $CS = s$ der Weg, welchen derselbe in der Zeit t zurücklegt, und am Ende desselben, S, seine Geschwindigkeit $= v$. Wenn nun die Kraft $= p$ und die Masse des Körpers $= M$ gesetzt wird, so ist aus dem Vorigen $v = \frac{npt}{M}$; und mit dieser Geschwindigkeit würde er in dem Zeitpunkt dt den unendlich kleinen Weg $Ss = ds$ gleichförmig durchlaufen, weil der inzwischen erzeugte Zuwachs der Geschwindigkeit unendlich klein und folglich für nichts zu achten. Wir haben aber oben gesehen, dass bei einer gleichförmigen Bewegung die Geschwindigkeit gefunden wird, wenn man den Weg durch die Zeit dividirt; also ist hier

$$v = \frac{ds}{dt}$$

und demnach

$$\frac{ds}{dt} = \frac{npt}{M}$$

oder

$$ds = \frac{nptdt}{M};$$

daher man durch die Integration erhält

$$s = \frac{nptt}{2M},$$

weil $\frac{np}{M}$ eine beständige Grösse ist; und also verhält sich der Weg s wie $\frac{ptt}{M}$, das ist, wie die Kraft p mit dem Quadrat der Zeit tt multiplicirt und durch die Masse des Körpers dividirt. Die vollständige Erkenntniss dieser Bewegung ist also in diesen zwei Gleichungen enthalten

$$v = \frac{npt}{M} \quad \text{und} \quad s = \frac{nptt}{2M},$$

woraus man auf eine jegliche Zeit sowohl die Geschwindigkeit des Körpers als den inzwischen durchlaufenen Weg anzeigen kann. Wenn man die letztere Gleichung durch die erstere dividirt, so bekommt man

$$\frac{s}{v} = \frac{t}{2} \quad \text{oder} \quad s = \frac{1}{2}tv.$$

Nun aber drückt tv den Weg aus, welchen ein Körper mit der Geschwindigkeit v gleichförmig in der Zeit t durchlaufen würde; welcher folglich just zweimal so gross sein wird, als der im gegenwärtigen Falle beschriebene Weg $CS = s$. Ferner da $t = \frac{2s}{v}$, wenn man diesen Werth für t in die erste Gleichung setzt, so bekommt man

$$v = \frac{2nps}{Mv} \quad \text{oder} \quad vv = \frac{2nps}{M}.$$

Also verhält sich in dieser Bewegung das Quadrat der Geschwindigkeit wie die Kraft p multiplicirt mit dem durchlaufenen Weg s und dividirt durch die Masse des Körpers M. Dieser Umstand kann aber unmittelbar aus dem folgenden Satz hergeleitet werden.

59. *Wenn ein bewegter Körper von einer Kraft vorwärts getrieben wird, so verhält sich der Zuwachs des Quadrats der Geschwindigkeit wie die Kraft multiplicirt mit dem Weg, den der Körper inzwischen durchlaufen, und dividirt durch die Masse desselben.*

Es sei M die Masse des Körpers und v seine gegenwärtige Geschwindigkeit, mit welcher derselbe in dem Zeitpunkt dt den unendlich kleinen Weg *ds* durchlaufe, inzwischen aber von der Kraft *p* vorwärts getrieben werde; und also wird man haben

$$dv = \frac{npdt}{M}.$$

Weil nun aus der Bewegung durch *ds*, als welche für gleichförmig gehalten werden kann, folget

$$v = \frac{ds}{dt},$$

so ist

$$ds = vdt;$$

man multiplicire also obige Gleichung mit $2v$ und schreibe in dem letztern Glied *ds* für *vdt*, so bekommt man

$$2vdv = \frac{2npvdt}{M} = \frac{2npds}{M}.$$

Allhier drückt aber $2vdv$ den Zuwachs des Quadrats der Geschwindigkeit aus, weil es das Differentiale ist von vv; und daher verhält sich der Zuwachs des Quadrats der Geschwindigkeit wie $\frac{pds}{M}$, das ist wie die Kraft *p* multiplicirt mit dem Weg *ds* und dividirt durch die Masse des Körpers. Behält die Kraft *p* immer einerlei Grösse und Richtung, so erhält man durch die Integration

$$vv = \frac{2nps}{M},$$

wie vorher, wenn nämlich der Körper anfänglich in *C* in Ruhe gewesen. Wenn aber die Kraft *p* veränderlich sein sollte, so kann man doch für einen jeglichen Zeitpunkt die in dem Zustand des Körpers erzeugte Veränderung durch die Differential-Gleichung

$$2vdv = \frac{2npds}{M}$$

ausdrücken; und für diesen Fall haben wir also zweierlei Formeln, nachdem man die Veränderung entweder aus der Zeit *dt* oder aus dem durchlaufenen Weg *ds* bestimmen will. Wir haben nämlich

$$dv = \frac{npdt}{M} \quad \text{und} \quad 2vdv = \frac{2npds}{M},$$

welche zwar in dem Grunde einerlei, darin aber unterschieden sind, dass die erstere den Zuwachs der Geschwindigkeit selbst, die andere aber den Zuwachs des Quadrats der Geschwindigkeit anzeiget. Wenn aber die Kraft den Körper zurück drückte, so hätte man diese Gleichungen

$$-dv = \frac{npdt}{M} \quad \text{und} \quad -2vdv = \frac{2npds}{M}.$$

60. *Wenn ein in Ruhe befindlicher Körper durch eine beständige Kraft in Bewegung gebracht wird, so verhält sich erstlich die Masse des Körpers mit der Geschwindigkeit multiplicirt wie die Kraft multiplicirt mit der Zeit; hernach verhält sich die Masse mit dem Quadrat der Geschwindigkeit multiplicirt wie die Kraft multiplicirt mit dem durchlaufenen Weg.*

Die Wahrheit dieser beiden Verhältnisse fliesset unmittelbar aus unsern beiden Gleichungen

$$v = \frac{npt}{M} \quad \text{und} \quad vv = \frac{2nps}{M},$$

welche mit M multiplicirt geben

$$Mv = npt \quad \text{und} \quad Mvv = 2nps;$$

durch die erstere wird also das Product der Masse mit der Geschwindigkeit selbst, durch die andere aber das Product der Masse mit dem Quadrat der Geschwindigkeit bestimmt. Weil nun diese Producte auf eine solche vorzügliche Art in Betrachtung kommen, so pflegen denselben besondere Namen beigelegt zu werden. Das erstere wird nämlich die *Grösse der Bewegung*, das andere aber die *lebendige Kraft* genannt. Ob nun gleich dergleichen Benennungen willkührlich sind, so kann doch die letztere hier nicht füglich stattfinden, nachdem wir einmal für das Wort Kraft einen bestimmten Begriff festgesetzet haben. Denn erstlich kann das Product Mvv, so wenig als das andere, Mv, an und für sich selbst nicht als eine Kraft angesehen werden, und insofern dasselbe dem Product $2nps$ gleich ist, wo p eine wahre Kraft andeutet, so kann dasselbe auch nicht schlechtweg mit einer Kraft in Vergleichung gezogen, sondern muss vielmehr mit dem Product einer Kraft durch einen Weg, das ist durch eine Linie, verglichen werden, gleichwie die Grösse der Bewegung, Mv, mit dem Product der Kraft durch die Zeit in Vergleichung steht. Wenn man also für ein solches Product einen schicklichen Namen erwählte, so könnte derselbe auch wohl dem Producte Mvv beigelegt werden; wobei doch wohl in Acht zu nehmen, dass dieses eigentlich nur insofern geschehen könnte, als man sich vorstellt, dass dieses Product Mvv in einem ruhenden Körper durch eine Kraft hervorgebracht worden. In diesem Falle sieht man also, dass die Kraft p mit der Zeit t multiplicirt die erzeugte Grösse der Bewegung, hingegen aber die Kraft p mit dem Weg multiplicirt die sogenannte lebendige Kraft anzeige. Im übrigen aber, wenn man sich an den hier gegebenen bestimmten Begriff einer Kraft fest hält, so fallen alle Schwierigkeiten, welche sich bei dem Streite über die lebendigen Kräfte ereignen, von selbst weg und die beiden gefundenen Formeln müssen in allen Fällen die Wahrheit anzeigen.

61. *Ein in Bewegung befindlicher Körper wird wiederum zu Ruhe gebracht, wenn eine gleiche Kraft rückwärts auf denselben wirket und ebenso lange Zeit, als nöthig wäre, um diesem Körper, wenn er geruhet hätte, seine Bewegung einzudrücken.*

Es sei M die Masse des Körpers und v seine Geschwindigkeit, ferner p die Kraft, welche rückwärts auf denselben wirket und also seine Geschwindigkeit nach und nach vermindert, t die Zeit, in welcher der Körper völlig zu Ruhe gebracht wird, und s der Weg, den derselbe bis dahin durchläuft. Dieses vorausgesetzt, weil eine rückwärts wirkende Kraft der Geschwindigkeit ebenso viel abnimmt, als sie derselben zusetzen würde, wenn sie vorwärts auf den Körper wirkte, so würden die zwei folgenden Gleichungen Statt finden

$$Mv = npt$$

und

$$Mvv = 2nps.$$

Wenn also zwei verschiedene bewegte Körper in einerlei Zeit zu Ruhe gebracht werden sollen, so müssen sich die dazu erforderten Kräfte verhalten wie Mv, das ist wie die Grösse der Bewegung der Körper. Wenn aber dieselben Körper nicht in gleichen Zeiten, sondern indem sie gleiche Wege s durchlaufen, zu Ruhe gebracht werden sollen, so müssen die Kräfte sich verhalten wie Mvv, das ist wie die Massen mit dem Quadrat der Geschwindigkeit multiplicirt oder wie ihre sogenannten lebendigen Kräfte. Hierauf beruhet nun der Grund des Streits[1]), da einige behaupten, dass die Kraft eines bewegten Körpers aus dem Product der Masse mit der Geschwindigkeit, andere aber aus dem Product der Masse mit dem Quadrat der Geschwindigkeit, geschätzet werden müsse. Der Missverstand kommt aber augenscheinlich daher, dass man einem bewegten Körper eine eigentliche Kraft beilegen will, da doch weder Mv noch Mvv mit einer Kraft verglichen werden kann, sondern bei jenem die Kraft noch mit der Zeit, bei diesem aber mit dem Weg verbunden werden muss. Man kann auch nicht auf eine unbedingte Art sagen, wie eine grosse Kraft erfordert werde, um einen bewegten Körper in Ruhe zu bringen, indem eine jede Kraft dieses zu leisten im Stande ist; soll es aber in einer gewissen und bestimmten Zeit geschehen, so haben die Recht, welche sagen, die Kraft müsse sich verhalten wie die Grösse der Bewegung; soll es aber in einem bestimmten Wege geschehen, so haben die andern Recht, und in dieser Absicht läuft die ganze Sache gemeiniglich auf einen blossen Wortstreit hinaus. Wenn man aber die Kraft p für bekannt annimmt, so verhält sich die Zeit, in welcher der Körper zu Ruhe gebracht wird, wie die Grösse der Bewegung; der Weg aber, welchen der Körper durchlaufen muss, ehe er zu Ruhe kommt, wie die sogenannte lebendige Kraft oder die Masse mit dem Quadrat der Geschwindigkeit multiplicirt.

CAPITEL 8

VON DER WIRKUNG DER KRÄFTE AUF DIE RICHTUNG DER KÖRPER

62. *Wenn ein bewegter Körper seitwärts gedrückt wird von einer Kraft, deren Richtung auf die Richtung des Körpers winkelrecht ist, so wird dadurch der Weg, welchen der Körper beschreibt, gekrümmt, ohne dass die Geschwindigkeit desselben daher einige Veränderung erleidet.*

---

1) Siehe hierzu JOH. BERNOULLI (1667—1748), *Theoremata selecta pro conservatione virium vivarum demonstranda et experimentis confirmanda, Excerpta ex epistolis datis ad filium* DANIELEM 11. Oct. et 20. Dec. 1727, Comment. acad. sc. Petrop. 2 (1727), 1729, p. 200; *Opera omnia*, Lausannae et Genevae 1742, t. III, p. 239 (hier lautet der Titel *De vera notione virium vivarum*).

Siehe ferner I. KANT (1724—1804), *Gedanken von der wahren Schätzung der lebendigen Kräfte*, Königsberg 1746; *Kants Gesammelte Schriften*, herausgeg. von d. preuß. Akad. d. Wiss., Berlin 1902, Bd. 1, p. 7. F. R.

Weil die Kraft weder vorwärts noch rückwärts auf den Körper wirket, so kann die Geschwindigkeit desselben weder vermehret noch vermindert werden, und die Wirkung der Kraft wird also nur darin bestehn, dass der Körper von seiner gradlinichten Bewegung abgeleitet wird und folglich eine krumme Linie beschreiben muss. Sobald aber sein Lauf gekrümmt wird, so hört die Richtung der Kraft auf, darauf winkelrecht zu sein, wenn nämlich die Kraft immer einerlei Richtung behält, daher denn bald freilich eine Veränderung der Geschwindigkeit entstehen kann. Wir müssen also diese Krümmung des Wegs nur durch einen unendlich kleinen Zeitraum betrachten, damit inzwischen keine merkliche Veränderung in der Geschwindigkeit entspringen könne. Der Körper, dessen Masse $= M$, sei also bisher in der geraden Linie EA (Fig. 3) mit einer Geschwindigkeit $= v$ gelaufen, in A aber fange eine Kraft $= p$ an auf denselben zu wirken und nach der Richtung AC, so auf EA winkelrecht ist, zu stossen, welche Kraft immer einerlei Richtung behalte; diese Kraft wird nun verursachen, dass der Körper seinen Lauf nicht nach der graden Linie AF fortsetzt, sondern nach einer gewissen krummen Linie AM lenket, welche man folgender Gestalt wird bestimmen können. Wenn die Kraft gar nicht vorhanden wäre, so würde der Körper mit seiner Geschwindigkeit v nach der graden Linie AF fortlaufen und in einer Zeit $= t$ den Weg AQ durchlaufen, so dass $AQ = vt$, weil in einer gleichförmigen Bewegung der Weg gefunden wird, wenn man die Geschwindigkeit mit der Zeit multiplicirt. Wenn aber der Körper in A stillstände und von der Kraft p nach der Linie AC getrieben würde, so würde er in eben der Zeit t durch einen Weg $AP = \frac{nptt}{2M}$ bewegt werden (58). Wenn also der Körper beides, seine Bewegung behält und zugleich von der Kraft p angetrieben wird, so wird sich derselbe nach Verfliessung der Zeit t weder in Q noch in P befinden, sondern in M, wenn man nämlich die Linie QM aus Q der Linie AP gleich und gleichlaufend zieht. Um also den wahren Ort des Körpers nach der Zeit t zu bestimmen, so nehme man auf der Linie AF den Weg $AQ = vt$ und setze davon in Q winkelrecht die Linie $QM = \frac{nptt}{2M}$, so wird M den gesuchten Ort des Körpers anzeigen.

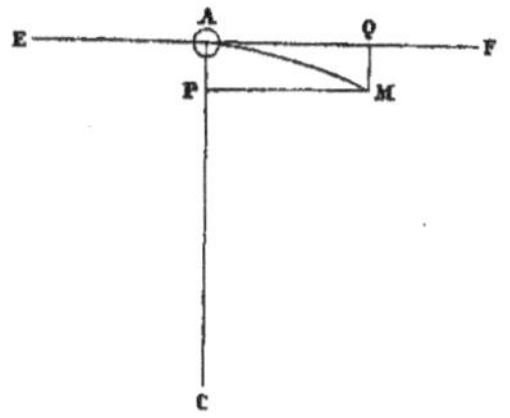

Fig. 3.

63. *Der krumme Weg, nach welchem ein Körper, der von einer seitwärts wirkenden Kraft getrieben wird, seinen Lauf lenket, kann als ein Zirkelbogen angesehen werden, dessen Durchmesser sich verhalten wird wie die Masse des Körpers multiplicirt mit dem Quadrat der Geschwindigkeit und dividirt durch die Kraft, das ist, wie die sogenannte lebendige Kraft des Körpers durch die wirkende Kraft selbst dividirt.*

Die krumme Linie AM ist nach dem vorhergehenden Satz so beschaffen, dass nach der Zeit $= t$ für dieselbe herauskommt

$$AP = \frac{nptt}{2M} \quad \text{und} \quad PM = AQ = vt.$$

Wenn wir nun für diese Linie setzen

$$AP = \frac{nptt}{2M} = x \quad \text{und} \quad PM = vt = y,$$

so bekommen wir für die Zeit t einen doppelten Werth, nämlich:

$$tt = \frac{2Mx}{np} \quad \text{und} \quad t = \frac{y}{v} \quad \text{oder} \quad tt = \frac{yy}{vv};$$

folglich wird die Natur der krummen Linie AM durch diese Gleichheit ausgedrückt

$$\frac{2Mx}{np} = \frac{yy}{vv} \quad \text{oder} \quad yy = \frac{2Mvv}{np}x,$$

welche eine Parabel andeutet, deren Parameter ist $\frac{2Mvv}{np}$. Weil wir aber hier nur einen unendlich kleinen Theil dieser Linie betrachten müssen, so können wir denselben als einen unendlich kleinen Zirkelbogen ansehen, und der Durchmesser des Zirkels, davon AM ein Bogen ist, wird dem obigen Parameter gleich, also $= \frac{2Mvv}{np}$. Demnach ist der halbe Durchmesser dieses Zirkels, oder der Radius der Krümmung des Weges AM, $= \frac{Mvv}{np}$. Folglich verhält sich derselbe wie die Masse des Körpers mit dem Quadrat der Geschwindigkeit multiplicirt und durch die Kraft p dividirt, weil n eine gewisse Zahl andeutet, welche ihre Bestimmung durch die Art, die Massen-Kräfte und Geschwindigkeiten auszumessen, erhält. Hat man nun eine solche Art nach Belieben erwählt und derselben gemäss für einen einzigen Fall den gehörigen Werth für die Zahl n bestimmt, so kann man sogar die wahre Grösse des halben Durchmessers der Krümmung AM anzeigen; denn wenn C das Centrum des Bogens AM andeutet, so wird man haben $CA = \frac{Mvv}{np}$. Auf solche Art wird nun die von einer seitwärts wirkenden Kraft verursachte Krümmung des Weges am füglichsten vorgestellt, und da die Zeit hier nicht mehr in Betrachtung kommt, indem in einer grössern oder kleinern Zeit der Körper nur einen grössern oder kleinern Bogen ebendesselben Zirkels beschreibet, so erkennt man hieraus am deutlichsten die Krümmung des Weges und also die Wirkung, welche eine Kraft, deren Richtung winkelrecht auf die Richtung der Bewegung ist, in dem Zustande des Körpers hervorbringen muss.

64. *Wenn die Bewegung eines Körpers von einer seitwärts wirkenden Kraft gekrümmt wird, so ist der halbe Durchmesser der Krümmung doppelt so gross als der Weg, auf welchem der Körper, wenn ebendieselbe Kraft rückwärts auf ihn wirkte, seine Bewegung gänzlich verlieren würde.*

Wenn ein Körper, dessen Masse $= M$, sich mit einer Geschwindigkeit $= v$ beweget und inzwischen auf denselben seitwärts eine Kraft $= p$ wirket, so wird seine Bewegung nach einem Zirkelbogen gelenket werden, dessen halber Durchmesser ist $= \frac{Mvv}{np}$, wie in dem vorigen Satz gezeigt worden. Wenn aber dieser Körper durch eben diese Kraft p, so jetzt rückwärts auf ihn wirken soll, zu Ruhe gebracht werden sollte, so müsste derselbe einen Weg s durchlaufen dergestalt, dass da wäre $Mvv = 2nps$ (61); dieser Weg, auf welchem der Körper seine ganze Bewegung durch die rückwärts treibende Kraft p einbüsste, würde demnach sein $s = \frac{Mvv}{2np}$ und folglich halb so gross als der oben gefundene halbe Durchmesser der Krümmung. Woraus dann folget, dass der halbe Durchmesser der Krümmung zweimal so gross sein müsse als der Weg, auf welchem eben diese Kraft, wenn sie rückwärts auf den Körper wirkte, denselben seiner ganzen Bewegung berauben würde. Die Vergleichung dieser beiden Fälle, da eben dieselbe Kraft einmal seitwärts, hernach rückwärts auf den Körper zu wirken angenommen wird, leitet uns also zu einer solchen Bestimmung des halben Durchmessers der Krümmung im erstern Falle, welche nicht mehr von der Zahl n und der Art, die verschiedenen Grössen durch Zahlen auszudrücken, abhängt, sondern uns sofort eine Linie anzeigt, welche demselben halben Durchmesser gleich ist. Denn wenn der gedachte Weg, auf welchem der Körper durch die Kraft p seiner Bewegung beraubet werden kann, durch s angedeutet wird, so ist der gesuchte halbe Durchmesser $= 2s$. Hier kann noch angemerket werden, dass $2s$ auch den Weg ausdrückt, welchen der Körper mit seiner Geschwindigkeit v gleichförmig durchlaufen würde in eben der Zeit, in welcher derselbe von der rückwärts wirkenden Kraft p zu Ruhe gebracht werden kann.

65. *Wenn die Kraft beständig einerlei Grösse behält, ihre Richtung aber immerfort also verändert, dass sie auf die Richtung des Körpers allezeit winkelrecht bleibt, so wird der Körper in einem Zirkel immer gleich geschwind herumlaufen, dessen halber Durchmesser demjenigen gleich sein wird, welcher eben bestimmt worden.*

Wenn der Körper, dessen Masse $= M$, sich anfänglich mit einer Geschwindigkeit $= v$ beweget und von einer Kraft p, die auf die Richtung des Körpers winkelrecht ist, getrieben wird, so wird derselbe seinen Lauf nach einem Zirkelbogen krümmen, dessen halber Durchmesser $= \frac{Mvv}{np}$, und zum wenigsten in einer unendlich kleinen Zeit keine Veränderung an seiner Geschwindigkeit leiden, als welche nur insofern Statt findet, als die Kraft nicht mehr winkelrecht auf die Richtung des Körpers wirket. Weil wir aber annehmen, dass die Kraft p beständig winkelrecht auf die Bewegung des Körpers bleibe, so kann keine Veränderung in der Geschwindigkeit des Körpers stattfinden und derselbe muss mit einer gleichförmigen Bewegung allzeit in diesem Zirkel herumlaufen, dessen halber Durchmesser ist $= \frac{Mvv}{np}$ oder auch $= 2s$, wenn nach dem vorigen Satze s den Weg andeutet, auf welchem der Körper von der Kraft p, wenn sie rückwärts wirkte, seine ganze Bewegung verlieren würde. Der Körper wird also beständig mit einerlei Geschwindigkeit v in dem Zirkel herumlaufen; und wenn wir den halben Durchmesser dieses Zirkels $= r$ setzen, so haben wir $r = \frac{Mvv}{np}$ oder $r = 2s$; woraus man ersehen kann, wie gross die Geschwindigkeit des Körpers v sein müsse, damit er in einem gegebenen Zirkel herumliefe; es müsse nämlich sein

$$vv = \frac{npr}{M} \quad \text{oder} \quad v = \sqrt{\frac{npr}{M}}.$$

Ist aber der Zirkel, in welchem der Körper herumlaufen soll, gegeben und auch die Geschwindigkeit v, so kann man daraus die Grösse der Kraft p bestimmen, welche auf den Körper immer winkelrecht wirken muss; denn es wird sein $p = \frac{Mvv}{nr}$. Da übrigens die Kraft immer winkelrecht auf die Richtung des Körpers wirken muss, so ist klar, dass der Körper immer nach dem Mittelpunkte des Zirkels getrieben werden müsse.

66. *Damit also ein Körper mit einer gegebenen Geschwindigkeit in einem Zirkel herumlaufe, so muss derselbe beständig gegen den Mittelpunkt des Zirkels getrieben werden mit einer Kraft, welche sich verhält wie die Masse des Körpers multiplicirt mit dem Quadrat seiner Geschwindigkeit und dividirt durch den halben Durchmesser des Zirkels.*

Wenn die Masse des Körpers $= M$, die Geschwindigkeit $= v$, der halbe Durchmesser des Zirkels $= r$ und die dazu erforderte Kraft $= p$ gesetzt wird, so haben wir gefunden, dass da sein müsse $p = \frac{Mvv}{nr}$. Wenn diese Kraft rückwärts auf den Körper wirken sollte, so würde sie denselben zu Ruhe bringen, indem er einen Weg durchläuft, welcher der Hälfte des halben Durchmessers r gleich käme. Denn wenn dieser Weg $= s$ genannt wird, so haben wir gefunden $Mvv = 2nps$, woraus hier entspringt $p = \frac{2nps}{nr}$ und also $s = \frac{1}{2}r$. Wir können also die zur Beschreibung eines Zirkels erforderte Kraft also ausdrücken, dass dieselbe gleich sein müsse derjenigen Kraft, welche, indem sie auswärts auf den Körper wirkte, vermögend wäre, denselben zu Ruhe zu bringen, indem er einen Weg, so dem vierten Theil des Durchmessers gleich ist, durchliefe. Sollte aber die nach dem Mittelpunkte treibende Kraft plötzlich aufhören, so würde der Körper von diesem Augenblick an mit seiner Geschwindigkeit nach einer graden Linie fortlaufen, welche den Zirkel berührte. Der Körper bemühet sich nämlich vermöge seiner Standhaftigkeit, alle Augenblicke mit seiner Geschwindigkeit nach seiner Richtung fortzulaufen, und sobald daher die nach dem Mittelpunkte treibende Kraft aufhört, so folgt er diesem seinem natürlichen Triebe. Sollte der Körper mit einem Faden an dem Mittelpunkte befestigt sein und also von dem Faden in dem Zirkel erhalten werden, so würde der Faden die Stelle der Kraft vertreten und durch seine Spannung den Körper im Zirkel erhalten. Weil demnach der Faden mit einer solchen Kraft, als bestimmt worden, nämlich $p = \frac{Mvv}{nr}$, gespannt sein wird, so sagt man, dass der Körper in diesem Zustande eine Kraft habe, den Faden zu spannen; und dieses ist die Kraft, welche sonst *vis centrifuga* genannt wird und also mit der obenbestimmten Kraft einerlei ist, welche zur zirkelförmigen Bewegung erfordert wird.

67. *Wenn sich aber ein Körper mit ungleicher Geschwindigkeit in einer krummen Linie bewegen soll, so werden dazu immer zwei Kräfte erfordert, eine, welche den Körper entweder vorwärts oder rückwärts treibet und die Veränderung in der Geschwindigkeit wirket, die andere aber, welche den Körper seitwärts treibt und ihn nach der Krümmung der Linie lenket.*

Lasst uns setzen, der Körper, dessen Masse $= M$, bewege sich mit einer veränderlichen Geschwindigkeit in der krummen Linie AME (Fig. 4) und seine Geschwindigkeit sei in $M = v$. Weil nun in einer unendlich kleinen Zeit die Bewegung als gleichförmig angesehen werden kann, da der Zuwachs oder Verlust der Geschwindigkeit, so inzwischen erwächst, unendlich klein ist und auch der unendlich kleine Weg Mm, so inzwischen durchlaufen wird, als ein Zirkelbogen angesehen werden kann, dessen Mittelpunkt in R, und der halbe Durchmesser sei $RM = r$, so wird, um diese Krümmung hervorzubringen, eine Kraft erfordert, welche den Körper seitwärts nach der Richtung MR antreibt, und diese Kraft wird nach dem vorigen Satze sein $= \frac{Mvv}{nr}$.

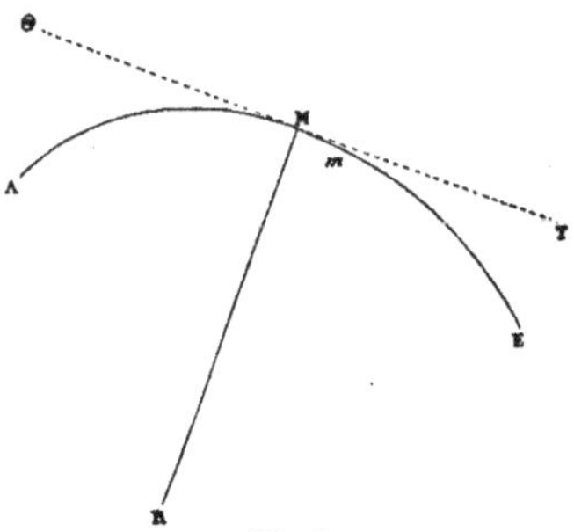

Fig. 4.

Insofern hernach die Geschwindigkeit verändert wird, so lasst uns setzen, der in der unendlich kleinen Zeit dt erzeugte Zuwachs der Geschwindigkeit sei $= dv$. Hiezu wird demnach eine Kraft erfordert, welche den Körper vorwärts treibt nach seiner Richtung, das ist nach der in M berührenden graden Linie MT. Diese Kraft sei nun $= p$, und da haben wir aus dem obigen

$$dv = \frac{npdt}{M}, \quad \text{folglich} \quad p = \frac{Mdv}{ndt};$$

welche Kraft also mit der vorhergefundenen seitwärts wirkenden Kraft diese Bewegung nach der krummen Linie AME hervorzubringen im Stande sein wird. Sollte die Geschwindigkeit abnehmen, so würde dv negativ und für die Kraft p auch ein negativer Werth gefunden werden, in welchem Falle also diese Kraft rückwärts nach der Richtung $M\Theta$ auf den Körper wirken müsste.

Will man anstatt der unendlich kleinen Zeit dt den inzwischen durchlaufenen unendlich kleinen Weg Mm in die Rechnung bringen, so setze man den ganzen Weg oder den Bogen $AM = s$, so wird $Mm = ds$, und da $v = \frac{ds}{dt}$, weil die Bewegung durch Mm als gleichförmig angesehen werden kann, so hat man $\frac{1}{dt} = \frac{v}{ds}$, und daher findet man die nach MT wirkende Kraft $p = \frac{Mv\,dv}{n\,ds}$.

Von diesen zwei erforderten Kräften pflegt die erstere, so nach MR wirket, die winkelrechte Kraft (*vis normalis*), die letztere aber, so nach MT oder auch $M\Theta$ wirket, die berührende Kraft (*vis tangentialis*) genannt zu werden.

68. *Hieraus kann man hinwiederum die Veränderung bestimmen, welche eine auf die Bewegung des Körpers schiefwirkende Kraft hervorbringen muss; denn eine solche Kraft lässt sich in zwei andere zerlegen, deren eine entweder vorwärts oder rückwärts auf den Körper wirket, die andere aber seitwärts, und eine jede wird in dem Zustande des Körpers eben diejenige Veränderung hervorbringen, welche vorher bestimmt worden.*

Wir wollen die Kraft sowohl nach ihrer Grösse als Richtung veränderlich annehmen, und wenn der Körper in M (Fig. 5) gekommen, wo seine Richtung nach MT und Geschwindigkeit $= v$ sein soll, so soll eine Kraft $= V$ nach der Richtung MV auf denselben wirken. Nun ziehe man die Linie MR winkelrecht auf MT und errichte das rechtwinklichte Viereck $VNMT$, davon MV eine Querlinie sei, so ist bekannt, dass die Kraft MV gleich gültig sei mit den zweien Kräften, so durch die Seiten MT und MN ausgedrückt werden, davon jene die vorwärts-, diese aber die seitwärtswirkende Kraft anzeigt.

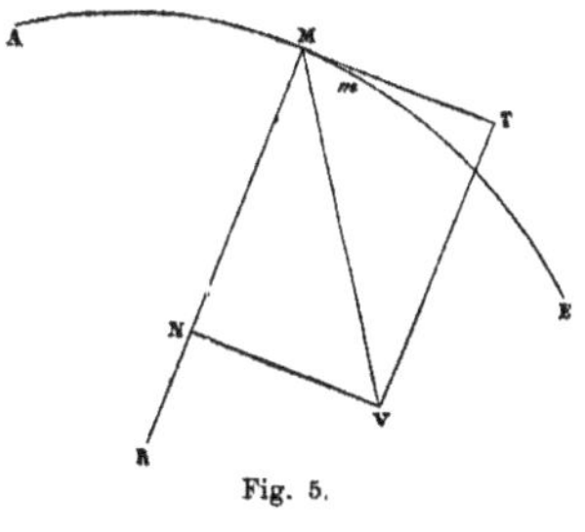

Fig. 5.

Man setze nun die vorwärtstreibende Kraft $MT = T$ und die seitwärtstreibende $MN = N$, so hat man nach den Verhältnissen der Seiten MT und MN mit der Querlinie MV diese Bestimmungen

$$T = \frac{MT}{MV} \cdot V \quad \text{und} \quad N = \frac{MN}{MV} \cdot V.$$

Von der ersteren wird die Geschwindigkeit des Körpers einen Zuwachs erhalten, welcher in der unendlich kleinen Zeit $= dt$ betragen wird $dv = \frac{nTdt}{M}$, wo M die Masse des Körpers andeutet; oder wenn man den inzwischen durchlaufenen unendlich kleinen Weg $Mm = ds$ setzet, weil $ds = vdt$, so wird man haben $vdv = \frac{nTds}{M}$. Die andere Kraft, N, wird den Körper nöthigen, seine Bewegung zu krümmen und das dergestalt, daß, wenn man den halben Durchmesser der Krümmung $MR = r$ nennt, sein wird $r = \frac{Mvv}{nN}$. Also wird die Veränderung, welche alle Augenblicke in dem Zustande des Körpers vorgeht, durch die zwei folgenden Gleichungen ausgedrückt

$$dv = \frac{nTdt}{M} \quad \text{oder} \quad vdv = \frac{nTds}{M} \quad \text{und} \quad r = \frac{Mvv}{nN}.$$

Wie aber hieraus in einem jeglichen Falle die Bewegung des Körpers selbst, das ist die Linie AM und die Geschwindigkeit in einem jeglichen Punkte derselben, gefunden werden könne, ist hier nicht der Ort zu zeigen, sondern es gehört in die besondere Lehre von der Bewegung; doch soll im folgenden Capitel ein leichterer Weg vorgeschlagen werden.

CAPITEL 9

BESTIMMUNG DER BEWEGUNG EINES KÖRPERS WELCHER VON KRÄFTEN GETRIEBEN WIRD

69. *So lange sich ein Körper gleichförmig nach einerlei Richtung beweget, so entfernt er sich von einer nach Belieben festgesetzten Fläche oder nähert sich derselben gleichgeschwind. Hieraus ist klar, was wir durch die Bewegung eines Körpers von einer Fläche verstehen, und dass in dem angeführten Falle diese Bewegung gleichförmig sein werde.*

Wenn wir bei der Bewegung eines Körpers nur auf seine Entfernung von einer gewissen Fläche sehen, so nennen wir die Veränderung dieser Entfernung die Bewegung des Körpers von dieser Fläche. Diese Bewegung können wir also als eine Geschwindigkeit ansehen und ausmessen, wenn wir den Zuwachs dieser Entfernung durch die Zeit dividiren. Also wenn wir jetzt die Entfernung des Körpers von der Fläche durch x, nach Verfliessung aber einer unendlich kleinen Zeit dt durch $x + dx$ andeuten, so dass die Entfernung in dieser Zeit dt um dx gewachsen, so sagen wir, dass in diesem Augenblicke seine Bewegung von dieser Fläche sei $\frac{dx}{dt}$, eben wie die wahre Geschwindigkeit eines Körpers aus dem Wege durch die Zeit dividirt erkannt wird. Dieser Begriff von der Bewegung eines Körpers von einer Fläche wird uns auf eine leichtere und allgemeinere Art leiten, um uns eine jegliche Bewegung deutlicher vorzustellen und die Veränderungen, so darin vorgehen, aus den Kräften zu bestimmen. Es ist hier aber vor allen Dingen aus der Geometrie zu merken, dass die Entfernung des Körpers von einer Fläche durch die winkelrechte grade Linie, so vom Körper auf die Fläche gezogen wird, ausgedrückt werde.

Wenn demnach ein Körper gleichgeschwind in einer graden Linie fortläuft, so behält diese Linie von einer angenommenen Fläche entweder immer einerlei Entfernung oder nicht. Im ersteren Falle bleibt also der Körper von dieser Fläche immer gleich weit entfernt und seine Bewegung von derselben wird durch 0 ausgedrückt werden. Im letzteren Falle aber, weil der Körper in seiner Linie in gleicher Zeit gleiche Wege zurücklegt, so nimmt seine Entfernung von der Fläche in gleicher Zeit um gleichviel ab oder zu und wird also seine Bewegung von dieser Fläche gleichgeschwind sein. Nimmt die Entfernung zu, so werden wir diese Bewegung mit dem Zeichen $+$, nimmt sie aber ab, mit dem Zeichen $-$ anzeigen.

70. *Wird ein Körper durch eine Kraft von einer Fläche gerade fortgestossen, so wird seine Bewegung von dieser Fläche dergestalt zunehmen, dass sich der Zuwachs derselben verhalten wird wie die Kraft multiplicirt mit der Zeit und dividirt durch die Masse des Körpers.*

Es sei die Masse des Körpers $= M$ und seine Bewegung von der gedachten Fläche $= u$, wodurch eigentlich die Geschwindigkeit dieser Bewegung von der Fläche angedeutet wird; wir wollen aber um der Kürze willen u die Bewegung von der Fläche nennen, weil keine Zweideutigkeit zu befürchten steht. Dieses vorausgesetzt, so würde, wie wir eben gesehen haben, u immer einerlei bleiben, wenn keine Kraft auf den Körper wirkte, indem derselbe alsdann gleichförmig nach einer graden Linie fortlaufen müsste. Die Wirkung der Kraft, welche wir durch P andeuten wollen, muss also darin bestehen, dass diese Bewegung u vermehrt werde, weil wir annehmen, dass der Körper von dieser Kraft von der Fläche weg gestossen werde. Was wir demnach oben von dem Zuwachs einer Geschwindigkeit gezeigt haben, wenn die Kraft den Körper vorwärts stösst, das findet auch hier statt, und daher wird der in der unendlich kleinen Zeit dt erzeugte Zuwachs der Bewegung u sein $du = \frac{nPdt}{M}$ oder man wird haben $Mdu = nPdt$, wo n eben die Zahl andeutet, welche aus der Art die hier vorkommenden Grössen durch Zahlen auszudrücken ihre Bestimmung erhält. Will man die Entfernung des Körpers von der Fläche, welche $= x$ sein soll, in die Rechnung bringen, so darf man nur $\frac{dx}{dt}$ anstatt u schreiben und wird, wenn man den Zuwachs der Zeit dt für beständig annimmt, der Zuwachs der Bewegung werden $du = \frac{ddx}{dt}$. Hieraus bekommt man

$$\frac{Mddx}{dt} = nPdt$$

oder

$$Mddx = nPdt^2,$$

welches also eine Differential-Gleichung von dem zweiten Grade ist.

Wenn ausser dieser Kraft P noch eine andere Q vorhanden wäre, welche aber auf den Körper nach einer Richtung, so mit der Fläche gleichlaufend ist, wirkte, so würde von derselben keine Veränderung in der Bewegung von der Fläche entstehen und würde also gleichfalls sein

$$Mdu = nPdt \quad \text{oder} \quad Mddx = nPdt^2.$$

Denn wenn die Kraft P gar nicht vorhanden wäre, so würde der Körper ungeachtet der Kraft Q sich gleichgeschwind von der Fläche entfernen, weil diese Kraft, als mit der Fläche gleichlaufend, nichts in seiner Entfernung von derselben ändert; welcher Umstand, um die folgenden Sätze zu verstehen, wohl in Acht zu nehmen ist.

71. *Wenn die ganze Bewegung auf einer Fläche geschieht und die Kräfte also auch nach derselben wirken, so wird diese Bewegung erkannt, wenn man die Bewegung des Körpers von zwei graden Linien, welche in dieser Fläche winkelrecht auf einander gezogen sind, bestimmt.*

Lasst uns setzen der Körper, dessen Masse $= M$ (Fig. 6), bewege sich auf der Fläche, so die Kupferplatte vorstellt, und beschreibe darauf die Linie

DME, so müssen auch die Kräfte, so auf denselben wirken, ihre Richtung in dieser Fläche haben. Man stelle sich nun eine andere Fläche vor, welche auf dem Papier nach der Linie *OA* winkelrecht aufsteht, und betrachte die Bewegung des Körpers von dieser Fläche, so wird seine Entfernung, wenn er in *M* ist, durch die Linie *MX*, so auf *OA* winkelrecht aufsteht, angezeigt werden; also hat man nur nöthig zu untersuchen, wie sich die Entfernung des Körpers von der Linie *OA* nach und nach verändre, das ist, man darf nur die Bewegung des Körpers von dieser Linie *OA* erforschen. Man stelle sich noch eine andere Fläche vor, welche auf dem Papiere ebenfalls winkelrecht nach der Linie *OB* aufstehe, so dass *OB* mit *OA* einen rechten Winkel mache, und suche gleichfalls die Bewegung des Körpers von der Linie *OB*, so ist klar, dass, wenn man für eine jegliche Zeit anzeigen kann, wie weit der Körper von beiden Linien *OA* und *OB* entfernt ist, daraus der wahre Ort des Körpers erkannt werde. Die Kraft, welche auf den Körper in *M* wirket, mag nun beschaffen sein, wie man will, so kann dieselbe in zwei Kräfte *MP* und *MQ* zerleget werden, deren jene, *MP*, den Körper von der Linie *OA*, diese, *MQ*, aber von der Linie *OB* wegstösst; und weil *MQ* mit der Linie *OA*, *MP* aber mit der Linie *OB* gleichlaufend ist, so wird die Wirkung der einen Kraft durch die andere nicht gestört werden, also dass man die Wirkung einer jeden besonders wird bestimmen können.

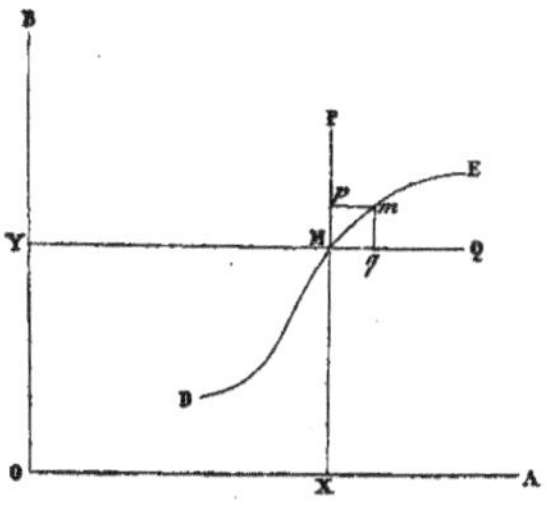

Fig. 6.

Es sei also die Entfernung des Körpers *M* von *OA* oder $MX = x$, die Bewegung von dieser Linie $OA = u$ und die Kraft *MP*, so von dieser Linie wegtreibt, $= P$. Gleichergestalt sei die Entfernung des Körpers *M* von *OB* oder $MY = y$, die Bewegung von dieser Linie $OB = \iota$ und die von dieser Linie *OB* wegstossende Kraft $MQ = Q$. Die Wirkung dieser beiden Kräfte wird also in der unendlich kleinen Zeit dt folgende Veränderungen hervorbringen

$$Mdu = nPdt \quad \text{oder} \quad Mddx = nPdt^2,$$

$$Mdv = nQdt \quad \text{oder} \quad Mddy = nQdt^2,$$

wenn nämlich der Zeitpunkt dt für beständig angenommen wird. Es ist aber aus dem vorigen klar, dass

$$u = \frac{dx}{dt} \quad \text{und} \quad v = \frac{dy}{dt}.$$

72. *Hat man die Bewegung eines Körpers, welche auf einer Fläche geschieht, von zwei Linien, so auf dieser Fläche gegeneinander winkelrecht stehen, bestimmt, so erkennt man daraus seine wahre Bewegung, das ist, seine Geschwindigkeit und Richtung für einen jeglichen Zeitpunkt.*

Wir haben oben zwei besondere Regeln gegeben, eine um die Veränderung, so in der Geschwindigkeit vorgeht, die andere aber um die Veränderung, so in der Richtung vorgeht, zu bestimmen. Bei dieser gegenwärtigen Art aber brauchen wir nur eine einzige Regel, welche uns lehret, wie die Bewegung eines Körpers von einer jeglichen Fläche verändert werde, die wirkende Kraft mag auch beschaffen sein wie man will; weil sich dieselbe immer in zwei andere zerlegen lässt, deren eine von der Fläche grade abstösst, die andere aber mit der Fläche gleichlaufend ist und also die Wirkung jener nicht störet. In dem vorigen Satze haben wir aus diesem Grunde bestimmt, welche Veränderung in der Bewegung des Körpers von beiden Linien OA und OB (Fig. 6) besonders vorgehen muss und in diesen zwei Gleichungen enthalten ist

$$Mdu = nPdt \quad \text{und} \quad Mdv = nQdt.$$

Hat man nun hieraus für einen jeden Zeitpunkt die beiden Bewegungen u und v gefunden, deren jene nach Mp, diese aber nach Mq gerichtet ist, so sieht man, dass der Körper durch Mm laufen werde, so dass Mm die Querlinie des rechtwinklichten Vierecks $Mpmq$ sein wird; wenn nämlich Mp und Mq durch u und v ausgedrückt werden. Daher wird die wahre Geschwindigkeit, welche der Körper in M nach der Richtung Mm hat, sein $= \sqrt{(uu + vv)}$; ferner erkennt man aber auch hieraus die Richtung, oder die Lage der Linie Mm nach den beiden angenommenen Linien OA und OB. Denn da $Mp = u$ und $Mq = v$, so findet man in dem rechtwinklichten Dreiecke Mqm sogleich den Winkel QME, dessen Tangente ist $\frac{u}{v}$, welchen die Richtung der Bewegung Mm mit der Linie MQ macht; und gleichergestalt wird des Winkels PME Tangente sein $= \frac{v}{u}$. Kann man auch noch ferner für eine jede Zeit die beiden

Entfernungen $MX = x$ und $MY = y$ anzeigen, so wird dadurch der wahre Ort M, wo sich der Körper alsdann befindet, bestimmt. Wenn man aber für einen jeglichen Zeitpunkt den Ort des Körpers anzeigen kann, so ist dieses die vollständigste Erkenntniss, welche man immer von der Bewegung eines Körpers wünschen kann.

73. *Wenn die Bewegung eines Körpers nicht in einer Fläche geschieht, so kann man sich dieselbe am deutlichsten vorstellen, wenn man nach Belieben drei Flächen annimmt, welche auf einander winkelrecht stehen, und die Bewegung des Körpers von einer jeden dieser drei Flächen in Betrachtung zieht.*

Eine von diesen drei Flächen werde durch die Kupferplatte vorgestellt, auf welcher man nach Belieben zwei Linien OB und OC (Fig. 7) winkelrecht

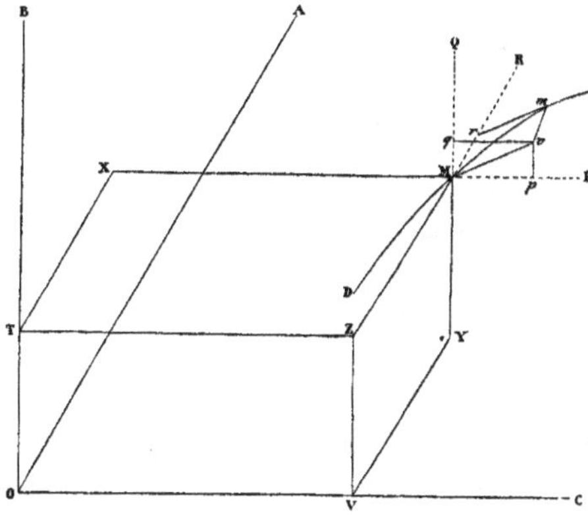

Fig. 7.

auf einander ziehe und aus dem Punkte O die Linie OA auch winkelrecht auf die Fläche der Platte aufrichte, welche folglich auf die beiden Linien OB und OC winkelrecht sein wird. Diese drei Linien OA, OB und OC stellen uns also drei Flächen vor, als AOB, AOC und BOC, welche aufeinander rechtwinklicht sind und wovon man die letztere BOC als die Grundfläche, die beiden andern AOB und AOC aber als zwei darauf senkrecht aufgerichtete

Wände ansehen kann. Der Körper mag sich nun befinden, wo er will, als in M, so lässt sich begreifen, wie weit derselbe von einer jeden der drei angenommenen Flächen entfernt sein werde; man ziehe nämlich aus M erstlich die Linie MX winkelrecht auf die Fläche AOB, hernach die Linie MY winkelrecht auf die Fläche AOC und endlich die Linie MZ winkelrecht auf die Fläche BOC, so werden diese Linien die gesuchten Entfernungen anzeigen; man setze also diese Entfernungen $MX = x$, $MY = y$ und $MZ = z$, ferner ziehe man winkelrecht von X auf OB die Linie XT und von Z auf OC die Linie ZV, so wird auch sein $OV = x$, $VZ = OT = y$ und $ZM = z$. Wenn man also diese drei Linien weiss, so kann man daraus die Punkte V, Z und M und also den wahren Ort des Körpers M anzeigen. Bewegt sich nun der Körper, wie es auch immer sein mag, so erwäge man, um wieviel sich die drei Entfernungen x, y, z in dem Zeitpunkt dt verändern, und deute diese Veränderungen durch dx, dy und dz an. Daher werden die Brüche $\frac{dx}{dt}$, $\frac{dy}{dt}$, $\frac{dz}{dt}$ die Bewegungen des Körpers von diesen drei Flächen anzeigen. Setzen wir nun die Bewegung von der Fläche $AOB = u$, von der Fläche $AOC = v$ und von der Fläche $BOC = w$, so werden wir haben

$$u = \frac{dx}{dt}, \quad v = \frac{dy}{dt}, \quad w = \frac{dz}{dt}.$$

Nehmen wir endlich in diesen Richtungen $Mp = u$, $Mq = v$ und $Mr = w$, oder $Mp = u$, $pv = v$ und $vm = w$, so wird die Linie Mm die Richtung der Bewegung des Körpers und $\sqrt{(uu + vv + ww)}$ die wahre Geschwindigkeit desselben anzeigen; folglich wird durch diese Vorstellung die wahre Bewegung des Körpers am deutlichsten erkannt.

74. *Die Kräfte, welche auf den Körper wirken, mögen auch beschaffen sein, wie sie wollen, so können dieselben immer in drei zerlegt werden, welche den Körper von einer jeden der angenommenen drei Flächen grade wegstossen, und die Wirkung einer jeden wird von den zwei übrigen nicht gestört.*

Es sei der Körper in M und alle Benennungen blieben wie in dem vorhergehenden Satze. Nun ist bekannt, dass, wie auch immer die Kräfte, so auf den Körper wirken, beschaffen sein mögen, allezeit drei Kräfte angezeigt werden können nach den Richtungen MP, MQ, MR, welche denselben gleichgültig sind. Man nenne also die Kraft $MP = P$, die Kraft $MQ = Q$, die Kraft

$MR = R$, von welchen die erste, P, den Körper von der Fläche AOB, die andere, Q, von der Fläche AOC und die dritte, R, von der Fläche BOC grade wegtreibt, und sollten diese Kräfte den Körper gegen die Flächen zustossen, so müssten dieselben wie bekannt mit dem Zeichen — bemerket werden. Es ist aber klar, dass die Wirkung der Kraft $MP = P$ von den beiden übrigen, Q und R, nicht gestört werde, weil ihre Richtungen MQ und MR mit der Fläche AOB gleichlaufend sind und die Entfernung des Körpers von dieser Fläche weder zu vermehren noch zu vermindern bemüht sind; und ebenso verhält es sich auch mit den beiden übrigen. Daher kann die Wirkung einer jeden ohne Absicht auf die übrigen besonders bestimmt werden, woraus wir für die in dem Zeitpunkte dt erzeugten Veränderungen die drei nachfolgenden Gleichungen erhalten

$$Mdu = nPdt, \quad Mdv = nQdt, \quad Mdw = nRdt;$$

anstatt dieser können wir auch folgende gebrauchen, wo das Differentiale der Zeit dt für beständig angenommen wird,

$$Mddx = nPdt^2, \quad Mddy = nQdt^2, \quad Mddz = nRdt^2.$$

Wir können auch die Betrachtung der Zeit ausschliessen, und weil

$$dx = udt, \quad dy = vdt, \quad dz = wdt,$$

so bekommen wir

$$Mudu = nPdx, \quad Mvdv = nQdy, \quad Mwdw = nRdz,$$

wobei aber zu merken, dass $\frac{dx}{u} = \frac{dy}{v} = \frac{dz}{w}$. Wenn nun die Kräfte bekannt, so sind diese Gleichungen hinlänglich, den wahren Ort des Körpers für eine jegliche Zeit zu bestimmen und daher auch seine wahre Bewegung anzuzeigen.

75. *Wir verstehen durch die Wirksamkeit einer Kraft die Integral-Grösse, welche gefunden wird, wenn man die Kraft mit dem Differentiale ihrer Entfernung von der Fläche, von welcher sie den Körper wegstösst, multiplicirt und alsdann integrirt.*

Die letztgegebenen Gleichungen leiten uns auf diesen neuen Begriff, welchen wir mit dem Worte *Wirksamkeit* verbinden; indem aus demselben durch die

Integration gefunden wird

$$Muu = 2n\int Pdx, \quad Mvv = 2n\int Qdy, \quad Mww = 2n\int Rdz$$

und hieraus die Bewegung des Körpers von einer jeden Fläche angezeigt werden kann. Dieser Begriff ist hier um so viel mehr von der grössten Wichtigkeit, weil die Summe der Wirksamkeit aller Kräfte

$$\int Pdx + \int Qdy + \int Rdz$$

immer gleich gross bleibt, wenn wir auch drei andere Flächen angenommen hätten; und wenn diese drei Kräfte aus einer Kraft durch die Zerlegung entstanden, so ist die Summe ihrer Wirksamkeit gleich der Wirksamkeit der einzigen Kraft, aus der sie entstanden; also dass die Willkührlichkeit der drei angenommenen Flächen auf die ganze Wirksamkeit keinen Einfluss hat, als welche immer einerlei Werth behält. Ein solcher merkwürdiger Vorzug findet bei der andern Formel nicht statt und würde zum Exempel die aus der ersten hergenommene Grösse

$$\int Pdt + \int Qdt + \int Rdt$$

immer einen anderen Werth erhalten, je nachdem wir die drei Flächen veränderten, ausserdem dass den Kräften mit dem Zeitpunkte dt keine solche Verbindung zugeschrieben werden kann, als mit den Differentialen dx, dy, dz. Was aber diesen Begriff der Wirksamkeit schon für sich höchst merkwürdig macht, ist, dass die ganze Lehre von dem Gleichgewicht auf denselben gegründet ist. Denn es kann bewiesen werden, dass kein Gleichgewicht stattfinden kann, wo nicht die Summe der Wirksamkeiten aller Kräfte, so dabei vorkommen, am allerkleinsten oder auch zuweilen am allergrössten ist. Dieser herrliche Grundsatz ist auch zuerst von dem weltberühmten Herrn Präsidenten von MAUPERTUIS[1]) erfunden worden und stehet mit dem anderen allgemeinen Gesetze der Sparsamkeit in der genausten Verbindung. Hieraus sehen wir

1) P. L. MOREAU DE MAUPERTUIS (1698—1759) war 1741 von FRIEDRICH DEM GROSSEN nach Berlin berufen und zum Präsidenten der Akademie ernannt worden, deren mathematischer Klasse EULER seit 1744 als Direktor vorstand. Da die erste der Abhandlungen von MAUPERTUIS, auf die EULER hier anspielt, aus dem Jahre 1744 stammt, so geht aus dieser Stelle des Textes hervor, daß EULERS *Anleitung zur Naturlehre* frühestens 1745 verfaßt worden ist, worauf ENESTRÖM in seinem *Verzeichnis* mit Recht hinweist. EULER selbst hat dem „Prinzip der kleinsten Wirkung" später die grundlegenden Abhandlungen 145, 146, 176, 181, 182, 186, 197, 198, 199, 200 (des ENESTRÖMSCHEN Verzeichnisses) gewidmet; *LEONHARDI EULERI Opera omnia*, series II, vol. 4. F. R.

zum wenigsten, dass die Wirksamkeit auf alle Bewegungen, so irgend aus Kräften hervorgebracht werden können, einen wesentlichen Einfluss habe und allerdings verdiene, dass sie mit einem besonderen Namen belegt werde.

76. *Wie auch immer die Bewegung eines Körpers durch Kräfte verändert werden mag, so verhält sich jederzeit die sogenannte lebendige Kraft, oder die Masse des Körpers mit dem Quadrat seiner Geschwindigkeit multiplicirt, wie die Wirksamkeit aller Kräfte, so auf den Körper wirken.*

Wenn wir die drei obigen Integral-Gleichungen zusammenthun, so bekommen wir

$$Muu + Mvv + Mww = 2n\int Pdx + 2n\int Qdy + 2n\int Rdz$$

oder

$$M(uu + vv + ww) = 2n\int (Pdx + Qdy + Rdz).$$

Da wir oben gezeigt haben, dass die wahre Geschwindigkeit des Körpers durch

$$\sqrt{(uu + vv + ww)}$$

ausgedrückt werde, so ist $uu + vv + ww$ das Quadrat der Geschwindigkeit und folglich $M(uu + vv + ww)$ die sogenannte lebendige Kraft des Körpers. Ferner ist, wie wir gesehen haben,

$$\int Pdx + \int Qdy + \int Rdz$$

die Wirksamkeit der auf den Körper wirkenden Kräfte, woraus denn von selbst erhellet, dass die lebendige Kraft des Körpers gleich sei der Wirksamkeit mit der Zahl $2n$ multiplicirt. Nur ist hiebei zu erinnern, dass die Wirksamkeit als eine durch die Integration gefundene Grösse an sich nicht bestimmt sei, sondern eine beständige willkührliche Grösse zu sich nehmen könne. Dieses erfordert auch die Natur der Sache, indem die gegenwärtige Bewegung des Körpers mit von der ihm anfänglich eingedrückten Bewegung, so willkührlich ist, abhängt. Hat man aber für den Anfang diejenige beständige Grösse, welche zur Wirksamkeit hinzugethan werden muss, um die lebendige Kraft herauszubringen, bestimmt, so gilt dieselbe hernach immer für die ganze Bewegung und kann hernach für eine jegliche Zeit und für einen jeglichen Ort des Körpers seine wahre lebendige Kraft richtig bestimmt werden. Dieses ist ein beträchtlicher Vorzug, welchen das Product der Masse eines Körpers durch das Quadrat seiner Geschwindigkeit vor dem Product der Masse durch die Geschwindigkeit selbst hat und [der] den Begriff der lebendigen Kraft über die Grösse der Bewegung weit erhebet, indem aus unsern Gleichungen, welche alle mögliche Bewegungen in sich begreifen, nicht erhellte, dass die Grösse der Bewegung, welche wäre

$$M\sqrt{(uu + vv + ww)},$$

für sich selbst irgend in Betrachtung kommt.

CAPITEL 10

VON DER SCHEINBAREN BEWEGUNG

77. *Die scheinbare Bewegung bezieht sich auf einen Zuschauer und wird durch zwei Stücke bestimmt, erstlich aus der Gegend, nach welcher dem Zuschauer ein Körper erscheint, und hernach aus der Entfernung desselben von dem Zuschauer. Dieses ist der scheinbare Ort des Körpers und aus der Veränderung desselben wird die scheinbare Bewegung geschätzt.*

Der Zuschauer mag sich befinden, wo er will, so setzt man voraus, dass er sich die wahren Gegenden des Raumes richtig vorstellen könne. Alle graden Linien, welche aus dem Auge des Zuschauers rundherum gezogen werden können, bezeichnen gewisse Gegenden, und wenn wir zwei Zuschauer setzen, so sind ihnen diejenigen Gegenden einerlei, welche durch Linien, so einander gleichlaufend oder parallel sind, bestimmt werden. Wenn wir also zwei Zuschauer annehmen, den einen in O, den andern in o (Fig. 8), so deuten die Linien OM und ON dem Zuschauer O gewisse Gegenden an und eben diese Gegenden werden von dem Zuschauer o nach den Linien om und on geschätzet, wenn nämlich om mit OM und on mit ON gleichlaufend gezogen wird. Wenn

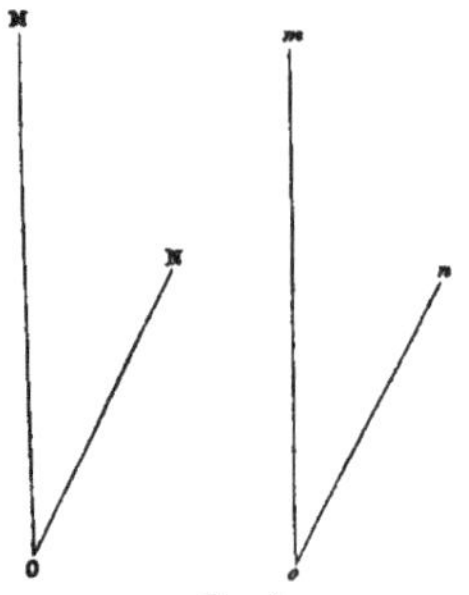

Fig. 8.

demnach der Zuschauer O in M einen Körper erblickt, der Zuschauer o aber einen in m, so dass die Entfernungen OM und om einander gleich sind, so erscheint der Körper M dem Zuschauer O an ebendemselben Orte, an welchem der Körper m dem Zuschauer o erscheint, obgleich die beiden Körper M und m sich an ganz verschiedenen Orten befinden. Ebenso wird auch der scheinbare Ort zweier Körper in N und n in Ansehung der beiden Zuschauer O und o einerlei sein. Wie sich nun ferner der scheinbare Ort eines Körpers mit der Zeit verändert, so wird aus der Veränderung der Gegend und der Entfernung die scheinbare Bewegung geschätzet. Von dieser Bewegung ist um so viel nöthiger hier zu handeln, da wir uns in der Welt keinen andern Begriff als von der scheinbaren Bewegung machen können; denn wir können die Oerter der Körper nicht anders als nach dem Orte unseres Aufenthalts schätzen, und wenn wir uns nicht immer an ebendemselben Orte befinden, so muss sich ein grosser Unterschied zwischen der wahren und scheinbaren Bewegung eines Körpers befinden. Dieser Unterschied kann noch weit grösser werden, wenn wir nicht diejenigen Gegenden für einerlei halten, welche durch gleichlaufende Linien, sondern durch solche Linien bestimmt werden, die gegen den Ort unseres Aufenthalts einerlei Verhältniss haben. Aus diesem Grunde schreiben wir auch den Fixsternen eine Bewegung zu, weil dieselben ihren Ort in Ansehung der Gegenden, welche wir auf unserer beweglichen Erde für einerlei halten, verändern. Bei dieser scheinbaren Bewegung kommt es also nicht darauf an, welche Gegenden nach der obigen Erklärung in der That einerlei sind, sondern welche wir aus Irrthum für einerlei halten.

78. *Wenn der Zuschauer an ebendemselben Orte immer unbeweglich verharret und die Gegenden durch einerlei Linien schätzet, so ist die scheinbare Bewegung eines jeglichen Körpers von seiner wahren Bewegung nicht unterschieden und also kommt das Urtheil dieses Zuschauers von der Bewegung aller Körper mit der Wahrheit überein.*

Der Zuschauer bleibe unbeweglich in O (Fig. 8) und erblicke jetzt einen Körper in M, so wird er desselben Ort nach der Gegend OM und der Entfernung OM schätzen. Nach einiger Zeit sei dieser Körper nach N gekommen, dessen Ort also von dem Zuschauer aus der Gegend und Weite ON geschätzet wird; und weil er die Gegenden noch nach ebendenselben Linien beurtheilt, so wird er auch jetzt noch den vorigen Ort des Körpers in M schätzen und also den Schluss machen, dass der Körper in dieser Zeit von M nach N fortgerückt sei, welches auch mit der Wahrheit überein kommt. Wenn aber der Zuschauer inzwischen seinen Begriff von den Gegenden geändert hätte, so würde er sich den vorigen Ort des Körpers nicht mehr in M sondern anderswo vorstellen und also von seiner Bewegung ein unrichtiges Urtheil fällen; ist aber in der Einbildung des Zuschauers keine solche Veränderung der Gegenden vorgegangen, so erscheinen ihm alle Bewegungen der Körper, wie sie in der That sind. Diejenigen Körper, welche ihm scheinen zu ruhen, befinden sich auch wirklich in Ruhe, und welche ihm scheinen gleichförmig in einer graden Linie zu laufen, die haben auch diese Bewegung in der That. Dieser Zuschauer irrt also nicht, wo er nach den Regeln der Bewegung glaubt, dass entweder zu einer Bewegung Kräfte erfordert werden oder nicht; denn diejenigen Körper, die ihm scheinen in ihrem Zustand zu verharren, verharren darin auch wirklich; und eben diejenigen Veränderungen, die ihm scheinen vorzugehen, die gehen auch wirklich vor, und werden zu deren Hervorbringung eben diejenigen Kräfte erfordert, welche im Vorigen bestimmt worden; und überhaupt alles, was bisher von der wahren Bewegung gesagt worden, gilt auch von dieser scheinbaren Bewegung, wenn der Zuschauer still steht und einerlei Begriff von den Gegenden beibehält. Ungeachtet dieses, an sich selbst ganz klar ist, so war es doch nöthig, hier wohl bemerkt zu werden, damit man um so viel leichter den Unterschied zwischen der wahren und scheinbaren Bewegung einsehen möge, wenn der Zuschauer seine Stelle verändert.

79. *Wenn der Zuschauer nicht nur seinen Ort, sondern auch seinen Begriff von den Gegenden beständig verändert, so muss er ganz anders von dem Zustand der Körper, das ist von ihrer Ruhe oder Bewegung, urtheilen, als sich derselbe in der That verhält.*

In solchen Umständen befinden wir uns, insofern wir die Stelle der himmlischen Körper nach unserem Gesichtskreise bestimmen und die Linien, welche wir durch unsern Scheitelpunkt aufwärts ziehen, für einerlei Gegenden halten. Denn da sich die Erde nicht nur um die Sonne, sondern auch zugleich um ihren Mittelpunkt herumdrehet, so verändern wir nicht nur alle Augenblicke unsere Stelle, sondern auch unsere Gegenden. Um dieses deutlich zu zeigen, so sei jetzt der Mittelpunkt der Erde in C und der Zuschauer in O (Fig. 9), welcher in seiner Scheitellinie OM, so aus C aufwärts gezogen wird, in M

einen Körper erblicke, welchen wir in Ruhe annehmen wollen. Nach einiger Zeit komme der Mittelpunkt der Erde in c, der Zuschauer aber wegen der Herumdrehung der Erde in o, so wird er jetzt den Körper, als welcher noch an seiner vorigen Stelle steht, in der Gegend oM erblicken. Da er ihn aber vorher über seinem Scheitel gesehen, so bildet er sich jetzt ein, er habe ihn vorher in m gesehen, wenn nämlich die Linie com gezogen und $om = OM$ genommen wird; und glaubt also, der Körper habe sich unterdessen von m in M beweget. Denn er vergleichet den gegenwärtigen Ort nicht mit dem vorher gesehenen, sondern mit demjenigen, den er jetzt für ebendenselben hält, welchen er vorhergesehen; er vermeint aber jetzt, die Gegend om sei einerlei mit der Gegend OM, in welcher er vorher den Körper M gesehen hätte. Sollte er aber die Gegenden richtig schätzen und jetzt die Gegend $o\mu$, welche der Linie OM gleichlaufend gezogen worden, für ebendieselbe halten, welche er vorher, da er noch in O war, nach der Linie OM geschätzt, so würde er sich jetzt einbilden, er habe den Körper in μ gesehen, und weil er ihn jetzt in M nach der Gegend oM erblickt, glauben, der Körper habe sich unterdessen von μ bis in M bewegt, da derselbe doch unterdessen stillgestanden. Hieraus lässt sich nun leicht schliessen, wie sein Urtheil ausfallen müsste, wenn der Körper sich unterdessen wirklich bewegt hätte. Es sind aber hier zwei Fälle wohl von einander zu unterscheiden: der erste ist nämlich, wenn der Zuschauer mit seinem Orte auch die Schätzung der Gegenden verändert; der andere aber, wenn er die Gegenden richtig schätzt und in seinen verschiedenen Stellungen diejenigen Gegenden für einerlei hält, welche durch gleichlaufende Linien bestimmt werden. Auf diese letztere Art beurtheilen wir die Bewegung der himmlischen Körper, wenn wir den Ort derselben nicht nach unserem Scheitelpunkt, sondern nach den Fixsternen bestimmen; denn da die Fixsterne so erstaunlich weit entfernt sind, so sind alle Linien, welche von unserem Orte, so sehr er auch verändert wird, zu einem Fixsterne gezogen werden, für gleichlaufend zu halten.

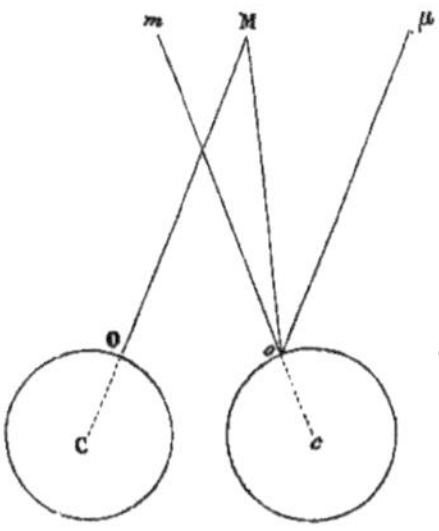

Fig. 9.

80. *Wenn der Zuschauer gleichgeschwind in einer graden Linie fortrücket und die Gegenden richtig schätzet, so scheinen ihm auch alle Körper, welche entweder ruhen oder gleichförmig nach grader Linie fortlaufen, unverrückt in ihrem Zustande zu verharren, und könnte also diese scheinbare Bewegung in der That ohne Wirkung einiger Kräfte bestehen.*

Lasst uns setzen, der Zuschauer bewege sich mit einer gleichförmigen Geschwindigkeit in der graden Linie *Oo* (Fig. 10), der Körper aber auch mit einer gleichförmigen Geschwindigkeit in der graden Linie *MN*, so dass, wenn der Zuschauer in *O*, der Körper sich in *M*, wenn aber jener in *o*, dieser sich in *N* befinde. Wenn demnach der Zuschauer in *O* ist, so erblickt er den Körper in der Gegend und Weite *OM*; nachgehends aber, wenn der Zuschauer in *o* fortgerückt, so sieht er den Körper in *N* in der Gegend und Weite *oN*. Jetzt bildet er sich aber ein, er habe den Körper vorher in der Gegend und Weite *om* gesehen, so dass *om* mit *OM* gleichlaufend und gleich gross ist, und vermeint daher, der Körper sei in dieser Zeit von *m* in *N* gekommen und habe die grade Linie *mN* mit einer gleichförmigen Bewegung beschrieben, welches daher erhellt, weil, so gross auch die inzwischen verflossene Zeit angenommen wird, der Winkel *NMm* immer gleich gross und das Verhältniss der Linie *MN* zu *Mm* einerlei bleibt, daher denn auch der Winkel *MNm* immer gleich gross und das Verhältniss der Linie *Nm* zu *Mm* oder zur Zeit einerlei bleiben muss.

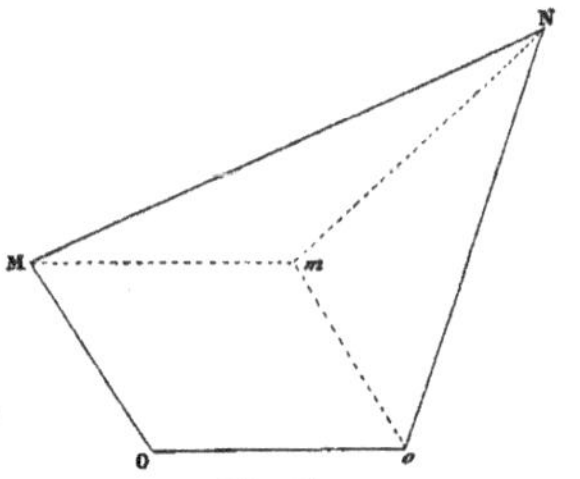

Fig. 10.

Die scheinbare Bewegung ist also ebenfalls gleichförmig und geschieht nach einer graden Linie, erfordert daher ebenso wenig einige Kraft zu ihrer Unterhaltung als die wahre Bewegung. Wenn demnach ein solcher Zuschauer, der gleichförmig nach einer graden Linie fortrückt, einen Körper entweder in Ruhe wahrnimmt oder in einer solchen Bewegung, welche gleichförmig nach einer graden Linie geschieht, so kann er sicher schliessen, dass der Körper in seinem Zustande verharre und keine äussere Kraft auf denselben wirke; eben als wenn er die wahre Bewegung des Körpers betrachten könnte, ungeachtet die wahre Bewegung sonst sehr von der scheinbaren unterschieden sein mag. Weil wir nämlich niemals die wahre Bewegung eines Körpers sehen können, sondern unsere Wahrnehmungen uns immer unmittelbar nur die scheinbare Bewegung der Körper anzeigen, so sehen wir die scheinbare Bewegung als eine wahre an und untersuchen, ob zur Erhaltung derselben Kräfte erfordert werden oder nicht. Wenn wir hernach durch andere Umstände vergewissert werden, ob Kräfte auf den Körper wirken oder nicht und in wie weit dieselben mit den gefundenen übereinkommen, so können wir hernach daraus den Schluss machen, wie viel die scheinbare Bewegung von der wahren unterschieden sei.

81. *Wenn der Zuschauer gleichgeschwind in einer graden Linie fortrückt und die Gegenden richtig, das ist, nach gleichlaufenden Linien schätzet, so werden zur Unterhaltung der scheinbaren Bewegung, wie sehr dieselbe auch von der wahren unterschieden sein mag, eben diejenigen Kräfte erfordert, als zur Unterhaltung der wahren Bewegung.*

Um dieses deutlich zu zeigen, so wollen wir die wahre Bewegung nach drei aufeinander winkelrecht stehenden Flächen AOB, AOC und BOC wie oben (Fig. 7) betrachten und die Bewegung von der Fläche AOB durch u, von der Fläche AOC durch v und von der Fläche BOC durch w ausdrücken. Gegen diese Flächen vergleiche man ebenfalls die Bewegung des Zuschauers; und da dieselbe gleichförmig nach einer graden Linie geschieht, so werden seine Bewegungen von diesen Flächen gleichförmig sein. Wenn wir also seine Bewegung von der Fläche AOB durch α, von der Fläche AOC durch β, von der Fläche BOC durch γ andeuten, so werden α, β, γ beständige Grössen sein. Nun aber wird dem Zuschauer die Bewegung des Körpers von der Fläche AOB um so viel kleiner scheinen, je geschwinder seine eigene Bewegung von dieser Fläche ist, und daher wird die scheinbare Bewegung von dieser Fläche sein $= u - \alpha$. Auf gleiche Weise sieht man, dass die scheinbare Bewegung von der Fläche AOC sein werde $= v - \beta$ und von der Fläche BOC $= w - \gamma$, und diese drei stückweise betrachteten scheinbaren Bewegungen werden zusammen die ganze scheinbare Bewegung vorstellen. Aus den drei obengegebenen Gleichungen (74) aber erhellet, dass zur Unterhaltung der wahren Bewegung drei Kräfte, $MP = P$, $MQ = Q$ und $MR = R$, erfordert werden, so dass

$$P = \frac{Mdu}{ndt}, \quad Q = \frac{Mdv}{ndt} \quad \text{und} \quad R = \frac{Mdw}{ndt}.$$

Nun setze man $u-\alpha$, $v-\beta$, $w-\gamma$ anstatt u, v, w, und da wegen der beständigen Grösse von α, β, γ die Differentialien du, dv, dw unverändert bleiben wie vorher, so ist klar, dass zur Unterhaltung der scheinbaren Bewegung ebendieselben Kräfte P, Q und R erfordert werden als zur wahren Bewegung. Wofern also nur der Zuschauer sich gleichgeschwind in einer graden Linie beweget, so wird er sich nicht in Beurtheilung der Kräfte, welche zur Unterhaltung der Bewegung der Körper erfordert werden, irren, ob er dieselbe gleich aus der scheinbaren Bewegung der Körper herleitet; wie wir denn auch vorher gesehen, dass, wenn die wahre Bewegung ohne einige Kraft bestehen kann, die scheinbare gleichfalls keine Kräfte erfordere.

82. *Wenn aber der Zuschauer sich nicht gleichförmig in einer graden Linie bewegt, dennoch aber die Gegenden richtig schätzet, so werden, um die scheinbare Bewegung aller Körper zu bewerkstelligen, noch ausser den Kräften, welche wirklich auf dieselben wirken, solche Kräfte erfordert, welche in einem jeden Körper alle Augenblicke eben die Veränderung hervorbringen, welche in dem Orte des Zuschauers vorgeht, aber nach einer umgekehrten Richtung.*

Die Bewegung des Zuschauers mag so veränderlich sein, als man will, so kann dieselbe immer in Ansehung der drei angenommenen Flächen durch die drei Bewegungen α, β, γ vorgestellt werden, wenn man diese Grössen für veränderlich annimmt. Wenn nun die wahre Bewegung die drei folgenden Kräfte erfordert

$$P=\frac{Mdu}{ndt}, \quad Q=\frac{Mdv}{ndt}, \quad R=\frac{Mdw}{ndt},$$

so ist klar, dass, wenn wir für u, v, w schreiben $u-\alpha$, $v-\beta$, $w-\gamma$, zur Unterhaltung der scheinbaren Bewegung die drei nachfolgenden Kräfte erfordert werden

$$\text{Kraft nach } MP = \frac{Mdu}{ndt}-\frac{Md\alpha}{ndt}=P-\frac{Md\alpha}{ndt},$$

$$\text{Kraft nach } MQ = \frac{Mdv}{ndt}-\frac{Md\beta}{ndt}=Q-\frac{Md\beta}{ndt},$$

$$\text{Kraft nach } MR = \frac{Mdw}{ndt}-\frac{Md\gamma}{ndt}=R-\frac{Md\gamma}{ndt}.$$

Also ausser den Kräften P, Q, R, welche wirklich auf einen jeglichen

Körper wirken, werden noch drei andere Kräfte erfordert, welche in einem jeden Körper eben diejenige Aenderung, aber nach verkehrter Richtung, hervorbringen, als welche in dem Ort des Zuschauers selbst vorgeht. Setzt man die Masse des ganzen Körpers, worauf sich der Zuschauer befindet, $=\mathfrak{M}$, und dass die in demselben vorgehenden Veränderungen auch von dreien Kräften $\mathfrak{P}$, $\mathfrak{Q}$, $\mathfrak{R}$ herrühren, welche nach den Gegenden MP, MQ, MR stossen, so haben wir vermöge der obigen Gleichungen

$$\mathfrak{M}d\alpha = n\mathfrak{P}dt, \quad \mathfrak{M}d\beta = n\mathfrak{Q}dt, \quad \mathfrak{M}d\gamma = n\mathfrak{R}dt.$$

Daher die zur Unterhaltung der scheinbaren Bewegung erforderten Kräfte sein werden

$$\text{Kraft nach } MP = P - \frac{M\mathfrak{P}}{\mathfrak{M}},$$

$$\text{Kraft nach } MQ = Q - \frac{M\mathfrak{Q}}{\mathfrak{M}},$$

$$\text{Kraft nach } MR = R - \frac{M\mathfrak{R}}{\mathfrak{M}}.$$

83. *Aus diesem Grunde kann die scheinbare Bewegung aller himmlischen Körper bestimmt werden, wenn man annimmt, dass auf einen jeglichen himmlischen Körper ausser den Kräften, welche wirklich auf denselben wirken, noch eine Kraft ihre Wirkung ausübe, welche sich zu der Kraft, von welcher die Erde getrieben wird, verhalte wie die Masse desselben Körpers zur Masse der Erde und welche den Körper nach der entgegengesetzten Richtung antreibe.*

Man pflegt sich hier den Zuschauer in dem Mittelpunkte der Erde selbst vorzustellen, weil sein Ort sonst allzugrossen Veränderungen unterworfen wäre, als dass man dieselben also in verkehrter Richtung auf die himmlischen Körper übertragen könnte. Man hat aber Mittel, die für diesen Zuschauer gefundene scheinbare Bewegung so zu verändern, dass sie sich für einen jeglichen auf der Oberfläche der Erde befindlichen Zuschauer schicke. Man setzt hernach voraus, dass alle Kräfte, welche auf einen jeglichen himmlischen Körper wirken, bekannt seien, wie auch diejenigen, von welchen die Erde getrieben wird. Man darf also nur hernach diese letzteren Kräfte in verkehrter Richtung auf einen jeglichen himmlischen Körper anwenden, nachdem man dieselben nach dem Verhältnisse der Masse der Erde zur Masse eines jeden himmlischen Körpers vermehret oder vermindert, wie in dem Satz vorgeschrieben worden. Da man nun solchergestalt weiss, von was für Kräften ein jeglicher himmlischer Körper getrieben werden muss, damit die scheinbare Bewegung bei demselben Statt finde, so kann man durch Hülfe der gegebenen Gleichungen diese scheinbare Bewegung selbst ausfindig machen. Hier ist zwar der Ort nicht, dergleichen tiefsinnige Untersuchungen anzustellen, allein es war doch nöthig zu zeigen, dass die aus dem Wesen der Körper hergeleiteten Regeln der Bewegung auf alle Fälle ohne Ausnahme angewandt werden können und dass auch die schwersten Untersuchungen, so man bisher angestellt hat, wirklich vermittelst dieser Regeln ausgeführt werden. Zu diesem Ende habe ich die Grundsätze in solche Gleichungen verfasst, welche bei einem jeglichen Falle leicht angebracht werden können, und wer nur in der Auflösungskunst geübt ist, der ist dadurch im Stande, ohne fernere Anleitung die schwersten Fragen, so in der Lehre von der Bewegung vorkommen, aufzulösen; daher hoffentlich Niemand diese allzuausführliche Abhandlung übel deuten wird.

CAPITEL 11

ALLGEMEINE GRUNDREGELN ZUR NATURLEHRE

84. *Wenn ein Körper entweder in Ruhe verbleibt oder sich gleichförmig nach einer graden Linie bewegt, so können wir schliessen, dass derselbe von aussen entweder gar nicht gedrückt werde oder dass die Kräfte, welche je auf ihn wirken, einander im Gleichgewicht halten.*

Diese Regel folget unmittelbar aus dem Begriff der Standhaftigkeit; denn da ein jeglicher Körper von selbst entweder in Ruhe bleibt oder nach einer graden Linie gleichgeschwind fortläuft, so ist keine äussere Kraft nöthig, um denselben in diesem Zustande zu erhalten, sondern eine solche Kraft würde vielmehr den Zustand des Körpers verändern. So lange also ein Körper in ebendemselben Zustand verharret, so ist es ein sicheres Zeichen, dass keine äusserliche Kraft eine Wirkung auf denselben habe. Demnach wird derselbe entweder gar nicht von aussen gedrückt, oder wenn je Kräfte vorhanden sind, welche auf denselben einen Druck ausüben, so ist es gewiss, dass dieselben einander im Gleichgewicht halten und die Wirkung einer jeglichen von den übrigen zernichtet werde. Wie aber mehrere Kräfte, so auf einen Körper wirken, einander im Gleichgewicht halten, wird in der Wissenschaft von dem Gleichgewicht gelehret, welche sich ganz auf diesen Fall gründet, dass, wenn zwei gleiche Kräfte nach entgegengesetzten Richtungen auf einen Körper wirken, dieselben in dem Zustande des Körpers gar keine Aenderung hervorbringen und es also ebenso viel ist, als wenn gar keine Kräfte vorhanden wären. Wenn man also sieht, dass ein Körper in seinem Zustande verharret, ungeachtet er von einer Seite gedrückt wird, so kann man sicher schliessen, dass derselbe von der entgegengesetzten Seite gleich stark gedrückt werde. Ich sehe zum Exempel, dass ein auf dem Tische liegender Körper in Ruhe verbleibt, ungeachtet derselbe herunterfallen würde, wenn der Tisch durchdringlich wäre, woraus ich schliesse, dass die Undurchdringlichkeit des Tisches den Fall desselben aufhalte und also den Körper aufwärts drücke; weil aber derselbe dieses Drucks ungeachtet in Ruhe verbleibt, so schliesse ich daraus, dass noch eine andere Kraft vorhanden sein müsse, welche den Körper ebenso stark abwärts drücke und die Schwere genannt wird; also dass in diesem Fall die Schwere und die aus der Undurchdringlichkeit des Tisches entstehende Kraft einander im Gleichgewicht halten.

85. *Wenn wir aber sehen, dass ein ruhender Körper in Bewegung gesetzt wird oder dass ein bewegter Körper entweder nicht gleichgeschwind fortläuft oder seine Richtung verändert, so können wir sicher schliessen, dass auf denselben eine Kraft wirke, und aus dem Vorhergehenden wird man sowohl die Grösse als die Richtung dieser Kraft bestimmen können.*

Da ein jeglicher Körper immerfort in seinem Zustand verharret, so lang derselbe durch keine äusserliche Kraft darin gestört wird, so folget hieraus ganz klar, dass, wenn der Zustand eines Körpers verändert wird, diese Veränderung einer äusserlichen Kraft zugeschrieben werden müsse. Denn wollte man dem Körper selbst eine Kraft zueignen, vermöge welcher er seinen Zustand verändert hätte, so würde diese Kraft mit der Standhaftigkeit in offenbarem Widerspruche stehen und diese wesentliche Eigenschaft zernichten, indem es nicht mehr wahr sein würde, dass ein jeglicher Körper so lange in seinem Zustande verharre, als er von keiner äusserlichen Ursache darin gestört werde. Da nun diese Eigenschaft allen Körpern wesentlich zukommt, so ist gewiss, dass von einer jeglichen vorfallenden Veränderung in dem Zustande eines Körpers die Ursache einer äusserlichen Kraft, welche auf den Körper wirkt, müsse zugeschrieben werden. Aus der geschehenen Veränderung können wir auch sowohl die Grösse als die Richtung dieser Kraft anzeigen. Aus dem obigen kann dieses sehr leicht geschehen; denn wenn ein Körper, dessen Masse ist $= M$, jetzt eine Geschwindigkeit $= v$ hat, welche in der Zeit dt um dv vermehret wird, so wissen wir, dass dieser Körper inzwischen vorwärts getrieben worden von einer Kraft $= \frac{Mdv}{ndt}$; wäre aber seine Geschwindigkeit um dv vermindert worden, so hätte eben diese Kraft rückwärts auf ihn gewirkt. Nehmen wir aber wahr, dass der Körper nicht in einer graden Linie fortgeht, sondern seinen Lauf krümmt, so vergleiche man denselben mit einem Zirkelbogen und setze dessen halben Durchmesser gleich r; so ist bewiesen worden, dass dieser Körper seitwärts nach dem Mittelpunkte des beschriebenen Zirkelbogens getrieben werde von einer Kraft, die $= \frac{Mvv}{nr}$. Gehen sowohl in der Geschwindigkeit als Richtung Veränderungen vor, so findet man zwei Kräfte, welche aber leicht in eine einzige gebracht werden können.

86. *Diese Schlüsse sind aber nur alsdann richtig, wenn entweder die wahre Bewegung eines Körpers selbst betrachtet wird oder die scheinbare Bewegung sich auf einen solchen Zuschauer bezieht, welcher selbst gleichgeschwind nach einer graden Linie fortrückt.*

Wenn wir den wahren Zustand eines Körpers betrachten, so ist kein Zweifel, dass diese Schlüsse nicht ihre Richtigkeit haben sollten. Da sich aber unsern Sinnen niemals der wahre Zustand der Körper vorstellt, weil wir uns selbst mit der Erde in Bewegung befinden und unsere eigene Bewegung mit den Körpern zuschreiben, woraus die scheinbare Bewegung erwächst, so ist unser Urtheil meistentheils nur auf den scheinbaren Zustand der Körper gerichtet. Allein auch dieses Urtheil würde richtig sein, wenn unsere eigene Bewegung gleichförmig wäre und nach einer graden Linie geschehe, nachdem gezeigt worden, dass auch in diesem Falle die scheinbare Bewegung eben diejenigen Kräfte zu ihrer Erhaltung fordere, welche zur wahren Bewegung nöthig sind. Wenn aber unsere eigene Bewegung nicht gleichförmig ist und nicht nach einer graden Linie geschieht, so irren wir uns, wenn wir glauben, dass die Körper von ebendenselben Kräften getrieben werden, auf welche wir nach den gegebenen Regeln aus der scheinbaren Bewegung schliessen. Wir können aber den Irrthum leicht verbessern, wenn wir zu diesen Kräften noch solche hinzusetzen, welche in den Körpern eben diejenigen Veränderungen zu wirken im Stande sind, so in dem Orte unseres Aufenthalts vorgehen, und dieses nach ebenderselben Richtung. Denn da man die zur scheinbaren Bewegung erforderten Kräfte findet, wenn man von den wirklichen Kräften diejenigen abzieht, welche eben diejenigen Veränderungen, denen der Ort des Zuschauers unterworfen ist, hervorbringen können, so findet man aus jenen Kräften zurück die wirklichen, wenn man zu jenen diese letzteren wiederum hinzusetzt. Hier wird aber angenommen, dass der Zuschauer die Gegenden immer richtig nach gleichlaufenden Linien schätzet; wenn also dieses nicht geschieht, so ist auch diese Verbesserung nicht hinlänglich. Wenn wir daher in der Einbildung, dass die himmlischen Körper sich innerhalb 24 Stunden um die Erde herumdrehen, die zu einer solchen erstaunlichen Bewegung erforderten Kräfte denselben beilegen wollten, so würden wir uns über die Maassen betrügen und den Fehler nicht leicht verbessern können, weil derselbe daher entspringt, dass wir einerlei Gegenden nicht durch gleichlaufende Linien, sondern solche schätzen, welche gegen unsere Erde einerlei Lage haben.

87. *Diejenigen Kräfte, welche zu einer jeglichen vorgehenden Veränderung in dem Zustande eines Körpers erfordert werden, muss man in den nächst daran befindlichen und berührenden Körpern suchen, als aus deren Druck auf denselben diese Kräfte nothwendig entstehen und aus der Undurchdringlichkeit ihren Ursprung haben müssen.*

Wenn nichts von aussen auf den Körper wirkte, so würde auch keine Veränderung in desselben Zustande vorgehn; wenn also eine Veränderung darin vorgegangen, so muss eine äusserliche Kraft auf denselben gewirkt haben. Diese Kraft aber kann von nichts Anderem herrühren, als von den Körpern, welche denselben unmittelbar berühren; denn wenn dergleichen Körper entweder nicht vorhanden wären oder auf diesen keine Kraft ausübten, so wäre auch keine Ursache vorhanden, warum in dem Zustande desselben eine Veränderung vorgehen sollte. Die Kräfte bestehen demnach in einem Stoss oder Druck, wodurch die berührenden Körper auf den, von dessen verändertem Zustande die Frage ist, wirken. Solche Wirkung entsteht aber nur in sofern, als diese Körper mit dem, davon die Frage ist, nicht in ihrem Zustande verharren können, ohne einander durchzudringen. Weil also in ihrem Zustande eine Veränderung nothwendig vorgehen muss, so reicht die Undurchdringlichkeit diejenigen Kräfte dar, welche vermögend sind, diese Veränderungen hervorzubringen; woraus erhellet, dass alle Kräfte, welche zur Veränderung des Zustandes irgend eines Körpers erfordert werden, aus der Undurchdringlichkeit ihren Ursprung haben, in sofern die Veränderungen etwa nicht von einem Geiste gewirkt werden. Wenn man also befunden, dass ein Körper nach einer gewissen Gegend angetrieben worden, so muss die Kraft in einem von der entgegengesetzten Seite des Körpers geschehenen Drucke und dieser in den andern Körpern, so jenen daselbst berühren, gesucht werden, weil der Druck immer winkelrecht auf den Ort der Berührung sein muss. Entweder leidet der Körper von den andern Seiten gar keinen Druck oder jener ist um so viel stärker, dass er die übrigen alle um so viel übertreffe, als zur geschehenen Veränderung von Nöthen ist. Also aus der Schwere eines Körpers schliessen wir mit Recht, dass derselbe von oben herab mit einer gleichen Kraft gedrückt werde; es kann aber sein, dass dieser Körper von allen andern Seiten auch gedrückt wird, wenn nur der Druck von oben herab das Übergewicht behält.

88. *Ein Körper wird von anderen gestossen oder gedrückt, wenn er wegen seiner Undurchdringlichkeit ihnen im Wege ist, dass sie in ihrem Zustande nicht verharren können; und durch diesen Stoss oder Druck wird derselbe Körper selbst in seinem Zustande verändert. Aus solchen Umständen entspringen alle Kräfte, welche auf die Körper wirken.*

Es sind hier zwei Hauptfälle zu bemerken; der eine ist, wenn der Körper anderen also im Wege ist, dass sie ihre Geschwindigkeit nicht behalten können, der Richtung aber nicht hinderlich fällt, und hier ereignet sich der eigentliche Stoss. Hernach kann es geschehen, dass der Körper der Geschwindigkeit der anderen keinen Abbruch thut, dieselben aber nöthigt, ihre Richtung zu verändern, und in diesem Falle empfindet er diejenige Wirkung, welche eigentlich ein Druck genannt wird, obschon in der That der Stoss von einem Druck nicht unterschieden ist, wie weiter unten gezeigt werden wird. Der erstere Fall ereignet sich, wenn der Körper, den wir in Bewegung gebracht, entweder vor sich einen anderen Körper antrifft, welcher sich nach eben der Richtung langsamer bewegt, oder wenn demselben von hinten ein anderer mit einer grössern Geschwindigkeit nach eben der Richtung nachfolgt; so lang nur diese beiden Körper auf einander wirken, so entsteht ein Stoss, durch welchen dieselben an dem Orte ihrer Berührung auf einander drücken und solchergestalt ihren Zustand verändern. Wenn aber ein Körper eine ausgehöhlte Figur hat, als AB (Fig. 11), und ein anderer Körper C dergestalt gegen den streift, dass er nach der Richtung EC diese Höhlung berührt und nach derselben seinen Lauf fortzusetzen anfängt, so wird er bald genöthigt, seinen Lauf nach dieser Figur zu krümmen, ohne dabei seine Geschwindigkeit merklich zu verändern, und da er seinen Lauf nach keiner Krümmung lenken kann, er werde denn gegen den Mittelpunkt derselben getrieben, so muss die Undurchdringlichkeit des Körpers AB die Stelle dieser Kraft vertreten, und deswegen wird auch der Körper AB hinwiederum von dem Körper C zurückgedrängt werden. Wenn wir nämlich setzen, dass die Masse des Körpers $C = M$, seine Geschwindigkeit $= v$ und der halbe Durchmesser der Krümmung $AB = r$ sei, so wird die Kraft, mit welcher der Körper C immer in dem Berührungspunkte auf den Körper AB drückt, gleich sein $\frac{Mvv}{nr}$, wie oben gezeigt worden. Hier sehen wir aber den Körper AB als unbeweglich an; sollte derselbe aber dem Drucke nachgeben und seine Stellung gegen die Bewegung des Körpers C verändern, so würde auch der Druck einer Aenderung unterworfen sein. Inzwischen ist dieses Exempel hinreichend, zu zeigen, wie ein Körper ohne einen wirklichen Stoss auf einen andern wirken und eine Kraft ausüben könne, und aus diesen beiden Fällen wird man leicht begreifen, was es für eine Bewandniss haben müsse, wenn zwei Körper schief auf einander stossen, welcher Fall hier noch nicht gründlich ausgeführt werden kann.

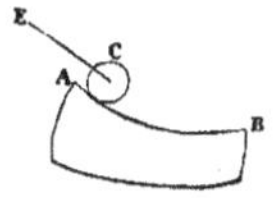

Fig. 11.

89. *Wenn ein Körper von andern Körpern verhindert wird, dass er den Kräften, welche auf ihn wirken, nicht Folge leisten kann, so drückt er weiter auf diese Körper mit gleichen Kräften und es ist ebenso viel, als wenn diese Körper unmittelbar von denselben angetrieben würden.*

Dieses folget ebensowohl aus der Undurchdringlichkeit, als wenn zwei Körper, die nicht in ihrem Zustande verbleiben können, ohne einander durchzudringen, auf einander wirken; denn wenn ein Körper von einer Kraft gedrückt wird, ihm aber ein anderer Körper im Wege steht, dass die Wirkung dieser Kraft nicht erfolgen kann, welche doch erfolgen würde, wenn dieser andere Körper entweder gar nicht da wäre oder sich frei durchdringen liesse, so wird dieser Körper von jenem mit gleicher Kraft weiter gedrückt, und es ist klar, dass diese zweite fortgesetzte Kraft ebenfalls aus der Undurchdringlichkeit entstehe. Wenn diesem zweiten Körper ferner ein dritter im Wege steht, dass die auf ihn drückende Kraft ihre Wirkung nicht ausüben kann, so empfindet auch dieser dritte Körper ebendenselben Druck, welcher solchergestalt weiter auf einen vierten, fünften und so fort kann fortgesetzt werden. Also wenn ein Körper, so auf einem Tische liegt, abwärts gedrückt wird, so hindert der Tisch, dass der Körper dieser Kraft zufolge nicht herabfällt; der Tisch erhält also eben diesen Druck, und ist eben so viel, als wenn er unmittelbar von derselben Kraft angetrieben würde. Der Tisch steht ferner auf dem Boden, welcher die Wirkung der Kraft auf dem Tische aufhält und also eben den Druck dieser Kraft empfindet. Endlich ruhet der Boden auf der Erde, auf welche also eben diese Kraft ihren Druck ausübt, woraus erhellet, wie ein Druck auf eine sehr grosse Entfernung durch viele Körper fortgepflanzt werden könne. Der ganze Druck erstreckt sich aber nur so weit, wenn derselbe in keinem von den mittleren Körpern seine Wirkung hat ausüben können; denn wenn einer von den mittleren Körpern keine Hindernisse vor sich gefunden hätte, seinen Zustand der auf ihn wirkenden Kraft gemäss zu verändern, so würde er auch keine Kraft auf die folgenden Körper geäussert haben. Hätte aber die Kraft nur zum Theil ihre Wirkung auf einen Körper ausgeübt, so wäre auch nur ein Theil der Kraft, nämlich derjenige, welcher keine Wirkung hervorgebracht, weiter auf die folgenden Körper fortgepflanzt worden. Eine Kraft wird also nur in sofern weiter fortgesetzt, als dieselbe nicht ihre ganze Wirkung, wie solche oben bestimmt worden, hat ausüben können.

90. *Wenn demnach ein Körper von einer Kraft gedrückt wird, so muss die Ursache derselben in den unmittelbar anrührenden Körpern gesucht werden, welche allezeit darin besteht, dass diese Körper entweder nicht wirklich in ihrem Zustande verharren oder den auf sie wirkenden Kräften keine völlige Folge leisten können, ohne jenen Körper durchzudringen.*

Dass zwei Körper auf einander drücken müssen, wenn sie, ohne einander durchzudringen, nicht in ihrem Zustande verharren können, ist schon zur Genüge gezeigt worden. Es kann aber ein Körper auch von andern, die ihn berühren, gedrückt werden, wenn diese gleich in Ruhe verbleiben oder ihre Bewegung unverrückt fortsetzen; solches geschieht nämlich, wenn diese von andern gedrückt werden, die Veränderung aber, welche diesem Drucke gemäss in ihrem Zustande vorgehen sollte, wegen der Undurchdringlichkeit des ersten Körpers nicht völlig erfolgen kann, da dann dieser Theil den Druck, welcher nicht zur Wirkung hat gelangen können, ausstehen muss. Auf gleiche Art können auch jene dritten Körper von anderen vierten und diese weiter von anderen ihren Druck erhalten haben, so dass ein Druck, welcher an einem Orte aus der ersten Ursache entstanden, auf andere weit entlegene Körper kann übergetragen werden. Eine Kraft aber, so auf einen Körper wirket, erhält alsdann ihre völlige Wirkung, wenn sie in seinem Zustande diejenige Veränderung, welche nach den obigen Regeln erfolgen sollte, wirklich hervorbringt; und wenn dieses geschehen kann, ohne einen andern Körper durchzudringen, so wird auch die Kraft auf keinen andern Körper fortgepflanzt. Wo aber eine Kraft in dem Körper, auf welchen sie unmittelbar wirket, ihre Wirkung entweder gar nicht oder doch nicht völlig ausüben kann, so dass, wenn dieselbe erfolgen sollte, ein anderer Körper durchgedrungen werden müsste, so empfindet in dem ersten Falle dieser Körper den ganzen Druck derselben Kraft, im anderen Falle aber nur einen Theil desselben. Dieser Theil aber ist eben derjenige, welcher seine Wirkung nicht hat erreichen können. Weil nämlich in dem Zustande des Körpers eine kleinere Veränderung vorgeht, als vermöge der auf ihn wirkenden Kraft erfolgen sollte, so kann man sich eine Kraft vorstellen, welche diese kleinere Veränderung gewirket hätte; und der Ueberschuss der wirklichen Kraft über diese giebt diejenige Kraft, welche weiter auf die Körper, so der völligen Wirkung im Wege gestanden, fortgepflanzt wird. Hieraus begreift man, wie alle Körper in der Welt einem immerwährenden Drucke von allen Seiten ausgesetzt sein können, woraus dann beständig Veränderungen in ihrem Zustande erfolgen müssen, welche demnach keiner anderen Ursache als den Kräften der Undurchdringlichkeit zugeschrieben werden können.

CAPITEL 12

VON DEM UNTERSCHIED DER KÖRPER IN VERGLEICHUNG IHRER AUSDEHNUNG MIT DER STANDHAFTIGKEIT

91. *In einem jeglichen Körper giebt es zwei Eigenschaften, welche eine Grösse haben und also einer Ausmessung fähig sind, nämlich die Ausdehnung und die Standhaftigkeit, aus welcher letzteren die Menge der Materie, welche man einem Körper zueignet, geschätzt wird.*

Da nach der ersten allgemeinen Eigenschaft ein jeglicher Körper ausgedehnt ist, die Ausdehnung aber in das Geschlecht der Grössen gehört, so lässt sich ein jeder Körper in Ansehung seiner Ausdehnung ausmessen oder bestimmen, um wie viel die Ausdehnung eines Körpers grösser oder kleiner ist als die Ausdehnung eines andern Körpers, und hieraus wird eigentlich die Grösse eines Körpers beurtheilt. In der Geometrie wird aber gelehrt, wie man die Grösse eines Körpers nach einem gewissen Maasse als cubischen Ruthen, Schuhen und Zollen ausmessen soll; und also wenn von den Grössen, welche sich in den Körpern befinden, die Rede ist, so kommt zu allererst ihre eigentliche Grösse oder Ausdehnung zu betrachten vor. Hernach haben wir gesehen, dass sich die Standhaftigkeit auch ausmessen lasse, indem man sich dieselbe in einem Körper um so viel grösser oder kleiner vorstellen muss als in einem andern, je eine grössere oder kleinere Kraft erfordert wird, in dem Zustande desselben eine ebenso grosse Veränderung in gleicher Zeit hervorzubringen als in dem andern; und aus dieser Ausmessung ist die Menge der Materie entsprungen, welche einem Körper beigelegt wird. Hieraus ist also leicht zu begreifen, wenn man sagt, dass sich in einem Körper ebenso viel oder zweimal so viel Materie befinde als in einem andern. Wenn man sich zwei gleich grosse Kugeln vorstellt, die eine von Gold, die andere von Silber, so sind diese zwei Körper in Ansehung der Ausdehnung oder der eigentlichen Grösse einander gleich; es ist aber gewiss, dass die güldene Kugel eine weit grössere Menge Materie in sich fasse als die silberne; die Menge der Materie in der güldenen verhält sich beinahe zu der Menge der Materie in der silbernen wie 19 zu 11. Die Undurchdringlichkeit liefert an sich selbst keine Grösse dar, indem sich nicht sagen lässt, dass ein Körper mehr oder weniger undurchdringlich sei als ein anderer; alle sind es im höchsten, das ist, in einem gleichen Grade.

92. *Je mehr Materie in einerlei Ausdehnung enthalten ist, je dichter ist ein Körper, und man findet die Dichtigkeit eines Körpers, wenn man seine Materie durch seine Grösse dividirt. Es wird aber in verschiedenen Körpern ein grosser Unterschied in der Dichtigkeit wahrgenommen.*

Hier muss in Sonderheit der Unterschied zwischen der eigenthümlichen und fremden Materie eines Körpers wohl in Betracht gezogen werden. Die *eigenthümliche* Materie eines Körpers wird diejenige genannt, welche sich zugleich mit dem Körper bewegt und deren Standhaftigkeit überwunden werden muss, wenn man den Zustand des Körpers verändern will; denn da die Menge der Materie aus der Kraft beurtheilt wird, welche nöthig ist, um in dem Zustande des Körpers eine gegebene Veränderung in einer gegebenen Zeit hervorzubringen, so muss alle diejenige Materie nur zu einem Körper gerechnet werden, deren Zustand verändert werden muss, wenn man den Zustand des Körpers verändern will. Es befinden sich aber in einem jeglichen Körper eine Menge Poren oder Höhlungen, von welchen sich jetzt noch nicht bestimmen lässt, ob dieselben mit einiger Materie angefüllt sind oder nicht. Ist aber darin eine Materie enthalten, wie aus den folgenden Untersuchungen zur Genüge erhellen wird, so ist dieselbe mehrentheils so subtil und flüchtig, dass sie den Veränderungen, so im Körper vorgehen, nicht unterworfen ist, sondern, indem sie durch die Poren frei durchlaufen kann, so zu reden keinen Antheil an den Veränderungen des Körpers nimmt. Dieses ist nun die obgedachte *fremde* Materie, welche zwar einen Theil der Ausdehnung des Körpers anfüllt, dabei aber die Standhaftigkeit und Menge der Materie nicht vermehret. Man kann sich einen solchen Körper als ein von allen Seiten durch und durch durchlöchertes Gefäss vorstellen, welches unter dem Wasser bewegt werden soll; denn weil das Wasser nicht nur alle diese Löcher ausfüllt, sondern durch dieselben auch frei durchlaufen kann, so kann dieser Körper bewegt werden, ohne dass man nöthig hätte, dem in den Löchern befindlichen Wasser eine gleiche Bewegung einzudrücken, und deswegen würde das Wasser als eine fremde Materie des Körpers zu betrachten sein. Inzwischen ist doch nicht zu läugnen, dass das Wasser nicht einigen Antheil an der Bewegung der Körper nehmen und dazu auch einige Kraft erfordert werden sollte, woher also die eigenthümliche Materie einen Zuwachs bekommen müsste. Ob aber die in den Poren eines Körpers befindliche subtile Materie aus gleichem Grunde die eigenthümliche vermehre, wird unten fleissiger untersucht werden.

93. *Wenn wir durch die wahre Grösse eines Körpers nur denjenigen Theil seiner Ausdehnung verstehen, welcher mit seiner eigenthümlichen Materie angefüllt ist, und also davon die Poren, in welchen sich entweder gar nichts oder eine fremde Materie befindet, ausschliessen, so wird die wahre Dichtigkeit eines Körpers herauskommen, wenn man seine eigenthümliche Materie durch seine wahre Grösse dividirt.*

Man muss also die wahre Grösse eines Körpers wohl von seiner scheinbaren Grösse unterscheiden, als welche aus dem ganzen Raume, welchen der Körper sammt seinen Poren einnimmt, geschätzt wird. Es ist demnach die wahre Grösse eines Körpers immer kleiner als die scheinbare und der Unterschied ist die Grösse, welche alle Poren zusammengenommen betragen. Ebenso muss man auch die wahre Dichtigkeit eines Körpers von der scheinbaren wohl unterscheiden; denn obgleich zu beiden nur die eigenthümliche Materie genommen wird, so muss man dieselbe einmal durch die wahre Grösse und das andere Mal durch die scheinbare Grösse dividiren; weil nun die wahre Grösse kleiner ist als die scheinbare, so muss die wahre Dichtigkeit um ebenso viel grösser herauskommen. Es könnte also sein, dass für alle Körper die wahre Dichtigkeit einerlei wäre. Dieses würde nämlich geschehen, wenn die Körper nur deswegen dem Scheine nach mehr oder weniger dicht wären, weil sie weniger oder mehr Poren in sich enthielten. Obgleich nämlich Gold ein weit dichterer Körper ist als Holz, so könnte doch in diesen beiden Körpern die wahre Dichtigkeit einerlei sein, wenn nämlich im Holz um so viel mehr Poren wären als im Gold. Die angestellten Versuche geben auch zu erkennen, dass sich in einem Körper, so weniger dicht ist, weit mehr Poren befinden; und daher, wenn beide Körper einerlei scheinbare Grösse haben, die wahre Grösse des weniger dichten viel kleiner sein müsse als des dichtern. Wenn nun dieses seine Richtigkeit hat, so folget daraus zum wenigsten so viel, dass die wahre Dichtigkeit in den Körpern nicht so sehr verschieden sein könne, als die scheinbare. Es wird aber unten durch tüchtige Gründe dargethan werden, dass in allen irdischen Körpern, über welche wir Versuche anstellen können, die wahre Dichtigkeit gleich gross ist. Diese Gründe werden aber daher gezogen, dass in allen Körpern sich die Schwere sowohl wie die wahre Grösse als auch wie die Menge der eigenthümlichen Materie verhält, daher unser Schluss von allen schweren Körpern gelten kann.

94. *Ungeachtet es aber der Wahrheit ziemlich gemäss scheint, dass gar in allen Körpern die wahre Dichtigkeit gleich gross sei, so lässt sich doch dieses von der subtilen Materie, welche die Poren der Körper ausfüllt, keineswegs behaupten, weil sonst keine Bewegung in der Welt Platz finden könnte.*

Ob wir gleich keinen Grund einsehen, warum in allen Körpern die Menge der eigenthümlichen Materie zu der wahren Grösse einerlei Verhältniss haben sollte, so macht doch die obige Betrachtung über die wahre Dichtigkeit der Körper diese Meinung sehr wahrscheinlich. Denn wenn alle gröbere Körper einerlei wahre Dichtigkeit haben, so scheint fast eine in dem Wesen gegründete Nothwendigkeit vorhanden zu sein, kraft welcher in einem jeglichen Körper diese und keine andere Verhältnisse zwischen der wahren Grösse und der Menge der Materie Statt finden könnte. Allein wenn wir dieses auch von der subtilen, in den Poren der Körper befindlichen Materie behaupten wollten, so würde daraus folgen, dass der ganze Raum der Welt mit einer allenthalben gleich dichten Materie angefüllt wäre, deren Dichtigkeit sogar noch grösser wäre als die scheinbare Dichtigkeit des Goldes. Denn wenn man die Poren der Körper nicht ganz leer zugeben will, welches gar nicht geschehen kann, so gilt es gleichviel, ob diese subtile Materie die Luft ausfüllt oder die Materie der gröberen Körper, weil beide einerlei Dichtigkeit hätten. In diesem Raume könnte sich also kein Körper bewegen, ohne zum wenigsten ebenso viel Materie aus dem Wege zu stossen, als er nach seiner wahren Grösse antrifft; man hätte also den Fall, da sich ein Körper in einer flüssigen Materie, welche mit ihm einerlei Dichtigkeit hat, bewegen soll; es ist aber ausgemacht, dass alsdann wegen des erstaunlichen Widerstandes keine Bewegung Statt finden könnte oder zum wenigsten sogleich wieder aufhören müsste. Wollte man einwenden, diese Materie wäre selbst in einer Bewegung und reisse die Körper mit sich, so würde solches nur von denjenigen Körpern gelten, welche sich mit der Materie gleichgeschwind nach einerlei Richtung bewegten; weil wir aber wissen, dass ein Körper nach allen Gegenden bewegt werden könne und sogar, wenn keine gröbere Materie vorhanden, fast gar keinen Widerstand antreffe, so lässt sich diese Meinung von der gleichen wahren Dichtigkeit aller Körper auf keine Weise behaupten.

95. *Man muss also entweder behaupten, dass die Poren der Körper ganz und gar leer sind, oder dass die darin befindliche Materie eine viel tausendmal kleinere Dichtigkeit habe, als die eigenthümliche Materie, woraus die gröbern und irdischen Körper bestehen.*

Wollte man sagen, dass die Poren der Körper ganz und gar leer wären, so würde man alle diejenigen Gründe gegen sich haben, welche gegen den leeren Raum angeführt werden, insonderheit aber, da unumstösslich dargethan werden wird, dass alle Körper rundherum von einer subtilen Materie gedrückt werden, so würde zum wenigsten diese in die Poren eindringen. Treten wir aber denjenigen bei, welche allen leeren Raum leugnen, so müssen wir nothwendig zugeben, dass die in den Poren der Körper befindliche subtile Materie eine viel tausendmal kleinere Dichtigkeit habe, als die gröbern und irdischen Körper; wer gelernt hat den Widerstand berechnen, welchen die in flüssigen Materien bewegten Körper leiden, der wird dieses ohne Anstand zugeben. Man betrachte nur die Bewegung eines Körpers in einem luftleeren Raume, welche, wie die Erfahrung lehret, gar keinen merklichen Widerstand leidet; nun aber muss dieser Raum mit einer subtilen Materie angefüllt sein (es gilt gleichviel, ob es eben diejenige ist, welche sich in den Poren der Körper befindet, oder eine andere; indem die Frage ist, was ausser den gröbern Körpern für subtile Materien in der Welt wirklich vorhanden sind); und da der Körper darin einen weit geringeren Widerstand antrifft als in der Luft, deren scheinbare Dichtigkeit doch gegen 20000 mal kleiner ist als die des Goldes, so muss die wahre Dichtigkeit der subtilen Materie zum allerwenigsten 100000 mal kleiner sein als die wahre Dichtigkeit der irdischen Körper. Wollte man sagen, dieser Raum wie auch die Poren der Körper wären zum Theil leer und nur zum Theil mit subtiler Materie angefüllt, wofern man den leeren Theil nicht über 100000 mal grösser annehmen wollte als den andern angefüllten, so müsste man doch zugeben, dass die Dichtigkeit der subtilen Materie weit geringer wäre als die der Körper. Dieses lässt sich auch ohne die Lehre des Widerstandes darthun; denn wenn die Poren mit einer so erstaunlich dichten Materie angefüllt wären, so flüssig man auch dieselbe annehmen mag, so wäre doch nicht möglich, dass der Körper sich bewegen und seinen Zustand verändern könnte, ohne zugleich den Zustand dieser Materie zu verändern, wozu besondere Kräfte erfordert würden, welches doch der Erfahrung widerspricht.

96. *In der Welt befinden sich also zum wenigsten zwei Hauptarten von Materien, eine grobe und subtile. Die grobe hat einen bestimmten und unveränderlichen Grad der Dichtigkeit, welche sogar grösser ist als die scheinbare Dichtigkeit des Goldes; dahingegen die Dichtigkeit der subtilen Materie viel tausendmal kleiner ist als jene.*

Weil die eigenthümliche Materie aller groben Körper einerlei Dichtigkeit hat, so ist kein Zweifel, dass dieser Grad der Dichtigkeit nicht seinen Grund in dem besonderen Wesen dieser Materie haben sollte. Ob eine andere ähnliche Materie möglich wäre, welche entweder eine grössere oder kleinere Dichtigkeit hätte, getrauen wir uns hier nicht zu bestimmen; es ist aber doch höchst merkwürdig, dass die wahre Dichtigkeit von allen Körpern, über welche man Versuche anstellen kann, einerlei befunden wird; da sich doch bei diesen Körpern eine solche Mannigfaltigkeit in allen Stücken äussert, dass man alle Aehnlichkeit davon ausschliessen will. So gross aber auch die Unähnlichkeit sein mag, so ist doch gewiss, dass in der wahren Dichtigkeit eine vollkommene Gleichheit Statt findet. Doch muss aber ein solcher bestimmter Grad der Dichtigkeit dem Wesen der Körper überhaupt nicht so eigen sein, dass gar kein anderer möglich wäre, indem wir gezeigt, dass die subtile Materie, welche die Poren der Körper ausfüllt und allen übrigen Raum, so von den gröbern Körpern ledig gelassen wird, einnimmt, eine viel tausendmal kleinere Dichtigkeit habe. Da nun diese Materie ebenfalls wirklich vorhanden und wegen ihrer Eigenschaften für einen Körper zu halten ist, so müssen wir in der Welt zweierlei Materien zugeben, nämlich jene grobe und diese subtile, deren vornehmster Unterschied darin besteht, dass jene, nämlich die grobe, mit einem bestimmten Grade der Dichtigkeit begabt ist, welche sogar grösser ist als die scheinbare Dichtigkeit des Goldes; diese subtile hingegen eine viel tausendmal kleinere Dichtigkeit habe. Ob es von dieser subtilen Materie weiter verschiedene Arten giebt, von welchen eine dichter sei als die andere, müssen wir hier an seinen Ort gestellt sein lassen und wollen zum wenigsten alle diese Arten, wenn je mehrere vorhanden wären, unter dem allgemeinen Namen der subtilen Materie begreifen. Denn so lange die Erklärung der Begebenheiten der Natur nicht mehrere solche Arten erheischet, so würde es verwegen sein und gegen die Regeln einer gesunden Naturlehre laufen, wenn wir bloss aus unserer Einbildung die Anzahl der subtilen Materien vermehren wollten.

97. *Alle Körper in der Welt sind aus diesen zwei Materien, der groben und subtilen, zusammengesetzt und aller Unterschied derselben entsteht aus der verschiedenen Vermischung und Zusammensetzung dieser zwei Materien.*

Man behauptet mit Recht, dass alle Körper unmöglich aus einer einzigen gleichartigen Materie zusammengesetzt sein können; denn da man keinen leeren Raum zugeben kann, so würden alle Körper gleich dicht herauskommen und in denselben kein anderer Unterschied Statt finden, als in ihrer Figur, ungeachtet auch diese wegfallen würde, weil alle Körper einander berühren und also zusammen nichts anders als einen Klumpen von einer gleichartigen Materie darstellen würden. Um nun die grosse Mannigfaltigkeit der Körper zu erklären, so haben einige Naturlehrer alle Theilchen der Körper unter sich verschieden behauptet, daher denn unendlich verschiedene Arten der Materie wirklich vorhanden sein müssten. Der Sprung ist aber, von einer einzigen gleichartigen Materie auf unendlich viel, zu gross, und hätte man zum wenigsten vorher zeigen müssen, dass zwei verschiedene gleichartige Materien nicht hinreichen können, alle Verschiedenheiten in den Körpern hervorzubringen. Da wir schon angeführt und aus dem Folgenden noch deutlicher erhellen wird, dass alle grobe Materie einerlei Dichtigkeit habe, so fällt die unendliche Verschiedenheit in den Theilchen dieser Materie weg; und da unsere zwei Materien auf unendlich vielerlei Arten mit einander vermischt und zusammengesetzt werden können, so kann ein Jeder leicht begreifen, dass daher alle Mannigfaltigkeit, welche in den Körpern der Welt wahrgenommen wird, gar wohl entstehen könne. Alles kommt hier auf die Menge, Grösse und Ordnung der Poren an, welche in einem jeglichen Körper zwischen den groben Theilen zerstreut sind, und in diesen Stücken findet eine solche Verschiedenheit statt, welche in der That unendlich ist; und hieraus lässt sich gar leicht begreifen, wie es möglich sei, dass nicht zwei Körper in allen Stücken einander ähnlich seien; denn da der Schöpfer bei einem jeglichen Körper eine besondere Absicht gehabt, so ist auch höchst wahrscheinlich, dass seine Zusammensetzung aus der groben und subtilen Materie verschieden sein müsse; in welcher Absicht der Grundsatz des nicht zu unterscheidenden gar wohl bestehen kann; und wenn dieser Grundsatz recht erklärt wird, so leidet er auch von der Gleichartigkeit der groben Materie keinen Stoss.

CAPITEL 13

VON DEN BESONDEREN EIGENSCHAFTEN DER GROBEN UND SUBTILEN MATERIE

98. *Ein Körper kann nur insofern in einen kleinern Raum gebracht werden, als seine Poren mehr zusammengepresst werden; also kann nur die scheinbare Grösse eines Körpers, nicht aber seine wahre Grösse, verändert werden; wenn nämlich keine grobe Materie davon weggenommen oder hinzugesetzt wird.*

Da die subtile Materie, welche sich in den Poren der Körper aufhält, so sehr dünn ist, so kann es gleichviel gelten, ob dieselbe mit zur eigenthümlichen Materie eines Körpers gerechnet wird; wir wollen aber doch nur die grobe Materie unter diesem Namen verstehn und also einem Körper so lange eben dieselbe Menge Materie oder Masse zuschreiben, als die Menge der darin befindlichen groben Materie einerlei bleibt. Nun ist von vielen Körpern bekannt, dass sich dieselben in einen kleinern Raum zusammenpressen lassen, wodurch ihre scheinbare Grösse vermindert wird; dass aber auf diese Art auch die wahre Grösse vermindert werde, kann keineswegs geschlossen werden. Denn in einigen Fällen giebt es sogar der Augenschein, dass nur die Poren enger zusammengedrückt werden; es wird aber unten gezeigt werden, dass das Gewicht eines Körpers sich wie seine wahre Grösse verhalten müsse; da nun das Gewicht eines Körpers immer einerlei bleibt, so sehr derselbe auch in einen kleinern Raum zusammengepresst werden mag, wie aus der Luft und anderen Körpern, die einer sehr grossen Zusammendrückung fähig sind, zur Genüge erhellet, so folget, dass seine wahre Grösse immer einerlei bleibe und die Veränderung nur in der scheinbaren Grösse vorgehe. Weil auch die Dichtigkeit der groben Materie allenthalben einerlei ist, so scheint dieser bestimmte Grad der Dichtigkeit derselben so eigen zu sein, dass auch keine Kraft vermögend ist, dieselbe weder in einen engern Raum zusammen zu drücken, noch in einen grössern auszudehnen, ohne dass darin Poren entständen; in jenem Falle aber würde die Dichtigkeit vermehret, in diesem aber vermindert. Wäre eine Veränderung in der wahren Dichtigkeit möglich, so würden die Versuche über die Schwere der Körper uns nicht immer einerlei Dichtigkeit anzeigen, indem sich viele Körper in einem sehr zusammengepressten Zustande befinden, bei welchem folglich die Dichtigkeit grösser sein müsste. Aus denjenigen Körpern aber, welche gar keiner Zusammendrückung fähig sind, kann man auch zuverlässig schliessen, dass sich die Dichtigkeit der groben Materie gar nicht verändern lasse.

99. *Die grobe Materie ist also an sich selbst keiner anderen Veränderung fähig als in Ansehung ihrer Figur, welche, wenn hinlängliche Kräfte vorhanden, auf alle mögliche Arten verändert werden kann.*

Wir betrachten hier einen Körper, der nur allein aus grober Materie besteht und in seiner ganzen Ausdehnung keine Poren einschliesst. Von aussen mag er wohl mit der subtilen Materie umgeben sein, weil man sich sonst von seinen Grenzen keinen Begriff machen könnte. Dieser Körper wird also durch und durch einerlei Dichtigkeit haben, und alle Theile, welche der Grösse nach gleich sind, werden auch gleich viel Materie in sich enthalten; diese Dichtigkeit wird demselben auch so eigen sein, dass keine Kraft vermögend ist, denselben in einen kleinern Raum zusammenzupressen. Dieser ganze Körper wird also einem Klumpen ganz gleichartiger Materie ähnlich sein, in welchem keine Verschiedenheit der Theile wahrzunehmen ist; denn da alle Theile, welche sich darin begreifen lassen, gleich dicht sind und auch durch Poren keine Absonderung oder Unterschied in den Theilen angezeigt wird, so kann zum wenigsten in diesem Stücke keine Verschiedenheit Platz finden. Ob in Ansehung der Härte oder anderer Beschaffenheiten ein Unterschied möglich sei, wollen wir hier nicht untersuchen, weil daher kein solcher innerlicher Unterschied entstünde, dergleichen hier in Betrachtung gezogen werden. Inzwischen aber ist dieser Körper theilbar und man kann sich vorstellen, dass derselbe in so viel Theile, als man immer will, zertheilet und wirklich zerlegt werde; setzt man diese Theile anders zusammen, so bekommt der Körper eine andere Figur; und ist also aller möglichen Figuren gleich fähig, wenn nur die dazu erforderten Kräfte vorhanden sind. Also ist es möglich, dass ein solcher Körper, der jetzt kugelrund ist, zu einer andern Zeit eine viereckigte Figur bekomme. Es kann auch sein, dass, wenn seine Theile nicht gleich bewegt werden, seine Figur alle Augenblicke verändert werde, welches geschieht, wenn der Körper leicht und biegsam ist. Ein solcher Körper kann auch flüssig sein, in welchem Falle der geringste Umstand vermögend ist, seine Figur zu verändern, doch aber muss sich sein Inhalt immer von gleicher Grösse befinden und seine Dichtigkeit allenthalben einerlei bleiben. Es ist aber nicht sehr wahrscheinlich, dass sich in der Welt solche Körper befinden, vielmehr scheinen alle durch und durch mit Poren angefüllt und folglich mit der subtilen Materie vermischt zu sein.

100. *Dass die subtile Materie auch allezeit und allenthalben eine beständige Dichtigkeit haben sollte, dergestalt, dass dieselbe durch keine Kräfte in einen kleineren Raum getrieben werden könnte, scheint der Wahrheit nicht gemäss zu sein. Vielmehr möchte auch hierin ein Hauptunterschied zwischen der groben und subtilen Materie bestehen, dass sich diese zusammendrücken liesse.*

In dem Wesen der Materie überhaupt findet sich kein Grund, warum eine gewisse Menge Materie immer nur an eine gewisse Ausdehnung gebunden sein sollte; und da wir schon zweierlei Materien entdeckt haben, welche in Ansehung der Dichtigkeit so sehr von einander unterschieden sind, so ist gewiss, dass das Wesen der Materie überhaupt keine gewisse und bestimmte Dichtigkeit erfordere. Die Ursache also, warum die grobe Materie mit einer unveränderlichen Dichtigkeit ist, muss nicht sowohl in dem allgemeinen Wesen der Körper, als in dem besonderen Wesen dieser Materie liegen. Weil nun die subtile Materie von der groben so wesentlich unterschieden ist, so hat man keinen hinreichenden Grund zu schliessen, dass die subtile Materie ebenfalls mit einer unveränderlichen Dichtigkeit begabet sei. Aus den bisher festgesetzten Gründen können wir zwar auch das Gegentheil nicht schliessen, es ist uns aber genug, dass diese Gründe hier nichts entscheiden. Weil wir nun aus der allgemeinen Erfahrung allein das Dasein zweierlei Materien in der Welt und die unveränderliche Dichtigkeit der groben Materie festgesetzt haben, so müssen wir auch bei Untersuchung der besonderen Eigenschaften der subtilen Materie die Erfahrung zu Rathe ziehen. Wir werden aber unten bei Erklärung vieler natürlichen Begebenheiten deutlich sehen, dass die subtile Materie allerdings einer Veränderung in ihrer Dichtigkeit fähig ist; und wenn wir nur die Federkraft der Körper genauer erwägen, so wird man leicht finden, dass sich dieselbe unmöglich erklären lasse, ohne der subtilen Materie selbst eine solche Kraft zuzuschreiben. Es lässt sich aber keine solche Kraft begreifen, wo keine Zusammendrückung Statt findet; denn wenn die subtile Materie eben wie die grobe gar keine Zusammendrückung zuliesse, so ist aus den hierüber angestellten Untersuchungen zur Genüge abzunehmen, dass die Federkraft der Körper unmöglich erklärt werden könnte.

101. *Wir müssen zwar der subtilen Materie eine gewisse Dichtigkeit zuschreiben, welche ihrer Natur am meisten gemäss ist, doch aber muss es möglich sein, dieselbe in einen kleineren Raum zusammenzudrücken; allein hiezu werden Kräfte erfordert und man begreift leicht, dass, je mehr dieselbe zusammengedrückt werden soll, dazu eine um so viel grössere Kraft erfordert werde.*

Es kann nicht gleichgültig sein, einen wie grossen Raum eine gewisse Menge subtiler Materie einnehme; denn wenn man sich davon eine gewisse Menge ganz allein ohne einige Verbindung mit anderer Materie vorstellt, so muss dieselbe einen gewissen Raum einnehmen, in welchem sie auch vermöge ihrer Standhaftigkeit immerfort verharren würde. Hieraus erwächst nun eine gewisse Dichtigkeit, welche der Natur der subtilen Materie gemäss zu erachten ist. Inzwischen müssen wir doch behaupten, dass ein grösserer Grad der Dichtigkeit mit ihrer Natur nicht ganz und gar streite, indem sonst ihre Dichtigkeit nicht veränderlich sein könnte, wie doch erwiesen worden. Von selbst nämlich und ohne Zuthun einer äusserlichen Ursache wird eine solche Materie ebenso wenig ihre natürliche Dichtigkeit als ihren Zustand verändern; allein wenn dieselbe ringsherum von Kräften gedrückt wird, dass sie nirgend entwischen kann, so muss der schon möglich erwiesene Fall Statt finden, dass dieselbe in einen kleinern Raum zusammengepresst und ihr dadurch ein grösserer Grad der Dichtigkeit beigebracht werde. Dieses muss man nothwendig zugeben, weil man sonst die Möglichkeit der Zusammendrückung leugnen müsste. Man ersieht aber hieraus ferner, dass die durch bestimmte Kräfte gewirkte Zusammendrückung auch bestimmt sein müsse; denn wenn ebendieselben Kräfte die subtile Materie immer weiter zusammendrücken könnten, so müsste sie endlich in einen Punkt zusammengepresst werden, welches ungereimt wäre. Eine bestimmte Kraft ist also nur vermögend, die Dichtigkeit der subtilen Materie auf einen gewissen Grad zu vermehren, und steht alsdann, so zu reden, mit derselben im Gleichgewicht; sollte sie noch enger zusammengedrückt werden, so müsste man dazu eine grössere Kraft anwenden. Hieraus folget also ganz klar, dass immer eine um so weit grössere Kraft erfordert werde, je mehr diese subtile Materie zusammengedrückt werden soll; deswegen aber lässt sich das wahre Verhältniss nicht bestimmen, ob zu einer doppelten Vermehrung der Dichtigkeit auch just eine doppelte Kraft erfordert werde; eine solche Bestimmung aber ist auch zu unserm gegenwärtigen Endzweck nicht nöthig.

102. *Wenn die subtile Materie in einen engeren Raum gebracht worden, als ihr natürlicher Zustand mit sich bringt, so übt dieselbe eine Kraft aus, sich auszudehnen, und diese Kraft ist um so viel stärker, jemehr die subtile Materie zusammengedrückt worden.*

Es wird eine Kraft erfordert, um die subtile Materie in einen kleinern Raum zusammenzupressen, als ihrem natürlichen Zustande gemäss ist, und dennoch befindet sich in derselben eine Kraft, der Zusammendrückung zu widerstehen. Wenn also eine Menge subtiler Materie, welche natürlicherweise einen cubischen Schuh einnimmt, in einen halben cubischen Schuh durch eine dazu nöthige Kraft zusammengedrückt worden und diese Kraft jetzt zu wirken aufhört, so kann die Materie nicht in diesem zusammengedrückten Zustande verbleiben; denn weil sie in diesem Zustande eine gleiche Kraft ausübt, welche der äusserlichen Kraft widersteht und mit derselben im Gleichgewicht steht, so muss die innerliche Kraft, sobald diese äusserliche Kraft zu wirken aufhört, ihre Wirkung dadurch ausüben, dass die Materie sich wiederum ausdehne und den ihr natürlichen Raum von einem cubischen Schuh einnehme. Wenn dieses nicht geschehe, so würde folgen, dass der zusammengedrückte Zustand ihr eben natürlich wäre. Ein solcher zusammengedrückter Zustand kann also füglich ein gewaltsamer Zustand genannt werden, weil die Materie darin nicht anders als durch eine äusserliche Kraft erhalten werden kann, und in einem solchen Zustande übt die Materie eine gleiche Kraft aus, um sich auszudehnen, welche die Federkraft oder Elasticität der subtilen Materie genannt wird. Es ist demnach die Federkraft der subtilen Materie diejenige Kraft, welche sie ausübt, wenn sie sich in einem gewaltsamen Zustande befindet, und welche derjenigen Kraft gleich ist, so erfordert wird, um sie in diesen gewaltsamen Zustand zu bringen und darin zu erhalten. Je mehr also die subtile Materie zusammengedrückt wird, je grösser wird ihre Federkraft. Es sei d die natürliche Dichtigkeit der subtilen Materie und man setze, dass dieselbe auf eine Dichtigkeit $= 2d$ zusammengepresst werde, so wird sie in diesem gewaltsamen Zustande eine gewisse Kraft K ausüben, worin alsdann ihre Federkraft besteht. Sollte sie in einen noch kleineren Raum zusammengetrieben werden, dass ihre Dichtigkeit $= 3d$ würde, so würde auch die Federkraft grösser sein als K, weil eine grössere Kraft nöthig ist, um sie in diesen Zustand zu bringen; wie sich aber diese zu jener eigentlich verhalten werde, lässt sich noch nicht bestimmen. So viel wissen wir, dass, wenn die Dichtigkeit D mit der Federkraft K verknüpft ist, K dergestalt von D abhänge, dass, wenn $D = d$, alsdann $K = 0$, wenn aber $D = nd$, alsdann K immer grösser werde, je mehr Einheiten die Zahl n in sich enthält.

103. *Die Zusammendrückung der subtilen Materie steht mit demjenigen, was oben von der Undurchdringlichkeit beigebracht worden, in keinem Widerspruche; und wenn diese Begriffe recht auseinander gesetzt werden, so wird man finden, dass die Federkraft sogar einerlei Ursprung habe mit denjenigen Kräften, welche oben der Undurchdringlichkeit sind zugeeignet worden.*

Wenn man sich einen Körper als aus gewissen Theilen, deren jeder einen bestimmten Raum erfordert, zusammengesetzt vorstellt, so ist es nicht möglich zu begreifen, wie ein Körper in einen kleinern Raum zusammengepresst werden könne, ohne dass seine Theile einander durchdringen sollten, wenn man nämlich allen leeren Raum zwischen den Theilen ausschliesst. Allein dieser Begriff ist darin unrichtig, dass man sich erstlich einbildet, es gebe solche Theile, welche vermöge ihres Wesens eine gewisse Grösse haben müssen, da doch in dem Wesen nichts ist, welches mit einer gewissen Menge Materie eine gewisse Ausdehnung verbinden sollte. Hernach stellt man sich diese Theilchen als wirkliche Einheiten vor, aus welchen der Körper zusammengesetzt sein soll, welches doch mit der Theilbarkeit der Körper streitet. In der Einbildung kann man sich wohl einen Körper als aus 1000, 10000 und so viel Theilen, als man immer will, zusammengesetzt vorstellen und diese Theilchen als so viel Einheiten ansehen; allein dies sind nur willkührige und in der Einbildung befindliche Einheiten, in der Natur selbst finden gar keine Einheiten statt. Ein Körper kann demnach zusammengedrückt werden, wenn diese eingebildeten Theilchen kleiner werden und näher zusammenkommen; und dieses kann geschehen, ohne dass eine wirkliche Durchdringung vor sich gehen sollte. Wir wollen uns einen Körper vorstellen, welcher jetzt mit seiner Materie einen cubischen Schuh Raum einnehmen soll; man stelle sich ferner eine Kraft vor, welche denselben in einen kleinern Raum zusammenzupressen bemühet sei. Entweder wird nun diese Kraft den Körper wirklich in einen engern Raum zusammentreiben oder nicht, je nachdem das besondere Wesen dieses Körpers beschaffen ist. Kann der Körper nicht in einen kleinern Raum zusammengetrieben werden, so widersteht er in diesem seinem Zustande der auf ihn wirkenden Kraft mit gleicher

Gewalt und aus diesem Falle haben wir eigentlich die Kräfte der Undurchdringlichkeit hergeleitet. Ist aber der Körper einer Zusammendrückung fähig, so wird ihn die gedachte Kraft bis auf einen gewissen Grad zusammendrücken, hernach aber wird derselbe eine gleiche Kraft wie in dem ersteren Falle ausüben, um einer weiteren Zusammendrückung zu widerstehen, welche Kraft jetzt die Federkraft genannt wird und also in Ansehung ihres Ursprungs von jenen Kräften der Undurchdringlichkeit gar nicht unterschieden ist. Beide gründen sich darauf, dass ein Körper einer jeglichen Kraft, nachdem sie ihn in einen gewissen Zustand gebracht, wozu sie vermögend gewesen, mit gleicher Kraft widerstehe und sich der fernern Wirkung derselben widersetze.

104. *Daraus aber, dass sich die subtile Materie zusammendrücken lässt und immer von einer grössern Kraft in einen kleinern Raum zusammengedrückt werden kann, folget keineswegs, dass dieselbe endlich gar in einen Punkt gebracht und also gleichsam zernichtet werden könne.*

Wir haben die Verhältnisse, nach welchen eine grössere Kraft die subtile Materie auf einen grössern Grad der Dichtigkeit zusammendrücke, nicht bestimmt, so viel aber ist leicht zu begreifen, dass, wenn eine gewisse Menge solcher Materie in einen unendlich kleinen Raum gebracht werden sollte, weil alsdann die Dichtigkeit unendlich gross sein würde, auch die dazu erforderte Kraft nicht kleiner als unendlich gross sein müsste, welches ebenso viel ist, als wenn man die Möglichkeit einer solchen Zusammendrückung platterdings läugnete. Es kann aber auch sein, dass schon eine unendliche Kraft erfordert wird, um die subtile Materie nur auf einen gewissen Grad der Dichtigkeit zusammenzupressen; dergleichen Verhältnisse zwischen einem jeglichen Grad der Dichtigkeit und der dazu erforderten Kraft kann man sich unendlich viele vorstellen; es sei zum Exempel die natürliche Dichtigkeit $= d$, welche mit gar keiner Federkraft verbunden ist, und es wirke auf die subtile Materie eine Kraft $= p$, welche dieselbe dergestalt zusammendrücke, dass ihre Dichtigkeit werde $= s$, also dass dem Grade der Dichtigkeit s eine Federkraft $= p$ zukomme. Sollte nun ein solches Verhältniss stattfinden

$$s = \frac{np + k}{p + k} d,$$

wo n eine beliebige Zahl grösser als 1 andeute, so würde daraus folgen, dass, wenn die Kraft $p = 0$, die Dichtigkeit herauskomme $s = d$, wie es die Natur der Sache erfordert. Hernach würde auch immer eine grössere Kraft p eine grössere Dichtigkeit hervorbringen; nämlich wenn $p = k$, so würde sein

$$s = \frac{n+1}{2} d;$$

wenn $p = 2k$, so würde sein

$$s = \frac{2n+1}{3} d;$$

wenn $p = 3k$, so würde sein

$$s = \frac{3n+1}{4} d$$

und also immer grösser, je grösser die Kraft p angenommen wird. Wenn aber die Kraft p sogar unendlich gross gesetzt würde, so bekäme man doch nur $s = nd$ oder es würde unmöglich sein, die subtile Materie bis auf diesen Grad der Dichtigkeit zusammenzudrücken. Es mag nun ein solches oder irgend ein anderes Verhältniss in der Natur Statt finden, so bleibt doch immer die Zusammendrückung in einen unendlich kleinen Raum eine unmögliche Sache.

CAPITEL 14

VON DEM AETHER ODER DER SUBTILEN HIMMELSLUFT

105. *Der ganze Raum in der Welt, welcher zwischen den gröbern Körpern, die in unsere Sinne fallen, ledig gelassen wird, ist mit der obgedachten subtilen Materie angefüllt, welche daher Aether oder die subtile Himmelsluft genannt wird.*

Entweder ist der Raum zwischen der Erde und den himmlischen Körpern ganz und gar leer oder er ist mit Materie angefüllt; diejenigen, welche das erstere behaupten, können mit ihrer Meinung nicht bestehen, indem sie zugeben müssen, dass alles zum wenigsten mit Lichtstrahlen angefüllt ist, welcher Umstand allein vermögend ist, den leeren Raum zu verwerfen. Ist aber dieser ungeheure Himmelsraum mit Materie erfüllt, so muss dieselbe ungemein subtil sein, indem die himmlischen Körper sich darin so frei bewegen, dass kaum die geringste Spur von einigem Widerstande zu merken ist. Wir wissen aus der Erfahrung, wie gross der Widerstand ist, den ein in der Luft bewegter

Körper empfindet, woraus wir sicher schliessen können, dass jene Materie noch weit subtiler sein müsse; da auch die Luft immer dünner wird, je höher man über der Erde hinaufsteigt, so ist sehr wahrscheinlich, dass dieselbe endlich sich ganz und gar in jene Materie verliere. Die Luft besteht nämlich theils aus der subtilen Materie, theils aus der groben, welche letztere aber in der Höhe je länger je mehr abnimmt und endlich gar verschwindet, so dass zuletzt der ganze Raum allein mit der subtilen Materie angefüllt bleibt. Diese subtile Materie wird nun von den Naturforschern *Aether* oder die subtile Himmelsluft genannt, weil sie in dieser Gegend rein und ohne Vermischung mit der groben Materie vorhanden ist; da sie hingegen in den irdischen Körpern nirgend anders als mit der groben Materie vermischt gefunden wird; und eine gleiche Bewandniss wird es auch haben mit den Körpern, welche sich in den andern Hauptkörpern der Welt befinden. Also ist der ganze ungeheure Weltraum mit dem Aether oder unserer subtilen Materie angefüllt, deren Dichtigkeit folglich viel 1000mal kleiner ist, als die Dichtigkeit der groben Materie, und welche von dieser auch darin hauptsächlich unterschieden ist, dass sie sich in einen kleinern Raum zusammendrücken lässt und alsdann ihre Federkraft ausübt. Ob aber der Aether mit der Welt eine eingeschränkte Grösse habe oder nicht, ist eine Frage, deren Entscheidung nicht hieher gehört.

106. *Die subtile Himmelsluft befindet sich in einem gewaltsamen Zustande und ist weit über ihre natürliche Dichtigkeit zusammengedrückt, daher sie allenthalben eine ungemein grosse Federkraft ausübt und alle Körper zusammendrückt.*

Dass die subtile Materie eine gewisse und ihr natürliche Dichtigkeit haben müsse und nicht anders als durch hinreichende Kräfte auf einen grössern Grad der Dichtigkeit gebracht und darin erhalten werden könne, ist schon gewiesen worden. Hier kommt es also darauf an, ob dieselbe in der Welt sich in ihrem natürlichen Zustande befinde oder ob sie wirklich auf einen grössern Grad der Dichtigkeit zusammengedrückt sei und sich also vermöge ihrer Federkraft bemühe, sich auszudehnen. Es geben uns aber alle Begebenheiten in der Natur, welche uns von dem Dasein dieser subtilen Himmelsluft überführen und ohne dieselbe nicht erklärt werden können, zur Genüge zu erkennen, dass dieselbe auf einen ziemlichen Grad zusammengedrückt sein und eine sehr grosse Federkraft ausüben müsse. Wir dürfen nur die Geschwindigkeit der Lichtstrahlen betrachten, so müssen wir dieser Materie einen sehr hohen Grad der Zusammendrückung nebst einer unglaublichen Dünnigkeit zuschreiben: denn da kein Zweifel ist, dass die Lichtstrahlen durch den Aether auf eine ähnliche Art wie der Ton durch die Luft erregt werden, so kann dieses nicht in Zweifel gezogen werden. Man hat durch unumstössliche Gründe erwiesen, dass eine solche Bewegung um so viel schneller sein müsse, je grösser die Federkraft der Materie, in welcher diese Bewegung geschieht, und je kleiner zugleich ihre Dichtigkeit sei. Da nun die Geschwindigkeit des Lichts so viel tausendmal schneller ist als die des Tons, so muss auch die Federkraft des Aethers gar viel stärker sein als die der Luft. Man könnte zwar einwenden, dass die grosse Dünnigkeit des Aethers hiezu allein hinreichend wäre; allein dieselbe muss doch immer mit einer Federkraft verbunden sein, woraus ein gewaltsamer Zustand erwächst. Andere Begebenheiten als die Härte der Körper und ihre Federkraft führen uns auch nothwendig auf eine sehr starke Zusammendrückung des Aethers, so dass dieser gewaltsame Zustand ausser allem Zweifel gesetzt ist. Da nun der Aether eine so grosse Kraft hat sich auszudehnen, so wird man begierig sein zu wissen, durch was für äusserliche Kräfte derselbe in seinen Schranken erhalten werde; denn wenn man sich die Welt endlich und ausser derselben nichts als einen leeren Raum vorstellt, so würde nichts hindern, dass sich der Aether nicht wirklich dahin ausbreitete; oder man müsste sich die Welt als in einem festen Gewölbe eingeschlossen einbilden. Behauptet man aber die Welt unendlich gross, so scheinen doch die Schwierigkeiten wegen der wirklichen Ausdehnung des Aethers noch nicht gehoben zu sein. Solche Fragen laufen aber nicht in die Naturlehre und wir müssen uns begnügen, diejenigen Umstände zu erforschen, welche auf die Begebenheiten der Welt einen unmittelbaren Einfluss haben, ohne das göttliche Werk der Schöpfung und Erhaltung der Welt ergründen zu wollen.

107. *Wenn der Aether sich in Ruhe befinden soll, so muss seine Federkraft und folglich auch seine Dichtigkeit allenthalben gleich sein; ist aber seine Dichtigkeit an einem Orte grösser als an einem andern, so muss er sich von jenem Orte gegen diesen ausdehnen und also eine Bewegung entstehen.*

Da sich der Aether in einem gewaltsamen Zustande befindet, so ist ein jeglicher Theil desselben bemüht, sich auszubreiten und durch seine Federkraft um sich herum alle Körper wegzustossen, welche seiner Ausbreitung im Wege stehen. Wenn also die um ihn herum befindlichen Körper entweder gar nicht oder mit einer kleineren Kraft entgegen drücken, so wird er dieselben wirklich von sich stossen und sich ausbreiten; widersetzen sich aber jene Körper mit gleicher Kraft von allen Seiten, so wird der Aether im Gleichgewichte erhalten und muss in seinem Zustande verbleiben. Drücken aber die herumbefindlichen Körper mit einer grösseren Kraft zurück, als der Aether hat sich auszubreiten, so wird er sogar in einen engern Raum zusammengetrieben, bis durch seine vermehrte Dichtigkeit auch seine Federkraft so gross wird, dass sie der zusammendrückenden Kraft zu widerstehen im Stande ist. In diesen Fällen, da eine Bewegung entsteht, ist doch zu merken, dass, wenn die Theile des Aethers einmal in Bewegung gesetzt worden, dieselbe alsdann nicht plötzlich aufhören könne, wenn seine Federkraft mit der von aussen drückenden Gewalt ins Gleichgewicht gekommen, sondern der Aether wird sich noch vermöge seiner Standhaftigkeit entweder weiter ausbreiten oder mehr zusammenziehen, bis durch die widerstehende Kraft seine Bewegung gänzlich gehemmt worden, und weil alsdann seine Federkraft kleiner oder grösser sein wird als die äussere Gewalt, so wird er von neuem in Bewegung gesetzt werden. Hieraus erhellet also sattsam, dass, wenn die verschiedenen Theile des Aethers nicht mit einer gleichen Federkraft begabt sind, in denselben nothwendig eine Bewegung entstehen müsse, indem sich diejenigen, welche eine grössere Dichtigkeit haben, ausbreiten und die übrigen mehr zusammendrücken; und eine solche Bewegung muss wegen der Standhaftigkeit zum wenigsten einige Zeit fortdauern. Wenn demnach der Aether in einer vollkommenen Ruhe verbleiben soll, so ist unumgänglich nöthig, dass alle Theile desselben eine gleiche Federkraft und also eine gleiche Dichtigkeit haben.

108. *Wenn der Aether in Ruhe und in demselben sich ein Körper befindet, so wird derselbe von allen Seiten her gleich stark gedrückt und die auf ihn wirkenden Kräfte sind im Gleichgewicht, dergestalt, dass der Körper davon in keine Bewegung gesetzt werden wird, es wäre denn, dass er sich liesse zusammendrücken, in welchem Falle er von dem Aether in einen kleinern Raum zusammengepresst werden würde.*

Man stelle sich einen Körper $ABCDE$ (Fig. 12) vor, welcher rundherum mit Aether umgeben sei; der Aether aber befinde sich in einer vollkommenen Ruhe, so wird derselbe, weil er allenthalben gleich dicht ist, von allen Seiten her gleich stark auf den Körper drücken. Wenn man sich nämlich die ganze Oberfläche des Körpers in gleiche Theilchen, als *Ee*, eingetheilt vorstellt, so wird ein jegliches Theilchen einen gleichen Druck empfinden, dessen Richtung darauf winkelrecht ist. Aus den Regeln vom Gleichgewichte kann nun dargethan werden, dass alle diese gleichen Kräfte einander im Gleichgewichte halten und also den Zustand des Körpers nicht verändern können. Dieses lässt sich aber auch deutlich und ohne Rechnung daraus erweisen, dass der Körper eben diejenigen Kräfte auf sich auszustehen hat, welchen eine der Grösse und Figur nach ihm gleiche Masse Aether, wenn dieselbe an seiner Stelle vorhanden wäre, ausstehen würde. Es ist aber gezeigt worden, dass diese Masse Aether mit dem umliegenden im Gleichgewichte sein und also in keine Bewegung gesetzt werden würde, wenn dieselbe nur mit dem eine gleiche Dichtigkeit hätte. Ist also der Körper keiner Zusammendrückung fähig, so befindet er sich in gleichen Umständen als eine solche gleichdichte Masse von Aether und wird also von dem Drucke des umliegenden Aethers in keine Bewegung gesetzt werden. Wenn er nämlich in Ruhe gewesen ist, so wird er auch immerfort in Ruhe verbleiben, hat er aber eine Bewegung gehabt, so wird er dieselbe gleichförmig nach einer graden Linie fortsetzen, insofern dieselbe nicht durch den Widerstand nach und nach vermindert wird. Lässt sich aber der Körper zusammendrücken, und die auf ihn wirkenden Kräfte sind dazu hinlänglich, so wird er von denselben wirklich in einen kleinern Raum zusammengetrieben werden. Wofern aber der Körper nun keine Zusammendrückung zulässt, wenn er gleich weich und biegsam ist, so wird doch durch diesen Druck seine Figur im geringsten nicht verändert werden, welches daraus erhellet, weil eine ganz gleiche Masse Aether auch keine Veränderung in ihrer Figur leiden würde.

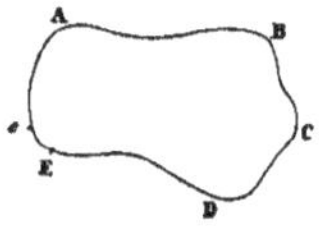

Fig. 12.

109. *Ist aber der Aether nicht im Gleichgewichte oder nicht allenthalben von gleicher Dichtigkeit, so wird auch ein Körper, der sich darin befindet, nicht von allen Seiten her gleich stark gedrückt und wird also nach der Gegend, nach welcher der grössere Druck treibt, in Bewegung gesetzt werden.*

Wenn der Druck des Aethers von allen Seiten gleich wäre, so würde dabei der Körper, wie wir gesehen, in keine Bewegung gesetzt werden, sondern die auf ihn wirkenden Kräfte würden einander vollkommen aufheben. Wenn wir nun setzen, dass die Seite *AB* (Fig. 12) einen grössern Druck bekomme als die übrigen Seiten des Körpers, so wird nur ein Theil der auf *AB* drückenden Kräfte von den übrigen im Gleichgewichte gehalten und aufgehoben, der übrige Theil aber wird ebenso auf den Körper wirken, als wenn derselbe allein vorhanden wäre. Es wird also ebenso viel sein, als wenn der Körper nur von der Seite *AB* von einer Kraft, welche dem Ueberschuss gleich ist, gedrückt würde. Wofern also dem Körper nichts im Wege steht, so wird durch diese Kraft sein Zustand geändert werden. Hat er sich nämlich in Ruhe befunden, so wird er in Bewegung gesetzt, hat er aber schon eine Bewegung gehabt, so wird entweder seine Geschwindigkeit oder Richtung oder beide verändert werden, je nachdem jene Kraft sich gegen seine Richtung verhält. Es kann also geschehen, dass ein Körper sich in dem Aether mit einer veränderlichen Geschwindigkeit nach einer krummen Linie bewege, wenn sich gleich um dieselbe herum nichts als Aether befindet; hiezu ist nicht mehr nöthig, als dass in dem Aether das Gleichgewicht gehoben und seine Federkraft an verschiedenen Orten verschieden sei. Einer solchen Ursache ist es also ohne Zweifel zuzuschreiben, dass sich die Planeten und Kometen in dem Aether nach krummen Linien und mit veränderter Geschwindigkeit bewegen, und man hat nur nöthig zu zeigen, wie und warum der Aether ausser seinem Gleichgewichte gesetzt sei.

Liegt der vom Aether gedrückte Körper auf einem andern Körper auf, welcher seine Bewegungen aufhält, so wird jener auf diesen einen gleichen Druck ausüben, woraus man überhaupt begreift, was die Schwere der Körper für eine Ursache habe, und dass dieselbe mit der Ursache der Bewegung der Planeten aus einerlei Grund entspringe.

110. *Wenn der Aether nicht im Gleichgewichte ist und sich also selbst in Bewegung befindet, so wirkt er auf die in ihm schwebenden Körper auf eine doppelte Art, nämlich durch den Stoss und den Druck. Doch ist jene Wirkung gegen diese so klein, dass sie gleichsam für nichts zu achten.*

Wenn die Dichtigkeit und die Federkraft des Aethers nicht allenthalben gleich gross ist, so kann sich derselbe nicht im Gleichgewichte befinden, sondern es muss in seinen Theilen nothwendig eine Bewegung entstehen, wie oben gezeigt worden. Wenn sich demnach darin ein Körper als *ABCDE* (Fig. 12) befindet, so leidet er von allen Seiten her nicht nur den Druck der Federkraft, deren Wirkung wir in dem vorhergehenden Satze betrachtet haben, sondern der Aether wird auch vermöge seiner Bewegung als ein Strom auf den Körper stossen und dadurch eine besondere Kraft ausüben, welche von jener Kraft des blossen Drucks wohl muss unterschieden werden. Die Kraft des Stosses beruht ausser der Geschwindigkeit hauptsächlich auf der Dichtigkeit des Äthers; da nun dieselbe so erstaunlich klein ist, so kann auch die Wirkung auf einen Körper, dessen Dichtigkeit ziemlich gross ist, nicht merklich sein; wie wir denn eben deswegen den Aether so dünn annehmen müssen, damit daher in der Bewegung der Planeten kein merklicher Widerstand erwachse, ungeachtet dieselben sich mit einer sehr grossen Geschwindigkeit bewegen. Ungeachtet aber der Stoss der subtilen Materie so sehr schwach ist, so kann doch der Druck derselben sehr gross sein, indem dieser von dem Grade der Zusammendrückung herrühret. Wir haben nämlich oben (104) eine solche Formel angeführt, welche, wenn sie wirklich Statt fände, so würde der Aether bei einer Dichtigkeit $= nd$ schon eine unendlich grosse Federkraft ausüben und könnte die Dichtigkeit selbst noch sehr gering sein. Wenn sich also der Aether gleich in einer Bewegung befindet und daher auf die Planeten sowohl durch den Stoss als den Druck wirket, so ist doch jene Kraft gegen diese für nichts zu achten und ist es ebenso viel, als wenn der Aether stillstände und bloss allein durch den Druck wirkte. Denjenigen, welche die Bewegung der Planeten durch den Druck eines Wirbels haben erklären wollen, wird auch mit Recht vorgeworfen, dass der Stoss einer solchen wirbelförmigen Bewegung gegen den Druck sehr beträchtlich sein und die Wirkung desselben gänzlich verändern müsste. Diese Einwendung aber, durch welche die Wirbel zu Grunde gerichtet werden, findet gegen diese Wirkung des Aethers nicht statt.

111. *Weil der Aether seinen Druck auch in den kleinsten Theilchen nach allen Gegenden ausübt, so müssen wir denselben als eine vollkommen flüssige Materie ansehen, welche sogar ihrer Natur nach auch in den kleinsten Theilen vollkommen flüssig ist und keine feste Theilchen in sich schliesst.*

Einer flüssigen Materie werden feste Körper entgegengesetzt, wovon der Unterschied unten deutlicher gezeigt werden soll. Wir sagen also hier erstlich, dass der Aether kein fester Körper sei, und hernach auch nicht aus festen Körpern zusammengesetzt sei. Das erste ist aus den Gründen, welche für das höchst subtile Wesen des Aethers angeführt worden, für sich klar; denn da sich die himmlischen Körper durch denselben ohne einen merklichen Widerstand bewegen, so würde dieses nicht geschehen können, wenn er ein fester Körper wäre; so subtil man sich denselben auch vorstellen möchte, so müssten die himmlischen Körper denselben durchbrechen und in Stücke zerschmeissen. Darin besteht aber das vornehmste Merkmal der Flüssigkeit, dass, da sich der Aether in einem gewaltsamen Zustande befindet, er seine Federkraft nach allen Seiten gleich ausübt, welches bei keinem festen Körper geschehen kann, daher der Aether für eine vollkommen flüssige Materie gehalten werden muß; dieses wird aber noch mehr dadurch erhellet, dass derselbe auch in die kleinsten Poren der Körper hinein dringt und dieselben ausfüllt. Am allermeisten aber wird die Flüssigkeit des Aethers dadurch bestätigt, dass sich alle seine Theile zusammendrücken lassen und sich hernach wiederum aus eigner Kraft ausdehnen, wobei sie den Raum, welchen sie einnehmen, immer vollkommen ausfüllen und keine leere Poren zwischen sich lassen. Dieses ist eine Eigenschaft, welche einem festen Körper unmöglich zukommen kann; denn wenn sich auch ein solcher Körper in einen grössern Raum ausdehnt, so geschieht solches nur insofern, als die darin befindlichen Poren grösser werden, und wird durch dergleichen Ausdehnung seine wahre Grösse nicht vermehret. Weil sich nun der Aether auch in seinen kleinsten Theilchen ausdehnen und zusammenziehen kann, ohne dass solches durch Erweiterung oder Verkleinerung der Poren geschieht, so können auch die kleinsten Theilchen nicht fest sein; und das Wesen selbst dieser subtilen Materie erfordert, dass alle Theilchen, so klein man sich dieselben auch vorstellen mag, mit einer vollkommenen Flüssigkeit begabt sind. Alle diese Theilchen hängen auch von allen Seiten aneinander; und da es keine letzten Theilchen giebt, welche man als wirkliche Einheiten ansehen könnte, so fällt die Erage, was diese Theilchen für eine Figur haben, gänzlich weg. Eingebildete Theile aber, dergleichen man sich nur in der Einbildung vorstellt, haben die Figur, die man ihnen beilegen will; stelle ich mir nämlich rein würfelförmige oder runde Theilchen vor, so hat dasselbe auch eine solche Figur.

CAPITEL 15

VON DER FLÜSSIGKEIT

112. *Eine flüssige Materie muss zu allererst diese Eigenschaft haben, dass ihre Theilchen nicht aneinander befestigt sind, so dass ein jegliches Theilchen ohne einigen Widerstand von den übrigen abgesondert und in Bewegung gesetzt werden kann.*

Dieses sieht man am deutlichsten, wenn man den Unterschied zwischen festen und flüssigen Körpern betrachtet. Um einen Theil von einem festen Körper abzureissen, gehört mehr Kraft, als denselben, wenn er ganz los wäre, in Bewegung zu setzen; in diesem Falle würde auch die kleinste Kraft dazu hinreichend sein, wie wir oben zur Genüge gesehen haben; wenn aber ein Theil von einem festen Körper abgesondert werden soll, so wird dazu eine Kraft erfordert, welche die Befestigung zu überwältigen im Stande ist; hingegen ist bei den flüssigen Körpern keine solche Befestigung der Theile aneinander und es kann davon ein jeglicher Theil abgesondert werden, ohne eine besondere Kraft auf die Losreissung selbst zu wenden. Wenn hernach eine Kraft gleich nur auf einen Theil eines festen Körpers wirket, so kann sie denselben doch nicht in Bewegung setzen, ohne auch die übrigen Theile, auf welche sie doch nicht wirket, zu bewegen, welches ebenfalls von der Befestigung der Theile aneinander herrührt. In so weit ist also ein flüssiger Körper einem Sandhaufen ähnlich, von welchem ein jedes Körnchen frei weggenommen werden kann, weil die Körner durch keine Verbindung aneinander befestigt sind. Es ist wohl wahr, dass aus der Mitte des Haufens kein Körnlein herausgenommen werden kann, ohne eine Menge anderer zugleich mit in Bewegung zu setzen; allein es ist klar, dass dieses nur daher rührt, weil die anderen Theile der Bewegung im Wege stehen und sich derselben blos wegen ihrer Standhaftigkeit widersetzen. Eben dieses muss man auch von einer flüssigen Materie verstehn, als aus deren Mitte auch kein Theil, ohne andere zu stören, herausgezogen oder nur in Bewegung gesetzt werden kann. Doch aber ist bei dem Sandhaufen ein jegliches Körnchen ein fester Körper und also nicht möglich, auf gleiche Art nur die Hälfte eines Körnleins wegzunehmen. Vielleicht befindet sich ein gleicher Umstand bei vielen flüssigen Materien, wie man denn sieht, dass sehr kleine Theile einer flüssigen Materie öfters Eigenschaften eines festen Körpers äussern.

113. *Das Wesen der Flüssigkeit besteht darin, dass, wenn eine flüssige Materie nur an einem Orte gedrückt wird und dieser Kraft nirgend ausweichen kann, dieselbe rundherum auf allen Seiten eine gleiche Kraft ausübt. Wenn nämlich die flüssige Materie im Gefäss eingeschlossen ist, so drückt sie allenthalben auf die Wände desselben mit einer gleichen Kraft.*

Um diese Eigenschaft in ihr völliges Licht zu setzen, so stellt man sich die flüssige Materie am füglichsten vor als in einem Gefässe eingeschlossen, dessen Wände wegen ihrer Festigkeit verhindern, dass die Materie dem Drucke, welcher an einem Orte auf sie wirket, nicht ausweichen kann; in einem solchen Gefässe $AEGFB$ (Fig. 13) sei nun die flüssige Materie eingeschlossen, an welchem wir uns eine Röhre $ABCD$ vorstellen wollen, durch welche die flüssige Materie vermittelst eines Stöpsels KS gedrückt und durch den ganzen Raum des Gefässes ausgebreitet werde; denn wir legen der Materie weder die Schwere noch irgend eine andere Kraft bei, welche auf die Theilchen wirkte. Hier gilt es gleich viel, ob die flüssige Materie sich zusammendrücken lasse oder nicht; denn im ersteren Falle wird der Stöpsel dieselbe so weit zusammentreiben, als er vermögend ist, und wenn dies geschehen und die drückende Kraft im Gleichgewichte steht, so findet unser Satz in dem Zustande der flüssigen Materie statt. Dieselbe wird nämlich allenthalben auf die Wände des Gefässes gleich stark drücken, wie auch immer die Figur desselben beschaffen sein mag; in allen Punkten E, F wird der Druck gleich gross sein und darauf eine rechtwinklichte Richtung haben als EP und FQ. Wenn wir uns also auf der innern Wand einen Theil ee vorstellen, so wird der Druck darauf um so viel grösser sein, je grösser dieser Theil genommen wird; wenn wir daher diesen Theil ee der Weite des Stöpsels S gleich nehmen, so muss der Druck darauf der auf den Stöpsel wirkenden Kraft selbst gleich sein. Lasst uns die Weite oder Grundfläche des Stöpsels $S = aa$ und die auf denselben drückende Kraft $= p$ nennen, so wird, wenn die Fläche $ee = aa$ genommen wird, die darauf drückende Kraft auch sein $= p$. Nimmt man aber eine grössere oder kleinere Fläche ff, so wird dieselbe einen um so viel grössern oder kleinern Druck auszustehen haben. Die auf diese Fläche ff drückende

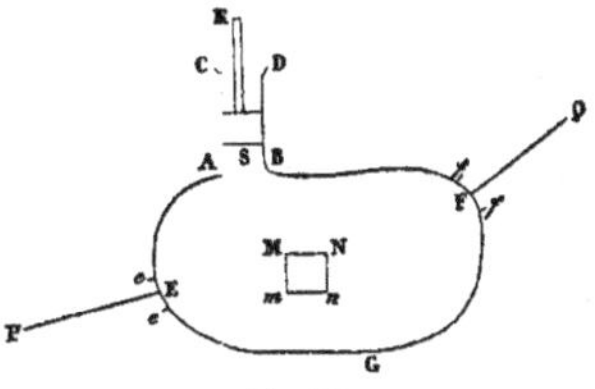

Fig. 13.

Kraft wird nämlich $=\frac{ff}{aa}p$ und ihre Richtung FQ auf die Fläche ff selbst rechtwinklicht sein. Diese Eigenschaft schliesst die vorige schon in sich, und da eine jede Materie, welche mit dieser Eigenschaft begabt ist, für flüssig erkannt werden muss, so setzen wir in diese Eigenschaft mit Recht das Wesen der Flüssigkeit.

114. *Einen gleichen Druck empfinden auch alle in der flüssigen Materie versenkte Körper, als welche von allen Seiten mit einer gleichen Kraft zusammengedrückt werden; wofern sie nicht Festigkeit genug haben dem Drucke zu widerstehen.*

Die Grösse des Druckes auf die inneren Wände des Gefässes beruhet, wie wir gesehen haben, erstlich auf der Kraft p, welche auf den Stöpsel drückt, und hernach auf der Grundfläche $S = aa$ des Stöpsels, durch welche der Druck auf die flüssige Materie ausgeübt wird. Wenn hernach auf der einen Wand eine Fläche $=ff$ genommen wird, so hält dieselbe eine Kraft aus $=\frac{ffp}{aa}$, einen solchen Druck aber empfinden auch alle inneren Theile der flüssigen Materie, und wenn sich dieselben ferner zusammendrücken liessen und diese Kraft dazu hinreichend wäre, so würden sie dadurch wirklich in einen kleinern Raum gebracht werden; wir nehmen aber hier an, dass die flüssige Materie sich entweder gar nicht zusammendrücken lasse oder durch die Gewalt des Stöpsels schon so weit, als möglich gewesen, zusammengedrückt worden sei. Wenn wir uns nun unter dieser flüssigen Materie einen Körper $MNmn$ vorstellen, so wird eine jegliche Seite von einer gleichen Kraft gedrückt werden und die Richtung des Druckes darauf winkelrecht sein; wenn also eine Seite dieses Körpers, als MN, $=ff$, so wird auch der Druck darauf sein $=\frac{ffp}{aa}$. Dieses ist nämlich der ganze Druck, so darauf geschieht, denn in der That empfinden alle Theilchen derselben Seite einen ihrer Grösse gemässen Druck, welcher insgesammt jenen ganzen Druck $=\frac{ffp}{aa}$ ausmacht. Um dieser Ursache willen, wenn die Fläche erhaben oder vertieft ist, muss man sich dieselbe als in unendlich viel kleine Theilchen zertheilt vorstellen und aus den unendlich kleinen Kräften, welche auf ein jedes drücken, nach ihrer Richtung die ganze Kraft bestimmen, wozu die Lehre vom Gleichgewicht die nöthigen Regeln an die Hand giebt. Demnach besteht die Natur der Flüssigkeit darin, dass sich ein jeglicher Druck sogleich durch alle Theile der flüssigen Materie ausbreite und das mit einer gleichen Kraft; und in diesem Stücke wird ein Sandhaufen von einer flüssigen Materie wesentlich unterschieden; denn wenn das Gefäss $AEGFB$

mit Sand angefüllt und durch den Stöpsel S gedrückt wird, so wird sich dieser Druck nimmermehr durch das ganze Gefäss mit gleicher Kraft ausbreiten; sondern der Druck seitwärts auf ee und ff wird kleiner sein, als wenn die Materie flüssig wäre.

115. *Weil sich der Druck nach der Grösse der Fläche richtet, auf welche er wirket, so wird derselbe am füglichsten durch eine Höhe angezeigt, welche mit einer jeglichen Fläche multiplicirt die Grösse der Kraft ausdrückt, so auf dieselbe Fläche wirket, und besteht also die Gleichheit des Drucks darin, dass diese Höhe allenthalben gleich gross ist.*

Wenn wir die Kraft p, welche auf die Grundfläche $S = aa$ des Stöpsels wirket, durch aak ausdrücken, so wird der Druck auf eine jegliche Fläche ff

$$= \frac{ffp}{aa} = ffk.$$

Wenn also $\frac{p}{aa}$, das ist k, einerlei ist, so ist der Druck der flüssigen Materie auch einerlei. Wenn man sich nämlich verschiedene Stöpsel vorstellt, dergestalt, dass die darauf drückenden Kräfte sich wie die Grundflächen derselben verhalten, so wirken dieselben in der flüssigen Materie einen gleichen Druck; daher kann auch die kleinste Kraft den grössten Druck hervorbringen, wenn nur die Grundfläche des Stöpsels sehr klein gemacht wird, denn es ist klar, dass, wenn auch die Kraft p tausendmal kleiner wäre, dabei aber auch die Grundfläche aa des Stöpsels tausendmal kleiner genommen würde, der Druck dennoch auf eine gegebene Fläche ff gleich bleiben müsste. Wir setzen deswegen $p = aak$ oder $\frac{p}{aa} = k$, weil die Grösse des Drucks bloss allein aus der Grösse k erkannt wird und der Druck, so daher auf die Fläche ff geschieht, herauskommt $= ffk$. Um sich davon einen vollständigen Begriff zu machen, so sieht man k als eine Höhe an und drückt die Kraft, so auf eine jegliche Fläche ff wirkt, durch den Inhalt einer Walze aus, deren Grundfläche der Fläche ff selbst, die Höhe aber der Höhe k gleich ist, weil solchergestalt der Inhalt dieser Walze $= ffk$ herauskommt. Diese Vorstellung ist auch deswegen sehr bequem, weil man die Kräfte am füglichsten durch ein Gewicht ausdrückt; man erwählt nämlich hiezu eine gleichförmige Materie und sagt, dass die Kraft, von welcher die Fläche ff gedrückt wird, ebenso gross sei als das Gewicht einer solchen Materie, welche den Raum der Walze *ffk* ausfüllte. Denn man begreift sehr deutlich, wie stark ein solches Gewicht eine Fläche, auf welcher es aufliegt, drücken würde; und ebenso gross ist auch der Druck, den die Fläche *ff* von der flüssigen Materie auszuhalten hat. Also giebt uns eine solche Höhe *k* eine deutliche Erkenntniss von der Kraft, welche auf die inneren Seiten des mit der flüssigen Materie angefüllten Gefässes und zugleich auch inwendig auf alle Theile derselben drückt. Denn je grösser oder kleiner diese Höhe ist, nach ebendemselben Verhältnisse wird auch die Kraft des Druckes grösser oder kleiner sein.

116. *Eine flüssige Materie kann nicht in Ruhe verbleiben, wofern die Höhe, durch welche auf die eben erklärte Art der Druck bestimmt wird, nicht allenthalben gleich gross ist. Dieses ist aber von solchen flüssigen Materien zu verstehen, deren Theile nicht durch die Schwere oder eine andere besonders darauf wirkende Kraft angetrieben werden.*

Wir schliessen hier nicht nur die Schwere aus, von welcher alle Theile der flüssigen Materie abwärts gestossen werden, sondern auch alle andere ähnliche Kräfte, welche auf ein jegliches Theilchen der flüssigen Materie besonders wirken könnten. Wir betrachten demnach eine solche flüssige Materie, deren jegliche Theilchen, als *MNmn*, bloss allein von der umliegenden flüssigen Materie gedrückt werden, daher man diese Kräfte, welche von der umliegenden flüssigen Materie selbst herrühren, sorgfältig von solchen Kräften, als die Schwere ist, unterscheiden muss. Denn obgleich die Schwere auch von dem Drucke einer anliegenden subtilen flüssigen Materie verursacht wird, so ist dieselbe doch wohl von der gröbern flüssigen Materie selbst, welche hier betrachtet wird, zu unterscheiden, und obgleich eine jegliche gröbere flüssige Materie, als zum Exempel Wasser, mit der subtilen Materie des Aethers auf das innigste durchmischt ist, so wird doch unten gezeigt werden, wie der Druck, so von der subtilen Materie herrührt, sehr genau unterschieden werde von demjenigen, den die gröbere Materie für sich selbst ausübt. Wenn nun ein Theilchen *MNmn* in Ruhe verbleiben soll, so muss der Druck von allen Seiten gleich sein, das ist die Höhe *k*, welche den Druck bestimmt, muss rundherum einerlei sein. Weil nun dieses von allen andern Theilen gilt, so ist klar, dass die flüssige Materie nicht in Ruhe bleiben könne, wofern nicht die den Druck anzeigende Höhe *k* allenthalben gleich gross ist. Denn wenn wir uns das Theilchen *MNmn* als einen Würfel vorstellen, so sieht man alsobald, dass, wenn der Druck auf zwei entgegengesetzte Seiten MN und mn nicht gleich wäre, der Würfel von dem grössern Drucke in Bewegung gesetzt werden müsste. Die Wahrheit dieses Satzes bleibt unverändert, die flüssige Materie mag sich zusammendrücken lassen oder nicht, wenn dieselbe nur einmal von der drückenden Kraft ins Gleichgewicht gebracht worden; es thut auch zur Sache nichts, ob die flüssige Materie allenthalben gleich dicht ist oder nicht.

117. *Um den Zustand, worin sich eine flüssige Materie befindet, genau zu erkennen, so beruht die Hauptsache auf dem Drucke, welchen alle Theile derselben von den umliegenden auszustehen haben, und wenn dieser Druck oder die Höhe, wodurch er bestimmt wird, bekannt ist, so ist man im Stande, von der Ruhe oder den Veränderungen, welche darin vorgehen müssen, zu urtheilen.*

Wenn man die Grösse des Drucks, welcher in allen Punkten der flüssigen Materie Statt findet, oder die Höhe, wodurch derselbe bestimmt wird, erkannt hat und es sind zugleich die besonderen Kräfte, welche auf ein jegliches Theilchen wirken, gegeben, so hat man alle Kräfte, von welchen ein jegliches Theilchen der flüssigen Materie angetrieben wird. Aus demselben kann man also urtheilen, ob ein jegliches Theilchen in seinem Zustand verbleiben oder denselben verändern werde; das erstere wird nämlich geschehen, wenn alle auf ein jegliches Theilchen wirkende Kräfte einander im Gleichgewichte halten; geschieht aber dieses nicht, so muss von den überwältigenden Kräften sein Zustand verändert werden. Hiebei muss man aber auch darauf sehen, ob die Theilchen einer Zusammendrückung fähig sind oder nicht, und ob im ersteren Falle die darauf wirkenden Kräfte dieselben entweder mehr zusammenzudrücken vermögend sind oder, wenn sie zu schwach, ob nicht die Theilchen sich in einen grössern Raum ausdehnen werden. Die Betrachtung dieser Umstände leitet daher zu einer vollständigen Erkenntniss des Zustandes, in welchem sich eine jegliche flüssige Materie befindet, und dieselbe beruht vornehmlich auf einer genauen Erkenntniss des Drucks, wodurch die Theilchen auf einander wirken. Eine flüssige Materie mag nämlich in Ruhe oder in Bewegung sein, so muss dieses immer die erste Frage sein, wie stark die Theilchen derselben in einem jeglichen Punkte auf einander wirken oder wie gross die Höhe ist, welche nach der oben erklärten Art den Druck daselbst bestimmt? Hier ist es hernach gleich viel, ob der Druck einer äusserlichen Kraft, dergleichen wir uns auf einen Stöpsel wirkend vorgestellt haben, verursacht werde oder ob er bloss von der Veränderung des Zustandes, welcher in den Theilen vorgeht, und also von ihrer Undurchdringlichkeit herrühre. Und aus diesem Grunde muss die ganze Lehre von dem Gleichgewichte und der Bewegung aller flüssigen Materien hergeleitet werden.

118. *Eine flüssige Materie kann nicht aus einer Menge kleiner Theilchen, welche fest und hart sind, entstehen, denn wie auch immer die Figur und Ordnung dieser Theilchen beschaffen sein möge, so ist es nicht möglich, dass sich ein Druck, welcher an einem Orte auf dieselben geschieht, nach allen Gegenden mit gleicher Kraft ausbreite.*

Man gebe diesen Theilchen erstlich eine würfelförmige Figur und stelle sich dieselben ordentlich aufeinander gesetzt vor, so sieht man leicht, dass, wenn das oberste von einer Kraft abwärts gedrückt wird, das unterste zwar gleich stark auf den Grund drücke, seitwärts aber gar keine Kraft ausgeübt werde; wenn also viele solche Reihen ein Gefäss ausfüllen und auf dieselben eine Kraft von oben herab drückt, so wird wohl der Boden des Gefässes eine gleiche Kraft, die Seiten aber gar keine ausstehn. Sollten solche Theilchen unordentlich untereinander liegen, so könnte wohl der Druck auch seitwärts fortgepflanzt werden, nimmermehr würde derselbe aber nach allen Seiten gleich stark herauskommen. Was aber von würfelförmigen Theilchen gesagt worden, gilt ebenfalls von allen andern eckigten Figuren, daher auch die meisten Naturlehrer diesen Theilchen eine kugelrunde Figur zueignen; es ist aber auch leicht zu erweisen, dass aus denselben, wenn sie fest und hart angenommen werden, ebensowenig diese Haupteigenschaft der Flüssigkeit erhalten werden könne. Man darf sich nur einen Haufen Kugeln vorstellen, wie die Stückkugeln pflegen aufgesetzt zu werden, so wird man leicht begreifen, wenn dieselben von oben herab gedrückt werden, dass dieselben seitwärts keine Gewalt ausüben werden oder dass zum wenigsten diese Gewalt nach allen Seiten nicht gleich gross sein werde. Ueber dieses können auch Kugeln, die ein Gefäss ausfüllen, nicht so regelmässig untereinander liegen, dass nicht eine grosse Unähnlichkeit in ihrer Ordnung daher entstehen sollte, wodurch gleichfalls ein gleichförmiger Druck unterbrochen wird. Will man dergleichen Kugeln in einer beständigen Bewegung annehmen, so kann wohl daher der Druck verändert, nimmermehr aber nach allen Gegenden beständig gleich erhalten werden; und man müsste einen Fall, wo je eine Gleichheit in dem Drucke

Statt fände, als sehr rar ansehen, da doch hierin das Wesen der Flüssigkeit besteht. Man darf nur erwägen, dass, wo drei Kugeln in einer graden Linie liegen, die mitlere immer seitwärts getrieben werden könne, was auch für Kräfte auf die äusseren wirken mögen.

CAPITEL 16

VON DEN VERSCHIEDENEN GATTUNGEN DER KÖRPER

119. *Den flüssigen Körpern werden die festen und harten Körper entgegengesetzt und ein vollkommen harter und fester Körper ist so beschaffen, dass keine Kraft vermögend ist, weder denselben in einen kleinern Raum zusammenzutreiben noch seine Figur zu verändern.*

Ob es wirklich solche Körper gebe, welche von keiner Kraft weder zusammengedrückt noch in ihrer Figur verändert werden können, ist hier die Frage nicht, indem wir uns nur eine äusserste Gattung vorstellen, um innert[1]) derselben die andere desto besser festzusetzen. Wir haben aber hier zwei Kennzeichen zu erwägen: das erste betrifft die Zusammendrückung in einen kleinern Raum, das andere aber die Veränderung der Figur. Da wir nun der groben Materie diese Eigenschaft beigelegt, dass sie sich durch keine Kraft in einen kleinern Raum zusammendrücken lasse, so müssen wir derselben nothwendig das erste Kennzeichen zueignen, also dass ein Körper, welcher allein aus grober Materie bestünde, durch keine Kraft in einen kleinern Raum zusammengetrieben werden könnte. Was aber die Veränderung der Figur anbelangt, so ist wohl kein Zweifel, dass nicht immer eine Kraft, je nachdem sie angewandt wird, vermögend sein sollte, entweder durch Reiben, Stechen, Hauen, Reissen oder Sägen von einem solchen Körper Theilchen abzusondern und solchergestalt seine Figur zu verändern. Wenn man aber dergleichen Kräfte ausschliesst und nur solche betrachtet, welche durch einen blossen Druck senkrecht auf den Körper wirken, so kann es noch zweifelhaft scheinen, ob nicht solche Körper möglich wären, welche auf diese Art aller Veränderung in ihrer Figur widerständen. Man kann sich wohl eine solche harte Kugel

1) Aus dem richtigen „innert" des Manuskriptes hatten die *Opera postuma* ein sinnloses „immer" gemacht. F. R.

vorstellen, welche weder von einem darauf liegenden Gewichte, so gross dasselbe auch sein möchte, noch von einem darauf geschehenen Stosse im geringsten platt gemacht werden könnte. Eine solche Kugel könnte mit Recht für vollkommen hart gehalten werden. Zum wenigsten giebt es aber wirklich solche Körper, an welchen eine gegebene Kraft keine Veränderung in ihrer Figur hervorzubringen vermögend ist, und in Ansehung dieser oder kleinerer Kräfte können solche Körper als vollkommen hart angesehen werden, wenn dieselben gleich von grösseren Kräften eine Veränderung in ihrer Figur leiden sollten.

120. *Unter den Körpern, welche nicht vollkommen hart und fest sind, müssen zwei Gattungen wohl unterschieden werden. Zur ersten gehören diejenigen, welche sich von keiner Kraft in einen kleinern Raum zusammentreiben lassen, daher aber dennoch eine Veränderung in ihrer Figur erhalten; zur anderen aber diejenigen, welche sich zugleich zusammendrücken lassen.*

Unter den Körpern, welche sich in keinen engern Raum zusammenpressen lassen, sind insonderheit die Metalle zu merken, dennoch aber kann ihre Figur durch einen Druck oder Schlag geändert werden. Also lässt sich eine Kugel von Metall durch einen starken Druck oder wiederholte Schläge in eine Platte ausdehnen, behält dabei aber doch einerlei Dichtigkeit oder erfüllet noch einen gleich grossen Raum. Solche Körper zählen wir also zur ersten Gattung, zur zweiten hingegen solche, welche sich in einen kleinern Raum zusammentreiben lassen, wodurch zwar auch die Figur nothwendig eine Veränderung leiden muss. Unter den Körpern, welche dem Scheine nach gleichförmig sind, trifft man wenig an, bei welchen eine merkliche Zusammendrückung Statt fände, wenn wir nämlich die flüssigen Materien ausnehmen. Es ist aber diese Eintheilung, welche wir von der Möglichkeit einer Zusammendrückung hernehmen, sowohl den flüssigen als festen Körpern gemein und giebt es unter beiden Arten solche, welche sich entweder gar nicht oder etwas zusammendrücken lassen. Zu dieser letzten Art von flüssigen Körpern gehört vornämlich der Aether und hernach die Luft, wovon der erstere seinem Wesen nach, diese aber, wegen der besonderen Vermischung der subtilen Materie mit der groben, einer sehr merklichen Zusammendrückung fähig ist. Der andere Umstand aber, so in der Veränderung der Figur besteht, macht den vornehmsten Unterschied zwischen den flüssigen und festen Körpern aus. Eine flüssige Materie mag eine Figur haben, wie man will, so ist die geringste Kraft vermögend, dieselbe nach der Figur des Gefässes, worin sie befindlich, zu verändern; dahingegen bei den festen Körpern entweder nicht eine jegliche Kraft vermögend ist, eine gegebene Veränderung in der Figur hervorzubringen, oder doch nicht alle mögliche Veränderungen in der Figur hervorgebracht werden können. Ein Papier lässt sich durch Zusammenlegen in unendlich viel verschiedene Figuren bringen, doch aber kann dasselbe nicht in einen Faden ausgedehnt werden.

121. *Weiche Körper werden genannt, deren Figur durch eine geringe Kraft verändert werden kann, dahingegen solche, wo eine grössere Kraft erfordert wird hart genannt werden. Hieher gehören auch biegsame Körper, welche entweder vollkommen oder mehr oder weniger biegsam sind, je nachdem die kleinste Kraft hinreichend ist oder eine kleinere oder grössere erfordert wird, eine gegebene Beugung hervorzubringen.*

Die Benennungen weich und hart werden zwar einander entgegengesetzt, sie sind aber nur nach Graden von einander unterschieden; also kann ein weniger harter Körper für weich und ein weniger weicher für hart gehalten werden. Hier kommt es auch auf die Grösse der Kraft an, denn ist die Kraft zu klein, als dass sie die Figur eines Körpers sollte verändern können, so ist in Ansehung derselben der Körper hart, wenn gleich seine Figur von einer grössern Kraft verändert werden kann. Dergleichen weiche Körper sind Leim und Wachs; denn wenn wir uns von solchen Materien Kugeln vorstellen, so können dieselben durch eine Kraft platt gedrückt werden; und je grösser die drückende Kraft, je platter können dieselben gedrückt werden. Es lassen sich hier unendlich viel Grade der Weiche unterscheiden, wovon der höchste Grad mit der Flüssigkeit einerlei ist; wie denn auch Leim und Wachs, wenn sie gänzlich erweicht werden, vollkommen flüssige Materien darstellen, da auch die geringste Kraft vermögend ist, sie in alle mögliche Figuren zu drücken. Ist aber der Leim oder das Wachs weniger weich, so lässt sich eine daraus gemachte Kugel von einer gegebenen Kraft wohl platt drücken, die Wirkung hört aber doch endlich auf, so dass, wenn die Kugel noch platter gedrückt werden sollte, dazu eine grössere Kraft erfordert würde. Indessen scheint doch auch die geringste Kraft vermögend zu sein, die Figur einer solchen Kugel in etwas zu ändern, wenn auch gleich die Veränderung kaum zu merken ist. Solche Körper sind auch biegsam, doch giebt es noch andere Arten, denen die Biegsamkeit eigentlich zugeeignet wird, als: ein Faden, Band oder Seil, unter welchen diejenigen vollkommen biegsam genannt werden, welche auch die kleinste Kraft auf alle mögliche Grade zu biegen vermögend ist, wie etwa bei einem ganz zarten Faden geschehen mag. Andere aber sind so beschaffen, dass sie von einer gegebenen Kraft nicht über einen gewissen Grad gebogen werden können; und je kleiner die Beugung ist, je weniger sind dergleichen Körper biegsam. Hierin giebt es unendlich viel verschiedene Arten, welche wir uns nur überhaupt anzuzeigen begnügen.

122. *In Ansehung der ziehenden Kräfte giebt es Körper, welche sich entweder der Länge nach ausdehnen lassen oder nicht; in beiden Fällen, wenn die Kraft stark genug ist, werden die Körper entzwei gerissen und solche Körper, welche einer sehr grossen Kraft zu widerstehen im Stande sind, werden zäh genannt.*

Wir betrachten in diesem Kapitel die Körper, wie sie sich in Ansehung der Kräfte verhalten, welche auf sie wirken, und da kommt es vornämlich auf die Art an, wie die Kräfte auf die Körper angewandt werden. In den vorigen Sätzen haben wir solche Kräfte angenommen, welche auf die Körper drücken; nun aber richten wir unsere Absicht auf solche, welche die Körper entzwei zu reissen bemüht sind. Man stelle sich also einen Körper $CDEF$ (Fig. 14) vor, welcher mit dem einen Ende CD an einer unbeweglichen Mauer AB befestigt, an dem andern Ende EF aber von einer Kraft PQ gezogen wird. Der Körper mag nun so stark und zäh sein, als man will, so kann die Kraft immer so sehr vermehrt werden, dass der Körper endlich von derselben entzwei gerissen wird, wenn nur die Figur desselben so beschaffen ist, dass eine so grosse Kraft darauf angebracht werden kann. Es kommt hier auf die Art an, wie die Theile des Körpers an einander befestigt sind, und da diese Befestigung nicht unendlich sein kann, wie wir bald darthun werden, so muss immer eine Kraft vermögend sein, dieselbe zu überwinden und die Theile von einander zu reissen, ob es gleich öfters unmöglich ist, eine so grosse Kraft anzubringen. Ein Diamant wird sich auf solche Art nicht entzwei reissen lassen, nicht weil keine so grosse Kraft, als dazu erfordert würde, vorhanden ist, sondern weil man eine

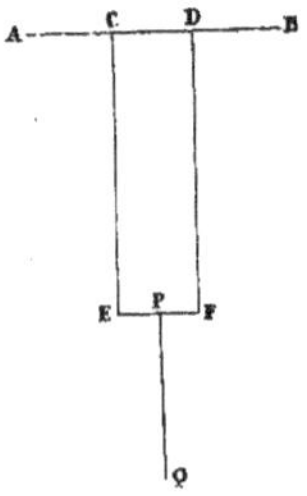

Fig. 14.

so grosse Kraft dabei nicht anbringen kann. Ehe aber der Körper solchergestalt entzwei gerissen wird, so dehnt sich derselbe entweder aus oder bricht plötzlich. Im ersteren Falle kann wieder dieser Unterschied bemerkt werden, ob derselbe durch die Ausdehnung in einen grössern oder kleinern Raum gebracht werde oder nicht, und alsdann wird auch schon eine kleinere Kraft eine Veränderung in der Figur des Körpers hervorbringen. Im letzteren Falle aber, so lang die Kraft kleiner ist, als zum wirklichen Riss erfordert wird, so bleibt die Figur des Körpers unverändert.

123. *Wenn ein fester Körper an einem Ende befestigt, an dem andern aber von einer Kraft seitwärts gezogen wird, so muss, wenn die Kraft stark genug, der Körper entweder abgebrochen oder umgebogen werden; im ersteren Falle sagt man, der Körper sei brüchig, im andern aber biegsam.*

Man stelle sich den Körper $CDEF$ (Fig. 15) mit dem einen Ende wiederum in einer unbeweglichen Mauer AB befestigt vor, welcher bei dem andern Ende von einer Kraft PQ seitwärts gezogen werde. Nachdem nun die Wirkung einer solchen Kraft beschaffen sein wird, so kann man verschiedene Arten der Körper festsetzen. So stark die Körper auch sein mögen, so kann die Kraft doch so weit vermehrt werden, dass von derselben in dem Körper eine Veränderung hervorgebracht werde. Der Körper muss nämlich entweder abgebrochen oder gekrümmt werden; oder es kann auch geschehen, dass derselbe, ehe er bricht, gekrümmt werde. Solche Körper, welche endlich abgebrochen werden, pflegt man brüchig zu nennen und ein Körper ist um so viel brüchiger, von je einer kleineren Kraft derselbe gebrochen werden kann. Hiebei muss aber die Dicke des Körpers und insonderheit nicht so wohl die Kraft selbst, als dieselbe mit ihrer Entfernung von der Mauer multiplicirt, in Betrachtung gezogen werden. Wird aber der Körper von einer solchen Kraft nur gekrümmt, so heisst er biegsam, von welcher Beschaffenheit schon vorher gemeldet worden. Vollkommen biegsam ist nämlich der Körper, wenn auch die geringste Kraft vermögend ist, denselben gänzlich umzubeugen; hingegen ist er um so viel mehr oder weniger biegsam, je mehr oder weniger

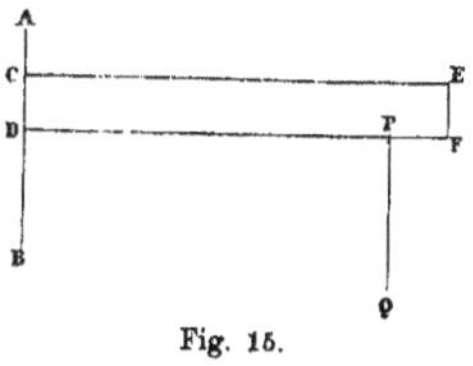

Fig. 15.

ebendieselbe Kraft denselben zu beugen vermögend ist. Bisweilen kann auch ebendieselbe Kraft, wenn sie nur lang genug wirket, immer eine grössere Beugung hervorbringen, in welchem Falle denn auch die Zeit mit in Betrachtung gezogen werden muss; bisweilen wird der Körper von einer bestimmten Kraft nur bis auf einen gewissen Grad gebogen und steht alsdann gleichsam mit der Kraft im Gleichgewichte. Alle diese besonderen Umstände können unendlich verschieden sein, woraus denn unendlich viel verschiedene Arten von Körpern entspringen. Man kann aber die Kräfte auch noch auf andere Arten anbringen und nach ihrer Wirkung die Körper unterscheiden; es würde aber überflüssig sein, hierin allzuweit zu gehen, ehe wir den Grund von allen dergleichen Verschiedenheiten zu untersuchen im Stande sind.

124. *Einige Körper sind so beschaffen, dass, wenn in ihrer Figur durch eine Kraft eine Veränderung gewirkt worden, dieselben in dieser veränderten Figur, nachdem die Kraft aufgehört, beständig verbleiben; andere aber sind so beschaffen, dass sie sich wiederum in ihre vorige Figur herstellen. Diese werden elastisch, jene aber unelastisch genannt.*

Da wir bisher gesehen, was für Veränderungen in der Figur der Körper durch darauf wirkende Kräfte hervorgebracht werden können, so müssen wir jetzt sehen, was in denselben ferner vorgeht, nachdem die Kraft völlig aufgehört hat, auf dieselben zu wirken. Hier ist nun sogleich klar, dass, wenn ein Körper einmal wirklich entzwei gerissen oder gebrochen worden, derselbe auch, nachdem die Kraft aufgehört, in diesem zerstörten Zustande verbleiben werde. Wenn aber ein fester Körper durch eine Kraft nur bis auf einen gewissen Grad gebogen oder seine Figur sonst verändert worden, so können sich, nachdem die Kraft zu wirken aufgehört, zweierlei Fälle ereignen, je nachdem der Körper diese veränderte Figur behält oder sich wiederum in seine vorige Figur herstellt; und da das Letztere durch eine Federkraft oder Elasticität geschieht, so werden diese Körper elastisch, jene aber unelastisch genannt. Also ist eine Kugel von Leim unelastisch, weil sie, wenn sie einmal plattgedrückt worden, so bleibt; und ein Stab von Blei, weil er krumm bleibt, wenn er einmal gekrümmt worden, ist ebenfalls unelastisch. Hingegen ist eine elfenbeinerne Kugel elastisch, weil sie nach einer geschehenen, obgleich unmerklichen Zusammendrückung ihre vorige Figur wieder annimmt, wie aus dem Zurückprallen derselben erhellet; gleichergestalt, da eine gute Degenklinge, wenn sie gleich gekrümmt worden, wieder gerade wird, so ist sie auch elastisch. Von solchen Körpern sagt man, dass sie mit einer elastischen Kraft begabt sind; man muss aber nicht glauben, als wenn diese Kraft mit der Standhaftigkeit in einem Widerspruch stünde; denn es wird gezeigt werden, dass dieselbe von der Federkraft des Aethers herrühre. Weil nun diese mit der Standhaftigkeit bestehen kann, so ist auch eine ähnliche elastische Kraft bei den festen Körpern ihrer Standhaftigkeit nicht entgegen.

125. *Es giebt auch Körper, welche weder ganz und gar unelastisch noch vollkommen elastisch sind, weil sie nach einer in ihrer Figur geschehenen Veränderung sich nur einigermaassen, nicht aber völlig, in ihre vorige Figur herstellen, woher denselben eine grössere oder kleinere elastische Kraft zugeeignet wird.*

Wir haben gesehen, dass bei den Körpern eine doppelte Veränderung in ihrer Figur vorgehen kann. Die eine geschieht nämlich mit Beibehaltung ebenderselben Grösse, die andere aber ist mit einer Zusammendrückung in einen kleinern Raum verbunden, wozu wir noch die Ausdehnung in einen grössern Raume beifügen können. Denn es giebt auch Körper, welche, wenn sie ausgedehnt worden, sich wiederum zusammenziehen, wovon jedoch der Grund einerlei ist. Bei dieser zweifachen Veränderung kann nun in festen Körpern eine elastische Kraft Statt finden, welche vollkommen ist, wenn sich der Körper wiederum völlig in seine vorige Figur herstellt; dahingegen dieselbe unvollkommen genannt wird, wenn die Wiederherstellung nur zum Theil geschieht. Flüssige Materien können auch mehr oder weniger oder gar nicht elastisch sein; weil dieselben aber gegen alle Figuren gleichgültig sind, so muss die elastische Kraft nur daraus beurtheilt werden, ob eine flüssige Materie, wenn sie in einen kleinern Raum zusammengepresst worden, sich wiederum auszudehnen trachte, welche Eigenschaft insbesondere dem Aether wesentlich zukommt; hernach kann auch nicht in Zweifel gezogen werden, dass die Luft nicht vollkommen elastisch sein sollte. Das Wasser aber sehen viele Naturforscher als eine unelastische flüssige Materie an, weil sich dasselbe auf keinerlei Art in einen kleinern Raum zusammendrücken lässt. Es kommt aber hier nicht auf die Grösse der Zusammendrückung an und wenn das Wasser sich nur, so zu reden, unmerklich wenig zusammendrücken liesse, hierauf aber sich in seinen vorigen Zustand völlig wiederum herstellte, so müsste man demselben eine vollkommene Elasticität zueignen. Man kann aber aus einigen Versuchen, wo eine Blase mit Wasser angefüllt worden und bei dem Stoss zurückgesprungen, sicher schliessen, dass das Wasser ein vollkommen elastischer Körper sein müsse. Man darf auch nur mit einem Hammer auf eine solche Kugel schlagen, so wird sich die Elasticität bald äussern.

CAPITEL 17

ERKLÄRUNG DER FESTIGKEIT DER KÖRPER

126. *Eine Masse von grober Materie wird von dem umliegenden Aether dergestalt zusammengedrückt, dass die Theile derselben nicht anders von einander abgesondert werden können, als durch solche Kräfte, welche dem Druck des Aethers überlegen sind.*

Wir erkennen in der Welt nur zweierlei Grundmaterien, die subtile und grobe. Jene, welche Aether genannt wird, ist vollkommen flüssig, viel tausendmal dünner als die grobe Materie und lässt sich in einen kleinern Raum zusammenpressen, da sie eine Kraft ausübt, sich wieder auszudehnen; und in einem solchen gewaltsamen Zustande füllt sie wirklich allen Raum aus, so von der groben Materie ledig gelassen wird. Die grobe Materie hingegen, welche viel tausendmal dichter ist, behält immer ebendieselbe Dichtigkeit, so ihrer Natur gemäss ist, und lässt sich durch keine Kraft, so gross dieselbe auch sein mag, in einen engern Raum zusammenpressen. Doch stellen wir uns dieselbe so vor, dass, wenn sie allein vorhanden wäre, ihre Theile gar keine Befestigung unter sich haben und die geringste Kraft vermögend sein würde, ein jegliches Theilchen von den übrigen abzusondern. Wenn aber ein Körper, so einzig und allein aus der groben Materie besteht, sich in dem Aether befindet, so wird er von demselben ringsherum gedrückt und alle Theile desselben von allen Seiten her zusammengepresst. Diese Kraft ist nämlich die Elasticität des Aethers und je grösser diese ist, um so viel stärker werden auch die Theilchen des Körpers an einander gedrängt. Wenn man also ein Stück von diesem Körper lossreissen will, so wird dazu eine grössere Kraft erfordert als die Federkraft des Aethers; und von einer kleineren Kraft kann kein Theil von den übrigen abgesondert werden. Deswegen müssen wir einem solchen Körper eine Festigkeit beilegen, welche um so viel grösser sein wird, je mehr der Aether zusammengedrückt und dadurch seine Federkraft vermehrt ist; und da diese Festigkeit eine Wirkung des Aethers ist, so kann sie nicht als eine innerliche Eigenschaft der groben Materie angesehen werden.

127. *Die Ursache aller Festigkeit und Härte der Körper ist demnach bloss allein in der groben Materie zu suchen, insofern dieselbe rundherum von dem Aether zusammengedrückt wird. Ausser der Kraft des Aethers würden keine Theile der Körper zusammenhängen, sondern die geringste Kraft würde vermögend sein, dieselben von einander zu zerstreuen.*

Es ist viel gestritten worden, ob die kleinsten Theilchen aller Körper für flüssig oder fest gehalten werden müssen, das ist, ob ein flüssiger Körper aus festen Theilchen oder ein fester Körper aus flüssigen Theilchen zusammengesetzt sein könne. Ob wir nun gleich solche Theilchen, welche man als die letzten und nicht weiter theilbar ansehen könnte, nicht zugeben, so wird doch diese Frage durch die Behauptung der beiden Materien, nämlich der subtilen und der groben, leicht erörtert. Denn die subtile Materie ist dergestalt ihrer Natur nach flüssig, dass aus derselben allein kein fester Körper zusammengesetzt werden könnte. Der groben Materie für sich können wir auch keine Festigkeit zueignen, indem auch die geringste Kraft vermögend wäre, alle Theilchen, welche man sich nur vorstellen kann, von einander gleichsam als einen Staub zu zerstreuen. Wenn aber diese grobe Materie von dem Aether rundherum zusammengedrückt wird, so entsteht daher erst ein fester Körper; und weil die Theilchen nicht anders als von einer hinlänglichen Kraft von einander abgesondert werden können, so hat ein solcher Körper alle Eigenschaften der Festigkeit und Härte. Diese Erklärung kann um so viel weniger in Zweifel gezogen werden, da man in der Welt keine so harte Körper aufweisen kann, deren Härte grösser wäre als diese, welche aus dem Drucke des Aethers entspringt, und überdies noch aus andern Umständen gewiss ist, dass der Aether wirklich eine ungemein starke Federkraft habe und auch die allerhärtesten Körper zerstücket werden können. Daher es ungereimt wäre, wenn man noch einen besondern Grund der Härte in der Natur der Körper festsetzen wollte.

128. *Wenn zwei Körper, deren jeder allein aus der groben Materie besteht, so aneinander gefügt werden, dass zwischen denselben kein Räumchen, worin sich Aether aufhalten könnte, ledig gelassen wird, so werden diese zwei Körper so stark zusammenhalten, als wenn sie aus einem Stücke beständen, und ihre Festigkeit wird so gross sein, dass sie nicht grösser sein könnte.*

Wenn zwei Körper einander so berühren, dass kein Räumchen zwischen denselben übrig bleibt, so werden sie von dem umliegenden Aether ebenso zusammengedrückt, als wenn sie nie von einander wären abgesondert gewesen, und wenn man sie von einander reissen wollte, so müsste man eine grössere Kraft anwenden, als diejenige ist, welche sie zusammendrückt. Weil nun die Festigkeit und Härte der Körper einzig und allein von dem Druck des Aethers herrührt, so kann keine grössere Festigkeit und Härte in der Welt Statt finden, als welche durch den ganzen Druck des Aethers hervorgebracht wird. Da also dieses in dem Falle unseres Satzes geschieht, so wäre es nicht möglich, dass die zwei Körper fester an einander befestigt würden, als sie wirklich durch den Druck des Aethers zusammengedrückt werden. Wenn aber durch eine solche Zusammenfügung dieser Grad der Härte erhalten werden soll, so müssen die Oberflächen der beiden Körper, welche zusammengefügt werden sollen, so genau auf einander passen, dass zwischen denselben auch nicht das geringste Räumchen überbleibt; welches geschehen kann, wenn man dieselben auf das Vollkommenste polirt. Denn wenn sich auf denselben die geringste Ungleichheit fände, so würde eine solche Zusammenfügung kaum möglich sein. Wir wollen uns die beiden Flächen, so auf einander passen, als flach vorstellen und ihre Grösse durch ff andeuten und der Druck des Aethers soll durch die Höhe k bestimmt sein, so ist klar, dass der ganze Druck, welcher diese zwei Körper zusammenpresst, sich wie ffk verhalten werde. Wenn die Kraft des Aethers nicht grösser wäre, als die der Luft, und man wollte den Druck durch das Gewicht einer Masse Wasser ausdrücken, so würde k ungefähr 32 Schuh betragen. Nehmen wir nun für den Aether k nur 100mal grösser an, so wird die zusammendrückende Kraft dem Gewicht einer Masse Wasser, so $3200ff$ cubische Schuh, gleich. Setzen wir also die Grösse der Berührung $ff = 1$ Quadratschuh und rechnen das Gewicht eines cubischen Schuhes Wasser auf 70 Pfund, so wird die zusammendrückende Kraft 224000 Pfund betragen, welche Festigkeit noch zehnmal grösser sein würde, wenn wir die Höhe k tausendmal grösser als 32 Schuh angenommen hätten.

129. *Wenn aber bei Zusammenfügung der obigen zwei Körper ihre Flächen einander nicht in allen Punkten berühren, sondern zwischen denselben Räumchen übrig bleiben, welche mit der subtilen Materie des Aethers angefüllt sind, so muss die Festigkeit nur aus den Theilchen, welche einander wirklich berühren, geschätzt werden.*

Wo sich zwischen den zwei Körpern eine Höhlung befindet, darin noch Aether enthalten ist, da sucht sich derselbe vermöge seiner Federkraft auszubreiten und drückt daselbst ebenso stark auf die beiden Körper, als wenn sie von dem offenen Aether berührt würden, wodurch die zusammendrückende Kraft um ebenso viel vermindert wird. Um dieses deutlicher zu zeigen, so sollen die zwei Körper (Fig. 16) $ABCD$ und $ABEF$ nach der Fläche $AB = ff$ dergestalt zusammengefügt sein, dass zwischen denselben die Höhlungen ab, cd, ef noch mit der subtilen Materie des Aethers angefüllt bleiben, deren sämmtliche Weite durch gg angedeutet werde. Wir wollen diese beiden Körper als walzenförmig ansehen, so dass die äusseren Flächen derselben CD und EF auch der ff gleich sind, und k soll die Höhe ausdrücken, wodurch der Druck der subtilen Materie bestimmt wird. Also wird der Körper $ABCD$ von dem auf die Fläche CD drückenden Aether gegen den andern Körper gedrängt von der Kraft $= ffk$; hingegen aber wird derselbe von dem in den Höhlungen ab, cd, ef befindlichen Aether zurückgedrängt durch die Kraft $= ggk$. Daher ist die Kraft, von welcher der Körper $ABCD$ an den andern $ABEF$ angedrückt wird, nur $= ffk - ggk = (ff - gg)k$ oder diese zwei Körper werden nur so stark aneinander gedrückt, als wenn die Fläche ihrer Berührung nicht ff, sondern nur $ff - gg$ wäre. Man muss also die Weite aller zwischen den beiden Körpern befindlichen Höhlungen von der ganzen Fläche ff, nach welcher dieselben aneinander gefügt sind, abziehen und die Festigkeit nur aus dem Ueberrest beurtheilen. Dieser Ueberrest ist aber in der That die wahre Grösse der Berührung, indem die Festigkeit nur in sofern aus dem Drucke des Aethers entspringt, als sich die groben Theilchen der Körper unmittelbar berühren, und daher muss die wahre Berührung sorgfältig von der scheinbaren, welche auch die Berührung der subtilen Materie in sich begreift, unterschieden werden. Die scheinbare Berührung kann demnach sehr

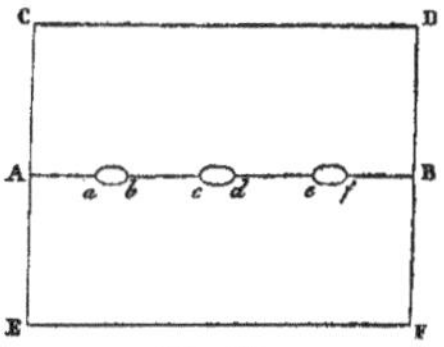

Fig. 16.

gross sein und doch sehr wenig grobe Theilchen einander berühren, woraus ein geringer Grad der Festigkeit entsteht. Es kann auch geschehen, dass gar keine grobe Theilchen einander berühren, sondern die ganze scheinbare Berührung nur in der subtilen Materie geschieht, in welchem Falle die Körper gar nicht zusammengedrückt werden und also von der geringsten Kraft wiederum von einander getrennt werden können.

130. *Ein Körper ist also um so viel fester, je mehr grobe Theilchen in demselben einander unmittelbar berühren. Nachdem nun diese Berührung durch den ganzen Körper nach allen Gegenden beschaffen ist, so lässt sich daraus begreifen, wie einige Körper hart, andere weich und biegsam oder brüchig sein können.*

Es wird in der Welt kein Körper gefunden, welcher aus der groben Materie allein bestünde. Die häufigen Poren und Höhlungen, so in allen Körpern wahrgenommen werden, zeigen zur Genüge, dass die subtile Materie einen ziemlichen Theil des Raumes, welchen ein jeder Körper einnimmt, anfülle. Daher ist ein jeglicher Körper nicht anders anzusehn, als eine Vermischung aus der groben und subtilen Materie, und da diese zwei Materien nach der Menge, Grösse und Ordnung der Theilchen beider Art auf unendlich vielerlei Art vermischt werden können, so lässt sich daher leicht begreifen, wie aus diesen zwei Materien allein alle verschiedene Arten der Körper ihren Ursprung haben können und wie es sogar gegen alle Wahrscheinlichkeit laufe, dass auch nur zwei Körper einander in allen Stücken gleich und ähnlich sein sollten. Hier ist nun erstlich zu merken, dass, wo grobe Theilchen durch subtile Materie von einander abgesondert sind, dieselben im Geringsten nicht zusammenhängen; wo aber grobe Theilchen einander unmittelbar berühren, dieselben von der Federkraft um so viel stärker aneinander gedrückt werden, je grösser die Berührung ist. Weil nun hierin eine unendliche Verschiedenheit Statt findet, so ist hieraus leicht der Grund zu ersehen, wie einige Körper mehr oder weniger hart, weich, biegsam oder brüchig sein können. Der härteste und festeste Körper, so in der Welt möglich, ist nämlich immer ein solcher, welcher blos allein aus grober Materie besteht und ganz und gar keine Höhlungen, so mit subtiler Materie angefüllt sind, in sich schliesst. Doch kann die Festigkeit eines solchen Körpers allezeit durch eine Kraft, welche die Federkraft des Aethers zu überwinden vermögend ist, überwältigt werden, also, dass in der Welt keine Körper von einer unüberwindlichen Festigkeit und Härte möglich sind. Alle Körper aber, welche in der Welt wirklich vorhanden sind, müssen einen noch weit geringern Grad der Festigkeit und Härte haben und daher lässt sich erklären, wie dieselben gebrochen, zerrissen, gebogen oder sonst in ihrer Figur verändert werden können. Denn was auch immer für eine Veränderung damit vorgeht, so müssen immer Theilchen, so einander vorher berührt haben, von einander abgesondert werden und aus der Kraft, von welcher sie vorher zusammengedrückt worden, kann man schliessen, eine wie grosse Kraft zu ihrer Absonderung erfordert werde.

131. *Hieraus folget demnach, dass, je fester ein Körper ist, in demselben um so viel mehr grobe Theilchen einander unmittelbar berühren. In einem flüssigen Körper aber kann keine solche Berührung Statt finden, sondern alle grobe Theilchen müssen von einander entfernt und durch die subtile Materie des Aethers abgesondert sein.*

Weil ein Körper alsdann fest ist, wenn seine Theilchen so stark zusammenhängen, dass dieselben nicht anders als durch eine hinlängliche Kraft von einander gerissen werden können, dieses Zusammenhängen aber durch den Druck des Aethers verursacht wird, wenn grobe Theilchen einander unmittelbar berühren, so können wir auch zurück schliessen, dass in einem sehr festen Körper viel grobe Theilchen einander unmittelbar berühren. Denn wenn sich zwischen denselben nur die geringste subtile Materie befände, so würde ein jedes Theilchen von allen Seiten gleich stark gedrückt und also nirgend zwei aneinander gepresst werden. Wo sich aber in einem Körper die Theilchen leicht von einander trennen lassen, da muss sich auch eine sehr geringe Berührung der groben Theilchen befinden und in einer flüssigen Materie eine solche Berührung gar nicht vorhanden sein. Eine flüssige Materie ist demnach dergestalt von dem Aether durchdrungen, dass die groben Theilchen nirgend zu einer unmittelbaren Berührung gelangen können. Wie dieses geschehen könne, so darf man sich nur vorstellen, dass ein jegliches Theilchen von grober Materie immer rundherum mit der subtilen Materie umgeben sei und jene Theilchen folglich niemals so nahe zusammen kommen können, dass nicht zwischen denselben etwas von der subtilen Materie bleiben sollte. Wenn alles in Ruhe wäre, so würde sich eine solche Vermischung schwerlich begreifen lassen; wenn wir uns aber die subtile Materie in einer solchen Bewegung vorstellen, dass sie beständig zwischen den groben Theilchen durchstreicht, so kann auf solche Art die unmittelbare Berührung gehindert werden. Im Folgenden wird gezeigt werden, dass die Wärme in einer Bewegung der subtilen Materie bestehe, und daraus lässt sich leicht erklären, wie feste Körper durch einen grossen Grad der Wärme in flüssige und hinwiederum das Wasser, wenn die Wärme auf einen gewissen Grad abgenommen, in Eis verwandelt werde. Man sieht zum wenigsten schon so viel voraus, dass sich eine Menge natürlicher Begebenheiten aus den bisher festgesetzten Grundsätzen ohne Schwierigkeit erklären lasse.

132. *Hier finden wir auch den Grund, warum zwei Marmorsteine, wenn sie glatt polirt und aufeinander gedrückt werden, so stark zusammenhängen, dass sie nicht anders als von einer sehr grossen Kraft wiederum von einander gerissen werden können; und überhaupt ist hieraus die Ursache des Zusammenhangs der Körper, wenn sie einander berühren, offenbar.*

Dass zwei glatt polirte Marmorplatten nicht blos von der Luft zusammengedrückt werden, erhellet daraus, dass dieselben auch in einem luftleeren Raume fest aneinander hängen bleiben, welche Wirkung also dem Drucke des Aethers zugeschrieben werden muss. Hiezu wird denn noch erfordert, dass viele grobe Theile einander unmittelbar berühren, und zu diesem Ende müssen die Marmorplatten wohl polirt sein und einige Zeit auf einander geschliffen werden, damit alle subtile Materie zwischen denselben vertrieben werde. Deswegen pflegt man auch die Marmorplatten anzufeuchten oder mit Fett zu bestreichen, als wodurch dieser Endzweck um so viel leichter erreicht wird. Auf diese Art können auch andere Körper so zusammengefügt werden, dass sie ziemlich fest aneinander hängen; hiezu wird nämlich nichts anderes erfordert, als dass grobe Theile einander unmittelbar berühren. Hievon haben einige Naturlehrer Anlass genommen, den Körpern in der Berührung eine Anziehungskraft zuzuschreiben und dieselbe als eine wesentliche Eigenschaft anzusehen; sie haben sich auch bemüht, die Gesetze dieser Anziehungs- oder vielmehr Anhängungskraft zu bestimmen und behaupten, dass diese Kraft unter gleichen Umständen um so viel grösser sei, je dichter die Körper sind. Die Sache selbst hat also ihre völlige Richtigkeit, ungeachtet die Meinung von einer darin sich äussernden besonderen Eigenschaft der Körper wegfällt; denn wo zwei Körper so zusammengefügt werden können, dass grobe Theilchen einander unmittelbar berühren, da erfolgt wegen des Druckes des Aethers nothwendig ein Zusammenhängen. Man begreift auch, dass dazu die Dichtigkeit etwas beitragen könne, weil unter gleichen Umständen bei dichten Körpern mehr grobe Theile einander berühren können. Die Hauptsache beruht aber auf der Menge und Grösse der groben Theilchen, welche einander unmittelbar berühren. Weil nun diese Kraft nur in der unmittelbaren Berührung Platz findet, so kann man dieselbe nicht als eine anziehende Gewalt ansehen, welche dergestalt von der Entfernung abhängt, dass, so lange die Körper noch von einander entfernt sind, dieselbe unmerklich sei, bei der wirklichen Berührung aber erst plötzlich beträchtlich werde.

CAPITEL 18

VON DER ZUSAMMENDRÜCKUNG UND FEDERKRAFT DER KÖRPER

133. *Es können sich in einem Körper zweierlei Poren oder Höhlungen befinden, je nachdem dieselben mit dem äussern Raume eine freie Gemeinschaft haben oder nicht. Im letztern Falle ist die darin enthaltene subtile Materie so eingeschlossen, dass sie sich mit der äussern nicht vermischen kann und diese auch keinen Durchgang findet, um da hinein zu dringen.*

Alle Körper in der Welt sind aus der groben und subtilen Materie zusammengesetzt, wovon die erstere die eigenthümliche Materie genannt wird, weil die andere wegen ihrer fast unendlich geringen Dichtigkeit nichts zu Vermehrung ihrer Masse beiträgt. Da sich nun die Vermischung dieser beiden Materien auf die kleinsten Theilchen erstreckt, so werden die Theilchen des Raumes, in welchen sich keine grobe Materie befindet, die *Poren* des Körpers genannt und deren giebt es verschiedene Arten in Ansehung der Grösse, weil auch die kleinsten Theilchen noch immerfort mit Poren angefüllt sind. Die grössern von diesen Poren sind zwar nicht nur mit der subtilen Materie angefüllt, sondern enthalten auch Luft und folglich etwas von der groben Materie, allein diese pflegt gleichfalls nicht mit zur eigenthümlichen Materie gezählt zu werden, und in der gegenwärtigen Absicht gilt es gleichviel, ob sich darin blos subtile Materie oder auch Luft befindet. Der vornehmste Unterschied aber, welcher unter den Poren eines jeglichen Körpers betrachtet werden muss, besteht darin, dass sich von einigen ein offener Weg bis zu dem äussern Aether befindet, andere aber dergestalt rund herum von der groben Materie umgeben sind, dass die darin enthaltene subtile Materie nirgend entweichen kann. Um diesen Unterschied zu bemerken, wollen wir die ersteren *offne Poren*, die letztern aber *verschlossne Poren* nennen. Die erstern kann man also als offne Gänge, welche durch den ganzen Körper nach mancherlei Krümmungen durchgehen, ansehen, dergestalt, dass die äussere subtile Materie dieselben frei durchdringen und durchstreichen kann. Hingegen steht die in den verschlossenen Poren befindliche subtile Materie mit der äussern in keiner Gemeinschaft, also dass, wenn dieselbe mehr oder weniger zusammengedrückt wird, das Gleichgewicht derselben mit der äussern nicht wieder hergestellt werden kann. Wir sehen hier zum wenigsten die Möglichkeit von solchen verschlossenen Poren, ob es gleich noch nicht ausgemacht ist, dass sich dergleichen wirklich in den Körpern befinden.

134. *Wenn ein Körper entweder in einen kleinern Raum zusammengedrückt oder in einen grössern ausgebreitet oder sonst seine Figur verändert wird, so muss daher nothwendig in seinen Poren eine Aenderung entstehen, indem einige erweitert, andere aber zusammengedrückt werden.*

Wenn die Figur eines Körpers verändert wird, so müssen die Theilchen, aus welchen der Körper besteht, eine andere Lage und Ordnung unter sich erhalten; und da die groben Theilchen, wegen ihrer Festigkeit, einer solchen Veränderung nicht fähig sind, so muss dieselbe in den Poren vorgehen. Um dieses deutlicher darzuthun, so wollen wir erstlich setzen, ein Körper werde in einen kleinern Raum zusammengepresst. Weil sich nun die grobe Materie für sich nicht zusammenpressen lässt, so kann dieses nicht anders geschehen, als wenn die Poren kleiner gemacht werden. In diesem Falle muss demnach die scheinbare Dichtigkeit des Körpers wachsen, weil die ganze Materie, woraus der Körper besteht, oder zum wenigsten die grobe, da die subtile in Ansehung derselben für nichts zu achten, in einen kleinern Raum gebracht worden. Es sei a^3 der Theil des vom Körper eingenommenen Raumes, welcher mit grober Materie angefüllt ist, e^3 aber der übrige Theil, so nur subtile Materie in sich enthält, oder die Summe von allen Poren zusammen genommen, so wird a^3+e^3 die Grösse des Körpers, a^3 seine Masse und $\frac{a^3}{a^3+e^3}$ seine Dichtigkeit ausdrücken. Nun aber kann a^3 nicht verändert werden, daher, wenn der

Körper in einen kleinern Raum gebracht wird, so wird nur e^3 verringert oder die Summe von allen Poren wird kleiner. Hingegen aber, wenn der Körper in einen grössern Raum ausgebreitet wird, so muss auch nur der Werth von e^3 vergrössert werden, in welchem Falle die Dichtigkeit des Körpers vermindert wird. Es kann aber auch eine Veränderung im Körper vorgehn, ohne dass e^3 grösser oder kleiner wird, welches geschieht, wenn einige Poren erweitert, andere aber um ebenso viel verkleinert werden, so dass die ganze Summe derselben einerlei bleibt. Bei einer solchen Veränderung behält der ganze Körper eben dieselbe Dichtigkeit, weil $\frac{a^3}{a^3+e^3}$ einerlei bleibt, doch aber werden diejenigen Theile, wo die Poren erweitert worden, dünner, die andern aber, wo die Poren enger worden, dicker werden. Dieser Unterschied kann bisweilen merklich werden; wenn aber die groben Theilchen mit den Poren dergestalt innigst vermischt sind, dass auch in den kleinsten Teilchen die Erweiterung und Zusammenziehung der Poren einander gleich bleibt, so lässt sich in der Dichtigkeit der Theile kein Unterschied bemerken, ungeachtet die Figur verändert worden.

135. *Wenn nach geschehener Veränderung der Figur eines Körpers die verschlossenen Poren weder grösser noch kleiner werden, so behält der Körper diese veränderte Figur. Wenn aber die verschlossenen Poren weiter oder enger werden, so wird sich in dem Körper eine Kraft äussern, sich wieder in seine vorige Figur herzustellen.*

Hier finden wir also den Grund des Unterschiedes zwischen den elastischen und unelastischen Körpern. Derselbe beruht nämlich auf den verschlossenen Poren, insofern dieselben, nachdem die Figur des Körpers verändert worden, entweder erweitert oder vermindert werden oder ihre Grösse unverändert beibehalten. Denn wenn diese Poren enger werden, so wird die darin befindliche subtile Materie mehr zusammengedrückt und äussert also eine grössere Kraft sich auszudehnen. Da nun dieselbe vor der Veränderung mit der Federkraft des äussern Aethers im Gleichgewicht gestanden, so ist jetzt das Gleichgewicht gehoben, und daher entsteht in dem Körper eine Kraft, um das Gleichgewicht wieder herzustellen; welches geschieht, wenn der Körper seine vorige Figur wieder annimmt. Die Poren können zwar auch wieder erweitert werden, wenn der Körper eine von der ersten verschiedene Figur annimmt, allein da derselbe in der veränderten Figur nicht verharret, sondern eine andere anzunehmen bemüht ist, so wird ihm auch in diesem Falle eine elastische Kraft zugeeignet. So oft nämlich ein Körper eine Kraft äussert, die Figur, in welcher er sich wirklich befindet, zu verändern, so wird dieselbe seine Federkraft genannt, welche also darin besteht, dass die subtile Materie in den verschlossenen Poren mit einer grössern oder kleinern Federkraft begabt ist, als die äussere. Woraus erhellet, dass ein Körper auch alsdann eine Federkraft ausüben müsse, wenn nach geschehener Veränderung seiner Figur die verschlossenen Poren erweitert werden. Wenn aber diese Poren immer einerlei Grösse beibehalten und also die darin befindliche subtile Materie keine Veränderung in ihrer Federkraft leidet, so kann auch der Körper keine Kraft ausüben, um eine andere Figur anzunehmen, was für eine Veränderung auch immer in seiner Figur vorgehen mag, und solche Körper werden unelastisch genannt. Zu dieser Art gehören also vorzüglicherweise diejenigen, in welchen gar keine verschlossene Poren befindlich sind. Denn da die subtile Materie in den offenen Poren mit der äussern eine freie Gemeinschaft behält, so wird das Gleichgewicht niemals gehoben, wie gross auch immer die in der Figur vorgegangene Veränderung sein mag. Hieher ist zweifelsohne weiches Wachs, Leim und vielleicht auch Blei zu zählen, weil diese Materien alle mögliche Figuren, so ihnen eingedrückt werden, unverrückt behalten.

136. *Eine kleine Veränderung, welche in den verschlossenen Poren vorgeht, kann hinreichend sein, eine so grosse elastische Kraft in dem Körper hervorzubringen. Ueber dieses kann aber die Menge, Grösse und Figur der verschlossenen Poren sehr viel zur Vermehrung der elastischen Kraft beitragen.*

In der Lehre vom Gleichgewicht wird gezeigt, wie eine kleine Kraft mit einer grossen im Gleichgewichte stehen könne, und daher lässt sich begreifen, wie es möglich sei, dass eine kleine Veränderung in den verschlossenen Poren eine starke elastische Kraft hervorbringe. Wir haben aber auch gezeigt, dass der offene Aether sehr stark zusammengedrückt sei und eine Federkraft habe, welche zum wenigsten eine hundertmal grössere ist als die Federkraft der Luft, welche doch durch eine Höhe Wasser von 32 Schuh ausgedrückt wird. Wenn wir nun annehmen, dass die Federkraft des Aethers nach dem Verhältnisse seiner Dichtigkeit wachse, so müsste die Federkraft der subtilen Materie, welche in einem zweimal kleinern Raume zusammengepresst worden, noch zweimal grösser sein. Wir haben aber Ursache zu glauben, dass in diesem Falle die Federkraft noch weit stärker sein müsse oder dass dieselbe schon zweimal so gross werde, wenn die verschlossenen Poren noch viel weniger als auf die Hälfte des Raumes, so sie natürlicher Weise einnehmen, zusammengedrückt werden. Da nun der Ueberschuss der Federkraft der in den verschlossenen Poren befindlichen subtilen Materie leicht 100 und mehr mal grösser werden kann, als die Federkraft der Luft, wodurch doch so grosse Wirkungen hervorgebracht werden können, so ist leicht zu erachten, dass auch die grösste Federkraft, welche irgend in einem Körper angetroffen wird, gar füglich aus diesem Grunde erklärt werden könne und dass man eben nicht nöthig habe, eine sehr beträchtliche Veränderung in den verschlossenen Poren zu behaupten. Hernach können diese Poren auch sehr klein sein und die Kraft durch die Menge derselben ersetzt werden, wie es denn auch höchst wahrscheinlich ist, dass die verschlossenen Poren unbegreiflich klein sein müssen. Endlich kann auch die Figur derselben nicht wenig zur Vermehrung der elastischen Kraft beitragen, weil dieselbe von der Grösse der Fläche abhängt, nach welcher die subtile Materie auf die grobe wirkt. Je mehr also die Figur der Poren von der kugelrunden abweicht, weil alsdann bei einerlei Grösse der Umfang viel grösser wird, so muss auch die Federkraft um so viel mehr vermehrt werden.

137. *Diese Erklärung der elastischen Kraft durch die in den verschlossenen Poren befindliche subtile Materie ist der Natur der elastischen Körper vollkommen gemäss und wird durch die Art, nach welcher verschiedenen Körpern eine elastische Kraft beigebracht wird, noch mehr bestätigt.*

Die meisten elastischen Körper verlieren durch die Hitze ihre elastische Kraft. Es wird aber durch die Hitze die in den Poren der Körper befindliche subtile Materie in Bewegung gesetzt, wodurch ferner die kleinsten Theilchen der Körper von einander getrennt und also Zugänge zu den vorher verschlossenen Poren eröffnet werden. Wenn demnach in einem Körper vor der Erhitzung viel verschlossene Poren befindlich gewesen, welche die elastische Kraft desselben verursacht haben, so muss diese Kraft durch die Erhitzung wiederum verschwinden. Wenn hingegen ein erhitzter Körper, als Stahl, Eisen, Glas, plötzlich abgekühlt wird und dadurch die groben Theilchen zur Berührung gelangen, so kann die zwischen denselben befindliche subtile Materie leicht dergestalt eingeschlossen werden, dass alle Zugänge zu derselben verschlossen werden, aus welchen folglich eine elastische Kraft entstehen muss. Wird aber der erhitzte Körper nur nach und nach abgekühlt, so kann die subtile Materie durch ihre Bewegung in den Poren die Gemeinschaft um so viel leichter erhalten und also die Entstehung der verschlossenen Poren meistentheils verhindern. Wenn wir auch ferner in Erwägung ziehen, dass die meisten Metalle durch das Hämmern eine elastische Kraft erlangen, so erhalten wir daher noch eine stärkere Bestätigung unserer Erklärung. Denn da durch das Hämmern die groben Theilchen des Metalls näher zusammengetrieben werden, so ist kein Zweifel, dass dadurch nicht viele Poren, welche vorher offen gewesen, verschlossen und die Gemeinschaft derselben sowohl unter sich als mit dem äussern Aether aufgehoben werden sollte. Durch das Hämmern werden also Poren zugeschlossen, welche vorher offen gewesen, und auf diese Art muss der Körper eine elastische Kraft erhalten. Wenn aber das Hämmern zu lange fortgesetzt wird, so können die Theilchen nicht weiter nachgeben, woraus eine völlige Absonderung derselben oder ein Bruch entsteht, wie die Erfahrung lehrt. Dieses kann aber verhütet werden, wenn man das Metall öfter erhitzt und durch die daher entstehende Bewegung der subtilen Materie die geschlossenen Poren wieder eröffnet.

138. *Die elastische Kraft der Luft, welche uns die Versuche zu erkennen geben, ist nur der Ueberschuss der wahren elastischen Kraft derselben über die elastische Kraft des Aethers. Und also erhalten wir die ganze elastische Kraft der Luft, wenn wir zu derjenigen, welche die Versuche anzeigen, noch die elastische Kraft des offnen Aethers addiren.*

Lasst uns eine Masse Luft vorstellen, welche rings herum mit Aether umgeben; dieselbe wird also von allen Seiten durch die elastische Kraft des Aethers gedrückt, und wenn die Luft keine grössere Kraft hätte, sich auszudehnen, so würde sie entweder in ihrem Zustande verbleiben oder gar in einen engern Raum zusammengedrückt werden. Da nun die Luft mit grosser Macht in einen luftleeren Raum hineindringt, ein solcher Raum aber mit Aether angefüllt ist, so muss die elastische Kraft der Luft grösser sein als die des Aethers, und die Kraft, mit welcher die Luft in den luftleeren Raum hineindringt, entspringt nur aus dem Ueberschuss jener Kräfte. Die Versuche zeigen uns also nur, um wie viel die elastische Kraft der Luft stärker ist als die des Aethers; daher wir die wahre oder ganze elastische Kraft der Luft von der scheinbaren, welche uns die Versuche anzeigen, wohl unterscheiden mögen. Weil nun die elastische Kraft einer flüssigen Materie aus dem Druck, der Druck aber am füglichsten durch eine Höhe bestimmt wird, so lasst uns die elastische Kraft des Aethers durch die Höhe h, die scheinbare elastische Kraft der Luft durch die Höhe q andeuten; so wird die wahre und ganze elastische Kraft der Luft durch die Höhe $h+q$ ausgedrückt werden; eine solche Kraft würde nämlich die Luft gegen einen völlig leeren Raum, worin auch kein Aether befindlich wäre, ausüben. Es ist aber hier zu merken, dass die Höhe h ungleich viel grösser sein müsse als die Höhe q, weil, um die Härte der Körper hervorzubringen, eine weit grössere Kraft als die scheinbare elastische Kraft der ordentlichen Luft erfordert wird, und es ist wahrscheinlich, dass h zum wenigsten einige 100mal grösser sei als q. Folglich ist die wahre elastische Kraft der Luft nur um einen sehr geringen Theil grösser als die elastische Kraft des Aethers.

139. *Die Luft enthält sehr wenig grobe Materie und auch sehr wenig verschlossene Poren, durch deren Zusammendrückung die elastische Kraft der Luft vermehrt wird. Die meiste subtile Materie also, aus welcher die Luft nebst der groben besteht, befindet sich in offnen Poren und wird folglich nicht mit der Luft zusammengedrückt.*

Die Luft ist nur in sofern schwer, als sie aus grober Materie besteht; da nun dieselbe gegen 20000mal leichter ist als Gold, das Gold aber noch viel Poren enthält, so ist klar, dass die grobe Materie, so in der Luft befindlich ist, weniger als den 20000sten Theil des Raumes ausfüllt, woraus zugleich erhellet, dass die zwischen den groben Theilchen verschlossenen Poren einen sehr kleinen Theil des Raumes einnehmen müssen. Dieses ist von der gewöhnlichen Luft, welche uns umgiebt, zu verstehn. Weil sich nun diese noch gar weit ausdehnen kann, ehe sie alle scheinbare elastische Kraft verliert oder mit dem Aether im Gleichgewicht steht, so wollen wir einen cubischen Schuh von solcher Luft, deren elastische Kraft der des Aethers gleich ist, betrachten, und dieser ganze Raum wird um so viel mehr fast mit lauter subtiler Materie angefüllt sein. Wenn sich nun alle subtile Materie in verschlossenen Poren befände und mit der Luft gleich stark zusammengedrückt würde, so müsste die elastische Kraft der gewöhnlichen Luft, als welche zum wenigsten 100mal dichter ist als die natürliche, auch zum wenigsten 100mal grösser sein als die des Aethers, da doch dieselbe diese nur um einen sehr geringen Theil übertrifft. Es muss also sehr wenig subtile Materie in verschlossenen Poren vorhanden und bei Verdickung der Luft nicht sehr stark zusammengedrückt werden. Wir wollen setzen, dass im obigen cubischen Schuh $\frac{1}{n}$ Theil in verschlossenen Poren befindlich sei, welche, wenn dieselbe natürliche Luft in einen m mal kleinern Raum zusammengedrückt wird, nur in einen i mal kleinern Raum zusammengepresst werden. Da nun die elastische Kraft des Aethers durch die Höhe h bestimmt wird, so wird die elastische Kraft dieser in einen m mal kleinern Raum zusammengedrückten Luft durch die Höhe $h + \frac{m(i-1)h}{in}$ ausgedrückt, wo zu merken, dass i vielmal kleiner ist als m, denn nach einigen Versuchen möchte wohl sein $i = \sqrt[3]{m}$. Nehmen wir nun an, dass die gewöhnliche Luft 125mal dichter sei als die natürliche, oder $m = 125$, so wird $i = 5$ und die ganze elastische Kraft derselben $= h + \frac{100}{n} h$, welche also dem $h + q$ gleich sein muss. Wir haben aber bemerkt, dass q etliche hundertmal kleiner ist als h, daher n zum wenigsten 20000 sein müsste. Hätten wir $m = 1000$, $i = 10$ und $q = \frac{1}{1000} h$ gesetzt, welches der Wahrheit vielleicht näher käme, so würde $\frac{1}{1000} = \frac{900}{n}$ und $n = 900000$. Woraus erhellet, dass die verschlossenen Poren in der Luft einen fast unbegreiflich kleinen Theil der ganzen Ausdehnung betragen und bei Zusammendrückung der Luft nur eine mässige Zusammendrückung leiden. Diese würde aber noch weit geringer werden, wenn die elastische Kraft des Aethers in einem grössern Verhältnisse wüchse als die Dichtigkeit.

CAPITEL 19

VON DER SCHWERE UND DEN KRÄFTEN SO AUF DIE HIMMLISCHEN KÖRPER WIRKEN

140. *Die Schwere entsteht aus dem ungleichen Druck des Aethers, welcher in einer grössern Entfernung von der Erde immer grösser wird; daher die Körper stärker gegen die Erde als von derselben weggetrieben werden, und dem Ueberschusse dieser drückenden Kräfte ist das Gewicht des Körpers gleich.*

Diejenigen, welche die Schwere einer anziehenden Kraft der Erde zueignen, gründen ihre Meinung hauptsächlich darauf, weil sonst keine Ursache dieser Kraft angezeigt werden könnte. Da wir aber gewiesen, dass alle Körper rings herum mit Aether umgeben sind und von desselben elastischer Kraft gedrückt werden, so haben wir nicht nöthig, die Ursache der Schwere anderwärts zu suchen. Allein wenn der Druck des Aethers allenthalben gleich gross wäre, welcher Umstand zu dem Gleichgewicht desselben unumgänglich erfordert wird, so würden die Körper von allen Seiten gleich stark gedrückt und also zu keiner Bewegung angetrieben werden. Wenn wir aber annehmen, dass der Aether um die Erde herum sich nicht im Gleichgewichte befinde, sondern der Druck desselben um so viel kleiner werde, je näher man zur Erde kommt, so muss ein jeder Körper auf seiner obern Fläche einen stärkern Druck abwärts als auf der untern Fläche aufwärts erhalten; folglich wird der Druck abwärts die Oberhand behalten und davon der Körper wirklich hinabgestossen werden, welche Wirkung die *Schwere*, und die abwärts stossende Kraft selbst das *Gewicht* des Körpers genannt wird. Wir haben schon bemerkt, dass durch den Stoss der subtilen Materie kein grober Körper merklich angetrieben werden könne, weil die himmlischen Körper bei ihrer schnellen Bewegung durch den Aether keinen merklichen Widerstand empfinden; daher die Ursache der Schwere blos allein in dem Drucke des Aethers gesucht werden muss. Wenn aber der Druck des Aethers in kleinern Entfernungen von der Erde abnimmt, so kann sich derselbe nicht im Gleichgewichte oder Ruhe befinden; alle seine Theilchen müssen eben so stark als grobe Körper abwärts gedrückt werden und in denselben also eine solche Bewegung entstehen, so diesen Kräften gemäss ist. Hieraus folgt hinwiederum, dass, wenn der Aether um die Erde herum sich in Bewegung befindet und diese Bewegung um so viel grösser ist, je näher derselbe der Erde ist, sein Druck alsdann in der Annäherung der Erde immer kleiner werden müsse. Wenn wir also nur erklären könnten, warum der Aether in der Nachbarschaft der Erde nicht in seinem Gleichgewichte verbleibt, sondern in Bewegung gesetzt wird, so hätten wir die wahre Ursache der Schwere entdeckt.

141. *Die Schwere wirkt nicht anders auf die Körper, als in so fern dieselben aus grober Materie bestehen; und das Gewicht eines Körpers ist um so viel grösser, je grösser der Raum ist, welcher mit grober Materie angefüllt ist, das ist: das Gewicht der Körper verhält sich wie ihre wahre Grösse.*

Die subtile Materie, welche sich in den offnen Poren der Körper befindet, steht mit dem äussern Aether in freier Gemeinschaft und hat keinen Antheil an der Bewegung des Körpers, daher sie auch von der eigenthümlichen Materie desselben unterschieden wird. Diejenige aber, welche in den verschlossenen Poren befindlich ist, bewegt sich wohl mit dem Körper; ihre Menge ist aber, wie wir bei der Luft gesehn, so gering, dass sie gleichsam für nichts zu achten. Man hat also nur auf die groben Theilchen zu sehn, auf welche der Aether mit seinem Drucke wirkt, und da ein jegliches derselben abwärts gestossen wird, so besteht das Gewicht des Körpers aus der Summe aller Kräfte, welche auf die groben Theilchen wirken. Es ist aber aus der Natur des Druckes flüssiger Materien bekannt, dass die daher auf einen Körper entspringende Kraft sich wie die Grösse desselben verhalte und die Figur nichts zur Vermehrung oder Verminderung der Kraft beitrage. Daher wird ein jeglicher Körper von dem Aether eben so stark hinabgestossen werden, als wenn nur seine grobe Materie allein in einen Klumpen zusammengepresst wäre, dessen Ausdehnung wir oben die wahre Grösse des Körpers genannt haben, um dieselbe von der scheinbaren Grösse, welche die Poren zugleich mit in sich begreift, zu unterscheiden. Wenn wir also die wahre Grösse eines Körpers oder den Raum, welcher nur von der groben Materie desselben angefüllt wird, durch c^3 ausdrücken, so wird dieser Körper von dem Drucke des Aethers eben so stark hinabgestossen, als ein aus grober Materie bestehender Würfel, dessen Seite $= c$ ist, oder als eine jegliche andere Figur, deren körperlicher Inhalt auch $= c^3$ ist. Wenn wir nämlich eine Säule annehmen, deren Grundfläche $= aa$ und Höhe $= b$, so dass $aab = c^3$, so wird auch diese Säule mit jenem Körper einerlei Gewicht haben. Dieses folgt, wie gemeldet, aus der Lehre des Druckes flüssiger Materien, wo gezeigt wird, dass die sämmtliche

Kraft derselben auf einen Körper sich wie die Grösse verhalte. Weil nun das Gewicht von dem Drucke des Aethers herrührt, so muss sich dasselbe ebenfalls wie die wahre Grösse eines jeglichen Körpers verhalten, und ein Körper, welcher nach der Menge seiner groben Materie zweimal so gross ist, muss auch ein zweimal so grosses Gewicht haben.

142. *Weil die Erfahrung lehrt, dass das Gewicht eines Körpers, je weiter derselbe von dem Mittelpunkt der Erde entfernt wird, nach dem Quadrat seiner Entfernung vermindert werde, so muss, um dieses zu erklären, der Druck des Aethers gegen den Mittelpunkt der Erde dergestalt abnehmen, dass die Verminderung sich umgekehrt wie die Entfernung davon verhalte.*

Es sei die wahre Grösse eines Körpers $= c^3$, welche wir uns als eine Säule $aabb$ (Fig. 17) vorstellen wollen, deren Grundflächen $aa = bb = a^2$ und

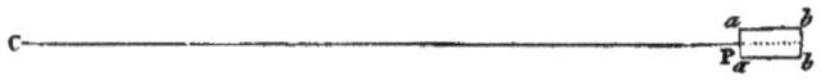

Fig. 17.

Länge $ab = b$, so dass $a^2b = c^3$. Dieser Körper befinde sich seiner Länge nach gegen den Mittelpunkt der Erde C gerichtet, in der Entfernung $CP = x$, denn wir sehen die Grösse des Körpers gegen diese Weite als nichts an. Wenn nun das Gewicht dieses Körpers auf der Oberfläche der Erde, deren halben Durchmesser wir durch r andeuten wollen, gesetzt wird $= P$, so wird die Kraft, welche eben diesen Körper, wenn er sich in der Entfernung $CP = x$ befindet, zur Erde treibt, nach der Erfahrung sein $= \frac{rr}{xx} P$. Um nun diese Kraft herauszubringen, so lasst uns den Druck des Aethers, wenn er sich in Ruhe befindet, durch die Höhe h ausdrücken, und weil in P sein Gleichgewicht gehoben und sein Druck kleiner ist als h, so sei derselbe in der Entfernung $CP = x$ um die Kraft $\frac{A}{x}$ kleiner und also $= h - \frac{A}{x}$, so dass sich die Verringerung umgekehrt wie die Entfernung $CP = x$ verhalte. Durch diesen Druck wird die Grundfläche aa von C weggestossen und die Kraft dieses Drucks wird sein $= aa\left(h - \frac{A}{x}\right)$. Die andere Grundfläche bb ist um b weiter von C entfernt und daher der Druck des Aethers daselbst $= h - \frac{A}{x+b}$; folglich wird der Körper gegen C gestossen durch die Kraft

$$= aa\left(h - \frac{A}{x+b}\right).$$

Da nun diese grösser als jene ist, so entsteht aus beiden eine Kraft, welche den Körper gegen C zustösst, deren Grösse sein wird

$$aa\left(h - \frac{A}{x+b}\right) - aa\left(h - \frac{A}{x}\right) = aa\left(\frac{A}{x} - \frac{A}{x+b}\right) = \frac{aabA}{x(x+b)} = \frac{Ac^3}{x(x+b)}.$$

Weil aber b gegen x verschwindet, so ist die nach C treibende Kraft $= \frac{Ac^3}{xx}$, folglich umgekehrt wie das Quadrat der Weite von C; befindet sich also der Körper auf der Oberfläche der Erde, wo $x = r$, so wird sein Gewicht $P = \frac{Ac^3}{rr}$, welches demnach mit der wahren Grösse des Körpers c^3 einerlei Verhältniss hat.

143. *Der Verlust, welchen die elastische Kraft des Aethers in der Nachbarschaft der Erde leidet, ist sehr gross, und deswegen muss auch die elastische Kraft des Aethers, welcher in Ruhe ist, gar ungemein viel grösser sein als diejenige, welche durch ihren Druck auf die irdischen Körper wirkt.*

Die Höhe h soll die elastische Kraft des Aethers, wo er im Gleichgewichte ist, ausdrücken, die Höhe $h - \frac{A}{x}$ diejenige, welche der Aether in der Entfernung vom Mittelpunkte der Erde $CP = x$ ausübt. Nun haben wir gesehen, dass die daher entstehende Kraft, welche einen Körper, dessen wahre Grösse $= c^3$, nach der Erde stösst, sei $= \frac{Ac^3}{xx}$, und wenn wir diesen Körper an der Oberfläche der Erde annehmen, so wird sein Gewicht sein $= \frac{Ac^3}{rr}$, wo r den Halbmesser der Erde anzeigt. Um die Grösse dieses Gewichts füglicher in Rechnung zu bringen, so wollen wir dasselbe durch eine gleich schwere Masse Wasser ausdrücken, damit hernach auch die Höhe, wodurch die elastische Kraft bestimmt wird, in Wasser ausgedrückt werde, eben wie die elastische Kraft der Luft einer Wasserhöhe von 32 Schuh gleichgeschätzt wird. Ein Körper aber, dessen wahre Grösse $= c^3$, ist schwerer als ein Würfel von Gold, dessen Seite $= c$, und also mehr denn 19mal schwerer als ein gleich grosser Würfel Wasser. Demnach wird das Gewicht unseres Körpers grösser sein als $19c^3$ und also A grösser als $19rr$. Lasst uns setzen $A = 40rr$, so wird die elastische Kraft des Aethers auf der Oberfläche der Erde $= h - 40r$. Folglich muss die Wasserhöhe h, welche den Druck des Aethers, so sich im Gleichgewichte befindet, anzeigt, weit grösser sein als der Halbmesser der Erde 40mal genommen, weil der Verlust derselben allein auf der Erde schon $40r$,

d. i. ungefähr 700 Millionen Schuh beträgt, wogegen die Wasserhöhe von 32 Schuh wie nichts zu rechnen. Die ungeheure Grösse dieses Drucks verursacht allerdings kein geringes Erstaunen, allein wenn die Schwere von dem Drucke einer subtilen Materie entsteht, so hat der Schluss seine völlige Richtigkeit. Wenn andere Begebenheiten in der Natur eine geringere Kraft erfordern, so folgt vielmehr, dass mehr als einerlei subtile Materie in der Welt angenommen werden muss, wie wir denn schon gesehn, dass die Luft von dem Aether unterschieden sei, ungeachtet sie in demselben schwebt und mit ähnlichen Eigenschaften begabt ist.

144. *Weil die Erfahrung ergiebt, dass alle schwere Körper in einem luftleeren Raume gleich geschwind fallen, so muss das Gewicht eines jeden Körpers mit seiner Masse in einerlei Verhältniss stehn. Da sich nun das Gewicht auch wie die wahre Grösse verhält, so folgt, dass, wo die wahre Grösse einerlei ist, daselbst auch gleich viel grobe Materie vorhanden sei.*

Es ist schon oben gezeigt worden, dass, wenn zweien Körpern eine gleiche Bewegung eingedrückt werden soll, die Kräfte sich wie ihre Massen verhalten müssen. Weil nun alle Körper, wenn kein äusserlicher Widerstand vorhanden gleich geschwind fallen, so muss die herabstossende Kraft oder die Schwere mit der Masse in einerlei Verhältniss stehn. Aus diesem Grunde fallen alle diejenigen Erklärungen der Schwere von selbst weg, welche von dem Stosse einer auf die Körper strömenden subtilen Materie hergeleitet werden, weil die Grösse dieses Stosses mehrentheils auf der Figur der Körper beruhte, da doch aus der Erfahrung bekannt ist, dass ein Körper, wie auch immer seine Figur verändert wird, dennoch einerlei Schwere behält. Wenn wir aber die Schwere von dem Drucke einer subtilen flüssigen Materie herleiten, so muss sich dieselbe wie die wahre Grösse, d. i. wie der Raum, den die eigenthümliche oder grobe Materie einnimmt, verhalten; woraus dann folgt, dass die Masse oder Menge der groben Materie mit dem Raume, den sie einnimmt, in einerlei Verhältniss stehn müsse. Und aus eben diesem Grunde ist schon oben festgesetzt worden, dass alle grobe Materie gleich dicht sei und ihre Dichtigkeit auf keinerlei Weise verändert werden könne. Dies Letztere erhellet zugleich daraus, dass das Gewicht eines Körpers, wie seine Figur auch immer verändert wird, allezeit gleich gross bleibt. Dieser Satz, worin die Natur der groben Materie festgesetzt worden, wird nun erst hier in sein völliges Licht gestellt und erhält seinen nöthigen Beweis, auf welchen wir uns schon oben berufen haben. Es ist auch von selbst klar, dass dieser Beweis dadurch nicht entkräftet werde, dass wir bisher den Satz selbst als wahr angenommen haben, weil Alles, was daraus hergeleitet worden, auf den gegenwärtigen Schluss keinen Einfluss hat. Wenn man überdies in Erwägung zieht, dass die subtile Materie, welche die Schwere hervorbringt, der Bewegung der Körper im Geringsten nicht widerstehe, so können auch keine andere Erklärungen, dergleichen bisher zum Vorschein gekommen, Platz finden.

145. *Eben wie die elastische Kraft des Aethers um die Erde herum vermindert wird, so wird dieselbe auch gleichergestalt um die Sonne und einen jeglichen andern himmlischen Körper herum vermindert, und verhält sich die Verminderung in Ansehung eines jeglichen himmlischen Körpers umgekehrt wie die Entfernung von dem Mittelpunkte desselben.*

Hierin besteht das von dem grossen Newton entdeckte allgemeine Gesetz, nach welchem die Bewegung aller himmlischen Körper bestimmt werden kann; es verhält sich nämlich die Bewegung eines jeden himmlischen Körpers eben so, als wenn derselbe beständig gegen alle andern von solchen Kräften getrieben würde, welche nach eben dem Verhältnisse abnehmen, als die Quadrate der Entfernungen wachsen. Weil sich nun diese Kräfte ebenfalls nach der Masse und folglich der wahren Grösse der Körper, auf welche sie wirken, richten, so müssen dieselben auch von der Ungleichheit des Druckes des Aethers hergeleitet werden; die elastische Kraft des Aethers muss nämlich gegen einen jeglichen himmlischen Körper eine Verminderung leiden, welche sich umgekehrt wie die Entfernung von demselben verhält. Wenn wir also, wie vorher, die elastische Kraft des Aethers, wo er sich vollkommen im Gleichgewichte befindet, durch die Höhe h ausdrücken, so wird an einem Orte, dessen Entfernung von dem Mittelpunkte gleich ist z, der Druck des Aethers durch die Höhe $h - \frac{A}{z}$ bestimmt werden, wo der Zähler des Bruches, A, eben wie für die Erde, einen gewissen beständigen Werth haben wird. Wenn sich nun an diesem Orte ein Körper befindet, dessen wahre Grösse $= c^3$, so wird derselbe gegen die Sonne getrieben werden von einer Kraft, welche ist $= \frac{Ac^3}{zz}$, d. i. dieselbe wird sich umgekehrt wie das Quadrat der Entfernung von der Sonne verhalten. Sehen wir ausser der Sonne noch auf einen andern himmlischen Körper, von dessen Mittelpunkt der obige Ort um die Weite $= y$ entfernt ist, so wird die elastische Kraft des Aethers auch daher eine Verminderung erleiden und die Höhe, wodurch dieselbe an diesem Ort bestimmt wird, sein $= h - \frac{A}{x} - \frac{B}{y}$. Nimmt man nun alle himmlischen Körper zusammen und zeigt die Entfernung eines Orts von denselben durch die Buchstaben z, y, x, v etc. an, so wird an diesem Orte die elastische Kraft des Aethers durch diese Höhe ausgedrückt werden

$$h - \frac{A}{z} - \frac{B}{y} - \frac{C}{x} - \frac{D}{v} - \text{etc.}$$

und die Wirkung dieses Drucks auf einen an diesem Orte befindlichen Körper wird eben so beschaffen sein, als wenn derselbe gegen alle himmlischen Körper gezogen würde von solchen Kräften, welche sich umgekehrt wie die Quadrate seiner Entfernungen von denselben verhalten. Wegen der Zahlen A, B, C, D etc. können wir noch anmerken, dass dieselben sich wie die Massen der himmlischen Körper, auf welche sie sich beziehen, verhalten.

146. *Alles kommt demnach darauf an, dass man die Ursache ergründe, warum die elastische Kraft von einem jeglichen himmlischen Körper vermindert werde, und warum diese Verminderung sich einestheils wie die Masse des himmlischen Körpers und anderntheils umgekehrt wie die Entfernung von demselben verhalte.*

Es sollen die Zeichen

☉, ☿, ♀, ♁, ♂, ♃, ♄, ☾

die Massen der durch diese Zeichen angedeuteten himmlischen Körper ausdrücken. Wenn wir nun einen Ort annehmen, dessen Entfernungen von diesen Körpern seien D☉, D☿, D♀, D♁ etc., so wird an diesem Orte die elastische Kraft des Aethers durch folgende Höhe bestimmt werden

$$h - \frac{m☉}{D☉} - \frac{m☿}{D☿} - \frac{m♀}{D♀} - \frac{m♁}{D♁} - \text{etc.},$$

wo m eine gewisse beständige Grösse andeutet, welche aus dem obigen für die Erde ausgeführten Fall bestimmt werden kann; es wird nämlich sein m♁ $= 40rr$ und also $m = \frac{40rr}{♁}$, wo r den Halbmesser der Erde anzeigt. Wenn wir also nur den Grund dieser in der elastischen Kraft des Aethers sich ereignenden Verminderung ausfindig machen könnten, so hätten wir eine vollständige Erklärung aller Kräfte, von welchen die himmlischen Körper getrieben werden. Ungeachtet wir aber hier stehn bleiben müssen und kaum hoffen können, jemals die wahre Ursache dieser Verminderung der elastischen Kraft des Aethers zu ergründen, so kann man sich doch damit leichter begnügen, als wenn man blosserdings vorgiebt, alle Körper seien von Natur mit einer Kraft begabt, einander anzuziehen. Denn da man sich von diesem Anziehn nicht einmal einen verständlichen Begriff machen kann, so kann man im Gegentheil zum wenigsten überhaupt einsehn, wie es möglich sei, dass die elastische Kraft einer flüssigen Materie vermindert werde, und man begreift auch, dass dieses auf eine den Gesetzen der Natur gemässe Art geschehen könne. Es beruht aber alles auf folgenden zwei Stücken: erstlich, warum der Druck des Aethers von einem darin befindlichen groben Körper vermindert werde? und zweitens, warum diese Verminderung um so viel grösser werde, je näher man dem Körper kommt? Der Grund hievon muss also augenscheinlich in der groben Materie, aus welcher der Körper besteht, gesucht werden und die grobe Materie muss in dem Aether eine Bewegung veranlassen, wodurch das Gleichgewicht gehoben wird. Wenn man erst so weit gekommen, so ist leicht zu zeigen, dass solchergestalt der Druck des Aethers vermindert werden müsse.

CAPITEL 20

VON DEN GESETZEN DES GLEICHGEWICHTS IN FLÜSSIGEN MATERIEN

147. *Eine flüssige Materie, deren Theilchen von keinen andern Kräften als dem Drucke der anliegenden Theilchen getrieben werden, so verschieden dieselbe in Ansehung der Dichtigkeit sein mag, kann nicht im Gleichgewichte oder in Ruhe sein, wenn nicht der Druck in allen Punkten derselben gleich gross ist.*

Wenn eine flüssige Materie in Ruhe sein soll, so müssen auch alle Theilchen derselben in Ruhe verbleiben und also die Kräfte, welche auf ein jegliches wirken, einander aufheben oder im Gleichgewichte erhalten. Da nun die Theilchen keine andere Kräfte ausstehen als den Druck der anliegenden, so muss dieser Druck von allen Seiten her gleich stark sein, welches geschieht, wenn die Höhe, wodurch der Druck bestimmt wird, allenthalben gleich gross ist. Hierin verursacht die verschiedene Dichtigkeit der flüssigen

Materie keine Aenderung, als in sofern die Dichtigkeit von der Grösse des Druckes abhängt. Wenn also die flüssige Materie so beschaffen ist, dass, wo der Druck gleich stark ist, daselbst auch die Dichtigkeit einerlei sein muss, wie in gleichartigen flüssigen Materien geschieht, welche sich zusammendrücken lassen, und das um so viel mehr, je grösser die drückenden Kräfte sind, so muss in diesem Falle auch die Dichtigkeit allenthalben gleich gross sein. Weil nun der Aether eine solche flüssige Materie ist, deren Theilchen von keinen fremden Kräften angetrieben werden, und die Dichtigkeit desselben blos allein durch den Druck oder die elastische Kraft bestimmt wird, so kann der Aether nicht anders im Gleichgewichte sein, als wenn seine elastische Kraft und folglich auch seine Dichtigkeit allenthalben gleich gross ist. Da wir also bei Erklärung der Schwere gesehn haben, dass die elastische Kraft des Aethers an verschiedenen Orten sehr verschieden sein müsse, so muss sich auch eine gleiche Verschiedenheit in seiner Dichtigkeit befinden und in seinen Theilen eine sehr starke innerliche Bewegung vorhanden sein. Wenn aber in diesem Falle, welchen wir hier setzen, verschiedene flüssige Materien unter einander vermengt wären, deren jede eine besondere Dichtigkeit hätte, welche von dem Drucke nicht abhinge, so würde doch zum Ruhestand und Gleichgewicht erfordert, dass die Grösse des Drucks allenthalben gleich wäre, wenn gleich die Dichtigkeit sehr verschieden sein sollte. Wird aber solche Materie eine Schwere haben, so müssen wir dieselbe besonders betrachten.

148. *Eine flüssige Materie, welche schwer ist, kann sich nicht anders im Gleichgewichte befinden, als wenn in gleichen Höhen sowohl der Druck als die Dichtigkeit gleich gross ist. In verschiedenen Höhen aber wird der Druck verschieden sein und aufwärts immer kleiner werden, bis er endlich an der Oberfläche gänzlich verschwindet.*

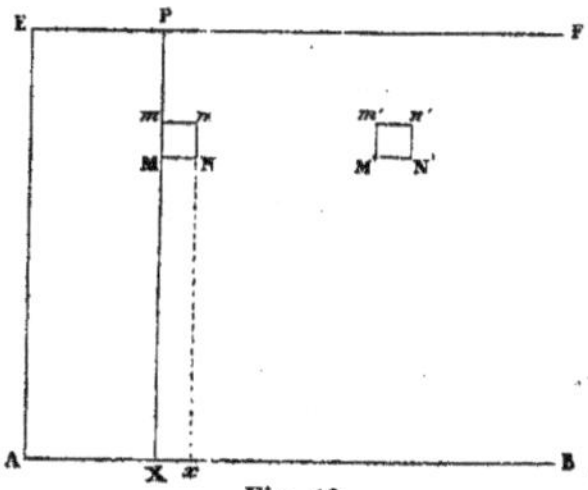

Fig. 18.

Man stelle sich eine horizontale Fläche AB (Fig. 18) vor, über welcher sich die flüssige Materie befinde, davon wir ein unendlich kleines würfelförmiges Theilchen $MNmn$ betrachten wollen. Dessen Höhe über jener Horizontalfläche AB sei $XM = z$, also dass dasselbe von der Schwere nach der Richtung MX hinab getrieben werde. Die Dichtigkeit dieses Theilchens sei $= q$, die Höhe $Mm = dz$, die Länge $MN = dx$ (wenn man setzt $AX = x$) und die Breite, so in der Figur nicht angezeigt ist, sei $= dy$, so wird der Inhalt dieses Theilchens $= dxdydz$, welcher mit der Dichtigkeit q multiplicirt seine Masse $= qdxdydz$ giebt, wodurch zugleich sein Gewicht ausgedrückt wird. Also ist die Kraft der Schwere, welche dieses Theilchen nach MX abwärts treibt, $= qdxdydz$ und deren Wirkung von dem Drucke der anliegenden flüssigen Materie muss aufgehalten werden. Es sei demnach der Druck in M durch die Höhe $= p$ bestimmt, welche von den Coordinaten x, y und z abhängen muss, damit sie für einen jeglichen Punkt M eine bestimmte Grösse erhalte. Weil nun das Theilchen $MNmn$ in Ruhe bleiben soll, so muss der Druck von den Seiten gleich gross sein und daher die Höhe p keine Veränderung leiden, wenn gleich x oder y verändert wird, d. i. p muss allein von der Höhe $XM = z$ abhängen. Es sei demnach der Druck in m und n $= p + dp$, so wird die daher auf die obere Seite mn drückende Kraft $= (p + dp)dxdy$; auf der untern Seite MN wird dieses Theilchen aufwärts getrieben von der Kraft $= pdxdy$. Aus beiden entsteht also eine Kraft, welche das Theilchen aufwärts treibt, $= -dpdxdy$ und der von der Schwere herrührenden abwärts treibenden Kraft $qdxdydz$ gleich sein muss. Zum Gleichgewicht wird also erfordert, dass da sei $-dp = qdz$ oder $dp = -qdz$. Weil nun, wir wir gesehn, p allein von z abhängt, so ist diese Gleichung nicht möglich, wenn nicht auch q allein von z abhängt, daher wird

$$p = c - \int qdz.$$

Also muss in gleichen Höhen z nicht nur der Druck p, sondern auch die Dichtigkeit q gleich gross sein, und je grösser die Höhe z genommen wird, um so viel kleiner wird der Druck p werden, und wenn wir die Höhe AE so gross nehmen, dass $\int qdz = c$, so wird der Druck in E und der ganzen durch E gehenden Horizontalfläche EF gänzlich verschwinden. Woraus folgt, dass die Oberfläche eines im Gleichgewichte befindlichen schweren flüssigen Körpers immer horizontal sein müsse. Hieraus ist auch klar, dass, wenn ein anderes in gleicher Höhe befindliches Theilchen $M'N'm'n'$ dichter oder dünner, d. i. schwerer oder leichter wäre als $MNmn$, weil solches von dem Drucke ebenso stark aufwärts getrieben würde, dasselbe entweder hinabsinken oder hinaufsteigen müsste und also das Gleichgewicht nicht erhalten werden könnte.

149. *In einem stillstehenden Wasser verhält sich der Druck immer wie die Tiefe unter desselben Oberfläche und ein darin versenkter Körper wird aufwärts getrieben von einer Kraft, welche dem Gewichte einer gleich grossen Menge Wassers gleich ist. Ist also der Körper für sich entweder schwerer oder leichter, so wird er entweder hinabsinken oder hinaufsteigen.*

Wasser stellt uns hier eine solche flüssige Materie dar, deren Dichtigkeit unveränderlich ist und keineswegs von dem Drucke abhängt, also dass q eine beständige Grösse andeutet. Nach der vorigen Rechnung wird demnach der Druck $p = c - qz$, und wenn wir bis zur obersten Wasserfläche EF (Fig. 19) setzen die Höhe $AE = a$, weil in E der Druck verschwindet, so haben wir $0 = c - qa$ oder $c = qa$. Daher wird $p = qa - qz = q(a - z)$ und $a - z$ deutet die Tiefe des Punktes M unter der Oberfläche EF an, also dass $p = q \cdot PM$. Weil nun die Oberfläche eines freistehenden Wassers da ist, wo sich kein Druck befindet, so ist dieselbe immer horizontal und das Gefäß $ACBD$ mag eine Figur haben, wie man will, so muss die Oberfläche $EG \ldots HF$ horizontal sein. Unter dieser Fläche fängt der Druck des Wassers an und verhält sich ganz genau wie die Tiefe unter dieser Fläche; also in M wird der Druck bestimmt durch die Höhe $p = q \cdot PM$, oder wenn sich diese Höhe auf das Wasser selbst bezieht, wie wir dieselbe oben nach der Masse einer gleichförmigen Materie bestimmt haben, so ist $p = PM$; also ist die Höhe, welche den Druck des Wassers an einem jeglichen Orte M bestimmt, der Tiefe dieses Orts unter der Oberfläche selbst gleich. Es wird nämlich daselbst eine unendlich kleine Fläche MN, deren Inhalt $= ds^2$, so stark gedrückt, dass die Kraft dem Gewichte einer Wassersäule gleich ist, deren Grundfläche $= ds^2$ und die Höhe $= PM$ ist. Je tiefer also ein Ort M unter der Oberfläche des Wassers angenommen wird, je grösser wird der Druck des Wassers daselbst; woraus erhellet, wie mit wenig Wasser ein sehr grosser Druck hervorgebracht werden könne, wenn nämlich das Gefäss aufwärts in eine enge Röhre aufhört, als welche mit wenig Wasser bis auf eine grosse Höhe angefüllt werden kann. Lasst uns nun auch einen in diesem Wasser versenkten Körper $MNmn$ betrachten, dessen Inhalt sei $= e^3$, so muss derselbe eben den Druck ausstehn, als wenn sich Wasser an seiner Stelle befände: dieses Wasser aber würde im

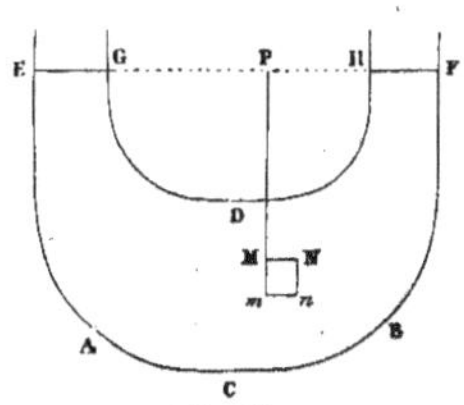

Fig. 19.

Gleichgewichte sein und also eben so stark aufwärts getrieben werden, als dasselbe von seiner Schwere abwärts gestossen wird. Daher wird dieser Körper von dem Drucke des Wassers aufwärts gestossen mit einer Kraft, welche dem Gewichte einer Menge Wasser, so den Raum e^3 einnimmt, gleich ist. Ist also das eigne Gewicht dieses Körpers grösser oder kleiner, so wird derselbe von dem Ueberschuss hinab oder hinaufgetrieben werden.

150. *Wenn die Luft im Gleichgewichte sein soll, so muss in gleichen Höhen über der Erde nicht nur der Druck und die Dichtigkeit, sondern auch die Wärme allenthalben gleich gross sein. Wenn diese Umstände nicht Statt finden, so kann die Luft nicht in Ruhe verbleiben, sondern es muss ein Wind entstehn.*

Die elastische Kraft der Luft hängt nicht nur von ihrer Dichtigkeit ab, sondern die Wärme trägt auch sehr viel zur Vermehrung derselben bei. Wenn also die elastische Kraft der Luft an einem Orte $= p$ und die Dichtigkeit $= q$ gesetzt wird, z aber, wie oben, die Höhe dieses Orts über der Erde oder einer beliebigen Horizontalfläche AB (Fig. 18) andeutet, so kann p nicht allein aus dem q erkannt werden, sondern man muss zugleich den Grad der Wärme, welcher sei $= r$, in Betrachtung ziehn. Ungeachtet die Art dieser Bestimmung nicht genau bekannt ist, so werden wir nicht sehr grob fehlen, wenn wir p dem qr proportional oder $q = \frac{\beta p}{r}$ setzen. Weil nun in gleichen Höhen über der Erde oder der Horizontalfläche AB sowohl der Druck p als die Dichtigkeit q allenthalben gleich gross sein muss, so ist klar, dass sich auch daselbst einerlei Grad der Wärme r befinden müsse, auf was für eine Art auch immer p durch q und r bestimmt werden mag. Nehmen wir aber die obige Formel $q = \frac{\beta p}{r}$ an, so haben wir

$$dp = \frac{-\beta p dz}{r}$$

oder

$$\frac{dp}{p} = \frac{-\beta dz}{r}.$$

Um den Inhalt dieser Gleichung deutlicher an den Tag zu legen, so wollen wir den Druck der Luft in einer jeglichen Höhe über der Erde durch die Höhe einer Wassersäule anzeigen und daher die Dichtigkeit des Wassers durch 1 ausdrücken. Ferner sei auf der Fläche AB der Druck $= h$, die Dichtigkeit $= g$ und die Wärme $= f$. Da nun

$$g = \frac{\beta h}{f},$$

so wird

$$\beta = \frac{fg}{h}$$

und also

$$q = \frac{fgp}{hr},$$

woraus entsteht

$$\frac{dp}{p} = \frac{-fgdz}{hr}.$$

Wäre nun die Wärme r auf allen Höhen einerlei oder $r = f$, so hätten wir

$$lp = C - \frac{gz}{h},$$

und da für $z = 0$, $p = h$ sein muss, so wird

$$lp = lh - \frac{gz}{h} \quad \text{oder} \quad \frac{gz}{h} = l\frac{h}{p}.$$

Sollte aber die Wärme aufwärts immer abnehmen, so könnte aus dem Gesetz dieser Verminderung der Druck auf allen Höhen ebenfalls bestimmt werden. Uebrigens eröffnet uns dieser Satz eine reiche Quelle von Winden, denn da die Wärme in einerlei Höhe immer verändert wird, so muss aus diesem Grunde allein die Luft sich in einer beständigen Bewegung befinden und daher Winde entstehn.

151. *Wenn alle Theile einer flüssigen Materie gegen einen Punkt nach dem Verhältnisse ihrer Massen getrieben werden und die Kräfte von den Entfernungen nach einem willkührlichen Gesetz abhängen, so wird zum Gleichgewichte erfordert, dass in gleichen Entfernungen von gedachtem Punkte sowohl der Druck als die Dichtigkeit der flüssigen Materie gleich gross sei.*

Es sei C (Fig. 20) der Punkt, nach welchem alle Körper getrieben werden, dergestalt, dass, wenn in der Entfernung $CM = z$ sich ein Körper befindet, dessen Masse $= M$, derselbe gegen C mit der Kraft $= MZ$ getrieben werde, wo Z durch z auf eine willkührliche Art bestimmt werde. Nun betrachte man in M einen würfelförmigen Körper $MNmn$, dessen Höhe $Mm = dz$, Länge $= dx$ und Breite $= dy$, die Dichtigkeit aber $= q$ sei, so wird seine Masse M durch $qdxdydz$ und also seine Schwere gegen C durch $qZdxdydz$ ausgedrückt werden. Es werde ferner der Druck in M durch die Höhe p bestimmt, so ist klar, dass der Druck von den Seiten gleich gross sein und also p keine Veränderung leiden müsse, so lange die Entfernung z einerlei bleibt, d. i. p muss nur allein von z abhängen. Weil nun in m der Druck der Höhe $p + dp$ gleich ist und sowohl die obere als untere Grundfläche durch $dxdy$ ausgedrückt wird, so muss das Theilchen $MNmn$ durch den Druck der anliegenden flüssigen Materie aufwärts von der Kraft $pdxdy$, abwärts aber von der Kraft $(p + dp)dxdy$ getrieben werden. Daher mit der Schwere die ganze abwärts treibende Kraft sein wird

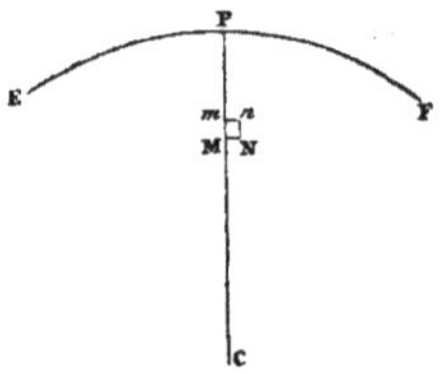

Fig. 20.

$$(p + dp)dxdy + qZdxdydz,$$

welche folglich der aufwärts treibenden $pdxdy$ gleich sein muss, woraus diese Gleichung entspringt

$$dp = -qZdz.$$

Weil nun p allein von der Weite $CM = z$ abhängt, so muss auch q von derselben allein abhängen und also in gleichen Weiten sowohl der Druck als die Dichtigkeit gleich gross sein. Hieraus erkennen wir die oberste Fläche der flüssigen Materie, denn weil daselbst der Druck verschwinden und $p = 0$ werden muss, so ist klar, dass alle Punkte derselben auch gleich weit von dem Mittelpunkte C entfernt sein müssen. Diese Oberfläche EPF wird also durch den Umfang einer Kugel, deren Mittelpunkt in C ist, bestimmt werden. Ist die Dichtigkeit q allenthalben einerlei und die Kraft Z umgekehrt wie das Quadrat der Entfernung $CM = z$ oder $Z = \frac{aa}{zz}$, so hat man

$$dp = \frac{-aaqdz}{zz}$$

und also

$$p = C + \frac{aaq}{z}.$$

Setzt man $CP = c$, wo der Druck verschwindet, so hat man

$$0 = C + \frac{aaq}{c},$$

und daher wird

$$p = \frac{aaq}{z} - \frac{aaq}{c}$$

oder

$$p = aaq\left(\frac{1}{CM} - \frac{1}{CP}\right) = \frac{aaq \cdot PM}{CM \cdot CP}.$$

152. *Wie auch immer die Kräfte beschaffen sein mögen, welche auf die Theilchen der flüssigen Materie nach dem Verhältnisse ihrer Massen wirken, so lassen sich dieselben auf drei bringen, deren Richtungen auf einander winkelrecht und mit drei nach Belieben angenommenen Linien gleichlaufend sind.*

Wir kommen nun auf die Bestimmung des Gleichgewichts flüssiger Materien in dem weitesten Umfange, und da wir bisher nur die Schwere und solche Kräfte, welche nach einem fixen Punkte treiben, betrachtet, so sollen jetzt die Kräfte beschaffen sein, wie man sie sich auch immer vorstellen mag. Es ist aber bekannt, dass sich dieselben immer auf drei bringen lassen, deren Richtungen drei nach Belieben angenommenen Linien, so auf einander winkelrecht stehen, gleichlaufend sind. Es seien demnach OA, OB, OC (Fig. 21)

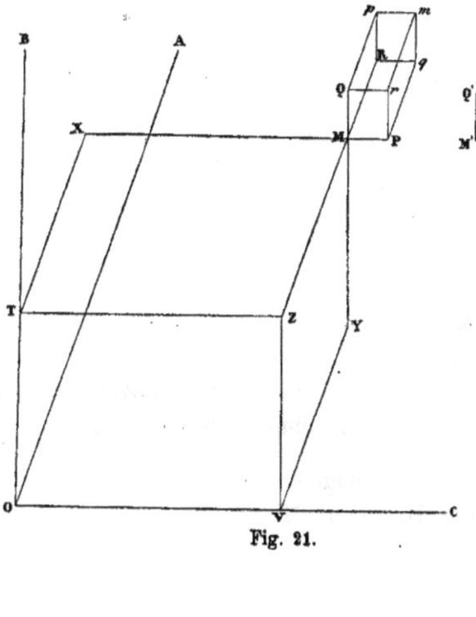

Fig. 21.

diese drei gegebenen Linien, wodurch drei Flächen AOB, AOC, BOC, welche auf einander auch rechtwinklicht sind, bestimmt werden. Nun betrachte man in M ein unendlich kleines Theilchen der flüssigen Materie, dessen Masse sei $= M$, und um den Ort desselben zu bestimmen, so bemerke man seine Entfernungen von den drei gedachten Flächen und setze

$$MX = x, \quad MY = y, \quad MZ = z,$$

so wird auch sein

$$OV = TZ = x, \quad VZ = TO = y, \quad VY = TX = z.$$

Nach den Richtungen der drei Axen OA, OB, OC werde nun das Theilchen in M nach seiner Masse M von folgenden drei Kräften angetrieben, nämlich von der Kraft nach $MP = M \cdot P$, nach $MQ = M \cdot Q$ und nach $MR = M \cdot R$. Man gebe nun diesem Theilchen eine würfelförmige Figur $MPQRmpqr$, deren Länge $MP = dx$, Breite $MQ = dy$ und Höhe $MR = dz$, so dass sein Inhalt sein wird $= dxdydz$. Setzt man ferner die Dichtigkeit der flüssigen Materie in $M = q$, so wird die Masse dieses Theilchens $= qdxdydz$ und folglich werden die drei Kräfte, welche auf dieses Theilchen wirken, sein wie folgt:

nach $MP = Pqdxdydz$, nach $MQ = Qqdxdydz$, nach $MR = Rqdxdydz$.

In diesem würfelförmigen Theilchen haben wir sechs Flächen zu bemerken, welche wir folgendergestalt benennen wollen, um dieselben besser von einander zu unterscheiden:

$MPQr = dxdy$ die vordere, $MPRq = dxdz$ die untere,
$mpqR = dxdy$ die hintere, $mprQ = dxdz$ die obere,
$MQRp = dydz$ die linke,
$mqrP = dydz$ die rechte.

153. *Um das Gleichgewicht einer solchen flüssigen Materie zu bestimmen, kommt alles auf die Erkenntniss des dazu erforderten Druckes in allen Punkten an. Derselbe aber beruht einzig und allein auf der Wirksamkeit der Kräfte, von welchen jegliche Theilchen der flüssigen Materie getrieben werden.*

Alles was im vorigen Satze beigebracht worden, vorausgesetzt, so sei p die Höhe, durch welche der Druck in M bestimmt wird, deren Veränderlichkeit von allen drei Grössen x, y, z abhängen wird. Um diese füglicher in Betrachtung zu ziehen, so wollen wir den Zuwachs von p, wenn nur x um dx wächst, y und z aber unverändert bleiben, durch $dx\left(\frac{dp}{dx}\right)$, den Zuwachs aber, wenn nur y um dy wächst, durch $dy\left(\frac{dp}{dy}\right)$ und den Zuwachs, wenn nur z um dz wächst, durch $dz\left(\frac{dp}{dz}\right)$ andeuten. Also wenn alle drei Grössen x, y, z um dx, dy, dz wachsen, so wird der Zuwachs von p sein

$$= dx\left(\frac{dp}{dx}\right) + dy\left(\frac{dp}{dy}\right) + dz\left(\frac{dp}{dz}\right),$$

welches, wie gewöhnlich, der wahre Werth von dp sein wird. Man sieht hier sogleich, dass man den Werth von $dx\left(\frac{dp}{dx}\right)$ findet, wenn man p differentiirt und nur allein x als veränderlich annimmt, woraus man die Bedeutung dieser noch nicht sehr üblichen Schreibart $\left(\frac{dp}{dx}\right)$ erkennt. Weil nun der Druck auf die Fläche $Pqrm$ um $dx\left(\frac{dp}{dx}\right)$ grösser ist als auf die Fläche $MQRp$, so wird das Theilchen links nach PM getrieben von der Kraft

$$dx\left(\frac{dp}{dx}\right) \cdot dydz = dxdydz\left(\frac{dp}{dx}\right).$$

Ferner, weil der Druck auf die obere Fläche $mprQ$ um $dy\left(\frac{dp}{dy}\right)$ grösser ist als auf die untere $MPRq$, so wird das Theilchen abwärts nach QM getrieben von der Kraft

$$dy\left(\frac{dp}{dy}\right) \cdot dxdz = dxdydz\left(\frac{dp}{dy}\right).$$

Und weil endlich der Druck auf die hintere Fläche $mpqR$ um $dz\left(\frac{dp}{dz}\right)$ grösser ist als auf die vordere $MPQr$, so wird das Theilchen vorwärts nach RM gestossen von der Kraft

$$dz\left(\frac{dp}{dz}\right) \cdot dxdy = dxdydz\left(\frac{dp}{dz}\right).$$

Diese drei Kräfte müssen also den drei obigen Kräften, welche auf das Theilchen wirken, gleich und entgegengesetzt sein, weil sonst das Gleichgewicht nicht Statt finden könnte. Daher erhalten wir folgende drei Gleichungen:

$$Pq = \left(\frac{dp}{dx}\right), \quad Qq = \left(\frac{dp}{dy}\right), \quad Rq = \left(\frac{dp}{dz}\right),$$

aus welchen folglich, wenn das völlige Differential von p eingeführt wird, diese entspringt:

$$q(Pdx + Qdy + Rdz) = dp.$$

Es drückt aber $\int(Pdx + Qdy + Rdz)$ dasjenige aus, was oben die Wirksamkeit der Kräfte ist genannt worden. An welchen Orten also die Wirksamkeit einerlei ist, daselbst muss sowohl der Druck als die Dichtigkeit der flüssigen Materie gleich gross sein.

154. *Eine flüssige Materie, welche entweder durch und durch gleich dicht ist, oder deren Dichtigkeit allein von dem Drucke abhängt, kann niemals in's Gleichgewicht kommen, wofern die darauf wirkenden Kräfte nicht so beschaffen sind, dass ihre Wirksamkeit angezeigt werden kann.*

Wenn die Dichtigkeit q entweder unveränderlich ist oder von dem Drucke p allein abhängt, so lässt sich $\frac{dp}{q}$ integriren und das Integral $\int\frac{dp}{q}$ erhält einen gewissen bestimmten Werth. Weil wir nun gefunden haben

$$\frac{dp}{q} = Pdx + Qdy + Rdz,$$

so muss sich der Werth von $\int(Pdx + Qdy + Rdz)$ durch die Integration auch dergestalt bestimmen lassen, dass man denselben für einen jeglichen Ort, wie auch immer die drei Grössen x, y, z angenommen werden mögen, anzeigen kann, d. i. die Formel $Pdx + Qdy + Rdz$ muss integrabel sein; eben nicht algebraisch, doch so, dass dieselbe aus der Differentiation einer aus x, y, z zusammengesetzten bestimmten Grösse entspringe. Es kommt also darauf an, dass die Kräfte P, Q, R so beschaffen seien, dass ihre Wirksamkeit, so durch $\int(Pdx + Qdy + Rdz)$ ausgedrückt wird, angezeigt werden könne; in welchem Falle denn auch für alle möglichen Orte M die Dichtigkeit und der Druck der flüssigen Materie bestimmt wird. Alle wirklichen Kräfte, welche uns bekannt sind, sind auch in der That so beschaffen, dass ihre Wirksamkeit oder die Integralgrösse $\int(Pdx + Qdy + Rdz)$ angezeigt werden kann. Wenn wir uns aber in der Einbildung solche Kräfte vorstellen, wo die Integration unmöglich ist, als wenn man setzte $P = x$, $Q = y$ und $R = x$, so wäre das Integral $\int(xdx + ydy + xdz)$ unmöglich und daher könnte sich eine flüssige Materie, so von dergleichen Kräften getrieben würde, niemals im

Gleichgewichte befinden, welche Ungereimtheit aber den erdichteten Kräften zuzuschreiben ist. Im Uebrigen, wenn sich die Wirksamkeit der Kräfte bestimmen lässt und man setzt $\int(Pdx + Qdy + Rdz) = V$, so hat man $\int\frac{dp}{q} = C + V$, und wenn $p = 0$, so hat man für die Figur der Oberfläche der flüssigen Materie $C + V = 0$ oder auch diese Differentialgleichung $Pdx + Qdy + Rdz = 0$, durch welche die Figur einer jeglichen im Gleichgewichte befindlichen flüssigen Materie allezeit bestimmt wird und deren Verwandtschaft mit der Wirksamkeit wohl verdient bemerkt zu werden.

CAPITEL 21

VON DEN GESETZEN DER BEWEGUNG FLÜSSIGER MATERIEN

155. *Die Bewegung einer flüssigen Materie wird vollkommen erkannt, wenn man für einen jeglichen Zeitpunkt sowohl die Geschwindigkeit als die Richtung, womit ein jegliches Theilchen bewegt wird, anzuzeigen im Stande ist; zu welchem Ende die Bewegung am füglichsten nach drei gegebenen Richtungen, so unter sich winkelrecht sind, aufgelöst wird.*

Wir wollen sogleich die Bewegung der flüssigen Körper in dem weitesten Umfange betrachten, weil hiezu nicht viel schwerere Schlüsse erfordert werden, als wenn wir nur einen und den andern besondern Fall abhandeln wollten, und damit man überführt werde, dass die oben gegebenen Grundsätze nicht nur allgemein, sondern auch hinreichend sind, alle möglichen Fälle, welche immer vorkommen können, zu erörtern. Um also diese Abhandlung ganz allgemein auszuführen, so wollen wir die flüssige Materie, wie in den letzten Sätzen des vorigen Capitels geschehen, nach drei auf einander rechtwinklichten Flächen AOB, AOC, BOC und drei Axen OA, OB, OC in Erwägung ziehen. Wir nehmen daher einen in dem flüssigen Körper befindlichen Punkt M vor, dessen Stelle durch seine Entfernung von den obigen drei Flächen also bestimmt würde: $MX = x$, $MY = y$ und $MZ = z$. Nachdem nun von einem gewissen Zeitpunkte eine Zeit, welche wir durch t andeuten wollen, verstrichen ist, so wird das in M befindliche Theilchen der flüssigen Materie eine gewisse Bewegung haben, und diese mag beschaffen sein wie man will, so lässt sich dieselbe allezeit nach drei Richtungen MP, MQ und MR, welche mit den drei angenommenen Axen OC, OB und OA gleichlaufend sind, auflösen. Wir wollen also setzen: die Bewegung nach $MP = u$, nach $MQ = v$, nach $MR = w$, und auf der Bestimmung dieser drei Bewegungen beruht die ganze Erkenntniss der Bewegung der flüssigen Materie. Es kann sich aber in diesen drei Geschwindigkeiten u, v, w eine doppelte Veränderlichkeit befinden, davon die eine von dem Orte des Punktes M, d. i. von den drei Grössen x, y, z, die andere aber von der Zeit t abhängt. Daher müssen dieselben als solche Quantitäten angesehn werden, welche aus den vier veränderlichen Grössen x, y, z und t zusammengesetzt sind, wo wir also wiederum die obige Art, den Zuwachs einer jeden, wenn nur eine von diesen um unendlich wenig wächst, auszudrücken, beibehalten wollen.

156. *Diese drei Bewegungen müssen mit der Dichtigkeit der flüssigen Materie und derselben Veränderlichkeit, sowohl nach dem Orte als der Zeit, in einem gewissen Verhältnisse stehn, woraus eine Gleichung erwächst, welche die möglichen Bewegungen von den unmöglichen unterscheidet. Diese Gleichung beruht auf dem Grundsatze des Stetigen.*

Die Dichtigkeit in M sei jetzt $= q$, welche sowohl mit der Zeit als dem Orte verändert werde. Es komme aber der Punkt M durch seine Bewegung nach der Zeit dt in M' (Fig. 21), dessen Ort durch folgende drei Coordinaten bestimmt wird:

$$x + udt, \quad y + vdt, \quad z + wdt;$$

folglich wird alsdann die Dichtigkeit in M' sein

$$q + dt\left(\frac{dq}{dt}\right) + udt\left(\frac{dq}{dx}\right) + vdt\left(\frac{dq}{dy}\right) + wdt\left(\frac{dq}{dz}\right).$$

Man gebe nun dem flüssigen Theilchen in M eine würfelförmige Figur $MPQRmpqr$, deren Inhalt $= dxdydz$ und Masse $= qdxdydz$, welche durch die Bewegung in der Zeit dt in $M'P'Q'R'm'p'q'r'$ versetzt werde. Wenn die Bewegung des Punktes P mit M einerlei wäre, so würde $M'P' = MP$; allein die drei Bewegungen des Punktes P sind

$$u + dx\left(\frac{du}{dx}\right),$$

$$v + dx\left(\frac{dv}{dx}\right)$$

und

$$w + dx\left(\frac{dw}{dx}\right),$$

wovon die beiden letztern die Weite $M'P'$ nicht verändern, weil sie darauf winkelrecht sind. Da aber nach der ersten der Punkt P geschwinder geht als M um $dx\left(\frac{du}{dx}\right)$, so wird $M'P'$ um $dxdt\left(\frac{du}{dx}\right)$ grösser sein als MP, also

$$M'P' = dx + dxdt\left(\frac{du}{dx}\right) = dx\left(1 + dt\left(\frac{du}{dx}\right)\right).$$

Gleichergestalt wird

$$M'Q' = dy\left(1 + dt\left(\frac{dv}{dy}\right)\right)$$

und

$$M'R' = dz\left(1 + dt\left(\frac{dw}{dz}\right)\right).$$

Ungeachtet nun in dieser veränderten Figur die Winkel nicht mehr völlig recht sind, so ist doch der Unterschied unendlich klein und wird daher der Inhalt derselben durch $M'P' \cdot M'Q' \cdot M'R'$ richtig angezeigt. Dieser Inhalt ist demnach

$$dxdydz\left(1 + dt\left(\frac{du}{dx}\right) + dt\left(\frac{dv}{dy}\right) + dt\left(\frac{dw}{dz}\right)\right),$$

welche mit der oben gegebenen Dichtigkeit multiplicirt die Masse gibt

$$qdxdydz\left(1 + dt\left(\frac{du}{dx}\right) + dt\left(\frac{dv}{dy}\right) + dt\left(\frac{dw}{dz}\right)\right)$$
$$+ dxdydz\left(dt\left(\frac{dq}{dt}\right) + udt\left(\frac{dq}{dx}\right) + vdt\left(\frac{dq}{dy}\right) + wdt\left(\frac{dq}{dz}\right)\right),$$

welche aus dem Grundsatze des Stetigen der vorigen Masse $qdxdydz$ gleich sein muss. Wenn wir also durch $dtdxdydz$ dividiren, so erhalten wir diese Gleichung

$$q\left(\frac{du}{dx}\right) + q\left(\frac{dv}{dy}\right) + q\left(\frac{dw}{dz}\right) + u\left(\frac{dq}{dx}\right) + v\left(\frac{dq}{dy}\right) + w\left(\frac{dq}{dz}\right) + \left(\frac{dq}{dt}\right) = 0,$$

welche sich in folgende zusammenziehen lässt

$$\left(\frac{dq}{dt}\right)+\left(\frac{d.qu}{dx}\right)+\left(\frac{d.qv}{dy}\right)+\left(\frac{d.qw}{dz}\right)=0,$$

wodurch ein gewisses Verhältniss angezeigt wird, in welchem die drei Bewegungen mit der Dichtigkeit stehen müssen.

157. *Was den Druck anlangt, so muss derselbe allenthalben so beschaffen sein, dass aus demselben mit den Kräften, welche auf jegliches Theilchen wirken, die Bewegung desselben entstehe. Die Gleichung, so daher erhalten wird, dient also, um den Druck der flüssigen Materie aller Orten und zu allen Zeiten zu bestimmen.*

Wir wollen setzen, dass, wie im vorigen Capitel, das Theilchen nach dem Verhältniss seiner Masse in M von drei Kräften P, Q, R nach den Richtungen MP, MQ, MR getrieben werde. Da nun die Masse $=qdxdydz$, so sind diese drei Kräfte

$$\text{nach } MP = Pqdxdydz,$$
$$\text{nach } MQ = Qqdxdydz,$$
$$\text{nach } MR = Rqdxdydz.$$

Lasst uns ferner den Druck in M zur Zeit t durch die Höhe p andeuten deren Veränderlichkeit ebenfalls sowohl von der Stelle als der Zeit abhängen wird. Was dieser Druck auf das Theilchen $MPQRmpqr$ für eine Wirkung ausübe, ist schon oben (153) angezeigt worden; dasselbe wird nämlich getrieben von folgenden Kräften

$$\text{nach } PM = dxdydz\left(\frac{dp}{dx}\right),$$
$$\text{nach } QM = dxdydz\left(\frac{dp}{dy}\right),$$
$$\text{nach } RM = dxdydz\left(\frac{dp}{dz}\right).$$

Diese Kräfte, von den obigen abgezogen, müssen die Vermehrungen der Geschwindigkeiten u, v, w in der Zeit dt, innerhalb welcher der Punkt M in

M' kommt, bestimmt werden. Die Grössen t, x, y, z, von welchen die drei Bewegungen abhängen, erhalten bei dieser Veränderung folgende Zuwachse: dt, udt, vdt und wdt; daher der Zuwachs der Geschwindigkeiten sein wird:

$$\text{von } u = dt\left(\frac{du}{dt}\right) + udt\left(\frac{du}{dx}\right) + vdt\left(\frac{du}{dy}\right) + wdt\left(\frac{du}{dz}\right) = Xdt,$$

$$\text{von } v = dt\left(\frac{dv}{dt}\right) + udt\left(\frac{dv}{dx}\right) + vdt\left(\frac{dv}{dy}\right) + wdt\left(\frac{dv}{dz}\right) = Ydt,$$

$$\text{von } w = dt\left(\frac{dw}{dt}\right) + udt\left(\frac{dw}{dx}\right) + vdt\left(\frac{dw}{dy}\right) + wdt\left(\frac{dw}{dz}\right) = Zdt,$$

woraus man ersieht, was wir, um abzukürzen, durch X, Y und Z verstehen. Nun aber ist der Zuwachs einer jeden Geschwindigkeit mit der Masse $qdxdydz$ multiplicirt gleich der ganzen nach ihrer Richtung treibenden Kraft mit der Zeit dt multiplicirt, wie oben erwiesen worden. Demnach bekommen wir folgende drei Gleichungen, nachdem wir eine jegliche durch $dtdxdydz$ dividirt haben,

$$Xq = Pq - \left(\frac{dp}{dx}\right), \quad Yq = Qq - \left(\frac{dp}{dy}\right), \quad Zq = Rq - \left(\frac{dp}{dz}\right).$$

Weil nun

$$dx\left(\frac{dp}{dx}\right) + dy\left(\frac{dp}{dy}\right) + dz\left(\frac{dp}{dz}\right)$$

das Differential von p ausdrückt, wenn alle drei Coordinaten x, y, z als veränderlich, die Zeit t als unveränderlich angenommen wird, so wollen wir, wie gewöhnlich, für dieses Differential schlechtweg dp schreiben und dadurch werden diese drei Gleichungen in folgende eine vereinigt:

$$\frac{dp}{q} = Pdx + Qdy + Rdz - Xdx - Ydy - Zdz,$$

in welcher Differentialgleichung folglich die Zeit t als unveränderlich angesehn werden muss. P, Q, R sind die Kräfte, und die Werthe von X, Y, Z sind oben angezeigt worden.

158. *In diesen zwei Gleichungen sind alle mögliche Bewegungen, welche auch immer in flüssigen Materien Statt finden können, enthalten; die flüssigen Materien mögen sich zusammendrücken lassen oder nicht, und wie auch immer die Kräfte, welche auf dieselben wirken, beschaffen sein mögen.*

Wenn wir alles zusammenziehen, was bisher gesagt worden, so kommt die ganze Sache auf folgende Punkte an. Erstlich muss der Zustand der flüssigen Materie nach drei auf einander winkelrechten Flächen AOB, AOC, BOC und drei Axen OA, OB, OC beurtheilt werden, welche nach Willkühr angenommen werden können. Zweitens betrachte man auf eine seit einem gewissen Anfange verflossene Zeit t ein Theilchen der flüssigen Materie in M, dessen Ort durch die Coordinaten $XM = x$, $YM = y$ und $ZM = z$ bestimmt werde. Drittens werden die Kräfte, welche darauf nach dem Verhältnisse der Massen wirken, nach den drei Richtungen MP, MQ, MR aufgelöst und durch die Buchstaben P, Q, R dergestalt angedeutet, dass dieselben mit der Masse multiplicirt die Kräfte selbst ausdrücken. Viertens setze man auf die Zeit t die Dichtigkeit der flüssigen Materie in $M = q$ und den Druck gleich der Höhe p. Fünftens, die Bewegung dieses Theilchens selbst deute man nach den drei Richtungen MP, MQ, MR durch die drei Geschwindigkeiten u, v, w an; so muss in diesen Grössen p, q, u, v, w eine doppelte Veränderlichkeit betrachtet werden, wovon die eine blos von der Zeit t, die andere aber blos von dem Orte oder den drei Coordinaten x, y und z abhängt. Sechstens setze man, nur um die Rechnung abzukürzen:

$$\left(\frac{du}{dt}\right) + u\left(\frac{du}{dx}\right) + v\left(\frac{du}{dy}\right) + w\left(\frac{du}{dz}\right) = X,$$

$$\left(\frac{dv}{dt}\right) + u\left(\frac{dv}{dx}\right) + v\left(\frac{dv}{dy}\right) + w\left(\frac{dv}{dz}\right) = Y,$$

$$\left(\frac{dw}{dt}\right) + u\left(\frac{dw}{dx}\right) + v\left(\frac{dw}{dy}\right) + w\left(\frac{dw}{dz}\right) = Z.$$

Ist dieses geschehen, so wird die Bewegung, dieselbe mag auch beschaffen sein, wie sie immer will, durch folgende zwei Gleichungen ausgedrückt:

$$\text{I.}\quad \left(\frac{dq}{dt}\right) + \left(\frac{d.qu}{dx}\right) + \left(\frac{d.qv}{dy}\right) + \left(\frac{d.qw}{dz}\right) = 0,$$

$$\text{II.}\quad \frac{dp}{q} = Pdx + Qdy + Rdz - Xdx - Ydy - Zdz,$$

wo zu merken, dass in dieser zweiten Differentialgleichung die Zeit t als beständig und nur die drei Coordinaten x, y, z als veränderlich angesehn werden müssen. Hiernach muss man sich also in der Integration richten, weil die beständige Grösse, so dadurch hinzukommt, die Zeit in sich fassen kann. Und auf diese Art werden alle äusserlichen Umstände, als, wenn die flüssige Materie von aussen gedrückt wird, in die Rechnung gebracht. In allen Fällen kommt es also darauf an, dass man finde, wie die drei Geschwindigkeiten u, v, w von den Grössen x, y, z und der Zeit t abhängen müssen, damit erstlich der erstern Gleichung ein Genüge geschehe und hernach die zweite Gleichung sich integriren lasse. Hier fehlt es aber an der Auflösungskunst, in welcher man es noch nicht so weit gebracht hat, dass man dieses allgemein leisten könnte.

159. *Fast alle Bewegungen flüssiger Körper, welche man völlig zu bestimmen im Stande ist, werden auf diesen Fall eingeschränkt, da sich eine flüssige Materie durch eine Röhre bewegt, und wenn die daher geleiteten Bestimmungen nach aller Schärfe richtig sein sollen, so muss die Röhre gleichsam unendlich lang sein. Findet dieser Umstand nicht Platz, so sind auch die Schlüsse nicht völlig der Wahrheit gemäss.*

Man beziehe die Röhre HMN (Fig. 22) auf unsere drei Flächen AOB, AOC und BOC und betrachte den Durchschnitt derselben H in der Fläche

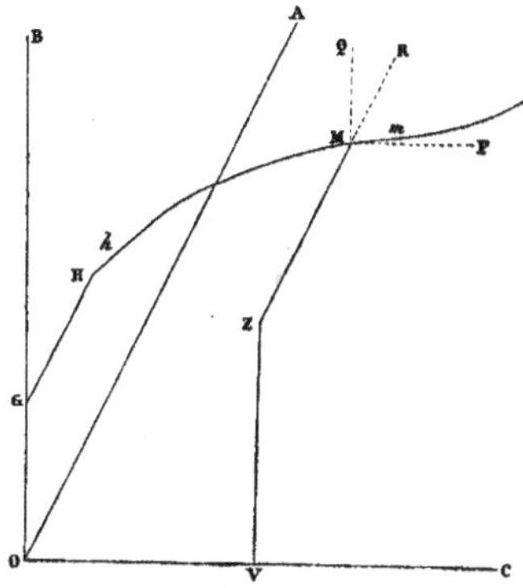

Fig. 22.

AOB. Es sei nun die Weite der Röhre in $H = cc$ und für den Ort des Punktes H daselbst $OG = g$ und $GH = h$. Nach der Zeit t sei die Geschwindigkeit der flüssigen Materie in $H = \omega$ und die Dichtigkeit derselben $= \theta$ und der Druck $= \pi$, so werden die Grössen ω, θ und π nur allein von der Zeit t abhängen. Für einen jeglichen andern Punkt der Röhre M, dessen Ort durch die drei Coordinaten $OV = x$, $VZ = y$, $ZM = z$ bestimmt wird, sei zu eben der Zeit die wahre Geschwindigkeit in M nach der Richtung der Röhre $Mm = \mathfrak{s}$, die Dichtigkeit $= q$, der Druck $= p$, die Weite der Röhre $= rr$ und die Kräfte wie vorher $MP = P$, $MQ = Q$, $MR = R$, welche nach dem Verhältnisse der Massen wirken. Weil die Figur der Röhre als bekannt angesehn wird, deren Länge HM sein soll $= s$, so werden x, y, z und rr durch s gegeben. Aus der wahren Geschwindigkeit $\mathfrak{s}$ und der Richtung $Mm = ds$ folgen die drei Geschwindigkeiten

$$u = \frac{\mathfrak{s}dx}{ds}, \quad v = \frac{\mathfrak{s}dy}{ds}, \quad w = \frac{\mathfrak{s}dz}{ds},$$

daher

$$udy = vdx, \quad udz = wdx, \quad vdz = wdy \quad \text{und} \quad uu + vv + ww = \mathfrak{s}\mathfrak{s}.$$

Folglich wird

$$Xdx + Ydy + Zdz = + dx\left(\frac{du}{dt}\right) + udx\left(\frac{du}{dx}\right) + udy\left(\frac{du}{dy}\right) + udz\left(\frac{du}{dz}\right)$$

$$+ dy\left(\frac{dv}{dt}\right) + vdx\left(\frac{dv}{dx}\right) + vdy\left(\frac{dv}{dy}\right) + vdz\left(\frac{dv}{dz}\right)$$

$$+ dz\left(\frac{dw}{dt}\right) + wdx\left(\frac{dw}{dx}\right) + wdy\left(\frac{dw}{dy}\right) + wdz\left(\frac{dw}{dz}\right).$$

Weil nun $\frac{dx}{ds}$, $\frac{dy}{ds}$, $\frac{dz}{ds}$ nicht von der Zeit abhängen, so ist

$$\left(\frac{du}{dt}\right) = \frac{dx}{ds}\left(\frac{d\mathfrak{s}}{dt}\right) \quad \text{etc.},$$

und wenn in den übrigen Gliedern t als beständig angenommen wird, weil

$$\frac{dx^2 + dy^2 + dz^2}{ds} = ds,$$

so wird

$$Xdx + Ydy + Zdz = ds\left(\frac{ds}{dt}\right) + udu + vdv + wdw = ds\left(\frac{ds}{dt}\right) + sds.$$

Unsere Differentialgleichung wird daher diese Gestalt erhalten:

$$\frac{dp}{q} = Pdx + Qdy + Rdz - ds\left(\frac{ds}{dt}\right) - sds.$$

Man setze die Wirksamkeit der Kräfte $= V$, so wird

$$Pdx + Qdy + Rdz = dV,$$

woraus folgende Gleichung entsteht:

$$\frac{dp}{q} = dV - ds\left(\frac{ds}{dt}\right) - sds,$$

in welcher die Zeit t als beständig angenommen wird. Also ist

$$\int \frac{dp}{q} = V - \frac{1}{2}ss - \int ds\left(\frac{ds}{dt}\right) + \text{Const.},$$

welche Constante noch die Zeit t in sich schliessen kann.[1])

160. *Ausser dieser Gleichung aber, wodurch der Druck der flüssigen Materie in der Röhre bestimmt wird, muss auch der Grundsatz des Stetigen in Betrachtung gezogen werden, woraus man eine neue Gleichung erhält, welche mit der vorigen die ganze Bewegung enthält.*

Wir finden diese neue Gleichung am füglichsten aus der Betrachtung, dass die flüssige Materie, welche jetzt den Theil der Röhre HM, nach der Zeit dt aber den Theil der Röhre hm einnimmt, in beiden Fällen einerlei Masse haben muss. Weil nun die Weite der Röhre in $M = rr$, so ist jetzt die Masse der in der Röhre HM befindlichen flüssigen Materie $= \int qrrds$,

1) Von dieser Gleichung schreibt H. Lamb, *Hydrodynamics*, Cambridge 1895, p. 26: This result is due to Daniel Bernoulli, *Hydrodynamica*, Straßburg 1738. F. R.

nach der Zeit dt aber wird die daselbst befindliche Materie der Masse nach sein

$$=\int qrrds + dt\int rrds\left(\frac{dq}{dt}\right).$$

In der Zeit dt aber fliesst dieselbe von H in h und M in m, so dass $Hh = \omega dt$ und $Mm = s dt$; daher die in Hh enthaltene Masse sein wird $= \theta cc\omega dt$ und in $Mm = qrrsdt$, deren jene von der obigen abgezogen, diese aber hinzugethan werden muss. Folglich wird die nach der Zeit dt in dem Theile der Röhre hm befindliche Masse der flüssigen Materie sein

$$\int qrrds + dt\int rrds\left(\frac{dq}{dt}\right) - \theta cc\omega dt + qrrsdt,$$

welche der erstern, so vorher den Theil HM eingenommen, gleich sein muss. Wenn wir nun durch dt dividiren, so erhalten wir daher diese Gleichung:

$$\theta cc\omega = qrrs + \int rrds\left(\frac{dq}{dt}\right),$$

wo das Integral $\int rrds\left(\frac{dq}{dt}\right)$ so genommen werden muss, dass dasselbe verschwinde, wenn man den Punkt M in H oder $x = 0$, $y = g$ und $z = h$ annimmt, in welchem Falle $rr = cc$, $q = \theta$ und $s = \omega$ wird. Es ist aber zu merken, dass hier nur zweierlei veränderliche Grössen, nämlich s und t, vorkommen; denn rr hängt allein von der Figur der Röhre oder dem s ab, θ und ω allein von der Zeit t, und q, s von beiden zugleich.

Ist die Dichtigkeit allezeit und beständig einerlei, so hat man $\left(\frac{dq}{dt}\right) = 0$ und $q = \theta$, folglich $cc\omega = rrs$, d. i., die Geschwindigkeiten verhalten sich umgekehrt wie die Weiten; da nun

$$s = \frac{cc\omega}{rr} \quad \text{und} \quad \left(\frac{ds}{dt}\right) = \frac{ccd\omega}{rrdt},$$

so findet man aus der ersten Gleichung

$$\frac{p}{\theta} = V - \frac{c^4\omega\omega}{2r^4} - \frac{d\omega}{dt}\int\frac{ccds}{rr} + C,$$

welche fast alles, was bisher von der Bewegung flüssiger Materien gehandelt worden, in sich begreift.

161. *Wenn sich die flüssige Materie in einem Gefässe bewegt, so leidet dasselbe davon einen Gegendruck, welcher gefunden wird, wenn man von allen Kräften, welche auf die flüssige Materie wirken, diejenigen Kräfte abzieht, welche zu der in allen Theilchen vorgehenden Veränderung erfordert werden.*

Wenn eine flüssige Materie durch eine Röhre fliesst oder sonst aus einem Gefässe herausspringt, so übt dieselbe auf das Gefäss eine andere Wirkung aus, als wenn sie in Ruhe wäre, und diese Wirkung wird die *Reaction* oder *Gegendruck* genannt, dessen Bestimmung in der Lehre von der Bewegung flüssiger Materien von der grössten Wichtigkeit ist. Ungeachtet aber dieser Punkt gemeiniglich auf eine mit den grössten Schwierigkeiten verknüpfte Art abgehandelt zu werden pflegt, so kann derselbe doch nach der gegebenen Regel sehr leicht ausgemacht werden. Wir wollen alle Kräfte, welche auf die flüssige Materie wirken, durch den Buchstaben F anzeigen; diejenigen Kräfte aber, welche, um die in der Bewegung jeglicher Theilchen vorgehenden Veränderungen hervorzubringen, erfordert werden, durch den Buchstaben G, und endlich soll H den gesuchten Gegendruck auf das Gefäss bedeuten. Da nun hier F als die Ursache, die beiden Grössen aber G und H zusammen als die völlige Wirkung angesehn werden müssen, so muss die Kraft F den Kräften G und H gleichgeltend sein, d. i. $F = G + H$, woraus sogleich gefunden wird $H = F - G$, wie die gegebene Regel anzeigt. Die Abziehung der Kräfte G geschieht aber am füglichsten auf diese Art, dass man bei allen Theilchen der flüssigen Materie die zu der in ihrer Bewegung vorgehenden Veränderung erforderten Kräfte verkehre, d. i. nach der entgegengesetzten Richtung zu wirken sich vorstelle, und diese verkehrten Kräfte werden nebst den wirklichen Kräften F zusammen den Gegendruck ausmachen. Nach demjenigen, was oben § 157 ausgeführt worden, setze man die Masse des Theilchens $MPQRmpqr = dM$, so werden diese verkehrten Kräfte sein:

$$\text{nach } PM = XdM,$$

$$\text{nach } QM = YdM,$$

$$\text{nach } RM = ZdM.$$

Wegen eines jeglichen Theilchens der flüssigen Materie dM wirken demnach auf das Gefäss folgende drei Kräfte:

$$\text{I. nach } MP = (P - X)\,dM,$$

$$\text{II. nach } MQ = (Q - Y)\,dM,$$

$$\text{III. nach } MR = (R - Z)\,dM.$$

Diese aus den Theilchen dM auf das Gefäss entspringenden Kräfte können auch unmittelbar aus dem daselbst befindlichen Drucke p nach den § 157 gegebenen Formeln also bestimmt werden:

$$\text{I. Kraft nach } MP = \frac{dM}{q}\left(\frac{dp}{dx}\right),$$

$$\text{II. Kraft nach } MQ = \frac{dM}{q}\left(\frac{dp}{dz}\right),$$

$$\text{III. Kraft nach } MR = \frac{dM}{q}\left(\frac{dp}{dz}\right).$$

Alle diese Kräfte zusammengenommen geben den ganzen Gegendruck, welchen das Gefäss von der darin enthaltenen flüssigen Materie auszustehen hat, wenn man zu diesen nämlich noch diejenigen hinzusetzt, welche von aussen unmittelbar auf die flüssige Materie drücken.

PARS ALTERA

COMMENTATIONES PHYSICAE

AD THEORIAM SONI PERTINENTES

Q. F. F. Q. S.

DISSERTATIO PHYSICA

DE SONO,

QUAM

ANNUENTE NUMINE DIVINO

JUSSU MAGNIFICI ET SAPIENTISSIMI PHILOSOPHORUM ORDINIS

PRO

VACANTE PROFESSIONE PHYSICA

Ad d. 18. Febr. A. MDCCXXVII.

In Auditorio Juridico hora 9.

Publico Eruditorum Examini subjicit

LEONHARDUS EULERUS

A. L. M.

Respondente

Præstantissimo Adolescente

ERNESTO LUDOVICO BURCARDO

Phil. Cand.

BASILEÆ,

Typis E. & J. R. THURNISIORUM, Fratrum.

Commentatio 2 indicis ENESTROEMIANI[1])

1) Vide ad hanc commentationem epistolam 2 ab EULERO a. 1726 ad D. BERNOULLI scriptam, *LEONHARDI EULERI Opera omnia*, series III, vol. 12, p. 3. F. R.

CAPUT I

DE NATURA ET PROPAGATIONE SONI

1. Obscura admodum atque confusa fuit veterum Philosophorum soni explicatio, quantum ex scriptis eorum nobis relictis intelligi potest. Alii cum EPICURO[1]) sonum instar fluminis ex corporibus sonoris pulsatis emanare statuerunt. Alii autem et praeprimis interpretes ARISTOTELIS[2]) latini cum illo naturam soni posuerunt in fractione aëris, quae oritur ex collisione vehementiori corporum. Inter recentiores HONORATUS FABRI[3]) atque CARTESIUS[4]) invenerunt sonum consistere in aëris tremore, de isto autem tremore pariter confuse sentiebant. Acutissimus NEUTONUS[5]) hanc rem accuratius expendere atque exponere aggressus est, praecipue soni propagationem explicando, verum parum feliciori successu. Arduam ergo hanc de sono materiam, istac in dissertatione tractare atque pro viribus dilucidare constitui, duobus capitibus eam comprehendendo. Priore hoc capite scilicet perpendetur, qua in re sonus consistat et quomodo ab uno loco ad alium propagetur. In posteriore autem tres sonum producendi modi considerabuntur.

2. Antequam autem ipsius soni tractationem aggrediar, quaedam de aëre, utpote soni subiecto, praemittenda sunt. Aërem concipio constantem ex globulis infinite parvis, compressis ab incumbente pondere atmosphaerico et tanto gaudentibus elaterio, ut semota vi comprimente sese queant in statum naturalem restituere. Cum itaque pondus aëris superioris inferiorem compri-

1) EPICURUS, 341—270 a. Chr. n. F. R.

2) ARISTOTELES, 384—322 a. Chr. n. F. R.

3) HONORÉ FABRI, 1608—1688. F. R.

4) R. DESCARTES (CARTESIUS), 1596—1650. F. R.

5) I. NEWTON, 1643—1727. F. R.

mat prohibeatque, ne globuli aërei extendantur, vis globulorum aëreorum elastica aequatur ponderi atmosphaerae; quocirca eam experimentis definire licet, aequalis nempe est, maximo existente pondere atmosphaerae, columnae Mercuriali altae 2460 scrupula seu millesimas pedis Rhenani[1]), quam mensuram in posterum semper adhibebo; sin autem atmosphaera minimo pondere gavisa fuerit, aequivalens deprehenditur vis aëris elastica columnae Mercuriali altitudinis 2260 scrupulorum. Quin etiam pondus aëris ope antliae pneumaticae determinatum est; gravitas enim specifica argenti vivi se habere observata est ad gravitatem specificam aëris maximo calore ut 12000 ad 1 et summo frigore ut 10000 ad 1 circiter.

3. Si concipiamus in serie globulorum aëreorum unum reliquis magis compressum, ille sui iuris factus dilatabitur, globulos circumiectos quaquaversus impellendo ac compressionem in illos effundendo, qui ulterius alios impellent, ut globuli procul dissiti aliquantillum compressionem sentiant. Atque hac ratione sonus in alia loca transfertur. Cum autem motus, quo globulus ille se expandit, postquam in aequalem cum ceteris statum redierit subito cohiberi nequeat, nimium is extendetur; unde a reliquis rursus comprimetur, denuo tamen nimis, ut itaque motu tremulo unusquisque ab illo primo non nimis dissitus globulus modo se dilatet, modo se rursus contrahat. Iste autem tremor globulorum aëris in instante cessare debet ob globulorum infinite exiguam magnitudinem et inde dependens infinite breve unius oscillationis tempus; edendae igitur essent ab huiusmodi globulo tempore finito oscillationes seu undulationes innumerae, quod vero ob motus cuiusvis globuli continuam diminutionem fieri nequit. Quum autem ad sensum in nobis excitandum tempus requiratur finitum, in isto aëris motu tremulo sonus consistere nequit.

4. Tum demum oritur sonus, cum idem globulus a vi aliena, intervallis interpositis finitis, crebriores patitur compressiones; requiritur scilicet ad sonum excitandum, ut idem globulus alternatim contrahatur atque relaxetur; verum tempora harum oscillationum non infinite parva esse debent, sed finita, ut numerus vibrationum seu oscillationum illarum dato tempore determinari queat; numerus scilicet pulsuum in auris organum dato tempore finito illidentium tantus esse debet, ut numeris exprimi possit.

1) 1 pes Rhenanus est 313,8355 mm. F. R.

5. Cognito iam tremore, in quo sonus consistit, facile erit explicare sonorum diversitates; hic nonnisi primarias adducam. Distribuitur vulgo sonus in magnum et parvum. Magnus est vel vehemens, cum compressiones globulorum aëreorum sunt validiores; sonus vero debilis vel parvus est, cum compressiones illae debiliores sunt. Quum sonus globulo tremulo facto propagetur communicatione compressionis cum globulis undequaque circumpositis, horum autem numerus crescat in ratione duplicata distantiarum a loco originis, decrescet soni vehementia in ratione distantiarum duplicata inversa, ni forte sonus aliunde augmenta accipiat.

6. Maximi momenti soni distinctio est in gravem atque acutum. Gravis est, cum vibrationes globulorum aëreorum tardius se invicem insequuntur, seu cum dato tempore rariores eduntur undulationes. Acutus autem est sonus, cuius vibrationes breviores interpositas habent morulas, ut adeo plures eodem tempore peragantur oscillationes. Et hinc soni, respectu gravis et acuti, sunt inter se in ratione numeri oscillationum dato tempore factarum.

7. Sonus etiam est vel simplex vel compositus. Simplex sonus est, cuius vibrationes aequaliter inter se sunt distantes aequeque fortes. Compositus constat pluribus sonis simplicibus simul sonantibus; hic constituit vel consonantiam vel dissonantiam. Consonantia percipitur sonis simplicibus componentibus rationem servantibus simpliciorem, v. g. duplam ut in diapason, vel sesquialteram ut in diapente etc. Dissonantiae autem sunt, cum ratio sonorum componentium magis est abstrusa, v. g. superbipartiens septimas quemadmodum in tritono.

8. Contemplemur iam soni propagationem aliquantum attentius, id quod non incongrue fiet, si ex Theoria supra iacta computetur spatium, quod sonus tempore dato pervadere potest, v. g. minuto horae secundo; observatum enim est sonos omnes, sive magnos sive parvos, sive graves sive acutos, eodem tempore per datum spatium ferri nec non eos perpetuo eadem velocitate promoveri. Ut illud praestetur, quaerendum est, quanto tempore globulus aëreus compressus compressionem ad datam distantiam protrudere queat. Id quod ex regulis communicationis motus et contemplatione naturae aëris haud difficulter erui potest; ipsum quidem inveniendi modum, ut evitem iconismos, omitto; quod autem inde resultat, appono.

9. Sit (ut rem generaliter complectar) gravitas mercurii specifica ad aëris gravitatem ut n ad 1, altitudo mercurii in barometro $= k$, longitudo penduli $= f$, secundum cuius oscillationes tempus, quo sonus per intervallum a transmittitur, dimetiri lubet. Hisce factis denominationibus ego invenio, quod tempus unius oscillationis penduli, f, se habeat ad tempus propagationis soni per intervallum a ut 1 ad $\frac{a}{4\sqrt{nkf}}$.

10. Si a et k determinentur in scrupulis, loco f autem ponatur 3166, indigitabit hic valor $\frac{a}{4\sqrt{3166\,nk}}$, quot minutis secundis sonus per intervallum a propagari debeat. Est enim longitudo penduli singulis minutis secundis oscillantis scrup. 3166. Cum itaque distantia a absolvatur tempore $\frac{a}{4\sqrt{3166\,nk}}$, erit distantia, ad quam sonus uno minuto secundo diffunditur scrup. $4\sqrt{3166\,nk}$.

11. Unde haec fluunt consectaria. Manente nk eodem celeritas soni eadem quoque erit adeoque, si fuerint densitates aëris elasticitatibus proportionales, soni eadem celeritate provehuntur, scilicet in aëre quam maxime compresso sonus ad sensum non celerius quam in aëre maxime rarefacto promovetur. Et hinc sonus in summis montibus eadem velocitate progredi debet, qua in imis vallibus, nisi aliae causae accesserint mox exponendae.

12. Crescente facto nk soni celeritas augeri debet. Densitate ergo aëris manente vel minuta, elaterio autem aucto soni celeritas maior erit; sin vero e contrario aëris densitas crescat, elaterio manente vel minuto, sonus retardabitur. Atque hinc colligitur, cum aëris tellurem cingentis et pondus seu densitas et vis elastica variis obnoxia sit mutationibus, soni velocitatem subinde quoque variari. Maxima ergo soni celeritas erit maximo calore coeloque sudo seu accuratius liquoribus in barometro et thermometro ad summam altitudinem elevatis. Acerbissimo vero frigore et saevissima tempestate celeritas soni minima esse debet, id quod evenit liquoribus in barometris et thermometris in infimis locis existentibus.

13. Maxima ergo soni celeritas reperietur, si ponatur loco n 12000 et loco k 2460 scrup., ut adeo spatium uno secundo a sono percursum reperiatur scrup.

$$4\sqrt{3166 \cdot 12000 \cdot 2460} = 1222800,$$

i. e. sonus maxima celeritate pervadere debet secundum istam meam Theoriam intervallo minuti secundi 1222 pedes Rhenanos. Minima vero soni celeritas habebitur ponendo pro n 10000 et pro k 2260, ut adeo spatium secundo emensum sit scrupulorum

$$4\sqrt{3166 \cdot 10000 \cdot 2260} = 1069600$$

seu 1069 pedum. Distantia ergo, ad quam sonus secundo dispergi debet, continetur inter hos limites 1222 et 1069 ped.

14. Si ista cum experientia conferantur, egregie cum ea consentire reperientur, id quod meam methodum confirmabit. Observarunt enim FLAMSTEDIUS[1]) atque DERHAMIUS[2]) accuratissime institutis experimentis sonum tempore minuti secundi percurrere 1108 pedes, qui numerus fere medium tenet inter limites inventos. Si iam consideremus, quae NEUTONUS[3]) hac de re habet *Phil.* lib. II sectione VIII, invenit ille pro distantia, quam sonus minuto secundo percurrit (ad nostrum loquendi modum eius ratiocinio reducto) scrup. Rhenani $\frac{p}{d}\sqrt{3166\,nk}$ denotante $\frac{d}{p}$ rationem diametri ad peripheriam, i. e. quam proxime $7:22$. Est itaque eius expressio nostra minor, si quidem NEUTONUS $\sqrt{3166\,nk}$ ducat in $3\frac{1}{7}$, ego autem loco huius numeri adhibeam 4.

15. Hinc ergo mirum non est, quod acutissimus NEUTONUS nimis exiguam inveniat distantiam, ad quam sonus secundo minuto pertingit; maiorem eam non determinat quam 947 ped., quae sane ingens est discrepantia ab illa distantia, quae experimentis erat inventa; quod autem ad confirmationem methodi affert, tribuendo istam discrepantiam impuritati aëris, mera est tergiversatio. Utcumque enim aër vaporibus sit infectus, vis eius elastica aequalis semper est ponderi atmosphaerico pondusque aëris inde ad sensum quoque non mutatur. His vero obtinentibus soni celeritas inde mutationem ullam perpeti non potest. Nec magnitudo molecularum aërearum quicquam ad rem facit.

1) J. FLAMSTEED (1646—1719) in observatorio ab eo a. 1675 in oppido Greenwich instituto una cum ED. HALLEY (1656—1742) soni celeritatem in aëre determinaverat. F. R.

2) W. DERHAM (1657—1735), *Experimenta et observationes de soni motu aliisque ad id attinentibus*, Philosophical transactions (London) 26, 1708, numb. 313, p. 1. F. R.

3) I. NEWTON, *Philosophiae naturalis principia mathematica*, lib. II prop. 50, scholium; editio secunda, Cantabrigiae 1713, p. 342—344. F. R.

CAPUT II

DE PRODUCTIONE SONI

16. Ad producendum sonum requiritur, ut aër eo, quem capite praecedente exposui, modo tremulus reddatur, scilicet ut globuli aëris habeant contractiones atque expansiones finito tempore a se invicem separatas. Huiusmodi tremulum motum aëris triplici modo diverso, imprimis ex triplici sonorum genere concludere potui. Quocirca isto in capite de tribus diversis sonum producendi modis verba erunt facienda. Refero autem ad genus sonorum primum sonos chordarum, tympanorum, campanarum, instrumentorum lingulis instructorum etc., omnes scilicet sonos, qui originem suam debent corpori solido contremiscenti. Ad secundum genus referendi sunt soni tonitrus, bombardarum atque virgarum et quorumvis corporum vehementius commotorum, omnes nimirum soni orti a subitanea restitutione aëris compressi, ut et validiore percussione aëris. Tertio generi autem annumero sonos tibiarum, quorum naturam, cum nemo hactenus quicquam solidi hac de re dederit, diligentius expendam.

17. Ad primum sonorum genus hactenus omnes, quantum scio, cunctos plane sonos referebant arbitrabanturque nullum sonum nisi a corpore solido contremiscente exoriri posse; falsitas autem huius sententiae mox ob oculos ponetur, cum duos reliquos sonum producendi modos explicaturus ero. Nunc autem modus, quo soni excitantur, primus accuratius perpendendus est. Verum in praesentiam nonnisi, cum reliqua facile eo reduci queant, chordas, quomodo et quales edant sonos, contemplabor. Ad quod exactius obtinendum chordas ut pondere tensas considero, cum alias circumvolutione circa columnam extenduntur, ut accurate vim chordam extendentem metiri liceat.

18. Ante omnia observandum est chordas easdem aequales ratione gravis et acuti edere sonos, quacunque vi pulsentur, licet ingens esse possit discrepantia ratione vehementiae et debilitatis; soni enim vehementia est ut celeritas, qua chorda aërem percutit, sonique aeque fortes sunt, si aër eadem vi impellitur. Quocirca, cum soni musici tam graves quam acuti aequaliter fortes esse debeant, ut dulcis harmonia habeatur, in fabricatione instrumentorum musicorum probe in id incumbendum est, ut soni ratione fortitudinis seu roboris aequales edantur, ad quod obtinendum sequentes regulae, quae quidem a recentioribus artificibus ex multiplici praxi crasse iam erutae sunt, quarum vero veritas ex sequentibus perfecte patebit, diligenter observandae sunt.

I. *Chordarum longitudines sint in reciproca ratione sonorum, i. e. numeri vibrationum dato tempore edendarum.*

II. *Chordarum crassitudines seu sectiones transversae sint quoque in ratione reciproca sonorum, si scilicet eiusdem materiae chordae in usum vocentur; sin vero minus, tum cum ratione crassitudinis densitatis ratio inversa coniungenda est.*

Ad instrumenta tibiis instructa regulae istae quoque applicari possunt, sumendo ibi loco longitudinis chordarum longitudinem seu altitudinem tibiarum et loco crassitudinis chordarum amplitudinem tibiarum internam.

19. Quando chorda oscillatur, aëreos globulos ferit, qui, cum in instanti cedere nequeant, comprimuntur; durante autem oscillatorio motu globuli aërei continuo novas patiuntur compressiones, unde sonus oritur. Aër itaque toties ferit aurem seu tympanum auris, quoties chorda redierit. Adeoque reperiri poterit numerus percussionum uniuscuiusque soni dato tempore aurem invectarum, investigando scilicet numerum oscillationum chordae sonum illum edentis eodem tempore. Mea solutio autem, quae cum solutionibus Cl. Cl. D. D. Joh. Bernoullii[1]) atque Brook Tayloris[2]) exacte conspirat, est haec.

20. Sit pondus chordam tendens $= p$, pondus chordae $= q$ et longitudo chordae $= a$, ex quibus tribus datis numerus vibrationum dato tempore in-

1) Joh. Bernoulli (1667—1748), *Meditationes de chordis vibrantibus*, Comment. acad. sc. Petrop. 3 (1728), 1732, p. 13; *Opera omnia*, Lausannae et Genevae 1742, t. III, p. 198. F. R.

2) Brook Taylor (1685—1731), *Methodus incrementorum directa et inversa*, Londini 1715, p. 26. F. R.

veniendus proponitur. Invenio ego pro numero oscillationum uno minuto secundo editarum

$$\frac{22}{7}\sqrt{\frac{3166p}{aq}},$$

ubi a determinari debet in scrupulis. Huic numero cum sonus proportionalis sit, soni a diversis chordis editi erunt inter se ut $\sqrt{\frac{p}{aq}}$, i. e. soni sunt in ratione subduplicata composita ex ponderis tendentis directa et reciproca longitudinis et ponderis chordae. Plura hinc magis particularia consectaria non deduco, sed inquiram in naturam sonorum cognitorum atque numeros vibrationum illis respondentes ex experimento a me hunc in finem instituto.

21. Sumsi chordam aëneam ex eius crassitiei genere, quod No. 18 indigitatur, longitudinis 980 scrup., quae ponderabat $\frac{49}{175000}$ libr., eamque tetendi pondere $\frac{11}{4}$ libr., qua pulsa deprehendi sonum convenisse cum eo, in instrumento chorali modo, ut aiunt, adaptato, qui musicis audit $\overline{ds}$. Hinc ergo licebat supputare, quoties iste sonus et proin quivis alius dato tempore auditus organum feriat; in data enim formula generali, si substituatur loco a 980, loco p $\frac{11}{4}$, loco q $\frac{49}{175000}$, sonus $\overline{ds}$ minuto secundo habere invenietur vibrationes 559 et cum sit $\overline{ds}$ ad $\bar{c}$ ut 6 ad 5, habebit sonus $\bar{c}$ 466 et proinde infimum C 116 vibrationes.

22. Ad hunc modum productionis soni quoque referendi sunt soni a lingulis seu laminis elasticis tubo insertis inflatione venti editi, quanquam quoque ex parte ad tertium modum pertineant; ad utrumque enim pertinent. Huiusmodi machinas videre est in variis organis pneumaticis tubarum, buccinarum, ut et hominum cantus imitantibus, quae instrumenta omnia vento inflari debent ad id, ut sonum edant. Ventus, transitum sibi quaerendo, aperit lingulam instar valvulae, nimium autem eam aperiendo tendit, ut rursus valvula retrocedat, in priorem statum tendendo, quae proinde denuo aperitur, ut ita motu tremulo aërem transeuntem inficiat. Necesse quidem esset, ut vento aequabiliter flante valvula tandem quiesceret sonusque cessaret; ad hoc autem cavendum ventus ipse, praeterquam quod per se, dum e follibus propellitur, non aequabiliter orificia machinarum impetat, ope valvulae tubo ventum deferenti insertae tremulus redditur.

23. Eodem plane modo vox humana generatur; lingulae enim locum in organo loquelae obtinet epiglottis, quae tremula redditur ab aëre per arteriam asperam ascendente. Tremulus iste motus aëris egredientis cum in capite arteriae asperae tum in cavitate oris variis modis immutatur, ex quo vox gravis atque acuta inflectitur variique vocales formantur, qui soni ope labiorum, linguae atque faucium consonantibus exornantur. Quin et naso, cum aëri ab epiglottide tremulo reddito exitus per nasum quoque pateat, varii soni respectu gravis et acuti edi possunt, qui autem a sonis oris in eo differunt, quod nec vocalibus distincte interstingui nec consonantibus condiri possint.

24. Isti autem soni a lingulis tremulis editi, nisi in tubis confirmentur, admodum debiles essent, ut percipi vix possent, quemadmodum observare est in lamina contremiscente, ubi nil fere auribus percipitur. Mirum autem in modum soni isti intenduntur in tubis atque vox humana in ore, nec non quoad gravitatem atque aciem ingens mutatio huiusmodi sonis infertur in tubo. Verum de hisce soni intensionibus ac inflexionibus hic non est locus fusius disserere; peculiari opus esset capite, quo ista materia accuratius expenderetur, ubi explicanda quoque veniret mirifica soni in tubis stenterophonicis amplificatio, ut et doctrina de Echo pluraque alia; sed istam materiam accuratius perpendere nondum vacavit, et quae in aliorum scriptis continentur, quantum ex iis perspexi, admodum confusa sunt et maximam partem falsa.

25. Ad secundum sonorum classem retuli eos sonos, qui oriuntur vel notabili aëris quantitate compressa subito dimissa vel validiore aëris percussione. Posteriori modo aër quoque comprimitur, cum corpori verberanti loci cessionem denegare conetur, unde aër iterum sibi relictus sese expandit. Causa itaque sonorum ad secundam classem pertinentium est restitutio aëris antea compressi. Istam vero restitutionem sonum generare debere exinde patet, quod aër compressus sese dilatando nimium expandat et proinde iterum contrahatur et ita porro, qua undatione aëris fit, ut quoque minimi aërei globuli, quippe qui aëris massam componunt, motum istum tremulum participent atque per consequens sonum producant; ubi notandum, ut, quo maior aëris copia sit compressa, eo graviorem edi sonum, ac quo minor ea sit, eo acutiorem. Huiusmodi vero soni diu durare nequeunt, sed e vestigio cessare debent, quia aër, motum in longe dissita loca diffundendo, motum tremulum statim amittit.

26. Omnes ergo causae, quae aërem vel iam compressum dimittere vel vero comprimere, ita tamen, ut se statim relaxare possit, valent, ad sonum producendum aptae sunt. Quocirca omnes velociores corporum motiones in aëre sonum edere debent; motis enim corporibus aër ob propriam inertiam liberrime cedere nescius comprimitur rursusque se dilatando motum tremulum globulis aëreis minimis inducit, ad sonum producendum aptum. Hinc fluunt soni vehementius vibratarum virgarum, ut et omnium velocius motorum corporum. Soni quoque flatuum atque ventorum ex hoc fonte originem ducunt; aër enim praecedens ab insequente etiam comprimitur, quemadmodum a corpore duro.

27. Soni, qui oriuntur aëre iam compresso subito relaxato, facile validissimi sunt tormentorum atque tonitrui. Horum autem immensorum sonorum causam esse restitutionem aëris compressi comprobant varia experimenta pulvere pyrio atque nitro instituta, quandoquidem repertum sit aërem inibi quam maxime esse condensatum, cui inflammatione nitri viae exitum ei praebentes adaperiuntur, ut maximo impetu erumpere queat. Cum autem ex materia nitrosa et pulvis pyrius, et multi vapores nubes constituentes constent, mirum non est, ignem ista materia concipiente, tam stupendos inde resultare sonos.

28. Tertium sonorum genus constituunt soni tibiarum. Horum sonorum explicatio quovis tempore naturae scrutatores mirum in modum torsit. Plerique existimavere inflatione tibiarum minimas internae superficiei particulas impelli atque ad motum tremulum sollicitari, ut ita interna tibiarum superficies inflatione tremens reddatur faciatque oscillationes cum aëre communicandas; sed quomodo ista explicatio cum legibus naturae et motus consistant, ipsi inquirant. Ego sane concipere nequeo, quomodo duntaxat differentia sonorum tibiarum diversae altitudinis non mutata earum amplitudine exinde exponi possit; quare enim particulae internae, si unquam motum concipiant, pro diversa altitudine tuborum diversimode oscillari debeant, videre non possum, brevi vix arbitror vel unicum tibiis institutum experimentum ex ista theoria explicari posse.

29. Ut autem veram huius rei explicationem nanciscar, primum tibiarum structura, et quaenam in illis, dum inflantur, eveniant, accuratius perpendenda sunt. Sunt tibiae seu fistulae tubi, quibus infra iunctum est peristomium

cavum aëri recipiendo aptum, quod versus tubum in crenam desinit directe oppositam lateri cuidam internae tubi superficiei, eum in finem, ut aër peristomio inflatus per fissuram in tubum secundum eius longitudinem irruat, rependo super superficie tubi interna; si fistula hoc modo constructa sit, sonum inflata edit, uti facile patet, si quivis tubus peristomio destitutus ita quoque infletur, ut aër in tubum super superficie interna repat, tum enim sonum etiam sicut tibia edit. Interna autem tubi superficies dura laevisque esse debet, ne aëri irruenti cedere, nec illi in tubo contento locum sese expandendi dare possit, quocirca fistulae ex tubis ad latera clausis atque rigidis interneque non scabris parari debent.

30. Videamus iam, quid in fistula, dum inflatur, eveniat, quod aërem tremulum reddere possit, seu qua ratione aër dicto modo in tubum reptans aërem in tubo contentum tremulum reddere queat. Manifestum est, aëre in tibiam ingrediente, comprehensum in illa aërem secundum longitudinem compressum iri; qui cum sese rursus expandat, verum nimis, comprimetur rursus a pondere premente atmosphaerico, ut ita motus tremulus in tubo producatur, qui tremor causa soni proxima est. Atque sic detecta est causa soni tibiarum vera, cuius autem realitas et veritas abundius innotescet, cum ad explicationem eventorum circa sonum tibiarum observatorum descendetur; penitius autem prius considerandus est modus, quo motus ille tremulus producitur.

31. Columna aërea in fistula sese secundum amplitudinem expandendo ac contrahendo more chordarum undat atque idcirco istam columnam considerabo ut fasciculum chordarum aërearum tensarum a pondere atmosphaerico. Licet autem pondera chordas tendentia eas divellere conentur, hic vero directe contrarium obtineat, cum columna illa aërea a pondere atmosphaerico coarctetur, nihilo tamen minus analogia legitima est; eundem enim pondus atmosphaerae exerit in columnam aëream effectum, quem pondera tendentia in chordas, si quidem utrinque, ibi pondus atmosphaerae, hic pondera tendentia, chordas nimium extensas rursus comprimunt. Loco autem, quod chordae ordinariae unico in puncto pulsatae sonum edant, chordae illae aëreae, cum pulsu unico in puncto facto totae ob discontinuationem partium contremiscere nequeant, simul per integram longitudinem pulsari debent, id quod fit in tibiis, ubi aër irrepens per totam longitudinem aërem in tubo contentum comprimit.

32. Ad inveniendum itaque oscillationes aëris in tibiis seu ad determinandum numerum undulationum cuiusvis fistulae res eo redit, ut aër in tubo habeatur pro chorda tensa utrinque a pondere atmosphaerico; atque hoc intuitu oscillationes reperientur ex § 21. Sit scilicet longitudo chordae, i. e. tubi, $= a$; erit p (pondus chordam tendens) $=$ ponderi atmosphaerico seu columnae mercurii in barometro, i. e. ad minimum 2260 et ad maximum 2460 scrup.; q (pondus chordae) autem erit $=$ ponderi aëris in tubo. Sit rursus ratio gravitatum specificarum mercurii et aëris $= n : 1$ et k altitudo mercurii in barometro. Erit p ad q in ratione composita n ad 1 et k ad a seu erit p ad q ut nk ad a.

33. Positis iam in expressione § 20 loco p et q eorum proportionalibus nk et a reperietur pro numero vibrationum uno minuto secundo editarum iste valor $\frac{22}{7a}\sqrt{3166\,nk}$. Unde patet, cum n et k pro diversa tempestate mutentur, sonum quoque mutari, scilicet crescente nk ille fit acutior, decrescente autem nk fit gravior. Erunt ergo soni tibiarum acutissimi maximo calore et aëre ponderosissimo, gravissimi autem maximo frigore aëreque levissimo. Quae differentia sonorum egregie quoque observatur a musicis atque organariis. Quia autem ista mutatio in omnibus tibiis aequabiliter locum habet, harmonia non mutatur.

34. Ut numeris exprimatur numerus oscillationum tibiarum, ponantur, si desideretur sonus liquoribus in barometris et thermometris ad maximam altitudinem consistentibus, pro n 12000 atque pro k 2460 scrup.; reperietur numerus oscillationum minuto secundo editarum in tibia a scrup. longa

$$= \frac{22}{7a}\sqrt{3166 \cdot 12000 \cdot 2460} = \frac{960771}{a}.$$

Maximum vero frigus saevissimamque tempestatem indigitantibus liquoribus barometrorum ac thermometrorum, ponendo pro n 10000 et pro k 2260 scrup., reperietur numerus oscillationum minuto secundo editarum aequalis

$$\frac{22}{7a}\sqrt{3166 \cdot 10000 \cdot 2260} = \frac{840714}{a}.$$

35. Hinc ergo ratio patet, quare tibiae edant sonos longitudinibus reciproce proportionales et quare amplitudo ad rem nihil faciat, immo etiam, quare

materia tibiarum nullam sono diversitatem inferat. Quanquam autem nec amplitudo nec materia tuborum quicquam ad soni gravitatem seu aciem immutandam conferat, tamen haec ad affectionem atque suavitatem multum contribuit; illa autem amplitudo tubi fundamentum est vis soni, ut, quo amplior sit tubus, eo fortior quoque sit sonus; amplitudo scilicet in tibiis analoga est crassitiei in chordis. Et quemadmodum non quaevis chorda ad quemvis sonum edendum apta est, verum ad graviorem crassior requiratur, ita etiam in tibiis istud locum obtinet, ut, quo altiores eae sint, eo maior amplitudo requiratur.

36. Cum ratio sonorum tonum integrum a se invicem distantium sit ut 8 ad 9, eadem tibia pro diversa aëris conditione sonos ad summum plus quam tono discrepantes edere potest. Sit tibia 4 pedes longa, quae adhibetur ad sonum C in chorali modo edendum; et erunt eius vibrationes secundo minuto editae ad summum 240 atque ad minimum 210; id quod satis convenit cum iis, quae antea invenimus, ubi de chordis actum fuit; ibi enim numerus oscillationum soni C repertus fuit 116, unde patet sonum tibiarum C esse quam proxime octava superiorem eo sono C in chordis. Quod autem tota octava distent, vulgo tamen pro aequalibus habeantur, mirandum non est, cum de sonis heterogeneis difficillimum sit iudicare, an unisoni sint; num vero octava vel prorsus duabus aut pluribus octavis distent, sufficit, quod unica saltem octava eos sonos discrepantes repererim, id quod meam theoriam satis confirmat.

37. Quae hucusque de sono fistularum allata sunt, intelligi debent de fistulis cylindricis apertis, ubi aëri inflato in supremo tubo exitus patet. Cum autem tubus supra tectus fuerit, aër inflatus supra egredi nequit, ideoque eum retrogredi necesse est, ut ad orificium inferius emergat. Unde fit, ut quasi ad operculum supra tubum reflectat alterumque tantum spatii absolvat, antequam exitus ei patet. Et per consequens aër in tubo tanquam chorda duplo longior est consideranda, quippe chordae ut complicatae concipi debent. Unde colligitur fistulam tectam sonum edere eundem cum aperta duplo longiore, seu edet sonum octava graviorem aperta.

Quales autem edant sonos fistulae non ubivis eiusdem amplitudinis, i. e. vel convergentes vel divergentes, item fistulae supra ex parte saltem tectae, Clar. Competitoribus examinandum propono.

ANNEXA

1. *Systema corporis et animae harmoniae praestabilitae, quo actiones corporis et animae minime a se invicem dependere asseruntur, veritati non consentaneum est.*

2. *Vis attractiva* NEUTONI *aptissimus cuncta corporum coelestium phaenomena explicandi modus est. Et ideo extra dubium positum esse credo corpora omnia ex sua natura se mutuo trahere.*

3. *Posito, centrum telluris (quod autem a vero longe est alienum) quaevis corpora attrahere in reciproca ratione duplicata distantiarum, terramque per centrum esse perforatam. Quaeritur, lapide per foramen demisso, quid eveniret, cum ad centrum perveniret, utrum ibi vel quiescens permansurus vel protinus ultra centrum progressurus, an vero e vestigio ad nos ex centro reversurus esset. Postremum ego affirmo.*

4. *Vires corporum motorum sunt in ratione composita ex simplici massarum et duplicata celeritatum.*

5. *Globus super plano inclinato rotando descendens, abstrahendo ab omni resistentia, ea celeritate, quam ex eadem altitudine perpendiculariter cadendo acquireret, multo minorem nanciscetur. Erit enim illa ad istam normaliter cadendo acquisitam ut* $\sqrt{5}$ *ad* $\sqrt{7}$.

6. *Mali in navibus nimis alti esse non debent, ne venti vis navem subvertat. Ponamus autem malum velis instructum nimis altum, ut scilicet navis vento data certo prosterneretur. Dico, latiora vela si appenderentur, ut vis navem propulsans fortior esset, minus fore navem subversioni obnoxiam. Et semper, quantumvis malus altus sit, latitudo velorum eousque augeri poterit, ut nequidem vehementissimus ventus navi damnum afferre possit.*

TANTUM.

TENTAMEN NOVAE THEORIAE MVSICAE

EX

CERTISSIMIS

HARMONIAE PRINCIPIIS

DILVCIDE EXPOSITAE.

AVCTORE

LEONHARDO EVLERO.

PETROPOLI, EX TYPOGRAPHIA ACADEMIAE SCIENTIARVM.

cIↄ Iↄ cc xxxix.

Commentatio 33 indicis ENESTROEMIANI

PRAEFATIO

Eas res, quibus musica auditui grata redditur animosque vcluptate afficit, neque in arbitrio hominum positas esse nec a consuetudine pendere iam primis temporibus, quibus musica excoli coepit, satis luculenter intelligebatur. PYTHAGORAS[1]) enim, qui primus musicae fundamenta posuit, iam agnovit rationem consonantiarum, quibus aures delectentur, in proportionibus perceptibilibus latere, etiamsi ipsi nondum constaret, quo pacto hae rationes ab auditu percipiantur. Quoniam autem vera harmoniae principia minus distincte perspexerat, proportionibus suis nimium tribuerat neque ipsis debitos limites constituere noverat. Quam ob causam ab ARISTOXENO[2]) merito est reprehensus, qui vero, ut PYTHAGORAE doctrinam infringeret, in alteram partem contrariam nimium recessit, dum omnem numerorum et rationum vim ex musica tollere est annisus. Interim tamen nec hic ARISTOXENUS asserere ausus est melodiam bene compositam auribus temere ac sine ulla ratione placere, sed tantum voluptatis causam in proportionibus a PYTHAGORA stabilitis sitam esse negavit; atque dum totum de consonantiis iudicium auribus relinquendum putavit, ipsum fontem ignorare maluit quam doctrinam PYTHAGORAE insufficientem multisque erroribus adhuc involutam admittere. Hoc quidem tempore multo maiori iure dubitandum videatur, an ulla omnino detur theoria musica, per quam, cur melodia quaepiam placeat displiceatve, explicari queat; non solum enim nos barbarorum musicam, quae ipsis mirifice placere solet, abominamur, sed hi vicissim in nostra musica nihil omnino suavitatis inveniunt. Quodsi autem quis hinc inferre velit nullam prorsus dari rationem eius suavitatis, quam ex musica percipimus, is profecto nimis praecipitanter iudicaret. Cum enim hoc quidem tempore compositio musica maxime sit complexa et fere innumerabilibus partibus complicata, neque de nostra probatione nec de barbarorum aversatione ante iudicium integrum ferre licet, quam singulae partes componentes attente sint consideratae et examinatae. Quando autem a simplicissimis consonantiis, ex quibus omnis musica componitur, initium iudicandi sumimus, cuiusmodi sunt octavae,

---

1) Circa 580—500 a. Chr. n. F. R.

2) ARISTOXENUS, Tarentinus, ARISTOTELIS (384—322 a. Chr. n.) contemporaneus et discipulus, scripsit *ἁρμονικὰ στοιχεῖα* (ed. MEURSIUS, Lugd. Bat. 1616, et MARQUARD, Berlin 1868; vide etiam MEIBOM, *Antiquae musicae scriptores,* Amstelodami 1652). Ceterum vide H. RIEMANN, *Handbuch der Musikgeschichte*, 1. Bd., Leipzig 1905. F. R.

quintae, quartae, tertiae et sextae tam maiores quam minores, nullum omnino dissensum inter omnes nationes deprehendimus; quin potius omnes haec intervalla unanimo consensu auditui magis grata aestimant quam dissonantias, tritonum scilicet, septimas, secundas innumerasque alias, quae effici possunt. Cuius consensus cum neque nulla detur ratio neque soli consuetudini adscribi queat, vera causa merito investigatur. Similis deinceps fere est ratio duarum pluriumve consonantiarum sese successive insequentium, quarum consecutio sine ratione neque placere neque displicere potest. Maior autem attentio ac facultas requiritur ad voluptatem ex pluribus consonantiis successivis capiendam quam ex solitariis; ut enim singulae consonantiae placeant, sufficit, si eae agnoscantur atque ordo, qui in ipsis inest, percipiatur; at si plures consonantiae successive efferantur, ad placendum insuper necesse est, ut etiam ordo, qui in ipsa consecutione continetur, intelligatur. Quodsi ergo harum rerum, in quibus certus inest ordo, multiplicitas tantopere augeatur, ut omnia, quae ordinem constituunt, non nisi ab acutissimis auribus percipi queant, mirum non est, si hebetiores aures nullam penitus suavitatem inveniant. Cum igitur barbari ex nostra musica parum aut nihil voluptatis capiant, eius rei causa minime in hoc versatur, quod vel revera nihil prorsus insit suavitatis vel nobis solum ob consuetudinem placeat, sed potius iudicandum est tam multiplicem ordinem ac suavitatem in nostra musica inesse, cuius minima pars tantum a barbaris percipiatur. Hoc autem in negotio consuetudo plurimum valet, non quidem ad sibi persuadendum compositionem quandam musicam esse gratam, quae aliis ingrata videatur, sed ad ipsum sensum auditus exercendum atque exacuendum, ut omnes ordines, quibus talis musica est repleta, percipere possit. Qui igitur aures suas hoc modo nondum exercuerunt ac perfecerunt, iis musica planissima, qua nos ob summam simplicitatem fastidio afficimur, quia copiosioribus compositionibus assuefacti multo plus ordinis requirere solemus, est relinquenda.

Cum itaque ex his memoratis tam rectis iudiciis quam perversis clare sequatur dari omnino theoriam musicam, in qua ex certissimis atque indubitatis principiis ratio eorum, quae tam placent quam displicent, explicari queat, in praesenti opere haec principia investigare iisque theoriam musicae superstruere constitui. Quanquam enim iam multi hunc laborem susceperunt, tamen omnes ultra doctrinam de consonantiis non sunt progressi, et ne hanc quidem ita absolverunt, ut in musica practica ad usum perduci posset; quantum autem in hoc libro sit praestitum, etsi totum negotium non absolvimus, aliis relinquimus iudicium; interim praecepta ex nostra theoria nata cum musica maxime probata tam egregie consentiunt, ut de soliditate et veritate huius theoriae dubitare omnino nequeamus. Officium enim Physici in hoc instituto potissimum sumus secuti atque in veras causas inquisivimus earum rerum, quae in musica cum placere tum etiam displicere observantur; quodsi ergo theoria cum experientia consentiat, officio praescripto rite functi iure nobis videmur.

Primum igitur doctrinam de sonis ex ipsis fontibus repeti conveniebat, quam non solum accuratius, quam adhuc factum est, exposuimus, sed etiam, quod praecipuum erat, ad musicae fundamenta constituenda accommodavimus. Dilucide scilicet ostendimus, in quali particularum aërearum motu vibratorio omnis sonus consistat et quonam pacto iste motus sensum auditus afficiat, ut inde perceptio soni exsurgat. Ita innotuit auditionem soni simplicis nil aliud esse nisi perceptionem plurium pulsuum aequalibus temporis intervallis se invicem insequentium, atque discrimen gravitatis et acuminis sonorum in frequentia istorum pulsuum ita esse positum, ut, quo plures pulsus eodem tempore aures percutiant, eo sonus acutior aestimetur. Deinde varios modos sonos efficiendi sumus perscrutati, quos ad tria genera revocavimus, atque a priori celeritatem pulsuum, quos datum corpus sonorum in aërem transfert, determinavimus; ex quo adeo numerum pulsuum, quem quisque sonus in musica receptus intervallo unius minuti secundi edit, definire licuit. Atque in hac tractatione novam omnino theoriam sonorum, quos fistulae seu tibiae inflatae reddunt, exhibuimus, cuius cum experientia consensus est tantus, ut ea necessario pro vera habenda videatur. Praeterea quoque vim ac vehementiam sonorum diligenter investigavimus atque modum aperuimus singula instrumenta musica ita conficiendi, ut omnes soni, ratione gravitatis utcunque diversi, aeque tamen fortes efficiantur, ex quo non parum subsidii in fabricationem instrumentorum musicorum redundare videtur.

Duplici autem theoria musica nititur fundamento, quorum alterum in accurata sonorum cognitione continetur, id quod ad scientiam naturalem proprie pertinet ac primo capite satis superque est expositum. Alterum vero principium ex metaphysica potius est petendum, quippe per quod definiri oportet, quibus rebus efficiatur, ut plures soni tam simul quam successive ab auditu percepti placeant displiceantve; quam quaestionem cum ratione tum experientia ducti ita resolvimus, ut binos pluresve sonos tum placere statueremus, cum ratio, quam numeri vibrationum eodem tempore editarum inter se tenent, percipiatur; contra vero displicentiam in hoc consistere, quando vel nullus ordo sentiatur vel is, qui adesse debere videatur, subito perturbetur. Deinde exposuimus, quomodo ordo sonorum, qui ratione vibrationum simul vel aequalibus temporibus editarum continetur, distincte percipiatur; ex quo mox colligere licebat alias rationes perceptu esse faciliores, alias difficiliores; atque in causam huius discriminis inquirentes facultatem percipiendi ad gradus perduximus, qui non solum in musica maximi sunt momenti, sed etiam in aliis disciplinis et artibus, quibus venustas est proposita, ingentem utilitatem afferre queant. Gradus autem isti secundum simplicitatem rationum percipiendarum sunt dispositi atque ad eundem gradum omnes eae rationes relatae, quae aequali facultate percipi possunt: ita ad primum gradum unica pertinet ratio omnium simplicissima aequalitatis, quae, ubicunque adest, mox facillime animadvertitur, eamque duo soni aequales constituunt. Hunc excipit gradus secundus, ad quem pariter plus una ratione referri non licet, quae est ratio dupla; haec enim facilius percipitur quam omnes aliae praeter rationem aequalitatis, atque in sonis intervallum, quod diapason seu octava vocatur, comprehendit. Ad tertium vero gradum duas rationes, triplam scilicet et quadruplam, referre est visum, cum hae duae rationes aequali facultate percipiantur; atque hoc modo reliquos gradus ordine sumus persecuti, unicuique rationibus perceptu aeque facilibus tribuendis. Ipsos vero hos gradus suavitatis appellamus, eo quod ex iis intelligatur, quantam quaeque consonantia suavitatem in se habeat seu, quod eodem redit, quanta facultas ad eam percipiendam requiratur; unde intelligitur, quanto aliae rationes aliis facilius, ubicunque affuerint, animadverti queant. Perspicuum praeterea erit discrimen hoc rationum non in nominibus, quae veteres ipsis imposuerunt, esse situm neque, uti PYTHAGOREIS visum est, rationes multiplices facilius percipi quam superparticulares[1]) neque has facilius quam superpartientes[1]), sed criterium ex longe alio fonte esse petendum, ex quo multo solidior et experientiae maxime conveniens cognitio ac diiudicatio consonantiarum nascatur. Atque his duobus principiis, physico altero, altero metaphysico, totam theoriam musicae superstruximus.

Quod ad ipsam pertractationem operis attinet, ante omnia notandum est musicam duabus potissimum absolvi partibus, quibus ipsi gratia et lepos concilietur; quarum altera discrimini inter gravitatem atque acumen sonorum innititur, altera vero in duratione sonorum consistit. Hodierna quidem musica utroque suavitatis genere maxime solet esse condita; interim tamen etiamnunc exempla conspicere licet, in quibus alterutrum genus tantum gratiam excitat. In hoc vero tractatu eam praecipue suavitatem evolvere constituimus, quae ex discrimine sonorum ratione gravitatis et acuminis nascitur, cum alterum genus tractatu minus sit difficile atque ex altero explicato facile conficiatur. Quemadmodum enim in discrimine gravitatis et acuminis aliae proportiones locum adhuc non inveniunt, nisi quae numeris 2, 3 et 5 constituantur, ita in discrimine durationis ne hucusque quidem musici pertigerunt, sed omnem huius generis suavitatem ex solis numeris 2 et 3 traxerunt, neque etiam auditus in hoc genere rationes tam compositas comprehendere valet quam in altero. In ipsa igitur compositionis musicae, quae ad differentiam inter sonos graves et acutos tantum respicit, explicatione initium factum est a consonantiis seu pluribus sonis simul sonantibus; ubi non solum omnes consonantiae, quae quidem in musica occurrere possunt, sunt recensitae, sed etiam secundum genera suavitatis dispositae, ex quibus statim diiudicari potest, quanto aliae consonantiae aliis facilius percipi queant. Deinde ad successionem duarum consonantiarum sumus progressi atque ostendimus, quomodo duas consonantias comparatas esse oporteat, ut ipsa etiam successio auditui grata reddatur. Tum vero idem institutum extendimus ad plurium consonantiarum seriem atque adeo ad opera musica quaecunque, quandoquidem durationis sonorum nulla ratio habetur. Iudicium autem harum singularum rerum ad exponentes numericos revocavimus, in quibus omnis vis ac natura tam consonantiarum singularum quam binarum pluriumve successionis contineatur; ex quo nati sunt primo consonantiarum simplicium exponentes, deinde exponentes successionis duarum consonantiarum, ter-

1) De his expressionibus vide *LEONHARDI EULERI Opera omnia* I_{14}, notam 1 p. 196, nec non praefationem huius voluminis. E. B.

tioque exponentes serierum consonantiarum plurium se invicem insequentium, quibus tribus rebus universa musica in genere considerata absolvitur. Hinc porro sumus deducti ad varias compositionum musicarum species, ac primo quidem se obtulit doctrina de generibus musicis, ita definito genere musico, ut sit complexio variorum sonorum ad harmoniam producendam idoneorum; cuius pertractationem pariter ad considerationem exponentium reduximus. Enumeravimus itaque omnia genera musica initio a simplicissimis facto usque ad maxime composita, qualia quidem auditus adhuc tolerare potest; atque in hac enumeratione mox incidimus in genera tam antiquissimis quam recentioribus temporibus usu recepta, cuiusmodi erant genus Mercurii simplicissimum, diatonicum, chromaticum atque enharmonicum veterum, quorum bina priora quidem apprime cum iis, quae harmonia nobis suppeditavit, congruebant; at reliquorum, chromatici scilicet et enharmonici, similitudo tantum conspicitur. Cum enim veteres partim solo auditu partim ratione confusa ducti eo pertigerint, mirandum non est, si tantum simulacra verae harmoniae sunt nacti; interim tamen iam ipsos defectum horum suorum generum agnovisse palam est. Circa genus etiam diatonicum diu fuerunt occupati, antequam id verae harmoniae consentaneum esset redditum, quippe quod PTOLEMAEO demum acceptum est referendum. Nostrum denique genus decimum octavum mirifice cum eo, quod nunc maxime est in usu et diatonico-chromaticum appellari solet, congruit; continet namque in una octava duodecim sonos aequalibus fere intervallis a se invicem distantes, hemitoniis scilicet et limmatis sive maioribus sive minoribus. Quamvis autem hoc genus iam pridem sit usu receptum, tamen perpetuo musici novas emendationes, quibus id auditui gratius efficeretur, intulerunt, quod negotium ipsis quoque tam prospere cessit, ut ea sonorum dispositio, quae nunc quidem musicis maxime probatur, unico sono B signato a vera harmonia dissentiat, quantus consensus a solo auditu vix sperari potuisset.

Hoc igitur genus diatonico-chromaticum cum veris harmoniae principiis perfectissime conciliatum fusius sumus persecuti atque, ad quam varios componendi modos id sit accommodatum, exposuimus; nonnulla tamen etiam genera magis composita exhibuimus, ut appareat, quantae amplificationis musica etiamnum sit capax. Deinde ad genus diatonico-chromaticum reversi omnes consonantias enumeravimus, quae in hoc genere locum invenire possunt, et, quo pacto quaeque suavissime sit efferenda, indicavimus. Denique doctrinam de modis musicis accuratius, quam adhuc fieri licuit, pertractavimus singulosque modos in suas species ac systemata subdivisimus, quibus rebus compositioni musicae non parum lucis accedere videtur. Haec autem omnia tanquam prima tantum fundamenta, quibus completa musicae theoria sit superstruenda, proponimus atque ulteriorem evolutionem et ad praxin accommodationem expertis musicis committimus, minime dubitantes, quin tam musica theoretica quam practica ex his principiis tandem ad summum perfectionis fastigium perduci possit.

INDEX CAPITUM

CAPUT I

DE SONO ET AUDITU

1. Cum musicam nobis propositum sit ad modum philosophicarum disciplinarum pertractare, in quibus nihil, nisi cuius cognitio et veritas ex praecedentibus explicari possit, proferre licet, ante omnia est exponenda doctrina de sonis et auditu, quorum illi materiam, in qua musica versatur, constituunt, hic autem scopum et finem eius, qui est delectatio aurium, complectitur. Docet enim musica varios sonos ita efficere et scite coniungere, ut grata harmonia sensum auditus suaviter afficiant. Quae itaque de sonis exponere institutum nostrum requirit, sunt eorum natura, productio et varietates; quarum rerum sufficiens cognitio ex Physica et Mathesi est petenda. Deinde vero, si cum his praecipua auditus organa considerentur, audiendi rationem ac sonorum perceptionem intelligemus. Quae autem quantam utilitatem allatura sint ad musicae fundamenta stabilienda et confirmanda, cuique ex eo perspicuum erit, quod suavitas sonorum a perceptionis ratione pendeat ex eaque debeat explicari.

2. Statuunt omnes, qui hac de re probabilia saltem scripserunt, sonum in aëre consistere huncque eius quasi vehiculum esse, quo a fonte quaquaversus circumferatur. Neque vero aliter res se habere potest, cum nihil nisi aër existat, quod aures nostras circumdet in iisque mutationem efficere possit. Nam quamvis obiiciatur auditus rationem fortasse eodem modo comparatam esse quo olfactus et visus, qui sensus non aëre, sed veris ex obiecto emissis effluviis excitantur, tamen ope antliae pneumaticae demonstratur, si instrumentum sonorum in loco ab aëre vacuo sit constitutum, ita ut cum aëre nullam prorsus habeat communicationem, nullum plane sonum, quantumvis prope accedas, percipi posse. Statim vero, ac aëri ingressus permittitur,

sonus iterum auditur. Ex quo consequitur aërem eiusque mutationem, quam instrumentum sonum edens in eo producit, veram esse soni caussam atque proximam.

3. Ut vero constet, quae sit ista aëris mutatio et modificatio sensum soni excitans, considerari conveniet casum particularem, quo sonus producitur, et investigari effectum in aëre ex eo ortum. Hanc ob rem attendamus ad chordam tensam, quae pulsata sonum edit. At pulsu in chorda nihil aliud efficitur nisi motus tremulus, quo ea intra suos terminos nunc cis nunc ultra situm quietis velocissime extravagatur. In crassioribus quidem chordis hic motus etiam oculis facile percipitur, in tenuioribus vero etiamsi cerni nequeat, inesse tamen non dubitandum est. Praeterea qui vel manu campanam sonantem attingit, totam contremiscentem sentiet. Denique vero mox ex Mechanicae legibus ostendetur tam chordam quam campanam praeter motum tremulum a pulsu nil aliud recipere posse; et hanc ob rem statui debebit soni rationem in solo motu tremulo esse quaerendam.

4. Cum igitur aëris mutatio, quam corpus tremulum in eo producit, sensum soni immediate efficiat et excitet, inquirendum est, quomodo aër a corpore tremulo afficiatur. Videmus autem motum tremulum consistere in successivarum vibrationum repetitione. Hisce singulis vibrationibus aër corpus tremulum ambiens percutitur similesque vibrationes recipit, quas pari modo in ulteriores particulas aëreas transfert. Hacque igitur ratione istiusmodi pulsus et vibrationes in toto circumfuso aëre excitantur atque ista pulsuum in aërem translatio peragitur qualibet corporis tremuli vibratione. Ex quibus perspicitur singulas aëris particulas simili motu vibratorio contremiscere debere, quo ipsum corpus; hoc tantum discrimine, quod pulsus eo minores et debiliores fiant, quo longius a fonte distent, donec tandem in nimis magna distantia nil amplius percipi possit.

5. Ex his intelligitur praeter pulsus per aërem promotos a corpore sonante ad aures nihil deferri; quamobrem necesse est, ut hi ipsi pulsus in aëre excitati et in organum auditus incurrentes soni sensum producant. Hoc vero modo sensatio absolvitur: Exstat in interna auris cavitate membrana expansa a similitudine tympanum dicta, quae ictus aëris recipit eosque ulterius ad nervos auditorios promovet; hocque fit, ut, dum nervi afficiuntur,

sonus sentiatur. Est igitur sonus nihil aliud nisi perceptio ictuum successivorum, qui in particulis aëris, quae circa auditus organum versantur, eveniunt, ita ut, quaecunque res huiusmodi ictus in aëre producere valeat, ea etiam ad sonum edendum sit accommodata.

6. Propagatio soni per aërem non perficitur puncto temporis, sed determinato tempore opus habet, quo per datum spatium propellatur. Motus autem, quo progreditur, est aequabilis et neque a vehementia soni neque eius qualitate pendet. Progreditur vero omnis sonus, ut tam ex experimentis apparet, quam ex computatione theoretica aëris et pulsuum natura colligere licet, tempore minuti secundi per spatium 1100 pedum Rhenanorum[1]), duobusque minutis secundis percurrit 2200 pedes, tribus 3300 et ita porro. Observamus etiam hanc sonorum tarditatem quotidie; longius enim distantis tormenti, cum exploditur, sonitum aliquanto post fulgetrum percipimus, cum tamen tormento propius adstantes utrumque simul sentiamus. Ob similem caussam etiam tonitru demum post fulgur audimus, et vocum repetitiones nonnullis in locis, quae echo dicuntur, tardius ipsum clamorem sequuntur.

7. Quidquid igitur minimas aëris particulas ita commovere valet, ut huiusmodi motum tremulum recipiant, id etiam sonum producet. Ad hoc vero efficiendum non solum corpora dura sunt idonea, sed praeter ea duo alii reperiuntur modi sonos edendi; ex quo etiam tria sonorum genera, si ad caussas respiciatur, nascuntur. Primum est eorum, qui a corpore tremulo oriuntur, cuiusmodi sunt chordarum campanarumque soni. Alterum genus eos comprehendit, qui ab aëre vehementer compresso seseque subito restituente proficiscuntur, ut soni sclopetorum, tormentorum, tonitrui et virgae per aërem celerrime vibratae. Ad tertium referuntur soni instrumentorum, quae inflata tinniunt, ut fistulae, tibiae etc., quorum sonorum caussam non a motu tremulo materiae, ex qua tibiae constant, pendere infra docebitur.

8. Ex primo genere praecipue considerandae sunt chordae tensae sive ex metallo sive ex intestinis animalium confectae, quae vel pulsatione vel attritione ad sonum edendum cientur. Pulsantur et vellicantur quoque in clavicymbalis, cytharis aliisque huius generis instrumentis; atteruntur vero in pan-

1) 1 pes Rhenanus est 313,8355 mm. F. R.

duris, violinis ope pilorum equinorum tensorum, quibus colophonio scabrities est inducta. Utroque modo chordae motum tremulum recipiunt; etenim primo ex quiete situque naturali detorquentur, quo facto se in situm naturalem restituere conantur et revera motu accelerato in eum properant. At ingentem celeritatem, quam acquisiverunt, cum eo pervenerunt, subito amittere non possunt, neque ideo in eo statu quiescere. Quamobrem eas ultra excurrere necesse est similique modo eo reverti; atque hae oscillationes tamdiu durabunt, quoad ob resistentiam plane evanescant.

9. Quot autem huiusmodi oscillationes chorda pulsata seu quovis modo tremula facta dato tempore absolvat, ex legibus motus calculo definiri potest, si ad longitudinem chordae eiusque pondus et vim tendentem respiciatur. At longitudo pondusque non sumi debent totius chordae, sed eius solum partis, quae tremula redditur sonumque edit et quae duobus hypomochliis ab integra chorda separari solet. His scilicet impeditur, quominus tota chorda vibrationes perficiat, sed tanta eius solum portio, quanta placet. Quo autem vis tendens cognoscatur, maxime expedit, chordae altero termino fixo, alteri pondus appendere, locum vis tendentis sustinens. His positis si longitudo chordae sonantis sit a partium millesimarum pedis Rhenani pondusque appensum se habeat ad pondus chordae ut n ad 1, erit numerus oscillationum, quem haec chorda minuto secundo absolvit, hic

$$\frac{355}{113}\sqrt{\frac{3166n}{a}},$$

ubi $113:355$ denotat rationem diametri ad peripheriam circuli[1]), 3166 scrupuli praebent longitudinem penduli singulis secundis oscillantis.

10. Oscillationes hae, quoad durant, sunt isochronae seu omnes absolvuntur aequalibus temporis intervallis, neque magnitudo earum hanc regulam turbat, nisi forte, cum chorda nimis vehementer pulsatur, ipso principio vibrationes sunt celeriores. Chordarum scilicet eadem est ratio quae pendulorum, quorum oscillationes, si sunt admodum exiguae, omnes sunt aequitemporaneae. Ut regulam superiori paragrapho datam exemplo illustrarem, sumsi chordam longitudinis 1510 part. milles. ped. Rh., quae ponderabat $6\frac{1}{5}$ gr.; tetendi hanc

1) Quam rationem olim METIUS (1527—1607) illa fractione $\frac{113}{355}$ exhibuerat. Vide exempli gratia *LEONHARDI EULERI Opera omnia* I_8, notam 3 p. 389, sive I_{14}, notam 2 p. 197. F. R.

pondere 6 libr. seu 46080 gran. Quibus cum paragrapho praecedente comparatis erit

$$a = 1510$$

et

$$n = 46080 : 6\tfrac{1}{5} = 7432.$$

Quare numerus minuto sec. editarum vibrationum erit

$$\frac{355}{113}\sqrt{\frac{3166 \cdot 7432}{1510}} \text{ i. e. } 392.$$

Huic autem sono congruere deprehendi in instrumento clavem signatam a.

11. Si plures habeantur chordae tensae, facile ratio, quam earum vibrationes inter se habent, determinatur; est scilicet in qualibet chorda numerus vibrationum dato tempore editarum ut $\sqrt{\frac{n}{a}}$ i. e. ut *radix quadrata ex pondere tendente diviso et per pondus chordae et per eius longitudinem.* Si ergo chordae fuerint eiusdem longitudinis, erunt vibrationum eodem tempore editarum numeri ut *radices quadratae ex ponderibus tendentibus divisis per pondera chordarum.* Si chordae et longitudine et pondere fuerint aequales, erunt vibrationum numeri ut *radices quadratae ex ponderibus tendentibus.* Atque si pondera tendentia sint aequalia et ipsae chordae tantum longitudine differant, erunt vibrationum numeri reciproce ut *radices quadratae ex longitudine ducta in pondus,* i. e. *reciproce ut longitudines chordarum,* quia pondera longitudinibus sunt proportionalia.

12. A tarditate et celeritate vibrationum pendet sonorum distinctio in graves et acutos, eoque sonum graviorem esse dicimus, quo pauciores vibrationes eodem tempore auditus organum feriunt, eoque acutiorem, quo plures eiusmodi vibrationes eodem tempore sentiuntur. Veritas huius ex ipsa experientia constat; si enim eidem chordae successive varia pondera appendantur, sonos ab iis editos acutiores percipimus, si maiora sint pondera appensa, at graviores erunt, quo pondera sunt minora. Certum autem est ex praecedentibus maiora pondera celeriores vibrationes producere. Hanc ob rem, cum in musica praecipue sonorum gravitatis et acuminis discrimen spectetur, ipsos sonos secundum vibrationum certo quodam tempore editarum numerum metiemur, seu sonos ut quantitates considerabimus, quarum mensuras vibrationum determinato tempore editarum numeri constituunt.

13. Quemadmodum vero nostris sensibus res neque nimis magnas neque nimis parvas concipere possumus, ita etiam in sonis quaepiam mediocritas requiritur; sonique omnes sensibiles intra certos terminos erunt constituti, quos qui transgrediuntur, propter nimiam vel gravitatem vel acumen auditus sensum amplius non afficiant. Termini isti quodammodo possunt determinari; cum enim sonus *a* inventus sit edere 392 vibrationes minuto secundo, sonus littera *C* signatus interim 118 absolvit et sonus $\bar{\bar{c}}$ 1888. Si iam ponamus sonos duabus octavis et acutiores et graviores audiri adhuc vix posse, habebimus extremos perceptibiles sonos numeris 30 et 7520 expressos; quod intervallum satis est amplum et ingentem sonorum variationem admittit, quippe quod octo intervalla octavas dicta complectitur.

14. Post discrimen sonorum gravium et acutorum consideranda est eorum vehementia et debilitas. Est autem vehementia eiusdem soni diversa pro auditoris loco; quo enim longius auditor a chorda pulsata distat, eo debiliorem percipit sonum, cum propagatio pulsuum uti luminis per aërem perpetuo fiat languidior. Ratio huius decrementi est, quod in maioribus distantiis sonus in maius spatium diffundatur; scilicet in dupla distantia spatium, quo est perceptibilis, est quadruplo maius quam in simpla; quamobrem cum ibi aggregatum omnium pulsuum aeque est magnum ac hic, sequitur sonum in dupla distantia esse quadruplo debiliorem. Similiter in tripla distantia noncuplo debiliorem esse oportet et ita porro, ita ut vehementia soni in duplicata ratione distantiarum decrescere debeat.

15. Haec ita se habent, si sonus quaquaversus se aequaliter expandit. At si eiusmodi fuerint circumstantiae, ut sonus in unam plagam magis propellatur quam in aliam, fortior quoque ibi percipietur, quam iuxta regulam oporteret. Ut si quis per tubum vociferatur, is, qui aurem ad alteram extremitatem tubi admovet, sonum propemodum tam vehementem sentiet, quam si ex ipso ore clamantis vocem excepisset. Similis est ratio tubarum stentoreophonicarum, per quas sonus potius in eam regionem, in quam tuba dirigitur, propellitur quam in aliam ob eamque caussam fortior evadit. Reflectuntur enim etiam soni ut radii luminis a superficie laevi et dura, atque hoc modo radiorum sonorum, quos ad similitudinem radiorum lucidorum ita appellare liceat, directio immutatur, quo fieri potest, ut plures in eundem locum coniiciantur.

16. Cum chorda pulsata quavis oscillatione pulsus per aërem transmittat, necesse est, ut eius motus perpetuo fiat remissior ideoque sonus debilior. Utique observatur hoc in chordis vibrantibus; initio enim sonus est maxime intensus, tum vero pedetemtim fit languidior, donec tandem prorsus cesset; interim tamen oscillationes manent isochronae sonusque nihilominus eundem gravitatis et acuminis gradum retinet. Pendet haec intensitas ipso initio in eadem chorda a vi pulsante, ut, quo maior haec sit, eo fortior quoque prodeat sonus. Initio tamen, si pulsatio fuerit nimis vehemens chordaeque detorsio ex situ naturali nimis magna, sonus acutior editur quam postea; atque cum oscillationes maius spatium occupent, aëri non tam regulares vibrationes imprimuntur; quo fit, ut soni tum minus grati minusque distincti edantur.

17. Evenit hoc potissimum, si chorda nimis est laxa neque satis tensa; tum enim maiores in oscillando redduntur excursiones sonusque neque aequabilis neque gratus existit. Hanc ob caussam ad sonos suaves et aequabiles producendos requiritur, ut chordae, quantum fieri potest, tendantur tantaque pondera appendantur, ut tantum non disrumpantur. Vis autem chordarum ex eadem materia confectarum est crassitiei proportionalis, quare et pondera tendentia chordas ad ruptionem usque sunt ut crassities. Sed chordarum crassities sunt suis ponderibus per longitudinem divisis proportionales, propterea pondera tendentia debebunt esse in chordarum ponderum ratione directa et longitudinum inversa. Id est, si ponatur chordae pondus q, longitudo a pondusque tendens p, oportet sit p ut $\frac{q}{a}$, seu $\frac{ap}{q}$ debet esse constantis magnitudinis.

18. Quo autem soni proveniant aequaliter fortes, oportet praeter longitudinem chordae pondusque tendens attendere ad vim pulsantem. Locus etiam, quo chorda vellicatur vel pulsatur, considerandus esset; sed si ponamus chordas omnes in medio vel, quod eodem redit, in locis similibus impelli, haec conditio in computum non ingredietur. Ex hoc fit, ut, quo maior sit vis pulsans, eo fortior evadat sonus. Solent autem omnia fere instrumenta musica ita esse confecta, ut cunctae chordae aequaliter percutiantur, quamobrem vim pulsantem semper eandem ponemus. Vehementia deinde soni pendet a celeritate, qua aëris particulae quavis chordae vibratione in aurem impingunt, haecque ex celeritate chordae maxima est aestimanda. Est vero haec celeritas proportionalis radici quadratae ex pondere chordam tendente diviso per longitudinem eius. Consequenter, quo soni fiant aequabiles, necesse est, ut pondus tendens semper sit ut chordae longitudo.

19. Manentibus ergo superioribus litteris a, p et q debet esse $\frac{p}{a}$ ubique eiusdem magnitudinis. Ante vero iam est inventum $\frac{ap}{q}$ constans esse oportere, quare hoc per illud diviso quotus prodiens $\frac{aa}{q}$ debet esse constans seu $\frac{q}{a}$ ad a eandem in omnibus chordis tenere rationem. Sed $\frac{q}{a}$ est chordae crassitiei proportionalis, adeoque chordae crassities longitudini proportionalis esse debet, similiterque etiam eidem longitudini pondus tendens. Ipse autem sonus editus est ut $\sqrt{\frac{p}{aq}}$; in quo si loco p et q proportionalia a et a^2 substituantur, erit sonus reciproce ut chordae longitudo. Hanc ob rem et pondus tendens et longitudinem et pondus chordae proportionalia esse oportet reciproce ipsi sono edendo seu numero vibrationum dato tempore absolvendarum. Quae regula in conficiendis instrumentis musicis eximium habebit usum.

20. Diximus sonum minus fore gratum, si chorda non fuerit satis tensa, propterea quod excursiones inter vibrandum factae sint nimis amplae ab iisque aër potius instar venti promoveatur, quam ad oscillationes peragendas incitetur. Nisi enim subito ingenti celeritate aër percutiatur, non facile motum tremulum, qualis ad sonum requiritur, recipit; quo autem magis chorda est tensa, eo maiorem statim post pulsum habet celeritatem. Accedit ad hoc, quod iam est notatum, ampliores vibrationes minoribus non esse isochronas, unde sonus pedetemtim fit gravior neque idem permanet. Deinde facile evenit, ut tota chorda non simul oscillationes absolvat, sed alia eius pars citius, alia tardius tam ad maximam celeritatem quam ad quietem perveniat, ex quo sonus inaequabilis et asper existit.

21. Praeter has sonorum differentias in musica etiam ad durationem sonorum respicitur. In multis quidem instrumentis sonos pro lubitu prolongare non licet, ut in iis, quibus chordae pulsu vel vellicatione excitantur. Namque in his soni pedetemtim fiunt debiliores et mox penitus cessant; et hanc ob rem sonorum durationibus non tantum effici potest, quantum in iis instrumentis, quibus soni, quoad durant, eandem vim retinent et, quamdiu placet, produci possunt. Huiusmodi sunt ea, quorum chordae plectro atteruntur, atque quae tibiis sunt instructa aliisque, quae vento cientur, instrumentis, ut Organum Pneumaticum aliaque plura. Ista prae reliquis hanc habent praerogativam, ut omnis suavitas, quae duratione sonorum existit, perfecte possit exprimi et produci. Mensuratur autem soni duratio ex tempore inter initium et finem interiecto.

22. Hactenus ex primo sonorum genere, qui a corpore tremulo originem habent, sonos tantum chordarum contemplati sumus simulque etiam primarias sonorum differentias enumeravimus et exposuimus Nunc igitur, antequam ad reliqua genera progrediamur, alia quoque instrumenta consideranda sunt, quae sonos ad hoc genus pertinentes edunt. Huiusmodi sunt campanae, quae pulsatae totae contremiscunt sonumque edunt. Difficillimum quidem esset ex campanae forma pondereque cognitis, qualem sonum datura sit, determinare; attamen, si campanae fuerint similes et ex eadem materia confectae, facile apparet sonos tenere rationem reciprocam triplicatam ponderum, ita ut campana octuplo levior edat sonum eodem tempore duplo plures oscillationes absolventem et, quae vicies septies fuerit levior, peragat vibrationes triplo frequentiores.

23. Habentur praeterea instrumenta musica baculis elasticis vel ex metallo, quibus campanarum sonos imitantur, vel ex ligno duriore confectis. De his, siquidem formam habent cylindricam vel prismaticam, facilius est certi quidpiam statuere; soni enim tantum a longitudine pendere videntur, cum quaelibet fibra in longitudinem extensa vibrationes seorsim perficere censenda sit. Erunt autem soni seu vibrationum eodem tempore editarum numeri reciproce ut quadrata longitudinum baculorum, siquidem baculi ex eadem materia fuerint fabricati. Ex diversa enim materia constantium prismatum soni non solum a gravitatis specificae ratione pendent, sed etiam cohaesionis et elateris materiae rationem nosse necesse est eum, qui ipsos sonos ex theoria determinare susceperit.

24. Ad secundam sonorum classem eos retuli sonos, qui vel notabili aëris vehementer compressi copia subito dimissa vel validiore aëris percussione oriuntur. Quorum quidem posterior modus priori fere est similis; propter celerrimam enim vibrationem aër e vestigio locum cedere non potest, ex quo fit, ut portio aëris ictum sustinens comprimatur seque, quam primum sibi est relicta, iterum expandat. At aërem compressum derepente se expandentem necesse est maius naturali spatium occupare, et idcirco erit coactus se rursus contrahere, id quod etiam nimium faciet. His igitur alternis contractionibus et expansionibus, corporis tremuli instar, in reliquo aëre pulsus atque in auditus organo sonus producetur.

25. Quanquam hoc modo aër qualibet oscillatione in statum suum naturalem pervenit, tamen in eo prius consistere non potest, quam totum suum motum amiserit. Ex Mechanica enim constat corpus cum impetu in situm suum quietis perveniens in eo permanere non posse, sed motu iam concepto ultra eum transgredi oportere. Aeque est enim difficile corpus motum subito quiescere ac quiescens moveri; atque tanta vi opus est ad corporis motum tollendum, quanta ad eundem producendum. Hanc ob caussam neque pendula oscillantia, cum in situm verticalem pervenerint, quiescere posse videmus neque chordas vibrantes, cum situm naturalem attigerint. Soni vero hoc exposito modo generati brevi tantum tempore durare possunt, nisi echo vel simile quid resonans adsit, quod eos repetat et protrahat; aër enim motum in tam dissita loca diffundendo proprium motum statim amittat necesse est.

26. Omnes igitur caussae, quae aërem vel iam compressum dimittere vel naturalem comprimere, ita ut se subito possit relaxare, valent, eae etiam ad sonum producendum sunt accommodatae. Quamobrem omnes corporum velociores per aërem motiones sonos generare debent; aër enim propter inertiam corporibus liberrime locum concedere non potest ideoque ab iis comprimitur, qui deinceps se rursus dilatans minimis aëris particulis motum tremulum inducit. Hinc originem ducunt vehementius vibratarum virgarum et omnium per aërem celerius motorum corporum soni. Neque etiam ventorum flatuumque soni sibili alii debentur caussae; anterior enim aër ab insequente posteriore aeque ac a corpore duro compellitur atque comprimitur.

27. Sonorum, qui a repentina dimissione aëris vehementer compressi gignuntur, fortissimi procul dubio sunt ii, qui ex pulvere pyrio et tonitruo percipiuntur. Variis enim experimentis constat in pulvere pyrio inesse aërem maxime compressum eique accensione exitum aperiri, unde tam stupendos sonos prodire necesse est. Atque ad nubes constituendas cum vaporibus permultas particulas nitrosas et sulphureas simul ascendere maxime probabile videtur, quae in iis unitae et explosae tantum strepitum edere queant. At cum de huiusmodi sonis difficile sit discernere, quomodo ratione gravitatis et acuminis a se invicem discrepent, omnes ad hoc genus pertinentes soni in musica non sunt recepti; quamobrem oscillationum, quas minimis aëris particulis inducunt, investigationi supersedebimus.

28. Ad tertium sonorum genus pertinent secundum factam initio divisionem soni tibiarum, qui inflatione excitantur. Quorum ratio, ut magis est recondita, ita minori industria quovis tempore est investigata. Nam qui ipsum tubum motum tremulum accipere statuunt atque hoc modo sonos tibiarum ad id genus, quod nobis est primum, referunt, non video, quomodo proprietatibus tibiarum cognitis satisfacere possint. Observatum enim est tibias cylindricas longitudine aequales pares etiam edere sonos, quantumvis tam amplitudine inter se differant quam crassitie atque materia ipsa. Quomodo igitur fieri posset, ut tam diversi tubi similiter contremiscant? Eorum autem sententiam, qui internam tantum superficiem tremulam fieri putant, sola materiei diversitas evertere videtur. Quamobrem caussa horum sonorum eiusmodi esse debet, ut a sola tibiarum longitudine pendeat.

29. Quamvis autem sufficeret ad institutum nostrum proprietates duntaxat tibiarum recensere, tamen, cum caussae cognitio semper cuiusque rei notitiam perfectissimam efficere soleat, operam atque diligentiam adhibui, ut veram caussam consequerer. Sequenti autem modo, tibiarum structura perpensa, ratiocinium institui. Constat cuique tibias esse tubos seu canales altera extremitate peristomium iunctum habentes, quod aërem ex ore vel cista pneumatica recipiat atque per rimam, in quam eius cavitas versus tubum desinit, in tubum emittat. Requiritur autem, ut aër per rimam expulsus non in cavitatem tubi irruat, sed tantum internam superficiem perstringat eique obrepat. Quamobrem artifices illud tubi latus, quod rimae est oppositum, excindunt, ne sit contiguum peristomio, atque acuunt, ut aër in ipsam aciem irruat ab eaque quasi findatur, quo tenuior aëris lamella per tubum prorepat.

30. Huiusmodi autem peristomiorum structuram requiri cum experientia demonstrat, tum ipso ore peristomiis imitandis perspicimus. Nam si in tubum peristomio destitutum ore ita aërem inflamus, ut ad internam superficiem irrepat, perinde sonus editur, ac si peristomio tubus esset instructus. Atque ita est variarum tibiarum peristomiis carentium ratio comparata, ut aër eo, quo expositum est, modo inflari debeat, velut videmus in fistulis transversis vocatis aliisque similibus. Praeterea autem, ut iste aëris in tubum ingressus sonum efficiat, requiritur primo, ut interna tubi superficies sit laevis, ne motus repens aëris impediatur, tum autem, ut tubi latera sint dura neque aëri irruenti cedere queant, ex quo etiam tertio intelligitur tubum ad latera probe clausum esse oportere.

31. Haec autem, aliaque, quae in tibiis construendis observanda sunt, melius cognoscentur, cum ipsam rationem, qua soni in tibiis formantur, exposuerimus. Ostensum autem iam est neque totius tubi neque interioris tantum superficiei motum tremulum generari. Aër enim sic in tubum intrans eum, qui iam in tubo existit, necessario secundum longitudinem comprimit; quo fit, ut is sese iterum expandat tumque denuo coarctetur atque hoc modo, quoad inflatio durat, oscillationes perficiat hisque sonum producat. Videamus nunc autem, quantus gravitate acumineve hic sonus secundum leges mechanicas futurus sit ratione longitudinis tubi, quo, quam egregie haec explicatio cum phaenomenis congruat, perspiciatur.

32. Corpus, quod oscillationes peragit easque in aërem circumfusum transfert, est aër in tubo contentus, cuius quantitas ex tubi longitudine et amplitudine cognoscitur. Vis vero ad oscillandum impellens est, ut vidimus, aër inflatione secundum tubi internam superficiem irruens. At vis aëri in tubo existenti eum nisum inducens, quo ex statu naturali deturbatus se restituere conatur, et quae efficit, ut illum ipsum, quem absolvit, oscillationum dato tempore numerum absolvat, est pondus atmosphaerae seu ipsa illius aëris vis elastica, quae pressioni incumbentis atmosphaerae aëreae est aequalis. Haecque vis existimanda est ex effectu eius, quem in tubo Torricelliano exserit, in quo argentum vivum ad altitudinem a 22 usque ad 24 digitos pedis Rhenani suspensum tenetur.

33. Huius igitur columnae aëreae, quae in tubo inest, oscillantis similis omnino est ratio ei, qua chorda tensa vibrationes conficit. Ipsa enim chorda comparanda est cum aëre in tubo fistulae contento; ponderis vero chordam tendentis hoc casu locum sustinet atmosphaerae pondus, quae, etiamsi prorsus dissimilia videantur, eo quod chorda a pondere appenso extendatur, aër vero ab atmosphaera comprimatur, tamen, si ad effectum respiciamus, plane inter se aequivalent. Nam quod utraque in formandis oscillationibus valet, id provenit a vi, quam corpori subiecto tribuit, se in statum naturalem recipiendi. Haec autem, sive compressione in aërem tubi operetur sive extensione in chordam, eundem producet effectum.

34. Cum igitur aër in tubo fistulae eodem modo oscillationes perficiat quo chorda tensa, poterimus quoque numerum oscillationum dato tempore editarum atque ita ipsum sonum determinare ex iis, quae de chordis

vibrantibus tradidimus. Sit tibiae longitudo a in scrup. ped. Rh. expressa, amplitudo bb, gravitas aëris specifica ad eam mercurii ut m ad n et altitudo mercurii in barometro k similium scrupulorum. Habebimus ergo chordam longitudinis a ponderisque $mabb$, quae tenditur a pondere aequali pressioni atmosphaerae; haec vero aequivalet cylindro mercurii, cuius basis est bb, i. e. amplitudo tubi, et altitudo k. Quocirca pondus tendens censendum est $nkbb$. Ex his invenitur oscillationum minuto secundo editarum numerus

$$\frac{355}{113}\sqrt{\frac{3166\,nkbb}{a\cdot mabb}}=\frac{355}{113\,a}\sqrt{\frac{3166\,nk}{m}},$$

cui ipse sonus, quemadmodum eum metiri instituimus, est aequalis.

35. Quia m ad n propemodum eandem semper tenet rationem atque k parum diversis tempestatibus mutatur, erunt soni tibiarum tubos vel cylindricos vel prismaticos habentium inter se reciproce ut longitudines tuborum, ita ut, quo tubi sint breviores, eo soni prodeant acutiores, at longiores tubi sonos graviores reddant. Quod quam egregie cum experientia congruat, quilibet facile intelliget, qui tibiarum proprietates ante commemoratas perpendet, quae huc redibant, ut soni quantitas neque ab amplitudine tubi neque a materie, ex qua tubus sit confectus, sed a sola longitudine pendeat. Quamobrem prorsus non esse dubitandum existimo, quin haec sonorum a tibiis editorum exposita ratio sit genuina et ex ipsa rei natura petita.

36. Eo magis autem haec explicatio nobis confirmabitur, si non solum sonorum horum rationem inspiciamus, sed, quomodo se habeant ad sonum datae chordae datoque pondere tensae, etiam investigabimus. Nam si experientia constiterit eandem tibiam cum data chorda esse consonam, quam theoria declarat, maximum hoc erit firmamentum. Est vero $\frac{n}{m}$, si maximum habet valorem, quod accidit tempore calidissimo, circiter 12000, at frigidissima tempestate deprehenditur 10000. Similiter si mercurius in barometro ad maximum gradum ascenderit, est $k=2460$, at plurimum ibidem mercurio descendente est $k=2260$. Idcirco barometro et thermometro ad maximas altitudines consistentibus erit sonus tibiae $=\frac{960426}{a}$ atque iisdem instrumentis ad minimas altitudines stantibus sonus erit $=\frac{840348}{a}$.[1])

1) Editio princeps: *sonus tibiae* $=\frac{960771}{a}$ *atque . . . sonus erit* $=\frac{840714}{a}$. Correxit R. B.

37. Inter hos sumamus medium, quod est $\frac{900387}{a}$, atque tot oscillationes minuto secundo tibia longitudinis a in aëre producet tempestate mediocri. Ergo quae tibia 100 vibrationes minuto secundo edit, ea est longa 9000 scr., i. e. 9 pedes Rhenanos, et quae edit 118 vibrationes atque consona est chordae sonum C in instrumentis signatum exhibentis, longitudinis esse debet 7627 scrup. seu aliquanto plus quam $7\frac{1}{2}$ ped. Rhenan. Quod etiam satis exacte experientiae respondet; nam vulgo tibia longitudinis 8 ped. assumitur ad sonum C edendum, et differentia dimidii pedis penitus est negligenda, eo quod eadem tibia diversis tempestatibus sonos edere queat rationem 840348 ad 960426, i. e. 8 ad 9 tenentes, quod discrimen in tali tibia pluris dimidio pede est aestimandum.

38. Et haec ipsa sonorum diversitas eiusdem tibiae variis tempestatibus veritatem nostrae explicationis magis confirmat. Experiuntur enim perpetuo Musici, quoties instrumentis chordis instructis simul cum pneumaticis utuntur, haec perquam mutabilia esse atque chordas, quo consonae sint cum tibiis, mox intendi moxque remitti debere. Ac differentiam inter sonum acutissimum et gravissimum eiusdem tibiae esse integri toni circiter, quod est intervallum inter sonos rationem 8 ad 9 tenentes. Praeterea id quoque est observatum tum tibias esse acutiores, quando coelum sit maxime serenum cum summo calore, contra turbidissima cum maximo frigore coniuncta tempestate sonos tibiarum esse graviores. Ex his etiam ratio patet, quare tibia initio gravius sonet, quam cum iam strenue sit inflata; ipso enim usu et inhalatione aër, qui in tibia inest, calefit ideoque sonus evadit magis acutus.

39. Vehementia sonorum et debilitas a tibiis editorum cum a vi, qua inflantur, pendet tum a ratione, quam tibiae amplitudo ad longitudinem tenet. Similis enim est ratio tibiarum et chordarum, in iisque amplitudo est comparanda cum crassitie harum. Quemadmodum igitur non quaevis chorda ad omnes sonos edendos est apta, sed ad datum sonum certa quaedam crassities requiritur, ita etiam datae longitudinis tibia non pro lubitu ampla vel angusta potest confici, sed dantur limites, quos si transgrediare, nullum prorsus sonum tibia sit editura. Quo autem plures tibiae sonos edant similes et aeque vehementes, oportet tibiae amplitudinem seu basin tubi sicut chordae crassitiem proportionalem esse longitudini. Ex hoc enim simul et alterum, quod in chordis requiritur, sequitur, ut videlicet pressio atmosphaerae, quae amplitudini est proportionalis, etiam eandem habeat rationem ad longitudinem tibiae.

40. Neque vero vehementia inflatus pro lubitu potest augeri vel minui. Namque si nimis languide tibia infletur, sonum edet prorsus nullum, at fortius, quam par est, inflata non eum, quem debet, edit sonum, sed octava acutiorem, et si adhuc fortius infletur, sonum duodecima porroque decima quinta etc. acutiorem dabit. Ut harum soni ascensionum rationem detegamus, considerari iuvabit soni vim proportionalem esse vi inflatus; et propterea, quamdiu sonus idem quantitate manet, quo magis inflatio intendatur, eo ampliores oscillationes aëris in tubo contenti, non autem frequentiores esse oportere intelligitur. At oscillationum amplitudo tubi amplitudine ita determinatur, ut certum terminum transgredi non possit; quare si tibia fortius infletur, quam ad istum gradum requiritur, eundem sonum edere non poterit.

41. De chordis autem, quibus tibiae similes sunt censendae, tam ex theoria quam experientia constat posse chordae tensae utramque medietatem seorsim suas oscillationes perficere, ita ut ea chorda non sonum solitum, sed octava acutiorem edat; id quod, si partes sint inaequales, fieri non potest. Similiter in tres partes aequales cogitatione saltem divisa chorda ita potest contremiscere, ut singulae partes seorsim, tanquam si ponticulis essent separatae, vibrationes absolvant atque sonum solito acutiorem, nempe duodecimam, exhibeant. Idem etiam valet de quatuor pluribusque partibus chordae aequalibus. Haec autem, quomodo effici et experimentis confirmari queant, ostendit Cl. D. Sauveur in Comment. Acad. Scient. Paris. An. 1701.[1])

42. His igitur ad tibias accommodatis intelligitur fieri posse, ut utraque tibiae medietas seorsim oscillationes perficiat eoque sonum octava acutiorem edat. Quo in casu, cum oscillationes duplo sint frequentiores, maior quoque inflatus vis locum habebit. Ex quo sequitur, si inflatus ultra determinatum illum gradum augeatur, tum oscillationes ad hunc casum se esse accommodaturas sonumque octava acutiorem proditurum. Simili modo cum et hic detur gradus, quem inflatio excedere non debet, si etiam hic transeatur, tum singulae tertiae aëris in tubo contenti partes seorsim oscillare incipient, ex quo sonus triplo acutior seu primi duodecima proveniet. Atque porro si inflatus augebitur, tum quartis partibus oscillantibus sonus duabus octavis acutior audietur, et ita porro.

1) J. Sauveur (1653—1716), *Système général des intervalles des sons et son application à tous les systèmes et à tous les instruments de musique*, Mém. de Paris 1701. E. B.

43. Hisce etiam tubarum buccinarumque, quanquam in ceteris non eam quam tibiae tenent rationem, nititur natura eaque proprietas, qua sola inflationis intensione soni eius moderentur. His enim instrumentis non omnes soni edi possunt, sed ii duntaxat, qui exprimuntur numeris integris 1, 2, 3, 4, 5, 6 etc., sicque in infima octava inter 1 et 2 nullum sonum medium edunt, in sequente inter 2 et 4 unum medium 3, qui est ad 2 quinta, in tertia octava inter 4 et 8 habent tres 5, 6, 7 et in quarta 7 intermedios. Horum vero instrumentorum structura eiusmodi esse videtur, ut quivis sonus valde angustos habeat limites inflationis ideoque parum tantum intenso vel remisso flatu sonus vel acutior vel gravior prodeat.

44. Quae hactenus de tibiis dicta sunt, pertinent potissimum ad eas, quarum tubi habent formam vel prismaticam vel cylindricam. Quales autem sonos edant, si tubi fuerint vel divergentes vel convergentes vel alius cuiusdam figurae, difficilius est determinare. Semper tamen huiusmodi quaestiones ad chordas reduci possunt; figura enim tibiae quacunque proposita oportet chordam similem considerare et, quem sonum sit editura, investigare; quo facto, si ipsa chorda aërea ponatur et pondus tendens aequale vi athmosphaerae, habebitur sonus, quem ea tibia reddet. Atque si hoc problema universaliter solvetur pro quacunque tibiae figura, apparebit simul maxime nota proprietas tibiarum prismaticarum, quae supra apertae sonum octava graviorem edunt.

45. Alia instrumenta, quae cum tibiis aliquam affinitatem habere videntur, sunt tubae, buccinae etc., quae quidem solo inflatu sonum non edunt, sed sonum ex ore cum flatu coniunctum requirunt, quem tum mirifice augent vehementioremque reddunt, simili modo, quo tubae stentoreophonicae voces tantopere augmentant. Melius autem huiusmodi instrumenta cognoscuntur ex iis, quae in organis pneumaticis ad eorum imitationem adhibentur; excitantur haec autem solo inflatu, sed in peristomio insertae sunt lamellae elasticae, quae a vento immisso motum tremulum recipiunt sonumque debilem quidem edunt; sed dum is per tubum adiunctum progreditur, tantam ab eo vim acquirit, ut sonos tubarum vel buccinarum egregie imitetur.

CAPUT II

DE SUAVITATE ET PRINCIPIIS HARMONIAE

1. Cum hoc capite investigare statuerim, quibus rebus efficiatur, ut eorum, quae in sensus incurrunt, alia nobis placeant, alia displiceant, ante non admodum necessarium arbitror demonstrare esse omnino rationem eius, quare quid placeat vel displiceat, neque temere mentes nostras delectari. Cum enim hoc tempore a plerisque tanquam axioma admittatur nihil sine sufficienti ratione in mundo fieri, neque de hoc erit dubitandum, an eorum, quae placent, detur aliqua ratio. Hoc igitur concesso etiam eorum opinio evanescit, qui musicam a solo hominum arbitrio pendere existimant atque sola consuetudine nostram nobis musicam placere barbaramque, quia nobis sit insolita, displicere.

2. Equidem non nego, et infra ipse probabo, exercitio et crebra auditione fieri posse, ut concentus quispiam nobis placere incipiat, qui primum displicuerit, et vicissim. Attamen hoc principium sufficientis rationis, uti vocatur, non evertitur; non solum enim in ipso obiecto ratio, cur placeat vel displiceat, est quaerenda, sed ad sensus, per quos obiecti imago menti repraesentatur, quoque est respiciendum atque praeterea ad iudicium potissimum, quod ipsa mens de oblata imagine format. Quae res cum in diversis hominibus diversimode evenire possint atque in eodem etiam variis temporibus, mirandum non est eandem rem aliis placere, aliis vero displicere posse.

3. Sed iam video, quale ex hoc contra nos nostrumque institutum deducetur argumentum; nempe harmoniae principia et regulas tradi non posse obiicietur et hanc ob caussam nostrum et omnium eorum, qui musicam legibus includere conati sunt, laborem esse irritum et inanem. Si enim alios alia

delectant et haec ipsa, quae delectant, prorsus sunt diversa et opposita, quomodo praecepta tradi poterunt coniungendorum sonorum, ut auditui suavem harmoniam repraesentent? Ac regulae, si quae invenientur, aut nimis erunt universales, ut usum habere nequeant, aut non stabiles nec constantes, sed ad auditorum rationem accommodari debebunt; id quod non solum infinitam industriam requireret, sed omnem certitudinem e musica prorsus tolleret.

4. Sed Musicum similem se gerere oportet Architecto, qui plurimorum perversa de aedificiis iudicia non curans secundum certas et in natura ipsa fundatas leges aedes exstruit; quae etiamsi harum rerum ignaris non placeant, tamen, dum intelligentibus probentur, contentus est. Nam ut in musica ita etiam in architectura tam diversus est diversarum gentium gustus, ut, quae aliis placeant, alii eadem reiiciant. Hanc ob rem ut in omnibus aliis rebus ita etiam in musica eos potissimum sequi oportet, quorum gustus est perfectus et iudicium de rebus sensu perceptis ab omni vitio liberum. Huiusmodi sunt ii, qui non solum a natura auditum acceperunt acutum et purum, sed qui etiam omnia, quae in auditus organo repraesentantur, exacte percipiunt eaque inter se conferentes integrum de iis iudicium ferunt.

5. Cum omnis sonitus, ut capite praecedente ostensum est, nihil aliud sit nisi pulsuum in aëre productorum sese sequentium certus ordo, sonitum distincte percipiemus, si omnes ictus in aurium organa incurrentes sentiemus atque eorum ordinem agnoscemus; et praeterea, quando non omnes ictus sunt aequaliter fortes, si etiam vehementiae singulorum rationem animadvertemus. Huiusmodi igitur requiruntur auditores ad iudicium de rebus musicis ferendum, qui et auditus sensu acuto et singula quaeque percipiente sint praediti et tantum intellectus gradum possideant, ut ordinem, quo ictus aërearum particularum auditus organa percutiunt, percipere de eoque iudicare possint. Hoc enim, ut in sequentibus docebitur, est necessarium ad cognoscendum, an revera suavitas insit in proposito musico opere et quemnam ea teneat gradum.

6. Quamobrem ante omnia operam adhibebimus, ut in quaque re definiamus, quid sit id, cur nobis vel placeat vel displiceat, et quid quamque rem habere oporteat, ut ea oblectemur. Ex hoc enim, si fuerit perspectum, vera norma et regulae componendorum musicorum concentuum derivari

poterunt, cum scilicet constiterit, in quo positum sit id, quod placeat displiceatve. Non solum autem quae res ad musicam pertinent, ex hoc fonte sunt deducendae, sed omnes aliae quoque, quae eundem habent scopum propositum, ut placeant. Hocque tam late patet, ut vix quicquam assignari possit, cui non maior suavitatis gradus ex istis, quae quaerimus, principiis possit conciliari, aut omnino aliquis, etiamsi vix capax videatur, afferri.

7. Metaphysicos autem, ad quos haec inquisitio proprie pertinet, consulentes deprehendimus omne id nobis placere, in quo perfectionem inesse percipimus, eoque magis nos delectari, quo maiorem perfectionem animadvertimus; contra vero eas res nobis displicere, in quibus perfectionis defectum aut adeo imperfectionem perspicimus. Certum est enim perceptionem perfectionis voluptatem parere hocque omnium spirituum esse proprium, ut perfectionibus detegendis et intuendis delectentur, ea vero omnia, in quibus vel perfectionem deficere vel imperfectionem adesse intelligunt, aversentur. Cuique hoc, qui ea, quae ipsi placent, attentius contemplabitur, erit perspicuum; agnoscet enim perfectionis esse speciem id, quod placet, in iisque, quae aversatur, se perfectionem desiderare.

8. At perfectionem in quapiam re inesse intelligimus, si eam ita constitutam esse deprehendimus, ut omnia in ea ad scopum propositum impetrandum conspirent; sin autem quaedam affuerint ad scopum non pertinentia, perfectionis defectum agnoscimus. Et, si denique quaedam advertantur, quae reliqua in scopo assequendo impediant, imperfectionem tribuimus. Primo igitur casu res oblata nobis placet, postremo vero displicet. Contemplemur exempli caussa horologium, cuius finis est temporis partes et divisiones ostendere: id maxime nobis placebit, si ex eius structura intelligimus omnes eius partes ita esse confectas et inter se coniunctas, ut omnes ad tempus exacte indicandum concurrant.

9. Ex hisce sequitur, in qua re insit perfectio, in eadem ordinem necessario inesse debere. Nam cum ordo sit partium dispositio secundum certam regulam facta, ex qua cognosci potest, cur quaeque in eo, quem tenet, loco sit posita potius quam in alio, in re autem perfectione praedita omnes partes ita esse debeant ordinatae, ut ad scopum impetrandum sint accommodatae, iste scopus erit regula, secundum quam partes rei sunt dispositae et quae earum

cuique locum, quem tenet, assignat. Vicissim igitur etiam intelligitur, ubi sit ordo, ibi etiam esse perfectionem et legem regulamve ordinis respondere scopo perfectionem efficienti. Hanc ob rem nobis placebunt, in quo ordinem deprehendemus, ordinisque defectus displicebit.

10. Duobus autem modis ordinem percipere possumus; altero, quo lex vel regula nobis iam est cognita, et ad eam rem propositam examinamus; altero, quo legem ante nescimus atque ex ipsa partium rei dispositione inquirimus, quaenam ea sit lex, quae istam structuram produxerit. Exemplum horologii supra allatum ad modum priorem pertinet; iam enim est cognitus scopus seu lex partium dispositionis, quae est temporis indicatio; ideoque horologium examinantes dispicere debemus, an structura talis sit, qualem scopus requirit. Sed si numerorum seriem aliquam ut hanc 1, 2, 3, 5, 8, 13, 21 etc. aspicio nescius, quae eorum progressionis sit lex, tum paullatim eos numeros inter se conferens deprehendo quemlibet esse duorum antecedentium summam hancque esse legem eorum ordinis affirmo.

11. Posterior modus percipiendi ordinis ad musicam praecipue spectat; concentum musicum enim audientes ordinem demum intelligemus, quem inter se tenent soni tum simul tum successive sonantes. Concentus igitur musicus placebit, si ordinem sonorum eum constituentium percipimus, displicebit vero, quando non perspicimus, quare quisque sonus suo loco est dispositus; eo vero magis displicere debebit, quo saepius sonos ab ordine, quem eos tenere oportere iudicamus, recedere et aberrare cognoscemus. Fieri igitur potest, ut alii ordinem animadvertant, quem alii non sentiunt, ex quo eadem res aliis placere, aliis displicere potest. Utrique autem decipi possunt; ordo enim revera inesse potest, quem multi non cognoscunt; et saepe quidam se ordinem percipere videntur, ubi nullus adest, atque hinc tam diversa de rebus musicis oriuntur iudicia.

12. Placent itaque ea, in quibus ordinem, qui inest, percipimus; magis autem delectabimur, si plures eiusmodi res offerantur, quarum quem continent ordinem comprehendimus; atque maximum sentiemus suavitatis gradum, si praeterea ipsarum istarum rerum ordinem, quem inter se tenent, cognoscimus. Ex his apparet, si ordinem in quibusdam earum rerum non percipiamus, minore nos voluptate affici et, si prorsus nullum ordinem animadvertamus, tum

etiam nobis rem propositam placere cessare. Sed si non solum ordinem observamus nullum, verum etiam quaedam praeter omnem rationem adesse deprehendimus, quibus ordo, qui alias inesset, turbetur, tum displicebit nobis et fere dolore ea percipientes afficiemur.

13. Quo facilius ordinem, qui in re proposita inest, percipimus, eo simpliciorem ac perfectiorem eum existimamus ideoque gaudio et laetitia quadam afficimur. Contra vero si ordo difficulter cognoscatur isque minus simplex minusque planus videatur, cum quadam quasi tristitia eundem animadvertimus. In utroque tamen casu, dummodo ordinem sentimus, res oblata nobis placet in eaque suavitatem inesse existimamus; quae quidem inter se pugnare videntur, cum idem possit placere et suavitatem habere, quod animum ad tristitiam concitet. Sed si ipsos musicos concentus et modulationes consideramus, omnes suaves esse et placere debere agnoscimus; interim tamen alias ad laetitiam, alias ad tristitiam excitandam esse accommodatas videmus. Quamobrem eorum, quae placent, duo constituenda sunt genera, alterum quod laetos, alterum quod tristes faciat animos.

14. Similia haec plane sunt comoediarum et tragoediarum, quarum utraeque suavitate plenae esse debent; illae vero praeterea gaudio animos perfundant, hae vero tristitia afficiant necesse est. Ex quo intelligitur neque idem esse placere et gaudium excitare, neque contraria placere et tristitiam afferre. Horum vero ratio quomodo sit comparata, iam quodammodo est expositum; placent scilicet omnia, in quibus ordinem inesse intelligimus, horum autem ea laetitia tantum afficiunt, quae ordinem habent simpliciorem et facile perceptibilem; illa vero tristes reddere solent animos, quae ordinem continent magis compositum et eiusmodi, ut difficilius possit perspici.

15. Non multum discrepant haec ab iis, quae a philosophis de laetitia et tristitia tradi solent; nam laetitiam ita describunt, ut dicant eam esse notabilem voluptatis gradum; plus igitur perfectionis requiritur ad laetitiam excitandam quam ad id tantum, ut quid placeat. Tristitiae definitio multum quidem differre videtur ab ea, quam dedimus; sed attendendum est nos hic non de ea tristitia loqui, quae inter affectus vulgo describitur, quod constet in imperfectionis contemplatione. Neque enim huiusmodi tristitiam musica

intendit nec, quia placere conatur, potest. Sicque nobis tristitia tantum in difficiliore perfectionis seu ordinis perceptione ponitur et hanc ob rem a laetitia gradu solum differt.

16. Sunt autem in sonis duae res praecipue, quae ordinem continere possunt, eorum scilicet gravitas vel acumen, in quibus quantitatem sonorum posuimus, et duratio. Ob illam igitur placet musicus concentus, si ordinem, quem soni ratione gravitatis et acuminis inter se tenent, percipimus; sed ob hanc placet, si ordinem, quem durationes sonorum tenent, comprehendimus. Praeter haec duo aliud in sonis non datur, quod ad ordinem recipiendum esset aptum, nisi forte vehementia; sed tametsi et hac musici uti soleant in suis concentibus, ut mox fortes mox debiles effici debeant soni, tamen non in perceptione rationis seu ordinis, quem hi vehementiae gradus inter se habent, suavitatem quaerunt; et hanc ob rem vehementiae quantitatem definire neque solent neque possunt.

17. Cum ordo sit partium dispositio secundum certam quandam legem, is, qui ex inspectione hanc legem cognoscit, idem ordinem percipit eique ipsa perceptio placebit. In musica vero ordinem quantitates constituunt; nam sive gravitatem et acumen sive durationem respiciamus, utrumque quantitatibus determinatur; illud scilicet pulsuum in aëre productorum celeritate, hoc vero tempore, per quod sonus quisque producitur. Qui igitur relationem celeritatum pulsuum in sonis percipit, is ordinem sonorum comprehendit eoque ipse delectatur. Simili modo qui sonorum durationes distinguere et inter se comparare noverit, is etiam ordinem animadvertet et hanc ob rem voluptate afficietur. Quomodo autem ordinem percipiamus, clarius est exponendum, et quidem de utroque genere seorsim.

18. Duobus sonis propositis percipiemus eorum relationem, si intelligamus rationem, quam pulsuum eodem tempore editorum numeri inter se habent; ut si alter eodem tempore 3 pulsus perficiat, dum alter 2, eorum relationem adeoque ordinem cognoscimus observantes hanc ipsam rationem sesquialteram. Similique modo plurium sonorum mutuam relationem comprehendimus, si omnes rationes, quas singulorum sonorum numeri vibrationum eodem tempore editarum inter se tenent, cognoscemus. Voluptatem etiam ex sonis diversarum durationum capimus, si rationes, quas singulorum tempora durationum

inter se habent, percipimus. Ex quo apparet omnem in musica voluptatem oriri ex perceptione rationum, quas plures numeri inter se tenent, quia etiam durationum tempora numeris exprimi possunt.

19. Magnum quidem extat in sonorum rationibus percipiendis subsidium, quod singulorum plures ictus percipimus saepiusque eos inter se comparare possumus. Idcirco multo est facilius duorum sonorum rationem discernere audiendo quam duarum linearum eandem rationem habentium intuendo. Similis autem esset ratio sonorum et linearum, si singulorum sonorum duos tantum ictus reciperemus et de relatione eorum intervallorum iudicare cogeremur. Sed cum in sonis non admodum celeribus brevi tempore permulti edantur pulsus, ut ex capite praecedente, ubi de numero vibrationum chordae minuto secundo factarum egimus, videre licet, multo fit facilior rationis sonorum cognitio. Quamobrem in musica perquam compositis uti possunt rationibus, quas, si eaedem in lineis existerent, visus difficillime agnosceret.

20. Cum soni graviores eodem tempore pauciores edant pulsus quam acutiores, perspicuum est acutorum sonorum rationem facilius quam gravium percipi posse, si quidem utrique aeque diu durant. Caeteris igitur paribus oportet, ut soni graviores longius durent tardiusque sese insequantur quam acutiores, qui celerius progredi possunt. Hanc itaque constat observari oportere regulam, ut gravioribus sonis maior tribuatur duratio, acutioribus minor. Utrosque autem eo magis producendos esse intelligitur, quo rationes, quas inter se tenent, magis sunt compositae difficiliusque percipiantur. Fieri ergo tamen potest, ut acutiores tardius incedere debeant, dum graviores celeriter progredi possint, si nimirum hi simplices, illi vero perquam compositas teneant rationes.

21. Quo autem facilius percipi possit modus, quo ordo seu ratio duorum pluriumve sonorum percipitur, conabimur visui, quantum fieri potest, similem repraesentare figuram. Ipsos igitur pulsus in aurem incurrentes exponemus punctis in linea recta positis, quorum distantiae respondeant intervallis pulsuum, cuiusmodi figuras Tab. I [p. 231] plures repraesentat. Hac ergo ratione sonus aequabilis seu qui eundem per totam durationem habet tenorem gravitatis aut acuminis, describetur serie punctorum aequidistantium ut in Fig. 1. In qua, cum ubique ratio aequalitatis conspicua sit, dubium non est, quin ordo

facillime intelligatur. Unus igitur sonus vel, ut vocari solet, unisonus primum et simplicissimum nobis constituat gradum ordinis percipiendi, quem vocabimus primum suavitatis gradum, huncque tenet ratio 1 : 1 in numeris.

22. Sint nunc duo soni auditui propositi tenentes rationem duplam; ii duabus punctorum seriebus exprimentur, in quarum altera intervalla punctorum erunt dupla maiora quam in altera, ut Fig. 2, ubi superior series sonum acutiorem, inferior vero graviorem exhibet. His simul consideratis ordo facile quoque percipitur, quomodo ex figurae inspectione apparet. Hanc igitur, quia post unisonum est simplicissima, facimus gradum suavitatis secundum, qui ideo in numeris ratione 1 : 2 continetur. Simili modo Fig. 3 exhibet rationem 1 : 3 et Fig. 4 rationem 1 : 4; quarum utra sit perceptu facilior, in utramque partem potest disputari. Illa quidem hoc habet, ut minoribus expressa sit numeris, haec vero quadrupla ideo facilius percipi videtur, quod sit rationis duplae dupla hincque non multo difficilius discernatur quam dupla ipsa. Hanc ob rem nos utramque in eundem gradum, scilicet tertium, coniiciemus.

23. Quemadmodum ergo ratio 1 : 1 primum suavitatis gradum constituit et ratio 1 : 2 secundum itemque ratio 1 : 4 ad tertium pertinet, ita ad quartum gradum referemus rationem 1 : 8 et ad quintum hanc 1 : 16 et ita porro iuxta progressionem geometricam duplam. Hinc manifestum est rationem $1:2^n$ pertinere ad gradum, qui exponitur numero $n+1$. Eo autem libentius istam graduum distributionem assumsi, quod aequaliter in facilitate perceptionis progrediantur, ita ut, quo gradus v. g. quintus difficilius percipitur quam quartus, eo difficilius hic animadvertatur quam tertius, et hic ipse quam secundus. Inter hos autem non facio gradus medios prodeuntes, si n fuerit numerus fractus, quia in hoc casu ratio fit irrationalis et prorsus non perceptibilis.

24. Ex his apparet, si numerus, qui ad unitatem rationem habet respondentem duobus sonis, fuerit compositus, i. e. si habuerit divisores, tum gradum suavitatis propterea etiam fieri minorem; quemadmodum vidimus rationem 1 : 4 non pro magis composita esse habendam quam 1 : 3, quamvis 4 est maior quam 3. Contra ergo manifestum est suavitatis gradum ex magnitudine numerorum ipsa, si sint primi, esse aestimandam; ita ratio 1 : 5 erit simplicior quam

Tab. I

1 . . . .

Fig. 1.

2 . . . .
1 .   .   .   .

Fig. 2.

3 . . . .
1 .   .   .   .

Fig. 3.

4 . . . .
1 .   .   .   .

Fig. 4.

3 . . . .
2 .   .   .   .

Fig. 5.

4 . . . .
3 .   .   .   .

Fig. 6.

5 . . . .
4 . . . .

Fig. 7.

5 . . . .
3 .   .   .   .

Fig. 8.

6 . . . .
5 . . . .
4 .   .   .   .

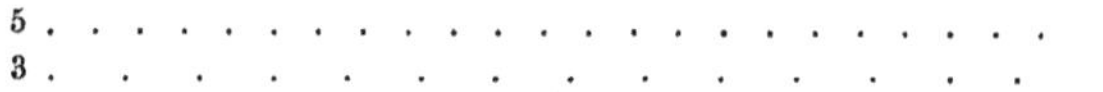

Fig. 9.

1 : 7, quamquam forte non simplicior est quam 1 : 8. At de numeris primis iam licebit ex inductione aliquid statuere; cum enim ratio 1 : 1 det gradum primum, 1 : 2 gradum secundum, 1 : 3 tertium, concludimus 1 : 5 pertinere ad quintum, 1 : 7 ad septimum et generaliter $1:p$, si quidem p est numerus primus, ad gradum, qui indicatur numero p.

25. Colligitur porro etiam ex § 23, si ratio $1:p$ ad gradum, cuius index sit m, referatur, rationem $1:2p$ ad gradum $m+1$ pertinere, $1:4p$ ad gradum $m+2$ et $1:2^n p$ ad gradum $m+n$. Multiplicato enim numero p per 2 ad rationis perceptionem requiritur praeter perceptionem rationis $1:p$ bisectio aut duplicatio, qua ut simplicissima operatione gradus suavitatis unitate evehitur. Simili modo determinare licet gradum suavitatis rationis $1:pq$, si p et q fuerint numeri primi; nam ratio $1:pq$ eo magis est composita quam $1:p$, quo $1:q$ magis est composita quam $1:1$. Ergo rationis $1:pq$ gradus cum p, q et 1 debet proportionem arithmeticam constituere, unde erit igitur $p+q-1$.

26. Idem ratiocinium etiam universaliter subsistit; si enim ratio $1:P$ ad gradum p pertineat et ratio $1:Q$ ad gradum q, pertinebit ob allatas rationes ratio $1:PQ$ ad gradum $p+q-1$. Scilicet utriusque rationis componentis gradus sunt invicem addendi et unitas a summa subtrahenda. Itaque rationis $1:pqr$ (positis p, q et r numeris primis), quae est composita ex $1:pq$ et $1:r$ harumque gradus sunt $p+q-1$ et r, gradus suavitatis erit $p+q+r-2$. Similiter rationis $1:pqrs$ gradus erit $p+q+r+s-3$. Et rationis $1:PQRS$ gradus erit $p+q+r+s-3$, si nimirum rationum $1:P$, $1:Q$, $1:R$ et $1:S$ gradus fuerint p, q, r et s.

27. Perspicitur ergo ex his rationis $1:p^2$ gradum suavitatis esse $2p-1$, posito videlicet p numero primo, et rationis $1:p^3$ gradum esse $3p-2$ atque generaliter rationem $1:p^n$ ad gradum $np-n+1$ pertinere. Ergo cum $1:q^m$ pertineat ad gradum $mq-m+1$, referri debet secundum regulam paragraphi praecedentis datam ratio ex his composita $1:p^n q^m$ ad gradum

$$np+mq-n-m+1.$$

Et quicunque fuerit numerus P in ratione $1:P$, habebitur gradus, ad quem pertinet, si is resolvatur in omnes suos factores simplices iique invicem addantur et numerus factorum unitate minutus a summa subtrahatur. Sic si quaeratur gradus rationis $1:72$, quia est $72 = 2\cdot 2\cdot 2\cdot 3\cdot 3$ horumque factorum summa 12 et numerus 5, subtrahatur 4 a 12; erit 8 gradus suavitatis pro ratione $1:72$.

28. Si ratio fuerit proposita inter tres numeros ut $1:p:q$, ubi p et q sunt numeri primi, oportebit in ea et $1:p$ et $1:q$ percipere. At hae duae rationes simul aeque facile percipiuntur ac composita ex iis $1:pq$. Ergo ad quem gradum pertineat ratio $1:p:q$, ex numero pq dignoscendum est per regulam traditam. Eodem modo ratio inter quatuor numeros $1:p:q:r$, ubi p, q et r iterum sunt numeri primi, gradus prodibit ex numero pqr. Ita si quatuor soni fuerint propositi his numeris $1:2:3:5$ expressi, gradus, ad quem pertinet facultas ordinem eorum, quem inter se habent, percipiendi cognosci debet ex numero 30, qui dat gradum octavum.

29. Debent autem hi numeri primi esse omnes inaequales, alioquin ratiocinium adhibitum non valet. Nam ratio $1:p:p$ aeque facile percipitur ac $1:p$; duo enim posteriores numeri, qui habent rationem aequalitatis, pro uno haberi possunt neque aequivalens est haec ratio censenda huic $1:p^2$. Similiter etiam, si numeri p, q, r etc. non fuerint primi, pariter non hoc modo ratiocinari licebit. Ut si percipienda sit ratio $1:pr:qr:ps$ positis p, q, r et s numeris primis, oportebit tantum cognoscere rationes $1:p$, $1:q$, $1:r$ et $1:s$, neque vero rationes $1:p$ et $1:r$ bis, quanquam bis occurrunt. Quocirca suavitatis gradus aestimandus erit ex ratione ex his simplicibus composita $1:pqrs$ seu ex numero $pqrs$.

30. Si autem non solum ipsum numerum $pqrs$, sed etiam modum, quo prodiit, contemplamur, deprehendimus hunc numerum esse minimum communem dividuum numerorum 1, pr, qr et ps seu minimum numerum, qui per hos singulos potest dividi, inter quos rationem detegere erat propositum. Ex quo formamus hanc regulam universalem pro gradu suavitatis cognoscendo in percipienda ratione plurium numerorum simul propositorum. Quaeri nimirum debet eorum omnium minimus communis dividuus; et ex hoc numero per regulam supra datam § 27 gradus suavitatis definietur. Addidi igitur sequentem tabulam, ex qua apparet, ad quem gradum quilibet minimus communis dividuus resultans perducat. Continuavi eam autem non ultra gradum decimum sextum, quia raro numeri ad ulteriores gradus pertinentes occurrere solent.

31. In hac igitur tabula cyphrae Romanae denotant gradus suavitatis et consueti numeri minimos communes dividuos omnes eo pertinentes:

I. 1;

II. 2;

III. 3, 4;

IV. 6, 8;

V. 5, 9, 12, 16;

VI. 10, 18, 24, 32;

VII. 7, 15, 20, 27, 36, 48, 64;

VIII. 14, 30, 40, 54, 72, 96, 128;

IX. 21, 25, 28, 45, 60, 80, 81, 108, 144, 192, 256;

X. 42, 50, 56, 90, 120, 160, 162, 216, 288, 384, 512;

XI. 11, 35, 63, 75, 84, 100, 112, 135, 180, 240, 243, 320, 324, 432, 576, 768, 1024;

XII. 22, 70, 126, 150, 168, 200, 224, 270, 360, 480, 486, 640, 648, 864, 1152, 1536, 2048;

XIII. 13, 33, 44, 49, 105, 125, 140, 189, 225, 252, 300, 336, 400, 405, 448, 540, 720, 729, 960, 972, 1280, 1296, 1728, 2304, 3072, 4096;

XIV. 26, 66, 88, 98, 210, 250, 280, 378, 450, 504, 600, 672, 800, 810, 896, 1080, 1440, 1458, 1920, 1944, 2560, 2592, 3456, 4608, 6144, 8192;

XV. 39, 52, 55, 99, 132, 147, 175, 176, 196, 315, 375, 420, 500, 560, 567, 675, 756, 900, 1008, 1200, 1215, 1344, 1600, 1620, 1792, 2160, 2187, 2880, 2916, 3840, 3888, 5120, 5184, 6912, 9216, 12288, 16384;

XVI. 78, 104, 110, 198, 264, 294, 350, 352, 392, 630, 750, 840, 1000, 1120, 1134, 1350, 1512, 1800, 2016, 2400, 2430, 2688, 3200, 3240, 3584, 4320, 4374, 5760, 5832, 7680, 7776, 10240, 10368, 13824, 18432, 24576, 32768.

32. Habentur autem ad minimum communem dividuum inveniendum plures modi, quorum unum, qui in nostro instituto maximam praestabit utilitatem, hic exponere convenit. Resolvantur singuli numeri propositi in factores

suos simplicissimos notenturque ea loca, in quibus quilibet horum factorum maximam habet dimensionem; tum fiat factum ex istis maximarum dimensionum potestatibus hocque erit minimus communis dividuus datorum numerorum. Ut si fuerint propositi hi numeri 72, 80, 100, 112, qui in factores simplices resoluti fiunt $2^3 \cdot 3^2$, $2^4 \cdot 5$, $2^2 \cdot 5^2$, $2^4 \cdot 7$, suntque simplices factores 2, 3, 5, 7. Horum primus, 2, maximam dimensionem habet quartam, secundi, 3, maxima dimensio est secunda, pariter ac tertii, 5, quarti vero, 7, prima occurrit potestas. Quare minimus communis dividuus est $2^4 \cdot 3^2 \cdot 5^2 \cdot 7$ seu 25200 et pertinet ad gradum vigesimum tertium.

33. Datis igitur quibuscunque numeris poterimus per tradita praecepta cognoscere, utrum facile sit an difficile mutuam eorum rationem et ordinem percipere, et quo gradu. Plures etiam casus poterimus inter se comparare et iudicare, uter facilius possit percipi. Sed numeri hi rationem propositam constituentes debent esse rationales, integri et minimi. Horum quidem primum facile intelligitur, cum in irrationalibus nullus huiusmodi insit ordo. Integri autem esse debent, quia inventio minimi communis dividui non ad fractos pertinet; per notas vero regulas, si qui fuerint fracti, in integros mutari possunt manente omnium eadem mutua relatione. Praeterea in minimis numeris rationes istae debent esse expressae, ita ut nullus extet numerus praeter unitatem, per quem omnes illi numeri dividi possint. Sin autem non sint minimi, eos per maximum, quem habent, communem divisorem ante dividi oportet.

34. Hoc igitur modo etiam rationum non multiplicium, quales initio consideravimus, suavitatis gradus determinabuntur; ita ratio 2 : 3, quia minimus communis dividuus est 6, pertinet ad gradum quartum et aeque facile percipitur ac ratio 1 : 6 vel 1 : 8 (Fig. 5) Haec vero perceptio respondet inspectioni huius figurae punctatae, in qua quidem ordo facile perspicitur. At eiusdem modi figuris cognoscetur, quam difficulter rationes ad ulteriores gradus pertinentes percipiantur; sit e. gr. ratio proposita 5 : 7, quae ad gradum undecimum refertur, ex cuius figura hoc modo expressa ordo iam satis difficulter perspicietur. Eodem modo se res habet in sequentibus gradibus, ut, quo maiore numero gradus exprimatur, eo difficilius ordinem perspici posse ex huiusmodi figuris appareat.

35. Hic denique modus ordinis perceptionem aestimandi multo patet latius quam ad sonos gravitate acumineve differentes. Accommodari enim etiam potest ad sonos variarum durationum, exponendis sonis per numeros durationibus proportionales. Sed in hisce non tam provectos gradus adhibere licet, quam illo casu, quo sonorum gravitas et acumen spectatur, quia in illis pulsus saepius recurrunt et propterea eorum relatio facilius cognoscitur. Perceptio vero rationis plurium sonorum duratione diversorum similis est contemplationi linearum, quarum mutuam relationem ex solo aspectu comprehendere oporteat. Praeterea quoque in omnibus aliis rebus, in quibus decorum et ordo inesse debet, haec tractatio magnam habebit utilitatem, si quidem ea, quae ordinem constituunt, ad quantitates reduci numerisque exprimi possunt; sicut in architectura, in qua decori gratia requiritur, ut omnes aedificii partes ordine, qui percipi possit, sint dispositae.

CAPUT III

DE MUSICA IN GENERE

1. Minus fortasse necessarium putabitur musicae definitionem hic afferre, cum cuique notum sit, quae disciplina hoc nomine designetur. Attamen magnam nobis utilitatem ex definitione ad institutum nostrum accommodata esse proventuram arbitror, cum ad operis divisionem tum ad ipsum cuiusque partis pertractandae modum. Ita igitur musicam definio, ut eam esse scientiam dicam varios sonos ita coniungendi, ut auditui gratam exhibeant harmoniam. Et hanc ob rem iam in praecedentibus capitibus fusius exponendam esse iudicavi tum de sonis tum de harmoniae principiis doctrinam, quo non solum ipsa definitio facilius possit percipi, sed modus etiam perspiciatur, quo eam tractari maxime conveniat.

2. Dividi solet plerumque musica in duas partes, alteram theoreticam, alteram practicam. Illa praecepta tradere debere statuitur compositionis musicae et proprio nomine harmonicae appellatur. Practicae autem partis officium in hoc consistere dicitur, ut doceat ipso actu sonos praescriptos vel voce vel instrumentis edere, huicque soli musicae nomen vulgo imponitur. Ex quo intelligitur partem theoreticam esse praecipuam, cum altera sine hac nihil efficere possit, neque tamen eam sine practica parte finem suum, qui est oblectatio, consequi posse. Sed, quia haec practica pars nihil est aliud nisi ars instrumenta musica tractandi, hanc nos inter postulata ponentes non attingemus.

3. In superioribus iam est ostensum duobus modis suavitatem sonis conciliari posse, quorum alter sonorum gravitatem spectat et acumen, alter vero eorum durationem. Et qui musicam hodiernam attentius contempletur,

re ipsa deprehendet omnem, quae in ea inest, suavitatem tum a gravitatis acuminisque varietate tum etiam a sonorum duratione proficisci. Negari quidem non potest sonorum diversa vehementia, qua mox fortiores mox debiliores efficiuntur, non parum suavitatis accedere; verum quia huius vis mensura neque praescribi solet neque tam exacte ab auditoribus potest discerni, sed eius, qui canit, arbitrio relinquitur, non possumus illam iis, de quibus diximus, acuminis gravitatisve et durationum differentiis annumerare. In genere autem hoc potest notari eos sonos, qui maiorem quandam habent emphasin, maiore quoque vi exprimi debere.

4. Deinde non minorem suavitatem afferre solet instrumentorum musicorum discrimen multumque refert, cuiusmodi instrumentum ad praescriptam melodiam exprimendam adhibeatur. Alia enim chelydem requirit, alia fides, alia fistulam tibiamve, alia ad cornua et bucinas magis est accommodata. Non solum enim haec instrumenta sonorum specie differunt, sed singula fere prae reliquis certam quandam habent proprietatem, ut vel facilius vel elegantius propositam sonorum seriem possint exequi. Hanc ob rem, qui musicos concentus et melodias componunt, diligenter ad naturam instrumentorum debent attendere, ut nequid collocent, quod vel non commode vel non eleganter possit effici. Quocirca plerumque a Musicis instrumentum designari solet, quo ad praescriptam melodiam canendam uti maxime conveniat.

5. Duobus autem tantum principiis sonorum, scilicet ratione gravis et acuti, differentiis et eorum duratione admissis, tribus tamen modis in sonorum congerie suavitas inesse poterit. Primo enim omnis suavitas a sola acuminis et gravitatis diversitate oriri potest, omnibus vel aequalis durationis existentibus, vel duratione prorsus neglecta nullaque ad eam attentione facta. Secundo, etiamsi omnes soni fuerint aequaliter graves vel acuti, tamen propter ordinem, quem tenent durationes eorum, suavitatem habere poterunt. Tertio autem, qui est perfectissimus suavitatis gradus, utrisque his coniunctis sonorum tenore et duratione obtinebitur. Hocque ipso musica excellere putanda est, si tam durationis sonorum quam eorum magnitudinis ratione, quae acuminis et gravitatis differentia continetur, suavitas, quantum fieri potest, promoveatur.

6. Ad postremam hanc tertiamque speciem universa fere hodierna musica referenda est. In ea enim non solum sonorum tenor ad suavitatem efficiendam adhibetur, sed duratione etiam ad eam plurimum augendam uti solent

Musici; ex quo tactus sive plausus originem suam habet. Interim tamen etiam nunc exempla priorum duarum specierum cernere licet. Nam qui musicam choralem hymnosque ecclesiasticos intuetur, omnem, quam habent suavitatem, a solo sonorum tenore et consonantiarum idonea successione proficisci deprehendet. Tympana vero secundae speciei praebent exemplum; cum enim in iis omnes soni gravitate et acumine nihil propemodum differant, omnis suavitas potissimum a pulsuum celeritate pendet atque ideo sola durationis varietate nititur.

7. In omnibus autem his speciebus, qui melodiam vel concentum musicum componere statuit, praeter regulas suavitatis generales praecipue etiam ad id respicere debet, utrum ad laetitiam an ad tristitiam flectere auditores cupiat. In praecedente enim capite iam monstratum est, quibus rebus utrumque efficiatur. Id quod praecipue in componendis melodiis ad propositos hymnos observari oportet; occurrentibus enim verbis vel periodis tristibus melodiam etiam sic instituere solent, ut ordo difficilius perspici possit. Hanc ob rem vel minus simplices consonantias vel earum successiones, quae difficilius percipiantur, usurpant vel sonorum durationes ita constituunt, ut rationum earum perceptio fiat difficilior. Contrarium faciunt, quando ipse textus ad laetitiam inclinat.

8. Omnino autem musicum opus simile esse oportet orationi sive carmini. Quemadmodum enim in his non sufficit elegantia verba et phrases coniungere, sed praeterea inesse debet ipsarum rerum ordinata dispositio et argumentorum idonea accommodatio, ita etiam in musica simile apparere debet institutum. Neque enim multum delectat complures consonantias in seriem coniecisse, etiamsi singulae satis habeant suavitatis, sed in his ipsis ordinem elucere oportet, prorsus ac si quaedam oratio iis esset exprimenda. In hocque potissimum ad facilitatis vel difficultatis gradum, quo ordo percipitur, respicere iuvat; atque prout institutum requirit, laetitia et tristitia vel permutari vel modo haec modo illa intendi ac remitti debebit.

9. Videamus igitur, quomodo quamlibet harum musicae specierum tractari maxime conveniat. Harum quidem prima, quia, ut iam est dictum, durationum ullus ordo sive non adest sive non consideratur, tota in successione varii tenoris sonorum consistit. In hac autem plerumque plures soni simul sonant,

ex quo, qui oritur sonitus, consonantia appellatur. Nolo vero hic consonantiae vocem in vulgari sensu accipi, quo dissonantiae opponitur, sed hoc vocabulo designari volo sonitum plurium sonorum simul sonantium. Atque hac significatione simplex sonus ut infimus et simplicissimus consonantiarum gradus potest considerari, sicut inter numeros unitas collocari solet. Prima igitur musicae species serie plurium consonantiarum sese insequentium constat, quae suavem harmoniam constituant.

10. De consonantiis ergo ante omnia erit disserendum atque primum indagari debebit, quales soni ad consonantiam suavem constituendam requirantur, tumque, ad quem suavitatis gradum quaeque pertineant. Hinc provenient innumerae consonantiarum species, quae deinceps in sequentibus, prout instituti ratio postulabit, in usum deduci poterunt. His igitur expositis inquiri debebit, quomodo duae consonantiae debeant esse comparatae, ut sese insequentes suavem efficiant successionem. Denique pervenietur ad plurium consonantiarum examen, in quo, cuiusmodi singulae esse debeant, ut suavitate auditus sensum afficiant, investigabitur. Quibus absolutis de qualibet consonantiarum serie proposita iudicare licebit, quantum contineat suavitatis, dum singulae consonantiae primo seorsim et deinde singulae successiones omniumque communes nexus considerabuntur.

11. Exinde in conspectum prodibunt innumerabiles huiusmodi consonantiarum series componendi modi, quorum qui apud Musicos sunt in usu, non sunt nisi casus maxime speciales. Horum autem cum singuli certos sonos requirant, dispiciendum erit, quibus sonis in quoque componendi modo sit opus, ut appareat, ad quosnam sonos edendos musica instrumenta debeant instrui. Sequetur haec plenior tractatio de modis musicis, eorum commutatione aliisque rebus, quibus musica compositio magis determinatur et intra cancellos continetur. Denique iterum simplicia membra nempe consonantiae ad examen revocabuntur et diligentius inquiretur, cuiusmodi species quavis occasione adhiberi oporteat et quomodo eas inter se permutari aliasque vicarias earum loco substitui conveniat. Compositio haec, quae hisce tantum praeceptis continetur atque durationem sonorum negligit, simplex vocari solet sive soluta, quia similis quodammodo est sermoni soluto omnique metro carenti.

12. Postmodum exponenda erit altera musicae species, quae sonorum ratione gravis et acuti discrimen non curans tota est occupata in suavitate per eorum durationes producenda. Haec autem, ut in secundo capite est demonstratum, obtinebitur, si ratio et ordo, quem singulorum sonorum durationes inter se habent, percipi poterit. Quilibet igitur sonus mensuratum et determinatum habere debebit durationis suae tempus omniumque tempora ita oportebit esse comparata, ut ratio eorum perceptibilis reddatur. A simplicioribus ergo ut incipiatur, primo, quantae durationis duo esse debeant soni, ut rationem eorum auditores perspicere queant, inquirendum est; in quo iterum notasse plurimum iuvabit, quo facilitatis gradu huiusmodi rationes intelligi possint. Quo facto simili modo plures soni considerabuntur.

13. Quemadmodum autem divisio temporis in partes aequales non solum ubique adhibetur, sed homini fere naturalis esse videtur, ita in musica etiam omnes soni ad aequalia tempora referri solent, etiamsi ipsi prorsus inaequales habeant durationes. Hanc ob rem tempore in aequales partes diviso in singulas sonos ita distribuunt, ut eorum durationum summa huiusmodi temporis portioni sit aequalis. Alias igitur plures soni, alias pauciores in eodem tempore eduntur, prout brevioris vel longioris fuerint durationis. Atque huiusmodi temporis portio, quia ictu manus plerumque designari solet, *tactus* sive *plausus* appellatur. Sonorum igitur series in hac musicae specie in tales plausus distribuitur, qui simili modo a se invicem distinguuntur, quo pedes atque versus in oratione ligata.

14. Plausus deinde duplici modo distinguitur, vel ratione durationis vel subdivisionis. Priori modo alius evadit tardus, alius celer, prout eius tempus longius durat vel brevius. Varietas, quae ex altero modo oritur, perquam est multiplex, cum multis modis plausus possit subdividi. Alius enim erit naturae, si in duas partes distinguitur, et in hoc ipso erit diversitas, prout hae partes fuerint aequales vel inaequales, alius, si in tres, alius, si in quatuor partes dividitur. Porro ipsae hae partes saepe ulterius subdividuntur et aliter in aliis plausibus, donec ad singulos sonos perveniatur. Ex quo maxima oritur in hac saltem musicae specie diversitas, ut nulla prorsus enumeratio varietatum institui possit.

15. Saepe deinde plausus etiam solent commutari, vel durationis vel subdivisionis ratione, ita ut modo post celerem tardus, modo post tardum

celer collocetur. Ratione vero subdivisionis plausus bipartiti, tripartiti et reliqui multis modis commutari et inter se commisceri possunt. Varietas autem haec vehementer multiplicatur eo, quod plures dentur species eiusdem plausus eodem modo divisi, cum istae sectiones porro varie distinguantur. Praeterea utroque modo simul numerus commutationum in immensum augebitur, si nimirum plausus non solum ratione divisionis, sed etiam durationis permutantur. De quibus omnibus, quas regulas observari oporteat, ex secundo capite est derivandum.

16. Plausus autem eorumque partes, ut iam diximus, ab auditoribus eodem modo animadvertuntur, quo carminis versus, pedes atque singulae syllabae. Et quemadmodum in his vix ulla recitantis sensibilis cessatio adverti potest, etiamsi revera aliquod interstitium adsit, ita etiam plausus eorumque partes a se invicem distinguuntur, ut perquam exigua et fere imperceptibilis mora finito tactu eiusve aliqua parte interponatur. Multum tamen etiam ad hanc distinctionem facit sonorum diversa vis; primarii enim seu ii, qui tactum eiusque partes inchoant, fortiores aliquanto efficiuntur. Quamobrem intelligitur primos sonos in quoque tactu et partibus eius simul esse debere principales, reliquos vero, ut minorem habent vim, ita etiam minus esse principales.

17. Sicuti igitur tactus partes cum syllabis singulis orationis ligatae et ipsi tactus cum pedibus seu versibus comparari possunt, ita aliquot tactus integram constituunt periodum harumque plures integram orationis partem. Similes hanc ob rem regulas in musica et oratoria observari oportet, ita ut tactus quilibet melodiae quandam distinctionem repraesentet, et aliquot eorum, qui periodo oratoriae seu versui respondeant, quasi integrum quendam melodiae sensum comprehendere debeant. Certis igitur concludendae sunt clausulis, quae finem commode constituant. Et hae ipsae diversae esse debebunt, prout vel periodi tantum partem vel integram periodum vel totam etiam orationem finient.

18. Postremus vero sonus cuiusque periodi debet esse principalis et hanc ob rem primus esse debet vel in tactu vel in parte tactus. Quapropter fit, ut neque periodus musica neque oratio in ipsa plausus fine possit terminari, sed initium vel tactus vel eius partis cuiuspiam tenere debeat finis huius-

modi. Progressio vero et praeparatio ad finem in ipsum vel tactus vel partis eius finem incidet, ut sequens sonus principalis periodum concludat. Soni enim minus principales aliam ob caussam non adhibentur, nisi ut ipsos principales coniungant; quamobrem ii inter principales positi esse debent et cantum neque incipere neque finire possunt. Horum autem omnium plenior expositio in pertractatione tertiae musicae speciei exhiberi debet.

19. Tertia denique exponenda erit musicae species, in qua utraque priorum coniungitur. Plurimum igitur ista habebit suavitatis, cum non solum soni ratione gravis et acuti, ut in prima specie, sed etiam ratione durationis, ut in secunda, ordinem perceptibilem contineant. Et propterea, quo maior in utroque inest ordo, eo quoque haec musica magis placeat necesse est. Perspicuum autem est hac tertia specie multo esse difficilius quidquam elaborare, quod sit perfectum, quam in duabus prioribus, idcirco quod haec utramque perfectionem coniunctim debeat complecti. Quamobrem ipsa rei natura postulat, ut ante in duabus prioribus speciebus opera et studium collocetur, quam tertia pertractetur; nisi enim in utraque specie seorsum suavitas obtineri potest, neque in ea, quae ex hisce est coniuncta, quicquam suave efficietur. Intellectis autem duabus prioribus speciebus difficile non erit iis coniungendis tertiam percipere.

20. In hac autem tertia specie maxima versatur multiplicitas compositionis; non solum enim tot eius sunt varietates, quot in utraque praecedentium coniunctim, sed binis quibusque combinandis infinitus propemodum existit varietatum numerus. Scilicet si numerus diversorum compositionis modorum in prima specie sit m numerusque tactuum variorum et mensurae formarum in secunda specie n, erit numerus varietatum tertiae speciei mn. Atque si m et n sint numeri, ut ostendimus, fere infiniti, erit numerus mn stupendae magnitudinis. Ex quo apparet variationes omnes musicae hodiernae, quae potissimum in hac tertia specie est occupata, omnino non posse enumerari. Fieri igitur non potest, ut ista scientia unquam exhauriatur, sed quamdiu mundus durabit locus semper erit plenissimus novarum inventionum; ex quo perpetuo nova melodiarum et concentuum genera emanabunt.

21. In pertractatione tertiae musicae speciei sequi conveniet divisionem in specie secunda factam, atque ad quodlicet tactuum sive plausuum genus accommodanda erit componendi ratio primae speciei. Ante omnia autem gene-

ralia tradenda sunt praecepta ad duas priores musicae species coniungendas, in quibus exponi oportet, cuiusmodi consonantiis in quavis tactus parte uti maxime conveniat. Cum enim aliae tactus partes sint magis principales, aliae minus, in ipsis quoque consonantiis, quae adhibentur, huiusmodi discrimen appareat necesse est. Deinde cum plures tactus similes sint periodo aliique orationis parti, ostendendum est etiam, cuiusmodi consonantiis quaevis distinctio commodissime exprimatur. De clausulis igitur hoc loco agendum erit earumque differentia, quae ex distinctionis ratione oritur.

22. Enumeratis deinceps variis tactuum generibus ex secunda specie musicae indicandum erit, quomodo in quovis genere periodum musicam constitui atque ex his integram quasi orationem componi oporteat. Amplissima haec erit tractatio ob innumera fere tactuum genera innumerosque componendi modos. Praeter haec vero accedet ingens diversitas styli; simili enim modo, quo in rhetorica, de stylo in musica est agendum, qui nihil aliud est nisi certa quaedam ratio periodos formandi easque coniungendi. Huc tandem quoque pertinent figurae musicae, similes etiam figurarum in oratoria, quibus hae musicae orationes maxime exornantur et ad summum perfectionis gradum evehuntur.

23. Ex consonantiis, quae hoc modo concentum musicum componunt, oriuntur variae, uti vocantur, voces. Nam si soni vel voce vel tali instrumento, quod plures sonos simul formare non potest, eduntur, ad quamvis consonantiam pluribus opus est vel vocibus vel huiusmodi instrumentis. Ex hisque oritur nova tractatio, quomodo plures voces constituendae sint, ut simul sonantes aptam et gratam consonantiarum seriem exhibeant. Primum igitur una vox debet considerari, tum duae, porro tres, quatuor pluresque. Hacque ratione omnia praecepta, quae erunt eruta, maxime accommodabuntur ad receptum componendi modum; omnia enim fere opera musica constant certo vocum aliquot numero, quarum singulae quandam melodiam constituunt, non quidem completam, sed tamen, ut omnes simul concinentes suavem harmoniam efficiant.

24. Tribus itaque completa de musica tractatio absolvetur partibus, quibus totidem musicae species sunt exponendae. Harumque quaelibet quomodo ad harmoniae praecepta capite secundo stabilita reducenda sit, intelligitur.

Cum igitur omnia ex certis derivanda sint principiis, quorum veritas sufficienter est evicta, methodus, qua utemur, plane est philosophica seu demonstrativa. Neque vero quisquam, quantum scio, huiusmodi methodum in musica tradenda adhibuit. Omnes enim, qui de musica scripserunt, vel theoriam nimis neglexerunt vel praxin. Illi scilicet praecepta componendi collegerunt sine demonstrationibus; hi vero toti erunt cccupati in consonantiis et dissonantiis explicandis atque ex his modum instrumentorum musicorum attemperandorum investigaverunt, principiis autem usi sunt vel insufficientibus vel precariis, ita ut ipsis ulterius progredi non licuerit.

CAPUT IV

DE CONSONANTIIS

1. Plures soni simplices simul sonantes constituunt sonum compositum, quem hic *consonantiam* appellabimus. Ab aliis quidem consonantiae vox strictiore sensu accipitur, ut tantum denotet sonum compositum auditui gratum multumque suavitatis in se habentem, hancque consonantiam distinguunt a dissonantia, quae ipsis est sonus compositus parum vel nihil suavitatis complectens. At quia partim difficile est consonantiarum et dissonantiarum limites definire, partim vero haec distinctio cum nostro tractandi modo minus congruit, quo secundum suavitatis gradus capite II expositos sonos compositos sumus iudicaturi, omnibus sonitibus, qui ex pluribus sonis simplicibus simul sonantibus constant, consonantiae nomen tribuemus.

2. Quo igitur huiusmodi consonantia placeat, oportet, ut ratio, quam soni simplices eam constituentes inter se tenent, percipiatur. Quia autem hic duratio sonorum non spectatur, sola varietatis, quae in sonorum gravitate et acumine inest, perceptio istam suavitatem continebit. Quamobrem, cum gravitas et acumen sonorum ex pulsuum eodem tempore editorum numero sint mensuranda, perspicuum est, qui horum numerorum mutuam relationem comprehendat, eandem suavitatem consonantiae sentire debere.

3. Supra autem iam constituimus ipsos sonos per pulsuum, quos dato tempore conficiunt, numeros exprimere ex hocque sonorum quantitatem seu tenorem, qui gravitatis et acuminis ratione continetur, metiri. Quo itaque proposita consonantia placeat, necesse est, ut ratio, quam sonorum simplicium quantitates seu ipsi soni (sonos enim tanquam quantitates consideramus) inter se tenent, percipiatur. Hoc igitur modo consonantiarum perceptionem ad

numerorum contemplationem revocamus, qua de re in secundo capite praecepta sunt tradita, ex quibus intelligi potest, quomodo de cuiusvis consonantiae suavitate sit iudicandum.

4. Facile igitur erit consonantiae cuiusvis perceptionem ad certum suavitatis gradum reducere, ex quo apparebit, utrum facile an difficile et insuper quo gradu proposita consonantia mente comprehendatur. Praeterea vero etiam plures consonantiae inter se poterunt comparari de iisque iudicare licebit, quae sit perceptu facilior quaeve difficilior, simulque definiri poterit, quanto alia facilius quam alia possit comprehendi. Data ergo consonantia numerus debet inveniri, qui est minimus communis dividuus numerorum simplices sonos exponentium, isque investigari, ad quemnam gradum pertineat. Ex hoc enim manifestum erit, quantum ad consonantiam percipiendam requiratur.

5. Cum igitur opus sit minimo communi dividuo sonorum simplicium, oportebit semper hos sonos numeris integris exponere iisque minimis, qui eandem inter se tenent rationem; cuius rei hoc habetur indicium, si isti numeri integri nullum habeant communem divisorem praeter unitatem. Hac ergo quasi prima operatione absoluta deinceps inveniendus est minimus communis dividuus secundum praecepta capite secundo tradita. Denique per eadem praecepta innotescet, ad quem minimus hic communis dividuus gradum suavitatis pertineat, atque ad eundem ipsius consonantiae perceptio pertinere est censenda. Quoties quidem iste minimus communis dividuus non gradum sedecimum excedit, hac postrema operatione non est opus, quia tabula supra data hos omnes gradus continet.

6. Vocabimus autem in posterum minimum hunc communem dividuum sonorum simplicium consonantiam componentium *exponentem* consonantiae; hoc enim cognito simul ipsius consonantiae natura perspicitur. Quomodo autem ex dato hoc exponente gradus suavitatis inveniri debeat, § 27 cap. II docetur hoc modo: Exponens hic resolvatur in factores suos simplices omnes horumque summa sumatur, quae sit s. Factorum vero horum numerus ponatur $= n$; erit suavitatis gradus, ad quem proposita consonantia refertur, $s - n + 1$; quo itaque minor reperitur hic numerus, eo erit consonantia suavior seu perceptu facilior.

7. Non incongrue etiam consonantiae dividuntur secundum sonorum simplicium, ex quibus sunt compositae, numerum; atque hinc aliae erunt bisonae, aliae trisonae aliaeque multisonae, prout duobus vel tribus vel pluribus constant sonis. In bisonis igitur sint duo soni, ex quibus constant, a et b, seu isti numeri rationem saltem teneant ipsorum sonorum. Debebunt ergo a et b esse numeri integri et primi inter se. Atque hanc ob rem minimus eorum dividuus erit ab ideoque hic ipse numerus ab erit exponens consonantiae propositae, ex quo suavitatis gradus, ad quem pertinet, innotescit. Recenseamus autem huiusmodi consonantias secundum suavitatis gradus, ut ex ipso ordine appareat, quam quaeque facilis vel difficilis sit perceptu.

8. Ad huiusmodi vero enumerationem perficiendam hoc tantum opus est, ut singuli numeri ex tabula capiti II adiecta iuxta ordinem excerpantur eorumque quilibet in duos factores inter se primos resolvatur, id quod saepe pluribus modis fieri poterit. Hoc facto dabunt huiusmodi bini factores sonos consonantiae bisonae, cuius exponens erit ille ipse numerus, ex quo hi factores erant derivati. Exempli gratia in quinto gradu habetur 12, qui duplici modo in factores inter se primos resolvi potest: 1, 12 et 3, 4. Huiusmodi soni igitur constituent consonantias ad gradum V pertinentes, quarum exponens est 12.

9. Ad primum igitur gradum, in quo habetur unitas, nulla refertur consonantia neque bisona neque plurium sonorum. Cum enim soni consonantiam constituentes debeant esse diversi, unitas eorum nunquam esse poterit minimus communis dividuus sive exponens. Hanc ob rem simplicissima consonantia pertinebit ad gradum secundum eamque constituent soni rationem 1:2 tenentes, cuius ergo exponens est 2, qui numerus solus in gradu secundo reperitur. Consonantia haec a Musicis *diapason* sive *octava* appellatur ab iisque pro simplicissima et perfectissima habetur; facillime enim auditu percipitur ab aliisque dignoscitur.

10. Ad tertium gradum retulimus duos numeros 3 et 4, quorum uterque in duos factores inter se primos seu praeter unitatem nullum alium communem habentes divisorem resolvitur, ille scilicet in 1 et 3, iste vero in 1 et 4. Duae igitur prodeunt consonantiae bisonae ad tertium gradum pertinentes, quarum altera constat ex sonis rationem 1:3 habentibus, altera

vero ex sonis 1 : 4. Illa vocari solet diapason cum diapente, haec vero disdiapason, neque de his dubium esse potest, quin sequentibus facilius percipiantur.

11. Hoc modo sequentem confeci tabulam consonantiarum bisonarum, in qua eae sunt secundum suavitatis gradus supra expositos dispositae, ad decimum usque gradum:

Gr. II: 1 : 2.

Gr. III: 1 : 3, 1 : 4.

Gr. IV: 1 : 6, 2 : 3, 1 : 8.

Gr. V: 1 : 5, 1 : 9, 1 : 12, 3 : 4, 1 : 16.

Gr. VI: 1 : 10, 2 : 5, 1 : 18, 2 : 9, 1 : 24, 3 : 8, 1 : 32.

Gr. VII: 1 : 7, 1 : 15, 3 : 5, 1 : 20, 4 : 5, 1 : 27, 1 : 36, 4 : 9, 1 : 48, 3 : 16, 1 : 64.

Gr. VIII: 1 : 14, 2 : 7, 1 : 30, 2 : 15, 3 : 10, 5 : 6, 1 : 40, 5 : 8, 1 : 54, 2 : 27, 1 : 72, 8 : 9, 1 : 96, 3 : 32, 1 : 128.

Gr. IX: 1 : 21, 3 : 7, 1 : 25, 1 : 28, 4 : 7, 1 : 45, 5 : 9, 1 : 60, 3 : 20, 4 : 15, 5 : 12, 1 : 80, 5 : 16, 1 : 81, 1 : 108, 4 : 27, 1 : 144, 9 : 16, 1 : 192, 3 : 64, 1 : 256.

Gr. X: 1 : 42, 3 : 14, 6 : 7, 1 : 50, 2 : 25, 1 : 56, 7 : 8, 1 : 90, 2 : 45, 5 : 18, 9 : 10, 1 : 120, 3 : 40, 5 : 24, 8 : 15, 1 : 160, 5 : 32, 1 : 162, 2 : 81, 1 : 216, 8 : 27, 1 : 288, 9 : 32, 1 : 384, 3 : 128, 1 : 512.

12. Ex cap. I § 11 intelligitur, quomodo duae chordae debeant intendi, ut sonos datam tenentes rationem edant; hoc ergo modo facile erit istas consonantias chordis exprimere atque re ipsa experiri, quae sit perceptu facilior quaeve difficilior; reperietur autem experientia egregie cum hac theoria conspirare. Huiusmodi vero experimentis auditum musicae studiosi exerceri non solum perutile iudico, sed etiam maxime necessarium; hac enim ratione sibi distinctas comparabit ideas harum simpliciorum consonantiarum magisque idoneus evadit ad musicam ipsa praxi tractandam.

13. Neque vero necesse est, ut, qui musicae operam dat, omnium enumeratarum consonantiarum distinctas habeat ideas, sed sufficit primarias tantum animo probe imprimere, quae sunt 1 : 2, 1 : 3 vel 2 : 3, 1 : 5 vel 2 : 5 vel 4 : 5.

Has enim qui noverit non solum ab aliis distinguere, sed etiam ipse vel voce formare vel chordis auditus ope producere, is quoque omnes reliquas consonantias, quarum exponentes alios non habent divisores nisi 2, 3 et 5, solo auditu poterit efficere. Atque hoc sufficiet ad musicam hodiernam et ad instrumenta musica attemperanda. In sequentibus vero pluribus haec sum expositurus.

14. Iam monui me hic sub consonantiae nomine tam consonantias quam dissonantias vulgo sic dictas complecti. Ex tabula autem apposita et methodo nostra limites quodammodo definiri posse videntur. Dissonantiae enim ad altiores pertinent gradus, et pro consonantiis habentur, quae ad inferiores gradus pertinent. Ita tonus, qui constat sonis rationem $8:9$ habentibus et ad octavum gradum est relatus, dissonantiis annumeratur, ditonus vero seu tertia maior ratione $4:5$ contentus, qui ad septimum gradum pertinet, consonantiis. Neque tamen ex his octavus gradus initium potest constitui dissonantiarum; nam in eodem continentur rationes $5:6$ et $5:8$, quae dissonantiis non accensentur.

15. Hanc rem autem attentius perpendenti constabit dissonantiarum et consonantiarum rationem non in sola perceptionis facilitate esse quaerendam, sed etiam ad totam componendi rationem spectari debere. Quae enim consonantiae in concentibus minus commode adhiberi possunt, eae dissonantiarum nomine sunt appellatae, etiamsi forte facilius percipiantur quam aliae, quae ad consonantias referuntur. Atque haec est ratio, cur tonus $8:9$ dissonantiis annumeretur et aliae multo magis compositae consonantiae pro consonantiis habeantur. Simili modo ex hoc explicandum est, cur quarta seu diatessaron sonis rationem $3:4$ habentibus constans a Musicis ad dissonantias potius quam ad consonantias referatur, cum tamen nullum sit dubium, quin ea admodum facile percipi queat.

16. Apud veteres quidem Musicos haec quarta tanquam valde suavis consonantia erat considerata, ut ex eorum scriptis liquet. At aliis prorsus usi sunt methodis dissonantias a consonantiis discernendi, quae in ipsa rei natura minus erant fundatae et ex precariis principiis deductae. Pythagorei enim ad consonantias efficiendas alios sonos non iudicabant idoneos, nisi qui constarent ex duobus sonis rationem vel multiplicem vel superparticularem vel

multiplicem superparticularem tenentes; dissonantiam vero prodire putarunt, quoties horum duorum sonorum ratio fuerit vel superpartiens vel multiplex superpartiens.[1])

17. Hanc Pythagoreorum sententiam refellit Ptolemaeus in *Libris Harmonicorum*[2]) experientiam testem allegans diapason diatessaron ratione 3 : 8 contentum esse consonantiam, quamvis haec ratio sit dupla superbipartiens tertias. Deinde notat hac regula ne ipsos quidem Pythagoreos tuto uti esse ausos, dum praeter rationes duplam, triplam, quadruplam, sesquialteram et sesquitertiam alias ad consonantias efficiendas non adhibuissent, cum tamen praeterea innumerabiles alias eodem iure suam regulam sequentes adhibere potuissent. In hac vero Ptolemaei refutatione nihil reprehendendum reperio; non enim ad rationum genera, sed ad simplicitatem et percipiendi facilitatem respici oportet.

18. Neque tamen ipsius Ptolemaei principium, quo in hac re utitur, magis est firmum; consonantias enim post diapason et disdiapason duas tantum admittit, quae rationibus superparticularibus proxime aequalibus et coniunctis rationem duplam producentibus contineantur. Huiusmodi autem sunt rationes 2 : 3 et 3 : 4, quae coniunctae dant rationem 1 : 2. Ex priore oritur consonantia diapente dicta, ex posteriore vero diatessaron. Deinde aliud insuper ponit principium hoc: consonantiam quamcunque octava auctam manere consonantiam nihilque de sua suavitate amittere, hocque modo in consonantiarum numerum recipit has rationes 1 : 2, 1 : 4, 2 : 3, 1 : 3, 3 : 4 et 3 : 8.

19. Nihilo tamen minus Ptolemaeus rationibus superparticularibus magnam tribuit praerogativam prae superpartientibus; neque enim sonos alias tenentes rationes superparticulares praeter 2 : 3 et 3 : 4 dissonos appellat, sed medio quodam inter consonos et dissonos nomine, scilicet concinnos. Reliquas vero rationes superpartientes praeter 3 : 8 dissonantias producere fortiter statuit.[1]) Non autem necesse esse iudico hanc consonantiarum suavitatem metiendi rationem utpote prorsus precariam nullisque principiis firmis superstructam refellere, cum veritas nostrorum principiorum abunde iam sit ob oculos posita et ex ipsa rei natura derivata. Restaret quidem, ut alterius sectae veterum

1) Vide notam 1 p. 202. E. B.

2) *Claudii Ptolemaei Harmonicorum libri tres.* Ed. J. Wallis, Oxonii 1682. E. B.

Musicorum, cuius auctor ARISTOXENUS fuit, hac de re sententiam exponerem; verum uti hi numerorum rationes prorsus reiecerunt, ita consonantiarum et dissonantiarum iudicium sensibus solis reliquerunt, in quo non multum a PYTHAGORAEIS dissenserunt.

20. Trisonarum et multisonarum consonantiarum secundum suavitatis gradus enumeratio simili modo perficietur, quo bisonarum, ita ut superfluum esset tam abunde de iis explicare. Id tantum animadverti convenit simplicissimam consonantiam trisonam ad gradum suavitatis tertium pertinere sonisque $1:2:4$ constare, cuius exponens est 4. Ex quo intelligitur, ex quo pluribus sonis consonantia sit composita, eam ad eo altiorem quoque suavitatis gradum pertinere, etiamsi sit in suo genere simplicissima.

21. Eo autem magis hanc consonantiarum divisionem ulterius non persequor, cum aliam multo aptiorem et utiliorem divisionem sim allaturus, quae fit in *completas* et *incompletas* consonantias. Voco autem consonantiam *completam*, ad quam nullus sonus superaddi potest, quin simul ipsa consonantia ad altiorem gradum sit referenda seu eius exponens fiat magis compositus; huiusmodi est consonantia sonis $1:2:3:6$ constans, cuius exponens est 6. Superaddito enim quocunque novo sono exponens fiet maior. Consonantia contra *incompleta* mihi est, ad quam unum vel plures sonos adiicere licet citra exponentis multiplicationem; ut huius consonantiae $1:2:3$ exponens non fit maior, etiamsi sonus 6 addatur, quamobrem eam incompletam voco.

22. Ex praecedentibus autem intelligitur quemlibet numerum sonum simplicem denotantem esse divisorem exponentis consonantiae. Quare si exponentis omnes divisores accipiantur iisque totidem soni simplices exprimantur, habebitur consonantia completa illius exponentis; praeter hos enim numeros alius non erit, qui hunc exponentem dividat. Ita consonantia constans sonis $1:2:3:4:6:12$ erit completa, quia hi soli numeri sunt divisores exponentis huius consonantiae, qui est 12, neque ullus alius praeter hos numerum 12 dividit.

23. Quoties igitur exponens consonantiae est numerus primus, completa consonantia erit bisona, ut $1:a$, si a denotet numerum primum. Si exponens fuerit a^m, constabit completa consonantia ex $m+1$ sonis, nempe

$$1:a:a^2:a^3:\cdots:a^m.$$

Si exponens habeat hanc formam ab, factum ex duobus numeris primis, erit completa consonantia quadrisona

$$1:a:b:ab$$

et existente exponente $a^m b^n$ habebit completa consonantia

$$mn+m+n+1$$

sonos. Atque generalius si exponens fuerit $a^m b^n c^p$, continebit consonantia completa

$$(m+1)(n+1)(p+1)$$

sonos ac secundum regulam § 6 datam pertinebit ad gradum

$$ma+nb+pc-m-n-p+1;$$

est enim summa omnium factorum simplicium exponentis $ma+nb+pc$ et numerus factorum est $m+n+p$.

24. Exposito modo consonantias completas formandi perspicuum est, si unus pluresve soni ex iis omittantur, consonantiam tum fieri incompletam. In quo est notandum huiusmodi sonos reiici oportere, ut reliquorum exponens non fiat simplicior: ut si ex hac consonantia $1:2:4$, cuius exponens est 4, sonus 1 vel 4 reiiceretur, consonantia prodiret $1:2$ vel $2:4$ congruens cum illa, cuius exponens non amplius foret 4, sed tantum 2. Verum medium sonum 2 reiicere licebit; consonantiae enim $1:4$ exponens etiam nunc est 4, quemadmodum completae $1:2:4$.

25. Si exponens est numerus primus, patet consonantiam non posse esse non completam, eo quod duobus tantum constet sonis. At reliquae consonantiae omnes fieri possunt incompletae idque bisonae omittendis omnibus sonis praeter gravissimum et acutissimum; quia enim hic ipso exponente, ille vero unitate exprimitur, exponens huius consonantiae bisonae non erit simplicior quam completae: ut ex consonantia $1:2:3:6$ reiectis sonis 2 et 3 consonantiae $1:6$ exponens est 6 pariter ac illius. Deinde in consonantiis, quarum exponens est huius formae a^m, neque sonus gravissimus 1 neque acutissimus a^m possunt reiici; in reliquis vero consonantiis omnibus tam infimus quam supremus, imo et uterque potest praetermitti.

26. Si qua consonantia ita est comparata, ut in ea nullus sonus omitti possit, quin simul ipsa consonantia simplicior evadat et ad gradum inferiorem quam ante pertineat, eam hic *puram* appellabimus. Huiusmodi sunt omnes consonantiae bisonae, quia praetermisso altero sono cessant esse consonantiae. Simili modo purae sunt consonantiae 3 : 4 : 5, 4 : 5 : 6 nec non 1 : 6 : 9, 2 : 3 : 12, in quibus nullus sonus potest omitti, quin simul fiant simpliciores. Harum itaque consonantiarum usus in hoc consistit, quod sonorum numerus, quantum fieri potest, diminuatur, ita tamen, ut exponens non fiat minor.

27. Duplici autem modo consonantia quaecunque uno pluribusve sonis reiiciendis fieri potest simplicior; quorum prior est, quando residuorum sonorum seu numerorum vices eorum tenentium minimus communis dividuus minor evadit quam omnium, ut in consonantia 2 : 3 : 5 : 6 reiecto sono 5 reliquorum 2 : 3 : 6 minimus communis dividuus est 6, qui ante erat 30. Altero modo consonantia fiet simplicior, quando residui soni communem habent divisorem; tum enim per hunc ante debent dividi, quam minimus communis dividuus seu exponens definiatur, ut in hac consonantia 2 : 3 : 4 : 6 reiecto sono 3 reliqui per 2 divisi constituunt consonantiam 1 : 2 : 3, cuius exponens est 6; ante vero erat 12.

28. Utroque etiam modo coniunctim consonantia reiiciendis uno pluribusve sonis fieri potest simplicior, quando scilicet sonorum residuorum numeri et simpliciorem habent minimum communem dividuum et insuper communem divisorem: quemadmodum fit in hac consonantia 3 : 6 : 8 : 9 : 12, cuius exponens est 72, si reiiciatur sonus 8; reliquorum enim 3 : 6 : 9 : 12 minimus communis dividuus est 36; at quia singuli hi numeri per 3 possunt dividi, consonantia resultans ex sonis 1 : 2 : 3 : 4 constare censenda est, cuius igitur exponens erit 12. Tanto itaque simplicior evadit proposita consonantia unico sono 8 reiecto.

29. Quo autem distinctius intelligatur, quomodo quaevis consonantia proposita effici possit simplicior, consideremus consonantiam completam, cuius exponens est $a^m P$, ubi P est quantitas quoscunque numeros primos praeter a complectens. In hac igitur, si omnes soni per a^m et huius multipla expositi reiiciantur, remanebit consonantia simplicior exponentis $a^{m-1} P$, quae reductio secundum primum modum est facta. Secundo modo autem consonantia fiet

simplicior, si omnes soni, qui exprimuntur numeris a in se non continentibus, omittantur; tum enim reliqui soni omnes per a dividi poterunt eritque eorum exponens $a^{m-1}P$. Ex quo intelligitur, quomodo utraque methodo coniunctim consonantia efficiatur simplicior.

30. Discrimen, quod auditus inter consonantias completas et incompletas percipit, in hoc, ut facile intelligi potest, consistit, quod completas multo distinctius, incompletas vero minus distincte comprehendat. Etenim si omnes soni simul organum auditus afficiunt, clarius singulorum inter se relationes sese sensui offerant necesse est, quam si exponens ex paucioribus sonis deberet colligi. Ita ex consonantia 1 : 2 : 3 : 6 multo distinctius eius exponens qui est 6, cognoscitur quam ex duobus tantum sonis 1 : 6. Ad hoc autem requiritur, ut omnes soni quam exactissime numeris, quibus exprimuntur, respondeant.

31. Completarum autem consonantiarum omnium, quae in duodecim primis gradibus continentur, sequentem adiicere idoneum visum est tabulam, in qua numeri Romani gradus designant, Arabici autem ipsas consonantias quasque ad suum gradum relatas.

I. 1.

II. 1 : 2.

III. 1 : 3,
1 : 2 : 4.

IV. 1 : 2 : 3 : 6,
1 : 2 : 4 : 8.

V. 1 : 5,
1 : 3 : 9,
1 : 2 : 3 : 4 : 6 : 12,
1 : 2 : 4 : 8 : 16.

VI. 1 : 2 : 5 : 10,
1 : 2 : 3 : 6 : 9 : 18,
1 : 2 : 3 : 4 : 6 : 8 : 12 : 24,
1 : 2 : 4 : 8 : 16 : 32.

VII. 1 : 7,

1 : 3 : 5 : 15,

1 : 2 : 4 : 5 : 10 : 20,

1 : 3 : 9 : 27,

1 : 2 : 3 : 4 : 6 : 9 : 12 : 18 : 36,

1 : 2 : 3 : 4 : 6 : 8 : 12 : 16 : 24 : 48,

1 : 2 : 4 : 8 : 16 : 32 : 64.

VIII. 1 : 2 : 7 : 14,

1 : 2 : 3 : 5 : 6 : 10 : 15 : 30,

1 : 2 : 4 : 5 : 8 : 10 : 20 : 40,

1 : 2 : 3 : 6 : 9 : 18 : 27 : 54,

1 : 2 : 3 : 4 : 6 : 8[1]) : 9 : 12 : 18 : 24 : 36 : 72,

1 : 2 : 3 : 4 : 6 : 8 : 12 : 16 : 24 : 32 : 48 : 96,

1 : 2 : 4 : 8 : 16 : 32 : 64 : 128.

IX. 1 : 3 : 7 : 21,

1 : 5 : 25,

1 : 2 : 4 : 7 : 14 : 28,

1 : 3 : 5 : 9 : 15 : 45,

1 : 2 : 3 : 4 : 5 : 6 : 10 : 12 : 15 : 20 : 30 : 60,

1 : 2 : 4 : 5 : 8 : 10 : 16 : 20 : 40 : 80,

1 : 3 : 9 : 27 : 81,

1 : 2 : 3 : 4 : 6 : 9 : 12 : 18 : 27 : 36 : 54 : 108,

1 : 2 : 3 : 4 : 6 : 8 : 9 : 12 : 16 : 18 : 24 : 36 : 48 : 72 : 144,

1 : 2 : 3 : 4 : 6 : 8 : 12 : 16 : 24 : 32 : 48 : 64 : 96 : 192,

1 : 2 : 4 : 8 : 16 : 32 : 64 : 128 : 256.

---

1) In editione principe haec figura 8 omissa est. . Correxit R. B.

X. 1 : 2 : 3 : 6 : 7 : 14 : 21 : 42,
1 : 2 : 5 : 10 : 25 : 50,[1]
1 : 2 : 4 : 7 : 8 : 14 : 28 : 56,[1]
1 : 2 : 3 : 5 : 6 : 9 : 10 : 15 : 18 : 30 : 45 : 90,
1 : 2 : 3 : 4 : 5 : 6 : 8 : 10 : 12 : 15 : 20 : 24 : 30 : 40 : 60 : 120,
1 : 2 : 4 : 5 : 8 : 10 : 16 : 20 : 32 : 40 : 80 : 160,
1 : 2 : 3 : 6 : 9 : 18 : 27 : 54 : 81 : 162,
1 : 2 : 3 : 4 : 6 : 8 : 9 : 12 : 18 : 24 : 27 : 36 : 54 : 72 : 108 : 216,
1 : 2 : 3 : 4 : 6 : 8 : 9[2] : 12 : 16 : 18 : 24 : 32 : 36 : 48 : 72 : 96 : 144 : 288,
1 : 2 : 3 : 4 : 6 : 8 : 12 : 16 : 24 : 32 : 48 : 64 : 96 : 128 : 192 : 384,
1 : 2 : 4 : 8 : 16 : 32 : 64 : 128 : 256 : 512.

XI. 1 : 11,
1 : 5 : 7 : 35,
1 : 3 : 7 : 9 : 21 : 63,
1 : 3 : 5 : 15 : 25 : 75,
1 : 2 : 3 : 4 : 6 : 7 : 12 : 14 : 21 : 28 : 42 : 84,
1 : 2 : 4 : 5 : 10 : 20 : 25 : 50 : 100,
1 : 2 : 4 : 7 : 8 : 14 : 16 : 28 : 56 : 112,
1 : 3 : 5 : 9 : 15 : 27 : 45 : 135,
1 : 2 : 3[3] : 4 : 5 : 6 : 9 : 10 : 12 : 15 : 18 : 20 : 30 : 36 : 45 : 60 : 90 : 180,
1 : 2 : 3 : 4 : 5 : 6 : 8 : 10 : 12 : 15 : 16 : 20 : 24 : 30 : 40 : 48 : 60 : 80 : 120 : 240,
1 : 3 : 9 : 27 : 81 : 243,
1 : 2 : 4 : 5 : 8 : 10 : 16 : 20 : 32 : 40 : 64 : 80 : 160 : 320,
1 : 2 : 3 : 4 : 6 : 9 : 12 : 18 : 27 : 36 : 54 : 81 : 108 : 162 : 324,
1 : 2 : 3 : 4 : 6 : 8 : 9 : 12 : 16 : 18 : 24 : 27 : 36 : 48 : 54 : 72 : 108 : 144 : 216 : 432,
1 : 2 : 3 : 4 : 6 : 8 : 9 : 12 : 16 : 18 : 24 : 32 : 36 : 48 : 64 : 72 : 96 : 144 : 192 : 288 : 576,
1 : 2 : 3 : 4 : 6 : 8 : 12 : 16 : 24 : 32 : 48 : 64 : 96 : 128 : 192 : 256 : 384 : 768,
1 : 2 : 4 : 8 : 16 : 32 : 64 : 128 : 256 : 512 : 1024.

1) In editione principe hi duo versus permutati sunt. Correxit R. B.
2) In editione principe haec figura 9 omissa est. Correxit R. B.
3) Editio princeps habet 6 loco 3. Correxit R. B.

XII. 1 : 2 : 11 : 22,
1 : 2 : 5 : 7 : 10 : 14 : 35 : 70,
1 : 2 : 3 : 6 : 7 : 9 : 14 : 18 : 21 : 42 : 63 : 126,
1 : 2 : 3 : 5 : 6 : 10 : 15 : 25 : 30 : 50 : 75 : 150,
1 : 2 : 3 : 4 : 6 : 7 : 8 : 12 : 14 : 21 : 24 : 28 : 42 : 56 : 84 : 168,
1 : 2 : 4 : 5 : 8 : 10 : 20 : 25 : 40 : 50 : 100 : 200,
1 : 2 : 4 : 7 : 8 : 14 : 16 : 28 : 32 : 56 : 112 : 224,
1 : 2 : 3 : 5 : 6 : 9 : 10 : 15 : 18 : 27 : 30 : 45 : 54 : 90 : 135 : 270,
1 : 2 : 3 : 4 : 5 : 6 : 8 : 9[1]) : 10 : 12 : 15 : 18 : 20 : 24 : 30 : 36 : 40 : 45 : 60 : 72 : 90[2]) : 120 : 180 : 360,
1 : 2 : 3 : 4 : 5 : 6 : 8 : 10 : 12 : 15 : 16 : 20 : 24 : 30 : 32 : 40 : 48 : 60 : 80 : 96 : 120 : 160[1]) : 240 : 480,
1 : 2 : 3 : 6 : 9 : 18 : 27 : 54 : 81 : 162 : 243 : 486,
1 : 2 : 4 : 5 : 8 : 10 : 16 : 20 : 32 : 40 : 64 : 80 : 128 : 160 : 320 : 640,
1 : 2 : 3 : 4 : 6 : 8 : 9 : 12 : 18 : 24 : 27 : 36 : 54 : 72 : 81 : 108 : 162 : 216 : 324 : 648,
1 : 2 : 3 : 4 : 6 : 8 : 9 : 12 : 16 : 18 : 24 : 27 : 32 : 36 : 48 : 54 : 72 : 96 : 108 : 144 : 216[1]) : 288 : 432 : 864,
1 : 2 : 3 : 4 : 6 : 8 : 9 : 12 : 16 : 18 : 24 : 32 : 36 : 48 : 64 : 72 : 96 : 128 : 144 : 192 : 288 : 384 : 576[3]) : 1152,
1 : 2 : 3 : 4 : 6 : 8 : 12 : 16 : 24 : 32 : 48 : 64[1]) : 96 : 128 : 192 : 256 : 384[4]) : 512 : 768 : 1536,
1 : 2 : 4 : 8 : 16 : 32 : 64 : 128 : 256 : 512 : 1024 : 2048.

32. Quamvis vero completa consonantia se multo distinctius auditui offerat quam incompleta, tamen, nisi sint admodum simplices, completae consonantiae non adhibentur. Primo enim tam magnus sonorum numerus, si instrumenta musica non sunt accuratissime coaptata, id quod effici nequaquam potest, aures potius confuso strepitu quam distincta harmonia obtundit. Deinde etiam plures soni vel propter nimis profundam gravitatem vel propter nimis altum acumen ne quidem percipi possunt; primo enim capite iam est ostensum

1) In editione principe haec figura omissa est. Correxit R. B.
2) Editio princeps: 80. Correxit R. B.
3) Editio princeps: 566. Correxit R. B.
4) Editio princeps: 284. Correxit R. B.

nullum sonum, qui minuto secundo vel pauciores quam 30 vel plures quam 7500 edat percussiones, auribus posse percipi. Ex quo perspicuum est, quoties consonantiae soni extremi maiorem teneant rationem quam 250 : 1, omnes eius sonos nequidem posse audiri.

33. Ad doctrinam de consonantiis referri convenit ea, quae Musici de intervallis sonorum tradere solent. Vocatur autem *intervallum* ea distantia, quae inter duos sonos, alterum graviorem alterum acutiorem, esse concipitur. Eo igitur maius est intervallum, quo magis soni ratione gravis et acuti inter se discrepant, seu quo maior est ratio, quam acutior habet ad graviorem. Sic maius est intervallum sonorum 1 : 3 quam sonorum 1 : 2; et aequalium sonorum 1 : 1, quia nullo saltu ex altero ad alterum pervenitur, intervallum est nullum. Ex quo intelligitur intervallum ita esse definiendum, ut sit mensura discriminis inter sonum acutiorem et graviorem.

34. Sint tres soni $a : b : c$, quorum c sit acutissimus, a gravissimus, b vero intermedius quicunque; apparebit ex praecedente definitione intervallum sonorum a et c esse aggregatum intervallorum inter a et b atque inter b et c. Quare si haec duo intervalla inter a et b ac b et c fuerint aequalia, id quod evenit, quando est $a : b = b : c$, erit intervallum $a : c$ duplo maius quam intervallum $a : b$ seu $b : c$. Ex quo perspicitur intervallum 1 : 4 duplo esse maius intervallo 1 : 2, et hanc ob rem, cum haec ratio 1 : 2 octavam intervallum constituere ponatur, ratio 1 : 4 duas continebit octavas.

35. Qui haec attentius inspiciet, facile deprehendet intervalla exprimi debere mensuris rationum, quas soni constituunt. Rationes autem mensurantur logarithmis fractionum, quarum numeratores denotent sonos acutiores, denominatores vero graviores. Quocirca intervallum inter sonos $a : b$ exprimetur per logarithmum fractionis $\frac{b}{a}$, quem designari mos est per $\log.\frac{b}{a}$ seu, quod eodem redit, per $\log.b - \log.a$. Intervallum ergo sonorum aequalium $a : a$ erit nullum, ut iam notavimus, quippe quod exprimitur per $\log.a - \log.a = 0$.

36. Intervallum itaque, quod octava (graece διαπασῶν) nuncupatur, quia continetur sonis rationem duplam habentibus, exprimetur logarithmo binarii; atque intervallum sonorum 2 : 3, quod quinta seu diapente appellatur, erit

$\log.\frac{3}{2}$ seu $\log.3 - \log.2$. Ex quo intelligitur haec intervalla omnino inter se esse incommensurabilia; nullo enim modo ratio, quam habet $\log.2$ ad $\log.\frac{3}{2}$, potest assignari et hanc ob rem nullum datur intervallum quantumvis exiguum, quod octavae simul et quintae esset pars aliquota. Similis est ratio omnium aliorum intervallorum, quae disparibus exprimuntur logarithmis, ut $\log.\frac{3}{2}$ et $\log.\frac{5}{4}$. Contra vero ea intervalla, quae logarithmis numerorum, qui sint potentiae eiusdem radicis, exponuntur, inter se poterunt comparari; ita intervallum sonorum $27:8$ se habebit ad intervallum sonorum $9:4$ ut 3 ad 2; est enim $\log.\frac{27}{8} = 3\log.\frac{3}{2}$ et $\log.\frac{9}{4} = 2\log.\frac{3}{2}$.

37. Ex his quoque facile liquet, quaenam intervalla ex additione vel subtractione plurium inter se oriantur, perficiendis his iisdem operationibus in logarithmis, qui mensurae sunt intervallorum; hoc enim facto logarithmus resultans exponet intervallum proveniens. Ut si quaeratur intervallum, quod restet diapente ab octava ablata, oportebit $\log.\frac{3}{2}$ sive $\log.3 - \log.2$ auferre a $\log.2$ eritque residuum $\log.2 - \log.3 + \log.2$, i. e. $2\log.2 - \log.3$. At est $2\log.2 = \log.4$; ex quo residuum intervallum erit $\log.4 - \log.3$ seu $\log.\frac{4}{3}$, id quod diatessaron seu quarta appellatur et cum quinta coniunctum integram octavam adimplet.

38. Quanquam autem diversorum numerorum logarithmi inter se non possunt comparari, nisi fuerint numeri potestates eiusdem radicis, tamen ope tabularum logarithmicarum verae proxima earum ratio potest definiri atque ita diversa intervalla, quantum fieri potest, exacte inter se conferri. Cum igitur octavae mensura sit $\log.2$, qui ex tabulis excerptus est $= 0{,}3010300$, et quintae $\log.3 - \log.2$, quae differentia est $= 0{,}1760913$, erit intervallum octavae ad intervallum quintae quam proxime ut 3010300 ad 1760913. Quae ratio, quo ad minores numeros reducatur, mutatur in hanc

$$1 + \cfrac{1}{1 + \cfrac{1}{2 + \cfrac{1}{2 + \cfrac{1}{3}}}}$$

ad 1, ex qua istae simplices derivantur rationes

$2:1,\quad 3:2,\quad 5:3,\quad 7:4,\quad 12:7$ et $17:10,\quad 29:17,\quad 41:24,\quad 53:31,$

quarum postrema verae est proxima.

39. Simili quoque modo intervalla possunt dividi in tot, quot quis voluerit, partes aequales atque soni veris proximi assignari, qui huiusmodi intervallo partiali a se invicem distent. Logarithmus enim intervalli propositi in totidem partes est dividendus uniusque partis numerus in tabulis respondens accipiendus, qui ad unitatem quaesitam habebit rationem. Quaeratur verbi gratia intervallum ter minus quam octava; erit eius logarithmus $= 0{,}1003433$, tertia nimirum pars ipsius log. 2, cui respondet ratio 126 : 100 seu 63 : 50, quae minus accurata est vel 29 : 23 vel 5 : 4, qua postrema tertia maior indicatur, quae etiam ab imperitioribus pro tertia parte unius octavae habetur.

CAPUT V

DE CONSONANTIARUM SUCCESSIONE

1. Quemadmodum sonos plures comparatos esse oporteat, ut simul sonantes auditus sensum grata harmonia afficiant, in capite praecedente satis superque docuimus. Hoc igitur capite ordo requirit, ut investigemus, cuiusmodi esse debeant duo soni vel duae consonantiae, quae se invicem sequentes atque successive sonantes suaves sint perceptu. Non enim ad suavitatem successionis sufficit, ut utraque consonantia seorsim sit grata, sed praeterea quandam affectionem mutuam habere debent, quo etiam ipsa successio aures permulceat sensuique auditus placeat.

2. Per generales autem regulas capite II traditas, quibus omnis suavitas efficitur, constat duarum consonantiarum successionem placere, si ordo, quem tenent utriusque partes simplices seu soni singuli inter se, percipiatur. Ad cognoscendum igitur, quam facile duarum consonantiarum successio animo comprehendatur, singulos sonos utriusque consonantiae debitis numeris exprimi oportet horumque numerorum minimum communem dividuum investigari. Qui in tabula graduum suavitatis quaesitus ostendet, quantum perspicacitatis requiratur ad successionem propositam percipiendam.

3. Ambae igitur consonantiae successionis tanquam simul sonantes considerari debebunt huiusque consonantiae compositae exponens declarabit, quam suavis et perceptu facilis sit ipsa consonantiarum successio. Exponens enim istius consonantiae compositae est minimus communis dividuus omnium sonorum, qui in utraque consonantia continentur. Ex hoc autem minimo communi dividuo de successionis consonantiarum suavitate est iudicandum. Hanc

ob rem iste numerus nobis erit successionis exponens, ita ut exponens successionis duarum consonantiarum sit minimus communis dividuus omnium sonorum in utraque consonantia contentorum.

4. Ex hoc principio intelligitur, qui soni simul sonantes placeant, eosdem etiam successive editos placere debere. In ipso autem gradu suavitatis, quo duae consonantiae vel simul vel successive sonantes percipiuntur, aliquid interest. Duae enim consonantiae, quae sese insequentes auditui admodum sunt gratae, aliquanto durius aures afficient simul editae. Sic duo soni rationem 8:9 tenentes simul pulsi minus placide accipiuntur, iidem tamen successive sonantes cum multo maiore voluptate audiuntur.

5. Quemadmodum enim simplicissima consonantia trisona magis est composita quam simplicissima bisona, ita, ex quo pluribus sonis constet consonantia, magis etiam erit composita, etiamsi sit simplicissima in suo genere. Hoc tamen non obstante suavitas non solum eadem, sed etiam maior percipitur ex consonantiis multisonis quam ex sono simplici vel consonantiis duobus tantum sonis constantibus. Plura enim inesse possunt in pluribus sonis, quae ordinem contineant, quaeque percepta suavitatem augent. Neque tamen ideo nimis multiplicare licet sonos consonantiarum, ne tot variae multiplicesque perceptiones simul ad auditum pervenientes sensum potius confundant quam delectent.

6. Sed in successionibus duarum consonantiarum ipsa vel natura requirit, ut exponentes sint magis compositi quam singularum consonantiarum. Et hanc ob rem suavitati non obest consonantias sese sequentes collocare, quae simul sonantes minus placerent. Sicut enim in multisonis consonantiis exponens magis compositus suavitatem non minuit, id quod tamen eveniret, si consonantia ex paucioribus sonis constaret, ita successionum exponentes magis licet esse compositos quam exponentes consonantiarum sine ullo suavitatis detrimento.

7. Interim tamen negari non potest, quo simplicior fuerit successionis duarum consonantiarum exponens, eo facilius etiam ipsam successionem et ordinem, qui in ea inest, percipi. Regulae enim, quas supra de perceptionis facilitate tradidimus, latissime patent neque obnoxiae sunt ulli exceptioni.

Sed si nimis simplices successiones adhibere voluerimus, varietas, qua maxime gaudet musica, penitus tolleretur. Multo enim magis simplices esse oporteret consonantias omnesque fere inter se similes. Ex quo intelligitur etiam magis compositos exponentes successionum adhiberi licere eosque eiusmodi, qui, si simplices consonantias designarent, omnem harmoniam turbarent.

8. Quo duae consonantiae successive sonantes cum suavitate percipiantur, oportet, ut primo utraque consonantia per se placeat et deinde etiam ipsa successio auditui sit grata. Illud declarant exponentes consonantiarum, ut in praecedente capite est ostensum. Hoc vero intelligi potest ex successionis exponente. Iudicium vero ita est instituendum, ut plures suavitatis gradus successioni tribuantur quam ipsis consonantiis, quia eius exponens magis quam harum potest esse compositus.

9. Ad exponentem successionis duarum consonantiarum definiendum non sufficit utramque consonantiam in se considerasse, sed necesse est, ut etiam relatio sonorum, qui in his consonantiis per eosdem numeros exprimuntur, spectetur. Eadem enim consonantia infinitis modis potest exhiberi, prout soni eam constituentes vel acutiores vel graviores accipiuntur, dummodo inter se praescriptam teneant rationem. At in successione duarum consonantiarum praeter ipsas consonantias attendi debet ad tenoris gradum, quo utraque exprimitur. Hoc commodissime fiet comparandis basibus, quae utrique consonantiae respondent; hae enim si ad diversos sonos referantur, successionis exponens non erit minimus communis dividuus exponentium consonantiarum, sed ratio basium quoque in computum est ducenda.

10. Si igitur datus sonus tanquam basis accipiatur, non solum soni 1 et 2 diapason constituent, sed etiam 2 et 4 vel 3 et 6 vel generaliter a et $2a$ eandem consonantiam, cuius exponens est 2, exhibebunt. Huius quidem consonantiae, si in se spectetur, natura ex exponente 2 recte cognoscitur et multiplicator a negligitur; verum si cum aliis consonantiis coniungatur, huius numeri a est ratio habenda. Sequatur enim hanc consonantia sonorum $2b$ et $3b$, quae est diapente et exponentem habet 6, atque ex solis exponentibus 2 et 6 successionis exponens non potest deduci, sed praeterea rationem numerorum a et b nosse oportebit, cum successionis exponens sit minimus communis dividuus numerorum a, $2a$, $2b$ et $3b$.

11. Quemadmodum enim cuiusvis simplicis soni exponens est 1, in comparatione vero plurium huiusmodi sonorum numeri eorum relationem exprimentes considerari debent, ita etiam in comparatione plurium consonantiarum praeter earum exponentes etiam ipsarum relatio est inspicienda. Hanc ob rem cum consonantiae in se spectatae basis unitate exprimatur, in comparatione plurium consonantiarum cuiusque basi is tribuendus est numerus, qui illius sono ratione omnium sonorum competit. Ex quo perspicitur in comparatione plurium consonantiarum quamlibet duplici numero exprimi debere, primo nempe exponente suo et deinde indice, quo basis respectu reliquarum basium exponitur.

12. Indicem consonantiae exponenti semper adiungemus, sed uncinulis inclusum, ut ab exponente distingui queat: sicut 6(2), ubi 6 est exponens consonantiae, quae ergo ex sonis hanc relationem 1 : 2 : 3 : 6 habentibus constat; index vero 2 ad aliam consonantiam puta sequentem est referendus et ostendit basin huius consonantiae, quae in se spectata est 1, ista relatione esse debere 2. Quamobrem soni huius consonantiae ratione ad sequentem habita exponi debent numeris 2 : 4 : 6 : 12.

13. Quemadmodum eadem consonantia infinitis numeris exprimi potest, modo ii eandem inter se rationem teneant, et consonantiarum 2 : 3, 4 : 6, 6 : 9 etc. idem est exponens, etiamsi ipsi soni sint diversi, sic index consonantiae determinat, quibus ex his infinitis numeris consonantia proposita sit exponenda; id quod ad comparationem plurium consonantiarum instituendam requiritur. Apparet autem numeros, qui ex exponente resultant, singulos per indicem esse multiplicandos; hoc enim modo basis consonantiae fit indici aequalis et omnes soni eandem relationem inter se retinent.

14. Ex his etiam apparet, quomodo consonantiae ex sonis per datos numeros expressis constantis tam exponens quam index inveniri queat. Exponens enim invenitur, dum omnes numeri per maximum communem divisorem dividuntur et quotorum minimus communis dividuus quaeritur. Index vero erit ille ipse maximus communis divisor, per quem propositi numeri dividi possunt. Sic consonantiae 3 : 6 : 9 : 15 index erit 3 et exponens 30 seu minimus dividuus numerorum 1 : 2 : 3 : 5. Hanc igitur consonantiam hoc modo exprimemus 30(3).

15. Sit consonantiae cuiusque exponens A et index a, ipsius A vero divisores 1, α, β, γ, δ etc.; habebunt soni huius consonantiae hanc rationem $1:\alpha:\beta:\gamma:\delta:$ etc., quorum numerorum minimus communis dividuus est A. Sed adiecto indice a soni consonantiae $A(a)$ sequentibus numeris exprimi debebunt

$$a:\alpha a:\beta a:\gamma a:\delta a: \text{ etc.},$$

quorum numerorum minimus communis dividuus erit Aa ob maximum communem divisorem a. In suavitate vero ipsius consonantiae aestimanda numerus a negligitur et suavitas ex solo exponente A aestimatur.

16. Sequatur autem consonantiam $A(a)$ haec $B(b)$, cuius exponentis B divisores sint $1:\eta:\theta:\iota:\varkappa$ etc., numeri autem sonos exprimentes hi

$$b:\eta b:\theta b:\iota b:\varkappa b: \text{etc.}$$

Cum igitur successionis suavitas reducta sit ad consonantiae ex utraque compositae suavitatem, successionis exponens erit minimus communis dividuus numerorum

$$a:\alpha a:\beta a:\gamma a:\delta a:b:\eta b:\theta b:\iota b:\varkappa b;$$

hi enim soni haberentur, si ambae consonantiae simul audirentur. Quia vero numerorum $a:\alpha a:\beta a:\gamma a:\delta a$ minimus communis dividuus est Aa, reliquorum vero $b:\eta b:\theta b:\iota b:\varkappa b$ hic Bb, erit successionis exponens minimus communis dividuus numerorum Aa et Bb.

17. Cum autem consonantiae suavitas ex minimo communi dividuo numerorum sonos exprimentium perperam iudicetur, si illi numeri non fuerint primi, sed divisorem communem habuerint, idem quoque in successione duarum consonantiarum est tenendum. Quare si numeri

$$a:\alpha a:\beta a:\gamma a:\delta a:b:\eta b:\theta b:\iota b:\varkappa b$$

habeant communem divisorem, per eum singuli ante omnia debent dividi et quoti eorum loco substitui. Hoc vero evenire non potest, nisi indices a et b fuerint numeri inter se compositi. Hanc ob rem, quoties indices duarum consonantiarum communem divisorem habent, per hunc ante indices dividi oportet, quam exponens successionis quaeratur.

18. Sint igitur consonantiarum $A(a)$ et $B(b)$ indices a et b numeri inter se primi; erit successionis harum consonantiarum exponens minimus communis dividuus numerorum Aa et Bb. Ad hunc inveniendum necesse est, ut ante quaeratur maximus communis divisor, qui sit D. Quo cognito alteruter numerus per D dividatur quotusque per alterum numerum multiplicetur; eritque factum $ABab:D$ minimus communis dividuus numerorum Aa et Bb atque simul exponens successionis consonantiarum propositarum, ex quo suavitas successionis innotescet.

19. Quia a et b ponuntur numeri inter se primi, ipsi numeri Aa et Bb communem divisorem habebunt, si vel A et B vel A et b vel B et a fuerint numeri compositi. At quo plures inveniantur huiusmodi divisores, eo maior erit maximus communis divisor numerorum Aa et Bb. Sed quo magis erit compositus maximus iste communis divisor, eo minor erit minimus communis dividuus et propterea eo suavior consonantiarum successio. Cum enim exponens successionis sit $ABab:D$, quo maior erit maximus communis divisor D, eo simplicior erit quotus $ABab:D$ ad simplicioremque suavitatis gradum pertinebit.

20. Sit A numerus ad suavitatis gradum p pertinens, B ad gradum q, a ad gradum r et b ad gradum s; maximus vero communis divisor D sit gradus t. His positis numerus $ABab:D$ ad gradum

$$p+q+r+s-t-2$$

referetur, quemadmodum ex supra traditis colligi licet. Datis ergo numeris A, B, a, b et D innotescet gradus suavitatis, ad quem successio consonantiarum $A(a)$ et $B(b)$ pertinebit, scilicet gradus $p+q+r+s-t-2$. Qui numerus quo minor erit, eo suavior successio esse debebit.

21. Exempli causa consonantiam 120 (2) constantem ex sonis

$$2:4:6:8:10:12:16$$

sequatur consonantia 60 (3) constans ex sonis

$$3:6:9:12:15,$$

quarum illa est gradus decimi, haec gradus noni. Successio ergo ex minimo communi dividuo numerorum 240 et 180 iudicari debet, quorum maximus communis divisor est 60 ad gradum nonum pertinens. Cum igitur sit $A = 120$, $a = 2$, $B = 60$, $b = 3$ et $D = 60$, erit $p = 10$, $q = 9$, $r = 2$, $s = 3$ et $t = 9$ ideoque

$$p + q + r + s - t - 2 = 13.$$

Quare successionis exponens est gradus 13, cuius gradus est suavitas successionis.

22. Si dentur utriusque consonantiae exponentes, indices ita determinari poterunt, ut successio quam suavissima evadat. Sit exponentium A et B minimus communis dividuus M; manifestum est exponentem successionis $ABab : D$ vel aequalem esse ipsi M vel eo maiorem; minor enim esse non potest. Suavissima ergo erit successio, si $ABab : D$ aequalis fuerit ipsi M, minorem vero suavitatis gradum successio habebit, si $ABab : D$ aequalis fuerit vel $2M$ vel $3M$ vel $4M$ etc. Quare posito $ABab = nDM$ indices a et b eo suaviorem reddent successionem, quo minor erit numerus n.

23. Successionem *ordinis primi* vocabimus, si minimus communis dividuus numerorum Aa et Bb fuerit aequalis ipsi M seu minimo communi dividuo numerorum A et B. Successionem *ordinis secundi* vero vocabimus, cuius exponens est $2M$. Porro successio *ordinis tertii* nobis erit, cuius exponens est vel $3M$ vel $4M$, quia numeri 3 et 4 ad gradum tertium suavitatis pertinent. Atque generaliter ea successio, cuius exponens est nM, eiusdem erit ordinis, cuius gradus suavitatis est numerus n. Hic vero cavendum est, ne ordines successionum cum gradibus suavitatis confundantur; successionem enim *ordinis primi* vocamus, qua simplicior manentibus iisdem consonantiarum exponentibus dari nequit, etiamsi ipsa successio ad multo ulteriorem suavitatis gradum referatur.

24. Perspicuum est igitur consonantiarum A et B successionem fore ordinis primi, si a et b sint unitates; numerorum enim $A1$ et $B1$ minimus communis dividuus est M. Fieri tamen praeterea potest, ut successio consonantiarum $A(a)$ et $B(b)$ sit ordinis primi, etiamsi a non sit $= b$. Evenit hoc, si b in Bb vel aequalem vel minorem habeat dimensionum numerum quam in A atque simul a in Aa aequalem vel minorem dimensionum numerum quam in B. Hoc enim si fuerit, erit M quoque minimus communis dividuus numerorum Aa et Bb.

25. Sit exponentium A et B maximus communis divisor d atque $A = dE$ et $B = dF$; erunt E et F numeri inter se primi. Sit praeterea e divisor ipsius E et f divisor ipsius F; erit consonantiarum $dE(f)$ et $dF(e)$ successio ordinis primi. Nam numerorum dEf et dFe minimus communis dividuus est dEF, idem qui ipsorum numerorum A et B seu dE et dF. Ut si sit $A = 15$ et $B = 18$, est $d = 3$, $E = 5$ et $F = 6$. Quare poterit esse e vel 1 vel 5 et f vel 1 vel 2 vel 3 vel 6. Successio ergo erit ordinis primi, si $A(a)$ est vel 15(1), 15(2), 15(3) vel 15(6), sequens vero consonantia $B(b)$ vel 18(1) vel 18(5).

26. Ex his porro facile apparet, quales indices assumi oporteat, ut successionis exponens fiat $2M$ seu $2dEF$, quo casu successio est ordinis secundi. Similique modo effici poterit determinandis indicibus, ut exponens successionis fiat $ndEF$ seu ipsa successio dati ordinis, id quod pluribus modis fieri poterit, quos enumerare difficile et supervacaneum esset. Si exponentes consonantiarum sunt 15 et 18, successio est ordinis secundi, si prior consonantia fuerit vel 15(1) vel 15(3) et altera vel 18(2) vel 18(10), item si prior fuerit vel 15(4) vel 15(12) existente altera vel 18(1) vel 18(5).

27. Si exponentes consonantiarum sint aequales seu $B = A$, unica successio habebitur ordinis primi, si est $a = b = 1$, quae ergo erit $A(1)$ et $A(1)$. Ordinis secundi vero erunt duae successiones $A(1):A(2)$ et $A(2):A(1)$, quarum exponens est $2A$. Ordinis tertii quatuor erunt successiones, nempe $A(1):A(3)$ et $A(1):A(4)$ harumque inversae. Ordinis quarti sex erunt successiones, scilicet $A(1):A(6)$, $A(2):A(3)$, $A(1):A(8)$ atque harum tres inversae. Atque huiusmodi successio quaelibet eius erit ordinis, cuius gradus suavitatis est factum indicum.

28. Si exponens alterius consonantiae fuerit duplum alterius exponentis seu $B = 2A$, ordinis primi erunt duae successiones hae: $A(1):2A(1)$ et $2A(1):A(2)$; horum enim exponens est $2A$, idem qui ipsorum exponentium A et $2A$. Successionum ordinis secundi exponens est $4A$; tales ergo successiones erunt $A(1):2A(2)$, $A(4):2A(1)$ harumque inversae. Simili modo successiones cuiusque ordinis reperientur, si fuerit $B = 3A$, et generaliter, si $B = nA$; ex quibus successiones simpliciores, quae usum habere possunt, facile reperiri poterunt.

29. Si ergo exponentes consonantiarum inter se fuerint aequales, successiones ordinis primi, secundi, tertii usque ad sextum ordinem erunt sequentes, denotantibus numeris Romanis ordines successionum et A, A exponentes utriusque consonantiae:

I. $A(1):A(1)$.

II. $A(2):A(1)$.

III. $A(3):A(1)$, $A(4):A(1)$.

IV. $A(6):A(1)$, $A(3):A(2)$, $A(8):A(1)$.

V. $A(5):A(1)$, $A(9):A(1)$, $A(12):A(1)$, $A(4):A(3)$, $A(16):A(1)$.

VI. $A(10):A(1)$, $A(5):A(2)$, $A(18):A(1)$, $A(9):A(2)$, $A(24):A(1)$, $A(8):A(3)$, $A(32):A(1)$.

Si vero exponentes consonantiarum fuerint $2A$ et A, habebuntur successiones ordinis primi et sequentium istae:

I. $2A(1):A(1)$, $2A(1):A(2)$.

II. $2A(1):A(4)$, $2A(2):A(1)$.

III. $2A(1):A(6)$, $2A(1):A(3)$, $2A(3):A(1)$, $2A(3):A(2)$, $2A(1):A(8)$, $2A(4):A(1)$.

IV. $2A(1):A(12)$, $2A(2):A(3)$, $2A(3):A(4)$, $2A(1):A(16)$, $2A(8):A(1)$.

V. $2A(1):A(10)$, $2A(1):A(5)$, $2A(5):A(1)$, $2A(5):A(2)$, $2A(1):A(18)$, $2A(1):A(9)$, $2A(9):A(1)$, $2A(9):A(2)$, $2A(1):A(24)$, $2A(3):A(8)$, $2A(4):A(3)$, $2A(1):A(32)$, $2A(16):A(1)$.

Si consonantiarum sese insequentium exponentes fuerint A et $3A$, erunt successiones secundum ordines sequentes:

I. $3A(1):A(1)$, $3A(1):A(3)$.

II. $3A(1):A(6)$, $3A(1):A(2)$, $3A(2):A(1)$, $3A(2):A(3)$.

III. $3A(1):A(9)$, $3A(3):A(1)$, $3A(1):A(12)$, $3A(1):A(4)$, $3A(4):A(1)$, $3A(4):A(3)$.

IV. $3A(1):A(18)$, $3A(3):A(2)$, $3A(2):A(9)$, $3A(1):A(24)$, $3A(1):A(8)$, $3A(8):A(1)$, $3A(8):A(3)$.

Si exponentes fuerint A et $4A$, erunt successiones:

I. $4A(1):A(1)$, $4A(1):A(2)$, $4A(1):A(4)$.

II. $4A(1):A(8)$, $4A(2):A(1)$.

III. $4A(1):A(12)$, $4A(1):A(6)$, $4A(1):A(3)$, $4A(3):A(1)$, $4A(3):A(2)$, $4A(3):A(4)$, $4A(1):A(16)$, $4A(4):A(1)$.

IV. $4A(1):A(24)$, $4A(2):A(3)$, $4A(3):A(8)$, $4A(6):A(1)$, $4A(1):A(32)$, $4A(8):A(1)$.

Si exponentes fuerint A et $6A$, erunt successiones:

I. $6A(1):A(1)$, $6A(1):A(2)$, $6A(1):A(3)$, $6A(1):A(6)$.

II. $6A(1):A(12)$, $6A(1):A(4)$, $6A(2):A(1)$, $6A(2):A(3)$.

III. $6A(1):A(18)$, $6A(1):A(9)$, $6A(3):A(1)$, $6A(3):A(2)$, $6A(1):A(24)$, $6A(1):A(8)$, $6A(4):A(1)$, $6A(4):A(3)$.

Si exponentes fuerint $2A$ et $3A$, erunt successiones:

I. $3A(1):2A(1)$, $3A(2):2A(1)$, $3A(1):2A(3)$, $3A(2):2A(3)$.

II. $3A(1):2A(2)$, $3A(1):2A(6)$, $3A(4):2A(1)$, $3A(4):2A(3)$.

III. $3A(1):2A(9)$, $3A(3):2A(1)$, $3A(6):2A(1)$, $3A(2):2A(9)$, $2A(1):2A(12)$, $3A(1):2A(4)$, $3A(8):2A(1)$, $3A(8):2A(3)$.

Si exponentes fuerint A et $8A$, erunt successiones:

I. $8A(1):A(1)$, $8A(1):A(2)$, $8A(1):A(4)$, $8A(1):A(8)$.

II. $8A(1):A(16)$, $8A(2):A(1)$.

III. $8A(1):A(24)$, $8A(1):A(12)$, $8A(1):A(6)$, $8A(1):A(3)$, $8A(3):A(1)$, $8A(3):A(2)$, $8A(3):A(4)$, $8A(3):A(8)$, $8A(1):A(32)$, $8A(4):A(1)$.

Si exponentes fuerint A et $5A$, erunt successiones:

I. $5A(1):A(1)$, $5A(1):A(5)$.

II. $5A(1):A(10)$, $5A(1):A(2)$, $5A(2):A(1)$, $5A(2):A(5)$.

Si exponentes fuerint A et $9A$, erunt successiones:

I. $9A(1):A(1)$, $9A(1):A(3)$, $9A(1):A(9)$.

II. $9A(1):A(18)$, $9A(1):A(6)$, $9A(1):A(2)$, $9A(2):A(1)$, $9A(2):A(3)$, $9A(2):A(9)$.

Si exponentes fuerint A et $12A$, erunt successiones:

I. $12A(1):A(1)$, $12A(1):A(2)$, $12A(1):A(3)$, $12A(1):A(4)$, $12A(1):A(6)$, $12A(1):A(12)$.

II. $12A(1):A(24)$, $12A(1):A(8)$, $12A(2):A(1)$, $12A(2):A(3)$.

Si exponentes fuerint $3A$ et $4A$, erunt successiones:

I. $4A(1):3A(1)$, $4A(1):3A(2)$, $4A(1):3A(4)$, $4A(3):3A(1)$, $4A(3):3A(2)$, $4A(3):3A(4)$.

II. $4A(1):3A(8)$, $4A(2):3A(1)$, $4A(3):3A(8)$, $4A(6):3A(1)$.

Si exponentes fuerint A et $16A$, erunt successiones:

I. $16A(1):A(1)$, $16A(1):A(2)$, $16A(1):A(4)$, $16A(1):A(8)$, $16A(1):A(16)$.

II. $16A(1):A(32)$, $16A(2):A(1)$.

30. Ex his igitur satis intelligitur, quemadmodum data duarum consonantiarum successione tum exponens successionis tum etiam ordo possit definiri; ex quibus rebus cognitis facile erit iudicare, quo suavitatis gradu proposita consonantiarum successio auditui accepta sit futura. Praeterea proposita quacunque consonantia alia datae quoque speciei assignari poterit, quae illam sequens constituat successionem dati ordinis vel primi vel secundi vel tertii etc.; idque plerumque pluribus modis praestari poterit, quemadmodum cum ex traditis praeceptis tum ex tabula adiecta fuse apparet.

31. Intelligitur etiam ex dictis plurimis plerumque modis successiones duarum consonantiarum produci posse, quarum idem sit exponens successionis. Quod ut clarius percipiatur, datus sit exponens successionis, qui sit E; huius sumantur duo quique divisores M et N, quorum minimus communis dividuus sit E. Hi divisores porro in duo factores resolvantur, ita ut sit $M = Aa$ et $N = Bb$, quorum a et b sint inter se numeri primi. His inventis constituatur ista consonantiarum successio $A(a):B(b)$ eritque huius successionis exponens E.

CAPUT VI

DE SERIEBUS CONSONANTIARUM

1. Quemadmodum tam consonantias quam duarum consonantiarum successiones comparatas esse oporteat, ut auribus gratam harmoniam offerant, in duobus praecedentibus capitibus abunde est explicatum. Hae autem duae res omnino non sufficiunt ad opus musicum suave producendum. Nam quo plures consonantiae consonantiarumque successiones cum voluptate percipiantur, praeter tradita requiritur, ut etiam ordo, qui in omnibus consonantiis sese insequentibus inest, animo comprehendatur atque ex eo intentus scopus, scilicet suavitas, oriatur.

2. Sicuti enim consonantiae solae etsi per se suavissimae sine ratione coniunctae nullam harmoniam efficiunt, ita etiam plurium successionum ratio est comparata, ut, etiamsi earum quaeque iuxta leges praescriptas sit instituta, tamen, nisi praecepta peculiaria observentur, auribus maxime ingratus strepitus excitetur. Quamobrem quas leges circa coniunctionem plurium consonantiarum observari oporteat, hoc capite exponemus.

3. Ea musicae pars, quae plures consonantias ita inter se iungere docet, ut suavem concentum constituant, vocari vulgo solet *compositio simplex*; compositionis enim voce intelligi solet operis cuiusque musici confectio. Ad compositionem simplicem ergo, quae fundamentum est omnium reliquarum compositionum, absolvendam ante omnia nosse oportet, in quo suavitas plurium consonantiarum successivarum seu integri concentus consistat. Deinde ex hoc principio regulae sunt deducendae, quas in compositione simplici observari oportet.

4. Fundamentum autem suavitatis, quae in plurium consonantiarum successione inesse potest, omnino simile est iis fundamentis, quibus suavitas tam consonantiarum quam binarum successionum constare est demonstrata. Quamobrem ad harmoniam plurium consonantiarum sese insequentium percipiendam requiritur, ut ordo, qui in singulis partibus, hoc est in sonis et consonantiis tam singulis quam omnibus coniunctis inest, cognoscatur.

5. Quemadmodum igitur tam cuiusque consonantiae quam binarum successionis harmonia seu suavitas percipitur, si exponens singulorum et omnium sonorum, qui tam in una quam utraque consonantia insunt, cognoscitur, ita facile perspicitur harmoniam plurium sese insequentium consonantiarum apprehendi, si exponens omnium sonorum, qui hanc seriem consonantiarum constituant, concipiatur. Ex quo intelligitur, quo suavitas plurium consonantiarum sese insequentium percipiatur, requiri, ut exponens omnium sonorum et consonantiarum ex iis compositarum cognoscatur.

6. Exponens autem omnium sonorum, ex quibus omnes consonantiae sese insequentes constant, est minimus dividuus numerorum sonos repraesentantium. Quocirca proposita consonantiarum serie ex numero, qui est minimus communis dividuus omnium sonorum in iis occurrentium, ope tabulae exhibitae atque regularum traditarum definiri poterit, quo facilitatis gradu integra consonantiarum series apprehendatur. Atque ex gradu suavitatis, quem vel tabula vel regulae monstrant, intelligi poterit, quam suavis audituique accepta futura sit quaecunque proposita consonantiarum series.

7. Cum igitur exponens seriei consonantiarum, ex quo de harmonia iudicium ferri debet, sit minimus communis dividuus omnium numerorum sonos singulos occurrentes repraesentantium, perspicuum est illum numerum divisibilem fore per exponentes tam simplicium consonantiarum quam successionum binarum quarumque. Quamobrem si cognitus fuerit exponens totius consonantiarum seriei, necesse est, ut etiam tam singulae consonantiae quam binarum successiones percipiantur; atque hac ratione consequenter universus nexus apprehendetur.

8. Ex exponente ergo seriei plurium consonantiarum intelligitur, si is vel ante iam fuerit cognitus vel ex aliquot consonantiis demum perceptus,

quales soni qualesque consonantiae occurrere queant. Determinat itaque iste exponens limites seu ambitum, uti a Musicis vocari solet, operis musici et comprehendit omnes sonos convenientes incongruosque excludit. Haecque limitatio etiam modus musicus appellatur, ita ut modus musicus sit certorum sonorum congeries, quos solos in concinnando opere musico adhibere convenit, praeterque eos alios introducere omnino non licet.

9. Cum igitur modus musicus per exponentem omnium sonorum, qui modum constituunt, determinetur, hunc exponentem posthac *exponentem modi* vocabimus. Quare si consonantia completa repraesentetur, cuius exponens sit hic ipse exponens modi, in hac consonantia omnes inerunt soni, qui in hoc modo usurpari poterunt. Intellecto ergo hoc exponente statim iudicare licet, utrum in proposito opere musico modus sit servatus an vero vitium contra modum sit commissum; id quod accidit, si soni adhibeantur in exponente modi non contenti.

10. Quod autem vitium esse diximus extra modum excurrere, id tantum cum hac restrictione est intelligendum, quamdiu iste modus teneatur. Omnino enim permissum est et cum maxima venustate fieri solet, ut modus immutetur atque ex alio modo in alium fiat transitus; idque non solum in eodem opere musico, sed etiam in eadem eius parte. Atque de hac modorum mutatione seu successione eadem praecepta sunt tenenda, quae de successione consonantiarum sunt tradita.

11. Quemadmodum igitur cuivis consonantiae suum tribuimus exponentem itemque cuivis binarum consonantiarum successioni, ita etiam quaelibet operis musici portio seu periodus, in qua idem servatur modus, suum determinatum habebit exponentem similiterque duarum huiusmodi periodorum successio. Tandem vero integri musici operis exponens complectetur omnes priores exponentes seu omnes omnino sonos, qui in omnibus partibus erant adhibiti.

12. Quo ergo opus musicum placeat, requiritur, ut primo singularum consonantiarum exponentes percipiantur; deinde, ut binarum consonantiarum successionum exponentes cognoscantur; tertio, ut singularum periodorum exponentes animadvertantur; quarto, ut successionum binarum periodorum exponentes seu modorum mutationes percipiantur; quinto denique, ut omnium

periodorum, hoc est totius operis musici, exponens intelligatur. Qui ergo haec omnia perspicit, is demum opus musicum perfecte cognoscit de eoque recte iudicare potest.

13. Non dubito, quin talis cognitio operis musici summopere difficilis, imo etiam vires humani intellectus longe superans videatur propter exponentem totius operis musici tam compositum numerum, ut animo comprehendi omnino nequeat. Sed quantopere haec apprehensio difficilis videatur, tamen mirum in modum sublevatur intellectus, dum ista perceptio per gradus acquiritur. Uti enim exponens successionis duarum consonantiarum non difficulter percipitur perceptis exponentibus consonantiarum, etiamsi sit valde compositus et per se vix cognosci posset, ita etiam cognitis successive simplicioribus exponentibus hoc ipso apprehensio magis compositorum non adeo difficulter consequitur.

14. Nam quemadmodum perceptio exponentis successionis duarum consonantiarum non ex ipso exponente seu gradu suavitatis, quem habet, debet aestimari, sed ex ordine successionis, ita etiam exponens modi seu unius periodi cognitis exponentibus tam consonantiarum quam successionum facilior redditur. Atque haec ipsa exponentium modorum apprehensio quasi manuducit ad exponentes successionum modorum cognoscendos. Quibus denique perspectis cognitio exponentis totius operis musici satis facilis evadit.

15. Quo igitur opus musicum cum voluptate audiatur, oportet, ut exponentes successionum duarum consonantiarum non multo sint magis compositi quam ipsarum consonantiarum exponentes; deinde, ut exponentes modorum non multum excedant exponentes successionum; denique, ut exponens totius operis musici illos exponentes facilitate percipiendi parum superet. In ista enim perceptione et a simplicioribus ad magis composita progrediente cognitione versatur vera suavitas et voluptas, quam auditus ex musica haurire potest; quemadmodum in capite secundo ex genuinis harmoniae principiis abunde est demonstratum.

16. Ex his igitur satis perspicitur, quomodo opus musicum comparatum esse oporteat, ut auditoribus intelligentibus placeat, simul vero etiam intelligitur opera musica, in quibus contra haec praecepta est peccatum, huiusmodi,

quales requirimus, auditoribus displicere debere. Quomodo porro istiusmodi opera musica imperfecta auditoribus minus intelligentibus accepta esse queant, facile quoque apparet; quippe quod fit, quando imperfectiones et vitia contra harmoniae praecepta commissa non advertunt, interim tamen quaedam non incongrue posita attendunt et percipiunt.

17. Cum igitur exponens plurium consonantiarum sit exponens omnium sonorum illas consonantias constituentium, erit is minimus communis dividuus numerorum singulos sonos repraesentantium. Commodius autem ex exponentibus consonantiarum cum indicibus coniunctis poterit inveniri, simili modo, quo in capite praecedente docuimus exponentem successionis invenire. Eadem enim praecepta, quae pro duabus consonantiis sunt tradita, valent quoque pro tribus pluribusque. Exponens scilicet seriei plurium consonantiarum nil aliud est nisi minimus communis dividuus exponentium singularum consonantiarum.

18. Consideremus primo plures sonos simplices successive editos, quorum mutua relatio expressa sit sequentibus numeris $a:b:c:d:e$, quaeramusque exponentem seriei huius sonorum. Cum autem sonus simplex sit consonantia primi gradus eiusque exponens, nisi cum aliis comparetur, sit unitas, denotabunt litterae a, b, c, d, e indices istorum sonorum simplicium, quippe quae relationem continent, quam hi soni tanquam consonantiae considerati inter se tenent. Ad modum igitur consonantiarum hi soni ita debebunt exprimi: $1(a):1(b):1(c):1(d):1(e)$.

19. Huius autem seriei simplicium sonorum idem est exponens, qui foret exponens consonantiae ex iis sonis constantis. Consonantiae vero $a:b:c:d:e$ exponens est minimus communis dividuus numerorum a, b, c, d, e, quem ponamus esse D. Quamobrem his sonis successivis ad instar consonantiarum spectatis erit seriei consonantiarum harum $1(a):1(b):1(c):1(d):1(e)$ exponens quoque D, hoc est minimus communis dividuus indicum a, b, c, d, e, cum ipsi exponentes omnes sint 1. Atque ex gradu suavitatis, ad quem numerus D refertur, iudicari debet, quam grata futura sit auditui ista sonorum series.

20. Sint nunc A, B, C, D, E exponentes consonantiarum successive positarum atque a, b, c, d, e earum respectivi indices, qui relationem exprimunt, quam earum consonantiarum bases inter se tenent, ita ut haec conso-

nantiarum series hoc modo sit repraesentanda $A(a):B(b):C(c):D(d):E(e)$. In qua serie ponimus indices a, b, c, d, e inter se esse numeros primos, ita ut praeter unitatem alium non habeant communem divisorem. Si enim haberent divisorem communem, per eum ante essent dividendi, quam exponens seriei quaereretur.

21. Soni autem in consonantia $A(a)$ contenti sunt divisores exponentis A singuli per a multiplicati; quare eorum minimus communis dividuus erit Aa. Simili modo sonorum consonantias $B(b)$, $C(c)$, $D(d)$, $E(e)$ constituentium minimi communes dividui erunt Bb, Cc, Dd, Ee. Quamobrem omnium sonorum in his consonantiis successivis contentorum minimus communis dividuus erit minimus communis dividuus numerorum Aa, Bb, Cc, Dd, Ee. Hicque minimus communis dividuus erit ipse exponens propositae consonantiarum seriei, qui quaeritur.

22. Sint exempli gratia consonantiae sequentes propositae:

$$8:12:16:24:32:48,$$

$$8:12:20:24:40:60,$$

$$9:12:18:27:36:54,$$

$$10:15:20:30:45:60,$$

$$9:15:30:36:45:60.$$

Huius igitur cuiusque soni per maximum communem divisorem dividantur quotorumque quaeratur minimus communis dividuus; eritque hic exponens consonantiae, maximus communis divisor vero index. Quo facto hae consonantiae ita exprimentur

$$24(4):30(4):36(3):36(5):60(3);$$

ex quibus exponens seriei harum consonantiarum reperietur $=4320$, qui numerus ad gradum XVI refertur.

23. Intelligitur ergo tam ex traditis regulis quam ex allato exemplo, quomodo quacunque proposita consonantiarum serie inveniri oporteat exponentem earum, ex quo de harmonia illarum consonantiarum mutua iudicare

liceat. Scilicet exponens cuiusvis consonantiae multiplicari debet per suum indicem omniumque hoc modo inventorum productorum minimus communis dividuus investigari; eritque hic exponens seriei consonantiarum propositae.

24. Si duae pluresve consonantiarum series ad integrum opus musicum componendum iungantur, quarum exponentes per haec tradita praecepta iam sint inventi, scilicet M, N, P, Q etc., primo dispiciendum est, utrum unitas cuiusvis horum exponentium eundem sonum an diversos designet. Hoc enim casu ratio, quam soni singularum serierum, qui unitate denotantur, inter se tenent, minimis numeris est denotanda, qui numeri, quos ponam esse m, n, p, q etc., erunt indices exponentibus iungendi, ita ut illae series iungendae hoc modo per exponentes et indices sint exprimendae:

$$M(m) : N(n) : P(p) : Q(q) : \text{etc.}$$

25. Cum igitur huiusmodi consonantiarum series exponente expressa sit modus musicus, intelligitur, quomodo de transitu ex uno modo in alium itemque de coniunctione plurium modorum iudicandum sit. Scilicet si modi successive coniuncti sint per exponentes et indices ita expressi

$$M(m) : N(n) : P(p) : Q(q) : \text{etc.},$$

exponens ex eoque natura et indoles totius operis musici ex illis modis compositi habebitur, si minimus communis dividuus numerorum Mm, Nn, Pp, Qq etc. quaeratur; hic enim erit exponens totius operis musici propositi.

26. Quo ergo de proposito opere musico rectum iudicium ferri queat, primo singulae consonantiae sunt perpendendae earumque exponentes investigandi. Secundo binarum quarumque consonantiarum successiones considerentur. Tertio plures consonantias, quibus modus continetur, coniunctim contemplari conveniet. Quarto inspicienda est successio duorum modorum seu transitus ex uno modo in alium. Quinto denique omnium modorum in opere musico iunctorum compositio est inquirenda. Quae singula quomodo ope exponentium exequi oporteat, satis superque est expositum.

27. Superest ergo, ut in hoc capite, quantum adhuc licet, monstremus, quomodo consonantiarum seriem indeque integrum opus musicum confici oporteat, quod auditui gratam harmoniam exhibeat. In quo negotio ita ver-

sabimur, ut ex dato modi seu seriei consonantiarum exponente singularum consonantiarum exponentes eruamus. Cum igitur perquam magnus exponentium numerus accipi atque ex quolibet eorum innumerabiles consonantiarum series deduci queant, ista scientia latissime patet atque perpetuo non solum novis operibus, sed etiam novis modis augeri poterit.

28. Hoc quidem tempore, quo musicae studium ad tantum perfectionis gradum est evectum, admiratione utique est dignum, quod omnes musicae periti tantum in componendis novis operibus sint occupati, modorum autem numerum, qui satis est parvus et a longo abhinc tempore iam receptus, augere omnino non curent. Cuius rei caussa esse videtur, quod vera harmoniae principia adhuc fuerint incognita atque ob horum defectum musicae studium sola experientia et consuetudine sit excultum.

29. Cum exponens seriei consonantiarum sit minimus communis dividuus exponentium singularum consonantiarum per indices suos multiplicatorum, erunt haec facta ex exponentibus et indicibus singularum consonantiarum omnia divisores exponentis seriei consonantiarum. Quare si exponens seriei consonantiarum sit datus, puta M, ad consonantias ipsas inveniendas sumantur, quot libuerit, divisores ipsius M, qui sint Aa, Bb, Cc, Dd etc. His inventis repraesentabunt $A(a):B(b):C(c):D(d):$ etc. seriem consonantiarum, cuius exponens erit datus numerus M.

30. His autem divisoribus sumendis hoc est advertendum, ut ii exponentem propositum M exhauriant, hoc est, ut minorem non habeant minimum communem dividuum, quam est M. Quod obtinebitur, si statim ab initio aliquot consonantiae collocentur, quarum exponentes datum numerum M exhauriant; hocque pacto et hoc habebitur commodum, quod statim ab initio auditis aliquot consonantiis totius consonantiarum seriei exponens percipiatur ex eoque cognito facilius de harmonia totius seriei iudicari queat. De his autem plura infra tradentur.

CAPUT VII

DE VARIORUM INTERVALLORUM RECEPTIS APPELLATIONIBUS

1. Expositis in genere regulis harmonicis, quas tam in consonantiis quam earum compositione observari convenit, ad varias musicae species est progrediendum pro iisque usus praeceptorum datorum plenius tradendus. Sed antequam commode musicae species enumerari atque exponi possunt, peculiares usuque receptae appellationes debent explicari, quo in posterum more vocibusque consuetis his de rebus tractare liceat. Sunt autem hae voces nomina pluribus intervallis musicis iam pridem imposita atque longo usu iam ita recepta, ut tam commoditatis quam necessitatis gratia omnino necesse sit ea exponere.

2. Quamvis autem haec nomina passim sint explicata, tamen earum definitiones non satis genuinae minimeque ad nostrum institutum idoneae sunt formatae. Intervalla enim, quae propria nomina sunt adepta, ipsa praxi et experientia potius quam ex sonorum natura describi solent. Nos autem ea methodo, qua in intervallis per logarithmos metiendis usi sumus, insistentes tam rationes quam logarithmos proferemus cuique intervallo respondentes, unde melius de quantitate cuiusque intervalli iudicare licebit.

3. Supra autem iam est expositum esse intervallum distantiam inter duos sonos ratione gravitatis et acuminis, ita ut, quo maior sit differentia inter graviorem et acutiorem sonum, eo maius quoque intervallum esse dicatur. Si ergo soni fuerint aequales, distantia inter eos erit nulla ideoque

intervallum sonorum rationem aequalitatis 1 : 1 tenentium erit nullum, uti etiam logarithmus huius rationis est 0. Intervalla enim, ut iam statuimus, per logarithmos rationum, quas soni inter se tenent, metiemur. Vocatur autem hoc intervallum evanescens duorum aequalium sonorum *unisonus*.

4. Possemus quidem in his rationum logarithmis exprimendis quovis logarithmorum canone uti, in quo unitatis logarithmus ponitur cyphra. Maxime autem expediet eiusmodi canonem usurpare, in quo logarithmus binarii collocatur unitas, cum binarius in exprimendis consonantiis saepissime occurrat et in musica maxime respiciatur ideoque hoc pacto calculus fiat multo facilior. En ergo huiusmodi logarithmorum tabulam, quanta quidem ad institutum nostrum sufficit:

log. 1 = 0,000000	log. 5 = 2,321928
log. 2 = 1,000000	log. 6 = 2,584962
log. 3 = 1,584962	log. 7 = 2,807356
log. 4 = 2,000000	log. 8 = 3,000000.

5. Post intervallum sonorum aequalium, quod unisonus appellatur, considerandum venit intervallum sonorum 2 : 1 rationem duplam tenentium, quod a Graecis Musicis *diapason* vocatur, eo quod sonorum quorumvis intervallum altero sono duplicando tam parum immutetur, ut fere pro eodem habeatur, atque idcirco in hoc intervallo diapason omnia alia intervalla comprehendi censeantur. A Latinis vero hoc intervallum *octava* nuncupatur, cuius denominationis ratio a genere musico diatonico dicto pendet, quam infra fusius exponemus. Huius ergo intervalli diapason vel octavae dicti mensura est log. 2 — log. 1 seu log. 2, hoc est 1,000000.

6. Cum deinde sonorum rationem 4 : 1 tenentium intervallum sit 2,000000 ideoque duplo maius quam intervallum octava, hoc intervallum *disdiapason* atque duplex octava solet appellari. Praeterea intervallum sonorum 8 : 1, quia est 3,000000 seu triplo maius intervallo octava dicto, triplex vocatur octava. Simili modo intervallum sonorum 16 : 1, cuius mensura est 4,000000, quadruplex octava vocatur et intervallum sonorum 32 : 1 quintuplex octava et ita porro. Ex quo, cum denominationes maiorum intervallorum ex numero

octavarum in iis contentarum petantur, ratio apparet, cur unitatem pro log. 2 assumserimus. Characteristica enim logarithmi quodvis intervallum exprimentis designat, quot octavae in eo intervallo sint contentae.

7. *Diapente* porro graece seu *quinta* latine vocatur intervallum sonorum rationem 3 : 2 tenentium, cuius nominis derivatio itidem ex genere diatonico est desumta. Huius ergo intervalli mensura est log. 3 — log. 2 = 0,584962. Minus ergo est hoc intervallum quam intervallum diapason; quam autem inter se haec intervalla teneant rationem numeris exprimi nequit. Proxime autem se habet intervallum diapason ad intervallum diapente in sequentibus rationibus

5 : 3, 7 : 4, 12 : 7, 17 : 10, 29 : 17, 41 : 24, 53 : 31,

quae rationes ita sunt comparatae, ut minoribus numeris propiores rationes exhiberi nequeant.

8. Quia porro intervalli sonorum 3 : 1 mensura est 1,584962, qui numerus est summa mensurarum octavae et quintae, hoc intervallum octava cum quinta solet appellari. Simili modo intervallum sonorum 6 : 1 erit duplex octava cum quinta, quippe cuius mensura est 2,584962. Atque pari modo sonorum 12 : 1 intervallum vocatur triplex octava cum quinta et sonorum 24 : 1 quadruplex octava cum quinta. Ex quo perspicitur, si fractio decimalis fuerit ,584962, intervallum esse compositum ex quinta et tot octavis, quot characteristica denotat.

9. Ab intervallo diapente seu quinta dicto non multum discrepat intervallum *diatessaron* seu *quarta*, quod existit inter sonos rationem 4 : 3 tenentes, cuius ergo mensura est 0,415038[1]). Unde patet haec duo intervalla quintam et quartam coniuncta octavam constituere, cum summa earum mensurarum sit 1,000000. Simili porro modo intervallum sonorum 8 : 3, cuius mensura est 1,415038, octava cum quarta, atque intervallum sonorum 16 : 3, cuius mensura est 2,415038, duplex octava cum quarta appellatur et ita porro.

1) Editio princeps: 0,415037. Correxit R. B.

10. Uti ergo haec intervalla quinta et quarta, quae octava sunt minora, simplicia sunt adepta nomina, intervalla vero ex iis adiectione unius pluriumve octavarum orta nominibus compositis denotantur, ita omnia intervalla minora quam octava intervalla simplicia vocari solent, intervalla vero octava maiora composita. Mensura itaque intervallorum simplicium est minor unitate logarithmorumque ea metientium characteristica est 0. Compositorum vero intervallorum logarithmi maiores sunt unitate seu eorum characteristicae sunt nihilo maiores. Ex quo perspicitur omnia intervalla simplicia intra intervallum octavam esse contenta, hancque ob rationem octava quoque diapason appellatur.

11. Cum igitur intervallorum compositorum appellatio ex numero octavarum, quem continent, et nomine excessus, qui est intervallum simplex, formetur, sufficiet intervalla simplicia, quae quidem a Musicis recepta atque nomina sortita sunt, enumerare. Quod quo distinctius efficiamus, ab intervallis minimis recensendis incipiemus, quae sunt *comma*, *diesis* et *diaschisma* atque ideo minima appellantur, quia auditu vix percipi possunt atque maiora intervalla, si ipsis vel addantur vel ab ipsis demantur, non immutare censentur, adeo ut intervalla maiora huiusmodi minimis sive aucta sive minuta pro iisdem habeantur. Quod quidem pro crassioribus tantum auribus locum habet, in perfecta harmonia autem omnino non valet.

12. Constituitur vero comma intervallum duorum sonorum rationem 81:80 tenentium, ita ut commatis mensura sit

$$\log. 81 - \log. 80 = 0{,}017920$$

atque ideo fere 56 commata intervallum octavae expleant. Diesis est intervallum sonorum rationem 128 : 125 tenentium; eius ergo mensura est 0,034216[1]). Est ergo diesis fere duplo maior quam comma atque in octava propemodum 29 dieses continentur. Diaschisma denique est intervallum sonorum 2048 : 2025 eiusque mensura est 0,016296[2]); diaschismatum ergo 61 propemodum octavam adimplent. Constat igitur esse diaschisma differentiam inter diesin et inter comma.

1) Editio princeps: 0,034215. Correxit R. B.

2) Editio princeps: 0,016295. Correxit R. B.

13. Intervalla haec tam exigua in musica quidem consueta occurrere non solent neque soni tam parum se invicem distantes usurpantur; interim tamen differentiae maiorum intervallorum tam parvae in musica deprehenduntur, ut ad ea exprimenda haec minima intervalla introducere fuerit opus. Intervalla autem minima, quae in musica revera adhibentur et sonis exprimi solent, sunt *hemitonia* tam maiora quam minora atque *limmata* itidem tam maiora quam minora; quae intervalla, cum parum a se invicem distent, ab imperitioribus pro aequalibus habentur nomineque hemitonii indicantur.

14. Hemitonium maius est intervallum sonorum rationem 16 : 15 tenentium, eius ergo mensura est 0,093110[1]). Hemitonium vero minus constituitur inter sonos 25 : 24, quae ratio ab illa superatur ratione 128 : 125 diesin exprimente; erit ergo hemitonii minoris mensura 0,058894, ad quam quippe mensura dieseos addita mensuram hemitonii maioris producit. Octavam igitur proxime complent decem hemitonia maiora cum duabus diesibus seu 17 hemitonia minora proxime.

15. Limma maius, quod constat sonorum ratione 27 : 25, commate excedit hemitonium maius eiusque propterea mensura est 0,111030[2]). Limma vero minus est intervallum sonorum rationem 135 : 128 tenentium ideoque quoque commate excedit hemitonium minus, a limmate vero maiore subtractum relinquit diesin. Mensura ergo limmatis minoris est 0,076814. Novem ergo limmata maiora proxime octavam constituent, limmatum minorum vero ad octavam implendam requiruntur 13.

16. Hae quatuor intervallorum species promiscue, ut iam diximus, hemitonia appellari solent; vocantur vero etiam *secundae minores*, quod nomen aeque ac octava, quinta et quarta ortum suum ex genere diatonico habet. Complementa vero horum intervallorum ad octavam, quae continentur sonorum rationibus

15 : 8, 48 : 25, 50 : 27 et 256 : 135,

eadem nominis derivatione, *septimae maiores* vocantur. Sunt adeo earum mensurae

0,906890, 0,941106[3]), 0,888970 atque 0,923186[4]),

quae sunt maxima octava minora intervalla, quae quidem sunt in usu.

1) Editio princeps: 0,093109. 2) Editio princeps: 0,111029. 3) Editio princeps: 0,941105. 4) Editio princeps: 0,923185. Correxit R. B.

17. Hemitonia quantitatis ordine excipiunt intervalla, quae nomine *toni* itemque *secundae maioris* indicari solent. Tonorum autem tres habentur species, quarum prima, quae ratione 9 : 8 constat, *tonus maior* appellatur cuiusque ideo mensura est 0,169924; huiusmodi ergo tonorum sex coniuncti octavam plus quam commate superant. *Tonus minor* ratione 10 : 9 continetur commateque minor est quam tonus maior, ita ut eius mensura sit 0,152004. Ad tonos tertio quoque refertur intervallum sonis 256 : 225 contentum, quod tonum maiorem diaschismate, minorem vero diesi superat. Complementa vero horum tonorum ad octavam *septimae minores* vocantur.

18. Tonus autem duo hemitonia lato sensu accepta continet. Est enim tonus maior tam summa ex hemitonio maiore et limmate minore quam summa ex hemitonio minore et limmate maiore. Tonus vero minor est summa ex hemitonio maiore et minore. Tonus denique maximus, ratione 256 : 225 contentus, est summa duorum hemitoniorum maiorum. Simili modo sequentia intervalla hemitoniis adiiciendis oriuntur.

19. Tonis semitonio auctis oriuntur intervalla, quibus *tertiae minoris* nomen est impositum; quamvis accurate loquendo id tantum intervallum hoc nomen mereatur, quod sonis 6 : 5 contineatur. Quae intervalla enim vel commate vel diaschismate vel diesi ab hac ratione discrepant, ea congrue pro tertia minore, quae est consonantia satis grata, habentur; id quod etiam de reliquis intervallis, quae suaves sunt consonantiae, est tenendum. Tertiae minoris complementum ad octavam vocatur *sexta maior* ratione 5 : 3 contenta; tertiaeque minoris propterea mensura est 0,263034 et sextae maioris 0,736966[1]).

20. Tertiam minorem hemitonio minore excedit *tertia maior*, ea scilicet, quae gratam consonantiam constituit, illaque est intervallum sonorum rationem 5 : 4 tenentium. Eius ergo mensura est 0,321928; constat igitur haec tertia maior ex tono maiore et minore coniunctis. Complementum vero tertiae maioris ad octavam vocatur *sexta minor*, quae ergo constat ex sonis rationem 8 : 5 tenentibus, eiusque mensura est 0,678072[2]). Sexta etiam graece vocatur *hexachordon*, ita ut sexta maior congruat cum hexachordo maiore, minor vero cum minore.

21. Si ad tertiam maiorem ratione 5 : 4 contentam addatur hemitonium maius 16 : 15, prodibit his rationibus componendis ratio 4 : 3, qua intervallum

1) Editio princeps: 0,736965. 2) Editio princeps: 0,678071. Correxit R. B.

diatessaron indicatur seu *quarta*. Huius vero intervalli complementum ad octavam est *diapente* seu *quinta* ratione 3 : 2 contenta, de quibus intervallis iam supra[1]) est actum. Hic superest tantum, ut notemus differentiam inter quintam et quartam esse tonum maiorem ratione 9 : 8 constantem, quae ipsa differentia veteribus primum ideam toni maioris suppeditavit.

22. Cum iam reliqua intervalla omnia semitoniis a se invicem differant, medium quoque sonum musici inter quintam et quartam collocaverunt, qui ab utroque hemitonio distet. Vocatur autem hic sonus *tritonus*, eo quod ex tribus tonis constet, alias vero etiam *quarta abundans* atque etiam *quinta deficiens* seu *quinta falsa*. Pro quatuor autem variis hemitonii speciebus tritoni quatuor habentur species, quarum prima continetur ratione 64 : 45 et est quarta cum hemitonio maiore. Secunda species est quinta demto hemitonio maiore et continetur ratione 45 : 32. Tertia species est quarta cum hemitonio minore, quarta vero est quinta demto hemitonio minore; illa ergo ratione 18 : 25, haec vero ratione 25 : 36 continetur, quarum postrema quoque est duplex tertia minor.

23. Uti haec intervalla a numeris sua nomina obtinuerunt et secunda, tertia, quarta, quinta etc. usque ad octavam appellantur, ita etiam similia nomina intervallis compositis seu octava maioribus sunt imposita. Octava scilicet cum secunda sive maiore sive minore *nona* vel maior vel minor vocatur; pariter octava cum tertia *decima* appellatur octavaque cum quarta *undecima* et ita porro septem semper adiiciendis ad nomina intervallorum simplicium: ita *duodecima* est octava cum quinta, *decima quinta* vero est duplex octava, ex quibus huiusmodi nomina satis intelliguntur.

24. Quo haec intervalla quaeque cum suis nominibus uno conspectu appareant faciliusque tam percipiantur quam a se invicem discernantur, sequentem tabulam adiicere visum est, in qua primo nomina intervallorum simplicium sunt collocata, deinde rationes sonorum in numeris, tertio mensurae intervallorum per logarithmos ad hoc institutum electos expressae; in quarta columna praeterea gradus suavitatis adscripsi, quo quaeque intervalla gaudent, ex quibus statim iudicari potest, quanto gratiora auditui alia intervalla aliis sint futura.

1) Vide § 9 et 10. R. B.

Nomina Intervallorum	Ratio Sonorum	Mensura	Gradus Suavitatis
Diaschisma	2048 : 2025	0,016296[1]	XXVIII
Comma	81 : 80	0,017920	XVII
Diesis	128 : 125	0,034216[1]	XX
Hemitonium minus	25 : 24	0,058894	XIV
Limma minus	135 : 128	0,076814	XVIII
Hemitonium maius	16 : 15	0,093110[2]	XI
Limma maius	27 : 25	0,111030[3]	XV
Tonus minor	10 : 9	0,152004	X
Tonus maior	9 : 8	0,169924	VIII
Tertia minor	6 : 5	0,263034	VIII
Tertia maior	5 : 4	0,321928	VII
Quarta	4 : 3	0,415038[1]	V
Tritonus	25 : 18	0,473932[1]	XIV
	45 : 32	0,491852[1]	XIV
	64 : 45	0,508148	XV
	36 : 25	0,526068	XV
Quinta	3 : 2	0,584962	IV
Sexta minor	8 : 5	0,678072[1]	VIII
Sexta maior	5 : 3	0,736966[1]	VII
Septima minor	16 : 9	0,830076[1]	IX
	9 : 5	0,847996[1]	IX
Septima maior	50 : 27	0,888970	XVI
	15 : 8	0,906890	X
	256 : 135	0,923186[1]	XIX
	48 : 25	0,941106[1]	XV
Octava	2 : 1	1,000000	II

Haec ergo intervalla ratione suavitatis ita progrediuntur: Octava, Quinta, Quarta, Tertia maior et Sexta maior, Tonus maior, Tertia minor et Sexta minor, utraque Septima minor, Tonus minor et una Septima maior hemitonio maiore ab octava deficiens, Hemitonia et Septimae maiores reliquae.

1) In editione principe ultima figura est unitate minor. Correxit R. B.
2) Editio princeps: 0,093109. Correxit R. B.
3) Editio princeps: 0,111029. Correxit R. B.

CAPUT VIII

DE GENERIBUS MUSICIS

1. Hactenus in genere naturam sonorum et ex iis formandae harmoniae praecepta exposuimus neque adhuc locus fuit praecepta specialia compositionum musicarum tradendi. Antequam enim haec praecepta ad praxin accommodare liceat, instrumenta musica modumque ea attemperandi considerari oportet. Namque cum soni, qui ad opera musica edenda adhibentur, vel ope vivae vocis vel instrumentorum auditui offerantur, ante omnia tam vox quam instrumenta apta sunt reddenda ad omnes sonos, quibus ad opera musica exprimenda est opus, edendos.

2. Cum igitur exponens operis musici omnes sonos necessarios contineat, ex hoc ipso exponente perspicietur, quot et quales soni in instrumentis musicis inesse debeant. Pendet ergo instructio instrumentorum musicorum ab exponente operum musicorum, quae illorum ope auditui offerri debent; ita ut, si aliorum exponentium opera musica repraesentare voluerimus, ad ea quoque alia instrumenta musica requirantur, quae secundum illos exponentes sint accommodata.

3. Proposito ergo exponente operis musici sonis exprimendis instrumenta ita adaptari debent, ut in iis omnes soni, quos ille exponens in se complectitur, contineantur, nisi forte quidam soni sint vel nimis graves vel nimis acuti, ut auribus percipi nequeant, qui propterea tanquam superflui tuto omitti possunt. Soni autem, quos propositus exponens in se continet, colliguntur ex eius divisoribus; quocirca instrumenta musica ita sunt instruenda, ut omnes sonos perceptibiles divisoribus istius exponentis expressos comprehendant. Contra vero etiam ex dato instrumento musico intelligitur, ad cuiusmodi opera musica edenda id sit idoneum.

4. Soni vero etiam, qui in dato instrumento musico continentur, commodissime per exponentem indicantur, qui, ut hactenus, est minimus communis dividuus omnium sonorum in illo instrumento contentorum. Ex exponente ergo instrumenti musici intelligitur, ad cuiusmodi opera musica edenda id sit aptum. Alia scilicet opera musica in hoc instrumento exprimi non possunt, nisi quorum exponens sit divisor exponentis instrumenti. Ad hoc autem requiritur, ut in instrumento omnes soni contineantur, qui ex divisoribus eius exponentis oriuntur; horum enim si qui deessent, instrumentum foret mancum nec ad usum satis idoneum.

5. Ad instrumentum ergo musicum bene instruendum idoneus exponens est eligendus, qui contineat omnium operum musicorum eius ope edendorum exponentes. Quo facto huius exponentis omnes divisores investigari sonique, qui his singulis divisoribus exprimuntur, in instrumentum induci debent, exceptis tamen iis, qui ob nimiam gravitatem et acumen percipi nequeunt. Praeter hos autem sonos commode alii uniformitatis gratia adiungi possunt, ut soni in singulis octavis contenti fiant numero aequales. Hocque non solum est usu receptum, sed etiam instrumenta magis perfecta efficit, ut ad plura opera musica edenda sint apta.

6. Non solum igitur quilibet exponentis assumti divisor sonum in instrumentum inducet, sed etiam eius duplum, quadruplum, octuplum etc., item eius partes dimidia, quarta, octava etc. Hoc enim pacto fiet, ut omnia intervalla diapason dicta aequali sonorum numero repleantur atque etiam simili modo fiant divisa. Unde quoque hoc obtinebitur commodum, ut, si una octava fuerit recte attemperata, ex ea reliquae octavae tam acutiores quam graviores facile efformentur; quod fit, dum singulorum sonorum in una octava contentorum alii una vel pluribus octavis tam acutiores quam graviores efficiantur.

7. Si igitur exponens instrumenti fuerit A eiusque divisores sint

$$1,\ a,\ b,\ c,\ d,\ e \text{ etc.},$$

praeter sonos his divisoribus denotatos etiam soni

$$2,\ 2a,\ 2b,\ 2c,\ 2d \text{ etc., item } 4,\ 4a,\ 4b,\ 4c \text{ etc.,}$$

deinde quoque isti

$$\frac{1}{2},\ \frac{1}{2}a,\ \frac{1}{2}b,\ \frac{1}{2}c \text{ etc., item } \frac{1}{4},\ \frac{1}{4}a,\ \frac{1}{4}b,\ \frac{1}{4}c \text{ etc.}$$

in instrumentum debebunt induci. Multiplicatione autem sublatis fractionibus omnes soni instrumento contenti erunt

$$2^n,\ 2^n a,\ 2^n b,\ 2^n c,\ 2^n d,\ \ldots\ 2^n A,$$

ubi n quemvis numerum integrum designat. Instrumenti ergo hoc modo instructi exponens non amplius erit A, sed $2^m A$ denotante m numerum indefinitum tam parvum vel magnum, quoad soni sint perceptibiles.

8. Instrumentum igitur ita comparatum non solum erit idoneum ad opera musica edenda, quorum exponentes in A continentur, sed etiam ad talia opera, quorum exponentes in $2^m A$ comprehenduntur. Ex quo intelligitur omnibus octavis aequaliter sonis replendis instrumenta musica maiorem consequi perfectionem atque ad plura opera musica esse accommodata. Deinceps tirones quoque hoc inde habent commodum, ut cognitis sonis in una octava contentis simul facile reliquarum octavarum sonos cognoscant.

9. Pro exponentibus ergo operum musicorum in posterum huiusmodi formam $2^m A$ assumemus atque investigabimus, quot et cuiusmodi sonos quaelibet octava continere debeat. Pro A autem tantum numeros impares sumi conveniet, cum, si pares sumerentur, foret superfluum ob binarios iam in 2^m contentos. Dabit ergo quivis exponens $2^m A$ peculiarem octavae divisionem, tam ratione numeri sonorum quam ratione intervallorum, quae soni inter se tenent. Huiusmodi autem octavae divisio a Musicis *genus musicum* appellari solet; taliumque generum tria a longo tempore sunt cognita, quae sunt genus *diatonicum*, *chromaticum* et *enharmonicum*.

10. Si octavae, cuius divisio ex dato exponente $2^m A$ quaeritur, gravissimus sonus fuerit E, erit acutissimus $2E$ reliquique soni omnes intra limites E et $2E$ continebuntur. Quare singulos divisores ipsius A per eiusmodi binarii potestates multiplicari oportet, ut facta sint maiora quam E, minora vero quam $2E$, haecque facta omnia dabunt sonos in octava contentos. Ex quo perspicitur in octava tot contineri debere sonos, quot A habeat divisores, cum unusquisque divisor ipsius A sonum in quamque octavam inferat.

11. Si ergo exponens instrumenti, quem posthac exponentem generis musici vocabimus, fuerit $2^m a^p$ existente a numero primo, una octava continebit $p+1$ sonos, quia a^p totidem habet divisores. Sin autem exponens fuerit $2^m a^p b^q$, in octava $(p+1)(q+1)$ seu $pq+p+q+1$ continebuntur soni; numerus enim $a^p b^q$ tot, non plures habet divisores, si quidem a et b fuerint numeri primi inaequales. Simili modo exponens generis $2^m a^p b^q c^r$ dabit $(p+1)(q+1)(r+1)$ sonos intra unius octavae intervallum contentos. Ex his ergo statim ex exponente generis iudicari licet, quot soni in una octava contineantur.

12. Quales autem sint isti soni in unaquaque octava contenti, ipsi divisores ipsius A declarabunt; singuli enim per eiusmodi binarii potestates debent multiplicari, ut maximus ad minimum minorem habeat rationem quam duplam. Hoc vero commodius sumendis logarithmis, iis scilicet, quos huc recepimus, patebit, ex quibus, cum binarii logarithmus sit 1, statim apparebit, per quamnam binarii potestatem quilibet divisor multiplicari debeat, ut omnium sonorum logarithmi plus unitate a se invicem non discrepent.

13. Genera ergo musica a simplicissimo usque ad maxime composita, quae quidem usum habere possunt, tam cognita iam quam incognita recensebimus atque de quolibet annotabimus, ad quaenam opera musica sit accommodatum. Simplicissimum autem sine dubio musicum genus est 2^m, quod habetur, si est $A=1$. In intervallo ergo octavae unicus continetur sonus 1, quem statim sonus 2 integra octava superans sequitur. Omnes ergo soni in instrumento musico contenti erunt $1:2:4:8:16$, quia raro instrumenta musica plures quam 4 octavas complectuntur. Hoc autem genus ob nimiam simplicitatem ineptum est ad ullam harmoniam producendam.

14. Exponens ergo $2^m A$ dabit ordine sequens musicum genus, si ponatur $A=3$, cuius divisores sunt 1 et 3 indeque soni octavam constituentes $2:3:4$. In hoc igitur genere octava in duas partes dividitur, quarum altera est intervallum quinta, altera quarta. Forma etiam huius octavae infimum sonum ponendo 3 ita potest repraesentari $3:4:6$, ubi intervallum inferius est quarta, superius vero quinta. Soni vero omnes instrumenti secundum exponentem $2^m \cdot 3$ instructi erunt $2:3:4:6:8:12:16:24:32$. Ceterum hoc genus est nimis simplex, ita ut nunquam fuerit in usu.

15. In musica ad hunc usque diem aliae consonantiae non sunt receptae, nisi quarum exponentes constent numeris primis solis 2, 3 et 5, adeo ut Musici ultra quinarium in formandis consonantiis non processerint. Hanc ob rem hic etiam, in initio, loco A praeter 3 et 5 eorumque potestates alios numeros non assumam; his vero, quae hinc oriri possunt, generibus musicis expositis tentabimus quoque 7 introducere; unde forte aliquando nova musicae genera formari novaque adhuc atque inaudita opera musica confici poterunt.

16. Erit ergo tertium musicae genus $2^m \cdot 5$, in quo soni in octava contenti sunt $4:5:8$, quorum duorum intervallorum inferius tertiam maiorem, superius sextam minorem conficit. Hoc autem genus tam, quia est nimis simplex, quam, quod numerum 5 continet omisso ternario ideoque consonantias magis compositas omissis simplicioribus habet, usum habere nequit. Incongruum enim foret in consonantiis maiores numeros primos adhibere neglectis minoribus, eo quod hoc modo harmonia praeter necessitatem magis intricata minusque accepta redderetur.

17. In his duobus generibus in A unica fuit dimensio vel ipsius 3 vel 5. Nunc itaque sumamus duas dimensiones sitque quarti generis exponens $2^m \cdot 3^2$, in quo quantitatis A seu 3^2 divisores sunt $1:3:9$. Octava ergo hos continebit sonos $8:9:12:16$ et tribus constat intervallis, quorum primum est tonus maior, duo reliqua vero quartae. Hocque est primum genus, quod in usu fuisse perhibetur, cuius auctor erat primus musicae inventor in Graecia MERCURIUS, qui hos quatuor sonos totidem chordis expressit, unde instrumentum *tetrachordon* est appellatum.[1]) Ab hoc etiam instrumento sequentes Musici venerationis erga MERCURIUM ostendendae gratia sua magis composita genera in tetrachorda dividere sunt soliti.

18. In hoc ergo primo musicae genere, quod cum legibus harmoniae mirifice congruit atque etiam ob hanc caussam auditores, qui ante nullam adhuc harmoniam cognoverant, in summam admirationem pertraxit, praeter quintam, quartam, tonum maiorem et octavam alia non inerant auribus

1) Vide praefationem huius voluminis. E. B.

grata intervalla. Atque etiam post hoc tempus usque ad tempora Ptolemaei incognita mansit consonantia tertia dicta, quippe quam Ptolemaeus primus in musicam introduxit.

19. Quinti generis musici exponens erit $2^m \cdot 3 \cdot 5$, quod ob divisores 1, 3, 5, 15 ipsius $3 \cdot 5$ in una octava continebit sonos $8 : 10 : 12 : 15 : 16$. Intervallis igitur gaudet tertia maiore et minore, sexta maiore et minore, quinta et quarta, hemitonio maiore et septima maiore utique perquam gratis. Interim tamen non constat hoc genus unquam fuisse in usu, etiamsi plurium varietatum capax fuisset quam praecedens Mercurii genus. Cuius rei ratio procul dubio est, quod tertiam tam maiorem quam minorem propter numerum 5 usque ad Ptolemaeum ignoraverint, hic autem iam magis compositum genus introduxerit.

20. Sextum genus constituit exponens $2^m \cdot 5^2$, in cuius octava propter 1, 5, 25 divisores ipsius 5^2 insunt istam rationem tenentes soni $16 : 20 : 25 : 32$, quibus octava in tria intervalla secatur, quorum duo priora sunt tertiae maiores, postremum vero tertia maior cum diesi. Quod genus mirum non est nunquam fuisse usu receptum, cum, quoniam antiquissimis temporibus tertiae fuerunt incognitae, tum, quod consonantiae in hoc genere contentae non admodum sint suaves; atque ad haec accedit, quod hoc genus suavissimis intervallis, qualia sunt quinta et quarta, careat.

21. Septimum nobis genus erit, cuius exponens est $2^m \cdot 3^3$. Divisores ergo ipsius 3^3 sunt 1, 3, 9, 27, ex quibus sequens octava constituitur $16 : 18 : 24 : 27 : 32$, quam autem unquam fuisse in usu non constat.

Octavi generis exponens est $2^m \cdot 3^2 \cdot 5$, cuius sex sunt divisores impares 1, 3, 5, 9, 15, 45, unde sequentes soni octavam constituent $32 : 36 : 40 : 45 : 48 : 60 : 64$. Hocque genus summam continet gratiam mereretur que in usum recipi, nisi iam in receptis generibus contineretur.

Nonum genus exponentem habet $2^m \cdot 3 \cdot 5^2$ atque in octava sequentes sonos continet $64 : 75 : 80 : 96 : 100 : 120 : 128$.

Decimum autem genus exponentis $2^m \cdot 5^3$ in octava hos habebit sonos $64 : 80 : 100 : 125 : 128$.

22. Undecimum genus ergo exponentem habebit $2^m \cdot 3^4$ hincque in octava continebit sonos $64 : 72 : 81 : 96 : 108 : 128$. De quo genere uti et de praece-

dente est notandum, quod in iis intervalla et consonantiae insint, quae in genere hoc quidem tempore recepto non continentur; quare etiam genus, quod nunc est in usu et *diatonico-chromaticum* appellatur, haec duo postrema genera in se non complectitur, praecedentia vero genera omnia in se comprehendit, ita ut, ad quae opera musica praecedentia genera omnia sint accommodata, iisdem quoque genus nunc usu receptum inserviat.

23. Duodecimum genus porro exponente $2^m \cdot 3^3 \cdot 5$ determinatur; in octava ergo continebit hos octo sonos

$$128 : 135 : 144 : 160 : 180 : 192 : 216 : 240 : 256.$$

Hocque genus proxime convenit cum veterum genere diatonico, etiamsi veteres septem tantum sonos in hoc genere collocaverint. Omisso enim sono 135 hoc genus apprime congruit cum genere *diatonico syntono* PTOLEMAEI, in quo octava in duo tetrachorda dividitur, quorum utrumque intervallum diatessaron complectitur et in tria intervalla ita dividitur, ut infimum sit hemitonium maius, sequens tonus maior et tertium tonus minor.

24. Hanc vero ipsam divisionem et nostrum hoc genus habet omisso sono 135; incipiendo enim octavam a sono 120 hanc habebit faciem

$$120 : 128 : 144 : 160 \quad | \quad 180 : 192 : 216 : 240,$$

quarum duarum partium utraque est intervallum diatessaron ita divisum, ut infima intervalla $120:128$ et $180:192$ sint hemitonia maiora, media vero $128:144$ et $192:216$ toni maiores atque suprema $144:160$ et $216:240$ toni minores. Eximia ergo suavitate PTOLEMAEI genus diatonicum erat praeditum, uti etiam experientia satis testatur, cum hoc genus etiamnum sit in usu, dum alia veterum genera minore vel nulla gratia praedita negligantur.

25. Cum autem hoc veterum genus diatonicum sono 135, qui tamen aeque in octavam pertinet ac reliqui, careat, non omnino pro perfecto est habendum; interim tamen, quia tanta est congruentia inter hoc nostrumque genus duodecimum, id *diatonicum correctum* vocabimus. Intelligitur autem ex hoc, quam pertinaciter veteres Musici primo MERCURII invento adhaeserint,

ita ut instrumenta musica in tetrachorda singulaque tetrachorda in tres partes diviserint, quod quidem institutum in hoc genere satis cum harmonia constitit, in reliquis vero ingratae harmoniae caussa fuit.

26. Praeter hoc vero genus diatonicum syntonum PTOLEMAEI apud veteres plures generis diatonici species in usu fuerunt, quarum intervalla in tetrachordis singulis contenta ita se habebant[1]):

Diatonicum PYTHAGORAE	243 : 256, 8 : 9, 8 : 9;
Diatonicum molle	20 : 21, 9 : 10, 7 : 8;
Diatonicum toniacum	27 : 28, 7 : 8, 8 : 9;
Diatonicum aequale	11 : 12, 10 : 11, 9 : 10.

In quibus omnibus hoc erat institutum, ut prius intervallum sit fere hemitonium, reliqua duo fere toni, omnia autem simul diatessaron compleant. Facile autem perspicitur, quam imperfecta atque absurda sint haec genera, ita ut mirum non sit, quod penitus sint extincta.

27. Quemadmodum autem hoc tempore instrumenta musica secundum octavas dividi omnesque octavae aequaliter partiri solent, ita veteres sua instrumenta in quartas dividere singulasque quartas aequaliter in tria intervalla secare amabant, qua in re potius MERCURII tetrachordon quam ipsam harmoniam sequebantur. Hancque divisionem PYTHAGORICI praecipue Musici numeris arbitrariis nullo ad harmoniam respectu habito perfecerunt, uti ex allatis exemplis satis apparet; hocque modo istis numeris musicae non parvum damnum attulerunt, ita ut merito ab ARISTOXENO eiusque asseclis sint reprehensi.[1])

28. Genus autem diatonicum syntonum PTOLEMAEI[1]), quod feliciter ex perverso hoc musicam tractandi modo emanavit, etiamnum merito est in usu et in cymbalis, clavichordis aliisque instrumentis manualibus instructis conspicitur, in quibus duplicis generis claves habentur, quarum longiores et inferiores sonos generis diatonici syntoni edunt. Quemadmodum igitur hae

1) Vide praefationem huius voluminis. E. B.

claves litteris signari solent, ita etiam commode ipsi soni iisdem litteris denotantur. Hinc ergo erit sonus numero 192 indicatus *C*, sequentes 216 *D*, 240 *E*, 256 *F*, 288 *G*, 320 *A*, 360 *H* et 384 *c*.

29. Iisdem porro literis sed minusculis soni octava acutiores, seu numeris duplo maioribus expressi indicantur; haecque minusculae litterae cum una pluribusve lineis sonos octavis acutiores indicant. Ita cum 320 sit *A*, erit 640 a, 1280 $\bar{a}$, 2560 $\bar{\bar{a}}$, 5120 $\bar{\bar{\bar{a}}}$ etc. Hanc ob rem huiusmodi litteris sive maiusculis sive minusculis respondebunt soni sequentibus numeris expressi. *C* scilicet vocantur omnes soni in hac formula $2^n \cdot 3$ contenti; *D* soni in $2^n \cdot 3^3$ contenti, *E* soni in $2^n \cdot 3 \cdot 5$ contenti, *F* soni in 2^n contenti, *G* soni in $2^n \cdot 3^2$ contenti, *A* soni in $2^n \cdot 5$ contenti et *H* soni in $2^n \cdot 3^2 \cdot 5$ contenti. Sonus autem in usitato genere omissus $2^n \cdot 3^3 \cdot 5$ nuncupatur *Fs*, hoc est *F* cum hemitonio.

30. Decimum tertium genus deinceps constituet exponens $2^m \cdot 3^2 \cdot 5^2$, cuius ergo octavam isti 9 soni complent

$$128 : 144 : 150 : 160 : 180 : 192 : 200 : 225 : 240 : 256,$$

ad quod genus veteres collineasse videntur, dum *genus chromaticum* excogitaverunt, si quidem ullam harmoniam in hoc genere chromatico perceperunt. Constituerunt enim in huius generis tetrachordo primo duo hemitonia post eaque tertiam minorem seu potius complementum duorum hemitoniorum ad quartam. In nostro autem genere bis duo hemitonia se excipiunt, quae omissis aliquot sonis tertiae minores sequuntur. Interim tamen veterum genus chromaticum admodum imperfectum fuisse necesse est ideoque hoc genus decimum tertium nobis rite chromaticum correctum.

31. Apud veteres tres potissimum generis chromatici species versabantur, quas in duo tetrachorda, tetrachordum vero in tria intervalla dividebant, quae se in illis tribus speciebus ita habebant:

Chromaticum antiquum	243 : 256, 67 : 76, 4864 : 5427;
Chromaticum molle	27 : 28, 14 : 15, 5 : 6;
Chromaticum syntonum	21 : 22, 11 : 12, 6 : 7.[1])

1) Vide praefationem huius voluminis. E. B.

Quae generis chromatici species, quantum veris harmoniae principiis repugnent, quilibet facile perspiciet. Genus autem hoc nostrum chromaticum retenta in tetrachorda divisione sequenti modo omissis sonis 225 et 150 in usum vocare potuissent recipiendis in octavam his sonis

$$120:128,\ 144:160 \mid 180:192,\ 200:240,$$

in quibus quidem prioris tetrachordi divisio est diatonica syntona, alterius vero chromatica genuina.

32. Decimum quartum genus, cuius exponens est $2^m \cdot 3 \cdot 5^3$, in octava habebit hos sonos

$$256:300:320:375:384:400:480:500:512;$$

quod genus vocabimus *enharmonicum correctum*, cum ad veterum genus enharmonicum quodammodo accedere videatur. Veteres quidem sequentes huius generis tetrachordi divisiones reliquerunt

Enharmonicum antiquum	$125:128,\ 243:250,\ 64:81;$
Enharmonicum PTOLEMAICUM	$45:46,\ 23:24:4:5$ [1]),

quarum neutra cum harmonia consistere potest. Potuissent autem veteres loco generis enharmonici cum aliqua gratia uti hac octavae in tetrachorda et tetrachordorum divisione

$$240:250:256:320 \mid 375:384:400:480,$$

omisso scilicet sono 300; sed hoc ipso deficiente genus imperfectum est censendum.

33. Decimum quintum genus continebitur isto exponente $2^m \cdot 5^4$ habebitque in octava sequentes sonos

$$512:625:640:800:1000:1024,$$

quod autem genus propter duriora intervalla et defectum gratiorum consonantiarum ternario expositarum usum habere nequit.

1) Vide praefationem huius voluminis. E. B.

Decimum sextum vero genus constituet exponens $2^m \cdot 3^5$ in eiusque octava inerunt isti soni

$$128 : 144 : 162 : 192 : 216 : 243 : 256,$$

quod genus ob defectum consonantiarum ex 5 ortarum non satis varietatis continet.

Decimum septimum autem genus exponente $2^m \cdot 3^4 \cdot 5$ expressum minime incongruum esse videtur, quod usu recipiatur; continebit enim eius quaelibet octava sonos sequenti ratione progredientes

$$256 : 270 : 288 : 320 : 324 : 360 : 384 : 405 : 432 : 480 : 512.$$

Contra hoc enim genus aliud quicquam excipi nequit, nisi quod nimis parva intervalla, comma scilicet, auditu vix percipienda in eo occurrant.

34. Sequeretur ergo exponendum genus decimum octavum, cuius exponens est $2^m \cdot 3^3 \cdot 5^2$; quod vero, quia est ipsum genus diatonico-chromaticum hoc tempore apud omnes Musicos usu receptum, dignum est, ut peculiari capite pertractetur. Ceterum, quo hactenus exposita genera cum suis exponentibus clarius ob oculos ponantur, sequentem adiicere visum est tabulam, in qua tam exponentes cuiusque generis quam soni in quaque octava contenti itemque intervalla inter quosque sonos contiguos sunt descripta. Nomina etiam sonorum recepta apposui et sonos vulgo non cognitos asterisco notavi litterae proximae adscripto.

TABULA GENERUM MUSICORUM

Signa Sonorum	Soni	Intervalla	Nomina Intervallorum
		Genus I. Exponens 2^m.	
F	1		
		1 : 2	Diapason seu Octava.
f	2		
		Genus II. Exponens $2^m \cdot 3$.	
F	2		
		2 : 3	Diapente seu Quinta
c	3		
		3 : 4	Diatessaron seu Quarta.
f	4		

Signa Sonorum	Soni	Intervalla	Nomina Intervallorum
		Genus III.	Exponens $2^m \cdot 5$.
F	4		
		4 : 5	Tertia maior
A	5		
		5 : 8	Sexta minor.
f	8		
		Genus IV.	Exponens $2^m \cdot 3^2$.
F	8		
		8 : 9	Tonus maior
G	9		
		3 : 4	Quarta
c	12		
		3 : 4	Quarta
f	16		
			(Tonus maior, Quarta, Quarta:) Genus musicum antiquissimum MERCURII.
		Genus V.	Exponens $2^m \cdot 3 \cdot 5$.
F	8		
		4 : 5	Tertia maior
A	10		
		5 : 6	Tertia minor
c	12		
		4 : 5	Tertia maior
e	15		
		15 : 16	Hemitonium maius.
f	16		
		Genus VI.	Exponens $2^m \cdot 5^2$.
F	16		
		4 : 5	Tertia maior
A	20		
		4 : 5	Tertia maior
cs	25		
		25 : 32	Tertia maior cum diesi.
f	32		
		Genus VII.	Exponens $2^m \cdot 3^3$.
F	16		
		8 : 9	Tonus maior
G	18		
		3 : 4	Quarta
c	24		
		8 : 9	Tonus maior
d	27		
		27 : 32	Tertia minor commate minuta.
f	32		

Signa Sonorum	Soni	Intervalla	Nomina Intervallorum

Genus VIII. Exponens $2^m \cdot 3^2 \cdot 5$.

F	32		
		8 : 9	Tonus maior
G	36		
		9 : 10	Tonus minor
A	40		
		8 : 9	Tonus maior
H	45		
		15 : 16	Hemitonium maius
c	48		
		4 : 5	Tertia maior
e	60		
		15 : 16	Hemitonium maius.
f	64		

Genus IX. Exponens $2^m \cdot 3 \cdot 5^2$.

F	64		
		64 : 75	Tertia minor diesi minuta
Gs	75		
		15 : 16	Hemitonium maius
A	80		
		5 : 6	Tertia minor
c	96		
		24 : 25	Hemitonium minus
cs	100		
		5 : 6	Tertia minor
e	120		
		15 : 16	Hemitonium maius.
f	128		

Genus X. Exponens $2^m \cdot 5^3$.

F	64		
		4 : 5	Tertia maior
A	80		
		4 : 5	Tertia maior
cs	100		
		4 : 5	Tertia maior
*f**	125		
		125 : 128	Diesis enharmonica.
f	128		

Signa Sonorum	Soni	Intervalla	Nomina Intervallorum	
		Genus XI.	**Exponens $2^m \cdot 3^4$.**	
F	64	8 : 9	Tonus maior	
G	72	8 : 9	Tonus maior	
*A**	81	27 : 32	Tertia minor commate minuta	
c	96	8 : 9	Tonus maior	
d	108	27 : 32	Tertia minor commate minuta.	
f	128			
		Genus XII.	**Exponens $2^m \cdot 3^3 \cdot 5$.**	
F	128	128 : 135	Limma minus	
Fs	135	15 : 16	Hemitonium maius	
G	144	9 : 10	Tonus minor	
A	160	8 : 9	Tonus maior	Genus diatonicum veterum correctum.
H	180	15 : 16	Hemitonium maius	
c	192	8 : 9	Tonus maior	
d	216	9 : 10	Tonus minor	
e	240	15 : 16	Hemitonium maius	
f	256			
		Genus XIII.	**Exponens $2^m \cdot 3^2 \cdot 5^2$.**	
F	128	8 : 9	Tonus maior	
G	144	24 : 25	Hemitonium minus	
Gs	150	15 : 16	Hemitonium maius	
A	160	8 : 9	Tonus maior	
H	180	15 : 16	Hemitonium maius	Genus chromaticum veterum correctum.
c	192	24 : 25	Hemitonium minus	
cs	200	8 : 9	Tonus maior	
ds	225	15 : 16	Hemitonium maius	
e	240	15 : 16	Hemitonium maius	
f	256			

Genus XIV. Exponens $2^m \cdot 3 \cdot 5^3$.

Signa Sonorum	Soni	Intervalla	Nomina Intervallorum
F	256		
		64 : 75	Tertia minor diesi minuta
Gs	300		
		15 : 16	Hemitonium maius
A	320		
		64 : 75	Tertia minor diesi minuta
*H**	375		
		125 : 128	Diesis enharmonica
c	384		
		24 : 25	Hemitonium minus
cs	400		
		5 : 6	Tertia minor
e	480		
		24 : 25	Hemitonium minus
*f**	500		
		125 : 128	Diesis enharmonica
f	512		

Genus enharmonicum veterum correctum.

Genus XV. Exponens $2^m \cdot 5^4$.

Signa Sonorum	Soni	Intervalla	Nomina Intervallorum
F	512		
		512 : 625	Tertia maior diesi minuta
*A**	625		
		125 : 128	Diesis enharmonica
A	640		
		4 : 5	Tertia maior
cs	800		
		4 : 5	Tertia maior
*f**	1000		
		125 : 128	Diesis enharmonica.
f	1024		

Genus XVI. Exponens $2^m \cdot 3^5$.

Signa Sonorum	Soni	Intervalla	Nomina Intervallorum
F	128		
		8 : 9	Tonus maior
G	144		
		8 : 9	Tonus maior
*A**	162		
		27 : 32	Tertia minor commate minuta
c	192		
		8 : 9	Tonus maior
d	216		
		8 : 9	Tonus maior
*e**	243		
		243 : 256	Limma PYTHAGORICUM.
f	256		

Signa Sonorum	Soni	Intervalla	Nomina Intervallorum
		Genus XVII.	Exponens $2^m \cdot 3^4 \cdot 5$.
F	256		
		128 : 135	Limma minus
Fs	270		
		15 : 16	Hemitonium maius
G	288		
		9 : 10	Tonus minor
A	320		
		80 : 81	Comma
*A**	324		
		9 : 10	Tonus minor
H	360		
		15 : 16	Hemitonium maius
c	384		
		128 : 135	Limma minus
*cs**	405		
		15 : 16	Hemitonium maius
d	432		
		9 : 10	Tonus minor
e	480		
		15 : 16	Hemitonium maius.
f	512		

CAPUT IX

DE GENERE DIATONICO-CHROMATICO

1. Quod genus nostrum decimum octavum diatonico-chromaticum appellemus, ratio ex ipso exponente $2^m \cdot 3^3 \cdot 5^2$ est manifesta, quippe qui est minimus communis dividuus exponentium generis diatonici $2^m \cdot 3^3 \cdot 5$ et chromatici $2^m \cdot 3^2 \cdot 5^2$ ideoque haec duo genera coniuncta exhibet. Ex quo statim suspicari licet hoc nostrum genus cum nunc a Musicis recepto genere conveniens fore, si quidem Musici quoque istud genus ex veterum chromatico et diatonico composuerunt.

2. Primo igitur sonos investigabimus, qui in quaque generis nostri octava inesse debent. Quamobrem sumemus numeri $3^3 \cdot 5^2$ omnes divisores, qui sunt sequentes

$$1,\quad 3,\quad 5,\quad 3^2,\quad 3 \cdot 5,\quad 5^2,\quad 3^3,\quad 3^2 \cdot 5,\quad 3 \cdot 5^2,\quad 3^3 \cdot 5,\quad 3^2 \cdot 5^2,\quad 3^3 \cdot 5^2$$

seu in numeris ordinariis

$$1,\quad 3,\quad 5,\quad 9,\quad 15,\quad 25,\quad 27,\quad 45,\quad 75,\quad 135,\quad 225,\quad 675.$$

Quorum cum maximus sit 675, reliqui per huiusmodi potestates binarii debebunt multiplicari, ut omnes intra rationem $1:2$, hoc est intra intervallum diapason contineantur. Dabunt ergo hi numeri iuxta quantitatis ordinem dispositi sequentes sonos unius octavae

$$512 : 540 : 576 : 600 : 640 : 675 : 720 : 768 : 800 : 864 : 900 : 960 : 1024.$$

3. In huius ergo nostri generis una octava continentur 12 soni, qui quidem numerus cum recepti generis diatonico-chromatici numero sonorum

convenit; num autem plane iidem in utroque sint soni, intervalla declarabunt. In nostro quidem genere intervalla inter quosque sonos contiguos hoc ordine progrediuntur:

512	
	Limma minus
540	
	Hemitonium maius
576	
	Hemitonium minus
600	
	Hemitonium maius
640	
	Limma minus
675	
	Hemitonium maius
720	
	Hemitonium maius
768	
	Hemitonium minus
800	
	Limma maius
864	
	Hemitonium minus
900	
	Hemitonium maius
960	
	Hemitonium maius
1024	

Quae intervalla quomodo cum recepta octavae divisione conveniant, videamus.

4. Quamvis autem Musici etiamnunc circa octavae divisionem dissentiant pluresque diversi modi hinc inde usurpentur, tamen prae aliis in Musicorum scriptis unum deprehendi, qui maxime probatus videtur. In hoc autem intervalla a sono *F* notato incipiendo ita progrediuntur:

F	
	Limma minus
Fs	
	Hemitonium maius
G	
	Hemitonium minus
Gs	
	Hemitonium maius
A	
	Limma maius
B	
	Hemitonium minus
H	
	Hemitonium maius
c	
	Hemitonium minus
cs	
	Limma maius
d	
	Hemitonium minus
ds	
	Hemitonium maius
e	
	Hemitonium maius
f	

Haec intervalla sunt desumta ex MATTHESONI Libro *Die General-Baß Schul* inscripto.[1]

1) JOH. MATTHESON (1681—1764), *Große Generalbaßschule,* Hamburg 1731. Vide ibi imprimis sub titulo *Modorum maiorum scalae peculiares* p. 133, ubi notata est scala integra diatono-chromatica a clave *C* ad clavem *c*, et p. 136 et 137, ubi invenitur successio congruens a clave *c* ad clavem *f*. E. B.

5. Ista octavae dividendae ratio satis nova esse videtur, cum ante plures annos Musici alia ratione sint usi. Quod autem ad allatum modum pervenerint, dubitandum non est, quin experientia deprehenderint hunc modum ad harmoniam producendam magis esse idoneum. Cum igitur iste modus receptus a vero genere harmonico tam parum discrepet (duo enim tantum habent intervalla dissidentia unicumque sonum *B* differentem), veritas nostrorum principiorum, alias quidem satis evicta, isto tam stricto theoriae nostrae cum longa experientia consensu mirifice confirmatur.

6. Receptus ergo octavam dividendi modus iam ad tantam perfectionem sola experientia est evectus, ut, quo perfectissimus reddatur, alia correctione non sit opus, nisi ut solus sonus littera *B* signatus diesi tantum, quae est differentia inter limma maius et minus, gravior efficiatur. Hac autem correctione adhibita habebitur genus musicum perfectissimum et ad harmoniam producendam aptissimum. Quod enim ad numerum sonorum attinet, tot continebit hoc genus sonos, nec plures nec pauciores, quam quot harmonia requirit; atque praeterea omnes soni inter se eam ipsam tenebunt relationem, quae ex legibus harmoniae determinatur.

7. Soni ergo eorumque intervalla generis diatonico-chromatici usu nunc quidem recepti, sed theoria correcti, se habebunt, ut sequens tabula repraesentat. Adornata autem est tabula haec more Musicorum consueto, dum incipit a sono *C* et progreditur ad *c*; sonos autem duplici modo numeris expressimus, tum solutis tum in factores resolutis, quo facilius de eorum mutua relatione et intervallis iudicari possit.

Genus XVIII. Exponens $2^m \cdot 3^3 \cdot 5^2$

Signa Sonorum	Soni		Intervalla	Nomina Intervallorum	
C	$2^7 \cdot 3$	384			Genus diatonico-chromaticum hodiernum correctum.
			24 : 25	Hemitonium minus	
Cs	$2^4 \cdot 5^2$	400			
			25 : 27	Limma maius	
D	$2^4 \cdot 3^3$	432			
			24 : 25	Hemitonium minus	
Ds	$2 \cdot 3^2 \cdot 5^2$	450			
			15 : 16	Hemitonium maius	
E	$2^5 \cdot 3 \cdot 5$	480			
			15 : 16	Hemitonium maius	
F	2^9	512			
			128 : 135	Limma minus	
Fs	$2^2 \cdot 3^3 \cdot 5$	540			
			15 : 16	Hemitonium maius	
G	$2^6 \cdot 3^2$	576			
			24 : 25	Hemitonium minus	
Gs	$2^3 \cdot 3 \cdot 5^2$	600			
			15 : 16	Hemitonium maius	
A	$2^7 \cdot 5$	640			
			128 : 135	Limma minus	
B	$3^3 \cdot 5^2$	675			
			15 : 16	Hemitonium maius	
H	$2^4 \cdot 3^2 \cdot 5$	720			
			15 : 16	Hemitonium maius	
c	$2^8 \cdot 3$	768			

Haecque tabula est continuatio generum musicorum praecedenti capiti annexae.

8. Ex hac ergo tabula statim cognoscitur, quamnam rationem teneat quisque sonus ad quemlibet alium. Hae autem rationes quo distinctius ob oculos ponantur, sequentem tabulam apponere visum est, in qua omnia intervalla simplicia singulorum sonorum ad singulos continentur.

Soni	Intervalla	Nomina Intervallorum
C : *Cs*	24 : 25	Hemitonium minus
C : *D*	8 : 9	Tonus maior
C : *Ds*	64 : 75	Tertia minor diesi minuta
C : *E*	4 : 5	Tertia maior
C : *F*	3 : 4	Quarta
C : *Fs*	32 : 45	Tritonus
C : *G*	2 : 3	Quinta
C : *Gs*	16 : 25	Sexta minor demta diesi
C : *A*	3 : 5	Sexta maior
C : *B*	128 : 225	Septima minor
C : *H*	8 : 15	Septima maior
C : *c*	1 : 2	Octava
Cs : *D*	25 : 27	Limma maius
Cs : *Ds*	8 : 9	Tonus maior
Cs : *E*	5 : 6	Tertia minor
Cs : *F*	25 : 32	Tertia maior cum diesi
Cs : *Fs*	20 : 27	Quarta cum commate
Cs : *G*	25 : 36	Tritonus
Cs : *Gs*	2 : 3	Quinta
Cs : *A*	5 : 8	Sexta minor
Cs : *B*	16 : 27	Sexta maior cum commate
Cs : *H*	5 : 9	Septima minor
Cs : *c*	25 : 48	Septima maior
Cs : *cs*	1 : 2	Octava

Soni	Intervalla	Nomina Intervallorum
D : *Ds*	24 : 25	Hemitonium minus
D : *E*	9 : 10	Tonus minor
D : *F*	27 : 32	Tertia minor commate minuta
D : *Fs*	4 : 5	Tertia maior
D : *G*	3 : 4	Quarta
D : *Gs*	18 : 25	Tritonus
D : *A*	27 : 40	Quinta demto commate
D : *B*	16 : 25	Sexta minor demta diesi
D : *H*	3 : 5	Sexta maior
D : *c*	9 : 16	Septima minor
D : *cs*	27 : 50	Septima maior
D : *d*	1 : 2	Octava
Ds : *E*	15 : 16	Hemitonium maius
Ds : *F*	225 : 256	Tonus maior cum diaschismate
Ds : *Fs*	5 : 6	Tertia minor
Ds : *G*	25 : 32	Tertia maior cum diesi
Ds : *Gs*	3 : 4	Quarta
Ds : *A*	45 : 64	Tritonus
Ds : *B*	2 : 3	Quinta
Ds : *H*	5 : 8	Sexta minor
Ds : *c*	75 : 128	Sexta maior cum diesi
Ds : *cs*	9 : 16	Septima minor
Ds : *d*	25 : 48	Septima maior
Ds : *ds*	1 : 2	Octava

Soni	Intervalla	Nomina Intervallorum
$E:F$	15 : 16	Hemitonium maius
$E:Fs$	8 : 9	Tonus maior
$E:G$	5 : 6	Tertia minor
$E:Gs$	4 : 5	Tertia maior
$E:A$	3 : 4	Quarta
$E:B$	32 : 45	Tritonus
$E:H$	2 : 3	Quinta
$E:c$	5 : 8	Sexta minor
$E:cs$	3 : 5	Sexta maior
$E:d$	5 : 9	Septima minor
$E:ds$	8 : 15	Septima maior
$E:e$	1 : 2	Octava

$F:Fs$	128 : 135	Limma minus
$F:G$	8 : 9	Tonus maior
$F:Gs$	64 : 75	Tertia minor diesi minuta
$F:A$	4 : 5	Tertia maior
$F:B$	512 : 675	Quarta demto diaschismate
$F:H$	32 : 45	Tritonus
$F:c$	2 : 3	Quinta
$F:cs$	16 : 25	Sexta minor demta diesi
$F:d$	16 : 27	Sexta maior cum commate
$F:ds$	128 : 225	Septima minor
$F:e$	8 : 15	Septima maior
$F:f$	1 : 2	Octava

Soni	Intervalla	Nomina Intervallorum
Fs : *G*	15 : 16	Hemitonium maius
Fs : *Gs*	9 : 10	Tonus minor
Fs : *A*	27 : 32	Tertia minor commate minuta
Fs : *B*	4 : 5	Tertia maior
Fs : *H*	3 : 4	Quarta
Fs : *c*	45 : 64	Tritonus
Fs : *cs*	27 : 40	Quinta demto commate
Fs : *d*	5 : 8	Sexta minor
Fs : *ds*	3 : 5	Sexta maior
Fs : *e*	9 : 16	Septima minor
Fs : *f*	135 : 256	Septima maior
Fs : *fs*	1 : 2	Octava
G : *Gs*	24 : 25	Hemitonium minus
G : *A*	9 : 10	Tonus minor
G : *B*	64 : 75	Tertia minor diesi minuta
G : *H*	4 : 5	Tertia maior
G : *c*	3 : 4	Quarta
G : *cs*	18 : 25	Tritonus
G : *d*	2 : 3	Quinta
G : *ds*	16 : 25	Sexta minor demta diesi
G : *e*	3 : 5	Sexta maior
G : *f*	9 : 16	Septima minor
G : *fs*	8 : 15	Septima maior
G : *g*	1 : 2	Octava

Soni	Intervalla	Nomina Intervallorum
Gs : *A*	15 : 16	Hemitonium maius
Gs : *B*	8 : 9	Tonus maior
Gs : *H*	5 : 6	Tertia minor
Gs : *c*	25 : 32	Tertia maior cum diesi
Gs : *cs*	3 : 4	Quarta
Gs : *d*	25 : 36	Tritonus
Gs : *ds*	2 : 3	Quinta
Gs : *e*	5 : 8	Sexta minor
Gs : *f*	75 : 128	Sexta maior cum diesi
Gs : *fs*	5 : 9	Septima minor
Gs : *g*	25 : 48	Septima maior
Gs : *gs*	1 : 2	Octava
A : *B*	128 : 135	Limma minus
A : *H*	8 : 9	Tonus maior
A : *c*	5 : 6	Tertia minor
A : *cs*	4 : 5	Tertia maior
A : *d*	20 : 27	Quarta cum commate
A : *ds*	32 : 45	Tritonus
A : *e*	2 : 3	Quinta
A : *f*	5 : 8	Sexta minor
A : *fs*	16 : 27	Sexta maior cum commate
A : *g*	5 : 9	Septima minor
A : *gs*	8 : 15	Septima maior
A : *a*	1 : 2	Octava

Soni	Intervalla	Nomina Intervallorum
$B:H$	15 : 16	Hemitonium maius
$B:c$	225 : 256	Tonus maior cum diaschismate
$B:cs$	27 : 32	Tertia minor demto commate
$B:d$	25 : 32	Tertia maior cum diesi
$B:ds$	3 : 4	Quarta
$B:e$	45 : 64	Tritonus
$B:f$	675 : 1024	Quinta cum diaschismate
$B:fs$	5 : 8	Sexta minor
$B:g$	75 : 128	Sexta maior cum diesi
$B:gs$	9 : 16	Septima minor
$B:a$	135 : 256	Septima maior
$B:b$	1 : 2	Octava
$H:c$	15 : 16	Hemitonium maius
$H:cs$	9 : 10	Tonus minor
$H:d$	5 : 6	Tertia minor
$H:ds$	4 : 5	Tertia maior
$H:e$	3 : 4	Quarta
$H:f$	45 : 64	Tritonus
$H:fs$	2 : 3	Quinta
$H:g$	5 : 8	Sexta minor
$H:gs$	3 : 5	Sexta maior
$H:a$	9 : 16	Septima minor
$H:b$	8 : 15	Septima maior
$H:h$	1 : 2	Octava

8[a][1]). Omnia ergo intervalla in hoc genere vel sunt ipsae illae consonantiae, quibus haec nomina sunt imposita, vel tantum intervallis minimis ab his differunt, quae crassioribus auribus sint imperceptibilia. Quod cum etiam a Musicis summopere intendatur, ne ullum intervallum a nominato plus quam minimo intervallo differat, hoc est vel commate vel diesi vel diaschismate, ipsi Musici practici agnoscere debebunt correctionem nostram iure esse factam. Namque sono *B*, ut Musici volunt, diesi acutiore admisso, tum intervallum *Cs* : *B* foret sexta maior cum commate et diesi, quae duo intervalla, etsi minima, hemitonium minus tamen coniunctim fere conficiunt, ita ut in hoc usitato genere intervallum *Cs* : *B* pro septima minore potius quam pro sexta maiore haberetur. Simili modo foret *B* : *cs* tertia minor commate et diesi minuta ideoque tono quam tertia similior.

9. Ex praecedente autem tabula formavimus sequentem, in qua intervalla aequalia in ordine coniunctim posita conspicere licet.

Secundae minores

24 : 25	Hemitonium minus	15 : 16	Hemitonium maius
C : *Cs*		*Ds* : *E*	
D : *Ds*		*E* : *F*	
G : *Gs*		*Fs* : *G*	
128 : 135[2])	Limma minus	*Gs* : *A*	
F : *Fs*		*B* : *H*	
A : *B*		*H* : *c*	
		25 : 27	Limma maius
		Cs : *D*	

1) In editione principe per errorem numerus 8 iteratur. E. B.

2) Vide praefationem huius voluminis. E. B.

Secundae maiores

9 : 10	Tonus minor
D : *E*	
Fs : *Gs*	
G : *A*	
H : *cs*	
8 : 9	Tonus maior
C : *D*	
Cs : *Ds*	
E : *Fs*	
F : *G*	
Gs : *B*	
A : *H*	
225 : 256	Tonus maior cum diaschismate
Ds : *F*	
B : *c*	

Tertiae minores

64 : 75	Tertia minor diesi minuta
C : *Ds*	
F : *Gs*	
G : *B*	
27 : 32	Tertia minor commate minuta
D : *F*	
Fs : *A*	
B : *cs*	
5 : 6	Tertia minor perfecta
Cs : *E*	
Ds : *Fs*	
E : *G*	
Gs : *H*	
A : *c*	
H : *d*	

Tertiae maiores

4 : 5	Tertia maior perfecta
C : *E*	
D : *Fs*	
E : *Gs*	
F : *A*	
Fs : *B*	
G : *H*	
A : *cs*	
H : *ds*	
25 : 32	Tertia maior cum diesi
Cs : *F*	
Ds : *G*	
Gs : *c*	
B : *d*	

Quartae

512 : 675	Quarta diaschismate minuta
F : *B*	
3 : 4	Quarta perfecta
C : *F*	
D : *G*	
Ds : *Gs*	
E : *A*	
Fs : *H*	
G : *c*	
Gs : *cs*	
B : *ds*	
H : *e*	
20 : 27	Quarta cum commate
Cs : *Fs*	
A : *d*	

Tritoni

18 : 25	Quarta cum hemitonio minore
D : *Gs* *G* : *cs*	
32 : 45	Quinta hemitonio maiore minuta
C : *Fs* *E* : *B* *F* : *H* *A* : *ds*	
45 : 64	Quarta cum hemitonio maiore
Ds : *A* *Fs* : *c* *B* : *e* *H* : *f*	
25 : 36	Quinta hemitonio minore minuta
Cs : *G* *Gs* : *d*	

Quintae

27 : 40	Quinta commate minuta
D : *A* *Fs* : *cs*	
2 : 3	Quinta perfecta
C : *G* *Cs* : *Gs* *Ds* : *B* *E* : *H* *F* : *c* *G* : *d* *Gs* : *ds* *A* : *e* *H* : *fs*	
675 : 1024	Quinta cum diaschismate
B : *f*	

Sextae minores

16 : 25	Sexta minor diesi minuta
C : *Gs* *D* : *B* *F* : *cs* *G* : *ds*	
5 : 8	Sexta minor perfecta
Cs : *A* *Ds* : *H* *E* : *c* *Fs* : *d* *Gs* : *e* *A* : *f* *B* : *fs* *H* : *g*	

Sextae maiores

3 : 5	Sexta maior perfecta
C : *A* *D* : *H* *E* : *cs* *Fs* : *ds* *G* : *e* *H* : *gs*	
16 : 27	Sexta maior cum commate
Cs : *B* *F* : *d* *A* : *fs*	
75 : 128	Sexta maior cum diesi
Ds : *c* *Gs* : *f* *B* : *g*	

Septimae minores

128 : 225	Sexta maior cum limmate minore
C : *B* *F* : *ds*	
9 : 16	Octava tono maiore minuta
D : *c* *Ds* : *cs* *Fs* : *e* *G* : *f* *B* : *gs* *H* : *a*	
5 : 9	Octava tono minore minuta
Cs : *H* *E* : *d* *Gs* : *fs* *A* : *g*	

Septimae maiores

27 : 50	Octava limmate maiore minuta
D : *cs*	
8 : 15	Octava hemitonio maiore minuta
C : *H* *E* : *ds* *F* : *e* *G* : *fs* *A* : *gs* *H* : *b*	
135 : 256	Octava limmate minore minuta
Fs : *f* *B* : *a*	
25 : 48	Octava hemitonio minore minuta
Cs : *c* *Ds* : *d* *Gs* : *g*	

10. Ex hac igitur tabula statim conspiciuntur intervalla, quae duo quique soni intra octavae intervallum comprehensi inter se tenent. Simul vero etiam perspicitur differentia ingens inter intervalla eiusdem nominis, quae vulgo ab imperitioribus pro aequalibus habentur. Hemitoniorum scilicet quatuor dantur species, tres tonorum totidemque tertiarum minorum etc., uti ex tabula intelligere licet. Octavarum autem omnium unica est species eaque perfecta ratione 1 : 2 contenta; hoc enim intervallum propter perfectionem vix aberrationem a ratione 1 : 2 pati posset, quin simul auditus ingenti molestia afficeretur. Namque quo perfectius perceptuque facilius est intervallum, eo magis sensibilis fit error vel minimus; minus autem sentitur exigua aberratio in intervallis minus perfectis.

11. Instrumenta autem musica ad hoc diatonico-chromaticum genus ope monochordi facile attemperari poterunt, monochordo scilicet iisdem rationibus secando, quas soni inter se tenere debent, cuius quidem operationis praecepta

capite primo tradidimus. Qui autem solo auditu ad hunc modum instrumenta musica attemperare voluerit, eum tribus istis requisitis praeditum esse oportet, ut primo intervallum octavam distinguere et solo auditu efformare possit, secundo ut quintam quoque ratione 2 : 3 contentam et tertio denique ut tertiam maiorem chordis vel intendendis vel remittendis exacte producere valeat.

12. Qui igitur tanta auditus sollertia pollet, is sequenti ordine temperationem instrumenti musici aggrediatur. Primo figat sonum *F*, prout circumstantiae postulant, ex eoque habebit omnes sonos eadem littera signatos. Deinde formet eius quintam *c* tertiamque maiorem *A* habebitque omnes reliquos sonos iisdem litteris signatos per requisitum primum. Tertio ex sono *C* formet eius quintam *G* tertiamque maiorem *E*, qui sonus *E* simul erit quinta soni *A*, atque ex *A* quoque formet eius tertiam maiorem *cs*. Quarto ex sono *G* formet quintam *d* itemque tertiam maiorem *H*, ex *E* vero quoque tertiam maiorem *Gs*, qui sonus quoque erit quinta ipsius *Cs*. Quinto ex *H* faciat *fs* quintam et *ds* tertiam maiorem, seu ex *Gs* poterit quoque formare *ds*. Denique quinta ipsius *Ds* dabit sonum *B* hocque pacto sumendis octavis totum instrumentum erit rite attemperatum.

13. Totus autem hic temperationis processus ex adiecta hic figura distinctius percipietur.

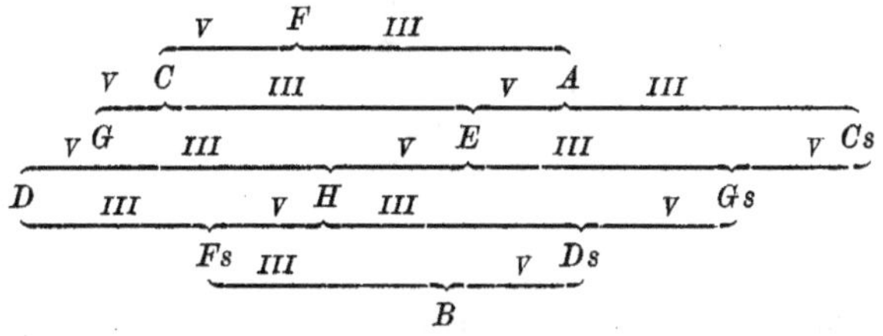

Cum ergo soni *E, H, Gs, Fs, Ds* et *B* duplici modo, tum per quintas, tum per tertias determinentur, ex hoc non contemnendum obtinebitur subsidium in temperandis instrumentis, cum error, qui forte sit commissus, statim percipi et corrigi queat.

14. Quamvis autem hodierna musica ad hoc musicum genus perfectum experientia potissimum pertigerit, ex quo huius musicae praestantia abunde perspicitur, tamen etiam fortunae multum est tribuendum, quod eo pervenerint. Dum enim in genere diatonico tum tonos tum hemitonia inesse deprehenderunt, genus magis perfectum construere sunt arbitrati, si singulos tonos in duas partes secarent et intra quaeque intervalla tonum distantia sonos novos intersererent, quo quosque sonos contiguos hemitonio latiori saltem sensu accepto distantes obtinerent.

15. Hocque in negotio non solum phantasiae sed etiam harmoniae litarunt, dum tales sonos interpolare decreverunt, qui cum harmonia non tantum consisterent, sed etiam genus musicum satis perfectum constituerent. Hanc igitur quamvis felicem inventionem potius tamen fortunae acceptam referre debent quam verae harmoniae cognitioni; casu enim accidit, quod genus diatonico-chromaticum genuinum ita sit comparatum, ut in eo tum 12 soni tum quique contigui hemitonio a se invicem distantes contineantur.

16. Hoc autem eo magis ex eo elucet, quod plures Musici putaverint veram musicam potius in aequalitate intervallorum consistere quam in eorum simplicitate. Hi igitur, ut sibi magis quam harmoniae satisfacerent, non dubitaverunt intervallum diapason in duodecim partes aequales dissecare atque secundum hanc divisionem sonos 12 consuetos constituere. In hoc autem instituto eo magis confirmabantur, quod hoc pacto omnia intervalla fiant aequalia atque hanc ob rem quodvis opus musicum sine ulla alteratione in omnibus ita dictis modis liceat modulari et ex genuino modo in quemque alium transponere. In qua quidem sententia minime falluntur; sed hoc pacto ex omni modo harmoniam tolli non animadverterunt.

17. Quod quo clarius appareat, singulos sonos tum nostri generis diatonico-chromatici tum etiam huius generis aequabilis logarithmis expressos exhibebimus, quo statim de discrepantia intervallorum iudicari possit; ponemus autem logarithmum soni $F = 0$.

Soni	Genus genuinum	Genus aequabile	Differentiae
F	0,000000	0,000000	0,000000
Fs	0,076815	0,083333	+ 0,006518
G	0,169924	0,166666	— 0,003258
Gs	0,228819	0,250000	+ 0,021181
A	0,321928	0,333333	+ 0,011405
B	0,398742	0,416666	+ 0,017924
H	0,491852	0,500000	+ 0,008148
c	0,584962	0,583333	— 0,001629
cs	0,643857	0,666666	+ 0,022809
d	0,754886	0,750000	— 0,004886
ds	0,813780	0,833333	+ 0,019553
e	0,906890	0,916666	+ 0,009776
f	1,000000	1,000000	0,000000

Perspicuum igitur est inter sonos eosdem utriusque generis differentiam commate passim esse maiorem, quo harmonia non parum turbatur. Quintae quidem et quartae parum a genuinis discrepant, vix nimirum decima diaschismatis parte, sed tertiae maiores et minores multo magis aberrant, quibus tamen non minus quam quintis et quartis harmonia constat. Denique ob nullam sonorum rationem rationalem praeter octavas hoc genus harmoniae maxime contrarium est censendum, etiamsi hebetiores aures discrepantiam vix percipiant.

18. Alii autem retentis sonis generis diatonici invariatis reliquos chromaticos dictos suo arbitrio nullo ad harmoniam habito respectu definire non dubitaverunt. Huiusmodi genus musicum non ita pridem in Anglia prodiit, in quo tam tonus maior quam minor in duas partes fere aequales secatur, quarum tamen inferius maius est superiori, utrumque vero ratione superparticulari definitur. Qua in re auctor PYTHAGORAM secutus videtur, qui solas rationes superparticulares in musicam ad harmoniam efficiendam admittendas iudicavit: ita inter sonos tonum maiorem distantes inserit sonum ad graviorem rationem 17 : 16, ad acutiorem vero rationem 17 : 18 tenentem. Quae quidem divisio quam parum harmoniae consentanea sit, satis ex allatis constat.

19. Expositum igitur est genus decimum octavum, diatonico-chromaticum dictum, usu hoc quidem tempore ita receptum, ut omnes omnino modulationes in eo fieri soleant. Habet autem hoc genus prae aliis hanc insignem proprietatem, ut omnia in eo sita intervalla ad sensum fere aequalia existant; unde non incommode quaevis melodiae vel hemitonio vel tono vel quolibet intervallo sive acutiores sive graviores cantari possunt. Id quod evenire non posset in alio genere, in quo maior intervallorum inaequalitas inest. Antequam autem regulas componendi generales ad hoc genus accommodemus, alia genera considerabimus, hoc ipsum, quod tractavimus, ratione ordinis sequentia.

CAPUT X

DE ALIIS MAGIS COMPOSITIS GENERIBUS MUSICIS

1. Expositis iam octodecim prioribus generibus, in quibus tam antiqua quam hodierna musica continetur, non incongruum erit genera aliquot magis composita persequi, quae vel ad iam tractata arctam tenent relationem, vel non incommode ad ampliorem musicae perfectionem in usum recipi possent. Non igitur, uti accepimus, in recensendis generibus sequentibus ordine progrediemur omniaque in medium afferemus, quod opus foret infinitum nulliusque utilitatis, sed ea tantum, quae ad institutum idonea videbuntur, explicabimus.

2. Considerabimus ergo genus, cuius exponens est $2^m \cdot 3^2 \cdot 5^3$, quod merito *chromatico-enharmonicum* appellari convenit, cum iste exponens sit compositus ex exponentibus generum chromatici et enharmonici horumque exponentium sit minimus communis dividuus. In huius ergo generis octava continebuntur ter quatuor seu duodecim soni pariter ac in genere diatonico-chromatico, qui orientur ex divisoribus totidem ipsius $3^2 \cdot 5^3$ eruntque sequentes

$$2^{10} : 3^2 \cdot 5^3 : 2^7 \cdot 3^2 : 2^4 \cdot 3 \cdot 5^2 : 2^8 \cdot 5 : 2^5 \cdot 3^2 \cdot 5 : 2^2 \cdot 3 \cdot 5^3 :$$
$$1024 : 1125 : 1152 : 1200 : 1280 : 1440 : 1500 :$$
$$2^9 \cdot 3 : 2^6 \cdot 5^2 : 2^3 \cdot 3^2 \cdot 5^2 : 2^7 \cdot 3 \cdot 5 : 2^4 \cdot 5^3 : 2^{11};$$
$$1536 : 1600 : 1800 : 1920 : 2000 : 2048.$$

3. Soni autem huius generis chromatico-enharmonici, quomodo progrediantur et quanta intervalla inter se teneant, ex tabula sequente apparebit

Signa	Soni		Intervalla	Nomina Intervallorum
C	$2^8 \cdot 3$	768		
			24 : 25	Hemitonium minus
Cs	$2^5 \cdot 5^2$	800		
			8 : 9	Tonus maior
Ds	$2^2 \cdot 3^2 \cdot 5^2$	900		
			15 : 16	Hemitonium maius
E	$2^6 \cdot 3 \cdot 5$	960		
			24 : 25	Hemitonium minus
F^*	$2^3 \cdot 5^3$	1000		
			125 : 128	Diesis enharmonica
F	2^{10}	1024		
			1024 : 1125	Tonus maior diesi minuta
G^*	$3^2 \cdot 5^3$	1125		
			125 : 128	Diesis enharmonica
G	$2^7 \cdot 3^2$	1152		
			24 : 25	Hemitonium minus
Gs	$2^4 \cdot 3 \cdot 5^2$	1200		
			15 : 16	Hemitonium maius
A	$2^8 \cdot 5$	1280		
			8 : 9	Tonus maior
H	$2^5 \cdot 3^2 \cdot 5$	1440		
			24 : 25	Hemitonium minus
c^*	$2^2 \cdot 3 \cdot 5^3$	1500		
			125 : 128	Diesis enharmonica
c	$2^9 \cdot 3$	1536		

4. In hoc ergo genere intervalla inter sonos contiguos maxime sunt inaequalia, toni scilicet maiores, hemitonia et dieses, ita ut melodia in hoc genere composita in nullum alium sonum transponi posset. Hincque eo magis praerogativa generis in praecedente capite expositi diatonico-chromatici elucet, in quo intervalla omnia ad sensum fere sunt aequalia; simulque intelligitur hanc aequalitatem fortuito esse natam neque eam ad harmoniam producendam esse absolute necessariam, prout quidem pluribus est visum.

5. Insunt vero in hoc genere tres soni, qui in genere recepto diatonico-chromatico non reperiuntur, eosque signavi litteris F^*, G^*, c^* asterisco notatis, cum ad sonos in genere consueto his litteris designatos proxime accedant; tantum enim ab iis diesi deficiunt. Quare cum tantilla differentia ab auribus vix percipi queat, instrumentis solito more ad genus diatonico-chromaticum attemperatis etiam non incongrue opera musica ad genus $2^m \cdot 3^2 \cdot 5^3$ pertinentia edi poterunt, sumendis loco sonorum F^*, G^*, c^* sonis consuetis F, G, c, qui error sensui auditus propemodum insensibilis evadit.

6. Maiore certe gratia genus diatonico-chromaticum ad opera musica exponentis $2^m \cdot 3^2 \cdot 5^3$ erit accommodatum, quam quod a Musicis frequenter fieri solet, dum melodiam ex datis sonis compositam ad alios sonos transferunt, quo saepius fit, ut, quod intervallum ante erat hemitonium minus, eius loco hemitonium maius vel adeo limma maius adhibeant, quae differentia adhuc maior diesi existit. Praeterea etiamsi instrumenta ad genus chromatico-enharmonicum accommodata haberentur, nisi ea exactissime essent temperata, quod tamen vix posset praestari, maiorem suavitatem non afferrent quam instrumenta consueta.

7. Latius ergo patet genus diatonico-chromaticum, quam eius exponens $2^m \cdot 3^3 \cdot 5^2$ declarat, cum etiam non incommode adhiberi queat ad opera musica in exponente $2^m \cdot 3^2 \cdot 5^3$ contenta, ex quo praestantia recepti generis musici non obscure perspicitur. Adhuc autem latius eius usus extenditur etiam ad genera magis composita, quae ita sunt comparata, ut soni a genere diatonico-chromatico discrepantes ad sonos huius generis proxime accedant ideoque hi illorum loco tuto adhiberi queant. Cuiusmodi ergo haec sint genera, quibus genus diatonico-chromaticum satisfacere potest, hic fusius exponemus.

8. Coalescant omnium trium veterum generum exponentes in unum, ita ut prodeat genus *diatonico-enharmonicum*, cuius exponens erit $2^m \cdot 3^3 \cdot 5^3$, in hocque genere continentur coniunctim genera diatonicum, chromaticum et enharmonicum, quatenus scilicet a nobis sunt correcta. Huius ergo generis una octava continebit 16 sonos, duodecim nimirum sonos generis diatonico-chromatici et praeter eos 4 novos, qui autem tam parum ab illis sunt diversi, ut sine sensibili harmoniae iactura plane omitti queant, pariter ac de praecedente genere notavimus. Soni autem 16 unius octavae erunt sequentes:

Signa	Soni		Intervalla	Nomina Intervallorum
C	$2^{10} \cdot 3$	3072	24 : 25	Hemitonium minus
Cs	$2^7 \cdot 5^2$	3200	128 : 135	Limma minus
D^*	$3^3 \cdot 5^3$	3375	125 : 128	Diesis
D	$2^7 \cdot 3^3$	3456	24 : 25	Hemitonium minus
Ds	$2^4 \cdot 3^2 \cdot 5^2$	3600	15 : 16	Hemitonium maius
E	$2^8 \cdot 3 \cdot 5$	3840	24 : 25	Hemitonium minus
F^*	$2^5 \cdot 5^3$	4000	125 : 128	Diesis
F	2^{12}	4096	128 : 135	Limma minus
Fs	$2^5 \cdot 3^3 \cdot 5$	4320	24 : 25	Hemitonium minus
G^*	$2^2 \cdot 3^2 \cdot 5^3$	4500	125 : 128	Diesis
G	$2^9 \cdot 3^2$	4608	24 : 25	Hemitonium minus
Gs	$2^6 \cdot 3 \cdot 5^2$	4800	15 : 16	Hemitonium maius
A	$2^{10} \cdot 5$	5120	128 : 135	Limma minus
B	$2^3 \cdot 3^3 \cdot 5^2$	5400	15 : 16	Hemitonium maius
H	$2^7 \cdot 3^2 \cdot 5$	5760	24 : 25	Hemitonium minus
c^*	$2^4 \cdot 3 \cdot 5^3$	6000	125 : 128	Diesis
c	$2^{11} \cdot 3$	6144		

Loco sonorum ergo peregrinorum D^*, F^*, G^*, c^*, qui diesi tantum differunt a primariis D, F, G, c, satis tuto hi poterunt usurpari.

9. Si forte cuiquam differentia haec, quae est diesis, maior videatur, quam ut primarios loco peregrinorum adhiberi posse arbitretur, cum diesis sit maximum inter minima intervallum, is tamen admittet sine dubio errorem commate non maiorem. Commate autem ad summum soni peregrini a principalibus differunt in generibus, quorum exponentes continentur in $2^m \cdot 3^n \cdot 5^2$ existente n numero ternario maiore. Huiusmodi autem generum octavas, si n est minor quam 8, in adiecta tabula simul conspicere licet.

Generis exponens $2^m \cdot 3^7 \cdot 5^2$

Signa	Soni	Logarithmi Sonorum	Intervalla	Nomina Intervallorum
F	2^{15}	15,00000		
			0,07682	Limma minus
Fs	$2^8 \cdot 3^3 \cdot 5$	15,07682		
			0,01791	Comma
*Fs**	$2^4 \cdot 3^7$	15,09473		
			0,05890	Hemitonium minus
*G**	$2 \cdot 3^6 \cdot 5^2$	15,15363		
			0,01630	Diaschisma
G	$2^{12} \cdot 3^2$	15,16993		
			0,05889	Hemitonium minus
Gs	$2^9 \cdot 3 \cdot 5^2$	15,22882		
			0,01792	Comma
*Gs**	$2^5 \cdot 3^5 \cdot 5$	15,24674		
			0,07519	Hemitonium minus cum diaschismate
A	$2^{13} \cdot 5$	15,32193		
			0,01792	Comma
*A**	$2^9 \cdot 3^4$	15,33985		
			0,05889	Hemitonium minus
B	$2^6 \cdot 3^3 \cdot 5^2$	15,39874		
			0,01792	Comma
*B**	$2^2 \cdot 3^7 \cdot 5$	15,41666		
			0,07519	Hemitonium minus cum diaschismate
H	$2^{10} \cdot 3^2 \cdot 5$	15,49185		
			0,01793	Comma
*H**	$2^6 \cdot 3^6$	15,50978		
			0,05889	Hemitonium minus
*c**	$2^3 \cdot 3^5 \cdot 5^2$	15,56867		
			0,01629	Diaschisma
c	$2^{14} \cdot 3$	15,58496		
			0,05890	Hemitonium minus
cs	$2^{11} \cdot 5^2$	15,64386		
			0,01792	Comma
*cs**	$2^7 \cdot 3^4 \cdot 5$	15,66178		
			0,07681	Limma minus
*d**	$3^7 \cdot 5^2$	15,73859		
			0,01630	Diaschisma
d	$2^{11} \cdot 3^3$	15,75489		
			0,05889	Hemitonium minus
ds	$2^8 \cdot 3^2 \cdot 5^2$	15,81378		
			0,01792	Comma
*ds**	$2^4 \cdot 3^6 \cdot 5$	15,83170		
			0,07519	Hemitonium minus cum diaschismate
e	$2^{12} \cdot 3 \cdot 5$	15,90689		
			0,01792	Comma
*e**	$2^8 \cdot 3^5$	15,92481		
			0,05890	Hemitonium minus
*f**	$2^5 \cdot 3^4 \cdot 5^2$	15,98371		
			0,01629	Diaschisma
f	2^{16}	16,00000		

In hoc ergo genere ad duodecim sonos generis diatonico-chromatici duodecim novi soni accedunt, quorum autem ab illis differentiae sunt vel commata vel diaschismata; quae cum auditu vix distingui queant, hi novi soni tuto omitti eorumque loco consueti usurpari poterunt. Genus itaque diatonico-chromaticum aeque late patet, ac censendum est genus, cuius exponens est $2^m \cdot 3^7 \cdot 5^2$.

10. Satis igitur concinne genus diatonico-chromaticum, cuius exponens dumtaxat est $2^m \cdot 3^3 \cdot 5^2$, adhiberi potest ad opera musica, quorum exponentes multo magis sunt compositi atque in $2^m \cdot 3^7 \cdot 5$ contenti, exprimenda. Quamvis enim octava pro huiusmodi operibus duplo maiore sonorum numero, prout exponens requirit, instrueretur, tamen ob tantillam differentiam in harmonia vix ulla variatio percipi posset, sive completum sive incompletum genus usurparetur. Simili autem modo ultra septenarium progredi licet, ita ut genus musicum hodie usu receptum inserviat pro generali exponente $2^m \cdot 3^n \cdot 5^2$, quantumvis magnus etiam numerus n accipiatur.

11. Hoc autem ita se habere genusque diatonico-chromaticum latissime patere quotidianae Musicorum compositiones satis superque testantur. Vix enim ullum hodiernum opus musicum reperitur, cuius exponens non magis esset compositus quam exponens ipsius generis $2^m \cdot 3^3 \cdot 5^2$. Interim tamen ipsi quoque musici fateri coguntur, quod summo rigore rem considerando soni recepti non sufficiant, sed ob minimam aberrationem hi soni potius adhibeantur, quam ut novis introducendis sonis musica tractatu difficilior efficeretur.

12. Minus autem feliciter res succedit, si augendo exponentem ipsius 5 genus nostrum diatonico-chromaticum magis amplificare voluerimus. Aucta enim potestate ipsius 5 eiusmodi soni insuper ad sonos consuetos accedunt, qui plus quam commate scilicet diesi plerumque a consuetis discrepant, qui error, cum diesis sit circiter medietas hemitonii, animadverti potest. Interim tamen, quo hoc melius perspiciatur, adiecimus octavam generis, cuius exponens est $2^m \cdot 3^3 \cdot 5^5$.

Signa	Soni	Logarithmi Sonorum	Intervalla	Nomina Intervallorum
F	2^{16}	16,00000		
			0,04260	Hemitonium minus demto diaschismate
*Fs**	$2^2 \cdot 3^3 \cdot 5^4$	16,04260		
			0,03422	Diesis
Fs	$2^9 \cdot 3^3 \cdot 5$	16,07682		
			0,05889	Hemitonium minus
*G**	$2^6 \cdot 3^2 \cdot 5^3$	16,13571		
			0,03421	Diesis
G	$2^{13} \cdot 3^2$	16,16992		
			0,02468	Hemitonium minus demta diesi
*Gs**	$2^3 \cdot 3 \cdot 5^5$	16,19460		
			0,03422	Diesis
Gs	$2^{10} \cdot 3 \cdot 5^2$	16,22882		
			0,05889	Hemitonium minus
*A**	$2^7 \cdot 5^4$	16,28771		
			0,03422	Diesis
A	$2^{14} \cdot 5$	16,32193		
			0,04260	Hemitonium minus demto diaschismate
*B**	$3^3 \cdot 5^5$	16,36453		
			0,03421	Diesis
B	$2^7 \cdot 3^3 \cdot 5^2$	16,39874		
			0,05889	Hemitonium minus
*H**	$2^4 \cdot 3^2 \cdot 5^4$	16,45763		
			0,03422	Diesis
H	$2^{11} \cdot 3^2 \cdot 5$	16,49185		
			0,05890	Hemitonium minus
*c**	$2^8 \cdot 3 \cdot 5^3$	16,55075		
			0,03421	Diesis
c	$2^{15} \cdot 3$	16,58496		
			0,02468	Hemitonium minus demta diesi
*cs**	$2^5 \cdot 5^5$	16,60964		
			0,03422	Diesis
cs	$2^{12} \cdot 5^2$	16,64386		
			0,07681	Limma minus
*d**	$2^5 \cdot 3^3 \cdot 5^3$	16,72067		
			0,03421	Diesis
d	$2^{12} \cdot 3^3$	16,75488		
			0,02468	Hemitonium minus demta diesi
*ds**	$2^2 \cdot 3^2 \cdot 5^5$	16,77956		
			0,03422	Diesis
ds	$2^9 \cdot 3^2 \cdot 5^2$	16,81378		
			0,05889	Hemitonium minus
*e**	$2^6 \cdot 3 \cdot 5^4$	16,87267		
			0,03422	Diesis
e	$2^{13} \cdot 3 \cdot 5$	16,90689		
			0,05889	Hemitonium minus
*f**	$2^{10} \cdot 5^3$	16,96578		
			0,03422	Diesis
f	2^{17}	17,00000		

13. In hoc igitur genere soni de novo accedentes ad consuetos alternative sunt interserti et eorum quisque a principali suo distat diesi; quae differentia cum non sit insensibilis, omissionem sonorum peregrinorum vix tolerare potest. Praeterea quidam horum sonorum propiores sunt sonis principalibus praecedentibus quam sequentibus, a quibus signa sumus mutuati; sonus scilicet *Gs** propior est sono *G* quam sono *Gs*, ita ut eius loco sonum *G* usurpare potius conveniret; quod vero itidem magnam haberet difficultatem, cum sonus *G* loco soni *G** adhiberi debeat, diversi autem soni *G** et *Gs** non eodem sono exprimi queant. Potius ergo ad talem musicam conveniret octavam in 24 intervalla dividere, quod genus quoque eam habiturum esset praerogativam, ut omnia intervalla inter se fere essent aequalia.

14. Duplicato autem hac ratione numero sonorum hoc novum musicae genus latissime pateret; non solum enim ad genera posset accommodari sub exponente $2^m \cdot 3^3 \cdot 5^5$ contenta, sed etiam sub exponente $2^m \cdot 3^3 \cdot 5^p$ denotante p numerum quinario maiorem. Quin etiam sufficeret ad genus universale hoc $2^m \cdot 3^n \cdot 5^p$, id quod satis constat, nisi n et p sint numeri valde magni; perquam autem magnos numeros loco n et p substituere ipsa harmonia non permittit.

15. Generi igitur diatonico-chromatico, cuius exponens est $2^m \cdot 3^3 \cdot 5^2$, illaesa harmonia amplior extensio concedi non potest, quam ad opera musica sub exponente $2^m \cdot 3^7 \cdot 5^2$ contenta. Quamvis enim eodem iure ternarius maiorem quam septimam potestatem habere posset, tamen ipsae harmoniae leges vetant talia opera componere, quorum exponens magis esset compositus. Quamobrem usum huius generis recepti latius extendere non conveniet, quam ad opera musica in exponente $2^m \cdot 3^7 \cdot 5^2$ contenta; neque etiam Musici hodierni istum terminum transgredi solent.

16. Quo autem genus musicum receptum, cuius exponens est $2^m \cdot 3^3 \cdot 5^2$, exponenti magis composito $2^m \cdot 3^7 \cdot 5^2$ satisfaciat, cuilibet sono seu clavi instrumentorum duplex sonus affingitur, uti ex schemate huius generis § 9 annexo intelligitur; claves enim verbi gratia *H* signatae tam sonos sub exponente $2^m \cdot 3^2 \cdot 5$ quam sub exponente $2^m \cdot 3^6$ contentos exhibebunt. Quamobrem sequentem tabulam adiecimus, ex qua statim intelligitur, qua clave quilibet sonus in exponente $2^m \cdot 3^7 \cdot 5^2$ contentus debeat exprimi, posito pro primario ipsius *F* sono 2^n denotante n numerum fixum pro arbitrio assumtum.

Claves	Soni primarii	Soni secundarii	Claves	Soni primarii	Soni secundarii
C	$2^{n-2} \cdot 3$	$2^{n-13} \cdot 3^5 \cdot 5^2$	$\bar{c}$	$2^n \cdot 3$	$2^{n-11} \cdot 3^5 \cdot 5^2$
Cs	$2^{n-5} \cdot 5^2$	$2^{n-9} \cdot 3^4 \cdot 5$	$\bar{c}s$	$2^{n-3} \cdot 5^2$	$2^{n-7} \cdot 3^4 \cdot 5$
D	$2^{n-5} \cdot 3^3$	$2^{n-16} \cdot 3^7 \cdot 5^2$	$\bar{d}$	$2^{n-3} \cdot 3^3$	$2^{n-14} \cdot 3^7 \cdot 5^2$
Ds	$2^{n-8} \cdot 3^2 \cdot 5^2$	$2^{n-12} \cdot 3^6 \cdot 5$	$\bar{d}s$	$2^{n-6} \cdot 3^2 \cdot 5^2$	$2^{n-10} \cdot 3^6 \cdot 5$
E	$2^{n-4} \cdot 3 \cdot 5$	$2^{n-8} \cdot 3^5$	$\bar{e}$	$2^{n-2} \cdot 3 \cdot 5$	$2^{n-6} \cdot 3^5$
F	2^n	$2^{n-11} \cdot 3^4 \cdot 5^2$	$\bar{f}$	2^{n+2}	$2^{n-9} \cdot 3^4 \cdot 5^2$
Fs	$2^{n-7} \cdot 3^3 \cdot 5$	$2^{n-11} \cdot 3^7$	$\bar{f}s$	$2^{n-5} \cdot 3^3 \cdot 5$	$2^{n-9} \cdot 3^7$
G	$2^{n-3} \cdot 3^2$	$2^{n-14} \cdot 3^6 \cdot 5^2$	$\bar{g}$	$2^{n-1} \cdot 3^2$	$2^{n-12} \cdot 3^6 \cdot 5^2$
Gs	$2^{n-6} \cdot 3 \cdot 5^2$	$2^{n-10} \cdot 3^5 \cdot 5$	$\bar{g}s$	$2^{n-4} \cdot 3 \cdot 5^2$	$2^{n-8} \cdot 3^5 \cdot 5$
A	$2^{n-2} \cdot 5$	$2^{n-6} \cdot 3^4$	$\bar{a}$	$2^n \cdot 5$	$2^{n-4} \cdot 3^4$
B	$2^{n-9} \cdot 3^3 \cdot 5^2$	$2^{n-13} \cdot 3^7 \cdot 5$	$\bar{b}$	$2^{n-7} \cdot 3^3 \cdot 5^2$	$2^{n-11} \cdot 3^7 \cdot 5$
H	$2^{n-5} \cdot 3^2 \cdot 5$	$2^{n-9} \cdot 3^6$	$\bar{h}$	$2^{n-3} \cdot 3^2 \cdot 5$	$2^{n-7} \cdot 3^6$
c	$2^{n-1} \cdot 3$	$2^{n-12} \cdot 3^5 \cdot 5^2$	$\bar{\bar{c}}$	$2^{n+1} \cdot 3$	$2^{n-10} \cdot 3^5 \cdot 5^2$
cs	$2^{n-4} \cdot 5^2$	$2^{n-8} \cdot 3^4 \cdot 5$	$\bar{\bar{c}}s$	$2^{n-2} \cdot 5^2$	$2^{n-6} \cdot 3^4 \cdot 5$
d	$2^{n-4} \cdot 3^3$	$2^{n-15} \cdot 3^7 \cdot 5^2$	$\bar{\bar{d}}$	$2^{n-2} \cdot 3^3$	$2^{n-13} \cdot 3^7 \cdot 5^2$
ds	$2^{n-7} \cdot 3^2 \cdot 5^2$	$2^{n-11} \cdot 3^6 \cdot 5$	$\bar{\bar{d}}s$	$2^{n-5} \cdot 3^2 \cdot 5^2$	$2^{n-9} \cdot 3^6 \cdot 5$
e	$2^{n-3} \cdot 3 \cdot 5$	$2^{n-7} \cdot 3^5$	$\bar{\bar{e}}$	$2^{n-1} \cdot 3 \cdot 5$	$2^{n-5} \cdot 3^5$
f	2^{n+1}	$2^{n-10} \cdot 3^4 \cdot 5^2$	$\bar{\bar{f}}$	2^{n+3}	$2^{n-8} \cdot 3^4 \cdot 5^2$
fs	$2^{n-6} \cdot 3^3 \cdot 5$	$2^{n-10} \cdot 3^7$	$\bar{\bar{f}}s$	$2^{n-4} \cdot 3^3 \cdot 5$	$2^{n-8} \cdot 3^7$
g	$2^{n-2} \cdot 3^2$	$2^{n-13} \cdot 3^6 \cdot 5^2$	$\bar{\bar{g}}$	$2^n \cdot 3^2$	$2^{n-11} \cdot 3^6 \cdot 5^2$
gs	$2^{n-5} \cdot 3 \cdot 5^2$	$2^{n-9} \cdot 3^5 \cdot 5$	$\bar{\bar{g}}s$	$2^{n-3} \cdot 3 \cdot 5^2$	$2^{n-7} \cdot 3^5 \cdot 5$
a	$2^{n-1} \cdot 5$	$2^{n-5} \cdot 3^4$	$\bar{\bar{a}}$	$2^{n+1} \cdot 5$	$2^{n-3} \cdot 3^4$
b	$2^{n-8} \cdot 3^3 \cdot 5^2$	$2^{n-12} \cdot 3^7 \cdot 5$	$\bar{\bar{b}}$	$2^{n-6} \cdot 3^3 \cdot 5^2$	$2^{n-10} \cdot 3^7 \cdot 5$
h	$2^{n-4} \cdot 3^2 \cdot 5$	$2^{n-8} \cdot 3^6$	$\bar{\bar{h}}$	$2^{n-2} \cdot 3^2 \cdot 5$	$2^{n-6} \cdot 3^6$
$\bar{c}$	$2^n \cdot 3$	$2^{n-11} \cdot 3^5 \cdot 5^2$	$\bar{\bar{\bar{c}}}$	$2^{n+2} \cdot 3$	$2^{n-9} \cdot 3^5 \cdot 5^2$

17. In hac ergo tabula exhibentur soni tam primarii quam secundarii, ad quos edendos quaelibet clavis est apta. Primarii quidem sunt ipsi soni ex exponente generis $2^m \cdot 3^3 \cdot 5^2$ derivati, ad quos proinde claves quam exactissime debent esse adaptatae. Soni vero secundarii summo rigore ab iisdem clavibus edi nequeunt; quia vero tam parum a primariis discrepant, ad eos

exprimendos hae claves sine sensibili harmoniae iactura tuto adhiberi possunt. Nam etiamsi ab acutioribus auribus comma seu diaschisma, quibus intervallis soni secundarii a primariis differunt, distingui queat, tamen, quia soni secundarii cum primariis neque in eadem consonantia neque in duarum consonantiarum successione misceri possunt, error etiam ab acutissimo auditu percipi non poterit. Si enim verbi gratia clavis F in prima consonantia ad sonum 2^n exprimendum fuerit usurpata, eadem in centesima post primam consonantia tuto sonum $2^{n-11} \cdot 3^4 \cdot 5^2$ repraesentare poterit.

18. Ex hac ergo tabula statim quoque intelligitur, si proposita fuerit in numeris series vel sonorum vel consonantiarum, quibusnam clavibus pulsandis ea series exprimi debeat. Ad hoc autem efficiendum numerum n ita accipi oportet, ut omnes numeri propositi in tabula reperiantur, si quidem maximus minimum non plus quam sedecies comprehendat. Quare numerus n vel ex maximo numerorum propositorum debebit definiri vel ex minimo hocque facto pro reliquis sonis facile debitae claves habebuntur, si quidem, quod ponimus, numerorum propositorum minimus communis dividuus in $2^m \cdot 3^7 \cdot 5^2$ contineatur.

19. Omnia ergo opera musica, ad quae genus nostrum diatonico-chromaticum est accommodatum, in hoc exponente $2^m \cdot 3^7 \cdot 5^2$ sunt comprehensa, ita ut alia opera diversi exponentis instrumentis secundum hoc genus attemperatis edi nequeant. Quamobrem omnium musicorum operum exponentes ex solis his tribus numeris 2, 3, 5 eorumque potestatibus debent esse compositi neque insuper potestas quinarii secundam nec potestas ternarii septimam superare poterit; adeo ut LEIBNITII effatum omnino locum habeat, cum diceret in musica etiamnum ultra quinarium numerari non solere.[1])

20. Atque sane difficile esset in musicam praeter hos tres numeros alium, puta 7, introducere, cum consonantiae, in quarum exponentes septinarius ingrederetur, nimis dure sonarent harmoniamque turbarent. Consonantiae enim, in quarum exponentibus solus septinarius cum binario inesset, vix essent admittendae ob intervalla suaviora a 3 et 5 orta neglecta. Iuncto autem 7 cum 3 et 5, ut prodiret consonantiae exponens $2^m \cdot 3 \cdot 5 \cdot 7$, consonan-

1) LEIBNITII *Opera omnia*, collecta studio LUDOVICI DUTENS, Genevae 1769, t. III, p. 437; epistola II ad CHRISTIANUM GOLDBACHIUM. E. B.

tia nimis feret composita, ut auditui placere non posset. Interim tamen sonos in octava constitutos pro genere, cuius exponens est $2^m \cdot 3^3 \cdot 5^2 \cdot 7$, ob oculos ponemus.

Generis exponens $2^m \cdot 3^3 \cdot 5^2 \cdot 7$.

Signa Sonorum	Soni	Logarithmi Sonorum	Intervalla	
F	2^{12}	12,00000		
			0,03617	512 : 525
*Fs**	$2^3 \cdot 3 \cdot 5^2 \cdot 7$	12,03617		
			0,04064	35 : 36
Fs	$2^5 \cdot 3^3 \cdot 5$	12,07681		
			0,05247	27 : 28
*G**	$2^7 \cdot 5 \cdot 7$	12,12928		
			0,04064	35 : 36
G	$2^9 \cdot 3^2$	12,16992		
			0,03618	512 : 525
*Gs**	$3^3 \cdot 5^2 \cdot 7$	12,20610		
			0,02272	63 : 64
Gs	$2^6 \cdot 3 \cdot 5^2$	12,22882		
			0,07039	20 : 21
*A**	$2^4 \cdot 3^2 \cdot 5 \cdot 7$	12,29921		
			0,02272	63 : 64
A	$2^{10} \cdot 5$	12,32193		
			0,07039	20 : 21
*B**	$2^8 \cdot 3 \cdot 7$	12,39232		
			0,00642	224 : 225
B	$2^3 \cdot 3^3 \cdot 5^2$	12,39874		
			0,05247	27 : 28
*H**	$2^5 \cdot 5^2 \cdot 7$	12,45121		
			0,04064	35 : 36
H	$2^7 \cdot 3^2 \cdot 5$	12,49185		
			0,07039	20 : 21
*c**	$2^5 \cdot 3^3 \cdot 7$	12,56224		
			0,02272	63 : 64
c	$2^{11} \cdot 3$	12,58496		
			0,03618	512 : 525
*cs**	$2^2 \cdot 3^2 \cdot 5^2 \cdot 7$	12,62114		
			0,02272	63 : 64
cs	$2^8 \cdot 5^2$	12,64386		
			0,07039	20 : 21
*d**	$2^6 \cdot 3 \cdot 5 \cdot 7$	12,71425		
			0,04064	35 : 36
d	$2^8 \cdot 3^3$	12,75489		
			0,05247	27 : 28
*ds**	$2^{10} \cdot 7$	12,80736		
			0,00642	224 : 225
ds	$2^5 \cdot 3^2 \cdot 5^2$	12,81378		
			0,07039	20 : 21
*e**	$2^3 \cdot 3^3 \cdot 5 \cdot 7$	12,88417		
			0,02272	63 : 64
e	$2^9 \cdot 3 \cdot 5$	12,90689		
			0,07039	20 : 21
*f**	$2^7 \cdot 3^2 \cdot 7$	12,97728		
			0,02272	63 : 64
f	2^{13}	13,00000		

CAPUT XI

DE CONSONANTIIS IN GENERE DIATONICO-CHROMATICO

1. Quinam soni insint in genere diatonico-chromatico, in capite praecedente § 16 clare est ostensum, in quo loco non solum soni sunt definiti, quos claves instrumentorum per se significant, sed etiam secundarii soni, quos eaedem claves satis commode repraesentare possunt. Nunc igitur ad consonantias progrediemur et exponemus, ad quas consonantias exprimendas genus diatonico-chromaticum sit aptum, praetereaque, quibus clavibus quamque consonantiam repraesentari conveniat.

2. Cum binarios sonos octava vel elevet vel deprimat, soni vero octava vel octavis differentes, etsi non pro iisdem, tamen pro similibus habeantur, eandem ob rationem consonantias, quarum exponentes nonnisi potestate binarii differunt, pro similibus haberi conveniet. Huiusmodi igitur consonantiarum similium congeries nomine speciei consonantiarum appellabitur. Ita verbi gratia $2^m \cdot 3 \cdot 5$ exponit speciem quandam consonantiarum ac substituendis loco m numeris definitis prodibunt singulae consonantiae hanc speciem constituentes.

3. Species igitur consonantiarum huiusmodi formis $2^m \cdot A$ posthac exprimemus, in quibus m numerum indefinitum, A vero definitum imparem significat. Ipsae autem consonantiae sub hac specie comprehensae determinabuntur his exponentibus A, $2A$, 2^2A, 2^3A, 2^4A etc. Soni enim has consonantias constituentes in singulis iisdem exprimentur litteris et differentia tantum in octavis consistet, quibus soni harum consonantiarum a se invicem discrepabunt; quae differentia naturam consonantiae non multum immutabit.

4. Interim tamen hae consonantiae sub una specie contentae non penitus pro iisdem sunt habendae; differunt enim utique ratione suavitatis, qua quaeque auditu percipitur. Ita si consonantia exponentis A ad gradum suavitatis n pertineat, tum consonantia $2A$ ad gradum $n+1$, consonantia 2^2A ad gradum $n+2$, consonantia 2^3A ad gradum $n+3$ etc. referetur. Quamobrem consonantiarum eiusdem speciei simplicissima et perceptu facillima erit, quae exponentem habet A, eam ordine suavitatis sequetur consonantia $2A$, hanc vero 2^2A et ita porro.

5. Quo maior ergo in exponente speciei consonantiarum $2^m A$ loco m numerus substituitur, eo magis consonantia fit composita audituique perceptu difficilior. Cum igitur nostra facultas percipiendi non ultra datum gradum extendatur, terminus in gradibus suavitatis est figendus, ultra quem consonantias magis compositas reddere non liceat. Talis autem terminus nisi per experientiam constitui non potest; constat vero a Musicis consonantias magis compositas usurpari rarissime solere, quam quae ad gradum XII pertineant, et si talibus utantur, ideo non probandum esse videtur. Sit igitur nobis iste terminus constitutus, quem consonantiae superantes sint illicitae atque ex harmonia exterminandae.

6. Quo igitur consonantias, quae in genere nostro diatonico-chromatico locum inveniunt, enumeremus et exponamus, pro iis eiusmodi exponentes sunt accipiendi, qui in exponente generis $2^m \cdot 3^3 \cdot 5^2$ contineantur. Etiamsi enim hoc genus quoque exponenti $2^m \cdot 3^7 \cdot 5^2$ satisfaciat, tamen ob allatam causam consonantiae adhiberi nequeunt, quae in $2^m \cdot 3^3 \cdot 5^2$ non contineantur. Habebimus ergo sequentes duodecim consonantiarum species:

I. 2^m	V. $2^m \cdot 3 \cdot 5$	IX. $2^m \cdot 3 \cdot 5^2$
II. $2^m \cdot 3$	VI. $2^m \cdot 5^2$	X. $2^m \cdot 3^3 \cdot 5$
III. $2^m \cdot 5$	VII. $2^m \cdot 3^3$	XI. $2^m \cdot 3^2 \cdot 5^2$
IV. $2^m \cdot 3^2$	VIII. $2^m \cdot 3^2 \cdot 5$	XII. $2^m \cdot 3^3 \cdot 5^2$.

7. Hae quidem species consonantiarum, si ad exponentes insuper indices adiungantur, pluribus formis occurrere possunt. Quivis enim speciei exponens $2^m \cdot A$ indice quocunque B poterit determinari, ut species hoc modo exprimatur $2^m A(B)$, dummodo $2^m AB$ fuerit divisor ipsius $2^m \cdot 3^7 \cdot 5^2$, si quidem generi diatonico-chromatico haec latior extensio concedatur. Cum autem basis

cuiusque consonantiae sit sonus unitate denotatus, erit consonantiae $2^m \cdot A(B)$ basis B; ita ut, quomodocunque varietur index B, consonantiae per $2^m \cdot A(B)$ expressae tantummodo ratione basium discrepent.

8. Cum autem hic nobis tantum propositum sit consonantias in se spectatas tractare, eae vero indicibus non immutentur, indices hic negligemus seu potius pro indice unitatem sumemus. Consonantia enim hoc modo descripta facile ad quemvis indicem poterit transformari, substituendo loco soni unitate designati sonum indice expressum et loco reliquorum alios a basi iisdem intervallis distantes. Cum igitur 1 sonum det littera F signandum seu aliquot integris octavis a sono F distantem, basis in hoc capite perpetuo erit sonus vel F vel aliquot octavis gravior quam F.

9. In omnibus igitur consonantiis, quas hic repraesentabimus, sonus seu clavis F nobis vel unitate vel binario vel potestate binarii indicabitur, prout circumstantiae postulabunt. Consonantias enim omnes intra trium octavarum intervallum exhibere visum est, ita ut sonos vel graviores quam F vel acutiores quam $\bar{f}$ simus neglecturi. Cum igitur secundum hoc institutum raro consonantias completas exhibere queamus, modo primam modo secundam modo quartam etc. clavem F denotabit, quo omnes formas, quibus quaeque consonantia intra praescriptum trium octavarum intervallum comparere potest, obtineamus.

10. Ad sonos hos exprimendos utemur binis pentagrammatis[1]) ordinariis, quorum alterum discanti, alterum bassi clave est instructum, in hisque consonantias more consueto ita repraesentabimus, ut omnes notae inter haec pentagrammata contineantur. Haecque etiam est ratio, cur sonos neque graviores quam F neque acutiores quam $\bar{f}$ simus adhibituri. Neque vero etiam amplius spatium assumi potest propter alios sonos in posterum loco F substituendos, ne plures consonantiae successivae maius quam quatuor octavarum intervallum requirerent.

11. Hac igitur ratione cuiusque speciei consonantias secundum ordinem suavitatis notis musicis more consueto descripsimus. Supra quidem exponentem consonantiarum descriptarum, inter pentagrammata vero gradum suavi-

1) Vide p. 341—343. E. B.

tatis atque infra numeros adiunximus, quibus in quaque consonantia sonus F indicatur. Praeterea consonantias in priore parte huius tabulae ad gradum XII tantum produximus tanquam saepius in usum receptas; infra tamen consonantias ad XV. gradum usque continuavimus, quae revera pro dissonantiis sunt habendae. Plerasque quidem species non eousque continuare licuit ob intervallum nimis angustum, in quo consonantiae magis compositae repraesentari possent. Sic primae speciei consonantia 2^3 intra intervallum trium octavarum exhiberi non potest multoque minus sequentes consonantiae, quamobrem eae quoque sunt omissae.

12. Incipit ergo haec tabula ab unisono seu sono simplici, qui utique est consonantiarum simplicissima. Hunc sequitur consonantia octava dicta, cuius duo soni eam constituentes intervallo octavae a se invicem distant haecque est post unisonum simplicissima consonantia, quae facillime percipitur et ad quam edendam duae chordae solo auditu facile temperari possunt. Tertia consonantia est trisona eiusque soni octavis a se invicem distant ideoque gratam harmoniam conficiunt. Atque hae sunt consonantiae speciei primae, quarum plures intra intervallum trium octavarum non cadunt.

13. Secunda species complectitur eas consonantias, in quibus praeter octavam intervalla quinta et quarta occurrunt. Quod quidem ad quintam attinet, patet eam simplicissimam reddi, si octava augeatur, ita ut octava cum quinta non solum gratius se auribus offerat quam simplex quinta, sed etiam ad temperanda instrumenta feliciori cum successu adhibeatur. Fixo scilicet sono F ex eo multo facilius erit sonum $\bar{c}$ formare quam c. Quamobrem qui instrumenta musica solo auditu temperare voluerit, non simplices quintas, sed octavas cum quintis efformet, unde non parvi momenti percipiet subsidium. Reliquae huius speciei consonantiae frequenter occurrunt audituique admodum sunt acceptae.

14. Tertiae speciei simplicissima consonantia est duplex octava cum tertia maiore, quod intervallum auditui multo suavius est quam vel simplex tertia maior vel octava cum tertia maiore. Hanc ob rem ad bene temperanda instrumenta musica magis expediet duplices octavas cum tertiis maioribus formare quam simplices tertias maiores; seu si soni nimis videantur remoti, octavae cum tertiis maioribus saltem ad hoc adhiberi poterunt. His igitur

auxiliis in temperandis instrumentis musicis secundum regulas supra traditas maxime uti conveniet, quibus operatio praescripta eo facilior et exactior reddetur.

15. Hae igitur sunt tres simplicissimae species, in quarum prima unicus tantum sonus, in reliquis duo solum occurrunt, si quidem soni una vel pluribus octavis a se invicem discrepantes pro iisdem habeantur; atque hanc ob rem nisi in diphoniis ob tantam simplicitatem raro adhiberi solent. Sequentes vero species maiorem sonorum copiam complectuntur, ut in polyphoniis etiam commode locum habere queant. Huiusmodi est species quarta, in cuius consonantiis tres soni *F*, *C* et *G* reperiuntur; saepius autem Musici hac specie utuntur, quando ad bassum vel quintam cum secunda vel septimam cum quarta adiungunt; quae quidem consonantiae a Musicis dissonantiae appellari solent, non tam eo, quod minus sint suaves, quam quod speciem sequentem cum tribus prioribus solam consonantias appellare consueverint.

16. Sequitur ergo species quinta, quae tam omnes consonantias magis compositas, quam plures dissonantias musicis suppeditat. Tales consonantiae sunt potissimum duae, quae statim ab initio huius speciei conspiciuntur, quarum prima ex sonis *F*, *A*, *C*, altera vero ex sonis *A*, *C*, *E* constat. Haeque duae consonantiae, quocunque ordine soni collocentur, *triades harmonicae* vocari solent. *Triades* autem *principales* appellantur, si soni ita fuerint dispositi, ut ad infimum reliquorum alter tertia sive maiore sive minore distet, alter vero quinta. Ex iisdem igitur triadibus principalibus minus principales oriuntur, si soni alio ordine disponantur.

17. Trias porro harmonica *dura* vocatur, in qua tertia maior cum quinta est coniuncta, *mollis* vero, in qua tertia minor cum quinta coniungitur; dura igitur est trias *F*, *A*, *C*, mollis vero *A*, *C*, *E*. Harum ergo triadum, quomodo utraque suavissime sonis sit exprimenda, ex tabula clare perspicitur, ex qua simul patet, quantum suavitati decedat, si soni alio ordine disponantur. De aptissimo autem quamque consonantiam seu *accortum*, prout a Musicis vocari solet, exprimendi modo infra plura tradentur.

18. Praeter has duas triades haec eadem species quinta continet plures dissonantias a Musicis ita vocatas, quas ex utraque parte tabulae videre licet. Solent enim musici in componendis operibus tantum triadibus tam dura quam

molli pro consonantiis uti iisque maximam operum partem implere; reliquas vero consonantias omnes, quas illis tantum intermiscent, tanquam secundarias tractant nomineque dissonantiarum appellant, quamvis saepius tantundem vel etiam plus suavitatis habeant quam triades, prout quidem hae efferri solent.

19. Speciei sextae consonantiae sunt admodum durae, cum simplicissima, quae intra intervallum trium octavarum exprimi potest, ad gradum undecimum ascendat; rarissime igitur a musicis adhibetur raroque ea uti convenit. Septimae speciei ut et octavae consonantiae sunt magis tolerabiles et magna cum gratia consonantiis simplicioribus intermisceri possunt. Nona vero et decima species ob nimiam ruditatem nonnisi cum summa circumspectione usurpari possunt. Residuarum duarum specierum ne consonantia quidem exhiberi potest, quae gradum duodecimum non transcenderet; earum igitur specierum consonantiae seu potius dissonantiae in altera tabulae parte sunt quaerendae.

20. Hinc utiles regulae deduci possunt pro basso continuo, quam fieri potest, suavissime efferendo, in quo posito consonantiae edendae sono gravissimo numeris adscriptis indicari solet, cuiusmodi soni acutiores cum eo simul sint edendi. Hi autem soni per numeros ab intervallorum nominibus receptis petitos indicantur, ita ut 6 denotet sextam, 7 septimam etc. esse cum basso coniungendam. Non autem hi numeri simplicia tantum intervalla denotant, sed una pluribusve octavis aucta, prout occasio postulat; atque sollertiae musici relinquitur, utrum intervallis simplicibus an compositis uti expediat.

21. Ut igitur huiusmodi regulas tradamus, incipiemus a simplicibus intervallis, quibus ad bassum unicus sonus adiungi debet. Ac primo quidem, si octava fuerit signata, suavius erit simplicem octavam adiungere quam vel duplicem vel triplicem. Si quinta tam perfecta quam imperfecta (imperfectae enim quintae in hoc negotio pro perfectis haberi solent) adiungi iubeatur, non simplicem sed octavam cum quinta adhibere conveniet. Quarta contra simplex suavior erit auditui quam una pluribusve octavis aucta et hanc ob rem, si forte circumstantiae prohibeant simplici uti, tam parum, quam fieri potest, a basso remota adhiberi debet.

22. Si tertia maior fuerit praecepta, eius loco non simplicem, sed duabus octavis auctam adhibere decet; tertia vero minor e contrario auditui est gratior, si simplex capiatur vel saltem a basso quam minime remota. Sextae porro tam

maiores quam minores sunt suaviores, quo minus a basso distantes capiuntur. Simili modo septima minor basso proxima seu simplex remotioribus est praeferenda; septima vero maior, quo maiore a basso intervallo distat, eo erit gratior. Secunda maior tono maiore constans a basso maxime, ea vero, quae tono minore continetur, a basso minime distare debet. Pari modo secunda minor, quo basso propior capitur, eo erit suavior. Tritonus denique, quo longius a basso accipitur, eo minus suavitatem turbabit.

23. Hae ergo regulae sunt observandae, si unicus sonus ad bassum adiungi debet, quod quidem rarissime usu venit; interim tamen hae regulae usum suum aeque retinent, si plures soni cum basso debent coniungi; de quolibet enim eadem valent, quae, si solus adesset, observanda forent. Quomodo autem soni, si plures numeri basso fuerint inscripti, suavissime exprimi debeant, ex tabula hic adiecta videre licebit, quae ex priore est formata reiectis tantum aliquot sonis gravissimis, ut quivis sonus bassi locum obtineat.

24. Ad haec autem distincte exprimenda opus erat tribus pentagrammatis[1]), in quorum infimo solae bassi notae cum numeris suprascriptis, uti in basso continuo seu generali fieri solet, repraesentantur; duo reliqua pentagrammata vero continent integram consonantiam, qua numeri basso adscripti commodissime et suavissime exprimuntur. Scala hic quidem usi sumus vacua, sed facile erit per transpositionem huius tabulae usum ad quamvis aliam scalam sonosque alios accommodare. Distinguimus ut ante gradus suavitatis atque etiam species, ad quam quaeque consonantia pertinet, notavimus. Duabus denique haec tabula quoque constat partibus, in quarum priore consonantiae usque ad speciem decimam, in posteriore vero duarum reliquarum specierum consonantiae sunt enumeratae.

1) Vide p. 343—346. E. B.

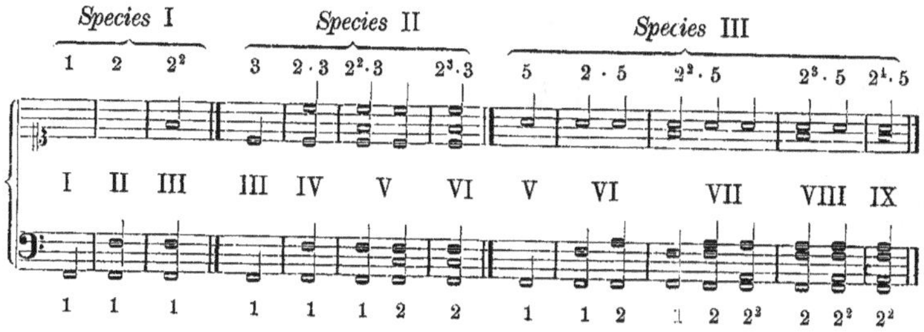
Species I
1 2 2^2
Species II
3 $2 \cdot 3$ $2^2 \cdot 3$ $2^3 \cdot 3$
Species III
5 $2 \cdot 5$ $2^2 \cdot 5$ $2^3 \cdot 5$ $2^4 \cdot 5$
I II III III IV V VI V VI VII VIII IX
1 1 1 1 1 1 2 2 1 1 2 1 2 2^2 2 2^2 2^2

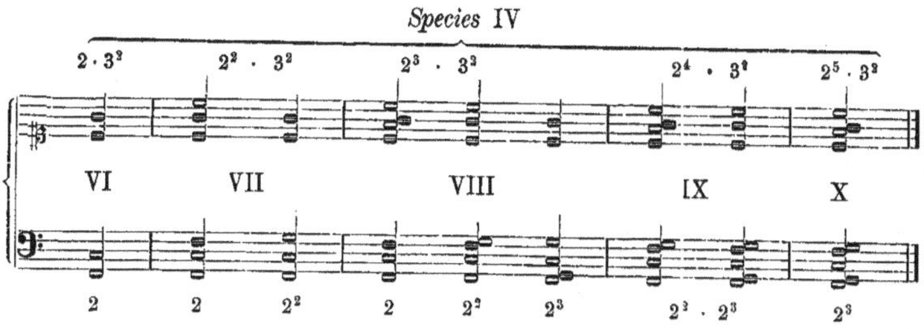
Species IV
$2 \cdot 3^2$ $2^2 \cdot 3^2$ $2^3 \cdot 3^2$ $2^4 \cdot 3^2$ $2^5 \cdot 3^2$
VI VII VIII IX X
2 2 2^2 2 2^2 2^3 $2^2 \cdot 2^3$ 2^3

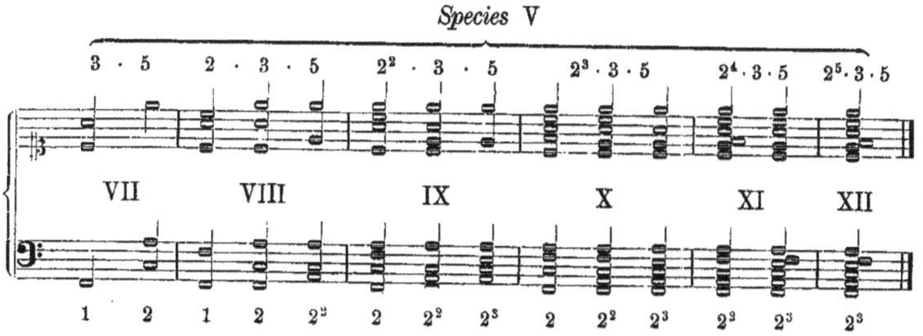
Species V
$3 \cdot 5$ $2 \cdot 3 \cdot 5$ $2^2 \cdot 3 \cdot 5$ $2^3 \cdot 3 \cdot 5$ $2^4 \cdot 3 \cdot 5$ $2^5 \cdot 3 \cdot 5$
VII VIII IX X XI XII
1 2 1 2 2^2 2 2^2 2^3 2 2^2 2^3 2^2 2^3 2^3

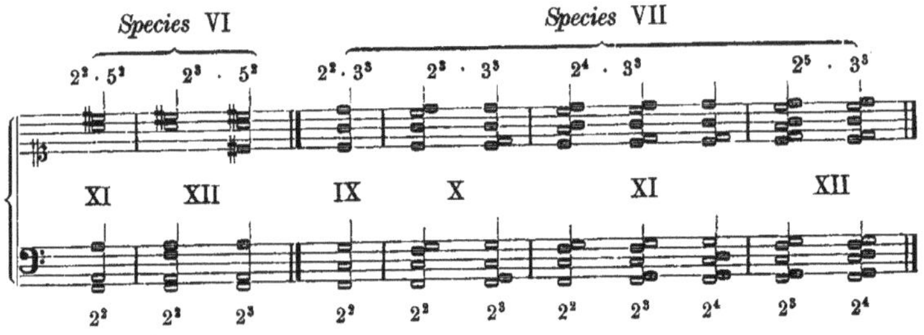
Species VI
Species VII
$2^2 \cdot 5^2$ $2^3 \cdot 5^2$
$2^2 \cdot 3^3$ $2^3 \cdot 3^3$ $2^4 \cdot 3^3$ $2^5 \cdot 3^3$
XI XII IX X XI XII
2^2 2^2 2^3 2^2 2^2 2^3 2^2 2^3 2^4 2^3 2^4

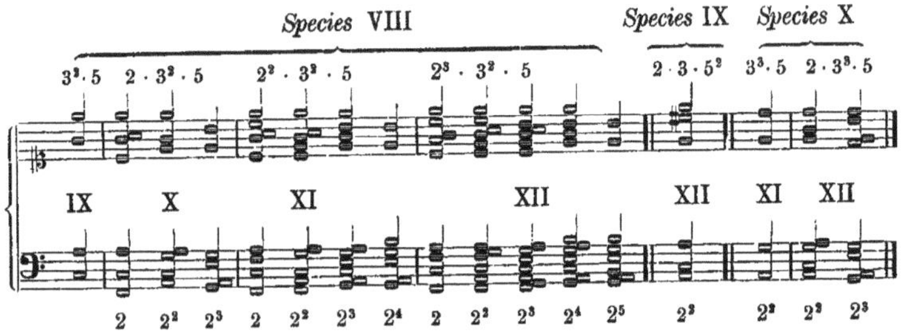
Species VIII
Species IX
Species X
$3^3 \cdot 5$ $2 \cdot 3^2 \cdot 5$ $2^2 \cdot 3^2 \cdot 5$ $2^3 \cdot 3^2 \cdot 5$
$2 \cdot 3 \cdot 5^2$
$3^3 \cdot 5$ $2 \cdot 3^3 \cdot 5$
IX X XI XII XII XI XII
2 2^2 2^3 2 2^2 2^3 2^4 2 2^2 2^3 2^4 2^5 2^2 2^2 2^2 2^3

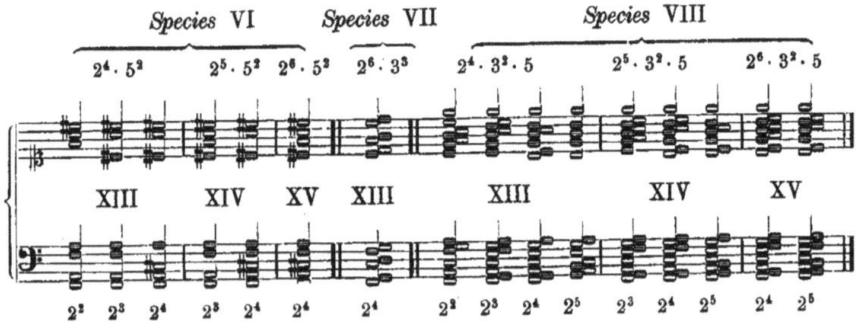
Species VI
Species VII
Species VIII
$2^4 \cdot 5^2$ $2^5 \cdot 5^2$ $2^6 \cdot 5^2$
$2^6 \cdot 3^3$
$2^4 \cdot 3^2 \cdot 5$ $2^5 \cdot 3^2 \cdot 5$ $2^6 \cdot 3^2 \cdot 5$
XIII XIV XV XIII XIII XIV XV
2^2 2^3 2^4 2^3 2^4 2^4 2^4 2^2 2^3 2^4 2^5 2^3 2^4 2^5 2^4 2^5

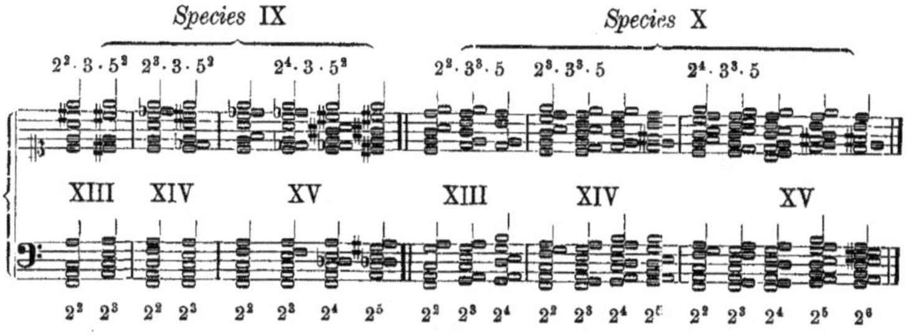
Species IX
Species X
$2^2 \cdot 3 \cdot 5^2$ $2^3 \cdot 3 \cdot 5^2$ $2^4 \cdot 3 \cdot 5^2$
$2^2 \cdot 3^3 \cdot 5$ $2^3 \cdot 3^3 \cdot 5$ $2^4 \cdot 3^3 \cdot 5$
XIII XIV XV XIII XIV XV
2^2 2^3 2^2 2^3 2^2 2^3 2^4 2^5 2^2 2^3 2^4 2^2 2^3 2^4 2^5 2^2 2^3 2^4 2^5 2^6

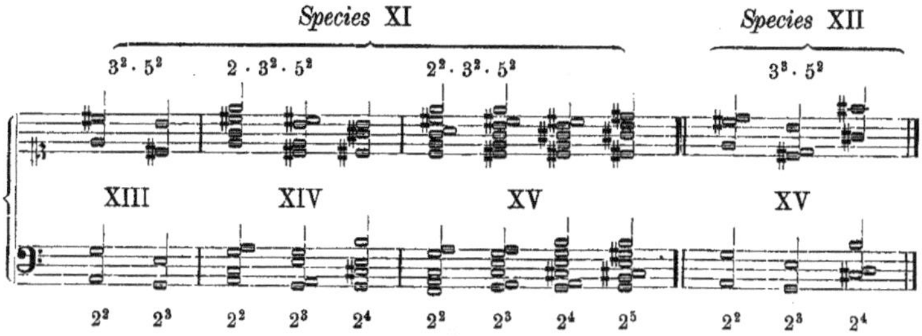
Species XI
Species XII
$3^2 \cdot 5^2$ $2 \cdot 3^2 \cdot 5^2$ $2^2 \cdot 3^2 \cdot 5^2$
$3^3 \cdot 5^2$
XIII XIV XV XV
2^2 2^3 2^2 2^3 2^4 2^2 2^3 2^4 2^5 2^2 2^3 2^4

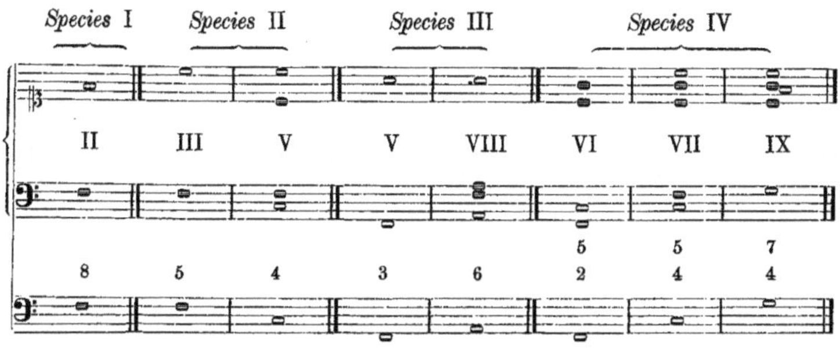
Species I
Species II
Species III
Species IV
II III V V VIII VI VII IX
5 5 7
8 5 4 3 6 2 4 4

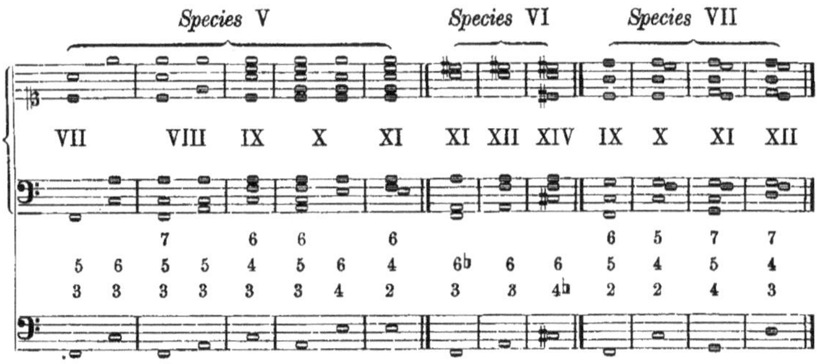
Species V
Species VI
Species VII
VII VIII IX X XI
XI XII XIV
IX X XI XII

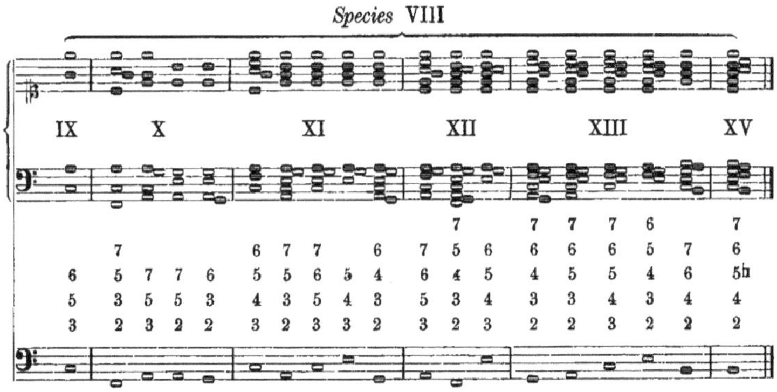
Species VIII
IX X XI XII XIII XV

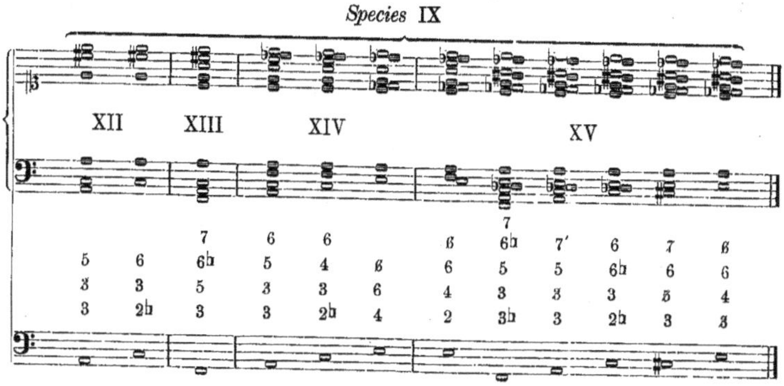
Species IX
XII XIII XIV XV
7
7 6 6 6 6♮ 7′ 6 7 6
5 6 6♮ 5 4 6 6 5 5 6♮ 6 6
3 3 5 3 3 6 4 3 3 3 5 4
3 2♮ 3 3 2♮ 4 2 3♮ 3 2♮ 3 3

Species X
XI XII XIII XIV
7
7 6 7 7 6 7 6 7 7 7
7 6 6 7 6 5 5 6 7 5 6 5 6 6 6
7 5 5 5 5 6 5 4 4 5 5 4 5 4 5 5 5
5 4 3 3 4 5 3 3 3 3 4 3 4 3 4 3 4
4 3 2 2 2 2 2 2 2 2 3 2 3 2 3 2 2

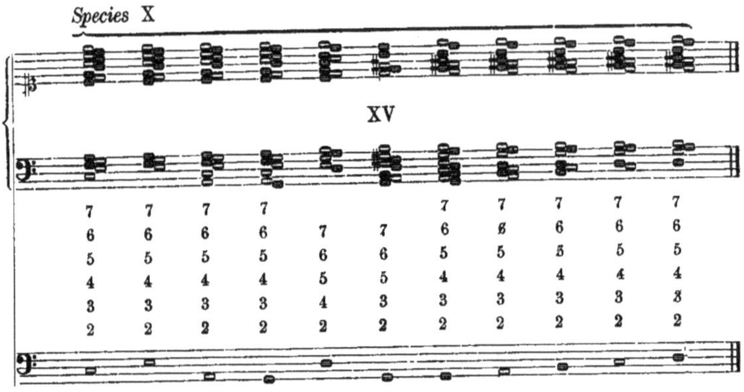
Species X
XV

Species XI
Species XII
XIII
XIV
XV
XV

CAPUT XII

DE MODIS ET SYSTEMATIBUS IN GENERE DIATONICO-CHROMATICO

1. Post consonantias generis diatonico-chromatici tractari conveniret de consonantiarum successione. Sed cum successio consonantiarum ad modum musicum sit accomodanda, consultius visum est ante modos enumerare atque exponere, quam regulas tradamus, secundum quas in quoque modo consonantias coniungere oporteat. Fixis enim terminis, intra quos in coniungendis consonantiis subsistere debemus, facilius erit normam compositionis explicare et concentum musicum formare.

2. Cum modus musicus nil aliud sit nisi exponens seriei consonantiarum atque exponens modi singularum consonantiarum exponentes in se complectatur, perspicuum est modi exponentem non nimis simplicem esse posse; alias enim non sufficiens varietas in consonantiis locum habere posset. Hanc ob rem hos exponentes 2^n, $2^n \cdot 3$, $2^n \cdot 3^2$, $2^n \cdot 3 \cdot 5$, $2^n \cdot 5^2$ tanquam inutiles ad modos designandos reiiciemus ac tractationem a magis compositis ordiemur.

3. Quia autem exponens modi in genere diatonico-chromatico, cuius exponens est $2^n \cdot 3^3 \cdot 5^2$, debet esse contentus, sex sequentes habebimus modos, quorum exponentes erunt

I. $2^n \cdot 3^3$,	IV. $2^n \cdot 3^3 \cdot 5$,
II. $2^n \cdot 3^2 \cdot 5$,	V. $2^n \cdot 3^2 \cdot 5^2$,
III. $2^n \cdot 3 \cdot 5^2$,	VI. $2^n \cdot 3^3 \cdot 5^2$.

Quamvis enim genus diatonico-chromaticum latius pateat quam ad exponentem $2^n \cdot 3^3 \cdot 5^2$, tamen modus non potest esse magis compositus, cum ne fiat imperceptibilis, tum vero ne in eodem modo eadem clavis ad duos diversos sonos exprimendos sit adhibenda; quod esset intolerabile.

4. Quando autem in integro opere musico modi subinde mutantur atque ex aliis modis in alios fiunt transitiones, tum sine harmoniae laesione exponens integri operis, in quo omnium modorum exponentes continentur, magis esse potest compositus quam $2^n \cdot 3^3 \cdot 5^2$ atque adeo ad $2^n \cdot 3^7 \cdot 5^2$ exsurgere poterit. Quamobrem pro componendis integris operibus musicis hanc legem stabilire oportebit, ut quisque modus in exponente $2^n \cdot 3^3 \cdot 5^2$ contineatur, totius vero operis exponens non fiat magis compositus quam $2^n \cdot 3^7 \cdot 5^2$.

5. Sex recensitorum modorum tres priores nimis sunt simplices et propterea in musica hodierna minus locum habere possunt, cum tantam varietatem, quali hoc tempore musica delectatur, non admittant. Interim tamen ad concentus planos et melodias faciliores etiamnum adhiberi possent, praeter primum, in quo ne quidem tertiae et sextae locum habent. Secundus autem modus satis idoneus est ad modulationes simplices et hilares, quae consonantiis facilioribus constant, exprimendas et reipsa saepius a Musicis usurpatur. Tertius modus etiamsi rarissime occurrat, tamen pariter in huiusmodi planis modulationibus non incongrue adhiberi posset.

6. In tribus autem posterioribus modis universa musica hodierna comprehenditur. Modi enim, quibus Musici uti solent, omnes tanquam species in his tribus modis continentur. Namque qui modus a musicis durus vocari solet, is ad nostrum modum quartum pertinet, mollis vero ad nostrum quintum refertur. Potissimum autem hodierni musici in suis operibus modo uti solent composito ex duro et molli, qui ad sextum modum referri debet, isque in hodiernis operibus maxime conspicitur.

7. Modi hi, quemadmodum eos sine indicibus expressimus, omnes pro basi habent sonum *F*, qui unitate seu potestate binarii indicatur. Quilibet autem modus transponi potest, ut basis ad alium sonum transferatur, quo quidem modus in sua natura non mutatur. Has igitur modorum transpositiones, quae in musica frequentissime occurrere solent, variationes modorum

vocabimus, quas indicibus cum exponentibus coniunctis indicabimus, ita ut index basin sit designaturus, ad quam ipse modus refertur. Sic si index fuerit 3, basis modi erit sonus C; et existente indice 5, basis erit A, prout ex praecedentibus intelligitur.

8. Variatio porro vocabitur *pura*, si exponens modi cum indice coniunctus in genuino generis diatonico-chromatici exponente fuerit contentus, qui est $2^n \cdot 3^3 \cdot 5^2$. Sin autem exponens modi cum indice fuerit magis compositus quam $2^n \cdot 3^3 \cdot 5^2$ et tamen in $2^n \cdot 3^7 \cdot 5^2$ contineatur, tum ea variatio *impura* nobis appellabitur, quia soni generis musici non exacte, sed tantum proxime congruunt. Quae autem variatio ne in hoc quidem exponente $2^n \cdot 3^7 \cdot 5^2$ continetur, ea iure pro illicita et harmoniae contraria haberi poterit.

9. Primus igitur modus, cuius exponens est $2^n \cdot 3^3$, tres habebit variationes puras nempe $2^n \cdot 3^3(1)$, $2^n \cdot 3^3(5)$, $2^n \cdot 3^3(5^2)$, quarum bases erunt F, A, Cs, impuras autem variationes 12 admittet, quae cum suis basibus erunt sequentes:

$2^n \cdot 3^3(3)$,	$2^n \cdot 3^3(3^2)$,	$2^n \cdot 3^3(3^3)$,	$2^n \cdot 3^3(3^4)$,
C	G	D	*A*
$2^n \cdot 3^3(3 \cdot 5)$,	$2^n \cdot 3^3(3^2 \cdot 5)$,	$2^n \cdot 3^3(3^3 \cdot 5)$,	$2^n \cdot 3^3(3^4 \cdot 5)$,
E	H	Fs	*Cs*
$2^n \cdot 3^3(3 \cdot 5^2)$,	$2^n \cdot 3^3(3^2 \cdot 5^2)$,	$2^n \cdot 3^3(3^3 \cdot 5^2)$,	$2^n \cdot 3^3(3^4 \cdot 5^4)$
Gs	Ds	B	*F*

ubi soni secundarii *A*, *Cs*, *F* cursivo charactere sunt expressi.

10. In tabula ergo sequente singulorum modorum omnes variationes tam puras quam impuras expressimus atque pro quaque variatione clavem adscripsimus, qua basis indicatur. Quia autem tales variationes omnes quoque consonantiae admittunt atque de iis etiam nosse expedit, quaenam variationes sint purae et quae impurae, in hac tabula non solum variationes modorum, sed etiam consonantiarum omnium ob oculos ponere visum est.

Modus I.

$2^n \cdot 3$

Variationes purae

$2^n \cdot 3\,(1)$	F
$2^n \cdot 3\,(3)$	C
$2^n \cdot 3\,(5)$	A
$2^n \cdot 3\,(3^2)$	G
$2^n \cdot 3\,(3 \cdot 5)$	E
$2^n \cdot 3\,(5^2)$	Cs
$2^n \cdot 3\,(3^2 \cdot 5)$	H
$2^n \cdot 3\,(3 \cdot 5^2)$	Gs
$2^n \cdot 3\,(3^2 \cdot 5^2)$	Ds

Variationes impurae

$2^n \cdot 3\,(3^3)$	D
$2^n \cdot 3\,(3^4)$	*A*
$2^n \cdot 3\,(3^3 \cdot 5)$	Fs
$2^n \cdot 3\,(3^5)$	*E*
$2^n \cdot 3\,(3^4 \cdot 5)$	*Cs*
$2^n \cdot 3\,(3^3 \cdot 5^2)$	B
$2^n \cdot 3\,(3^6)$	*H*
$2^n \cdot 3\,(3^5 \cdot 5)$	*Gs*
$2^n \cdot 3\,(3^4 \cdot 5^2)$	*F*
$2^n \cdot 3\,(3^6 \cdot 5)$	*Ds*
$2^n \cdot 3\,(3^5 \cdot 5^2)$	*C*
$2^n \cdot 3\,(3^6 \cdot 5^2)$	*G*

Modus II.

$2^n \cdot 5$

Variationes purae

$2^n \cdot 5\,(1)$	F
$2^n \cdot 5\,(3)$	C
$2^n \cdot 5\,(5)$	A
$2^n \cdot 5\,(3^2)$	G
$2^n \cdot 5\,(3 \cdot 5)$	E
$2^n \cdot 5\,(3^3)$	D
$2^n \cdot 5\,(3^2 \cdot 5)$	H
$2^n \cdot 5\,(3^3 \cdot 5)$	Fs

Variationes impurae

$2^n \cdot 5\,(3^4)$	*A*
$2^n \cdot 5\,(3^5)$	*E*
$2^n \cdot 5\,(3^4 \cdot 5)$	*Cs*
$2^n \cdot 5\,(3^6)$	*H*
$2^n \cdot 5\,(3^5 \cdot 5)$	*Gs*
$2^n \cdot 5\,(3^7)$	*Fs*
$2^n \cdot 5\,(3^6 \cdot 5)$	*Ds*
$2^n \cdot 5\,(3^7 \cdot 5)$	*B*

Modus III.

$2^n \cdot 3^2$

Variationes purae

$2^n \cdot 3^2\,(1)$	F
$2^n \cdot 3^2\,(3)$	C
$2^n \cdot 3^2\,(5)$	A
$2^n \cdot 3^2\,(3 \cdot 5)$	E
$2^n \cdot 3^2\,(5^2)$	Cs
$2^n \cdot 3^2\,(3 \cdot 5^2)$	Gs

Variationes impurae

$2^n \cdot 3^2\,(3^2)$	G
$2^n \cdot 3^2\,(3^3)$	D
$2^n \cdot 3^2\,(3^2 \cdot 5)$	H
$2^n \cdot 3^2\,(3^4)$	*A*
$2^n \cdot 3^2\,(3^3 \cdot 5)$	Fs
$2^n \cdot 3^2\,(3^2 \cdot 5^2)$	Ds
$2^n \cdot 3^2\,(3^5)$	*E*
$2^n \cdot 3^2\,(3^4 \cdot 5)$	*Cs*
$2^n \cdot 3^2\,(3^3 \cdot 5^2)$	B
$2^n \cdot 3^2\,(3^5 \cdot 5)$	*Gs*
$2^n \cdot 3^2\,(3^4 \cdot 5^2)$	*F*
$2^n \cdot 3^2\,(3^5 \cdot 5^2)$	*C*

Modus IV.

$2^n \cdot 3 \cdot 5$

Variationes purae

$2^n \cdot 3 \cdot 5\,(1)$	F
$2^n \cdot 3 \cdot 5\,(3)$	C
$2^n \cdot 3 \cdot 5\,(5)$	A
$2^n \cdot 3 \cdot 5\,(3^2)$	G
$2^n \cdot 3 \cdot 5\,(3 \cdot 5)$	E
$2^n \cdot 3 \cdot 5\,(3^2 \cdot 5)$	H

Variationes impurae

$2^n \cdot 3 \cdot 5\,(3^3)$	D
$2^n \cdot 3 \cdot 5\,(3^3 \cdot 5)$	Fs
$2^n \cdot 3 \cdot 5\,(3^4)$	*A*
$2^n \cdot 3 \cdot 5\,(3^4 \cdot 5)$	*Cs*
$2^n \cdot 3 \cdot 5\,(3^5)$	*E*
$2^n \cdot 3 \cdot 5\,(3^5 \cdot 5)$	*Gs*
$2^n \cdot 3 \cdot 5\,(3^6)$	*H*
$2^n \cdot 3 \cdot 5\,(3^6 \cdot 5)$	*Ds*

Modus V.

$2^n \cdot 5^2$

Variationes purae		*Variationes impurae*	
$2^n \cdot 5^2\,(1)$	F	$2^n \cdot 5^2\,(3^4)$	*A*
$2^n \cdot 5^2\,(3)$	C	$2^n \cdot 5^2\,(3^5)$	*E*
$2^n \cdot 5^2\,(3^2)$	G	$2^n \cdot 5^2\,(3^6)$	*H*
$2^n \cdot 5^2\,(3^3)$	D	$2^n \cdot 5^2\,(3^7)$	*Fs*

Modus I.	Modus II.	Modus III.	Modus IV.
$2^n \cdot 3^3$	$2^n \cdot 3^2 \cdot 5$	$2^n \cdot 3 \cdot 5^2$	$2^n \cdot 3^3 \cdot 5$
Variationes purae	*Variationes purae*	*Variationes purae*	*Variationes purae*
$2^n \cdot 3^3 (1)$ F	$2^n \cdot 3^2 \cdot 5 (1)$ F	$2^n \cdot 3 \cdot 5^2 (1)$ F	$2^n \cdot 3^3 \cdot 5 (1)$ F
$2^n \cdot 3^3 (5)$ A	$2^n \cdot 3^2 \cdot 5 (3)$ C	$2^n \cdot 3 \cdot 5^2 (3)$ C	$2^n \cdot 3^3 \cdot 5 (5)$ A
$2^n \cdot 3^3 (5^2)$ Cs	$2^n \cdot 3^2 \cdot 5 (5)$ A	$2^n \cdot 3 \cdot 5^2 (3^2)$ G	
	$2^n \cdot 3^2 \cdot 5 (3 \cdot 5)$ E		
Variationes impurae	*Variationes impurae*	*Variationes impurae*	*Variationes impurae*
$2^n \cdot 3^3 (3)$ C	$2^n \cdot 3^2 \cdot 5 (3^2)$ G	$2^n \cdot 3 \cdot 5^2 (3^3)$ D	$2^n \cdot 3^3 \cdot 5 (3)$ C
$2^n \cdot 3^3 (3 \cdot 5)$ E	$2^n \cdot 3^2 \cdot 5 (3^2 \cdot 5)$ H	$2^n \cdot 3 \cdot 5^2 (3^4)$ *A*	$2^n \cdot 3^3 \cdot 5 (3 \cdot 5)$ E
$2^n \cdot 3^3 (3 \cdot 5^2)$ Gs	$2^n \cdot 3^2 \cdot 5 (3^3)$ D	$2^n \cdot 3 \cdot 5^2 (3^5)$ *E*	$2^n \cdot 3^3 \cdot 5 (3^2)$ G
$2^n \cdot 3^3 (3^2)$ G	$2^n \cdot 3^2 \cdot 5 (3^3 \cdot 5)$ Fs	$2^n \cdot 3 \cdot 5^2 (3^6)$ *H*	$2^n \cdot 3^3 \cdot 5 (3^2 \cdot 5)$ H
$2^n \cdot 3^3 (3^2 \cdot 5)$ H	$2^n \cdot 3^2 \cdot 5 (3^4)$ *A*		$2^n \cdot 3^3 \cdot 5 (3^3)$ D
$2^n \cdot 3^3 (3^2 \cdot 5^2)$ Ds	$2^n \cdot 3^2 \cdot 5 (3^4 \cdot 5)$ *Cs*		$2^n \cdot 3^3 \cdot 5 (3^3 \cdot 5)$ Fs
$2^n \cdot 3^3 (3^3)$ D	$2^n \cdot 3^2 \cdot 5 (3^5)$ *E*		$2^n \cdot 3^3 \cdot 5 (3^4)$ *A*
$2^n \cdot 3^3 (3^3 \cdot 5)$ Fs	$2^n \cdot 3^2 \cdot 5 (3^5 \cdot 5)$ *Gs*		$2^n \cdot 3^3 \cdot 5 (3^4 \cdot 5)$ *Cs*
$2^n \cdot 3^3 (3^3 \cdot 5^2)$ B			
$2^n \cdot 3^3 (3^4)$ *A*			
$2^n \cdot 3^3 (3^4 \cdot 5)$ *Cs*			
$2^n \cdot 3^3 (3^4 \cdot 5^2)$ *F*			

Modus V.	Modus VI.
$2^n \cdot 3^2 \cdot 5^2$	$2^n \cdot 3^3 \cdot 5^2$
Variationes purae	*Variationes purae*
$2^n \cdot 3^2 \cdot 5^2 (1)$ F	$2^n \cdot 3^3 \cdot 5^2 (1)$ F
$2^n \cdot 3^2 \cdot 5^2 (3)$ C	
Variationes impurae	*Variationes impurae*
$2^n \cdot 3^2 \cdot 5^2 (3^2)$ G	$2^n \cdot 3^3 \cdot 5^2 (3)$ C
$2^n \cdot 3^2 \cdot 5^2 (3^3)$ D	$2^n \cdot 3^3 \cdot 5^2 (3^2)$ G
$2^n \cdot 3^2 \cdot 5^2 (3^4)$ *A*	$2^n \cdot 3^3 \cdot 5^2 (3^3)$ D
$2^n \cdot 3^2 \cdot 5^2 (3^5)$ *E*	$2^n \cdot 3^3 \cdot 5^2 (3^4)$ *A*

11. Ex hac igitur tabula intelligitur, quot variationes tam puras quam impuras quaelibet consonantia pariter ac quilibet modus in instrumento recte attemperato admittat. Ita apparet triadem harmonicam, quae exponente $2^n \cdot 3 \cdot 5$ continetur, sex habere variationes puras et octo impuras; quarum tamen impurarum tres cum puris congruunt, quia bases secundariae *A*, *E* et *H* iam in puris tanquam primariae extiterunt, ita ut quinque tantum impurae sint censendae, quarum bases sunt: D, F*s*, C*s*, *Ds* et *Gs*. Deinde etiam transpositiones modorum ex hac tabula determinantur tam purae quam impurae atque statim apparet quanto intervallo datam modulationem transponere liceat, quo vel pura maneat, vel impura evadat; et quibus casibus etiam fiat illicita Quae igitur de una modi cuiusdam variatione dicentur, ea ad omnes reliquas facile erit transferre.

12. Post variationes modorum diversae cuiuslibet modi species sunt considerandae, quae oriuntur, si loco indefinitae potestatis binarii in exponente modi potestates definitae substituantur. Ita modi $2^n \cdot 3^3 \cdot 5$ species sequentibus exponentibus exprimentur

$$3^3 \cdot 5, \quad 2 \cdot 3^3 \cdot 5, \quad 2^2 \cdot 3^3 \cdot 5, \quad 2^3 \cdot 3^3 \cdot 5, \quad 2^4 \cdot 3^3 \cdot 5 \quad \text{etc.}$$

substituendo scilicet loco n successive numeros integros affirmativos

$$0, \ 1, \ 2, \ 3, \ 4 \ \text{etc.}$$

Quaelibet autem modi species easdem habet variationes tam puras quam impuras, quas ipse modus, cum variationes non ex potestate binarii, quae in exponente modi inest, sed tantum ex numeris indicibus 3 et 5 determinentur, qui in speciebus non immutantur.

13. Eiusdem modi species inter se differunt ratione graduum suavitatis, ad quos pertinent. Eo enim simplicior cuiusque modi species habetur, quo minor numerus loco n substituitur. Ita cuiuslibet modi species simplicissima prodit, si ponatur $n = 0$; uno autem gradu magis fit composita ponendo $n = 1$; duobusque gradibus ascendet ponendo $n = 2$ et ita porro: quemadmodum ex iis quae supra de inveniendo gradu suavitatis, ad quem quilibet exponens determinatus est referendus, intelligere licet.

14. Specierum quidem cuiusque modi numerus in se spectatus esset infinitus ob innumeros valores determinatos, qui loco n substitui possent. Sed praeterquam, quod ea, quae in sensus occurrunt, numerum infinitum respuant, intervallum inter infimam gravitatem et supremum acumen sonorum fixum in quolibet modo specierum numerum determinat. Quilibet enim modus in se complectitur datum sonorum primitivorum numerum, qui augendo numerum n in variis octavis saepius repetuntur, ita ut si idem sonus iam in omnibus octavis occurrat, ulterior numeri n multiplicatio nullam amplius diversitatem inducere possit.

15. Quod quo clarius percipiatur, notandum est quemque modum suos habere sonos primitivos, qui numeris imparibus exprimuntur, ex quibus per 2 vel eiusdem potestates multiplicatis reliqui derivativi oriantur. Quo maior igitur fuerit potestas binarii, per quam fit multiplicatio, eo plures soni derivativi ex eodem primitivo nascentur; atque tandem fixus octavarum numerus his sonis ita replebitur, ut, etiamsi ultra augeretur potestas binarii, tamen plures soni locum invenire nequeant. Haec autem ex sequentibus tabulis distincte apparebunt.

16. Tertiam varietatem cuiusvis tam modi quam speciei affert accommodatio ad receptum in instrumentis musicis sonorum systema, quod vulgo quatuor octavas continere solet, in quibus gravissimus sonus hoc charactere C et acutissimus isto $\bar{\bar{c}}$ designatur. Intra hos ergo limites soni cuiusvis modi et speciei, qui quidem in instrumentis sunt exprimendi, contenti esse debent; ita ut soni tam graviores quam C quam acutiores quam $\bar{\bar{c}}$ tanquam inutiles sint reiiciendi. Congeries autem hae sonorum cuiusvis speciei intra dictos limites contentorum systema istius speciei nobis appellabitur.

17. Pluribus autem modis eadem species plerumque intra fixum illud sonorum intervallum includi potest, prout sonus F alia aliaque binarii potestate exprimitur. Nam si ponatur $F = 1$, omnes soni maioribus numeris quam 12 expressi reiici debebunt; atque si $F = 2$, ii tantum soni poterunt exprimi, qui inter numeros 2 et 24 continentur. Si porro $F = 4$, soni idonei intra limites 3 et 48 interiacebunt, et si $F = 8$, limites erunt 6 et 96; atque simili modo limites se habebunt pro aliis binarii potestatibus, quibus clavis F exprimitur.

18. Systema ergo cuiusque modorum speciei definitur data binarii potestate ad clavem F significandam assumta. Atque hoc pacto eadem species saepe numero plura habebit systemata, quae variis sonorum congeriebus constabunt. Huiusmodi systema sonorum, quos data species dato modo determinata continet, a Musicis *ambitus* vocari solet, qui ex genere diatonico-chromatico eas determinat claves, quas in data modulatione adhibere licet. Ambitum quidem unicum pro quoque modo Musici agnoscunt, sed ex sequentibus perspicietur, non solum quemlibet modum, sed etiam quamvis cuiusque modi speciem plura admittere systemata seu ambitus, quibus musica etiamnum mirifice poterit variari.

19. Quo igitur completa omnium cuiuslibet modi specierum et systematum acquiratur notitia, sequentem adieci tabulam, in qua singulos supra descriptos modos ita evolvi, ut pro singulis clavis F exponentibus singulas eiusdem modi species cum suis systematibus recenseam. In hac ergo tabula non solum cuiusvis modi omnes species, quae quidem in intervallo 4 octavarum locum habent, comparent, sed etiam omnia systemata, in quibus claves notis consuetis sunt designatae.

Modi	SYSTEMATA
$2^n \cdot 3^3$	•
species	Si F = 4
$2^2 \cdot 3^3$	$C:F:c:g:\bar{c}:\bar{g}:\bar{\bar{d}}:\bar{\bar{g}}$
$2^3 \cdot 3^3$	$C:F:c:f:g:\bar{c}:\bar{g}:\bar{\bar{c}}:\bar{\bar{d}}:\bar{\bar{g}}$
$2^4 \cdot 3^3$	$C:F:c:f:g:\bar{c}:\bar{f}:\bar{g}:\bar{\bar{c}}:\bar{\bar{d}}:\bar{\bar{g}}:\bar{\bar{\bar{c}}}$
$2^5 \cdot 3^3$	$C:F:c:f:g:\bar{c}:\bar{f};\bar{g}:\bar{\bar{c}}:\bar{\bar{d}}:\bar{\bar{f}}:\bar{\bar{g}}:\bar{\bar{\bar{c}}}$.
	Si F = 8
$2^3 \cdot 3^3$	$C:F:G:c:g:\bar{c}:\bar{d}:\bar{g}:\bar{\bar{d}}:\bar{\bar{g}}$
$2^4 \cdot 3^3$	$C:F:G:c:f:g:\bar{c}:\bar{d}:\bar{g}:\bar{\bar{c}}:\bar{\bar{d}}:\bar{\bar{g}}$
$2^5 \cdot 3^3$	$C:F:G:c:f:g:\bar{c}:\bar{d}:\bar{f}:\bar{g}:\bar{\bar{c}}:\bar{\bar{d}}:\bar{\bar{g}}:\bar{\bar{\bar{c}}}$
$2^6 \cdot 3^3$	$C:F:G:c:f:g:\bar{c}:\bar{d}:\bar{f}:\bar{g}:\bar{\bar{c}}:\bar{\bar{d}}:\bar{\bar{f}}:\bar{\bar{g}}:\bar{\bar{\bar{c}}}$.

	Si F = 16
$2^4 \cdot 3^3$	$\mathrm{C}:\mathrm{F}:\mathrm{G}:c:d:g:\bar{c}:\bar{d}:\bar{g}:\bar{\bar{d}}:\bar{\bar{g}}$
$2^5 \cdot 3^3$	$\mathrm{C}:\mathrm{F}:\mathrm{G}:c:d:f:g:\bar{c}:\bar{d}:\bar{g}:\bar{\bar{c}}:\bar{\bar{d}}:\bar{\bar{g}}$
$2^6 \cdot 3^3$	$\mathrm{C}:\mathrm{F}:\mathrm{G}:c:d:f:g:\bar{c}:\bar{d}:\bar{f}:\bar{g}:\bar{\bar{c}}:\bar{\bar{d}}:\bar{\bar{g}}:\bar{\bar{\bar{c}}}$
$2^7 \cdot 3^3$	$\mathrm{C}:\mathrm{F}:\mathrm{G}:c:d:f:g:\bar{c}:\bar{d}:\bar{f}:\bar{g}:\bar{\bar{c}}:\bar{\bar{d}}:\bar{\bar{f}}:\bar{\bar{g}}:\bar{\bar{\bar{c}}}$.

	Si F = 32
$2^5 \cdot 3^3$	$\mathrm{C}:\mathrm{D}:\mathrm{F}:\mathrm{G}:c:d:g:\bar{c}:\bar{d}:\bar{g}:\bar{\bar{d}}:\bar{\bar{g}}$
$2^6 \cdot 3^3$	$\mathrm{C}:\mathrm{D}:\mathrm{F}:\mathrm{G}:c:d:f:g:\bar{c}:\bar{d}:\bar{g}:\bar{\bar{c}}:\bar{\bar{d}}:\bar{\bar{g}}$
$2^7 \cdot 3^3$	$\mathrm{C}:\mathrm{D}:\mathrm{F}:\mathrm{G}:c:d:f:g:\bar{c}:\bar{d}:\bar{f}:\bar{g}:\bar{\bar{c}}:\bar{\bar{d}}:\bar{\bar{g}}:\bar{\bar{\bar{c}}}$
$2^8 \cdot 3^3$	$\mathrm{C}:\mathrm{D}:\mathrm{F}:\mathrm{G}:c:d:f:g:\bar{c}:\bar{d}:\bar{f}:\bar{g}:\bar{\bar{c}}:\bar{\bar{d}}:\bar{\bar{f}}:\bar{\bar{g}}:\bar{\bar{\bar{c}}}$.

SYSTEMATA

Modi $2^n \cdot 3^2 \cdot 5$ *species*	Si F = 1
$3^2 \cdot 5$	$\mathrm{F}:\bar{c}:\bar{a}:\bar{\bar{g}}$
$2 \cdot 3^2 \cdot 5$	$\mathrm{F}:f:\bar{c}:\bar{a}:\bar{\bar{c}}:\bar{\bar{g}}:\bar{\bar{a}}$
$2^2 \cdot 3^2 \cdot 5$	$\mathrm{F}:f:\bar{c}:\bar{f}:\bar{a}:\bar{\bar{c}}:\bar{\bar{g}}:\bar{\bar{a}}:\bar{\bar{\bar{c}}}$
$2^3 \cdot 3^2 \cdot 5$	$\mathrm{F}:f:\bar{c}:\bar{f}:\bar{a}:\bar{\bar{c}}:\bar{\bar{f}}:\bar{\bar{g}}:\bar{\bar{a}}:\bar{\bar{\bar{c}}}$.

	Si F = 2
$3^2 \cdot 5$	$c:a:\bar{g}:\bar{\bar{e}}$
$2 \cdot 3^2 \cdot 5$	$\mathrm{F}:c:a:\bar{c}:\bar{g}:\bar{a}:\bar{\bar{e}}:\bar{\bar{g}}$
$2^2 \cdot 3^2 \cdot 5$	$\mathrm{F}:c:f:a:\bar{c}:\bar{g}:\bar{a}:\bar{\bar{c}}:\bar{\bar{e}}:\bar{\bar{g}}:\bar{\bar{a}}$
$2^3 \cdot 3^2 \cdot 5$	$\mathrm{F}:c:f:a:\bar{c}:\bar{f}:\bar{g}:\bar{a}:\bar{\bar{c}}:\bar{\bar{e}}:\bar{\bar{g}}:\bar{\bar{a}}:\bar{\bar{\bar{c}}}$
$2^4 \cdot 3^2 \cdot 5$	$\mathrm{F}:c:f:a:\bar{c}:\bar{f}:\bar{g}:\bar{a}:\bar{\bar{c}}:\bar{\bar{e}}:\bar{\bar{f}}:\bar{\bar{g}}:\bar{\bar{a}}:\bar{\bar{\bar{c}}}$.

Si F = 4

$3^2\cdot 5$	$C:A:g:\bar{e}:\bar{\bar{h}}$
$2\cdot 3^2\cdot 5$	$C:A:c:g:a:\bar{e}:\bar{g}:\bar{\bar{e}}:\bar{\bar{h}}$
$2^2\cdot 3^2\cdot 5$	$C:F:A:c:g:a:\bar{c}:\bar{e}:\bar{g}:\bar{a}:\bar{\bar{e}}:\bar{\bar{g}}:\bar{\bar{h}}$
$2^3\cdot 3^2\cdot 5$	$C:F:A:c:f:g:a:\bar{c}:\bar{e}:\bar{g}:\bar{a}:\bar{\bar{c}}:\bar{\bar{e}}:\bar{\bar{g}}:\bar{\bar{a}}:\bar{\bar{h}}$
$2^4\cdot 3^2\cdot 5$	$C:F:A:c:f:g:a:\bar{c}:\bar{e}:\bar{f}:\bar{g}:\bar{a}:\bar{\bar{c}}:\bar{\bar{e}}:\bar{\bar{g}}:\bar{\bar{a}}:\bar{\bar{h}}:\bar{\bar{\bar{c}}}$
$2^5\cdot 3^2\cdot 5$	$C:F:A:\ :f:g:a:\bar{c}:\bar{e}:\bar{f}:\bar{g}:\bar{a}:\bar{c}:\ \bar{\bar{e}}:\bar{\bar{f}}:\bar{\bar{g}}:\bar{\bar{a}}:\bar{\bar{h}}:\bar{\bar{\bar{c}}}.$ c

Si F = 8

$2\cdot 3^2\cdot 5$	$C:G:A:e:g:\bar{e}:\bar{h}:\bar{\bar{h}}$
$2^2\cdot 3^2\cdot 5$	$C:G:A:c:e:g:a:\bar{e}:\bar{g}:\bar{h}:\bar{\bar{e}}:\bar{\bar{h}}$
$2^3\cdot 3^2\cdot 5$	$C:F:G:A:c:e:g:a:\bar{c}:\bar{e}:\bar{g}:\bar{a}:\bar{h}:\bar{\bar{e}}:\bar{\bar{g}}:\bar{\bar{h}}$
$2^4\cdot 3^2\cdot 5$	$C:F:G:A:c:e:f:g:a:\bar{c}:\bar{e}:\bar{g}:\bar{a}:\bar{h}:\bar{\bar{c}}:\bar{\bar{e}}:\bar{\bar{g}}:\bar{\bar{a}}:\bar{\bar{h}}$
$2^5\cdot 3^2\cdot 5$	$C:F:G:A:c:e:f:g:a:\bar{c}:\bar{e}:\bar{f}:\bar{g}:\bar{a}:\bar{h}:\bar{\bar{c}}:\bar{\bar{e}};\bar{\bar{g}}:\bar{\bar{a}}:\bar{\bar{h}}:\bar{\bar{\bar{c}}}$
$2^6\cdot 3^2\cdot 5$	$C:F:G:A:c:e:f:g:a:\bar{c}:\bar{e}:\bar{f}:\bar{g}:\bar{a}:\bar{h}:\bar{\bar{c}}:\bar{\bar{e}}:\bar{\bar{f}}:\bar{\bar{g}}:\bar{\bar{a}}:\bar{\bar{h}}:\bar{\bar{\bar{c}}}.$

Si F = 16

$2^2\cdot 3^2\cdot 5$	$C:E:G:A:e:g:h:\bar{e}:\bar{h}:\bar{\bar{h}}$
$2^3\cdot 3^2\cdot 5$	$C:E:G:A:c:e:g:a:h:\bar{e}:\bar{g}:\bar{h}:\bar{\bar{e}}:\bar{\bar{h}}$
$2^4\cdot 3^2\cdot 5$	$C:E:F:G:A:c:e:g:a:h:\bar{c}:\bar{e}:\bar{g}:\bar{a};\bar{h}:\bar{\bar{e}}:\bar{\bar{g}}:\bar{\bar{h}}$
$2^5\cdot 3^2\cdot 5$	$C:E:F:G:A:c:e:f:g:a:h:\bar{c}:\bar{e}:\bar{g}:\bar{a}:\bar{h}:\bar{\bar{c}}:\bar{\bar{e}}:\bar{\bar{g}}:\bar{\bar{a}}:\bar{\bar{h}}$
$2^6\cdot 3^2\cdot 5$	$C:E:F:G:A:c:e:f:g:a:h:\bar{c}:\bar{e}:\bar{f}:\bar{g}:\bar{a}:\bar{h}:\bar{\bar{c}}:\bar{\bar{c}}:\bar{\bar{g}}:\bar{\bar{a}}:\bar{\bar{h}}:\bar{\bar{\bar{c}}}$
$2^7\cdot 3^2\cdot 5$	$C:E:F:G:A:c:e:f:g:a:h:\bar{c}:\bar{e}:\bar{f}:\bar{g}:\bar{a}:\bar{h}:\bar{\bar{c}}:\bar{\bar{e}}:\bar{\bar{f}}:\bar{\bar{g}}:\bar{\bar{a}}:\bar{\bar{h}}:\bar{\bar{\bar{c}}}$

Si F = 32

$2^3\cdot 3^2\cdot 5$	$C:E:G:A:H:e:g:h:\bar{e}:\bar{h}:\bar{\bar{h}}$
$2^4\cdot 3^2\cdot 5$	$C:E:G:A:H:c:e:g:a:h:\bar{e}:\bar{g}:\bar{h}:\bar{\bar{e}}:\bar{\bar{h}}$
$2^5\cdot 3^2\cdot 5$	$C:E:F:G:A:H:c:e:g:a:h:\bar{c}:\bar{e}:\bar{g}:\bar{a}:\bar{h}:\bar{\bar{e}}:\bar{\bar{g}}:\bar{\bar{h}}$
$2^6\cdot 3^2\cdot 5$	$C:E:F:G:A:H:c:e:f:g:a:h:\bar{c}:\bar{e}:\bar{g}:\bar{a}:\bar{h}:\bar{\bar{c}}:\bar{\bar{e}}:\bar{\bar{g}}:\bar{\bar{a}}:\bar{\bar{h}}$
$2^7\cdot 3^2\cdot 5$	$C:E:F:G:A:H:c:c:f:g:a:h:\bar{c}:\bar{e}:\bar{f}:\bar{g}:\bar{a}:\bar{h}:\bar{\bar{c}}:\bar{\bar{e}}:\bar{\bar{g}}:\bar{\bar{a}}:\bar{\bar{h}}:\bar{\bar{\bar{c}}}$
$2^8\cdot 3^2\cdot 5$	$C:E:F:G:A:H:c:e:f:g:a:h:\bar{c}:\bar{e}:\bar{f}:\bar{g}:\bar{a}:\bar{h}:\bar{\bar{c}}:\bar{\bar{e}}:\bar{\bar{f}}:\bar{\bar{g}}:\bar{\bar{a}}:\bar{\bar{h}}:\bar{\bar{\bar{c}}}.$

Modi $2^n \cdot 3 \cdot 5^2$ *species*	SYSTEMATA
	Si F = 4
$3 \cdot 5^2$	C : A : ē : c̿s
$2 \cdot 3 \cdot 5^2$	C : A : c : a : ē : c̿s : e̿
$2^2 \cdot 3 \cdot 5^2$	C : F : A : c : a : c̄ : ē : ā : c̿s : e̿
$2^3 \cdot 3 \cdot 5^2$	C : F : A : c : f : a : c̄ : ē : ā : c̿ : c̿s : e̿ : a̿
$2^4 \cdot 3 \cdot 5^2$	C : F : A : c : f : a : c̄ : ē : f̄ : ā : c̿ : c̿s : e̿ : a̿ : c̿̄
$2^5 \cdot 3 \cdot 5^2$	C : F : A : c : f : a : c̄ : ē : f̄ : ā : c̿ : c̿s : e̿ : f̿ : a̿ : c̿̄.
	Si F = 8
$2 \cdot 3 \cdot 5^2$	C : A : e : c̄s : ē : c̿s : g̿s
$2^2 \cdot 3 \cdot 5^2$	C : A : c : e : a : c̄s : ē : c̿s : e̿ : g̿s
$2^3 \cdot 3 \cdot 5^2$	C : F : A : c : e : a : c̄ : c̄s : ē : ā : c̿s : e̿ : g̿s
$2^4 \cdot 3 \cdot 5^2$	C : F : A : c : e : f : a : c̄ : c̄s : ē : ā : c̿ : c̿s : e̿ : g̿s : a̿
$2^5 \cdot 3 \cdot 5^2$	C : F : A : c : e : f : a : c̄ : c̄s : ē : f̄ : ā : c̿ : c̿s : e̿ : g̿s : a̿ : c̿̄
$2^6 \cdot 3 \cdot 5^2$	C : F : A : c : e : f : a : c̄ : c̄s : ē : f̄ : ā : c̿ : c̿s : e̿ : f̿ : g̿s : a̿ : c̿̄.
	Si F = 16
$2^2 \cdot 3 \cdot 5^2$	C : E : A : cs : e : c̄s : ē : ḡs : c̿s : g̿s
$2^3 \cdot 3 \cdot 5^2$	C : E : A : c : cs : e : a : c̄s : ē : ḡs : c̿s : e̿ : g̿s
$2^4 \cdot 3 \cdot 5^2$	C : E : F : A : c : cs : e : a : c̄ : c̄s : ē : ḡs : ā : c̿s : e̿ : g̿s
$2^5 \cdot 3 \cdot 5^2$	C : E : F : A : c : cs : e : f : a : c̄ : c̄s : ē : ḡs : ā : c̿ : c̿s : e̿ : g̿s : a̿
$2^6 \cdot 3 \cdot 5^2$	C : E : F : A : c : cs : e : f : a : c̄ : c̄s : ē : f̄ : ḡs : ā : c̿ : c̿s : e̿ : g̿s : a̿ : c̿̄
$2^7 \cdot 3 \cdot 5^2$	C : E : F : A : c : cs : e : f : a : c̄ : c̄s : ē : f̄ : ḡs : ā : c̿ : c̿s : e̿ : f̿ : g̿s : a̿ : c̿̄.
	Si F = 32
$2^3 \cdot 3 \cdot 5^2$	C : Cs : E : A : cs : e : gs : c̄s : ē : ḡs : c̿s : g̿s
$2^4 \cdot 3 \cdot 5^2$	C : Cs : E : A : c : cs : e : gs : a : c̄s : ē : ḡs : c̿s : e̿ : g̿s
$2^5 \cdot 3 \cdot 5^2$	C : Cs : E : F : A : c : cs : e : gs : a : c̄ : c̄s : ē : ḡs : ā : c̿s : e̿ : g̿s
$2^6 \cdot 3 \cdot 5^2$	C : Cs : E : F : A : c : cs : e : f : gs : a : c̄ : c̄s : ē : ḡs : ā : c̿ : c̿s : e̿ : g̿s : a̿
$2^7 \cdot 3 \cdot 5^2$	C : Cs : E : F : A : c : cs : e : f : gs : a : c̄ : c̄s : ē : f̄ : ḡs : ā : c̿ : c̿s : e̿ : g̿s : a̿ : c̿̄
$2^8 \cdot 3 \cdot 5^2$	C : Cs : E : F : A : c : cs : e : f : gs : a : c̄ : c̄s : ē : f̄ : ḡs : ā : c̿ : c̿s : e̿ : f̿ : g̿s : a̿ : c̿̄.

Si F = 64

$2^4\cdot 3\cdot 5^2$	C : Cs : E : Gs : A : cs : e : gs : $\bar{c}$s : $\bar{e}$: $\bar{g}$s : $\bar{\bar{c}}$s : $\bar{\bar{g}}$s
$2^5\cdot 3\cdot 5^2$	C : Cs : E : Gs : A : c : cs : e : gs : a : $\bar{c}$s : $\bar{e}$: $\bar{g}$s : $\bar{\bar{c}}$s : $\bar{\bar{e}}$: $\bar{\bar{g}}$s
$2^6\cdot 3\cdot 5^2$	C : Cs : E : F : Gs : A : c : cs : e : gs : a : $\bar{c}$: $\bar{c}$s : $\bar{e}$: $\bar{g}$s : $\bar{a}$: $\bar{\bar{c}}$s : $\bar{\bar{e}}$: $\bar{\bar{g}}$s
$2^7\cdot 3\cdot 5^2$	C : Cs : E : F : Gs : A : c : cs : e : f : gs : a : $\bar{c}$: $\bar{c}$s : $\bar{e}$: $\bar{g}$s : $\bar{a}$: $\bar{\bar{c}}$: $\bar{\bar{c}}$s : $\bar{\bar{e}}$: $\bar{\bar{g}}$s : $\bar{\bar{a}}$
$2^8\cdot 3\cdot 5^2$	C : Cs : E : F : Gs : A : c : cs : e : f : gs : a : $\bar{c}$: $\bar{c}$s : $\bar{e}$: $\bar{f}$: $\bar{g}$s : $\bar{a}$: $\bar{\bar{c}}$: $\bar{\bar{c}}$s : $\bar{\bar{e}}$: $\bar{\bar{g}}$s : $\bar{\bar{a}}$: $\bar{\bar{\bar{c}}}$
$2^9\cdot 3\cdot 5^2$	C : Cs : E : F : Gs : A : c : cs : e : f : gs : a : $\bar{c}$: $\bar{c}$s : $\bar{e}$: $\bar{f}$: $\bar{g}$s : $\bar{a}$: $\bar{\bar{c}}$: $\bar{\bar{c}}$s : $\bar{\bar{e}}$: $\bar{\bar{f}}$: $\bar{\bar{g}}$s : $\bar{\bar{a}}$: $\bar{\bar{\bar{c}}}$.

SYSTEMATA

Si F = 4

Modi $2^n\cdot 3^3\cdot 5$ *species*	
$3^3\cdot 5$	C : A : g : $\bar{e}$: $\bar{\bar{d}}$: $\bar{\bar{h}}$
$2\cdot 3^3\cdot 5$	C : A : c : g : a : $\bar{e}$: $\bar{g}$: $\bar{\bar{d}}$: $\bar{\bar{e}}$: $\bar{\bar{h}}$
$2^2\cdot 3^3\cdot 5$	C : F : A : c : g : a : $\bar{c}$: $\bar{e}$: $\bar{g}$: $\bar{a}$: $\bar{\bar{d}}$: $\bar{\bar{e}}$: $\bar{\bar{g}}$: $\bar{\bar{h}}$
$2^3\cdot 3^3\cdot 5$	C : F : A : c : f : g : a : $\bar{c}$: $\bar{e}$: $\bar{g}$: $\bar{a}$: $\bar{\bar{c}}$: $\bar{\bar{d}}$: $\bar{\bar{e}}$: $\bar{\bar{g}}$: $\bar{\bar{a}}$: $\bar{\bar{h}}$
$2^4\cdot 3^3\cdot 5$	C : F : A : c : f : g : a : $\bar{c}$: $\bar{e}$: $\bar{f}$: $\bar{g}$: $\bar{a}$: $\bar{\bar{c}}$: $\bar{\bar{d}}$: $\bar{\bar{e}}$: $\bar{\bar{g}}$: $\bar{\bar{a}}$: $\bar{\bar{h}}$: $\bar{\bar{\bar{c}}}$
$2^5\cdot 3^3\cdot 5$	C : F : A : c : f : g : a : $\bar{c}$: $\bar{e}$: $\bar{f}$: $\bar{g}$: $\bar{a}$: $\bar{\bar{c}}$: $\bar{\bar{d}}$: $\bar{\bar{e}}$: $\bar{\bar{f}}$: $\bar{\bar{g}}$: $\bar{\bar{a}}$: $\bar{\bar{h}}$: $\bar{\bar{\bar{c}}}$.

Si F = 8

$2\cdot 3^3\cdot 5$	C : G : A : e : g : $\bar{d}$: $\bar{e}$: $\bar{h}$: $\bar{\bar{d}}$: $\bar{\bar{h}}$
$2^2\cdot 3^3\cdot 5$	C : G : A : c : e : g : a : $\bar{d}$: $\bar{e}$: $\bar{g}$: $\bar{h}$: $\bar{\bar{d}}$: $\bar{\bar{e}}$: $\bar{\bar{h}}$
$2^3\cdot 3^3\cdot 5$	C : F : G : A : c : e : g : a : $\bar{c}$: $\bar{d}$: $\bar{e}$: $\bar{g}$: $\bar{a}$: $\bar{h}$: $\bar{\bar{d}}$: $\bar{\bar{e}}$: $\bar{\bar{g}}$: $\bar{\bar{h}}$
$2^4\cdot 3^3\cdot 5$	C : F : G : A : c : e : f : g : a : $\bar{c}$: $\bar{d}$: $\bar{e}$: $\bar{g}$: $\bar{a}$: $\bar{h}$: $\bar{\bar{c}}$: $\bar{\bar{d}}$: $\bar{\bar{e}}$: $\bar{\bar{g}}$: $\bar{\bar{a}}$: $\bar{\bar{h}}$
$2^5\cdot 3^3\cdot 5$	C : F : G : A : c : e : f : g : a : $\bar{c}$: $\bar{d}$: $\bar{e}$: $\bar{f}$: $\bar{g}$: $\bar{a}$: $\bar{h}$: $\bar{\bar{c}}$: $\bar{\bar{d}}$: $\bar{\bar{e}}$: $\bar{\bar{g}}$: $\bar{\bar{a}}$: $\bar{\bar{h}}$: $\bar{\bar{\bar{c}}}$
$2^6\cdot 3^3\cdot 5$	C : F : G : A : c : e : f : g : a : $\bar{c}$: $\bar{d}$: $\bar{e}$: $\bar{f}$: $\bar{g}$: $\bar{a}$: $\bar{h}$: $\bar{\bar{c}}$: $\bar{\bar{d}}$: $\bar{\bar{e}}$: $\bar{\bar{f}}$: $\bar{\bar{g}}$: $\bar{\bar{a}}$: $\bar{\bar{h}}$: $\bar{\bar{\bar{c}}}$.

Si F = 16

$2^2\cdot 3^3\cdot 5$	C : E : G : A : d : e : g : h : $\bar{d}$: $\bar{e}$: $\bar{h}$: $\bar{\bar{d}}$: $\bar{\bar{f}}$s : $\bar{\bar{h}}$
$2^3\cdot 3^3\cdot 5$	C : E : G : A : c : d : e : g : a : h : $\bar{d}$: $\bar{e}$: $\bar{g}$: $\bar{h}$: $\bar{\bar{d}}$: $\bar{\bar{e}}$: $\bar{\bar{f}}$s : $\bar{\bar{h}}$
$2^4\cdot 3^3\cdot 5$	C : E : F : G : A : c : d : e : g : a : h : $\bar{c}$: $\bar{d}$: $\bar{e}$: $\bar{g}$: $\bar{a}$: $\bar{h}$: $\bar{\bar{d}}$: $\bar{\bar{e}}$: $\bar{\bar{f}}$s : $\bar{\bar{g}}$: $\bar{\bar{h}}$
$2^5\cdot 3^3\cdot 5$	C : E : F : G : A : c : d : e : f : g : a : h : $\bar{c}$: $\bar{d}$: $\bar{e}$: $\bar{g}$: $\bar{a}$: $\bar{h}$: $\bar{\bar{c}}$: $\bar{\bar{d}}$: $\bar{\bar{e}}$: $\bar{\bar{f}}$s : $\bar{\bar{g}}$: $\bar{\bar{a}}$: $\bar{\bar{h}}$
$2^6\cdot 3^3\cdot 5$	C : E : F : G : A : c : d : e : f : g : a : h : $\bar{c}$: $\bar{d}$: $\bar{e}$: $\bar{f}$: $\bar{g}$: $\bar{a}$: $\bar{h}$: $\bar{\bar{c}}$: $\bar{\bar{d}}$: $\bar{\bar{e}}$: $\bar{\bar{f}}$s : $\bar{\bar{g}}$: $\bar{\bar{a}}$: $\bar{\bar{h}}$: $\bar{\bar{\bar{c}}}$
$2^7\cdot 3^3\cdot 5$	C : E : F : G : A : c : d : e : f : g : a : h : $\bar{c}$: $\bar{d}$: $\bar{e}$: $\bar{f}$: $\bar{g}$: $\bar{a}$: $\bar{h}$: $\bar{\bar{c}}$: $\bar{\bar{d}}$: $\bar{\bar{e}}$: $\bar{\bar{f}}$: $\bar{\bar{f}}$s : $\bar{\bar{g}}$: $\bar{\bar{a}}$: $\bar{\bar{h}}$: $\bar{\bar{\bar{c}}}$.

	Si F = 32
$2^3 \cdot 3^3 \cdot 5$	$C : D : E : G : A : H : d : e : g : h : \bar{d} : \bar{e} : \bar{f}s : \bar{h} : \bar{\bar{d}} : \bar{\bar{f}}s : \bar{\bar{h}}$
$2^4 \cdot 3^3 \cdot 5$	$C : D : E : G : A : H : c : d : e : g : a : h : \bar{d} : \bar{e} : \bar{f}s : \bar{g} : \bar{h} : \bar{\bar{d}} : \bar{\bar{e}} : \bar{\bar{f}}s : \bar{\bar{h}}$
$2^5 \cdot 3^3 \cdot 5$	$C : D : E : F : G : A : H : c : d : e : g : a : h : \bar{c} : \bar{d} : \bar{e} : \bar{f}s : \bar{g} : \bar{a} : \bar{h} : \bar{\bar{d}} : \bar{\bar{e}} : \bar{\bar{f}}s : \bar{\bar{g}} : \bar{\bar{h}}$
$2^6 \cdot 3^3 \cdot 5$	$C : D : E : F : G : A : H : c : d : e : f : g : a : h : \bar{c} : \bar{d} : \bar{e} : \bar{f}s : \bar{g} : \bar{a} : \bar{h} : \bar{\bar{c}} : \bar{\bar{d}} : \bar{\bar{e}} : \bar{\bar{f}}s : \bar{\bar{g}} : \bar{\bar{a}} : \bar{\bar{h}}$
$2^7 \cdot 3^3 \cdot 5$	$C : D : E : F : G : A : H : c : d : e : f : g : a : h : \bar{c} : \bar{d} : \bar{e} : \bar{f} : \bar{f}s : \bar{g} : \bar{a} : \bar{h} : \bar{\bar{c}} : \bar{\bar{d}} : \bar{\bar{e}} : \bar{\bar{f}}s : \bar{\bar{g}} : \bar{\bar{a}} : \bar{\bar{h}} : \bar{\bar{\bar{c}}}$
$2^8 \cdot 3^3 \cdot 5$	$C : D : E : F : G : A : H : c : d : e : f : g : a : h : \bar{c} : \bar{d} : \bar{e} : \bar{f} : \bar{f}s : \bar{g} : \bar{a} : \bar{h} : \bar{\bar{c}} : \bar{\bar{d}} : \bar{\bar{e}} : \bar{\bar{f}} : \bar{\bar{f}}s : \bar{\bar{g}} : \bar{\bar{a}} : \bar{\bar{h}} : \bar{\bar{\bar{c}}}$.
	Si F = 64
$2^4 \cdot 3^3 \cdot 5$	$C : D : E : G : A : H : d : e : fs : g : h : \bar{d} : \bar{e} : \bar{f}s : \bar{h} : \bar{\bar{d}} : \bar{\bar{f}}s : \bar{\bar{h}}$
$2^5 \cdot 3^3 \cdot 5$	$C : D : E : G : A : H : c : d : e : fs : g : a : h : \bar{d} : \bar{e} : \bar{f}s : \bar{g} : \bar{h} : \bar{\bar{d}} : \bar{\bar{e}} : \bar{\bar{f}}s : \bar{\bar{h}}$
$2^6 \cdot 3^3 \cdot 5$	$C : D : E : F : G : A : H : c : d : e : fs : g : a : h : \bar{c} : \bar{d} : \bar{e} : \bar{f}s : \bar{g} : \bar{a} : \bar{h} : \bar{\bar{d}} : \bar{\bar{e}} : \bar{\bar{f}}s : \bar{\bar{g}} : \bar{\bar{h}}$
$2^7 \cdot 3^3 \cdot 5$	$C : D : E : F : G : A : H : c : d : e : f : fs : g : a : h : \bar{c} : \bar{d} : \bar{e} : \bar{f}s : \bar{g} : \bar{a} : \bar{h} : \bar{\bar{c}} : \bar{\bar{d}} : \bar{\bar{e}} : \bar{\bar{f}}s : \bar{\bar{g}} : \bar{\bar{a}} : \bar{\bar{h}}$
$2^8 \cdot 3^3 \cdot 5$	$C : D : E : F : G : A : H : c : d : e : f : fs : g : a : h : \bar{c} : \bar{d} : \bar{e} : \bar{f} : \bar{f}s : \bar{g} : \bar{a} : \bar{h} : \bar{\bar{c}} : \bar{\bar{d}} : \bar{\bar{e}} : \bar{\bar{f}}s : \bar{\bar{g}} : \bar{\bar{a}} : \bar{\bar{h}} : \bar{\bar{\bar{c}}}$
$2^9 \cdot 3^3 \cdot 5$	$C : D : E : F : G : A : H : c : d : e : f : fs : g : a : h : \bar{c} : \bar{d} : \bar{e} : \bar{f} : \bar{f}s : \bar{g} : \bar{a} : \bar{h} : \bar{\bar{c}} : \bar{\bar{d}} : \bar{\bar{e}} : \bar{\bar{f}} : \bar{\bar{f}}s : \bar{\bar{g}} : \bar{\bar{a}} : \bar{\bar{h}} : \bar{\bar{\bar{c}}}$.
	Si F = 128
$2^5 \cdot 3^3 \cdot 5$	$C : D : E : Fs : G : A : H : d : e : fs : g : h : \bar{d} : \bar{e} : \bar{f}s : \bar{h} : \bar{\bar{d}} : \bar{\bar{f}}s : \bar{\bar{h}}$
$2^6 \cdot 3^3 \cdot 5$	$C : D : E : Fs : G : A : H : c : d : e : fs : g : a : h : \bar{d} : \bar{e} : \bar{f}s : \bar{g} : \bar{h} : \bar{\bar{d}} : \bar{\bar{e}} : \bar{\bar{f}}s : \bar{\bar{h}}$
$2^7 \cdot 3^3 \cdot 5$	$C : D : E : F : Fs : G : A : H : c : d : e : fs : g : a : h : \bar{c} : \bar{d} : \bar{e} : \bar{f}s : \bar{g} : \bar{a} : \bar{h} : \bar{\bar{d}} : \bar{\bar{e}} : \bar{\bar{f}}s : \bar{\bar{g}} : \bar{\bar{h}}$
$2^8 \cdot 3^3 \cdot 5$	$C : D : E : F : Fs : G : A : H : c : d : e : f : fs : g : a : h : \bar{c} : \bar{d} : \bar{e} : \bar{f}s : \bar{g} : \bar{a} : \bar{h} : \bar{\bar{c}} : \bar{\bar{d}} : \bar{\bar{e}} : \bar{\bar{f}}s : \bar{\bar{g}} : \bar{\bar{a}} : \bar{\bar{h}}$
$2^9 \cdot 3^3 \cdot 5$	$C : D : E : F : Fs : G : A : H : c : d : e : f : fs : g : a : h : \bar{c} : \bar{d} : \bar{e} : \bar{f} : \bar{f}s : \bar{g} : \bar{a} : \bar{h} : \bar{\bar{c}} : \bar{\bar{d}} : \bar{\bar{e}} : \bar{\bar{f}}s : \bar{\bar{g}} : \bar{\bar{a}} : \bar{\bar{h}} : \bar{\bar{\bar{c}}}$
$2^{10} \cdot 3^3 \cdot 5$	$C : D : E : F : Fs : G : A : H : c : d : e : f : fs : g : a : h : \bar{c} : \bar{d} : \bar{e} : \bar{f} : \bar{f}s : \bar{g} : \bar{a} : \bar{h} : \bar{\bar{c}} : \bar{\bar{d}} : \bar{\bar{e}} : \bar{\bar{f}} : \bar{\bar{f}}s : \bar{\bar{g}} : \bar{\bar{a}} : \bar{\bar{h}} : \bar{\bar{\bar{c}}}$.

Modi $2^n \cdot 3^2 \cdot 5^2$ *species*	SYSTEMATA
	Si F = 4
$3^2 \cdot 5^2$	$C : A : g : \bar{e} : \bar{\bar{c}}s : \bar{\bar{h}}$
$2 \cdot 3^2 \cdot 5^2$	$C : A : c : g : a : \bar{e} : \bar{g} : \bar{\bar{c}}s : \bar{\bar{e}} : \bar{\bar{h}}$
$2^2 \cdot 3^2 \cdot 5^2$	$C : F : A : c : g : a : \bar{c} : \bar{e} : \bar{g} : \bar{a} : \bar{\bar{c}}s : \bar{\bar{e}} : \bar{\bar{g}} : \bar{\bar{h}}$
$2^3 \cdot 3^2 \cdot 5^2$	$C : F : A : c : f : g : a : \bar{c} : \bar{e} : \bar{g} : \bar{a} : \bar{\bar{c}} : \bar{\bar{c}}s : \bar{\bar{e}} : \bar{\bar{g}} : \bar{\bar{a}} : \bar{\bar{h}}$
$2^4 \cdot 3^2 \cdot 5^2$	$C : F : A : c : f : g : a : \bar{c} : \bar{e} : \bar{f} : \bar{g} : \bar{a} : \bar{\bar{c}} : \bar{\bar{c}}s : \bar{\bar{e}} : \bar{\bar{g}} : \bar{\bar{a}} : \bar{\bar{h}} : \bar{\bar{\bar{c}}}$
$2^5 \cdot 3^2 \cdot 5^2$	$C : F : A : c : f : g : a : \bar{c} : \bar{e} : \bar{f} : \bar{g} : \bar{a} : \bar{\bar{c}} : \bar{\bar{c}}s : \bar{\bar{e}} : \bar{\bar{f}} : \bar{\bar{g}} : \bar{\bar{a}} : \bar{\bar{h}} : \bar{\bar{\bar{c}}}$.

Si F = 8

$3^2 \cdot 5^2$	$\mathrm{G} : e : \bar{c}s : \bar{h} : \bar{\bar{g}}s$
$2 \cdot 3^2 \cdot 5^2$	$\mathrm{C : G : A} : e : g : \bar{c}s : \bar{e} : \bar{h} : \bar{\bar{c}}s : \bar{\bar{g}}s : \bar{\bar{h}}$
$2^2 \cdot 3^2 \cdot 5^2$	$\mathrm{C : G : A} : c : e : g : a : \bar{c}s : \bar{e} : \bar{g} : \bar{h} : \bar{\bar{c}}s : \bar{\bar{e}} : \bar{\bar{g}}s : \bar{\bar{h}}$
$2^3 \cdot 3^2 \cdot 5^2$	$\mathrm{C : F : G : A} : c : e : g : a : \bar{c} : \bar{c}s : \bar{e} : \bar{g} : \bar{a} : \bar{h} : \bar{\bar{c}}s : \bar{\bar{e}} : \bar{\bar{g}} : \bar{\bar{g}}s : \bar{\bar{h}}$
$2^4 \cdot 3^2 \cdot 5^2$	$\mathrm{C : F : G : A} : c : e : f : g : a : \bar{c} : \bar{c}s : \bar{e} : \bar{g} : \bar{a} : \bar{h} : \bar{\bar{c}} : \bar{\bar{c}}s : \bar{\bar{e}} : \bar{\bar{g}} : \bar{\bar{g}}s : \bar{\bar{a}} : \bar{\bar{h}}$
$2^5 \cdot 3^2 \cdot 5^2$	$\mathrm{C : F : G : A} : c : e : f : g : a : \bar{c} : \bar{c}s : \bar{e} : \bar{f} : \bar{g} : \bar{a} : \bar{h} : \bar{\bar{c}} : \bar{\bar{c}}s : \bar{\bar{e}} : \bar{\bar{g}} : \bar{\bar{g}}s : \bar{\bar{a}} : \bar{\bar{h}} : \bar{\bar{\bar{c}}}$
$2^6 \cdot 3^2 \cdot 5^2$	$\mathrm{C : F : G : A} : c : e : f : g : a : \bar{c} : \bar{c}s : \bar{e} : \bar{f} : \bar{g} : \bar{a} : \bar{h} : \bar{\bar{c}} : \bar{\bar{c}}s : \bar{\bar{e}} : \bar{\bar{f}} : \bar{\bar{g}} : \bar{\bar{g}}s : \bar{\bar{a}} : \bar{\bar{h}} : \bar{\bar{\bar{c}}}.$

Si F = 16

$2 \cdot 3^2 \cdot 5^2$	$\mathrm{E : G} : cs : e : h : \bar{c}s : \bar{g}s : \bar{h} : \bar{\bar{g}}s$
$2^2 \cdot 3^2 \cdot 5^2$	$\mathrm{C : E : G : A} : cs : e : g : h : \bar{c}s : \bar{e} : \bar{g}s : \bar{h} : \bar{\bar{c}}s : \bar{\bar{g}}s : \bar{\bar{h}}$
$2^3 \cdot 3^2 \cdot 5^2$	$\mathrm{C : E : G : A} : c : cs : e : g : a : h : \bar{c}s : \bar{e} : \bar{g} : \bar{g}s : \bar{h} : \bar{\bar{c}}s : \bar{\bar{e}} : \bar{\bar{g}}s : \bar{\bar{h}}$
$2^4 \cdot 3^2 \cdot 5^2$	$\mathrm{C : E : F : G : A} : c : cs : e : g : a : h : \bar{c} : \bar{c}s : \bar{e} : \bar{g} : \bar{g}s : \bar{a} : \bar{h} : \bar{\bar{c}}s : \bar{\bar{e}} : \bar{\bar{g}} : \bar{\bar{g}}s : \bar{\bar{h}}$
$2^5 \cdot 3^2 \cdot 5^2$	$\mathrm{C : E : F : G : A} : c : cs : e : f : g : a : h : \bar{c} : \bar{c}s : \bar{e} : \bar{g} : \bar{g}s : \bar{a} : \bar{h} : \bar{\bar{c}} : \bar{\bar{c}}s : \bar{\bar{e}} : \bar{\bar{g}} : \bar{\bar{g}}s : \bar{\bar{a}} : \bar{\bar{h}}$
$2^6 \cdot 3^2 \cdot 5^2$	$\mathrm{C : E : F : G : A} : c : cs : e : f : g : a : h : \bar{c} : \bar{c}s : \bar{e} : \bar{f} : \bar{g} : \bar{g}s : \bar{a} : \bar{h} : \bar{\bar{c}} : \bar{\bar{c}}s : \bar{\bar{e}} : \bar{\bar{g}} : \bar{\bar{g}}s : \bar{\bar{a}} : \bar{\bar{h}} : \bar{\bar{\bar{c}}}$
$2^7 \cdot 3^2 \cdot 5^2$	$\mathrm{C : E : F : G : A} : c : cs : e : f : g : a : h : \bar{c} : \bar{c}s : \bar{e} : \bar{f} : \bar{g} : \bar{g}s : \bar{a} : \bar{h} : \bar{\bar{c}} : \bar{\bar{c}}s : \bar{\bar{e}} : \bar{\bar{f}} : \bar{\bar{g}} : \bar{\bar{g}}s : \bar{\bar{a}} : \bar{\bar{h}} : \bar{\bar{\bar{c}}}.$

Si F = 32

$2^2 \cdot 3^2 \cdot 5^2$	$\mathrm{Cs : E : G : H} : cs : e : gs : h : \bar{c}s : \bar{g}s : \bar{h} : \bar{\bar{d}}s : \bar{\bar{g}}s$
$2^3 \cdot 3^2 \cdot 5^2$	$\mathrm{Cs : E : G : A : H} : cs : e : g : gs : h : \bar{c}s . \bar{e} : \bar{g}s : \bar{h} : \bar{\bar{c}}s : \bar{\bar{d}}s : \bar{\bar{g}}s : \bar{\bar{h}}$
$2^4 \cdot 3^2 \cdot 5^2$	$\mathrm{Cs : E : G : A : H} : c : cs : e : g : gs : a : h : \bar{c}s : \bar{e} : \bar{g} : \bar{g}s : \bar{h} : \bar{\bar{c}}s : \bar{\bar{d}}s : \bar{\bar{e}} : \bar{\bar{g}}s : \bar{\bar{h}}$
$2^5 \cdot 3^2 \cdot 5^2$	$\mathrm{Cs : E : F : G : A : H} : c : cs : e : g : gs : a : h : \bar{c} : \bar{c}s : \bar{e} : \bar{g} : \bar{g}s : \bar{a} : \bar{h} : \bar{\bar{c}}s : \bar{\bar{d}}s : \bar{\bar{e}} : \bar{\bar{g}} : \bar{\bar{g}}s : \bar{\bar{h}}$
$2^6 \cdot 3^2 \cdot 5^2$	$\mathrm{Cs : E : F : G : A : H} : c : cs : e : f : g : gs : a : h : \bar{c} : \bar{c}s : \bar{e} : \bar{g} : \bar{g}s : \bar{a} : \bar{h} : \bar{\bar{c}} : \bar{\bar{c}}s : \bar{\bar{d}}s : \bar{\bar{e}} : \bar{\bar{g}} : \bar{\bar{g}}s : \bar{\bar{a}} : \bar{\bar{h}}$
$2^7 \cdot 3^2 \cdot 5^2$	$\mathrm{Cs : E : F : G : A : H} : c : cs : e : f : g : gs : a : h : \bar{c} : \bar{c}s : \bar{e} : \bar{f} ; \bar{g} : \bar{g}s : \bar{a} : \bar{h} : \bar{\bar{c}} : \bar{\bar{c}}s : \bar{\bar{d}}s : \bar{\bar{e}} : \bar{\bar{g}} : \bar{\bar{g}}s : \bar{\bar{a}} : \bar{\bar{h}} : \bar{\bar{\bar{c}}}$
$2^8 \cdot 3^2 \cdot 5^2$	$\mathrm{Cs : E : F : G : A : H} : c : cs : e : f : g : gs : a : h : \bar{c} : \bar{c}s : \bar{e} : \bar{f} : \bar{g} : \bar{g}s : \bar{a} : \bar{h} : \bar{\bar{c}} : \bar{\bar{c}}s : \bar{\bar{d}}s : \bar{\bar{e}} : \bar{\bar{f}} : \bar{\bar{g}} : \bar{\bar{g}}s : \bar{\bar{a}} : \bar{\bar{h}} : \bar{\bar{\bar{c}}}.$

Si F = 64

$2^3 \cdot 3^2 \cdot 5^2$	Cs:E:G:Gs:H:*cs*:*e*:*gs*:*h*:*c̄s*:*d̄s*:*ḡs*:*h̄*:*d̿s*:*g̿s*
$2^4 \cdot 3^2 \cdot 5^2$	C:Cs:E:G:Gs:A:H:*cs*:*e*:*g*:*gs*:*h*:*c̄s*:*d̄s*:*ē*:*ḡs*:*h̄*:*c̿s*:*d̿s*:*g̿s*:*h̿*
$2^5 \cdot 3^2 \cdot 5^2$	C:Cs:E:G:Gs:A:H:*c*:*cs*:*e*:*g*:*gs*:*a*:*h*:*c̄s*:*d̄s*:*ē*:*ḡ*:*ḡs*:*h̄*:*c̿s*:*d̿s*:*e̿*:*g̿s*:*h̿*
$2^6 \cdot 3^2 \cdot 5^2$	C:Cs:E:F:G:Gs:A:H:*c*:*cs*:*e*:*g*:*gs*:*a*:*h*:*c̄*:*c̄s*:*d̄s*:*ē*:*ḡ*:*ḡs*:*ā*:*h̄*:*c̿s* :*d̿s*:*e̿*:*g̿*:*g̿s*:*h̿*
$2^7 \cdot 3^2 \cdot 5^2$	C:Cs:E:F:G:Gs:A:H:*c*:*cs*:*e*:*f*:*g*:*gs*:*a*:*h*:*c̄*:*c̄s*:*d̄s*:*ē*:*ḡ*:*ḡs*:*ā*:*h̄* :*c̿*:*c̿s*:*d̿s*:*e̿*:*g̿*:*g̿s*:*a̿*:*h̿*
$2^8 \cdot 3^2 \cdot 5^2$	C:Cs:E:F:G:Gs:A:H:*c*:*cs*:*e*:*f*:*g*:*gs*:*a*:*h*:*c̄*:*c̄s*:*d̄s*:*ē*:*f̄*:*ḡ*:*ḡs*:*ā* :*h̄*:*c̿*:*c̿s*:*d̿s*:*e̿*:*g̿*:*g̿s*:*a̿*:*h̿*:*c̿̄*
$2^9 \cdot 3^2 \cdot 5^2$	C:Cs:E:F:G:Gs:A:H:*c*:*cs*:*e*:*f*:*g*:*gs*:*a*:*h*:*c̄*:*c̄s*:*d̄s*:*ē*:*f̄*:*ḡ*:*ḡs*:*ā* :*h̄*:*c̿*:*c̿s*:*d̿s*:*e̿*:*f̿*:*g̿*:*g̿s*:*a̿*:*h̿*:*c̿̄*.

Si F = 128

$2^4 \cdot 3^2 \cdot 5^2$	Cs:E:G:Gs:H:*cs*:*ds*:*e*:*gs*:*h*:*c̄s*:*d̄s*:*ḡs*:*h̄*:*d̿s*:*g̿s*
$2^5 \cdot 3^2 \cdot 5^2$	C:Cs:E:G:Gs:A:H:*cs*:*ds*:*e*:*g*:*gs*:*h*:*c̄s*:*d̄s*:*ē*:*ḡs*:*h̄*:*c̿s*:*d̿s*:*g̿s*:*h̿*
$2^6 \cdot 3^2 \cdot 5^2$	C:Cs:E:G:Gs:A:H:*c*:*cs*:*ds*:*e*:*g*:*gs*:*a*:*h*:*c̄s*:*d̄s*:*ē*:*ḡ*:*ḡs*:*h̄*:*c̿s*:*d̿s* :*e̿*:*g̿s*:*h̿*
$2^7 \cdot 3^2 \cdot 5^2$	C:Cs:E:F:G:Gs:A:H:*c*:*cs*:*ds*:*e*:*g*:*gs*:*a*:*h*:*c̄*:*c̄s*:*d̄s*:*ē*:*ḡ*:*ḡs*:*ā*:*h̄* :*c̿s*:*d̿s*:*e̿*:*g̿*:*g̿s*:*h̿*
$2^8 \cdot 3^2 \cdot 5^2$	C:Cs:E:F:G:Gs:A:H:*c*:*cs*:*ds*:*e*:*f*:*g*:*gs*:*a*:*h*:*c̄*:*c̄s*:*d̄s*:*ē*:*ḡ*:*ḡs*:*ā* :*h̄*:*c̿*:*c̿s*:*d̿s*:*e̿*:*g̿*:*g̿s*:*a̿*:*h̿*
$2^9 \cdot 3^2 \cdot 5^2$	C:Cs:E:F:G:Gs:A:H:*c*:*cs*:*ds*:*e*:*f*:*g*:*gs*:*a*:*h*:*c̄*:*c̄s*:*d̄s*:*ē*:*f̄*:*ḡ*:*ḡs* :*ā*:*h̄*:*c̿*:*c̿s*:*d̿s*:*e̿*:*g̿*:*g̿s*:*a̿*:*h̿*:*c̿̄*
$2^{10} \cdot 3^2 \cdot 5^2$	C:Cs:E:F:G:Gs:A:H:*c*:*cs*:*ds*:*e*:*f*:*g*:*gs*:*a*:*h*:*c̄*:*c̄s*:*d̄s*:*ē*:*f̄*:*ḡ*:*ḡs* :*ā*:*h̄*:*c̿*:*c̿s*:*d̿s*:*e̿*:*f̿*:*g̿*:*g̿s*:*a̿*:*h̿*:*c̿̄*.

Si F = 256

$2^5 \cdot 3^2 \cdot 5^2$	Cs:Ds:E:G:Gs:H:*cs:ds:e:gs:h:c̄s:d̄s:ḡs:h̄:d̿s:g̿s*
$2^6 \cdot 3^2 \cdot 5^2$	C:Cs:Ds:E:G:Gs:A:H:*cs:ds:e:g:gs:h:c̄s:d̄s:ē:ḡs:h̄:c̿s:d̿s:g̿s:h̿*
$2^7 \cdot 3^2 \cdot 5^2$	C:Cs:Ds:E:G:Gs:A:H:*c:cs:ds:e:g:gs:a:h:c̄s:d̄s:ē:ḡ:ḡs:h̄:c̿s:d̿s:e̿:g̿s:h̿*
$2^8 \cdot 3^2 \cdot 5^2$	C:Cs:Ds:E:F:G:Gs:A:H:*c:cs:ds:e:g:gs:a:h:c̄:c̄s:d̄s:ē:ḡ:ḡs:ā:h̄:c̿s:d̿s:e̿:g̿:g̿s:h̿*
$2^9 \cdot 3^2 \cdot 5^2$	C:Cs:Ds:E:F:G:Gs:A:H:*c:cs:ds:e:f:g:gs:a:h:c̄:c̄s:d̄s:ē:ḡ:ḡs:ā:h̄:c̿:c̿s:d̿s:e̿:g̿:g̿s:a̿:h̿*
$2^{10} \cdot 3^2 \cdot 5^2$	C:Cs:Ds:E:F:G:Gs:A:H:*c:cs:ds:e:f:g:gs:a:h:c̄:c̄s:d̄s:ē:f̄:ḡ:ḡs:ā:h̄:c̿:c̿s:d̿s:e̿:g̿:g̿s:a̿:h̿:c̿̄*
$2^{11} \cdot 3^2 \cdot 5^2$	C:Cs:Ds:E:F:G:Gs:A:H:*c:cs:ds:e:f:g:gs:a:h:c̄:c̄s:d̄s:ē:f̄:ḡ:ḡs:ā:h̄:c̿:c̿s:d̿s:e̿:f̿:g̿:g̿s:a̿:h̿;c̿̄.*

SYSTEMATA

Si F = 4

Modi $2^n \cdot 3^3 \cdot 5^3$ *species*	
$3^3 \cdot 5^2$	C:A:*g:ē:c̿s:d̿:h̿*
$2 \cdot 3^3 \cdot 5^2$	C:A:*c:g:a:ē:ḡ:c̿s:d̿:e̿:h̿*
$2^2 \cdot 3^3 \cdot 5^2$	C:F:A:*c:g:a:c̄:ē:ḡ:ā:c̿s:d̿:e̿:g̿:h̿*
$2^3 \cdot 3^3 \cdot 5^2$	C:F:A:*c:f:g:a:c̄:ē:ḡ:ā:c̿:c̿s:d̿:e̿:g̿:a̿:h̿*
$2^4 \cdot 3^3 \cdot 5^2$	C:F:A:*c:f:g:a:c̄:ē:f̄:ḡ:ā:c̿:c̿s:d̿:e̿:g̿:a̿:h̿:c̿̄*
$2^5 \cdot 3^3 \cdot 5^2$	C:F:A:*c:f:g:a:c̄:ē:f̄:ḡ:ā:c̿:c̿s:d̿:e̿:f̿:g̿:a̿:h̿:c̿̄.*

Si F = 8

$3^3 \cdot 5^2$	G:*e:c̄s:d̄:h̄:g̿s*
$2 \cdot 3^3 \cdot 5^2$	C:G:A:*e:g:c̄s:d̄:ē:h̄:c̿s:d̿:g̿s:h̿*
$2^2 \cdot 3^3 \cdot 5^2$	C:G:A:*c:e:g:a:c̄s:d̄:ē:ḡ:h̄:c̿s:d̿:e̿:g̿s:h̿*
$2^3 \cdot 3^3 \cdot 5^2$	C:F:G:A:*c:e:g:a:c̄:c̄s:d̄:ē:ḡ:ā:h̄:c̿s:d̿:e̿:g̿:g̿s:h̿*
$2^4 \cdot 3^3 \cdot 5^2$	C:F:G:A:*c:e:f:g:a:c̄:c̄s:d̄:ē:ḡ:ā:h̄:c̿:c̿s:d̿:e̿:g̿:g̿s:a̿:h̿*
$2^5 \cdot 3^3 \cdot 5^2$	C:F:G:A:*c:e:f:g:a:c̄:c̄s:d̄:ē:f̄:ḡ:ā:h̄:c̿:c̿s:d̿:e̿:g̿:g̿s:a̿:h̿:c̿̄*
$2^6 \cdot 3^3 \cdot 5^2$	C:F:G:A:*c:e:f:g:a:c̄:c̄s:d̄:ē:f̄:ḡ:ā:h̄:c̿:c̿s:d̿:e̿:f̿:g̿:g̿s:a̿:h̿:c̿̄.*

20. Circa compositionem musicam vero hic generatim sequentia sunt observanda. Primo electo modo tam species quam systema definitum eligi debet, in quo compositio fiat. Determinato autem systemate omnes soni, qui in compositione musica hac occurrere possunt, definiuntur ita, ut quamdiu hoc systemate utaris, alios sonos praeter assignatos adhibere non liceat; nisi forte instrumentum musicum sonos vel C graviores vel ipso $\bar{\bar{\bar{c}}}$ acutiores complectatur, quo casu etiam tales soni usurpari poterunt, quatenus scilicet in exponente speciei continentur, id quod ex ipso exponente facile videre licet.

21. Primum igitur in hac tabula occurrit modus, cuius exponens est $2^n \cdot 3^3$, ad cuius determinationem sonus per 3^3 seu 27 expressus adesse debet; nullum igitur huiusmodi systema existit pro $F = 1$ neque pro $F = 2$, cum his casibus sonus 27 supremum limitem $\bar{\bar{\bar{c}}}$ superaret. Hanc ob rem statim positum est $F = 4$, in qua hypothesi sonus 3^3 clave $\bar{\bar{d}}$ exprimitur; praeter hunc vero sonum opus quoque est sono per 1 vel binarii potestatem expresso, qui in hoc intervallum non cadit, nisi sit $n = 2$. Primum ergo huiusmodi systema habet exponentem $2^2 \cdot 3^3$ in hypothesi $F = 4$.

22. Manente autem $F = 4$ iste modus quatuor admittit systemata, quorum exponentes sunt $2^2 \cdot 3^3$, $2^3 \cdot 3^3$, $2^4 \cdot 3^3$ et $2^5 \cdot 3^3$, nec plura in quatuor octavarum intervallo dari possunt. Nam etsi exponens accipiatur $2^6 \cdot 3^3$, tamen illi ipsi soni prodibunt, qui exponenti $2^5 \cdot 3^3$ responderunt, ita ut diversum systema non oriretur. Simili ratione si ponatur $F = 8$, quatuor habentur systemata, totidemque posito $F = 16$ atque $F = 32$, ubi iterum terminus figitur; in ultimo enim systemate, cuius exponens est $2^8 \cdot 3^3$, iam in singulis octavis omnes soni primitivi adsunt ideoque systema magis compositum non datur.

23. Ita ergo primi modi, cuius exponens est $2^n \cdot 3^3$, omnino 16 extant systemata, secundus vero modus, cuius exponens est $2^n \cdot 3^2 \cdot 5$, systemata habet 33. Tertii porro modi, cuius exponens est $2^n \cdot 3 \cdot 5^2$, numerus systematum est 30. Hunc sequitur modus quartus, cuius exponens est $2^n \cdot 3^3 \cdot 5$, a Musicis hodiernis maxime usitatus, in quo 36 diversa systemata locum habent. In modo quinto, qui pariter saepissime usurpari solet et exponentem habet $2^n \cdot 3^2 \cdot 5^2$, systemata sunt 48. Sextus denique modus compositus et apud Musicos hodiernos maxime frequens 66 obtinet systemata diversa. Quocirca omnes hi sex modi coniunctim 229 diversa systemata complectuntur.

24. Qui formas omnium horum systematum attentius contemplabitur, observabit in quolibet eorum intervalla diapason diversimode sonis esse referta, exceptis ultimis cuiusque modi systematis, quorum singulae octavae omnes modi sonos primitivos continent atque aequali sonorum numero sunt repletae. Alia autem systemata in infima octava alia in mediis alia in suprema sonis magis sunt repleta, ex quo maxime idoneum systema pro dato concentu eligi poterit. Qui enim basso primarias partes in modulatione tribuere velit, systemate habet opus, in cuius infimis octavis soni frequentissime occurrant, contra vero systema, in quo supremae octavae sonis maxime sunt refertae, adhibebit, qui in discantu maximam varietatem collocare studet. Tandem etiam qui in mediis vocibus summam vim constituit, inveniet pari modo systemata ad institutum accommodata. Maximum autem hoc in modis discrimen hodierni Musici iam quodammodo animadvertisse videntur, experientia potius quam theoria ducti; quare haec nostra enumeratio ipsis non parum subsidii afferet, ex qua distincte perspicient, quod ante tantum confuse erant suspicati.

CAPUT XIII

DE RATIONE COMPOSITIONIS IN DATO MODO ET SYSTEMATE DATO

1. Integri operis musici exponens saepissime tam solet esse compositus, ut omnino percipi non possit, nisi per gradus constituatur. Hanc ob rem istiusmodi opus musicum in plures partes est distribuendum, quarum singulae exponentes habeant simpliciores et perceptu faciliores. Ad integrum ergo opus musicum componendum necesse est ante compositionem partium explicare, quarum coniunctione totum opus conficitur. Huiusmodi autem partis exponens nil aliud est nisi modus musicus; quapropter in compositione musica ante ratio compositionis in dato modo est exponenda, quam ad integrum opus componendum aggredi liceat. Hoc enim tradito tum demum erit explicandum, quomodo plures eiusmodi partes inter se coniungi ex iisque totum opus musicum confici oporteat.

2. Cum autem doctrina de modis in capite praecedente non solum fusius, sed etiam accuratius, quam vulgo fieri solet, sit pertractata atque quilibet modus in suas species atque systemata sit distributus, praeter ipsum modum quoque determinatum eius systema erit eligendum, in quo compositio fiat. Variationes quidem modorum hic non spectantur, cum fiant per solam transpositionem iisque mutua sonorum, qui in quovis systemate occurrunt, relatio non varietur. Quamobrem in omnibus systematis basis seu sonus unitate expressus erit clavis F seu alius sonus octavis aliquot gravior.

3. Electo igitur apto ad institutum modo tam eius species quam systema conveniens quaeri oportet. Quod etsi ab arbitrio componentis pendeat, tamen ipsum institutum quodammodo systema determinat, prout iam in superiore

capite notavimus. Nam qui octavae maiorem vim tribuere volet, tale quoque systema amplectetur, in quo ea ipsa octava sonis maxime sit referta. Sed sola cognitio tabulae supra datae ad hoc est sufficiens, ita ut superfluum foret haec pluribus persequi.

4. Systemate autem dati modi dataeque eius speciei definito omnes praesto sunt soni in tabula superiori systematum, quibus in compositione uti licebit; unde soni ad istud systema pertinentes ab alienis discerni poterunt. Similis vero circumscriptio etiam a Musicis peritioribus omnino observatur, si eorum opera ad normam nostrorum systematum examinentur. Ita patebit regulis harmoniae non repugnantibus fieri posse, ut eiusdem operis musici superior vox duris sonis, inferior vero mollibus utatur; nam modi, cuius exponens est $2^n \cdot 3^3 \cdot 5$, species $2^6 \cdot 3^3 \cdot 5$ pro systemate $F = 32$ ita est comparata, ut in duabus gravioribus octavis insint claves F et *f*, in superioribus vero $\bar{f}s$ et $\bar{\bar{f}}s$, quod imperitioribus ingens videri posset vitium. Simili modo plures aliae compositiones, quae Musicis practicis paradoxae videantur, etiamsi de earum suavitate dubitare non possint, per hanc tabulam systematum comprobabuntur et cum vera harmonia conciliabuntur. Fieri enim omnino nequit, ut modulatio quaepiam sit suavis, quae non simul principiis nostris harmonicis esset consentanea.

5. Assumto autem determinato systemate ipsa compositio maximam admittet varietatem. Cum enim compositio absolvatur pluribus consonantiis in seriem collocandis, tam ordo consonantiarum quam ipsarum natura summam et fere infinitam pariet diversitatem. Quod enim ad ipsas consonantias attinet, eae vel omnes ex eadem specie vel ex variis speciebus desumuntur; unde compositio vel *simplex* nascitur vel *mixta*. Compositionem scilicet *simplicem* hoc loco vocabimus, quae constat ex consonantiis eiusdem speciei seu eodem exponente expressis; *mixtam* vero, in qua consonantiae variarum specierum constituuntur.

6. Compositionis simplicis igitur primum ea species consideranda occurrit, quae ex solis sonis simplicibus constat seu, quod eodem redit, ex consonantiis exponente 1 expressis. Huiusmodi compositio ad unicam vocem pertinere dicitur, cum plus uno sono simul nunquam edatur; atque etiam in operibus compositis frequenter adhibetur, quando subinde unicae voci omnis harmonia relinquitur.

7. Talis autem compositio, quae ex meris sonis simplicibus constat, nulla fere laborat difficultate. Assumto enim pro lubitu systemate ex tabula supra data unico aspectu omnes comparent soni, quibus in ista compositione uti licebit. Hos igitur sonos electi systematis quisque pro arbitrio inter se miscere ex iisque convenientem melodiam formare poterit; neque in hoc negotio aliud quicquam erit observandum, nisi ut successiones sonorum nimis durae evitentur, si quidem exponens systematis electi valde fuerit compositus; in simplicioribus enim systematibus tales soni, quorum successio nimis foret ingrata, nequidem insunt.

8. Electo igitur systemate statim conveniet eas sonorum successiones annotare, quae sint perceptu difficiliores, easque vel nunquam usurpare vel tum saltem, quando affectus lugubris erit excitandus. Deinde etiam harmoniae non parum gratiae accedet, si ii soni, qui systemati proposito proprii sunt atque in praecedentibus simplicioribus nondum inerant, parcius adhibeantur, ii autem saepius occurrant, qui systemati proposito cum simplicioribus sunt communes.

9. Quando vero in dato systemate series consonantiarum sive eiusdem sive diversarum specierum est componenda, tum ante omnia est exponendum, quomodo quaevis consonantia et quibus sonis in eo systemate sit exprimenda. Consonantiae quidem respectu aliarum per exponentes et indices nobis indicantur, quibus soni eas constituentes innotescunt; at pro dato systemate insuper respiciendum est, quonam numero clavis F exprimatur. Quamobrem ad consonantiam propositam debitis sonis efferendam necesse est praeter exponentem et indicem ad eam binarii potestatem attendere, qua clavis F in assumto systemate indicatur.

10. In hunc finem sequentem adieci tabulam, ex qua statim patebit, quibus sonis quaelibet consonantia pro dato clavis F valore sit exprimenda. In priori scilicet columna quaeri debet consonantiae exponens cum indice, in altera vero valor ipsius F pro systemate assumto, quo facto haec altera columna exhibebit formam consonantiae exprimendae. Ita si ista consonantia $2^4 \cdot 3 \cdot 5\,(3^2)$ in systemate, in quo F per 32 indicatur, foret exprimenda, tabula monstrabit eam his sonis

$$\mathrm{D} : \mathrm{G} : \mathrm{H} : d : g : h : \bar{d} : \bar{f}s : \bar{g} : \bar{h} : \bar{\bar{d}} : \bar{\bar{f}}s : \bar{\bar{h}}$$

constare, ex quibus ii, qui instituto sunt idonei, poterunt eligi.

CONSONANTIAE 2^n

Variationes $2^n(1)$ *Species*	*Formae*
	Si $F = 1$
$1\ (1)$	F
$2\ (1)$	$F : f$
$2^2(1)$	$F : f : \bar{f}$
$2^3(1)$	$F : f : \bar{f} : \bar{\bar{f}}$.

Variationes $2^n(3)$ *Species*	*Formae*
	Si $F = 1$
$1\ (3)$	$\bar{c}$
$2\ (3)$	$\bar{c} : \bar{\bar{c}}$.
	Si $F = 2$
$1\ (3)$	c
$2\ (3)$	$c : \bar{c}$
$2^2(3)$	$c : \bar{c} : \bar{\bar{c}}$.
	Si $F = 4$
$1\ (3)$	C
$2\ (3)$	$C : c$
$2^2(3)$	$C : c : \bar{c}$
$2^3(3)$	$C : c : \bar{c} : \bar{\bar{c}}$.

Variationes $2^n(5)$ *Species*	*Formae*
	Si $F = 1$
$1\ (5)$	$\bar{a}$
$2\ (5)$	$\bar{a} : \bar{\bar{a}}$.

	Si F = 2
1 (5)	a
2 (5)	$a : \bar{a}$
2^2 (5)	$a : \bar{a} : \bar{\bar{a}}$.
	Si F = 4
1 (5)	A
2 (5)	A : a
2^2 (5)	A : $a : \bar{a}$
2^3 (5)	A : $a : \bar{a} : \bar{\bar{a}}$.

Variationes $2^n (3^2)$ *Species*	*Formae*
	Si F = 1
1 (3^2)	$\bar{\bar{g}}$.
	Si F = 2
1 (3^2)	$\bar{g}$
2 (3^2)	$\bar{g} : \bar{\bar{g}}$.
	Si F = 4
1 (3^2)	g
2 (3^2)	$g : \bar{g}$
$2^2 (3^2)$	$g : \bar{g} : \bar{\bar{g}}$.
	Si F = 8
1 (3^2)	G
2 (3^2)	G : g
$2^2 (3^2)$	G : $g : \bar{g}$
$2^3 (3^2)$	G : $g : \bar{g} : \bar{\bar{g}}$.

Variationes $2^n (3 \cdot 5)$ *Species*	*Formae*
	Si F = 2
1 $(3 \cdot 5)$	$\bar{\bar{e}}$.

	Si F = 4
1 $(3\cdot 5)$	$\bar{e}$
2 $(3\cdot 5)$	$\bar{e} : \bar{\bar{e}}$.
	Si F = 8
1 $(3\cdot 5)$	e
2 $(3\cdot 5)$	$e : \bar{e}$
$2^2 (3\cdot 5)$	$e : \bar{e} : \bar{\bar{e}}$.
	Si F = 16
1 $(3\cdot 5)$	E
2 $(3\cdot 5)$	E : e
$2^2 (3\cdot 5)$	E : $e : \bar{e}$
$2^3 (3\cdot 5)$	E : $e : \bar{e} : \bar{\bar{e}}$.

Variationes $2^n (5^2)$ *Species*	*Formae*
	Si F = 4
1 (5^2)	$\bar{\bar{c}}s$.
	Si F = 8
1 (5^2)	$\bar{c}s$
2 (5^2)	$\bar{c}s : \bar{\bar{c}}s$.
	Si F = 16
1 (5^2)	cs
2 (5^2)	$cs : \bar{c}s$
$2^2 (5^2)$	$cs : \bar{c}s : \bar{\bar{c}}s$.
	Si F = 32
1 (5^2)	Cs
2 (5^2)	C$s : cs$
$2^2 (5^2)$	C$s : cs : \bar{c}s$
$2^3 (5^2)$	C$s : cs : \bar{c}s : \bar{\bar{c}}s$.

Variationes $2^n \cdot (3^3)$ *Species*	*Formae*
	Si $F = 4$
$1\ (3^3)$	$\bar{\bar{d}}$.
	Si $F = 8$
$1\ (3^3)$	$\bar{d}$
$2\ (3^3)$	$\bar{d} : \bar{\bar{d}}$.
	Si $F = 16$
$1\ (3^3)$	d
$2\ (3^3)$	$d : \bar{d}$
$2^2\,(3^3)$	$d : \bar{d} : \bar{\bar{d}}$.
	Si $F = 32$
$1\ (3^3)$	D
$2\ (3^3)$	$D : d$
$2^2\,(3^3)$	$D : d : \bar{d}$
$2^3\,(3^3)$	$D : d : \bar{d} : \bar{\bar{d}}$.

Variationes $2^n (3^2 \cdot 5)$ *Species*	*Formae*
	Si $F = 4$
$1\ (3^2 \cdot 5)$	$\bar{\bar{h}}$.
	Si $F = 8$
$1\ (3^2 \cdot 5)$	$\bar{h}$
$2\ (3^2 \cdot 5)$	$\bar{h} : \bar{\bar{h}}$.
	Si $F = 16$
$1\ (3^2 \cdot 5)$	h
$2\ (3^2 \cdot 5)$	$h : \bar{h}$
$2^2\,(3^2 \cdot 5)$	$h : \bar{h} : \bar{\bar{h}}$.

	Si F = 32
$1\ (3^2 \cdot 5)$	H
$2\ (3^2 \cdot 5)$	$\mathrm{H} : h$
$2^2 (3^2 . 5)$	$\mathrm{H} : h : \bar{h}$
$2^3 (3^2 \cdot 5)$	$\mathrm{H} : h : \bar{h} : \bar{\bar{h}}$.

Variationes $2^n (3 \cdot 5^2)$ *Species*	*Formae*
	Si F = 8
$1\ (3 \cdot 5^2)$	$\bar{\bar{g}}s$.
	Si F = 16
$1\ (3 \cdot 5^2)$	$\bar{g}s$
$2\ (3 \cdot 5^2)$	$\bar{g}s : \bar{\bar{g}}s$.
	Si F = 32
$1\ (3 \cdot 5^2)$	gs
$2\ (3 \cdot 5^2)$	$gs : \bar{g}s$
$2^2 (3 \cdot 5^2)$	$gs : \bar{g}s : \bar{\bar{g}}s$.
	Si F = 64
$1\ (3 \cdot 5^2)$	$\mathrm{G}s$
$2\ (3 \cdot 5^2)$	$\mathrm{G}s : gs$
$2^2 (3 \cdot 5^2)$	$\mathrm{G}s : gs : \bar{g}s$
$2^3 (3 \cdot 5^2)$	$\mathrm{G}s : gs : \bar{g}s : \bar{\bar{g}}s$.

Variationes $2^n (3^3 \cdot 5)$ *Species*	*Formae*
	Si F = 16
$2\ (3^3 \cdot 5)$	$\bar{f}s$.
	Si F = 32
$1\ (3^3 \cdot 5)$	fs
$2\ (3^3 \cdot 5)$	$fs : \bar{f}s$.

	Si F = 64
$1\,(3^3\cdot 5)$	fs
$2\,(3^3\cdot 5)$	$fs : \bar{f}s$
$2^2(3^3\cdot 5)$	$fs : \bar{f}s : \bar{\bar{f}}s.$

	Si F = 128
$1\,(3^3\cdot 5)$	$\mathrm{F}s$
$2\,(3^3\cdot 5)$	$\mathrm{F}s : fs$
$2^2(3^3\cdot 5)$	$\mathrm{F}s : fs : \bar{f}s$
$2^3(3^3\cdot 5)$	$\mathrm{F}s : fs : \bar{f}s : \bar{\bar{f}}s.$

Variationes $2^n(3^2\cdot 5^2)$ *Species*	*Formae*
	Si F = 32
$1\,(3^2\cdot 5^2)$	$\bar{\bar{d}}s.$
	Si F = 64
$1\,(3^2\cdot 5^2)$	$\bar{d}s$
$2\,(3^2\cdot 5^2)$	$\bar{d}s : \bar{\bar{d}}s.$
	Si F = 128
$1\,(3^2\cdot 5^2)$	ds
$2\,(3^2\cdot 5^2)$	$ds : \bar{d}s$
$2^2(3^2\cdot 5^2)$	$ds : \bar{d}s : \bar{\bar{d}}s.$
	Si F = 256
$1\,(3^2\cdot 5^2)$	$\mathrm{D}s$
$2\,(3^2\cdot 5^2)$	$\mathrm{D}s : ds$
$2^2(3^2\cdot 5^2)$	$\mathrm{D}s : ds : \bar{d}s$
$2^3(3^2\cdot 5^2)$	$\mathrm{D}s : ds : \bar{d}s : \bar{\bar{d}}s.$

Variationes $2^n(3^3 \cdot 5^2)$ *Species*	*Formae*
	Si $F = 64$
$1\ (3^3 \cdot 5^2)$	$\overline{\overline{b}}$.
	Si $F = 128$
$1\ (3^3 \cdot 5^2)$	$\overline{b}$
$2\ (3^3 \cdot 5^2)$	$\overline{b} : \overline{\overline{b}}$.
	Si $F = 256$
$1\ (3^3 \cdot 5^2)$	b
$2\ (3^3 \cdot 5^2)$	$b : \overline{b}$
$2^2(3^3 \cdot 5^2)$	$b : \overline{b} : \overline{\overline{b}}$.
	Si $F = 512$
$1\ (3^3 \cdot 5^2)$	B
$2\ (3^3 \cdot 5^2)$	$B : b$
$2^2(3^3 \cdot 5^2)$	$B : b : \overline{b}$
$2^3(3^3 \cdot 5^2)$	$B : b : \overline{b} : \overline{\overline{b}}$.

CONSONANTIAE $2^n \cdot 3$

Variationes $2^n \cdot 3(1)$ *Species*	*Formae*
	Si $F = 1$
$3(1)$	$F : \overline{c}$
$2 \cdot 3(1)$	$F : f : \overline{c} : \overline{\overline{c}}$
$2^2 \cdot 3(1)$	$F : f : \overline{c} : \overline{f} : \overline{\overline{c}} : \overline{\overline{\overline{c}}}$
$2^3 \cdot 3(1)$	$F : f : \overline{c} : \overline{f} : \overline{\overline{c}} : \overline{\overline{f}} : \overline{\overline{\overline{c}}}$.
	Si $F = 2$
$2 \cdot 3(1)$	$F : c : \overline{c}$
$2^2 \cdot 3(1)$	$F : c : f : \overline{c} : \overline{\overline{c}}$
$2^3 \cdot 3(1)$	$F : c : f : \overline{c} : \overline{f} : \overline{\overline{c}} : \overline{\overline{\overline{c}}}$
$2^4 \cdot 3(1)$	$F : c : f : \overline{c} : \overline{f} : \overline{\overline{c}} : \overline{\overline{f}} : \overline{\overline{\overline{c}}}$.

	Si F = 4
$2^2 \cdot 3(1)$	$C : F : c : \bar{c}$
$2^3 \cdot 3(1)$	$C : F : c : f : \bar{c} : \bar{\bar{c}}$
$2^4 \cdot 3(1)$	$C : F : c : f : \bar{c} : \bar{f} : \bar{\bar{c}} : \bar{\bar{\bar{c}}}$
$2^5 \cdot 3(1)$	$C : F : c : f : \bar{c} : \bar{f} : \bar{\bar{c}} : \bar{\bar{f}} : \bar{\bar{\bar{c}}}$.

Variationes $2^n \cdot 3(3)$ *Species*	*Formae*
	Si F = 1
$3(3)$	$\bar{c} : \bar{\bar{g}}$
$2 \cdot 3(3)$	$\bar{c} : \bar{\bar{c}} : \bar{\bar{g}}$
$2^2 \cdot 3(3)$	$\bar{c} : \bar{\bar{c}} : \bar{\bar{g}} . \bar{\bar{\bar{c}}}$.
	Si F = 2
$3(3)$	$c : \bar{g}$
$2 \cdot 3(3)$	$c : \bar{c} : \bar{g} : \bar{\bar{g}}$
$2^2 \cdot 3(3)$	$c : \bar{c} : \bar{g} : \bar{\bar{c}} : \bar{\bar{g}}$
$2^3 \cdot 3(3)$	$c : \bar{c} : \bar{g} : \bar{\bar{c}} : \bar{\bar{g}} : \bar{\bar{\bar{c}}}$.
	Si F = 4
$3(3)$	$C : g$
$2 \cdot 3(3)$	$C : c : g : \bar{g}$
$2^2 \cdot 3(3)$	$C : c : g : \bar{c} : \bar{g} : \bar{\bar{g}}$
$2^3 \cdot 3(3)$	$C : c : g : \bar{c} : \bar{g} : \bar{\bar{c}} : \bar{\bar{g}}$
$2^4 \cdot 3(3)$	$C : c : g : \bar{c} : \bar{g} : \bar{\bar{c}} : \bar{\bar{g}} : \bar{\bar{\bar{c}}}$.
	Si F = 8
$2 \cdot 3(3)$	$C : G : g$
$2^2 \cdot 3(3)$	$C : G : c : g : \bar{g}$
$2^3 \cdot 3(3)$	$C : G : c : g : \bar{c} : \bar{g} : \bar{\bar{g}}$
$2^4 \cdot 3(3)$	$C : G : c : g : \bar{c} : \bar{g} : \bar{\bar{c}} : \bar{\bar{g}}$
$2^5 \cdot 3(3)$	$C : G : c : g : \bar{c} : \bar{g} : \bar{\bar{c}} : \bar{\bar{g}} : \bar{\bar{\bar{c}}}$.

Variationes $2^n \cdot 3\,(5)$ *Species*	*Formae*
	Si F = 2
$3\,(5)$	$a : \bar{\bar{e}}$
$2 \cdot 3\,(5)$	$a : \bar{a} : \bar{\bar{e}}$
$2^2 \cdot 3\,(5)$	$a : \bar{a} : \bar{\bar{e}} : \bar{\bar{a}}$.
	Si F = 4
$3\,(5)$	$\mathrm{A} : \bar{e}$
$2 \cdot 3\,(5)$	$\mathrm{A} : a : \bar{e} : \bar{\bar{e}}$
$2^2 \cdot 3\,(5)$	$\mathrm{A} : a : \bar{e} : \bar{a} : \bar{\bar{e}}$
$2^3 \cdot 3\,(5)$	$\mathrm{A} : a : \bar{e} : \bar{a} : \bar{\bar{e}} : \bar{\bar{a}}$.
	Si F = 8
$2 \cdot 3\,(5)$	$\mathrm{A} : e : \bar{e}$
$2^2 \cdot 3\,(5)$	$\mathrm{A} : e : a : \bar{e} : \bar{\bar{e}}$
$2^3 \cdot 3\,(5)$	$\mathrm{A} : e : a : \bar{e} : \bar{a} : \bar{\bar{e}}$
$2^4 \cdot 3\,(5)$	$\mathrm{A} : e : a : \bar{e} : \bar{a} : \bar{\bar{e}} : \bar{\bar{a}}$.
	Si F = 16
$2^2 \cdot 3\,(5)$	$\mathrm{E} : \mathrm{A} : e : \bar{e}$
$2^3 \cdot 3\,(5)$	$\mathrm{E} : \mathrm{A} : e : a : \bar{e} : \bar{\bar{e}}$
$2^4 \cdot 3\,(5)$	$\mathrm{E} : \mathrm{A} : e : a : \bar{e} : \bar{a} : \bar{\bar{e}}$
$2^5 \cdot 3\,(5)$	$\mathrm{E} : \mathrm{A} : e : a : \bar{e} : \bar{a} : \bar{\bar{e}} : \bar{\bar{a}}$.

Variationes $2^n \cdot 3\,(3^2)$ *Species*	*Formae*
	Si F = 4
$3\,(3^2)$	$g : \bar{\bar{\bar{a}}}$
$2 \cdot 3\,(3^2)$	$g : \bar{g} : \bar{\bar{\bar{a}}}$
$2^2 \cdot 3\,(3^2)$	$g : \bar{g} : \bar{\bar{\bar{a}}} : \bar{\bar{g}}$.

Si F = 8

$3(3^2)$	$G : \bar{d}$
$2 \cdot 3(3^2)$	$G : g : \bar{d} : \bar{\bar{d}}$
$2^2 \cdot 3(3^2)$	$G : g : \bar{d} : \bar{g} : \bar{\bar{d}}$
$2^3 \cdot 3(3^2)$	$G : g : \bar{d} : \bar{g} : \bar{\bar{d}} : \bar{\bar{g}}$.

Si F = 16

$2 \cdot 3(3^2)$	$G : d : \bar{d}$
$2^2 \cdot 3(3^2)$	$G : d : g : \bar{d} : \bar{\bar{d}}$
$2^3 \cdot 3(3^2)$	$G : d : g : \bar{d} : \bar{g} : \bar{\bar{d}}$
$2^4 \cdot 3(3^2)$	$G : d : g : \bar{d} : \bar{g} : \bar{\bar{d}} : \bar{\bar{g}}$.

Si F = 32

$2^2 \cdot 3(3^2)$	$D : G : d : \bar{d}$
$2^3 \cdot 3(3^2)$	$D : G : d : g : \bar{d} : \bar{\bar{d}}$
$2^4 \cdot 3(3^2)$	$D : G : d : g : \bar{d} : \bar{g} : \bar{\bar{d}}$
$2^5 \cdot 3(3^2)$	$D : G : d : g : \bar{d} : \bar{g} : \bar{\bar{d}} : \bar{\bar{g}}$.

Variationes $2^n \cdot 3(3 \cdot 5)$ *Species*	*Formae*
	Si F = 4
$3(3 \cdot 5)$	$\bar{e} : \bar{\bar{h}}$
$2 \cdot 3(3 \cdot 5)$	$\bar{e} : \bar{\bar{e}} : \bar{\bar{h}}$.
	Si F = 8
$3(3 \cdot 5)$	$e : \bar{h}$
$2 \cdot 3(3 \cdot 5)$	$e : \bar{e} : \bar{h} : \bar{\bar{h}}$
$2^2 \cdot 3(3 \cdot 5)$	$e : \bar{e} : \bar{h} : \bar{\bar{e}} : \bar{\bar{h}}$.
	Si F = 16
$3(3 \cdot 5)$	$E : h$
$2 \cdot 3(3 \cdot 5)$	$E : e : h : \bar{h}$
$2^2 \cdot 3(3 \cdot 5)$	$E : e : h : \bar{e} : \bar{h} : \bar{\bar{h}}$
$2^3 \cdot 3(3 \cdot 5)$	$E : e : h : \bar{e} : \bar{h} : \bar{\bar{e}} : \bar{\bar{h}}$.

	Si $\mathrm{F} = 32$
$2 \cdot 3(3 \cdot 5)$	$\mathrm{E} : \mathrm{H} : h$
$2^2 \cdot 3(3 \cdot 5)$	$\mathrm{E} : \mathrm{H} : e : h : \bar{h}$
$2^3 \cdot 3(3 \cdot 5)$	$\mathrm{E} : \mathrm{H} : e : h : \bar{e} : \bar{h} : \bar{\bar{h}}$
$2^4 \cdot 3(3 \cdot 5)$	$\mathrm{E} : \mathrm{H} : e : h : \bar{e} : \bar{h} : \bar{\bar{e}} : \bar{\bar{h}}$.

Variationes $2^n \cdot 3(5^2)$ *Species*	*Formae*
	Si $\mathrm{F} = 8$
$3(5^2)$	$\bar{c}s : \bar{\bar{g}}s$
$2 \cdot 3(5^2)$	$\bar{c}s : \bar{\bar{c}}s : \bar{\bar{g}}s$.
	Si $\mathrm{F} = 16$
$3(5^2)$	$cs : \bar{g}s$
$2 \cdot 3(5^2)$	$cs : \bar{c}s : \bar{g}s : \bar{\bar{g}}s$
$2^2 \cdot 3(5^2)$	$cs : \bar{c}s : \bar{g}s : \bar{\bar{c}}s : \bar{\bar{g}}s$.
	Si $\mathrm{F} = 32$
$3(5^2)$	$\mathrm{C}s : gs$
$2 \cdot 3(5^2)$	$\mathrm{C}s : cs : gs : \bar{g}s$
$2^2 \cdot 3(5^2)$	$\mathrm{C}s : cs : gs : \bar{c}s : \bar{g}s : \bar{\bar{g}}s$
$2^3 \cdot 3(5^2)$	$\mathrm{C}s : cs : gs : \bar{c}s : \bar{g}s : \bar{\bar{c}}s : \bar{\bar{g}}s$.
	Si $\mathrm{F} = 64$
$2 \cdot 3(5^2)$	$\mathrm{C}s : \mathrm{G}s : gs$
$2^2 \cdot 3(5^2)$	$\mathrm{C}s : \mathrm{G}s : cs : gs : \bar{g}s$
$2^3 \cdot 3(5^2)$	$\mathrm{C}s : \mathrm{G}s : cs : gs : \bar{c}s : \bar{g}s : \bar{\bar{g}}s$
$2^4 \cdot 3(5^2)$	$\mathrm{C}s : \mathrm{G}s : cs : gs : \bar{c}s : \bar{g}s : \bar{\bar{c}}s : \bar{\bar{g}}s$.

Variationes $2^n \cdot 3(3^2 \cdot 5)$ *Species*	*Formae*
	Si $\mathrm{F} = 16$
$3(3^2 \cdot 5)$	$h : \bar{\bar{f}}s$
$2 \cdot 3(3^2 \cdot 5)$	$h : \bar{h} : \bar{\bar{f}}s$
$2^2 \cdot 3(3^2 \cdot 5)$	$h : \bar{h} : \bar{\bar{f}}s : \bar{\bar{h}}$.

	Si F = 32
$3(3^2\cdot 5)$	$H : \bar{f}s$
$2\cdot 3(3^2\cdot 5)$	$H : h : \bar{f}s : \bar{\bar{f}}s$
$2^2\cdot 3(3^2\cdot 5)$	$H : h : \bar{f}s : \bar{h} : \bar{f}s$
$2^3\cdot 3(3^2\cdot 5)$	$H : h : \bar{f}s : \bar{h} : \bar{\bar{f}}s : \bar{\bar{h}}$.
	Si F = 64
$2\cdot 3(3^2\cdot 5)$	$H : fs : \bar{f}s$
$2^2\cdot 3(3^2\cdot 5)$	$H : fs : h : \bar{f}s : \bar{\bar{f}}s$
$2^3\cdot 3(3^2\cdot 5)$	$H : fs : h : \bar{f}s : \bar{h} : \bar{\bar{f}}s$
$2^4\cdot 3(3^2\cdot 5)$	$H : fs : h : \bar{f}s : \bar{h} : \bar{\bar{f}}s : \bar{\bar{h}}$.
	Si F = 128
$2^2\cdot 3(3^2\cdot 5)$	$Fs : H : fs : \bar{f}s$
$2^3\cdot 3(3^2\cdot 5)$	$Fs : H : fs : h : \bar{f}s : \bar{\bar{f}}s$
$2^4\cdot 3(3^2\cdot 5)$	$Fs : H : fs : h : \bar{f}s : \bar{h} : \bar{\bar{f}}s$
$2^5\cdot 3(3^2\cdot 5)$	$Fs : H : fs : h : \bar{f}s : \bar{h} : \bar{\bar{f}}s : \bar{\bar{h}}$.

Variationes $2^n\cdot 3(3\cdot 5^2)$ *Species*	*Formae*
	Si F = 32
$3(3\cdot 5^2)$	$gs : \bar{\bar{d}}s$
$2\cdot 3(3\cdot 5^2)$	$gs : \bar{g}s : \bar{\bar{d}}s$
$2^2\cdot 3(3\cdot 5^2)$	$gs : \bar{g}s : \bar{\bar{d}}s : \bar{\bar{g}}s$.
	Si F = 64
$3(3\cdot 5^2)$	$Gs : \bar{d}s$
$2\cdot 3(3\cdot 5^2)$	$Gs : gs : \bar{d}s : \bar{\bar{d}}s$
$2^2\cdot 3(3\cdot 5^2)$	$Gs : gs : \bar{d}s : \bar{g}s : \bar{\bar{d}}s$
$2^3\cdot 3(3\cdot 5^2)$	$Gs : gs : \bar{d}s : \bar{g}s : \bar{\bar{d}}s : \bar{\bar{g}}s$.
	Si F = 128
$2\cdot 3(3\cdot 5^2)$	$Gs : ds : \bar{d}s$
$2^2\cdot 3(3\cdot 5^2)$	$Gs : ds : gs : \bar{d}s : \bar{\bar{d}}s$
$2^3\cdot 3(3\cdot 5^2)$	$Gs : ds : gs : \bar{d}s : \bar{g}s : \bar{\bar{d}}s$
$2^4\cdot 3(3\cdot 5^2)$	$Gs : ds : gs : \bar{d}s : \bar{g}s : \bar{\bar{d}}s : \bar{\bar{g}}s$.

	Si F = 256
$2^2 \cdot 3(3 \cdot 5^2)$	$Ds : Gs : ds : \bar{\bar{d}}s$
$2^3 \cdot 3(3 \cdot 5^2)$	$Ds : Gs : ds : gs : \bar{d}s : \bar{\bar{d}}s$
$2^4 \cdot 3(3 \cdot 5^2)$	$Ds : Gs : ds : gs : \bar{d}s : \bar{g}s : \bar{\bar{d}}s$
$2^5 \cdot 3(3 \cdot 5^2)$	$Ds : Gs : ds : gs : \bar{d}s : \bar{g}s : \bar{\bar{d}}s : \bar{\bar{g}}s.$

Variationes $2^n \cdot 3(3^2 \cdot 5^2)$ *Species*	*Formae*
	Si F = 64
$3(3^2 \cdot 5^2)$	$\bar{d}s : \bar{b}$
$2 \cdot 3(3^2 \cdot 5^2)$	$\bar{d}s : \bar{\bar{d}}s : \bar{b}.$
	Si F = 128
$3(3^2 \cdot 5^2)$	$ds : \bar{b}$
$2 \cdot 3(3^2 \cdot 5^2)$	$ds : \bar{d}s : \bar{b} : \bar{b}$
$2^2 \cdot 3(3^2 \cdot 5^2)$	$ds : \bar{d}s : \bar{b} : \bar{\bar{d}}s : \bar{b}.$
	Si F = 256
$3(3^2 \cdot 5^2)$	$Ds : b$
$2 \cdot 3(3^2 \cdot 5^2)$	$Ds : ds : b : \bar{b}$
$2^2 \cdot 3(3^2 \cdot 5^2)$	$Ds : ds : b : \bar{d}s : \bar{b} : \bar{b}$
$2^3 \cdot 3(3^2 \cdot 5^2)$	$Ds : ds : b : \bar{d}s : \bar{b} : \bar{\bar{d}}s : \bar{b}.$
	Si F = 512
$2 \cdot 3(3^2 \cdot 5^2)$	$Ds : B : b$
$2^2 \cdot 3(3^2 \cdot 5^2)$	$Ds : B : ds : b : \bar{b}$
$2^3 \cdot 3(3^2 \cdot 5^2)$	$Ds : B : ds : b : \bar{d}s : \bar{b} : \bar{b}$
$2^4 \cdot 3(3^2 \cdot 5^2)$	$Ds : B : ds : b : \bar{d}s : \bar{b} : \bar{\bar{d}}s : \bar{b}.$

CONSONANTIAE $2^n \cdot 5$

Variationes $2^n \cdot 5(1)$ *Species*	*Formae*
	Si $F = 1$
$5(1)$	$F : \bar{a}$
$2 \cdot 5(1)$	$F : f : \bar{a} : \bar{\bar{a}}$
$2^2 \cdot 5(1)$	$F : f : \bar{f} : \bar{a} : \bar{\bar{a}}$
$2^3 \cdot 5(1)$	$F : f : \bar{f} : \bar{a} : \bar{\bar{f}} : \bar{\bar{a}}$.
	Si $F = 2$
$2 \cdot 5(1)$	$F : a : \bar{a}$
$2^2 \cdot 5(1)$	$F : f : a : \bar{a} : \bar{\bar{a}}$
$2^3 \cdot 5(1)$	$F : f : a : \bar{f} : \bar{a} : \bar{\bar{a}}$
$2^4 \cdot 5(1)$	$F : f : a : \bar{f} : \bar{a} : \bar{\bar{f}} : \bar{\bar{a}}$.
	Si $F = 4$
$2^2 \cdot 5(1)$	$F : A : a : \bar{a}$
$2^3 \cdot 5(1)$	$F : A : f : a : \bar{a} : \bar{\bar{a}}$
$2^4 \cdot 5(1)$	$F : A : f : a : \bar{f} : \bar{a} : \bar{\bar{a}}$
$2^5 \cdot 5(1)$	$F : A : f : a : \bar{f} : \bar{a} : \bar{\bar{f}} : \bar{\bar{a}}$.

Variationes $2^n \cdot 5(3)$ *Species*	*Formae*
	Si $F = 2$
$5(3)$	$c : \bar{\bar{e}}$
$2 \cdot 5(3)$	$c : \bar{c} : \bar{\bar{e}}$
$2^2 \cdot 5(3)$	$c : \bar{c} : \bar{\bar{c}} : \bar{\bar{e}}$.
	Si $F = 4$
$5(3)$	$C : \bar{e}$
$2 \cdot 5(3)$	$C : c : \bar{e} : \bar{\bar{e}}$
$2^2 \cdot 5(3)$	$C : c : \bar{c} : \bar{e} : \bar{\bar{e}}$
$2^3 \cdot 5(3)$	$C : c : \bar{c} : \bar{e} : \bar{\bar{c}} : \bar{\bar{e}}$.

	Si F = 8
$2 \cdot 5(3)$	$C : e : \bar{e}$
$2^2 \cdot 5(3)$	$C : c : e : \bar{e} : \bar{\bar{e}}$
$2^3 \cdot 5(3)$	$C : c : e : \bar{c} : \bar{e} : \bar{\bar{e}}$
$2^4 \cdot 5(3)$	$C : c : e : \bar{c} : \bar{e} : \bar{\bar{c}} : \bar{\bar{e}}.$
	Si F = 16
$2^2 \cdot 5(3)$	$C : E : e : \bar{e}$
$2^3 \cdot 5(3)$	$C : E : c : e : \bar{e} : \bar{\bar{e}}$
$2^4 \cdot 5(3)$	$C : E : c : e : \bar{c} : \bar{e} : \bar{\bar{e}}$
$2^5 \cdot 5(3)$	$C : E : c : e : \bar{c} : \bar{e} : \bar{\bar{c}} : \bar{\bar{e}}.$

Variationes $2^n \cdot 5(5)$ *Species*	*Formae*
	Si F = 4
$5(5)$	$A : \bar{\bar{c}}s$
$2 \cdot 5(5)$	$A : a : \bar{\bar{c}}s$
$2^2 \cdot 5(5)$	$A : a : \bar{a} : \bar{\bar{c}}s$
$2^3 \cdot 5(5)$	$A : a : \bar{a} : \bar{\bar{c}}s : \bar{\bar{a}}.$
	Si F = 8
$2 \cdot 5(5)$	$A : \bar{c}s : \bar{\bar{c}}s$
$2^2 \cdot 5(5)$	$A : a : \bar{c}s : \bar{\bar{c}}s$
$2^3 \cdot 5(5)$	$A : a : \bar{c}s : \bar{a} : \bar{\bar{c}}s$
$2^4 \cdot 5(5)$	$A : a : \bar{c}s : \bar{a} : \bar{\bar{c}}s : \bar{\bar{a}}.$
	Si F = 16
$2^2 \cdot 5(5)$	$A : cs : \bar{c}s : \bar{\bar{c}}s$
$2^3 \cdot 5(5)$	$A : cs : a : \bar{c}s : \bar{\bar{c}}s$
$2^4 \cdot 5(5)$	$A : cs : a : \bar{c}s : \bar{a} : \bar{\bar{c}}s$
$2^5 \cdot 5(5)$	$A : cs : a : \bar{c}s : \bar{a} : \bar{\bar{c}}s : \bar{\bar{a}}.$

Si F = 32

$2^3 \cdot 5(5)$	$Cs : A : cs : \bar{c}s : \bar{\bar{c}}s$
$2^4 \cdot 5(5)$	$Cs : A : cs : a : \bar{c}s : \bar{\bar{c}}s$
$2^5 \cdot 5(5)$	$Cs : A : cs : a : \bar{c}s : \bar{a} : \bar{\bar{c}}s$
$2^6 \cdot 5(5)$	$Cs : A : cs : a : \bar{c}s : \bar{a} : \bar{\bar{c}}s : \bar{\bar{a}}$.

Variationes $2^n \cdot 5(3^2)$ *Species*	*Formae*
	Si F = 4
$5(3^2)$	$g : \bar{\bar{h}}$
$2 \cdot 5(3^2)$	$g : \bar{g} : \bar{\bar{h}}$
$2^2 \cdot 5(3^2)$	$g : \bar{g} : \bar{\bar{g}} : \bar{\bar{h}}$.
	Si F = 8
$5(3^2)$	$G : \bar{h}$
$2 \cdot 5(3^2)$	$G : g : \bar{h} : \bar{\bar{h}}$
$2^2 \cdot 5(3^2)$	$G : g : \bar{g} : \bar{h} : \bar{\bar{h}}$
$2^3 \cdot 5(3^2)$	$G : g : \bar{g} : \bar{h} : \bar{\bar{g}} : \bar{\bar{h}}$.
	Si F = 16
$2 \cdot 5(3^2)$	$G : h : \bar{h}$
$2^2 \cdot 5(3^2)$	$G : g : h : \bar{h} : \bar{\bar{h}}$
$2^3 \cdot 5(3^2)$	$G : g : h : \bar{g} : \bar{h} : \bar{\bar{h}}$
$2^4 \cdot 5(3^2)$	$G : g : h : \bar{g} : \bar{h} : \bar{\bar{g}} : \bar{\bar{h}}$.
	Si F = 32
$2^2 \cdot 5(3^2)$	$G : H : h : \bar{h}$
$2^3 \cdot 5(3^2)$	$G : H : g : h : \bar{h} : \bar{\bar{h}}$
$2^4 \cdot 5(3^2)$	$G : H : g : h : \bar{g} : \bar{h} : \bar{\bar{h}}$
$2^5 \cdot 5(3^2)$	$G : H : g : h : \bar{g} : \bar{h} : \bar{\bar{g}} : \bar{\bar{h}}$.

Variationes $2^n \cdot 5(3 \cdot 5)$ *Species*	*Formae*
	Si $F = 8$
$5(3 \cdot 5)$	$e : \bar{\bar{g}}s$
$2 \cdot 5(3 \cdot 5)$	$e : \bar{e} : \bar{\bar{g}}s$
$2^2 \cdot 5(3 \cdot 5)$	$e : \bar{e} : \bar{\bar{e}} : \bar{\bar{g}}s.$
	Si $F = 16$
$5(3 \cdot 5)$	$E : \bar{g}s$
$2 \cdot 5(3 \cdot 5)$	$E : e : \bar{g}s : \bar{\bar{g}}s$
$2^2 \cdot 5(3 \cdot 5)$	$E : e : \bar{e} : \bar{g}s : \bar{\bar{g}}s$
$2^3 \cdot 5(3 \cdot 5)$	$E : e : \bar{e} : \bar{g}s : \bar{\bar{e}} : \bar{\bar{g}}s.$
	Si $F = 32$
$2 \cdot 5(3 \cdot 5)$	$E : gs : \bar{g}s$
$2^2 \cdot 5(3 \cdot 5)$	$E : e : gs : \bar{g}s : \bar{\bar{g}}s$
$2^3 \cdot 5(3 \cdot 5)$	$E : e : gs : \bar{e} : \bar{g}s : \bar{\bar{g}}s$
$2^4 \cdot 5(3 \cdot 5)$	$E : e : gs : \bar{e} : \bar{g}s : \bar{\bar{e}} : \bar{\bar{g}}s.$
	Si $F = 64$
$2^2 \cdot 5(3 \cdot 5)$	$E : Gs : gs : \bar{g}s$
$2^3 \cdot 5(3 \cdot 5)$	$E : Gs : e : gs : \bar{g}s : \bar{\bar{g}}s$
$2^4 \cdot 5(3 \cdot 5)$	$E : Gs : e : gs : \bar{e} : \bar{g}s : \bar{\bar{g}}s$
$2^5 \cdot 5(3 \cdot 5)$	$E : Gs : e : gs : \bar{e} : \bar{g}s : \bar{\bar{e}} : \bar{\bar{g}}s.$

Variationes $2^n \cdot 5(3^3)$ *Species*	*Formae*
	Si $F = 16$
$5(3^3)$	$d : \bar{\bar{f}}s$
$2 \cdot 5(3^3)$	$d : \bar{d} : \bar{\bar{f}}s$
$2^2 \cdot 5(3^3)$	$d : \bar{d} : \bar{\bar{d}} : \bar{\bar{f}}s.$

Si F = 32

$5(3^3)$	$D : \bar{f}s$
$2 \cdot 5(3^3)$	$D : d : \bar{f}s : \bar{\bar{f}}s$
$2^2 \cdot 5(3^3)$	$D : d : \bar{d} : \bar{f}s : \bar{\bar{f}}s$
$2^3 \cdot 5(3^3)$	$D : d : \bar{d} : \bar{f}s : \bar{\bar{d}} : \bar{\bar{f}}s.$

Si F = 64

$2 \cdot 5(3^3)$	$D : fs : \bar{f}s$
$2^2 \cdot 5(3^3)$	$D : d : fs : \bar{f}s : \bar{\bar{f}}s$
$2^3 \cdot 5(3^3)$	$D : d : fs : \bar{d} : \bar{f}s : \bar{\bar{f}}s$
$2^4 \cdot 5(3^3)$	$D : d : fs : \bar{d} : \bar{f}s : \bar{\bar{d}} : \bar{\bar{f}}s.$

Si F = 128

$2^2 \cdot 5(3^3)$	$D : Fs : fs : \bar{f}s$
$2^3 \cdot 5(3^3)$	$D : Fs : d : fs : \bar{f}s : \bar{\bar{f}}s$
$2^4 \cdot 5(3^3)$	$D : Fs : d : fs : \bar{d} : \bar{f}s : \bar{\bar{f}}s$
$2^5 \cdot 5(3^3)$	$D : Fs : d : fs : \bar{d} : \bar{f}s : \bar{\bar{d}} : \bar{\bar{f}}s.$

Variationes $2^n \cdot 5(3^2 \cdot 5)$ *Species*	*Formae*
	Si F = 32
$5(3^2 \cdot 5)$	$H : \bar{\bar{d}}s$
$2 \cdot 5(3^2 \cdot 5)$	$H : h : \bar{\bar{d}}s$
$2^2 \cdot 5(3^2 \cdot 5)$	$H : h : \bar{h} : \bar{\bar{d}}s$
$2^3 \cdot 5(3^2 \cdot 5)$	$H : h : \bar{h} : \bar{\bar{d}}s : \bar{\bar{h}}.$
	Si F = 64
$2 \cdot 5(3^2 \cdot 5)$	$H : \bar{d}s : \bar{\bar{d}}s$
$2^2 \cdot 5(3^2 \cdot 5)$	$H : h : \bar{d}s : \bar{\bar{d}}s$
$2^3 \cdot 5(3^2 \cdot 5)$	$H : h : \bar{d}s : \bar{h} : \bar{\bar{d}}s$
$2^4 \cdot 5(3^2 \cdot 5)$	$H : h : \bar{d}s : \bar{h} : \bar{\bar{d}}s : \bar{\bar{h}}.$

	Si F = 128
$2^2 \cdot 5(3^2 \cdot 5)$	H : *ds* : $\bar{d}s$: $\bar{\bar{d}}s$
$2^3 \cdot 5(3^2 \cdot 5)$	H : *ds* : *h* : $\bar{d}s$: $\bar{\bar{d}}s$
$2^4 \cdot 5(3^2 \cdot 5)$	H : *ds* : *h* : $\bar{d}s$: $\bar{h}$: $\bar{\bar{d}}s$
$2^5 \cdot 5(3^2 \cdot 5)$	H : *ds* : *h* : $\bar{d}s$: $\bar{h}$: $\bar{\bar{d}}s$: $\bar{\bar{h}}$.
	Si F = 256
$2^3 \cdot 5(3^2 \cdot 5)$	Ds : H : *ds* : $\bar{d}s$: $\bar{\bar{d}}s$
$2^4 \cdot 5(3^2 \cdot 5)$	Ds : H : *ds* : *h* : $\bar{d}s$: $\bar{\bar{d}}s$
$2^5 \cdot 5(3^2 \cdot 5)$	Ds : H : *ds* : *h* : $\bar{d}s$: $\bar{h}$: $\bar{\bar{d}}s$
$2^6 \cdot 5(3^2 \cdot 5)$	Ds : H : *ds* : *h* : $\bar{d}s$: $\bar{h}$: $\bar{\bar{d}}s$: $\bar{\bar{h}}$.

Variationes $2^n \cdot 5(3^3 \cdot 5)$ *Species*	*Formae*
	Si F = 64
$5(3^3 \cdot 5)$	*fs* : $\bar{\bar{b}}$
$2 \cdot 5(3^3 \cdot 5)$	*fs* : $\bar{f}s$: $\bar{\bar{b}}$
$2^2 \cdot 5(3^3 \cdot 5)$	*fs* : $\bar{f}s$: $\bar{\bar{f}}s$: $\bar{\bar{b}}$.
	Si F = 128
$5(3^3 \cdot 5)$	Fs : $\bar{b}$
$2 \cdot 5(3^3 \cdot 5)$	Fs : *fs* : $\bar{b}$: $\bar{\bar{b}}$
$2^2 \cdot 5(3^3 \cdot 5)$	Fs : *fs* : $\bar{f}s$: $\bar{b}$: $\bar{\bar{b}}$
$2^3 \cdot 5(3^3 \cdot 5)$	Fs : *fs* : $\bar{f}s$: $\bar{b}$: $\bar{\bar{f}}s$: $\bar{\bar{b}}$.
	Si F = 256
$2 \cdot 5(3^3 \cdot 5)$	Fs : *b* : $\bar{b}$
$2^2 \cdot 5(3^3 \cdot 5)$	Fs : *fs* : *b* : $\bar{b}$: $\bar{\bar{b}}$
$2^3 \cdot 5(3^3 \cdot 5)$	Fs : *fs* : *b* : $\bar{f}s$: $\bar{b}$: $\bar{\bar{b}}$
$2^4 \cdot 5(3^3 \cdot 5)$	Fs : *fs* : *b* : $\bar{f}s$: $\bar{b}$: $\bar{\bar{f}}s$: $\bar{\bar{b}}$.
	Si F = 512
$2^2 \cdot 5(3^3 \cdot 5)$	Fs : B : *b* : $\bar{b}$
$2^3 \cdot 5(3^3 \cdot 5)$	Fs : B : *fs* : *b* : $\bar{b}$: $\bar{\bar{b}}$
$2^4 \cdot 5(3^3 \cdot 5)$	Fs : B : *fs* : *b* : $\bar{f}s$: $\bar{b}$: $\bar{\bar{b}}$
$2^5 \cdot 5(3^3 \cdot 5)$	Fs : B : *fs* : *b* : $\bar{f}s$: $\bar{b}$: $\bar{\bar{f}}s$: $\bar{\bar{b}}$.

CONSONANTIAE $2^n \cdot 3^2$

Variationes $2^n \cdot 3^2(1)$ *Species*	*Formae*
	Si F = 1
$3^2(1)$	$F : \bar{c} : \bar{\bar{g}}$
$2 \cdot 3^2(1)$	$F : f : \bar{c} : \bar{\bar{c}} : \bar{\bar{g}}$
$2^2 \cdot 3^2(1)$	$F : f : \bar{c} : \bar{f} : \bar{\bar{c}} : \bar{\bar{g}} : \bar{\bar{\bar{c}}}$
$2^3 \cdot 3^2(1)$	$F : f : \bar{c} : \bar{f} : \bar{\bar{c}} : \bar{\bar{f}} : \bar{\bar{g}} : \bar{\bar{\bar{c}}}.$
	Si F = 2
$2 \cdot 3^2(1)$	$F : c : \bar{c} : \bar{g} : \bar{\bar{g}}$
$2^2 \cdot 3^2(1)$	$F : c : f : \bar{c} : \bar{g} : \bar{\bar{c}} : \bar{\bar{g}}$
$2^3 \cdot 3^2(1)$	$F : c : f : \bar{c} : \bar{f} : \bar{g} : \bar{\bar{c}} : \bar{\bar{g}} : \bar{\bar{\bar{c}}}$
$2^4 \cdot 3^2(1)$	$F : c : f : \bar{c} : \bar{f} : \bar{g} : \bar{\bar{c}} : \bar{\bar{f}} : \bar{\bar{g}} : \bar{\bar{\bar{c}}}.$
	Si F = 4
$2^2 \cdot 3^2(1)$	$C : F : c : g : \bar{c} : \bar{g} : \bar{\bar{g}}$
$2^3 \cdot 3^2(1)$	$C : F : c : f : g : \bar{c} : \bar{g} \cdot \bar{\bar{c}} : \bar{\bar{g}}$
$2^4 \cdot 3^2(1)$	$C : F : c : f : g : \bar{c} : \bar{f} : \bar{g} : \bar{\bar{c}} : \bar{\bar{g}} : \bar{\bar{\bar{c}}}$
$2^5 \cdot 3^2(1)$	$C : F : c : f : g : \bar{c} : \bar{f} : \bar{g} : \bar{\bar{c}} : \bar{\bar{f}} : \bar{\bar{g}} : \bar{\bar{\bar{c}}}.$
	Si F = 8
$2^3 \cdot 3^2(1)$	$C : F : G : c : g : \bar{c} : \bar{g} : \bar{\bar{g}}$
$2^4 \cdot 3^2(1)$	$C : F : G : c : f : g : \bar{c} : \bar{g} : \bar{\bar{c}} : \bar{\bar{g}}$
$2^5 \cdot 3^2(1)$	$C : F : G : c : f : g : \bar{c} : \bar{f} : \bar{g} : \bar{\bar{c}} : \bar{\bar{g}} : \bar{\bar{\bar{c}}}$
$2^6 \cdot 3^2(1)$	$C : F : G : c : f : g : \bar{c} : \bar{f} : \bar{g} : \bar{\bar{c}} : \bar{\bar{f}} : \bar{\bar{g}} : \bar{\bar{\bar{c}}}.$

Variationes $2^n \cdot 3^2(3)$ *Species*	*Formae*
	Si F = 4
$3^2(3)$	$C : g : \bar{\bar{d}}$
$2 \cdot 3^2(3)$	$C : c : g : \bar{g} : \bar{\bar{d}}$
$2^2 \cdot 3^2(3)$	$C : c : g : \bar{c} : \bar{g} : \bar{\bar{d}} : \bar{\bar{g}}$
$2^3 \cdot 3^2(3)$	$C : c : g : \bar{c} : \bar{g} : \bar{\bar{c}} : \bar{\bar{d}} : \bar{\bar{g}}.$

	Si F = 8
$2 \cdot 3^2(3)$	$C : G : g : \bar{d} : \bar{\bar{d}}$
$2^2 \cdot 3^2(3)$	$C : G : c : g : \bar{d} : \bar{g} : \bar{\bar{d}}$
$2^3 \cdot 3^2(3)$	$C : G : c : g : \bar{c} : \bar{d} : \bar{g} : \bar{\bar{d}} : \bar{\bar{g}}$
$2^4 \cdot 3^2(3)$	$C : G : c : g : \bar{c} : \bar{d} : \bar{g} : \bar{\bar{c}} : \bar{\bar{d}} : \bar{\bar{g}}$.
	Si F = 16
$2^2 \cdot 3^2(3)$	$C : G : d : g : \bar{d} : \bar{\bar{d}}$
$2^3 \cdot 3^2(3)$	$C : G : c : d : g : \bar{d} : \bar{g} : \bar{\bar{d}}$
$2^4 \cdot 3^2(3)$	$C : G : c : d : g : \bar{c} : \bar{d} : \bar{g} : \bar{\bar{d}} : \bar{\bar{g}}$
$2^5 \cdot 3^2(3)$	$C : G : c : d : g : \bar{c} : \bar{d} : \bar{g} : \bar{\bar{c}} : \bar{\bar{d}} : \bar{\bar{g}}$.
	Si F = 32
$2^3 \cdot 3^2(3)$	$C : D : G : d : g : \bar{d} : \bar{\bar{d}}$
$2^4 \cdot 3^2(3)$	$C : D : G : c : d : g : \bar{d} : \bar{g} : \bar{\bar{d}}$
$2^5 \cdot 3^2(3)$	$C : D : G : c : d : g : \bar{c} : \bar{d} : \bar{g} : \bar{\bar{d}} : \bar{\bar{g}}$
$2^6 \cdot 3^2(3)$	$C : D : G : c : d : g : \bar{c} : \bar{d} : \bar{g} : \bar{\bar{c}} : \bar{\bar{d}} : \bar{\bar{g}}$.

Variationes $2^n \cdot 3^2(5)$ *Species*	*Formae*
	Si F = 4
$3^2(5)$	$A : \bar{e} : \bar{\bar{h}}$
$2 \cdot 3^2(5)$	$A : a : \bar{e} : \bar{\bar{e}} : \bar{\bar{h}}$
$2^2 \cdot 3^2(5)$	$A : a : \bar{e} : \bar{a} : \bar{\bar{e}} : \bar{\bar{h}}$
$2^3 \cdot 3^2(5)$	$A : a : \bar{e} : \bar{a} : \bar{\bar{e}} : \bar{\bar{a}} : \bar{\bar{h}}$.
	Si F = 8
$2 \cdot 3^2(5)$	$A : e : \bar{e} : \bar{h} : \bar{\bar{h}}$
$2^2 \cdot 3^2(5)$	$A : e : a : \bar{e} : \bar{h} : \bar{\bar{e}} : \bar{\bar{h}}$
$2^3 \cdot 3^2(5)$	$A : e : a : \bar{e} : \bar{a} : \bar{h} : \bar{\bar{e}} : \bar{\bar{h}}$
$2^4 \cdot 3^2(5)$	$A : e : a : \bar{e} : \bar{a} ; \bar{h} : \bar{\bar{e}} : \bar{\bar{a}} : \bar{\bar{h}}$.

	Si $F = 16$
$2^2 \cdot 3^2 (5)$	$E : A : e : h : \bar{e} : \bar{h} : \bar{\bar{h}}$
$2^3 \cdot 3^2 (5)$	$E : A : e : a : h : \bar{e} : \bar{h} : \bar{\bar{e}} : \bar{\bar{h}}$
$2^4 \cdot 3^2 (5)$	$E : A : e : a : h : \bar{e} : \bar{a} : \bar{h} : \bar{\bar{e}} : \bar{\bar{h}}$
$2^5 \cdot 3^2 (5)$	$E : A : e : a : h : \bar{e} : \bar{a} : \bar{h} : \bar{\bar{e}} : \bar{\bar{a}} : \bar{\bar{h}}.$
	Si $F = 32$
$2^3 \cdot 3^2 (5)$	$E : A : H : e : h : \bar{e} : \bar{h} : \bar{\bar{h}}$
$2^4 \cdot 3^2 (5)$	$E : A : H : e : a : h : \bar{e} : \bar{h} : \bar{\bar{e}} : \bar{\bar{h}}$
$2^5 \cdot 3^2 (5)$	$E : A : H : e : a : h : \bar{e} : \bar{a} : \bar{h} : \bar{\bar{e}} : \bar{\bar{h}}$
$2^6 \cdot 3^2 (5)$	$E : A : H : e : a : h : \bar{e} : \bar{a} : \bar{h} : \bar{\bar{e}} : \bar{\bar{a}} : \bar{\bar{h}}.$

Variationes $2^n \cdot 3^2 (3 \cdot 5)$ *Species*	*Formae*
	Si $F = 16$
$3^2 (3 \cdot 5)$	$E : h : \bar{\bar{f}}s$
$2 \cdot 3^2 (3 \cdot 5)$	$E : e : h : \bar{h} : \bar{\bar{f}}s$
$2^2 \cdot 3^2 (3 \cdot 5)$	$E : e : h : \bar{e} : \bar{h} : \bar{\bar{f}}s : \bar{\bar{h}}$
$2^3 \cdot 3^2 (3 \cdot 5)$	$E : e : h : \bar{e} : \bar{h} : \bar{\bar{e}} : \bar{\bar{f}}s : \bar{\bar{h}}.$
	Si $F = 32$
$2 \cdot 3^2 (3 \cdot 5)$	$E : H : h : \bar{f}s : \bar{\bar{f}}s$
$2^2 \cdot 3^2 (3 \cdot 5)$	$E : H : e : h : \bar{f}s : \bar{h} : \bar{\bar{f}}s$
$2^3 \cdot 3^2 (3 \cdot 5)$	$E : H : e : h : \bar{e} : \bar{f}s : \bar{h} : \bar{\bar{f}}s : \bar{\bar{h}}$
$2^4 \cdot 3^2 (3 \cdot 5)$	$E : H : e : h : \bar{e} : \bar{f}s : \bar{h} : \bar{\bar{e}} : \bar{\bar{f}}s : \bar{\bar{h}}.$
	Si $F = 64$
$2^2 \cdot 3^2 (3 \cdot 5)$	$E : H : fs : h : \bar{f}s : \bar{\bar{f}}s$
$2^3 \cdot 3^2 (3 \cdot 5)$	$E : H : e : fs : h : \bar{f}s : \bar{h} : \bar{\bar{f}}s$
$2^4 \cdot 3^2 (3 \cdot 5)$	$E : H : e : fs : h : \bar{e} : \bar{f}s : \bar{h} : \bar{\bar{f}}s : \bar{\bar{h}}$
$2^5 \cdot 3^2 (3 \cdot 5)$	$E : H : e : fs : h : \bar{e} : \bar{f}s : \bar{h} : \bar{\bar{e}} : \bar{\bar{f}}s : \bar{\bar{h}}.$

Si F = 128

$2^3 \cdot 3^2(3 \cdot 5)$	E : Fs : H : fs : h : $\bar{f}$s : $\bar{\bar{f}}$s
$2^4 \cdot 3^2(3 \cdot 5)$	E : Fs : H : e : fs : h : $\bar{f}$s : $\bar{h}$: $\bar{\bar{f}}$s
$2^5 \cdot 3^2(3 \cdot 5)$	E : Fs : H : e : fs : h : $\bar{e}$: $\bar{f}$s : $\bar{h}$: $\bar{\bar{f}}$s : $\bar{\bar{h}}$
$2^6 \cdot 3^2(3 \cdot 5)$	E : Fs : H : e : fs : h : $\bar{e}$: $\bar{f}$s : $\bar{h}$: $\bar{\bar{e}}$: $\bar{\bar{f}}$s : $\bar{\bar{h}}$.

Variationes $2^n \cdot 3^2(5^2)$ *Species*	*Formae*
	Si F = 32
$3^2(5^2)$	Cs : gs : $\bar{\bar{d}}$s
$2 \cdot 3^2(5^2)$	Cs : cs : gs : $\bar{g}$s : $\bar{\bar{d}}$s
$2^2 \cdot 3^2(5^2)$	Cs : cs : gs : $\bar{c}$s : $\bar{g}$s : $\bar{\bar{d}}$s : $\bar{\bar{g}}$s
$2^3 \cdot 3^2(5^2)$	Cs : cs : gs : $\bar{c}$s : $\bar{g}$s : $\bar{\bar{c}}$s : $\bar{\bar{d}}$s : $\bar{\bar{g}}$s.
	Si F = 64
$2 \cdot 3^2(5^2)$	Cs : Gs : gs : $\bar{d}$s : $\bar{\bar{d}}$s
$2^2 \cdot 3^2(5^2)$	Cs : Gs : cs : gs : $\bar{d}$s : $\bar{g}$s : $\bar{\bar{d}}$s
$2^3 \cdot 3^2(5^2)$	Cs : Gs : cs : gs : $\bar{c}$s : $\bar{d}$s : $\bar{g}$s : $\bar{\bar{d}}$s : $\bar{\bar{g}}$s
$2^4 \cdot 3^2(5^2)$	Cs : Gs : cs : gs : $\bar{c}$s : $\bar{d}$s : $\bar{g}$s : $\bar{\bar{c}}$s : $\bar{\bar{d}}$s : $\bar{\bar{g}}$s.
	Si F = 128
$2^2 \cdot 3^2(5^2)$	Cs : Gs : ds : gs : $\bar{d}$s : $\bar{\bar{d}}$s
$2^3 \cdot 3^2(5^2)$	Cs : Gs : cs : ds : gs : $\bar{d}$s : $\bar{g}$s : $\bar{\bar{d}}$s
$2^4 \cdot 3^2(5^2)$	Cs : Gs : cs : ds : gs : $\bar{c}$s : $\bar{d}$s : $\bar{g}$s : $\bar{\bar{d}}$s : $\bar{\bar{g}}$s
$2^5 \cdot 3^2(5^2)$	Cs : Gs : cs : ds : gs : $\bar{c}$s : $\bar{d}$s : $\bar{g}$s : $\bar{\bar{c}}$s : $\bar{\bar{d}}$s : $\bar{\bar{g}}$s.
	Si F = 256
$2^3 \cdot 3^2(5^2)$	Cs : Ds : Gs : ds : gs : $\bar{d}$s : $\bar{\bar{d}}$s
$2^4 \cdot 3^2(5^2)$	Cs : Ds : Gs : cs : ds : gs : $\bar{d}$s : $\bar{g}$s : $\bar{\bar{d}}$s
$2^5 \cdot 3^2(5^2)$	Cs : Ds : Gs : cs : ds : gs : $\bar{c}$s : $\bar{d}$s : $\bar{g}$s : $\bar{\bar{d}}$s : $\bar{\bar{g}}$s
$2^6 \cdot 3^2(5^2)$	Cs : Ds : Gs : cs : ds : gs : $\bar{c}$s : $\bar{d}$s : $\bar{g}$s : $\bar{\bar{c}}$s : $\bar{\bar{d}}$s : $\bar{\bar{g}}$s.

Variationes $2^n \cdot 3^2(3 \cdot 5^2)$ *Species*	*Formae*
	Si F = 64
$3^2(3 \cdot 5^2)$	$Gs : \bar{d}s : \bar{\bar{b}}$
$2 \cdot 3^2(3 \cdot 5^2)$	$Gs : gs : \bar{d}s : \bar{\bar{d}}s : \bar{\bar{b}}$
$2^2 \cdot 3^2(3 \cdot 5^2)$	$Gs : gs : \bar{d}s : \bar{g}s : \bar{\bar{d}}s : \bar{\bar{b}}$
$2^3 \cdot 3^2(3 \cdot 5^2)$	$Gs : gs : \bar{d}s : \bar{g}s : \bar{\bar{d}}s : \bar{\bar{g}}s : \bar{\bar{b}}$.
	Si F = 128
$2 \cdot 3^2(3 \cdot 5^2)$	$Gs : ds : \bar{d}s : \bar{b} : \bar{\bar{b}}$
$2^2 \cdot 3^2(3 \cdot 5^2)$	$Gs : ds : gs : \bar{d}s : \bar{b} : \bar{\bar{d}}s : \bar{\bar{b}}$
$2^3 \cdot 3^2(3 \cdot 5^2)$	$Gs : ds : gs : \bar{d}s : \bar{g}s : \bar{b} : \bar{\bar{d}}s : \bar{\bar{b}}$
$2^4 \cdot 3^2(3 \cdot 5^2)$	$Gs : ds : gs : \bar{d}s : \bar{g}s : \bar{b} : \bar{\bar{d}}s : \bar{\bar{g}}s : \bar{\bar{b}}$.
	Si F = 256
$2^2 \cdot 3^2(3 \cdot 5^2)$	$Ds : Gs : ds : b : \bar{d}s : \bar{b} : \bar{\bar{b}}$
$2^3 \cdot 3^2(3 \cdot 5^2)$	$Ds : Gs : ds : gs : b : \bar{d}s : \bar{b} : \bar{\bar{d}}s : \bar{\bar{b}}$
$2^4 \cdot 3^2(3 \cdot 5^2)$	$Ds : Gs : ds : gs : b : \bar{d}s : \bar{g}s : \bar{b} : \bar{\bar{d}}s : \bar{\bar{b}}$
$2^5 \cdot 3^2(3 \cdot 5^2)$	$Ds : Gs : ds : gs : b : \bar{d}s : \bar{g}s : \bar{b} : \bar{\bar{d}}s : \bar{\bar{g}}s : \bar{\bar{b}}$.
	Si F = 512
$2^3 \cdot 3^2(3 \cdot 5^2)$	$Ds : Gs : B : ds : b : \bar{d}s : \bar{b} : \bar{\bar{b}}$
$2^4 \cdot 3^2(3 \cdot 5^2)$	$Ds : Gs : B : ds : gs : b : \bar{d}s : \bar{b} : \bar{\bar{d}}s : \bar{\bar{b}}$
$2^5 \cdot 3^2(3 \cdot 5^2)$	$Ds : Gs : B : ds : gs : b : \bar{d}s : \bar{g}s : \bar{b} : \bar{\bar{d}}s : \bar{\bar{b}}$
$2^6 \cdot 3^2(3 \cdot 5^2)$	$Ds : Gs : B : ds : gs : b : \bar{d}s : \bar{g}s : \bar{b} : \bar{\bar{d}}s : \bar{\bar{g}}s : \bar{\bar{b}}$.

CONSONANTIAE $2^n \cdot 3 \cdot 5$

Variationes $2^n \cdot 3 \cdot 5(1)$ *Species*	*Formae*
	Si F = 1
$3 \cdot 5(1)$	$F : \bar{c} : \bar{a}$
$2 \cdot 3 \cdot 5(1)$	$F : f : \bar{c} : \bar{a} : \bar{\bar{c}} : \bar{\bar{a}}$
$2^2 \cdot 3 \cdot 5(1)$	$F : f : \bar{c} : \bar{f} : \bar{a} : \bar{\bar{c}} : \bar{\bar{a}} : \bar{\bar{\bar{c}}}$
$2^3 \cdot 3 \cdot 5(1)$	$F : f : \bar{c} : \bar{f} : \bar{a} : \bar{\bar{c}} : \bar{\bar{f}} : \bar{\bar{a}} : \bar{\bar{\bar{c}}}.$
	Si F = 2
$3 \cdot 5(1)$	$c : a : \bar{\bar{e}}$
$2 \cdot 3 \cdot 5(1)$	$F : c : a : \bar{c} : \bar{a} : \bar{\bar{e}}$
$2^2 \cdot 3 \cdot 5(1)$	$F : c : f : a : \bar{c} : \bar{a} : \bar{\bar{c}} : \bar{\bar{e}} : \bar{\bar{a}}$
$2^3 \cdot 3 \cdot 5(1)$	$F : c : f : a : \bar{c} : \bar{f} : \bar{a} : \bar{\bar{c}} : \bar{\bar{e}} : \bar{\bar{a}} : \bar{\bar{\bar{c}}}$
$2^4 \cdot 3 \cdot 5(1)$	$F : c : f : a : \bar{c} : \bar{f} : \bar{a} : \bar{\bar{c}} : \bar{\bar{e}} : \bar{\bar{f}} : \bar{\bar{a}} : \bar{\bar{\bar{c}}}.$
	Si F = 4
$3 \cdot 5(1)$	$C : A : \bar{e}$
$2 \cdot 3 \cdot 5(1)$	$C : A : c : a : \bar{e} : \bar{\bar{e}}$
$2^2 \cdot 3 \cdot 5(1)$	$C : F : A : c : a : \bar{c} : \bar{e} : \bar{a} : \bar{\bar{e}}$
$2^3 \cdot 3 \cdot 5(1)$	$C : F : A : c : f : a : \bar{c} : \bar{e} : \bar{a} : \bar{\bar{c}} : \bar{\bar{e}} : \bar{\bar{a}}$
$2^4 \cdot 3 \cdot 5(1)$	$C : F : A : c : f : a : \bar{c} : \bar{e} : \bar{f} : \bar{a} : \bar{\bar{c}} : \bar{\bar{e}} : \bar{\bar{a}} : \bar{\bar{\bar{c}}}$
$2^5 \cdot 3 \cdot 5(1)$	$C : F : A : c : f : a : \bar{c} : \bar{e} : \bar{f} : \bar{a} : \bar{\bar{c}} : \bar{\bar{e}} : \bar{\bar{f}} : \bar{\bar{a}} : \bar{\bar{\bar{c}}}.$
	Si F = 8
$2 \cdot 3 \cdot 5(1)$	$C : A : e : \bar{e}$
$2^2 \cdot 3 \cdot 5(1)$	$C : A : c : e : a : \bar{e} : \bar{\bar{e}}$
$2^3 \cdot 3 \cdot 5(1)$	$C : F : A : c : e : a : \bar{c} : \bar{e} : \bar{a} : \bar{\bar{e}}$
$2^4 \cdot 3 \cdot 5(1)$	$C : F : A : c : e : f : a : \bar{c} : \bar{e} : \bar{a} : \bar{\bar{c}} : \bar{\bar{e}} : \bar{\bar{a}}$
$2^5 \cdot 3 \cdot 5(1)$	$C : F : A : c : e : f : a : \bar{c} : \bar{e} : \bar{f} : \bar{a} : \bar{\bar{c}} : \bar{\bar{e}} : \bar{\bar{a}} : \bar{\bar{\bar{c}}}.$
	Si F = 16
$2^2 \cdot 3 \cdot 5(1)$	$C : E : A : e : \bar{e}$
$2^3 \cdot 3 \cdot 5(1)$	$C : E : A : c : e : a : \bar{e} : \bar{\bar{e}}$
$2^4 \cdot 3 \cdot 5(1)$	$C : E : F : A : c : e : a : \bar{c} : \bar{e} : \bar{a} : \bar{\bar{e}}$
$2^5 \cdot 3 \cdot 5(1)$	$C : E : F : A : c : e : f : a : \bar{c} : \bar{e} : \bar{a} : \bar{\bar{c}} : \bar{\bar{e}} : \bar{\bar{a}}.$

Variationes $2^n \cdot 3 \cdot 5\,(3)$ *Species*	*Formae*
	Si F = 2
$3 \cdot 5\,(3)$	$c : \bar{g} : \bar{\bar{e}}$
$2 \cdot 3 \cdot 5\,(3)$	$c : \bar{c} : \bar{g} : \bar{\bar{e}} : \bar{\bar{g}}$
$2^2 \cdot 3 \cdot 5\,(3)$	$c : \bar{c} : \bar{g} : \bar{\bar{c}} : \bar{\bar{e}} : \bar{\bar{g}}$.
	Si F = 4
$3 \cdot 5\,(3)$	$C : g : \bar{e} : \bar{h}$
$2 \cdot 3 \cdot 5\,(3)$	$C : c : g : \bar{e} : \bar{g} : \bar{\bar{e}} : \bar{h}$
$2^2 \cdot 3 \cdot 5\,(3)$	$C : c : g : \bar{c} : \bar{e} : \bar{g} : \bar{\bar{e}} : \bar{\bar{g}} : \bar{h}$
$2^3 \cdot 3 \cdot 5\,(3)$	$C : c : g : \bar{c} : \bar{e} : \bar{g} : \bar{\bar{c}} : \bar{\bar{e}} : \bar{\bar{g}} : \bar{h}$.
	Si F = 8
$3 \cdot 5\,(3)$	$G : e : \bar{h}$
$2 \cdot 3 \cdot 5\,(3)$	$C : G : e : g : \bar{e} : \bar{h} : \bar{h}$
$2^2 \cdot 3 \cdot 5\,(3)$	$C : G : c : e : g : \bar{e} : \bar{g} : \bar{h} : \bar{\bar{e}} : \bar{h}$
$2^3 \cdot 3 \cdot 5\,(3)$	$C : G : c : e : g : \bar{c} : \bar{e} : \bar{g} : \bar{h} : \bar{\bar{e}} : \bar{\bar{g}} : \bar{h}$
$2^4 \cdot 3 \cdot 5\,(3)$	$C : G : c : e : g : \bar{c} : \bar{e} : \bar{g} : \bar{h} : \bar{\bar{c}} : \bar{\bar{e}} : \bar{\bar{g}} : \bar{h}$.
	Si F = 16
$2 \cdot 3 \cdot 5\,(3)$	$E : G : e : h : \bar{h}$
$2^2 \cdot 3 \cdot 5\,(3)$	$C : E : G : e : g : h : \bar{e} : \bar{h} : \bar{h}$
$2^3 \cdot 3 \cdot 5\,(3)$	$C : E : G : c : e : g : h : \bar{e} : \bar{g} : \bar{h} : \bar{\bar{e}} : \bar{h}$
$2^4 \cdot 3 \cdot 5\,(3)$	$C : E : G : c : e : g : h : \bar{c} : \bar{e} : \bar{g} : \bar{h} : \bar{\bar{e}} : \bar{\bar{g}} : \bar{h}$
$2^5 \cdot 3 \cdot 5\,(3)$	$C : E : G : c : e : g : h : \bar{c} : \bar{e} : \bar{g} : \bar{h} : \bar{\bar{c}} : \bar{\bar{e}} : \bar{\bar{g}} : \bar{h}$.
	Si F = 32
$2^2 \cdot 3 \cdot 5\,(3)$	$E : G : H : c : h : \bar{h}$
$2^3 \cdot 3 \cdot 5\,(3)$	$C : E : G : H : e : g : h : \bar{e} : \bar{h} : \bar{h}$
$2^4 \cdot 3 \cdot 5\,(3)$	$C : E : G : H : c : e : g : h : \bar{e} : \bar{g} : \bar{h} : \bar{\bar{e}} : \bar{h}$
$2^5 \cdot 3 \cdot 5\,(3)$	$C : E : G : H : c : e : g : h : \bar{c} : \bar{e} : \bar{g} : \bar{h} : \bar{\bar{e}} : \bar{\bar{g}} : \bar{h}$.

Variationes $2^n \cdot 3 \cdot 5\,(5)$ *Species*	*Formae*
	Si $F = 4$
$3 \cdot 5\,(5)$	$A : \bar{e} : \bar{\bar{c}}s$
$2 \cdot 3 \cdot 5\,(5)$	$A : a : \bar{e} : \bar{\bar{c}}s : \bar{\bar{e}}$
$2^2 \cdot 3 \cdot 5\,(5)$	$A : a : \bar{e} : \bar{a} : \bar{\bar{c}}s : \bar{\bar{e}}$
$2^3 \cdot 3 \cdot 5\,(5)$	$A : a : \bar{e} : \bar{a} : \bar{\bar{c}}s : \bar{\bar{e}} : \bar{\bar{a}}.$
	Si $F = 8$
$3 \cdot 5\,(5)$	$e : \bar{c}s : \bar{\bar{g}}s$
$2 \cdot 3 \cdot 5\,(5)$	$A : e : \bar{c}s : \bar{e} : \bar{\bar{c}}s : \bar{\bar{g}}s$
$2^2 \cdot 3 \cdot 5\,(5)$	$A : e : a : \bar{c}s : \bar{e} : \bar{\bar{c}}s : \bar{\bar{e}} : \bar{\bar{g}}s$
$2^3 \cdot 3 \cdot 5\,(5)$	$A : e : a : \bar{c}s : \bar{e} : \bar{a} : \bar{\bar{c}}s : \bar{\bar{e}} : \bar{\bar{g}}s$
$2^4 \cdot 3 \cdot 5\,(5)$	$A : e : a : \bar{c}s : \bar{e} : \bar{a} : \bar{\bar{c}}s : \bar{\bar{e}} : \bar{\bar{g}}s : \bar{\bar{a}}.$
	Si $F = 16$
$3 \cdot 5\,(5)$	$E : cs : \bar{g}s$
$2 \cdot 3 \cdot 5\,(5)$	$E : cs : e : \bar{c}s : \bar{g}s : \bar{\bar{g}}s$
$2^2 \cdot 3 \cdot 5\,(5)$	$E : A : cs : e : \bar{c}s : \bar{e} : \bar{g}s : \bar{\bar{c}}s : \bar{\bar{g}}s$
$2^3 \cdot 3 \cdot 5\,(5)$	$E : A : cs : e : a : \bar{c}s : \bar{e} : \bar{g}s : \bar{\bar{c}}s : \bar{\bar{e}} : \bar{\bar{g}}s$
$2^4 \cdot 3 \cdot 5\,(5)$	$E : A : cs : e : a : \bar{c}s : \bar{e} : \bar{g}s : \bar{a} : \bar{\bar{c}}s : \bar{\bar{e}} : \bar{\bar{g}}s$
$2^5 \cdot 3 \cdot 5\,(5)$	$E : A : cs : e : a : \bar{c}s : \bar{e} : \bar{g}s : \bar{a} : \bar{\bar{c}}s : \bar{\bar{e}} : \bar{\bar{g}}s : \bar{\bar{a}}.$
	Si $F = 32$
$2 \cdot 3 \cdot 5\,(5)$	$Cs : E : cs : gs : \bar{g}s$
$2^2 \cdot 3 \cdot 5\,(5)$	$Cs : E : cs : e : gs : \bar{c}s : \bar{g}s : \bar{\bar{g}}s$
$2^3 \cdot 3 \cdot 5\,(5)$	$Cs : E : A : cs : e : gs : \bar{c}s : \bar{e} : \bar{g}s : \bar{\bar{c}}s : \bar{\bar{g}}s$
$2^4 \cdot 3 \cdot 5\,(5)$	$Cs : E : A : cs : e : gs : a : \bar{c}s : \bar{e} : \bar{g}s : \bar{\bar{c}}s : \bar{\bar{e}} : \bar{\bar{g}}s$
$2^5 \cdot 3 \cdot 5\,(5)$	$Cs : E : A : cs : e : gs : a : \bar{c}s : \bar{e} : \bar{g}s : \bar{a} : \bar{\bar{c}}s : \bar{\bar{e}} : \bar{\bar{g}}s.$
	Si $F = 64$
$2^2 \cdot 3 \cdot 5\,(5)$	$Cs : E : Gs : cs : gs : \bar{g}s$
$2^3 \cdot 3 \cdot 5\,(5)$	$Cs : E : Gs : cs : e : gs : \bar{c}s : \bar{g}s : \bar{\bar{g}}s$
$2^4 \cdot 3 \cdot 5\,(5)$	$Cs : E : Gs : A : cs : e : gs : \bar{c}s : \bar{e} : \bar{g}s : \bar{\bar{c}}s : \bar{\bar{g}}s$
$2^5 \cdot 3 \cdot 5\,(5)$	$Cs : E : Gs : A : cs : e : gs : a : \bar{c}s : \bar{e} : \bar{g}s : \bar{\bar{c}}s : \bar{\bar{e}} : \bar{\bar{g}}s.$

Variationes $2^n \cdot 3 \cdot 5\,(3^2)$ *Species*	*Formae*
	Si F = 4
$3 \cdot 5\,(3^2)$	$g : \bar{\bar{d}} : \bar{\bar{h}}$
$2 \cdot 3 \cdot 5\,(3^2)$	$g : \bar{g} : \bar{\bar{d}} : \bar{\bar{h}}$
$2^2 \cdot 3 \cdot 5\,(3^2)$	$g : \bar{g} : \bar{\bar{d}} : \bar{\bar{g}} : \bar{\bar{h}}.$
	Si F = 8
$3 \cdot 5\,(3^2)$	$G : \bar{d} : \bar{h}$
$2 \cdot 3 \cdot 5\,(3^2)$	$G : g : \bar{d} : \bar{h} : \bar{\bar{d}} : \bar{\bar{h}}$
$2^2 \cdot 3 \cdot 5\,(3^2)$	$G : g : \bar{d} : \bar{g} : \bar{h} : \bar{\bar{d}} : \bar{\bar{h}}$
$2^3 \cdot 3 \cdot 5\,(3^2)$	$G : g : \bar{d} : \bar{g} : \bar{h} : \bar{\bar{d}} : \bar{\bar{g}} : \bar{\bar{h}}.$
	Si F = 16
$3 \cdot 5\,(3^2)$	$d : h : \bar{f}s$
$2 \cdot 3 \cdot 5\,(3^2)$	$G : d : h : \bar{d} : \bar{h} : \bar{f}s$
$2^2 \cdot 3 \cdot 5\,(3^2)$	$G : d : g : h : \bar{d} : \bar{h} : \bar{\bar{d}} : \bar{f}s : \bar{\bar{h}}$
$2^3 \cdot 3 \cdot 5\,(3^2)$	$G : d : g : h : \bar{d} : \bar{g} : \bar{h} : \bar{\bar{d}} : \bar{f}s : \bar{\bar{h}}$
$2^4 \cdot 3 \cdot 5\,(3^2)$	$G : d : g : h : \bar{d} : \bar{g} : \bar{h} : \bar{\bar{d}} : \bar{f}s : \bar{\bar{g}} : \bar{\bar{h}}.$
	Si F = 32
$3 \cdot 5\,(3^2)$	$D : H : fs$
$2 \cdot 3 \cdot 5\,(3^2)$	$D : H : d : h : fs : \bar{f}s$
$2^2 \cdot 3 \cdot 5\,(3^2)$	$D : G : H : d : h : \bar{d} : fs : \bar{h} : \bar{f}s$
$2^3 \cdot 3 \cdot 5\,(3^2)$	$D : G : H : d : g : h : \bar{d} : fs : \bar{h} : \bar{\bar{d}} : \bar{f}s : \bar{\bar{h}}$
$2^4 \cdot 3 \cdot 5\,(3^2)$	$D : G : H : d : g : h : \bar{d} : fs : \bar{g} : \bar{h} : \bar{\bar{d}} : \bar{f}s : \bar{\bar{h}}$
$2^5 \cdot 3 \cdot 5\,(3^2)$	$D : G : H : d : g : h : \bar{d} : fs : \bar{g} : \bar{h} : \bar{\bar{d}} : \bar{f}s : \bar{\bar{g}} : \bar{\bar{h}}.$
	Si F = 64
$2 \cdot 3 \cdot 5\,(3^2)$	$D : H : fs : \bar{f}s$
$2^2 \cdot 3 \cdot 5\,(3^2)$	$D : H : d : fs : h : fs : \bar{f}s$
$2^3 \cdot 3 \cdot 5\,(3^2)$	$D : G : H : d : fs : h : \bar{d} : fs : \bar{h} : \bar{f}s$
$2^4 \cdot 3 \cdot 5\,(3^2)$	$D : G : H : d : fs : g : h : \bar{d} : fs : \bar{h} : \bar{\bar{d}} : \bar{f}s : \bar{\bar{h}}$
$2^5 \cdot 3 \cdot 5\,(3^2)$	$D : G : H : d : fs : g : h : \bar{d} : fs : \bar{g} : \bar{h} : \bar{d} : \bar{f}s : \bar{\bar{h}}.$

	Si F = 128
$2^2 \cdot 3 \cdot 5(3^2)$	$D : Fs : H : fs : \bar{f}s$
$2^3 \cdot 3 \cdot 5(3^2)$	$D : Fs : H : d : fs : h : \bar{f}s : \bar{\bar{f}}s$
$2^4 \cdot 3 \cdot 5(3^2)$	$D : Fs : G : H : d : fs : h : \bar{d} : \bar{f}s : \bar{h} : \bar{\bar{f}}s$
$2^5 \cdot 3 \cdot 5(3^2)$	$D : Fs : G : H : d : fs : g : h : \bar{d} : \bar{f}s : \bar{h} : \bar{\bar{d}} : \bar{\bar{f}}s : \bar{\bar{h}}$.

Variationes $2^n \cdot 3 \cdot 5(3 \cdot 5)$ *Species*	*Formae*
	Si F = 8
$3 \cdot 5(3 \cdot 5)$	$e : \bar{h} : \bar{\bar{g}}s$
$2 \cdot 3 \cdot 5(3 \cdot 5)$	$e : \bar{e} : \bar{h} : \bar{\bar{g}}s : \bar{\bar{h}}$
$2^2 \cdot 3 \cdot 5(3 \cdot 5)$	$e : \bar{e} : \bar{h} : \bar{\bar{e}} : \bar{\bar{g}}s : \bar{\bar{h}}$.
	Si F = 16
$3 \cdot 5(3 \cdot 5)$	$E : h : \bar{g}s$
$2 \cdot 3 \cdot 5(3 \cdot 5)$	$E : e : h : \bar{g}s : \bar{h} : \bar{\bar{g}}s$
$2^2 \cdot 3 \cdot 5(3 \cdot 5)$	$E : e : h : \bar{e} : \bar{g}s : \bar{h} : \bar{\bar{g}}s : \bar{\bar{h}}$
$2^3 \cdot 3 \cdot 5(3 \cdot 5)$	$E : e : h : \bar{e} : \bar{g}s : \bar{h} : \bar{\bar{e}} : \bar{\bar{g}}s : \bar{\bar{h}}$.
	Si F = 32
$3 \cdot 5(3 \cdot 5)$	$H : gs : \bar{d}s$
$2 \cdot 3 \cdot 5(3 \cdot 5)$	$E : H : gs : h : \bar{g}s : \bar{d}s$
$2^2 \cdot 3 \cdot 5(3 \cdot 5)$	$E : H : e : gs : h : \bar{g}s : \bar{h} : \bar{d}s : \bar{\bar{g}}s$
$2^3 \cdot 3 \cdot 5(3 \cdot 5)$	$E : H : e : gs : h : \bar{e} : \bar{g}s : \bar{h} : \bar{d}s : \bar{\bar{g}}s : \bar{\bar{h}}$
$2^4 \cdot 3 \cdot 5(3 \cdot 5)$	$E : H : e : gs : h : \bar{e} : \bar{g}s : \bar{h} : \bar{d}s : \bar{\bar{e}} : \bar{\bar{g}}s : \bar{\bar{h}}$.
	Si F = 64
$2 \cdot 3 \cdot 5(3 \cdot 5)$	$Gs : H : gs : ds : \bar{d}s$
$2^2 \cdot 3 \cdot 5(3 \cdot 5)$	$E : Gs : H : gs : h : ds : \bar{g}s : \bar{d}s$
$2^3 \cdot 3 \cdot 5(3 \cdot 5)$	$E : Gs : H : e : gs : h : ds : \bar{g}s : \bar{h} : \bar{d}s : \bar{\bar{g}}s$
$2^4 \cdot 3 \cdot 5(3 \cdot 5)$	$E : Gs : H : e : gs : h : ds\ \bar{e} : \bar{g}s : \bar{h} : \bar{d}s : \bar{\bar{g}}s : \bar{\bar{h}}$
$2^5 \cdot 3 : 5(3 \cdot 5)$	$E : Gs : H : e : gs : h : ds : \bar{e} : \bar{g}s : \bar{h} : \bar{d}s : \bar{\bar{e}} : \bar{\bar{g}}s : \bar{\bar{h}}$.

	Si F = 128
$2^2 \cdot 3 \cdot 5(3 \cdot 5)$	Gs : H : ds : gs : d̄s : d̿s
$2^3 \cdot 3 \cdot 5(3 \cdot 5)$	E : Gs : H : ds : gs : h : d̄s : ḡs : d̿s
$2^4 \cdot 3 \cdot 5(3 \cdot 5)$	E : Gs : H : ds : e : gs : h : d̄s : ḡs : h̄ : d̿s : g̿s
$2^5 \cdot 3 \cdot 5(3 \cdot 5)$	E : Gs : H : ds : e : gs : h : d̄s : ē : ḡs : h̄ : d̿s : g̿s : h̿.
	Si F = 256
$2^3 \cdot 3 \cdot 5(3 \cdot 5)$	Ds : Gs : H : ds : gs : d̄s : d̿s
$2^4 \cdot 3 \cdot 5(3 \cdot 5)$	Ds : E : Gs : H : ds : gs : h : d̄s : ḡs : d̿s
$2^5 \cdot 3 \cdot 5(3 \cdot 5)$	Ds : E : Gs : H : ds : e : gs : h : d̄s : ḡs : h̄ : d̿s : g̿s.

Variationes $2^n \cdot 3 \cdot 5(3^2 \cdot 5)$ *Species*	*Formae*
	Si F = 32
$3 \cdot 5(3^2 \cdot 5)$	H : f̄s : d̿s
$2 \cdot 3 \cdot 5(3^2 \cdot 5)$	H : h : f̄s : d̄s : f̿s
$2^2 \cdot 3 \cdot 5(3^2 \cdot 5)$	H : h : f̄s : h̄ : d̿s : f̿s
$2^3 \cdot 3 \cdot 5(3^2 \cdot 5)$	H : h : f̄s : h̄ : d̿s : f̿s : h̿.
	Si F = 64
$3 \cdot 5(3^2 \cdot 5)$	fs : d̄s : b̄
$2 \cdot 3 \cdot 5(3^2 \cdot 5)$	H : fs : d̄s : f̄s : d̿s : b̄
$2^2 \cdot 3 \cdot 5(3^2 \cdot 5)$	H : fs : h : d̄s : f̄s : d̄s : f̿s : b̄
$2^3 \cdot 3 \cdot 5(3^2 \cdot 5)$	H : fs : h : d̄s : f̄s : h̄ : d̄s : f̿s : b̄
$2^4 \cdot 3 \cdot 5(3^2 \cdot 5)$	H : fs : h : d̄s : f̄s : h̄ : d̄s : f̄s : b̄ : h̿.
	Si F = 128
$3 \cdot 5(3^2 \cdot 5)$	Fs : ds : b̄
$2 \cdot 3 \cdot 5(3^2 \cdot 5)$	Fs : ds : fs : d̄s : b̄ : b̄
$2^2 \cdot 3 \cdot 5(3^2 \cdot 5)$	Fs : H : ds : fs : d̄s : f̄s : b̄ : d̿s : b̄
$2^3 \cdot 3 \cdot 5(3^2 \cdot 5)$	Fs : H : ds : fs : h : d̄s : f̄s : b̄ : d̿s : f̿s : b̄
$2^4 \cdot 3 \cdot 5(3^2 \cdot 5)$	Fs : H : ds : fs : h : d̄s : f̄s : b̄ : h̄ : d̿s : f̄s : b̄
$2^5 \cdot 3 \cdot 5(3^2 \cdot 5)$	Fs : H : ds : fs : h : d̄s : f̄s : b̄ : h̄ : d̄s : f̄s : b̄ : h̿.

	Si F = 256
$2 \cdot 3 \cdot 5(3^2 \cdot 5)$	$Ds : Fs : ds : b : \bar{b}$
$2^2 \cdot 3 \cdot 5(3^2 \cdot 5)$	$Ds : Fs : ds : fs : b : \bar{d}s : \bar{b} : \bar{\bar{b}}$
$2^3 \cdot 3 \cdot 5(3^2 \cdot 5)$	$Ds : Fs : H : ds : fs : b : \bar{d}s : \bar{f}s : \bar{b} : \bar{\bar{d}}s : \bar{\bar{b}}$
$2^4 \cdot 3 \cdot 5(3^2 \cdot 5)$	$Ds : Fs : H : ds : fs : b : h : \bar{d}s : \bar{f}s : \bar{b} : \bar{\bar{d}}s : \bar{\bar{f}}s : \bar{\bar{b}}$
$2^5 \cdot 3 \cdot 5(3^2 \cdot 5)$	$D : Fs : H : ds : fs : b : h : \bar{d}s : \bar{f}s : \bar{b} : \bar{h} : \bar{\bar{d}}s : \bar{\bar{f}}s : \bar{\bar{b}}$.
	Si F = 512
$2^2 \cdot 3 \cdot 5(3^2 \cdot 5)$	$Ds : Fs : B : ds : b : \bar{b}$
$2^3 \cdot 3 \cdot 5(3^2 \cdot 5)$	$Ds : Fs : B : ds : fs : b : \bar{d}s : \bar{b} : \bar{\bar{b}}$
$2^4 \cdot 3 \cdot 5(3^2 \cdot 5)$	$Ds : Fs : B : H : ds : fs : b : \bar{d}s : \bar{f}s : \bar{b} : \bar{\bar{d}}s : \bar{\bar{b}}$
$2^5 \cdot 3 \cdot 5(3^2 \cdot 5)$	$Ds : Fs : B : H : ds : fs : b : h : \bar{d}s : \bar{f}s : \bar{b} : \bar{\bar{d}}s : \bar{\bar{f}}s : \bar{\bar{b}}$.

CONSONANTIAE $2^n \cdot 5^2$

Variationes $2^n \cdot 5^2(1)$ *Species*	*Formae*
	Si F = 4
$2^2 \cdot 5^2(1)$	$F : A : a : \bar{a} : \bar{\bar{c}}s$
$2^3 \cdot 5^2(1)$	$F : A : f : a : \bar{a} : \bar{\bar{c}}s : \bar{\bar{a}}$.
	Si F = 8
$2^3 \cdot 5^2(1)$	$F : A : a : \bar{c}s : \bar{a} : \bar{\bar{c}}s$.

Variationes $2^n \cdot 5^2(3)$ *Species*	*Formae*
	Si F = 8
$2 \cdot 5^2(3)$	$C : e : \bar{e} : \bar{\bar{g}}s$
$2^2 \cdot 5^2(3)$	$C : c : e : \bar{e} : \bar{\bar{e}} : \bar{\bar{g}}s$
$2^3 \cdot 5^2(3)$	$C : c : e : \bar{c} : \bar{e} : \bar{\bar{e}} : \bar{\bar{g}}s$.

	Si F = 16
$2^2 \cdot 5^2(3)$	$C : E : e : \bar{e} : \bar{g}s : \bar{\bar{g}}s$
$2^3 \cdot 5^2(3)$	$C : E : c : e : \bar{e} : \bar{g}s : \bar{\bar{e}} : \bar{\bar{g}}s.$
	Si F = 32
$2^3 \cdot 5^2(3)$	$C : E : e : gs : \bar{e} : \bar{g}s : \bar{\bar{g}}s.$

Variationes $2^n \cdot 5^2(3^2)$ *Species*	*Formae*
	Si F = 32
$2^2 \cdot 5^2(3^2)$	$G : H : h : \bar{h} : \bar{\bar{d}}s$
$2^3 \cdot 5^2(3^2)$	$G : H : g : h : \bar{h} : \bar{\bar{d}}s : \bar{\bar{h}}.$
	Si F = 64
$2^3 \cdot 5^2(3^2)$	$G : H : h : \bar{d}s : \bar{h} : \bar{\bar{d}}s.$

Variationes $2^n \cdot 5^2(3^3)$ *Species*	*Formae*
	Si F = 64
$2 \cdot 5^2(3^3)$	$D : fs : \bar{f}s : \bar{b}$
$2^2 \cdot 5^2(3^3)$	$D : d : fs : \bar{f}s : \bar{\bar{f}}s : \bar{b}$
$2^3 \cdot 5^2(3^3)$	$D : d : fs : \bar{d} : \bar{f}s : \bar{\bar{f}}s : \bar{\bar{b}}.$
	Si F = 128
$2^2 \cdot 5^2(3^3)$	$D : Fs : fs : \bar{f}s : \bar{b} : \bar{\bar{b}}$
$2^3 \cdot 5^2(3^3)$	$D : Fs : d : fs : \bar{f}s : \bar{b} : \bar{\bar{f}}s : \bar{\bar{b}}.$
	Si F = 256
$2^3 \cdot 5^2(3^3)$	$D : Fs : fs : b : \bar{f}s : \bar{b} : \bar{\bar{b}}.$

CONSONANTIAE $2^n \cdot 3^3$

Variationes $2^n \cdot 3^3(1)$ *Species*	*Formae*
	Si $F = 4$
$2^2 \cdot 3^3(1)$	$C : F : c : g : \bar{c} : \bar{g} : \bar{\bar{d}} : \bar{\bar{g}}$
$2^3 \cdot 3^3(1)$	$C : F : c : f : g : \bar{c} : \bar{g} : \bar{\bar{c}} : \bar{\bar{d}} : \bar{\bar{g}}$
$2^4 \cdot 3^3(1)$	$C : F : c : f : g : \bar{c} : \bar{f} : \bar{g} : \bar{\bar{c}} : \bar{\bar{d}} : \bar{\bar{g}} : \bar{\bar{\bar{c}}}$
$2^5 \cdot 3^3(1)$	$C : F : c : f : g : \bar{c} : \bar{f} : \bar{g} : \bar{\bar{c}} : \bar{\bar{d}} : \bar{\bar{f}} : \bar{\bar{g}} : \bar{\bar{\bar{c}}}$.
	Si $F = 8$
$2^3 \cdot 3^3(1)$	$C : F : G : c : g : \bar{c} : \bar{d} : \bar{g} : \bar{\bar{d}} : \bar{\bar{g}}$
$2^4 \cdot 3^3(1)$	$C : F : G : c : f : g : \bar{c} : \bar{d} : \bar{g} : \bar{\bar{c}} : \bar{\bar{d}} : \bar{\bar{g}}$
$2^5 \cdot 3^3(1)$	$C : F : G : c : f : g : \bar{c} : \bar{d} : \bar{f} : \bar{g} : \bar{\bar{c}} : \bar{\bar{d}} : \bar{\bar{g}} : \bar{\bar{\bar{c}}}$.
	Si $F = 16$
$2^4 \cdot 3^3(1)$	$C : F : G : c : d : g : \bar{c} : \bar{d} : \bar{g} : \bar{\bar{d}} : \bar{\bar{g}}$
$2^5 \cdot 3^3(1)$	$C : F : G : c : d : f : g : \bar{c} : \bar{d} : \bar{g} : \bar{\bar{c}} : \bar{\bar{d}} : \bar{\bar{g}}$.
	Si $F = 32$
$2^5 \cdot 3^3(1)$	$C : D : F : G : c : d : g : \bar{c} : \bar{d} : \bar{g} : \bar{\bar{d}} : \bar{\bar{g}}$.

Variationes $2^n \cdot 3^3(5)$ *Species*	*Formae*
	Si $F = 16$
$2^2 \cdot 3^3(5)$	$E : A : e : h : \bar{e} : \bar{h} : \bar{\bar{f}}s : \bar{\bar{h}}$
$2^3 \cdot 3^3(5)$	$E : A : e : a : h : \bar{e} : \bar{h} : \bar{\bar{e}} : \bar{\bar{f}}s : \bar{\bar{h}}$
$2^4 \cdot 3^3(5)$	$E : A : e : a : h : \bar{e} : \bar{a} : \bar{h} : \bar{\bar{e}} : \bar{\bar{f}}s : \bar{\bar{h}}$
$2^5 \cdot 3^3(5)$	$E : A : e : a : h : \bar{e} : \bar{a} : \bar{h} : \bar{\bar{e}} : \bar{\bar{f}}s : \bar{\bar{a}} : \bar{\bar{h}}$.
	Si $F = 32$
$2^3 \cdot 3^3(5)$	$E : A : H : e : h : \bar{e} : \bar{f}s : \bar{h} : \bar{\bar{f}}s : \bar{\bar{h}}$
$2^4 \cdot 3^3(5)$	$E : A : H : e : a : h : \bar{e} : \bar{f}s : \bar{h} : \bar{\bar{e}} : \bar{\bar{f}}s : \bar{\bar{h}}$
$2^5 \cdot 3^3(5)$	$E : A : H : e : a : h : \bar{e} : \bar{f}s : \bar{a} : \bar{h} : \bar{\bar{e}} : \bar{\bar{f}}s : \bar{\bar{h}}$.

	Si $F = 64$
$2^4 \cdot 3^3 (5)$	$E : A : H : e : fs : h : \bar{e} : \bar{f}s : \bar{h} : \bar{\bar{f}}s : \bar{\bar{h}}$
$2^5 \cdot 3^3 (5)$	$E : A : H : e : fs : a : h : \bar{e} : \bar{f}s : \bar{h} : \bar{\bar{e}} : \bar{\bar{f}}s : \bar{\bar{h}}$
	Si $F = 128$
$2^5 \cdot 3^3 (5)$	$E : Fs : A : H : e : fs : h : \bar{e} : \bar{f}s : \bar{h} : \bar{\bar{f}}s : \bar{\bar{h}}.$

Variationes $2^n \cdot 3^3 (5^2)$ *Species*	*Formae*
	Si $F = 64$
$2 \cdot 3^3 (5^2)$	$Cs : Gs : gs : \bar{d}s : \bar{\bar{d}}s : \bar{\bar{b}}$
$2^2 \cdot 3^3 (5^2)$	$Cs : Gs : cs : gs : \bar{d}s : \bar{g}s : \bar{\bar{d}}s : \bar{\bar{b}}$
$2^3 \cdot 3^3 (5^2)$	$Cs : Gs : cs : gs : \bar{c}s : \bar{d}s : \bar{g}s : \bar{\bar{d}}s : \bar{\bar{g}}s : \bar{\bar{b}}$
$2^4 \cdot 3^3 (5^2)$	$Cs : Gs : cs : gs : \bar{c}s : \bar{d}s : \bar{g}s : \bar{\bar{c}}s : \bar{\bar{d}}s : \bar{\bar{g}}s : \bar{\bar{b}}.$
	Si $F = 128$
$2^2 \cdot 3^3 (5^2)$	$Cs : Gs : ds : gs : \bar{d}s : \bar{b} : \bar{\bar{d}}s : \bar{\bar{b}}$
$2^3 \cdot 3^3 (5^2)$	$Cs : Gs : cs : ds : gs : \bar{d}s : \bar{g}s : \bar{b} : \bar{\bar{d}}s : \bar{\bar{b}}$
$2^4 \cdot 3^3 (5^2)$	$Cs : Gs : cs : ds : gs : \bar{c}s : \bar{d}s : \bar{g}s : \bar{b} : \bar{\bar{d}}s : \bar{\bar{g}}s : \bar{\bar{b}}$
$2^5 \cdot 3^3 (5^2)$	$Cs : Gs : cs : ds : gs : \bar{c}s : \bar{d}s : \bar{g}s : \bar{b} : \bar{\bar{c}}s : \bar{\bar{d}}s : \bar{\bar{g}}s : \bar{\bar{b}}.$
	Si $F = 256$
$2^3 \cdot 3^3 (5^2)$	$Cs : Ds : Gs : ds : gs : b : \bar{d}s : \bar{b} : \bar{\bar{d}}s : \bar{\bar{b}}$
$2^4 \cdot 3^3 (5^2)$	$Cs : Ds : Gs : cs : ds : gs : b : \bar{d}s : \bar{g}s : \bar{b} : \bar{\bar{d}}s : \bar{\bar{b}}$
$2^5 \cdot 3^3 (5^2)$	$Cs : Ds : Gs : cs : ds : gs : b : \bar{c}s : \bar{d}s : \bar{g}s : \bar{b} : \bar{\bar{d}}s : \bar{\bar{g}}s : \bar{\bar{b}}.$
	Si $F = 512$
$2^4 \cdot 3^3 (5^2)$	$Cs : Ds : Gs : B : ds : gs : b : \bar{d}s : \bar{b} : \bar{\bar{d}}s : \bar{\bar{b}}$
$2^5 \cdot 3^3 (5^2)$	$Cs : Ds : Gs : B : cs : ds : gs : b : \bar{d}s : \bar{g}s : \bar{b} : \bar{\bar{d}}s : \bar{b}.$

CONSONANTIAE $2^n \cdot 3^2 \cdot 5$

Variationes $2^n \cdot 3^2 \cdot 5\,(1)$ *Species*	*Formae*
	Si $F = 1$
$3^2 \cdot 5\,(1)$	$F : \bar{c} : \bar{a} : \bar{\bar{g}}$
$2 \cdot 3^2 \cdot 5\,(1)$	$F : f : \bar{c} : \bar{a} : \bar{\bar{c}} : \bar{\bar{g}} : \bar{\bar{a}}$
$2^2 \cdot 3^2 \cdot 5\,(1)$	$F : f : \bar{c} : \bar{f} : \bar{a} : \bar{\bar{c}} : \bar{\bar{g}} : \bar{\bar{a}} : \bar{\bar{\bar{c}}}$
$2^3 \cdot 3^2 \cdot 5\,(1)$	$F : f : \bar{c} : \bar{f} : \bar{a} : \bar{\bar{c}} : \bar{\bar{f}} : \bar{\bar{g}} : \bar{\bar{a}} : \bar{\bar{\bar{c}}}$.
	Si $F = 2$
$3^2 \cdot 5\,(1)$	$c : a : \bar{g} : \bar{\bar{e}}$
$2 \cdot 3^2 \cdot 5\,(1)$	$F : c : a\ \bar{c} : \bar{g} : \bar{a} : \bar{\bar{e}} : \bar{\bar{g}}$
$2^2 \cdot 3^2 \cdot 5\,(1)$	$F : c : f : a : \bar{c} : \bar{g} : \bar{a} : \bar{\bar{c}} : \bar{\bar{e}} : \bar{\bar{g}} : \bar{\bar{a}}$
$2^3 \cdot 3^2 \cdot 5\,(1)$	$F : c : f : a : \bar{c} : \bar{f} : \bar{g} : \bar{a} : \bar{\bar{c}} : \bar{\bar{e}} : \bar{\bar{g}} : \bar{\bar{a}} : \bar{\bar{\bar{c}}}$.
	Si $F = 4$
$3^2 \cdot 5\,(1)$	$C : A : g : \bar{e} : \bar{\bar{h}}$
$2 \cdot 3^2 \cdot 5\,(1)$	$C : A : c : g : a : \bar{e} : \bar{g} : \bar{\bar{e}} : \bar{\bar{h}}$
$2^2 \cdot 3^2 \cdot 5\,(1)$	$C : F : A : c : g : a : \bar{c} : \bar{e} : \bar{g} : \bar{a} : \bar{\bar{e}} : \bar{\bar{g}} : \bar{\bar{h}}$
$2^3 \cdot 3^2 \cdot 5\,(1)$	$C : F : A : c : f : g : a : \bar{c} : \bar{e} : \bar{g} : \bar{a} : \bar{\bar{c}} : \bar{\bar{e}} : \bar{\bar{g}} : \bar{\bar{a}} : \bar{\bar{h}}$.
	Si $F = 8$
$2 \cdot 3^2 \cdot 5\,(1)$	$C : G : A : e : g : \bar{e} : \bar{h} : \bar{\bar{h}}$
$2^2 \cdot 3^2 \cdot 5\,(1)$	$C : G : A : c : e : g : a : \bar{e} : \bar{g} : \bar{h} : \bar{\bar{e}} : \bar{\bar{h}}$
$2^3 \cdot 3^2 \cdot 5\,(1)$	$C : F : G : A : c : e : g : a : \bar{c} : \bar{e} : \bar{g} : \bar{a} : \bar{h} : \bar{\bar{e}} : \bar{\bar{g}} : \bar{\bar{h}}$.
	Si $F = 16$
$2^2 \cdot 3^2 \cdot 5\,(1)$	$C : E : G : A : e : g : h : \bar{e} : \bar{h} : \bar{\bar{h}}$
$2^3 \cdot 3^2 \cdot 5\,(1)$	$C : E : G : A : c : e : g : a : h : \bar{e} : \bar{g} : \bar{h} : \bar{\bar{e}} : \bar{\bar{h}}$.
	Si $F = 32$
$2^3 \cdot 3^2 \cdot 5\,(1)$	$C : E : G : A : H : e : g : h : \bar{e} : \bar{h} : \bar{\bar{h}}$.

Variationes $2^n \cdot 3^2 \cdot 5(3)$ *Species*	*Formae*
	Si F = 4
$3^2 \cdot 5(3)$	$C : g : \bar{e} : \bar{\bar{d}} : \bar{\bar{h}}$
$2 \cdot 3^2 \cdot 5(3)$	$C : c : g : \bar{e} : \bar{g} : \bar{\bar{d}} : \bar{\bar{e}} : \bar{\bar{h}}$
$2^2 \cdot 3^2 \cdot 5(3)$	$C : c : g : \bar{c} : \bar{e} : \bar{g} : \bar{\bar{d}} : \bar{\bar{e}} : \bar{\bar{g}} : \bar{\bar{h}}$
$2^3 \cdot 3^2 \cdot 5(3)$	$C : c : g : \bar{c} : \bar{e} : \bar{g} : \bar{\bar{c}} : \bar{\bar{d}} : \bar{\bar{e}} : \bar{\bar{g}} : \bar{\bar{h}}.$
	Si F = 8
$3^2 \cdot 5(3)$	$G : e : \bar{d} : \bar{h}$
$2 \cdot 3^2 \cdot 5(3)$	$C : G : e : g : \bar{d} : \bar{e} : \bar{h} : \bar{\bar{d}} : \bar{\bar{h}}$
$2^2 \cdot 3^2 \cdot 5(3)$	$C : G : c : e : g : \bar{d} : \bar{e} : \bar{g} : \bar{h} : \bar{\bar{d}} : \bar{\bar{e}} : \bar{\bar{h}}$
$2^3 \cdot 3^2 \cdot 5(3)$	$C : G : c : e : g : \bar{c} : \bar{d} : \bar{e} : \bar{g} : \bar{h} : \bar{\bar{d}} : \bar{\bar{e}} : \bar{\bar{g}} : \bar{\bar{h}}.$
	Si F = 16
$3^2 \cdot 5(3)$	$E : d : h : \bar{\bar{f}}s$
$2 \cdot 3^2 \cdot 5(3)$	$E : G : d : e : h : \bar{d} : \bar{h} : \bar{\bar{f}}s$
$2^2 \cdot 3^2 \cdot 5(3)$	$C : E : G : d : e : g : h : \bar{d} : \bar{e} : \bar{h} : \bar{\bar{d}} : \bar{\bar{f}}s : \bar{\bar{h}}$
$2^3 \cdot 3^2 \cdot 5(3)$	$C : E : G : c : d : e : g : h : \bar{d} : \bar{e} : \bar{g} : \bar{h} : \bar{\bar{d}} : \bar{\bar{e}} : \bar{\bar{f}}s : \bar{\bar{h}}.$
	Si F = 32
$2 \cdot 3^2 \cdot 5(3)$	$D : E : H : d : h : \bar{f}s : \bar{\bar{f}}s$
$2^2 \cdot 3^2 \cdot 5(3)$	$D : E : G : H : d : e : h : \bar{d} : \bar{f}s : \bar{h} : \bar{\bar{f}}s$
$2^3 \cdot 3^2 \cdot 5(3)$	$C : D : E : G : H : d : e : g : h : \bar{d} : \bar{e} : \bar{f}s : \bar{h} : \bar{\bar{d}} : \bar{\bar{f}}s : \bar{\bar{h}}.$
	Si F = 64
$2^2 \cdot 3^2 \cdot 5(3)$	$D : E : H : d : fs : h : \bar{f}s : \bar{\bar{f}}s$
$2^3 \cdot 3^2 \cdot 5(3)$	$D : E : G : H : d : e : fs : h : \bar{d} : \bar{f}s : \bar{h} : \bar{\bar{f}}s.$
	Si F = 128
$2^3 \cdot 3^2 \cdot 5(3)$	$D : E : Fs : H : d : fs : h : \bar{f}s : \bar{\bar{f}}s.$

Variationes $2^n \cdot 3^2 \cdot 5(5)$ *Species*	*Formae*
	Si F = 4
$3^2 \cdot 5(5)$	$A : \bar{e} : \bar{\bar{c}}s : \bar{\bar{h}}$
$2 \cdot 3^2 \cdot 5(5)$	$A : a : \bar{e} : \bar{\bar{c}}s : \bar{\bar{e}} : \bar{\bar{h}}$
$2^2 \cdot 3^2 \cdot 5(5)$	$A : a : \bar{e} : \bar{a} : \bar{\bar{c}}s : \bar{\bar{e}} : \bar{\bar{h}}$
$2^3 \cdot 3^2 \cdot 5(5)$	$A : a : \bar{e} : \bar{a} : \bar{\bar{c}}s : \bar{\bar{e}} : \bar{\bar{a}} : \bar{\bar{h}}$.
	Si F = 8
$3^2 \cdot 5(5)$	$e : \bar{c}s : \bar{h} : \bar{\bar{g}}s$
$2 \cdot 3^2 \cdot 5(5)$	$A : e : \bar{c}s : \bar{e} : \bar{h} : \bar{\bar{c}}s : \bar{\bar{g}}s : \bar{\bar{h}}$
$2^2 \cdot 3^2 \cdot 5(5)$	$A : e : a : \bar{c}s : \bar{e} : \bar{h} : \bar{\bar{c}}s : \bar{\bar{e}} : \bar{\bar{g}}s : \bar{\bar{h}}$
$2^3 \cdot 3^2 \cdot 5(5)$	$A : e : a : \bar{c}s : \bar{e} : \bar{a} : \bar{h} : \bar{\bar{c}}s : \bar{\bar{e}} : \bar{\bar{g}}s : \bar{\bar{h}}$.
	Si F = 16
$3^2 \cdot 5(5)$	$E : cs : h : \bar{g}s$
$2 \cdot 3^2 \cdot 5(5)$	$E : cs : e : h : \bar{c}s : \bar{g}s : \bar{h} : \bar{\bar{g}}s$
$2^2 \cdot 3^2 \cdot 5(5)$	$E : A : cs : e : h : \bar{c}s : \bar{e} : \bar{g}s : \bar{h} : \bar{\bar{c}}s : \bar{\bar{g}}s : \bar{\bar{h}}$
$2^3 \cdot 3^2 \cdot 5(5)$	$E : A : cs : e : a : h : \bar{c}s : \bar{e} : \bar{g}s : \bar{h} : \bar{\bar{c}}s : \bar{\bar{e}} : \bar{\bar{g}}s : \bar{\bar{h}}$.
	Si F = 32
$3^2 \cdot 5(5)$	$Cs : H : gs : \bar{d}s$
$2 \cdot 3^2 \cdot 5(5)$	$Cs : E : H : cs : gs : h : \bar{g}s : \bar{\bar{d}}s$
$2^2 \cdot 3^2 \cdot 5(5)$	$Cs : E : H : cs : e : gs : h : \bar{c}s : \bar{g}s : \bar{h} : \bar{\bar{d}}s : \bar{\bar{g}}s$
$2^3 \cdot 3^2 \cdot 5(5)$	$Cs : E : A : H : cs : e : gs : h : \bar{c}s : \bar{e} : \bar{g}s : \bar{h} : \bar{\bar{c}}s : \bar{\bar{d}}s : \bar{\bar{g}}s : \bar{\bar{h}}$.
	Si F = 64
$2 \cdot 3^2 \cdot 5(5)$	$Cs : Gs : H : gs : \bar{d}s : \bar{\bar{d}}s$
$2^2 \cdot 3^2 \cdot 5(5)$	$Cs : E : Gs : H : cs : gs : h : \bar{d}s : \bar{g}s : \bar{\bar{d}}s$
$2^3 \cdot 3^2 \cdot 5(5)$	$Cs : E : Gs : H : cs : e : gs : h : \bar{c}s : \bar{d}s : \bar{g}s : \bar{h} : \bar{\bar{d}}s : \bar{\bar{g}}s$.
	Si F = 128
$2^2 \cdot 3^2 \cdot 5(5)$	$Cs : Gs : H : ds : gs : \bar{d}s : \bar{\bar{d}}s$
$2^3 \cdot 3^2 \cdot 5(5)$	$Cs : E : Gs : H : cs : ds : gs : h : \bar{d}s : \bar{g}s : \bar{\bar{d}}s$.
	Si F = 256
$2^3 \cdot 3^2 \cdot 5(5)$	$Cs : Ds : Gs : H : ds : gs : \bar{d}s : \bar{\bar{d}}s$.

Variationes $2^n \cdot 3^2 \cdot 5(3 \cdot 5)$ *Species*	*Formae*
	Si F = 16
$3^2 \cdot 5(3 \cdot 5)$	$E : h : \bar{g}s : \bar{f}s$
$2 \cdot 3^2 \cdot 5(3 \cdot 5)$	$E : c : h : \bar{g}s : \bar{h} : \bar{f}s : \bar{\bar{g}}s$
$2^2 \cdot 3^2 \cdot 5(3 \cdot 5)$	$E : e : h : \bar{e} : \bar{g}s : \bar{h} : \bar{f}s : \bar{\bar{g}}s : \bar{\bar{h}}$
$2^3 \cdot 3^2 \cdot 5(3 \cdot 5)$	$E : e : h : \bar{e} : \bar{g}s : \bar{h} : \bar{\bar{e}} : \bar{f}s : \bar{\bar{g}}s : \bar{\bar{h}}.$
	Si F = 32
$3^2 \cdot 5(3 \cdot 5)$	$H : gs : \bar{f}s : \bar{d}s$
$2 \cdot 3^2 \cdot 5(3 \cdot 5)$	$E : H : gs : h : \bar{f}s : \bar{g}s : \bar{d}s : \bar{\bar{f}}s$
$2^2 \cdot 3^2 \cdot 5(3 \cdot 5)$	$E : H : e : gs : h : \bar{f}s : \bar{g}s : \bar{h} : \bar{d}s : \bar{\bar{f}}s : \bar{\bar{g}}s$
$2^3 \cdot 3^2 \cdot 5(3 \cdot 5)$	$E : H : e : gs : h : \bar{e} : \bar{f}s : \bar{g}s : \bar{h} : \bar{d}s : \bar{\bar{f}}s : \bar{\bar{g}}s : \bar{\bar{h}}.$
	Si F = 64
$3^2 \cdot 5(3 \cdot 5)$	$Gs : fs : \bar{d}s : \bar{b}$
$2 \cdot 3^2 \cdot 5(3 \cdot 5)$	$Gs : H : fs : gs : \bar{d}s : \bar{f}s : \bar{\bar{d}}s : \bar{b}$
$2^2 \cdot 3^2 \cdot 5(3 \cdot 5)$	$E : Gs : H : fs : gs : h : \bar{d}s : \bar{f}s : \bar{g}s : \bar{\bar{d}}s : \bar{\bar{f}}s : \bar{b}$
$2^3 \cdot 3^2 \cdot 5(3 \cdot 5)$	$E : Gs : H : e : fs : gs : h : \bar{d}s : \bar{f}s : \bar{g}s : \bar{h} : \bar{\bar{d}}s : \bar{\bar{f}}s : \bar{\bar{g}}s : \bar{b}.$
	Si F = 128
$2 \cdot 3^2 \cdot 5(3 \cdot 5)$	$Fs : Gs : ds : fs : \bar{d}s : \bar{b} : \bar{\bar{b}}$
$2^2 \cdot 3^2 \cdot 5(3 \cdot 5)$	$Fs : Gs : H : ds : fs : gs : \bar{d}s : \bar{f}s : \bar{b} : \bar{\bar{d}}s : \bar{\bar{b}}$
$2^3 \cdot 3^2 \cdot 5(3 \cdot 5)$	$E : Fs : Gs : H : ds : fs : gs : h : \bar{d}s : \bar{f}s : \bar{g}s : \bar{b} : \bar{\bar{d}}s : \bar{\bar{f}}s : \bar{\bar{b}}.$
	Si F = 256
$2^2 \cdot 3^2 \cdot 5(3 \cdot 5)$	$Ds : Fs : Gs : ds : fs : b : \bar{d}s : \bar{b} : \bar{\bar{b}}$
$2^3 \cdot 3^2 \cdot 5(3 \cdot 5)$	$Ds : Fs : Gs : H : ds : fs : gs : b : \bar{d}s : \bar{f}s : \bar{b} : \bar{\bar{d}}s : \bar{\bar{b}}.$
	Si F = 512
$2^3 \cdot 3^2 \cdot 5(3 \cdot 5)$	$Ds : Fs : Gs : B : ds : fs : b : \bar{d}s : \bar{b} : \bar{\bar{b}}.$

CONSONANTIAE $2^n \cdot 3 \cdot 5^2$

Variationes $2^n \cdot 3 \cdot 5^2(1)$ *Species*	*Formae*
	Si F = 4
$3 \cdot 5^2(1)$	C : A : $\bar{e}$: $\bar{\bar{c}}s$
$2 \cdot 3 \cdot 5^2(1)$	C : A : c : a : $\bar{e}$: $\bar{\bar{c}}s$: $\bar{\bar{c}}$.
	Si F = 8
$2 \cdot 3 \cdot 5^2(1)$	C : A : e : $\bar{c}s$: $\bar{e}$: $\bar{\bar{c}}s$: $\bar{\bar{g}}s$.

Variationes $2^n \cdot 3 \cdot 5^2(3)$ *Species*	*Formae*
	Si F = 8
$3 \cdot 5^2(3)$	G : e : $\bar{h}$: $\bar{\bar{g}}s$
$2 \cdot 3 \cdot 5^2(3)$	C : G : e : g : $\bar{e}$: $\bar{h}$: $\bar{\bar{g}}s$: $\bar{\bar{h}}$.
	Si F = 16
$2 \cdot 3 \cdot 5^2(3)$	E : G : e : h : $\bar{g}s$: $\bar{h}$: $\bar{\bar{g}}s$.

Variationes $2^n \cdot 3 \cdot 5^2(3^2)$ *Species*	*Formae*
	Si F = 32
$3 \cdot 5^2(3^2)$	D : H : $\bar{f}s$: $\bar{\bar{d}}s$
$2 \cdot 3 \cdot 5^2(3^2)$	D : H : d : h : $\bar{f}s$: $\bar{\bar{d}}s$: $\bar{\bar{f}}s$.
	Si F = 64
$2 \cdot 3 \cdot 5^2(3^2)$	D : H : fs : $\bar{d}s$: $\bar{f}s$: $\bar{\bar{d}}s$: $\bar{h}$.

CONSONANTIAE $2^n \cdot 3^3 \cdot 5$

Variationes $2^n \cdot 3^3 \cdot 5\,(1)$ *Species*	*Formae*
	Si $F = 4$
$3^3 \cdot 5\,(1)$	$C : A : g : \bar{e} : \bar{\bar{d}} : \bar{\bar{h}}$
$2 \cdot 3^3 \cdot 5\,(1)$	$C : A : c : g : a : \bar{e} : \bar{g} : \bar{\bar{d}} : \bar{\bar{e}} : \bar{\bar{h}}$.
	Si $F = 8$
$2 \cdot 3^3 \cdot 5\,(1)$	$C : G : A : e : g : \bar{d} : \bar{e} : \bar{h} : \bar{\bar{d}} : \bar{\bar{h}}$.

Variationes $2^n \cdot 3^3 \cdot 5\,(5)$ *Species*	*Formae*
	Si $F = 16$
$3^3 \cdot 5\,(5)$	$E : cs : h : \bar{g}s : \bar{\bar{f}}s$
$2 \cdot 3^3 \cdot 5\,(5)$	$E : cs : e : h : \bar{c}s : \bar{g}s : \bar{h} : \bar{f}s : \bar{\bar{g}}s$.
	Si $F = 32$
$3^3 \cdot 5\,(5)$	$Cs : H : gs : \bar{f}s : \bar{\bar{d}}s$
$2 \cdot 3^3 \cdot 5\,(5)$	$Cs : E : H : cs : gs : h : \bar{f}s : \bar{g}s : \bar{\bar{d}}s : \bar{\bar{f}}s$.
	Si $F = 64$
$2 \cdot 3^3 \cdot 5\,(5)$	$Cs : Gs : H : fs : gs : \bar{d}s : \bar{f}s : \bar{\bar{d}}s : \bar{b}$.

11. Hoc modo ex ista tabula omnes consonantiae, quae gradum suavitatis duodecimum non transgrediuntur, in dato systemate exprimi poterunt. Praetermisi autem consonantias magis compositas, cum quod etiam apud musicos rarius occurrant, tum quod iis harmonia potius turbetur quam perficiatur. In his praeterea consonantiis, quae in hac tabula repraesentantur, tanta inest diversitas, totque etiam dissonantiarum, prout a Musicis appellantur, species, ut non solum superfluum, sed etiam harmoniae noxium foret alias magis compositas adhibere.

12. Praeterea vero ista tabula ex hoc capite manca videri posset, quod cum exponentibus consonantiarum alii indices praeter impares non sint coniuncti; sed hoc non obstante etiam tales consonantiae ope huius tabulae exprimi possunt, quae indices habeant pares. Sit enim consonantia $E(2i)$ pro systemate $F = 2^n$ exprimenda, ubi E exponentem, i vero numerum imparem denotet; tum quaeratur forma consonantiae $E(i)$ pro systemate $F = 2^n$ et omnes soni una octava acutiores accipiantur vel, quod perinde est, sumatur forma consonantiae $E(i)$ pro systemate $F = 2^{n-1}$.

13. Simili modo si consonantia exprimenda fuerit $E(4i)$ et $F = 2^n$, tum sumatur ex tabula vel consonantia $E(i)$ pro $F = 2^n$ et singuli soni duabus octavis acutiores capiantur; vel quaesito etiam satisfiet sumendo consonantiam $E(i)$ pro systemate $F = 2^{n-2}$. Pariter etiam consonantia $E(2^m i)$ ope tabulae exhiberi poterit pro casu $F = 2^n$ sumendo ex tabula consonantiam $E(i)$ pro casu $F = 2^{n-m}$; vel si iste casus $F = 2^{n-m}$ in tabula non reperiatur, tum sumatur consonantia $E(i)$ pro systemate $F = 2^n$ et singuli soni m octavis acutiores capiantur.

14. Quoties ergo consonantia exprimenda occurrit, cuius index est numerus par, tum index per tantam binarii potestatem dividatur, quoad quotus prodeat impar; deinde valor ipsius F in systemate assumto per eandem potestatem binarii dividatur atque pro isto systemate consonantia cum indice impari, quoto scilicet ex priore orto, exprimatur. Sic si pro systemate, in quo est $F = 32$ requiratur ista consonantia $2^3 \cdot 3 \cdot 5\,(12)$, divido 12 et 32 per 4 et quotos 3 et 8 loco illorum numerorum substituo, ita ut consonantia desiderata sit proditura, si sub valore $F = 8$ quaeratur consonantia $2^3 \cdot 3 \cdot 5\,(3)$, quae erit ex tabula

$$\mathrm{C} : \mathrm{G} : c : e : g : \bar{c} : \bar{e} : \bar{g} : \bar{h} : \bar{\bar{e}} : \bar{\bar{g}} : \bar{\bar{h}}.$$

15. Sin autem in tabula exponenti consonantiae cum indice tantus valor ipsius F non respondeat, quantus habetur in systemate, in quo compositio suscipitur, tum etiam ista consonantia omnino exprimi nequit ob sonos nimis graves in instrumentis non obvios. Quo vero similis saltem consonantia tamen exprimi possit, oportet indicem vel per 2 vel aliam binarii potestatem multiplicare, donec valor ipsius F ex systemate assumto per illam binari potestatem divisus in tabula reperiatur. Ut si $F = 64$, consonantia $2^3 \cdot 3 \cdot 5\,(1)$ sonis consuetis exprimi nequit; hanc ob causam substitui poterit consonantia

$2^3 \cdot 3 \cdot 5\,(4)$, quae congruet cum consonantia $2^3 \cdot 3 \cdot 5\,(1)$ systema $F = 16$ relata quaeque erit

$$C : E : A : c : e : a : \bar{e} : \bar{\bar{e}}.$$

16. His de formatione consonantiarum expositis ad ipsam componendi rationem in dato systemate erit progrediendum. Quemadmodum autem exponens systematis omnes sonos simplices determinat, qui in eo systemate locum inveniunt, ita etiam iste ipse exponens omnes consonantias ad systema pertinentes definit. Aliae enim consonantiae occurrere non possunt, nisi quarum exponentes per suos indices multiplicati in exponente systematis sint contenti seu qui sint huius exponentis systematis divisores; unde facile erit omnes consonantias, quae in dato systemate locum habent, assignare.

17. Ante omnia autem definiendum est, utrum unico consonantiarum genere an diversis uti conveniat, quo facilius omnes consonantiae in systemate proposito locum invenientes enumerari queant. Habentur vero sequentia decem consonantiarum genera:

I.	2^n	VI.	$2^n \cdot 5^2$
II.	$2^n \cdot 3$	VII.	$2^n \cdot 3^3$
III.	$2^n \cdot 5$	VIII.	$2^n \cdot 3^2 \cdot 5$
IV.	$2^n \cdot 3^2$	IX.	$2^n \cdot 3 \cdot 5^2$
V.	$2^n \cdot 3 \cdot 5$	X.	$2^n \cdot 3^3 \cdot 5$;

excluduntur enim duo reliqua consonantiarum genera, scilicet

$$2^n \cdot 3^2 \cdot 5^2 \quad \text{et} \quad 2^n \cdot 3^3 \cdot 5^2,$$

cum ea nullas praebeant consonantias, quae duodecimum gradum non transgrediantur.

18. Uno igitur vel pluribus horum generum electis inquirendum est, quot eorum species quotque variationes in exponente systematis contineantur. Species autem cuiusque generis determinantur potentia definita loco indefinitae 2^n substituenda; variationes vero per indices cum exponentibus coniunctos determinantur. Enumeratio igitur ita instituetur, ut primo exponens systematis per exponentes singularum specierum consonantiarum dividatur quotorumque omnes divisores quaerantur, deinde hi divisores successive pro indicibus substituantur.

19. Solent autem Musici in plurium vocum concentibus potissimum genere quinto, cuius exponens est $2^n \cdot 3 \cdot 5$, uti, quippe in quo non solum omnes triades harmonicae, sed etiam plures dissonantiae ita dictae continentur. Praeter has vero dissonantias etiam saepissime consonantias ex generibus IV, VIII et X tanquam dissonantias usurpant, vix autem unquam genera VI, VII et IX adhibent. Genera vero simpliciora scilicet I, II et III ipsis tantum in biciniis vel triciniis inserviunt, cum reliqua his casibus plerumque fiant inepta ob nimis magnum sonorum numerum, qui in consonantias necessario ingrediuntur.

20. Quo rem exemplo illustremus, sit nobis propositum systema, cuius exponens est $2^5 \cdot 3^2 \cdot 5$ et $F = 8$; in hoc ergo exponente sequentes consonantiarum generis quinti species et variationes continentur:

$3 \cdot 5\,(1)$	$3 \cdot 5\,(3)$	$3 \cdot 5\,(3^2)$
$3 \cdot 5\,(2)$	$3 \cdot 5\,(2 \cdot 3)$	$3 \cdot 5\,(2 \cdot 3^2)$
$3 \cdot 5\,(2^2)$	$3 \cdot 5\,(2^2 \cdot 3)$	$3 \cdot 5\,(2^2 \cdot 3^2)$
$3 \cdot 5\,(2^3)$	$3 \cdot 5\,(2^3 \cdot 3)$	$3 \cdot 5\,(2^3 \cdot 3^2)$
$3 \cdot 5\,(2^4)$	$3 \cdot 5\,(2^4 \cdot 3)$	$3 \cdot 5\,(2^4 \cdot 3^2)$
$3 \cdot 5\,(2^5)$	$3 \cdot 5\,(2^5 \cdot 3)$	$3 \cdot 5\,(2^5 \cdot 3^2)$
$2 \cdot 3 \cdot 5\,(1)$	$2 \cdot 3 \cdot 5\,(3)$	$2 \cdot 3 \cdot 5\,(3^2)$
$2 \cdot 3 \cdot 5\,(2)$	$2 \cdot 3 \cdot 5\,(2 \cdot 3)$	$2 \cdot 3 \cdot 5\,(2 \cdot 3^2)$
$2 \cdot 3 \cdot 5\,(2^2)$	$2 \cdot 3 \cdot 5\,(2^2 \cdot 3)$	$2 \cdot 3 \cdot 5\,(2^2 \cdot 3^2)$
$2 \cdot 3 \cdot 5\,(2^3)$	$2 \cdot 3 \cdot 5\,(2^3 \cdot 3)$	$2 \cdot 3 \cdot 5\,(2^3 \cdot 3^2)$
$2 \cdot 3 \cdot 5\,(2^4)$	$2 \cdot 3 \cdot 5\,(2^4 \cdot 3)$	$2 \cdot 3 \cdot 5\,(2^4 \cdot 3^2)$
$2^2 \cdot 3 \cdot 5\,(1)$	$2^2 \cdot 3 \cdot 5\,(3)$	$2^2 \cdot 3 \cdot 5\,(3^2)$
$2^2 \cdot 3 \cdot 5\,(2)$	$2^2 \cdot 3 \cdot 5\,(2 \cdot 3)$	$2^2 \cdot 3 \cdot 5\,(2 \cdot 3^2)$
$2^2 \cdot 3 \cdot 5\,(2^2)$	$2^2 \cdot 3 \cdot 5\,(2^2 \cdot 3)$	$2^2 \cdot 3 \cdot 5\,(2^2 \cdot 3^2)$
$2^2 \cdot 3 \cdot 5\,(2^3)$	$2^2 \cdot 3 \cdot 5\,(2^3 \cdot 3)$	$2^2 \cdot 3 \cdot 5\,(2^3 \cdot 3^2)$
$2^3 \cdot 3 \cdot 5\,(1)$	$2^3 \cdot 3 \cdot 5\,(3)$	$2^3 \cdot 3 \cdot 5\,(3^2)$
$2^3 \cdot 3 \cdot 5\,(2)$	$2^3 \cdot 3 \cdot 5\,(2 \cdot 3)$	$2^3 \cdot 3 \cdot 5\,(2 \cdot 3^2)$
$2^3 \cdot 3 \cdot 5\,(2^2)$	$2^3 \cdot 3 \cdot 5\,(2^2 \cdot 3)$	$2^3 \cdot 3 \cdot 5\,(2^2 \cdot 3^2)$
$2^4 \cdot 3 \cdot 5\,(1)$	$2^4 \cdot 3 \cdot 5\,(3)$	$2^4 \cdot 3 \cdot 5\,(3^2)$
$2^4 \cdot 3 \cdot 5\,(2)$	$2^4 \cdot 3 \cdot 5\,(2 \cdot 3)$	$2^4 \cdot 3 \cdot 5\,(2 \cdot 3^2)$
$2^5 \cdot 3 \cdot 5\,(1)$	$2^5 \cdot 3 \cdot 5\,(3)$	$2^5 \cdot 3 \cdot 5\,(3^2)$

21. Ex genere autem quarto sequentes in hoc systemate habebuntur consonantiae, quae a Musicis tanquam dissonantiae usurpari possunt:

$3^2 (1)$	$3^2 (3)$	$3^2 (5)$	$3^2 (3 \cdot 5)$
$3^2 (2)$	$3^2 (2 \cdot 3)$	$3^2 (2 \cdot 5)$	$3^2 (2 \cdot 3 \cdot 5)$
$3^2 (2^2)$	$3^2 (2^2 \cdot 3)$	$3^2 (2^2 \cdot 5)$	$3^2 (2^2 \cdot 3 \cdot 5)$
$3^2 (2^3)$	$3^2 (2^3 \cdot 3)$	$3^2 (2^3 \cdot 5)$	$3^2 (2^3 \cdot 3 \cdot 5)$
$3^2 (2^4)$	$3^2 (2^4 \cdot 3)$	$3^2 (2^4 \cdot 5)$	$3^2 (2^4 \cdot 3 \cdot 5)$
$3^2 (2^5)$	$3^2 (2^5 \cdot 3)$	$3^2 (2^5 \cdot 5)$	$3^2 (2^5 \cdot 3 \cdot 5)$
$2 \cdot 3^2 (1)$	$2 \cdot 3^2 (3)$	$2 \cdot 3^2 (5)$	$2 \cdot 3^2 (3 \cdot 5)$
$2 \cdot 3^2 (2)$	$2 \cdot 3^2 (2 \cdot 3)$	$2 \cdot 3^2 (2 \cdot 5)$	$2 \cdot 3^2 (2 \cdot 3 \cdot 5)$
$2 \cdot 3^2 (2^2)$	$2 \cdot 3^2 (2^2 \cdot 3)$	$2 \cdot 3^2 (2^2 \cdot 5)$	$2 \cdot 3^2 (2^2 \cdot 3 \cdot 5)$
$2 \cdot 3^2 (2^3)$	$2 \cdot 3^2 (2^3 \cdot 3)$	$2 \cdot 3^2 (2^3 \cdot 5)$	$2 \cdot 3^2 (2^3 \cdot 3 \cdot 5)$
$2 \cdot 3^2 (2^4)$	$2 \cdot 3^2 (2^4 \cdot 3)$	$2 \cdot 3^2 (2^4 \cdot 5)$	$2 \cdot 3^2 (2^4 \cdot 3 \cdot 5)$
$2^2 \cdot 3^2 (1)$	$2^2 \cdot 3^2 (3)$	$2^2 \cdot 3^2 (5)$	$2^2 \cdot 3^2 (3 \cdot 5)$
$2^2 \cdot 3^2 (2)$	$2^2 \cdot 3^2 (2 \cdot 3)$	$2^2 \cdot 3^2 (2 \cdot 5)$	$2^2 \cdot 3^2 (2 \cdot 3 \cdot 5)$
$2^2 \cdot 3^2 (2^2)$	$2^2 \cdot 3^2 (2^2 \cdot 3)$	$2^2 \cdot 3^2 (2^2 \cdot 5)$	$2^2 \cdot 3^2 (2^2 \cdot 3 \cdot 5)$
$2^2 \cdot 3^2 (2^3)$	$2^2 \cdot 3^2 (2^3 \cdot 3)$	$2^2 \cdot 3^2 (2^3 \cdot 5)$	$2^2 \cdot 3^2 (2^3 \cdot 3 \cdot 5)$
$2^3 \cdot 3^2 (1)$	$2^3 \cdot 3^2 (3)$	$2^3 \cdot 3^2 (5)$	$2^3 \cdot 3^2 (3 \cdot 5)$
$2^3 \cdot 3^2 (2)$	$2^3 \cdot 3^2 (2 \cdot 3)$	$2^3 \cdot 3^2 (2 \cdot 5)$	$2^3 \cdot 3^2 (2 \cdot 3 \cdot 5)$
$2^3 \cdot 3^2 (2^2)$	$2^3 \cdot 3^2 (2^2 \cdot 3)$	$2^3 \cdot 3^2 (2^2 \cdot 5)$	$2^3 \cdot 3^2 (2^2 \cdot 3 \cdot 5)$
$2^4 \cdot 3^2 (1)$	$2^4 \cdot 3^2 (3)$	$2^4 \cdot 3^2 (5)$	$2^4 \cdot 3^2 (3 \cdot 5)$
$2^4 \cdot 3^2 (2)$	$2^4 \cdot 3^2 (2 \cdot 3)$	$2^4 \cdot 3^2 (2 \cdot 5)$	$2^4 \cdot 3^2 (2 \cdot 3 \cdot 5)$
$2^5 \cdot 3^2 (1)$	$2^5 \cdot 3^2 (3)$	$2^5 \cdot 3^2 (5)$	$2^5 \cdot 3^2 (3 \cdot 5)$

22. Ex generibus porro VII, VIII et X sequentes habebuntur consonantiae:

$3^3(1)$	$3^3(5)$	$3^2\cdot 5(1)$	$3^2\cdot 5(3)$	$3^3\cdot 5(1)$
$3^3(2)$	$3^3(2\cdot 5)$	$3^2\cdot 5(2)$	$3^2\cdot 5(2\cdot 3)$	$3^3\cdot 5(2)$
$3^3(2^2)$	$3^3(2^2\cdot 5)$	$3^2\cdot 5(2^2)$	$3^2\cdot 5(2^2\cdot 3)$	$3^3\cdot 5(2^2)$
$3^3(2^3)$	$3^3(2^3\cdot 5)$	$3^2\cdot 5(2^3)$	$3^2\cdot 5(2^3\cdot 3)$	$3^3\cdot 5(2^3)$
$3^3(2^4)$	$3^3(2^4\cdot 5)$	$3^2\cdot 5(2^4)$	$3^2\cdot 5(2^4\cdot 3)$	$3^3\cdot 5(2^4)$
$3^3(2^5)$	$3^3(2^5\cdot 5)$	$3^2\cdot 5(2^5)$	$3^2\cdot 5(2^5\cdot 3)$	$3^3\cdot 5(2^5)$
$2\cdot 3^3(1)$	$2\cdot 3^3(5)$	$2\cdot 3^2\cdot 5(1)$	$2\cdot 3^2\cdot 5(3)$	$2\cdot 3^3\cdot 5(1)$
$2\cdot 3^3(2)$	$2\cdot 3^3(2\cdot 5)$	$2\cdot 3^2\cdot 5(2)$	$2\cdot 3^2\cdot 5(2\cdot 3)$	$2\cdot 3^3\cdot 5(2)$
$2\cdot 3^3(2^2)$	$2\cdot 3^3(2^2\cdot 5)$	$2\cdot 3^2\cdot 5(2^2)$	$2\cdot 3^2\cdot 5(2^2\cdot 3)$	$2\cdot 3^3\cdot 5(2^2)$
$2\cdot 3^3(2^3)$	$2\cdot 3^3(2^3\cdot 5)$	$2\cdot 3^2\cdot 5(2^3)$	$2\cdot 3^2\cdot 5(2^3\cdot 3)$	$2\cdot 3^3\cdot 5(2^3)$
$2\cdot 3^3(2^4)$	$2\cdot 3^3(2^4\cdot 5)$	$2\cdot 3^2\cdot 5(2^4)$	$2\cdot 3^2\cdot 5(2^4\cdot 3)$	$2\cdot 3^3\cdot 5(2^4)$
$2^2\cdot 3^3(1)$	$2^2\cdot 3^3(5)$	$2^2\cdot 3^2\cdot 5(1)$	$2^2\cdot 3^2\cdot 5(3)$	
$2^2\cdot 3^3(2)$	$2^2\cdot 3^3(2\cdot 5)$	$2^2\cdot 3^2\cdot 5(2)$	$2^2\cdot 3^2\cdot 5(2\cdot 3)$	
$2^2\cdot 3^3(2^2)$	$2^2\cdot 3^3(2^2\cdot 5)$	$2^2\cdot 3^2\cdot 5(2^2)$	$2^2\cdot 3^2\cdot 5(2^2\cdot 3)$	
$2^2\cdot 3^3(2^3)$	$2^2\cdot 3^3(2^3\cdot 5)$	$2^2\cdot 3^2\cdot 5(2^3)$	$2^2\cdot 3^2\cdot 5(2^3\cdot 3)$	
$2^3\cdot 3^3(1)$	$2^3\cdot 3^3(5)$	$2^3\cdot 3^2\cdot 5(1)$	$2^3\cdot 3^2\cdot 5(3)$	
$2^3\cdot 3^3(2)$	$2^3\cdot 3^3(2\cdot 5)$	$2^3\cdot 3^2\cdot 5(2)$	$2^3\cdot 3^2\cdot 5(2\cdot 3)$	
$2^3\cdot 3^3(2^2)$	$2^3\cdot 3^3(2^2\cdot 5)$	$2^3\cdot 3^2\cdot 5(2^2)$	$2^3\cdot 3^2\cdot 5(2^2\cdot 3)$	
$2^4\cdot 3^3(1)$	$2^4\cdot 3^3(5)$			
$2^4\cdot 3^3(2)$	$2^4\cdot 3^3(2\cdot 5)$			
$2^5\cdot 3^3(1)$	$2^5\cdot 3^3(5)$			

23. Si nunc hae consonantiae pro valore $F=8$, quot quidem exprimi possunt, ex tabula consonantiarum desumantur, prodibit sequens tam consonantiarum quam dissonantiarum copia:

$3\cdot5(2)$	$C:A:\bar{e}$
$3\cdot5(2^2)$	$c:a:\bar{\bar{e}}$
$3\cdot5(2^3)$	$F:\bar{c}:\bar{a}$
$3\cdot5(2^4)$	$f:\bar{\bar{c}}:\bar{\bar{a}}$
$2\cdot3\cdot5(1)$	$C:A:e:\bar{e}$
$2\cdot3\cdot5(2)$	$C:A:c:a:\bar{e}:\bar{\bar{e}}$
$2\cdot3\cdot5(2^2)$	$F:c:a:\bar{c}:\bar{a}:\bar{\bar{e}}$
$2\cdot3\cdot5(2^3)$	$F:f:\bar{c}:\bar{a}:\bar{\bar{c}}:\bar{\bar{a}}$
$2\cdot3\cdot5(2^4)$	$f:\bar{f}:\bar{\bar{c}}:\bar{\bar{a}}$
$2^2\cdot3\cdot5(1)$	$C:A:c:e:a:\bar{e}:\bar{\bar{c}}$
$2^2\cdot3\cdot5(2)$	$C:F:A:c:a:\bar{c}:\bar{e}:\bar{a}:\bar{\bar{e}}$
$2^2\cdot3\cdot5(2^2)$	$F:c:f:a:\bar{c}:\bar{a}:\bar{\bar{c}}:\bar{\bar{e}}:\bar{\bar{a}}$
$2^2\cdot3\cdot5(2^3)$	$F:f:\bar{c}:\bar{f}:\bar{a}:\bar{\bar{c}}:\bar{\bar{a}}:\bar{\bar{\bar{c}}}$
$2^3\cdot3\cdot5(1)$	$C:F:A:c:e:a:\bar{c}:\bar{e}:\bar{a}:\bar{\bar{e}}$
$2^3\cdot3\cdot5(2)$	$C:F:A:c:f:a:\bar{c}:\bar{e}:\bar{a}:\bar{\bar{c}}:\bar{\bar{e}}:\bar{\bar{a}}$
$2^3\cdot3\cdot5(2^2)$	$F:c:f:a:\bar{c}:\bar{f}:\bar{a}:\bar{\bar{c}}:\bar{\bar{e}}:\bar{\bar{a}}:\bar{\bar{\bar{c}}}$
$2^4\cdot3\cdot5(1)$	$C:F:A:c:e:f:a:\bar{c}:\bar{e}:\bar{a}:\bar{\bar{c}}:\bar{\bar{e}}:\bar{\bar{a}}$
$2^4\cdot3\cdot5(2)$	$C:F:A:c:f:a:\bar{c}:\bar{e}:\bar{f}:\bar{a}:\bar{\bar{c}}:\bar{\bar{e}}:\bar{\bar{a}}:\bar{\bar{\bar{c}}}$
$2^5\cdot3\cdot5(1)$	$C:F:A:c:e:f:a:\bar{c}:\bar{e}:\bar{f}:\bar{a}:\bar{\bar{c}}:\bar{\bar{e}}:\bar{\bar{a}}:\bar{\bar{\bar{c}}}$

$3\cdot5(3)$	$G:e:\bar{h}$
$3\cdot5(2\cdot3)$	$C:g:\bar{e}:\bar{\bar{h}}$
$3\cdot5(2^2\cdot3)$	$c:\bar{g}:\bar{\bar{e}}$
$2\cdot3\cdot5(3)$	$C:G:e:g:\bar{e}:\bar{h}:\bar{\bar{h}}$
$2\cdot3\cdot5(2\cdot3)$	$C:c:g:\bar{e}:\bar{g}:\bar{\bar{e}}:\bar{\bar{h}}$
$2\cdot3\cdot5(2^2\cdot3)$	$c:\bar{c}:\bar{g}:\bar{\bar{e}}:\bar{\bar{g}}$
$2^2\cdot3\cdot5(3)$	$C:G:c:e:g:\bar{e}:\bar{g}:\bar{h}:\bar{\bar{e}}:\bar{\bar{h}}$
$2^2\cdot3\cdot5(2\cdot3)$	$C:c:g:\bar{c}:\bar{e}:\bar{g}:\bar{\bar{e}}:\bar{\bar{g}}:\bar{\bar{h}}$
$2^2\cdot3\cdot5(2^2\cdot3)$	$c:\bar{c}:\bar{g}:\bar{\bar{c}}:\bar{\bar{e}}:\bar{\bar{g}}$
$2^3\cdot3\cdot5(3)$	$C:G:c:e:g:\bar{c}:\bar{e}:\bar{g}:\bar{h}:\bar{\bar{e}}:\bar{\bar{g}}:\bar{\bar{h}}$
$2^3\cdot3\cdot5(2\cdot3)$	$C:c:g:\bar{c}:\bar{e}:\bar{g}:\bar{\bar{c}}:\bar{\bar{e}}:\bar{\bar{g}}:\bar{\bar{h}}$
$2^4\cdot3\cdot5(3)$	$C:G:c:e:g:\bar{c}:\bar{e}:\bar{g}:\bar{h}:\bar{\bar{c}}:\bar{\bar{e}}:\bar{\bar{g}}:\bar{\bar{h}}$

$3\cdot5(3^2)$	$G:\bar{d}:\bar{h}$
$3\cdot5(2\cdot3^2)$	$g:\bar{\bar{d}}:\bar{\bar{h}}$
$2\cdot3\cdot5(3^2)$	$G:g:\bar{d}:\bar{h}:\bar{\bar{d}}:\bar{\bar{h}}$
$2\cdot3\cdot5(2\cdot3^2)$	$g:\bar{g}:\bar{\bar{d}}:\bar{\bar{h}}$
$2^2\cdot3\cdot5(3^2)$	$G:g:\bar{d}:\bar{g}:\bar{h}:\bar{\bar{d}}:\bar{\bar{h}}$
$2^2\cdot3\cdot5(2\cdot3^2)$	$g:\bar{g}:\bar{\bar{d}}:\bar{\bar{g}}:\bar{\bar{h}}$
$2^3\cdot3\cdot5(3^2)$	$G:g:\bar{d}:\bar{g}:\bar{h}:\bar{\bar{d}}:\bar{\bar{g}}:\bar{\bar{h}}$

$3^2(2^3)$	$F:\bar{c}:\bar{\bar{g}}$
$2\cdot3^2(2^2)$	$F:c:\bar{c}:\bar{g}:\bar{\bar{g}}$
$2\cdot3^2(2^3)$	$F:f:\bar{c}:\bar{\bar{c}}:\bar{\bar{g}}$
$2^2\cdot3^2(2)$	$C:F:c:g:\bar{c}:\bar{g}:\bar{\bar{g}}$
$2^2\cdot3^2(2^2)$	$F:c:f:\bar{c}:\bar{g}:\bar{\bar{c}}:\bar{\bar{g}}$
$2^2\cdot3^2(2^3)$	$F:f:\bar{c}:\bar{f}:\bar{\bar{c}}:\bar{\bar{g}}:\bar{\bar{\bar{c}}}$
$2^3\cdot3^2(1)$	$C:F:G:c:g:\bar{c}:\bar{g}:\bar{\bar{g}}$
$2^3\cdot3^2(2)$	$C:F:c:f:g:\bar{c}:\bar{g}:\bar{\bar{c}}:\bar{\bar{g}}$
$2^3\cdot3^2(2^2)$	$F:c:f:\bar{c}:\bar{f}:\bar{g}:\bar{\bar{c}}:\bar{\bar{g}}:\bar{\bar{\bar{c}}}$
$2^4\cdot3^2(1)$	$C:F:G:c:f:g:\bar{c}:\bar{g}:\bar{\bar{c}}:\bar{\bar{g}}$
$2^4\cdot3^2(2)$	$C:F:c:f:g:\bar{c}:\bar{f}:\bar{g}:\bar{\bar{c}}:\bar{\bar{g}}:\bar{\bar{\bar{c}}}$
$2^5\cdot3^2(1)$	$C:F:G:c:f:g:\bar{c}:\bar{f}:\bar{g}:\bar{\bar{c}}:\bar{\bar{g}}:\bar{\bar{\bar{c}}}$

$3^2(2\cdot3)$	$C:g:\bar{\bar{d}}$
$2\cdot3^2(3)$	$C:G:c:g:\bar{d}:\bar{\bar{d}}$
$2\cdot3^2(2\cdot3)$	$C:c:g:\bar{g}:\bar{\bar{d}}$
$2^2\cdot3^2(3)$	$C:G:c:g:\bar{d}:\bar{g}:\bar{\bar{d}}$
$2^2\cdot3^2(2\cdot3)$	$C:c:g:\bar{c}:\bar{g}:\bar{\bar{d}}:\bar{\bar{g}}$
$2^3\cdot3^2(3)$	$C:G:c:g:\bar{c}:\bar{d}:\bar{g}:\bar{\bar{d}}:\bar{\bar{g}}$
$2^3\cdot3^2(2\cdot3)$	$C:c:g:\bar{c}:\bar{g}:\bar{\bar{c}}:\bar{\bar{d}}:\bar{\bar{g}}$
$2^4\cdot3^2(3)$	$C:G:c:g:\bar{c}:\bar{d}:\bar{g}:\bar{\bar{c}}:\bar{\bar{d}}:\bar{\bar{g}}$

$3^2 (2 \cdot 5)$	$A : \bar{e} : \bar{\bar{h}}$
$2 \cdot 3^2 (5)$	$A : e : \bar{e} : \bar{h} : \bar{\bar{h}}$
$2 \cdot 3^2 (2 \cdot 5)$	$A : a : \bar{e} : \bar{\bar{e}} : \bar{\bar{h}}$
$2^2 \cdot 3^2 (5)$	$A : e : a : \bar{e} : \bar{h} : \bar{\bar{e}} : \bar{\bar{h}}$
$2^2 \cdot 3^2 (2 \cdot 5)$	$A : a : \bar{e} : \bar{a} : \bar{\bar{e}} : \bar{\bar{h}}$
$2^3 \cdot 3^2 (5)$	$A : e : a : \bar{e} : \bar{a} : \bar{h} : \bar{\bar{e}} : \bar{\bar{h}}$
$2^3 \cdot 3^2 (2 \cdot 5)$	$A : a : \bar{e} : \bar{a} : \bar{\bar{e}} : \bar{\bar{a}} : \bar{\bar{h}}$
$2^4 \cdot 3^2 (5)$	$A : e : a : \bar{e} : \bar{a} : \bar{h} : \bar{\bar{e}} : \bar{\bar{a}} : \bar{\bar{h}}$

$2^2 \cdot 3^3 (2)$	$C : F : c : g : \bar{c} : \bar{g} : \bar{\bar{d}} : \bar{\bar{g}}$
$2^3 \cdot 3^3 (1)$	$C : F : G : c : g : \bar{c} : \bar{d} : \bar{g} : \bar{\bar{d}} : \bar{\bar{g}}$
$2^3 \cdot 3^3 (2)$	$C : F : c : f : g : \bar{c} : \bar{g} : \bar{\bar{c}} : \bar{\bar{d}} : \bar{\bar{g}}$
$2^4 \cdot 3^3 (1)$	$C : F : G : c : f : g : \bar{c} : \bar{d} : \bar{g} : \bar{\bar{c}} : \bar{\bar{d}} : \bar{\bar{g}}$
$2^4 \cdot 3^3 (2)$	$C : F : c : f : g : \bar{c} : \bar{f} : \bar{g} : \bar{\bar{c}} : \bar{\bar{d}} : \bar{\bar{g}} : \bar{\bar{\bar{c}}}$
$2^5 \cdot 3^3 (1)$	$C : F : G : c : f : g : \bar{c} : \bar{d} : \bar{f} : \bar{g} : \bar{\bar{c}} : \bar{\bar{d}} : \bar{\bar{g}} : \bar{\bar{\bar{c}}}$

$3^2 \cdot 5 (2)$	$C : A : g : \bar{e} : \bar{\bar{h}}$
$3^2 \cdot 5 (2^2)$	$c : a : \bar{g} : \bar{\bar{e}}$
$3^2 \cdot 5 (2^3)$	$F : \bar{c} : \bar{a} : \bar{\bar{g}}$
$2 \cdot 3^2 \cdot 5 (1)$	$C : G : A : e : g : \bar{e} : \bar{h} : \bar{\bar{h}}$
$2 \cdot 3^2 . 5 (2)$	$C : A : c : g : a : \bar{e} : \bar{g} : \bar{\bar{e}} : \bar{\bar{h}}$
$2 \cdot 3^2 \cdot 5 (2^2)$	$F : c : a : \bar{c} : \bar{g} : \bar{a} : \bar{\bar{e}} : \bar{\bar{g}}$
$2 \cdot 3^2 \cdot 5 (2^3)$	$F : f : \bar{c} : \bar{a} : \bar{\bar{c}} : \bar{\bar{g}} : \bar{\bar{a}}$
$2^2 \cdot 3^2 \cdot 5 (1)$	$C : G : A : c : e : g : a : \bar{e} : \bar{g} : \bar{h} : \bar{\bar{e}} : \bar{\bar{h}}$
$2^2 \cdot 3^2 \cdot 5 (2)$	$C : F : A : c : g : a : \bar{c} : \bar{e} : \bar{g} : \bar{a} : \bar{\bar{e}} : \bar{\bar{g}} : \bar{\bar{h}}$
$2^2 \cdot 3^2 \cdot 5 (2^2)$	$F : c : f : a : \bar{c} : \bar{g} : \bar{a} : \bar{\bar{c}} : \bar{\bar{e}} : \bar{\bar{g}} : \bar{\bar{a}}$
$2^2 \cdot 3^2 \cdot 5 (2^3)$	$F : f : \bar{c} : \bar{f} : \bar{a} : \bar{\bar{c}} : \bar{\bar{g}} : \bar{\bar{a}} : \bar{\bar{\bar{c}}}$
$2^3 \cdot 3^2 \cdot 5 (1)$	$C : F : G : A : c : e : g : a : \bar{c} : \bar{e} : \bar{g} : \bar{a} : \bar{h} : \bar{\bar{e}} : \bar{\bar{g}} : \bar{\bar{h}}$
$2^3 \cdot 3^2 \cdot 5 (2)$	$C : F : A : c : f : g : a : \bar{c} : \bar{e} : \bar{g} : \bar{a} : \bar{\bar{c}} : \bar{\bar{e}} : \bar{\bar{g}} : \bar{\bar{a}} : \bar{\bar{h}}$
$2^3 \cdot 3^2 \cdot 5 (2^2)$	$F : c : f : a : \bar{c} : \bar{f} : \bar{g} : \bar{a} : \bar{\bar{c}} : \bar{\bar{e}} : \bar{\bar{g}} : \bar{\bar{a}} : \bar{\bar{\bar{c}}}$

$3^2 \cdot 5(3)$	G : e : đ : ħ
$3^2 \cdot 5(2 \cdot 3)$	C : g : ē : đ̄ : ħ̄
$2 \cdot 3^2 \cdot 5(3)$	C : G : e : g : đ : ē : ħ : đ̄ : ħ̄
$2 \cdot 3^2 \cdot 5(2 \cdot 3)$	C : c : g : ē : ḡ : đ̄ : ē̄ : ħ̄
$2^2 \cdot 3^2 \cdot 5(3)$	C : G : c : e : g : đ : ē : ḡ : ħ : đ̄ : ē̄ : ħ̄
$2^2 \cdot 3^2 \cdot 5(2 \cdot 3)$	C : c : g : c̄ : ē : ḡ : đ̄ : ē̄ : ḡ̄ : ħ̄
$2^3 \cdot 3^2 \cdot 5(3)$	C : G : c : e : g : c̄ : đ : ē : ḡ : ħ : đ̄ : ē̄ : ḡ̄ : ħ̄
$2^3 \cdot 3^2 \cdot 5(2 \cdot 3)$	C : c : g : c̄ : ē : ḡ : c̄̄ : đ̄ : ē̄ : ḡ̄ : ħ̄

$3^3 \cdot 5(2)$	C : A : g : ē : đ̄ : ħ̄
$2 \cdot 3^3 \cdot 5(1)$	C : G : A : e : g : đ : ē : ħ : đ̄ : ħ̄
$2 \cdot 3^3 \cdot 5(2)$	C : A : c : g : a : ē : ḡ : đ̄ : ē̄ : ħ̄.

24. En igitur ingentem tam consonantiarum quam dissonantiarum, prout quidem Musici loqui solent, copiam, quibus in hoc solo systemate uti licet; consonantiarum vero numerus multo adhuc fit maior, si etiam consonantiae trium priorum generum adhibeantur, quas in hac recensione omisimus. Ex hoc ergo summa varietas compositionum, quae in unico systemate exhiberi possunt, abunde intelligitur; maior vero etiam varietas locum habebit in systematibus magis compositis, quae scilicet magis compositos habeant exponentes, quemadmodum reliqua systemata eodem modo evolventi facile patebit.

25. Post talem autem consonantiarum et dissonantiarum in dato systemate enumerationem non difficile erit compositionem in eo systemate exhibere, consonantiis et dissonantiis pro lubitu inter se commiscendis. Suavitati vero maxime consuletur, si successiones consonantiarum nimis durae evitentur, quarum scilicet exponentes parum sint simpliciores ipso systematis exponente; id quod praecipue in iis systematibus erit tenendum, quorum exponentes sunt admodum compositi.

26. Cum autem musica varietate maxime delectetur, consultum erit consonantias plurimum permutare neque plures affines successive collocare; cuiusmodi sunt eae, quarum exponentes et indices non nisi binarii potestatibus inter se differunt. Obtinebitur autem hoc, si nusquam tres pluresve conso-

nantiae successive ponantur, quarum successionis exponens multum ab exponente systematis discrepet. Hoc etiam requirit natura systematis ipsa; nisi enim in quavis compositionis parte totius systematis exponens contineretur, compositio facile in systema simplicius delapsa videri posset.

27. Quod autem hic de qualibet compositionis parte est monitum, id in prima parte potissimum est observandum, quo auditor mox ex prima parte systematis exponentem cognoscat. Statim ergo ab initio tales constituendae erunt consonantiae, quarum coniunctim sumtarum exponens exhauriat ipsum systematis exponentem. Haecque eadem regula maxime quoque in compositionis ultima parte est tenenda, quo ex ipso fine intelligatur, ex quonam systemate compositio sit facta.

28. Regulam hanc Musici hodierni etiam in suis operibus ubique sollicite observant, dum suas clausulas finales ita instituunt, ut ex iis totius systematis exponens, quo in extrema saltem parte sunt usi, percipi queat. Ad hoc clarius ostendendum iuvabit clausulam finalem in systemate ante evoluto, cuius exponens erat $2^5 \cdot 3^3 \cdot 5$ et $F = 8$, quod quidem ad Musicorum modum C durum refertur, more recepto adornatam considerasse. Patet autem, nisi in secunda consonantia sonus $\bar{f}$, qui est septima ad bassum G, adesset, exponentes harum trium consonantiarum successivarum

futuros esse

$$2^3 \cdot 3^2 (2 \cdot 3) : 2^2 \cdot 3 \cdot 5 \, (3^2) : 2^3 \cdot 3 \cdot 5 \, (2 \cdot 3).$$

Foret ergo harum consonantiarum coniunctim consideratarum exponens communis $2^4 \cdot 3^2 \cdot 5$ ob indices omnes per 3 divisibiles, qui utique multo simplicior esset exponente systematis $2^5 \cdot 3^3 \cdot 5$. Hanc ob rem ad regulam datam congrue sonus $\bar{f}$, cuius exponens est 2^5, intermiscetur, quo totius clausulae exponens prodeat $2^5 \cdot 3^3 \cdot 5$ atque auditus per hanc clausulam tota systematis indole et natura impleatur.

29. Interim tamen haec licentia Musicorum nimis audax regulisque harmoniae hactenus stabilitis contraria videri posset, cum solius mediae consonantiae exponens adiecto sono $\bar{f}$ fiat $2^5 \cdot 3^3 \cdot 5$ atque adeo ad gradum 16 pertineat, quod vix tolerari potest. Sed praeterquam quod ratio huius iam sit indicata, alio insuper nititur fundamento, quod circa dissonantias a Musicis observari solet atque a nobis hactenus nondum est tactum. Hucusque enim tantum consonantias principales, quarum quaeque per se consideratur, tractavimus, minus principales autem nondum attigimus.

30. Discrimen autem hoc potissimum ex natura tactus ortum habet, cuius aliae partes principales censentur, aliae minus principales, quae posteriores consonantiis minus principalibus replentur. Tales igitur consonantiae multis gradibus principales superare possunt sine ullo harmoniae damno, dummodo cum ratione adhibeantur; neque enim in iis tam gradus suavitatis quam connexio consonantiarum principalium spectatur.

31. Fit autem connexio haec inter binos sonos consonantiarum principalium mediis interpolandis; ut si inter sonos $\bar{g}$ et $\bar{e}$ medius $\bar{f}$ inseritur et cum priore consonantia adhuc coniungitur, quemadmodum etiam in exemplo allato est factum. Tales sonorum insertiones, qui proprie ad consonantias non pertinent, transitus gratia fiunt atque ideo etiam tolerantur. Deinde quoque in diminutionibus notarum musicarum frequenter soni in consonantiis non contenti adhibentur, quibus tamen harmonia non turbatur.

32. Quanquam autem ratio horum sonorum ad compositionem ligatam et floridam pertinet, tamen hic obiter notari convenit eiusmodi sonos insertos in systemate contentos esse atque in locis tactus minus principalibus adhiberi debere. Quod autem iis harmonia non turbetur, ratio est, quia in systemate continentur iisque idea systematis auditui continuo plenius, quam per solas consonantias fieret, repraesentatur. Ipsae vero regulae, quas in hoc negotio observari oportet, a Musicis abunde sunt expositae.

CAPUT XIV

DE MODORUM ET SYSTEMATUM PERMUTATIONE

1. Quantumvis etiam multiplex sit varietas, quae in unico systemate locum habet, tamen, si idem systema diutius retineatur, fastidium potius quam delectationem pariat necesse est. Cum enim musica tam varietatem quam suavitatem in sonis et consonantiis requirat, saepius obiectum auditus permutandum est. Quemadmodum igitur per compositionem in capite praecedente traditam exponens systematis auditui repraesentatur, ita, cum is iam satis fuerit perspectus, ad aliud systema transitus fieri debebit.

2. Mutatio autem haec plurimis modis fieri potest; primo enim systema solum varias mutationes admittit, manentibus modo eiusque specie invariatis. Deinde sensibilior fiet mutatio, si in aliam speciem modi vel alium etiam modum transitus fiat; cuiusmodi mutationes ex superiori tabula modorum et systematum abunde colligi possunt. Praeterea vero ipsi modi atque adeo etiam singulae eorum species et systemata plures admittunt variationes in tabula data non exhibitas, quae oriuntur, si indices cum exponentibus coniungantur; unde maxima varietas in musicam inducitur.

3. Quemadmodum enim diversarum consonantiarum comparatio inter se non per solos exponentes, sed etiam per indices instituitur, ita etiam idem modus diversis indicibus adiungendis diversas formas induit, quae in tabula superioris capitis non sunt expressae, ubi perpetuo unitas indicum locum tenet. Hic igitur, ubi diversos modos diversaque systemata inter se comparare atque transitiones ex aliis in alia exponere instituimus, ad exponentem cuiusque modi et systematis indicem annectemus.

4. Quo autem intelligatur, quomodo compositio in systemate, cuius exponens cum indice est coniunctus, fieri debeat, ab indicibus, qui sunt binarii potestates, ordiemur. Sit igitur $E(2^n)$ exponens systematis, pro quo est $F = 2^m$; manifestum est compositionem pro exponente E fieri posse eamque tum n octavis acutiorem reddi debere. Hoc autem cum pluribus incommodis sit obnoxium, compositio fiat in systemate exponentis E pro valore $F = 2^{m-n}$; quae pariter ad propositum systema pertinebit.

5. Si autem index non fuerit potestas binarii, sed quivis alius numerus p, compositio in systemate, cuius exponens est $E(p)$, pro casu $F = 2^m$ fiet componendo in systemate exponentis E tumque singulos sonos intervallo $1:p$ elevando. Cum autem hoc modo plerumque ad sonos nimis acutos perveniatur, sumatur potentia binarii ipsi p proxima, quae sit 2^k, atque compositio fiat in systemate exponentis $E(2^k)$ secundum casum priorem, quo facto tota compositio transponatur intervallo $2^k:p$. Hac itaque ratione secundum praecepta praecedentis capitis in quolibet systemate, cuius exponens cum indice est coniunctus, compositio musica formari poterit.

6. Si igitur opus musicum ex pluribus partibus constet, quarum quaeque ad peculiare systema referatur, tum ante omnia exponens totius operis musici est considerandus, qui est minimus communis dividuus omnium exponentium systematum, quae usurpantur. Ex hoc itaque exponente pro lubitu assumto ipsa systemata eorumque exponentes vicissim deducentur, pari modo, quo ante ex exponente systematis singularum consonantiarum exponentes sunt derivati.

7. Electo autem pro arbitrio exponente, quo integrum opus musicum componendum contineatur, simul quoque potestatem binarii determinatam esse oportet, qua sonus F indicatur, quaeque in omnibus systematibus invariata manere debet. Neque tamen ideo ea systemata sola, in quibus F eadem binarii potestate designatur, in tali opere musico locum inveniunt, sed praeter ea etiam omnia illa, in quibus valor ipsius F est minor. Accidit autem hoc propter indices cum exponentibus systematum coniunctos, qui, si pares fuerint, ad systemata reducuntur, in quibus minores binarii potestates sonum F exprimunt; quemadmodum ex ante tradita ratione componendi in systematibus, quorum exponentes cum indicibus sunt coniuncti, intelligitur.

8. Antequam autem ipsa systemata, quae in operis musici exponente continentur, definiantur, modos in eo exponente contentos enumerari convenit. Non solum vero ipsi modi in se spectati, quatenus exponentibus exhibentur, sunt recensendi, sed singulae etiam eiusdem modi variationes, quae per indices indicantur. Ex modis porro derivabuntur species, quae simul ob valorem ipsius F datum systemata praebent, pro quorum quolibet compositio, prout iam est praeceptum, instituenda est.

9. Modi vero, si simpliciores excipiantur, praecipue sunt duo exponentibus $2^n \cdot 3^3 \cdot 5$ et $2^n \cdot 3^2 \cdot 5^2$ expressi; nam ille modus, cuius exponens est $2^n \cdot 3^3 \cdot 5^2$, ex his duobus compositus est censendus. Horum modorum prior $2^n \cdot 3^3 \cdot 5$ a Musicis *modus durus*, posterior vero $2^n \cdot 3^2 \cdot 5^2$ *modus mollis* appellatur; hisce fere solis Musici in suis operibus utuntur. Uterque autem horum modorum plures variationes indicibus adiungendis complectitur, quae a Musicis peculiares denominationes obtinuerunt, quas ex subiuncta tabella videre licet.

Modi duri

$2^n \cdot 3^3 \cdot 5\,(2^m)$	Modus C durus
$2^n \cdot 3^3 \cdot 5\,(2^m \cdot 3)$	Modus G durus
$2^n \cdot 3^3 \cdot 5\,(2^m \cdot 5)$	Modus E durus
$2^n \cdot 3^3 \cdot 5\,(2^m \cdot 3^2)$	Modus D durus
$2^n \cdot 3^3 \cdot 5\,(2^m \cdot 3 \cdot 5)$	Modus H durus
$2^n \cdot 3^3 \cdot 5\,(2^m \cdot 3^3)$	Modus A durus
$2^n \cdot 3^3 \cdot 5\,(2^m \cdot 3^2 \cdot 5)$	Modus F*s* durus
$2^n \cdot 3^3 \cdot 5\,(2^m \cdot 3^4)$	Modus E durus
$2^n \cdot 3^3 \cdot 5\,(2^m \cdot 3^3 \cdot 5)$	Modus C*s* durus
$2^n \cdot 3^3 \cdot 5\,(2^m \cdot 3^4 \cdot 5)$	Modus G*s* durus.

Modi molles

$2^n \cdot 3^2 \cdot 5^2 (2^m)$	Modus A mollis
$2^n \cdot 3^2 \cdot 5^2 (2^m \cdot 3)$	Modus E mollis
$2^n \cdot 3^2 \cdot 5^2 (2^m \cdot 3^2)$	Modus H mollis
$2^n \cdot 3^2 \cdot 5^2 (2^m \cdot 3^3)$	Modus *Fs* mollis
$2^n \cdot 3^2 \cdot 5^2 (2^m \cdot 3^4)$	Modus *Cs* mollis
$2^n \cdot 3^2 \cdot 5^2 (2^m \cdot 3^5)$	Modus *Gs* mollis.

10. Hic eas tantum modorum variationes recensuimus, quae in exponente $2^n \cdot 3^7 \cdot 5^2$ continentur, ad quem genus diatonico-chromaticum nunc usu receptum satis commode et sine notabili harmoniae detrimento adhiberi posse adnotavimus. Ideo autem haec nomina istis modorum variationibus tribuimus, quia pleraque cuiusque horum modorum systemata eos ipsos sonos complectuntur qui a Musicis ambitus modorum nominatorum constituere censentur. Ita qui modi $2^n \cdot 3^3 \cdot 5 (2^m)$ pleraque systemata in tabula exposita contemplatur, deprehendet iis ambitum modi C duri a Musicis ita vocati contineri pariterque modum $2^n \cdot 3^2 \cdot 5^2 (2^m)$ cum ambitu modi A mollis congruere.

11. Quo igitur appareat, cuiusmodi binorum horum modorum variationes in quolibet opere musico locum inveniant, exponentes, qui ad integra opera musica exprimenda accipi possunt, consideremus, quos exponentem $2^n \cdot 3^7 \cdot 5^2$ generis diatonico-chromatici latiori sensu accepti non superare debere iam supra ostendimus. Erit itaque $2^n \cdot 3^3 \cdot 5^2$ simplicissimus exponens, ex quo opera musica, in quibus quidem modorum variationes insunt, componi possunt; hincque sequentes quatuor modos in se complectitur:

$2^n \cdot 3^3 \cdot 5 (2^m)$	Modus C durus
$2^n \cdot 3^3 \cdot 5 (2^m \cdot 5)$	Modus E durus
$2^n \cdot 3^2 \cdot 5^2 (2^m)$	Modus A mollis
$2^n \cdot 3^2 \cdot 5^2 (2^m \cdot 3)$	Modus E mollis.

Species vero omnes horum modorum eorumque variationum prodibunt, si loco n et m successive singuli numeri integri substituantur, quae aggregatum $m + n$ non maius reddant quam k.

12. In huius ergo generis operibus musicis iam summa varietas in permutandis systematibus inter se locum habere potest, ut vix opus esse videatur opera musica magis compositorum exponentium requirere. Praeterquam enim, quod sufficiens varietas in hoc exponente contineatur, omnibus etiam huiusmodi operibus genus diatonico-chromaticum receptum apprime congruit sine ulla aberratione, secus ac contingit in operibus magis compositis. A Musicis etiam hodiernis horum modorum permutatio frequenter adhibetur, in quorum operibus solennes sunt transitus ex modo E duro in E mollem ex hocque in C durum et A mollem et vicissim.

13. Hoc genus operum musicorum, quod, uti est simplicissimum, ita perfectissimum spectari meretur, sequitur hoc, cuius exponens est $2^k \cdot 3^4 \cdot 5^2$, in quo omnes modorum et systematum permutationes comprehenduntur, quae quidem a Musicis plerumque adhiberi solent, ita ut in hoc exponente fere omnia opera musica contineantur, si scilicet debito modo transponantur. Non enim, qui opera musica ad hanc normam examinare cupit, ipsos modos per se permutatos consideret, sed eorum relationem mutuam, quam cum mutua relatione modorum hic exhibitorum conferat.

14. Complectitur autem iste exponens $2^k \cdot 3^4 \cdot 5^2$ in se sequentes septem modorum duri et mollis variationes:

$2^n \cdot 3^3 \cdot 5\,(2^m)$	Modus C durus
$2^n \cdot 3^3 \cdot 5\,(2^m \cdot 3)$	Modus G durus
$2^n \cdot 3^3 \cdot 5\,(2^m \cdot 5)$	Modus E durus
$2^n \cdot 3^3 \cdot 5\,(2^m \cdot 3 \cdot 5)$	Modus H durus
$2^n \cdot 3^2 \cdot 5^2\,(2^m)$	Modus A mollis
$2^n \cdot 3^2 \cdot 5^2\,(2^m \cdot 3)$	Modus E mollis
$2^n \cdot 3^2 \cdot 5^2\,(2^m \cdot 3^2)$	Modus H mollis.

Qui nunc contempletur, quanta specierum et systematum copia in his modis contineatur, summam varietatem in hoc genere non solum admirabitur, sed etiam agnoscet alias modorum permutationes a Musicis nequidem usurpari, ita ut superfluum foret exponentes magis compositos considerare.

15. Enumeratis autem variis modis et systematibus, quibus in componendo integro opere musico uti licet, exponendum est, quinam modi commodissime inter se permutentur et quomodo transitus ex uno modo in alium fieri debeat. Quemadmodum enim in eodem modo non licet omnes consonantias eo pertinentes promiscue inter se coniungere, sed eas tantum, quae sibi sunt affines atque successiones gratas efficiant, ita simili modo in compositione variorum modorum transitus inter ipsos gratus esse debet.

16. Hinc intelligitur binos modos se invicem subsequentes ita esse oportere comparatos, ut unam pluresve consonantias inter se habeant communes. Quando enim ad talem consonantiam, quae utrique modo communis est, pervenitur, tum commode prior modus finiri, posterior vero inchoari poterit, neque saltus seu lacuna intolerabilis hoc pacto sentietur. Praeterea etiam pausa interposita vel principali operis parte finita novus modus incipi potest; tum enim pausa consonantiae communis locum implere censetur.

17. Cum igitur triades harmonicae, quae exponente $2^n \cdot 3 \cdot 5$ continentur, a Musicis sint potissimum receptae, quarum successione opera musica constant, videndum est, quinam modi communes habeant eiusmodi consonantias, quinamque minus, quo perspiciatur, in quosnam modos ex modo dato transitus fieri queat. Negligemus autem in hac disquisitione brevitatis gratia binarii potestates, tam in exponentibus quam indicibus, quia iis tantum species variantur.

$2^n \cdot 3^3 \cdot 5\,(2^m)$ Modus C durus

Triades harmonicae

$$3 \cdot 5\,(1) : 3 \cdot 5\,(3) : 3 \cdot 5\,(3^2)$$

$2^n \cdot 3^3 \cdot 5\,(2^m \cdot 3)$ Modus G durus

Triades harmonicae

$$3 \cdot 5\,(3) : 3 \cdot 5\,(3^2) : 3 \cdot 5\,(3^3)$$

$2^n \cdot 3^3 \cdot 5\,(2^m \cdot 5)$ Modus E durus

Triades harmonicae

$$3 \cdot 5\,(5) : 3 \cdot 5\,(3 \cdot 5) : 3 \cdot 5\,(3^2 \cdot 5)$$

$2^n \cdot 3^3 \cdot 5\,(2^m \cdot 3 \cdot 5)$ Modus H durus

Triades harmonicae

$3 \cdot 5\,(3 \cdot 5) : 3 \cdot 5\,(3^2 \cdot 5) : 3 \cdot 5\,(3^3 \cdot 5)$

$2^n \cdot 3^2 \cdot 5^2\,(2^m)$ Modus A mollis

Triades harmonicae

$3 \cdot 5\,(1) : 3 \cdot 5\,(3) : 3 \cdot 5\,(5) : 3 \cdot 5\,(3 \cdot 5)$

$2^n \cdot 3^2 \cdot 5^2\,(2^m \cdot 3)$ Modus E mollis

Triades harmonicae

$3 \cdot 5\,(3) : 3 \cdot 5\,(3^2) : 3 \cdot 5\,(3 \cdot 5) : 3 \cdot 5\,(3^2 \cdot 5)$

$2^n \cdot 3^3 \cdot 5^2\,(2^m \cdot 3^2)$ Modus H mollis

Triades harmonicae

$3 \cdot 5\,(3^2) : 3 \cdot 5\,(3^3) : 3 \cdot 5\,(3^2 \cdot 5) : 3 \cdot 5\,(3^3 \cdot 5)$.

18. His inter se comparatis patebit primo ex modo C duro facile esse in modum G durum transire atque vicissim, cum duas habeant triades communes, scilicet $3 \cdot 5\,(3)$ et $3 \cdot 5\,(3^2)$; secundo ex modo C duro neque in modum E durum neque H durum transitum dari neque vicissim, cum nulla adsit consonantia communis. Tertio facilis erit quoque transitus ex modo C duro in modum A mollem, quia duae consonantiae $3 \cdot 5\,(1)$ et $3 \cdot 5\,(3)$ utrique sunt communes. Quarto aeque facilis erit transitus ex modo C duro in E mollem, quia etiam duae triades $3 \cdot 5\,(3)$ et $3 \cdot 5\,(3^2)$ ipsis sunt communes. Quinto intelligitur transitum ex modo C duro in H mollem difficiliorem esse, cum unica tantum consonantia communis, nempe $3 \cdot 5\,(3^2)$, inter eos intercedat.

19. Similiter, quod ad modum G durum attinet, perspicitur primo ex eo neque in modum E durum neque H durum transitum dari, ob nullam consonantiam communem; secundo difficilem esse transitum ex modo G duro in A mollem, ob unicam consonantiam $3 \cdot 5\,(3)$ utrique communem. At tertio transitus facilis evadet ex modo G duro in E et H molles ob duas utrinque consonantias communes. Modus porro E durus facilem habet transitum in

modum H durum, pariter quoque in modos A et E molles; quia ubique duae consonantiae sunt communes; difficilis vero erit transitus ex modo E duro in modum H mollem propter unicam consonantiam communem.

20. Ex modo autem H duro difficilis admodum est transitus in modum A mollem tam ob unicam consonantiam communem, quam ob systemata nimis diversa, quorum ratio mox fusius exponetur. At in modos E et H molles facilius ex modo H duro transibitur ob duas consonantias communes. Porro facilis est transitus ex modo A molli in E mollem, nullus vero in modum H mollem; facilis denique habebitur transitus ex modo E molli in H mollem. Haec vero omnia uno conspectu in tabula hac repraesentantur:

	C dur.	G dur.	E dur.	H dur.	A moll.	E moll.	H moll.
C dur.	—	facilis	nullus	nullus	facilis	facilis	difficilis
G dur.	facilis	—	nullus	nullus	difficilis	facilis	facilis
E dur.	nullus	nullus	—	facilis	facilis	facilis	difficilis
H dur.	nullus	nullus	facilis	—	difficilis	facilis	facilis
A moll.	facilis	difficilis	facilis	difficilis	—	facilis	nullus
E moll.	facilis	facilis	facilis	facilis	facilis	—	facilis
H moll.	difficilis	facilis	difficilis	facilis	nullus	facilis	—

Perspicuum ergo est ex modo E molli in omnes reliquos transitum esse facilem.

21. Hinc autem tantum intelligitur, quotnam eiusdem generis consonantiarum variationes bini modi habeant communes, unde quidem satis tuto iudicium de transitu ex alio modo in alium formari potest. Verum si accidat, ut duo modi, etiamsi consonantiarum genera habeant communia, tamen species communes non admittant, tum superius iudicium cessare debebit. Hanc ob rem non solum modi in genere, ut hic fecimus, sed ipsorum species et systemata sunt consideranda, quo pateat, utrum in iis consonantiae eaedem locum habeant. Hocque facto demum concludatur, quales transitus admittantur et quomodo.

22. Qui haec omnia cum Musicorum hodiernorum ratione componendi ipsorumque operibus conferre dignabitur, eo maiorem congruentiam deprehendet, quo plus studii in comparationem impendet. Quamobrem non dubito quin haec nostra de musica theoria expertis artificibus occasionem sit praebitura hanc scientiam ope verae theoriae etiamnum ignoratae ad maiorem perfectionis gradum evehendi.

FINIS

DE LA PROPAGATION DU SON

Commentatio 305 indicis ENESTROEMIANI
Mémoires de l'académie des sciences de Berlin [15] (1759), 1766, p. 185—209.

1. Les Physiciens aussi bien que les Géometres se sont donnés bien de la peine pour expliquer comment le son est transmis par l'air, mais il faut avouer que la théorie en a été jusqu'ici fort incomplette. Ce que le grand NEWTON[1]) a donné sur cette matiere est plus ingénieux que suffisant, ayant fondé ses raisonnemens sur des hypotheses purement arbitraires; et M. DE LA GRANGE[2]), très savant Géometre à Turin, vient de remarquer très judicieusement dans le premier volume des Miscellanea Physico-Mathematica publiés à Turin a. 1759, que, quelques autres hypotheses qu'eût prises NEWTON, il en auroit tiré les mêmes conclusions. Cela pourroit bien suffire pour nous assurer de la justesse des conclusions, qui regardent la vitesse dont le son est transmis par l'air; mais le vrai mouvement dont les particules de l'air sont ébranlées successivement nous demeure également inconnu; et nous ne saurions nous vanter de comprendre la propagation du son, à moins que nous ne fussions en état d'expliquer clairement, comment ces ébranlemens sont engendrés et transmis dans l'air.

---

1) I. NEWTON (1643—1727). Sa formule pour la vitesse du son fut publiée pour la première fois dans *Philosophiae naturalis principia mathematica*, Londini 1687. F. R.

2) J. L. LAGRANGE (1736—1813), *Recherches sur la nature et la propagation du son*, Miscellanea Taurinensia 1 (1759); *Oeuvres de LAGRANGE*, publiées par les soins de M. J. A. SERRET, t. I, p. 37. Et *Nouvelles recherches sur la nature et la propagation du son*, Miscellanea Taurinensia 2 (1760/61); *Oeuvres de LAGRANGE*, t. I, p. 151. F. R.

2. Tous ceux qui ont traité cette matiere après NEWTON ou sont tombés dans le même défaut ou, voulant approfondir le vrai mouvement de l'air, se sont précipités dans des calculs intraitables, d'où l'on ne sauroit absolument tirer aucune conclusion; et je dois avouer qu'il m'est arrivé l'un ou l'autre, toutes les fois que j'ai entrepris cette recherche. Je fus donc bien agréablement surpris, lorsque je vis, dans cet excellent livre que je viens d'alléguer, que M. DE LA GRANGE a surmonté heureusement toutes ces difficultés, et cela par des calculs qui paroissent tout à fait indéchiffrables. C'est sans contredit une des plus importantes découvertes qu'on ait faites depuis longtems dans les Mathématiques, et qui nous pourra conduire à bien d'autres.

3. En examinant ces calculs prodigieux, j'ai pensé d'abord s'il ne seroit pas possible de parvenir au même but par une route plus facile, et après quelques efforts j'y suis arrivé. J'aurai donc l'honneur d'expliquer ici la méthode qui me semble la plus propre pour cette recherche; mais, quelque simple qu'elle puisse paroitre, je dois protester qu'elle ne me seroit pas venue dans l'esprit, si je n'avois pas vu l'ingénieuse analyse de M. DE LA GRANGE. Il y a une circonstance qui nous arrêteroit tout court, si l'Analyse n'étoit applicable qu'à des quantités continues, ou dont la nature puisse être représentée par une courbe réguliere, ou renfermée dans une certaine équation. Ce n'est donc que l'adresse d'introduire des quantités discontinues dans le calcul qui nous peut conduire à la solution cherchée; et cela se peut faire d'une maniere semblable à celle dont j'ai déterminé le mouvement d'une corde à laquelle on aura donné au commencement une figure quelconque inexplicable par aucune équation.[1])

4. En effet, on n'a qu'à envisager la propagation du son comme elle se fait actuellement: l'air étant brusquement agité en quelque endroit, les particules d'air qui en sont assés éloignées n'en ressentent d'abord rien; ce n'est qu'après un certain tems qu'elles sont ébranlées, et depuis elles sont rétablies dans un parfait équilibre. Concevons donc une particule quelconque, éloignée du lieu où se fait l'impulsion de la distance $= x$, et qu'après le tems T elle

1) Voir les mémoires 119 et 140 (suivant l'*Index* d'ENESTRÖM): *De vibratione chordarum exercitatio*, Nova acta erud. 1749, p. 512—527, et *Sur la vibration des cordes. Traduit du Latin*, Mém. de l'acad. d. sc. de Berlin [4] (1748), 1750, p. 69—85; *LEONHARDI EULERI Opera omnia*, series II, vol. 8. F. R.

reçoive l'agitation pendant un moment $= \theta$. Maintenant, si nous considérons l'état de cette particule et que nous posions sa vitesse $= v$, elle doit dépendre en sorte de la distance x et du tems t, que, tant que t est moindre que T, il soit $v = 0$, et que la vitesse v ait une valeur finie, pendant que le tems t est pris entre les limites T et $T + \theta$, mais, qu'en prenant $t > T + \theta$, la vitesse v redevienne pour toujours égale à zéro. On voit bien que cela ne sauroit être représenté par aucune fonction réguliere du tems t.

5. Il ne faut pas penser qu'une fonction semblable à celles qui représentent les courbes toutes renfermées dans un certain espace soit propre à exprimer l'état des particules de l'air dans la propagation du son; une telle fonction de t, qui n'auroit des valeurs réelles que tant que t se trouve entre les limites T et $T + \theta$, ne convient nullement à notre cas pour exprimer la valeur de v, puisqu'elle donneroit pour les cas où $t < T$ ou $t > T + \theta$ des valeurs imaginaires, au lieu que la vitesse v est alors véritablement $= 0$ et point du tout imaginaire. On ne sauroit dire non plus que la vitesse seroit alors extrêmement petite, mais pourtant variable, afin qu'elle puisse être considérée comme liée par la loi de continuité avec les valeurs finies qu'elle reçoit pendant l'intervalle de tems θ; car, avant l'agitation qui arrive à cette particule, et après, elle se trouve dans un aussi parfait repos que s'il n'y avoit eu jamais d'agitation. C'est sans doute une des principales raisons qui ont empêché de soumettre au calcul la propagation du son.

6. Mr. DE LA GRANGE[1]) a heureusement évité cet écueil, ayant considéré les particules de l'air comme isolées, sans former un tout continu; et dans cette vue il leur a assigné une grandeur finie, de sorte que le nombre de toutes les particules dispersées par un intervalle quelconque demeurât fini. Il s'est servi de la même méthode dont il a déterminé dans le même ouvrage les vibrations d'une corde chargée d'un nombre fini de poids; et c'est par cette méthode qu'il a fait voir, par la résolution des équations, que le calcul peut montrer un ébranlement dans une seule particule de l'air, pendant que toutes les autres demeurent en repos. Or, à la fin on voit que le nombre des particules n'entre plus en considération, et que la même circonstance doit avoir lieu en supposant infini le nombre des particules d'air qui remplissent

1) *Oeuvres de* LAGRANGE, t. I, p. 151. Voir la note 2 p. 428. F. R.

un certain espace. Tout revient donc à ce qu'on sache introduire des fonctions discontinues dans l'Analyse qui sert à résoudre ce probleme; ce qui paroit un grand paradoxe.

7. En effet, lorsque je donnai ma solution générale pour les vibrations des cordes, qui comprend aussi les cas où la corde auroit eu au commencement une figure irrégulière et inexprimable par aucune équation, elle parut d'abord fort suspecte à quelques grands Géometres. Et M. D'ALEMBERT[1]) aima mieux soutenir que dans ces cas il étoit absolument impossible de déterminer le mouvement d'une corde, que d'admettre ma solution, quoiqu'elle ne differe en rien de la sienne dans les autres cas. Il n'étoit pas même suffisant de faire voir, comme j'ai fait, que ma construction satisfaisoit parfaitement à l'équation différentielle du second degré, qui renferme sans contredit la véritable solution; la discontinuité lui parut toujours incompatible avec les lois du calcul. Mais à présent M. DE LA GRANGE[2]) ayant justifié pleinement ma solution, et cela d'une manière incontestable, je ne doute pas qu'on ne reconnoisse bientôt la nécessité des fonctions discontinues dans l'Analyse, surtout quand on verra que c'est l'unique moyen d'expliquer la propagation du son.

8. Le paradoxe paroitra encore plus grand, quand je dis qu'il y a une partie très considérable du calcul intégral, où l'on est obligé d'admettre de telles fonctions discontinues, aussi bien qu'on admet des constantes arbitraires dans les intégrations ordinaires. Comme le calcul intégral est une méthode de trouver des fonctions d'une ou de plusieurs variables, lorsqu'on connoit quelque rapport entre leurs différentiels du premier ordre ou d'un plus haut, toute la partie où il s'agit des fonctions de deux ou plusieurs variables est susceptible de fonctions quelconques, sans en excepter les discontinues; et cela par la même raison, que les fonctions d'une seule variable, qu'on trouve par l'intégration, reçoivent une constante arbitraire, qu'il faut déterminer ensuite par les conditions essentielles à chaque question.

---

1) JEAN LE ROND D'ALEMBERT (1717—1783), *Recherches sur la courbe que forme une corde tendue mise en vibration*, Mém. de l'acad. d. sc. de Berlin [3] (1747), 1749. F. R.

2) Voir la note 2 p. 428. F. R.

9. Pour mettre cela dans tout son jour, cherchons une fonction z de deux variables x et t, de sorte qu'il soit

$$\left(\frac{dz}{dt}\right) = a\left(\frac{dz}{dx}\right),$$

où l'on sait déjà que $\left(\frac{dz}{dt}\right)$ marque la fraction $\frac{dz}{dt}$ en ne supposant que t variable, et $\left(\frac{dz}{dx}\right)$ la fraction $\frac{dz}{dx}$, en ne supposant que x variable. Cette condition est semblable à celle qui renferme le mouvement des cordes vibrantes, qui est $\left(\frac{ddz}{dt^2}\right) = a\left(\frac{ddz}{dx^2}\right)$, qui ne differe de celle-là que puisqu'il y a ici des différentiels du second degré, de sorte que les mêmes circonstances ont lieu dans l'une et dans l'autre. Or, il est évident qu'on satisfait à la condition $\left(\frac{dz}{dt}\right) = a\left(\frac{dz}{dx}\right)$ en prenant pour z une fonction quelconque de $x + at$, sans en exclure les fonctions discontinues. Car, concevant une courbe quelconque tracée de main libre sans aucune loi, si l'on prend l'abscisse $= x + at$, l'appliquée donnera une juste valeur de z, qui satisfait à l'équation $\left(\frac{dz}{dt}\right) = a\left(\frac{dz}{dx}\right)$; et puisqu'on ne demande pas autre chose, il n'y a rien qui nous oblige à croire qu'une courbe réguliere et continue soit plus propre à remplir cette condition, qu'une courbe irréguliere et discontinue, et encore moins que celles-ci doivent être exclues.

10. Supposons qu'il s'agisse du mouvement d'un fil, et que les conditions soient telles, qu'il s'ensuive qu'après un tems quelconque t il réponde à l'abscisse x une appliquée z en sorte qu'il soit

$$\left(\frac{dz}{dt}\right) = a\left(\frac{dz}{dx}\right);$$

et je dis que prenant z égale à une fonction quelconque de la quantité $x + at$, ou

$$z = \Phi : (x + at),$$

on aura résolu généralement le probleme, quelque fonction, soit réguliere, soit irréguliere, que marqua le signe Φ. Mais la signification de ce même signe est toujours déterminée par la nature de la question, qui ne sauroit subsister à moins que la figure du fil pour quelque moment, savoir $t = 0$, ne fut donnée; or alors, ayant $z = \Phi : x$, cela doit être précisément l'équation pour la figure initiale du fil, quelle qu'elle ait été, soit réguliere, soit irrréguliere. Maintenant, connoissant cette figure, on en déterminera aisément la figure que le fil aura après un tems quelconque t; car à une abscisse quelconque x il répondra la même appliquée, qui répond dans la figure initiale à l'abscisse $x + at$.

11. C'est sur un semblable raisonnement qu'est fondée ma construction du probleme des cordes vibrantes[1]), et qui est à présent mise à l'abri de toute objection. C'est aussi sur ce même fondement que j'établirai la solution du probleme sur la propagation du son, et qui me dispensera des calculs embarrassans que M. DE LA GRANGE a été obligé de développer. Je conçois donc ce probleme sous le même point de vue que cet habile Géometre, en ne considérant que les particules de l'air qui sont situées sur une même ligne droite, suivant laquelle se fait la propagation du son. Car, quoique le son se répande de toute part également, il semble très certain que la propagation suivant chaque ligne droite n'est pas troublée par les mouvemens des particules voisines autour d'elle. Cependant il seroit bien à souhaiter qu'on pût résoudre cette question en déterminant l'agitation par toute l'étendue de l'atmosphere, mais on y rencontre des difficultés qui paroissent encore insurmontables. Je m'arrêterai donc, comme M. DE LA GRANGE, au seul mouvement qui se fait par une ligne droite.

ANALYSE POUR LA PROPAGATION DU SON SUR UNE LIGNE DROITE

12. Je ne considere donc qu'une seule étendue de l'air suivant la ligne droite AE (Fig. 1), tout comme si l'air étoit renfermé dans un tuyau infiniment

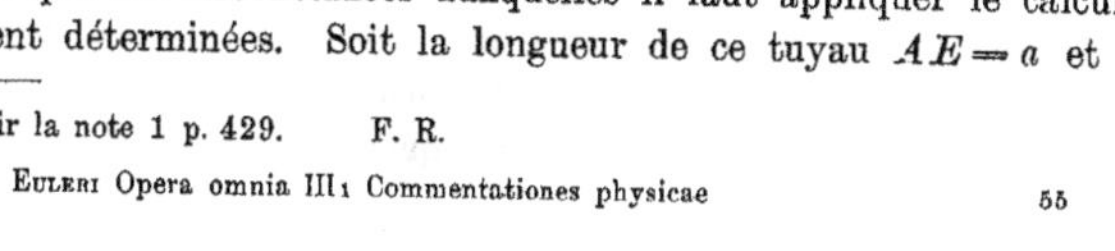

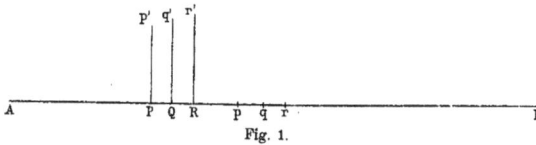

Fig. 1.

mince AE, que je supposerai de plus bouché par les deux extrémités en A et E, afin que les circonstances auxquelles il faut appliquer le calcul soient parfaitement déterminées. Soit la longueur de ce tuyau $AE = a$ et sa lar-

1) Voir la note 1 p. 429. F. R.

geur, que je suppose partout la même et quasi infiniment petite, $= ee$, de sorte que le volume d'air contenu dans ce tuyau soit $= aee$. Soit d'abord cet air en équilibre, ou de la même densité par toute la longueur du tuyau, de sorte que son élasticité soit aussi partout la même; que la hauteur h soit la mesure de l'élasticité dans cet état d'équilibre, qu'il faut entendre en sorte, que l'élasticité soit balancée par le poids d'une colonne d'air, dont la hauteur $= h$, ou bien que chaque particule d'air dans le tuyau soit pressée de part et d'autre par le poids d'une masse d'air semblable, dont le volume est $= hee$, et que l'élasticité soit en équilibre avec cette pression.

13. Que cet air dans le tuyau ait maintenant essuyé une agitation quelconque, dont l'état d'équilibre soit troublé, et pour en représenter l'effet, considérons trois points infiniment proches, qui dans l'état d'équilibre aient été en P, Q, R à des intervalles égaux et infiniment petits $PQ = QR = \omega$, et qui par l'agitation arrivée ayent été transportés après le tems $= t$ en p, q, r, de sorte que les particules d'air comprises entre les points P, Q, R se trouvent maintenant entre les points p, q, r et partant plus ou moins condensées, selon que les intervalles pq et qr sont plus petits ou plus grands que les intervalles naturels PQ et QR, et l'élasticité sera changée dans le même rapport. Pour connoitre ce changement, posons pour l'état d'équilibre les distances

$$AP = x, \quad AQ = x' = x + \omega, \quad AR = x'' = x + 2\omega$$

et pour l'état troublé

$$Pp = y, \quad Qq = y', \quad Rr = y'';$$

de là nous aurons les intervalles

$$pq = \omega + y' - y \quad \text{et} \quad qr = \omega + y'' - y'$$

et les masses des particules d'air qui y sont contenues seront les mêmes qui occupoient dans l'état d'équilibre les intervalles PQ et $QR = \omega$ et partant $= ee\omega$.

14. Qu'on observe ici que les quantités x se rapportent à l'état d'équilibre et qu'elles expriment la distance de chaque particule d'air depuis le point fixe A, mais que les quantités y marquent le dérangement de chaque

particule causé par l'agitation qui lui convient après le tems t. Ainsi la particule d'air, qui dans l'état d'équilibre étoit éloignée du point fixe A de l'intervalle $= x$, s'entrouvera après le tems $= t$ de l'intervalle $= x + y$ et partant l'air ne sera pas en équilibre, à moins que toutes les y ne soient évanouissantes; si l'on met perpendiculairement aux points P, Q, R les appliquées Pp', Qq', Rr', égales aux intervalles Pp, Qq, Rr, la ligne courbe qui passe par les points p', q', r' marquera l'état troublé de l'air dans le tuyau pour le tems $= t$; où il est évident que la premiere de ces appliquées en A et la derniere en E doivent évanouir. Car puisque le tuyau est fermé par les deux extrémités, les particules d'air en A et E ne sauroient s'éloigner de leurs places.

15. L'élasticité qui étoit dans l'état d'équilibre partout exprimée par la hauteur $= h$, sera à présent dans l'intervalle pq exprimée par une hauteur

$$= \frac{h \cdot PQ}{pq}$$

et dans l'intervalle qr par une hauteur

$$= \frac{h \cdot QR}{qr}.$$

Donc, ayant posé $PQ = QR = \omega$, puisque

$$pq = \omega + y' - y \quad \text{et} \quad qr = \omega + y'' - y',$$

la hauteur qui mesure l'élasticité dans l'intervalle pq sera

$$= \frac{h\omega}{\omega + y' - y}$$

et dans l'intervalle qr

$$= \frac{h\omega}{\omega + y'' - y'}.$$

Or c'est de l'inégalité de ces hauteurs que dépend l'accélération ou retardation du mouvement de la particule en q. Pour cet effet, ayant partagé toute la longueur AE en des intervalles infiniment petits et égaux entr'eux $= \omega$, dont chacun contient un volume d'air $= ee\omega$, dans l'état d'équilibre concevons ces particules comme réunies dans les points P, Q, R, pour avoir maintenant en q un volume d'air $= ee\omega$, qui sera poussé en arriere vers A par une force

$$= \frac{eeh\omega}{\omega + y'' - y'}$$

et en avant vers E par une force

$$= \frac{eeh\omega}{\omega + y' - y}.$$

16. Joignant ces deux forces, la particule d'air en q sera poussée selon la direction qE par la force qui est

$$= \frac{eeh\omega\,(y'' - 2y' + y)}{(\omega + y' - y)(\omega + y'' - y')};$$

dont la distance depuis le point fixe A étant $Aq = x' + y'$, dont la partie x' demeure invariable par rapport au tems t, l'autre partie y' seule souffrira l'effet de cette force, et pendant l'élément de tems dt, on aura, conformément aux principes de Mécanique, en divisant par la masse $ee\omega$, cette équation

$$\frac{ddy'}{dt^2} = \frac{2gh(y'' - 2y' + y)}{(\omega + y' - y)(\omega + y'' - y')},$$

où g marque la hauteur par laquelle un corps grave tombe dans une seconde, et alors le tems t sera exprimé en secondes. Il s'agit donc de trouver pour chaque abscisse x et pour chaque tems t la valeur de l'intervalle y.

17. Considérons maintenant aussi x comme variable et il est clair que y sera une fonction des deux variables x et t; et puisque dans la formule $\frac{ddy}{dt^2}$ on suppose x constante, nous devons écrire $\left(\frac{ddy}{dt^2}\right)$ pour éviter toute ambiguité. Ensuite, l'autre membre de notre équation ne regarde que la variabilité de x; posant donc $\omega = dx$, nous aurons

$$y' - y = dx\left(\frac{dy}{dx}\right) \quad \text{et} \quad y'' - 2y' + y = dx^2\left(\frac{ddy}{dx^2}\right);$$

d'où notre équation prendra cette forme

$$\left(\frac{ddy}{dt^2}\right) = 2gh\left(\frac{ddy}{dx^2}\right) : \left(1 + \left(\frac{dy}{dx}\right)^2\right).$$

qui seroit encore bien difficile à résoudre. Mais on suppose de plus, que les agitations sont extrêmement petites et que les y évanouissent quasi par rapport aux x; au moins on peut se contenter de connoitre la propagation du son, quand les agitations sont fort petites, et alors, rejettant le terme $\left(\frac{dy}{dx}\right)^2$, on aura à résoudre cette équation

$$\left(\frac{ddy}{dt^2}\right) = 2gh\left(\frac{ddy}{dx^2}\right).$$

18. Il en est ici de même que de la vibration des cordes, dont on suppose aussi infiniment petites les excursions, et nonobstant cela les Géometres prétendent avoir bien expliqué les mouvemens des cordes. Donc aussi dans notre cas je ne chercherai que les phénomenes des agitations extrêmement petites, de sorte que la courbe qui passe par les points p', q', r' ne s'éloigne qu'infiniment peu de l'axe AE, tout comme on envisage la figure des cordes. Cette ressemblance va encore plus loin, puisque cette même équation qui exprime la propagation du son détermine aussi les ébranlemens d'une corde fixée par les termes A et E. Nous aurons donc aussi la même équation intégrale, qui dans toute son étendue est:

$$y = \Phi:(x + t\sqrt{2gh}) + \Psi:(x - t\sqrt{2gh}).$$

Cette intégrale est même complette, puisqu'elle renferme deux formes arbitraires de fonctions, tout comme la double intégration exige.

19. Pour déterminer la nature de ces deux fonctions, il en faut faire l'application aux conditions prescrites dans la question; et d'abord il est clair que, posant $t = 0$, l'équation $y = \Phi:x + \Psi:x$ exprime l'état de l'air dans le tuyau lorsqu'il reçut la premiere agitation. Donc, si nous posons que par l'agitation l'air dans le tuyau AE (Fig. 2) ait été réduit dans l'état représenté par la courbe AZE, de sorte que chaque point X ait été transporté vers E par un intervalle $= XZ$, nommant $AX = x$ et $XZ = z$, nous aurons $z = \Phi:x + \Psi:x$. Puisque z est une fonction donnée de x, soit elle $z = \Theta:x$ et nous aurons

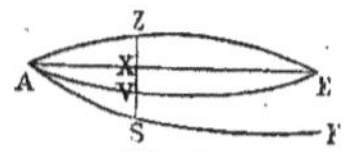

Fig. 2.

$$\Phi:x + \Psi:x = \Theta:x,$$

d'où la nature de l'une de nos deux fonctions indéterminées Φ et Ψ sera déterminée. Or il faut bien remarquer que la courbe AZE doit être dans son étendue quasi infiniment proche de l'axe AE; cependant elle doit se réunir avec l'axe aux deux extrémités A et E, de sorte que z soit très petite, et tout à fait $= 0$ aux cas $x = 0$ et $x = a$.

20. L'autre détermination doit être tirée du mouvement que toutes les particules d'air auront eu au premier moment de l'agitation. Concevons donc une autre courbe donnée AVE, dont les appliquées $XV = v$ expriment les vitesses qui ont été imprimées aux particules d'air X dans le sens XE, de sorte que v soit aussi une fonction donnée de x. Car, quelle que soit l'agitation, son premier effet sera toujours déterminé par ces deux courbes AZE et AVE, dont la premiere montre l'espace par lequel chaque particule a été transportée et l'autre montre la vitesse qui lui a été imprimée par ce mouvement. Si l'on veut que les particules d'air, ayant été poussées par les intervalles marqués, y soient arrêtées et ensuite subitement relâchées, la courbe AVE conviendra avec l'axe AE, de sorte que par tout $v = 0$. Mais toujours il faut remarquer que les vitesses en A et E doivent être $= 0$.

21. Pour profiter de cette condition, cherchons en général la vitesse d'un point quelconque qui est $\left(\frac{dy}{dt}\right)$; il faut différentier nos fonctions et, employant pour cet effet les signes suivans

$$d.\Phi : u = du\,\Phi' : u \quad \text{et} \quad d.\Psi : u = du\,\Psi' : u,$$

la formule

$$y = \Phi : (x + t\sqrt{2gh}) + \Psi : (x - t\sqrt{2gh}),$$

en ne prenant que t pour variable, donnera

$$\left(\frac{dy}{dt}\right) = \sqrt{2gh}(\Phi' : (x + t\sqrt{2gh}) - \Psi' : (x - t\sqrt{2gh}))$$

et partant au commencement, où $t = 0$ et la vitesse $= v$, nous aurons

$$\frac{v}{\sqrt{2gh}} = \Phi' : x - \Psi' : x.$$

Multiplions par dx et intégrons pour avoir

$$\frac{\int v\,dx}{\sqrt{2gh}} = \Phi : x - \Psi : x,$$

où $\int v dx$ ou l'aire AXV, étant aussi une fonction donnée de x, soit elle $\int v dx = \Sigma : x$, et nous aurons cette équation:

$$\Phi : x - \Psi : x = \frac{\Sigma : x}{\sqrt{2gh}}.$$

22. Cette équation jointe à celle que nous avons trouvée ci-dessus

$$\Phi : x + \Psi : x = \Theta : x$$

déterminera la nature de toutes les deux fonctions générales Φ et Ψ par les deux fonctions données Θ et Σ, d'où nous obtiendrons

$$\Phi : x = \frac{1}{2}\Theta : x + \frac{\frac{1}{2}\Sigma : x}{\sqrt{2gh}} \quad \text{et} \quad \Psi : x = \frac{1}{2}\Theta : x - \frac{\frac{1}{2}\Sigma : x}{\sqrt{2gh}}.$$

Donc notre équation générale, qui marque après un tems quelconque t le lieu de la particule X, sera

$$y = \frac{\Theta(x + t\sqrt{2gh}) + \Theta(x - t\sqrt{2gh})}{2} + \frac{\Sigma(x + t\sqrt{2gh}) - \Sigma(x - t\sqrt{2gh})}{2\sqrt{2gh}}$$

et la vitesse de cette même particule vers E sera

$$\left(\frac{dy}{dt}\right) = \frac{\Theta'(x + t\sqrt{2gh}) - \Theta'(x - t\sqrt{2gh})}{2}\sqrt{2gh} + \frac{\Sigma'(x + t\sqrt{2gh}) + \Sigma'(x - t\sqrt{2gh})}{2},$$

où il faut remarquer que $\Sigma' : x = v$, puisque $\Sigma : x = \int v dx$.

23. Maintenant toute la solution seroit déterminée, si les deux extrémités A et E étoient éloignées à l'infini. Car, décrivant encore une autre courbe ASF dont les appliquées XS expriment les aires AXV, de sorte que $XS = \Sigma : x$, on pourroit prendre dans les deux courbes [ASF et] AZE, où $XZ = \Theta : x$, les appliquées qui répondent à toutes les abscisses $x + t\sqrt{2gh}$ et $x - t\sqrt{2gh}$ et de là on auroit pour tous les momens les quantités y qui conviennent à chaque particule d'air X. Mais, dès que le fil d'air AE est terminé par les points A et E, au delà desquelles l'agitation ne sauroit être communiquée, ces courbes formées sur le premier état de l'air ne fournissent plus les appliquées qui répondent aux abscisses $x + t\sqrt{2gh}$, quand elles sont plus

grandes que $AE = a$, ni aux abscisses $x - t\sqrt{2gh}$, quand elles sont négatives. Il ne s'agit pas ici de la continuation naturelle de ces courbes, qui n'entre en aucune considération, puisque les courbes données AZE et ASF pourroient être même discontinues.

24. Nous avons donc besoin de quelques déterminations accessoires, qui nous découvrent les véritables appliquées de nos deux courbes données, lorsqu'on prend, ou l'abscisse plus grande que $AE = a$, ou négative. Pour cet effet nous n'avons qu'à regarder les conditions mentionnées ci-dessus, que prenant ou $x = 0$ ou $x = a$, l'appliquée y doit toujours demeurer $= 0$; d'où nous tirons

$$\Theta : t\sqrt{2gh} + \Theta : -t\sqrt{2gh} + \frac{\Sigma : t\sqrt{2gh} - \Sigma : -t\sqrt{2gh}}{\sqrt{2gh}} = 0$$

et

$$\Theta : (a + t\sqrt{2gh}) + \Theta : (a - t\sqrt{2gh}) + \frac{\Sigma : (a + t\sqrt{2gh}) - \Sigma : (a - t\sqrt{2gh})}{\sqrt{2gh}} = 0.$$

Ayant donc une abscisse, ou plus grande que a, comme $a + u$, ou négative comme $-u$, nous aurons

$$\Theta : (a + u) + \frac{\Sigma : (a + u)}{\sqrt{2gh}} = -\Theta : (a - u) + \frac{\Sigma : (a - u)}{\sqrt{2gh}}$$

et

$$\Theta : (-u) - \frac{\Sigma : (-u)}{\sqrt{2gh}} = -\Theta : u - \frac{\Sigma : u}{\sqrt{2gh}},$$

d'où l'on pourra toujours assigner ces appliquées par celles qui se trouvent actuellement entre les limites A et E.

DE LA PROPAGATION DU SON

25. Maintenant, pour expliquer la propagation du son par la ligne AE (Fig. 3), supposons que par quelque force une petite partie d'air mn ait été ébranlée et mise dans l'état représenté par la petite courbe mon, où l'air ayant été en repos soit relâché subitement, tandis que le reste en Am et nE soit

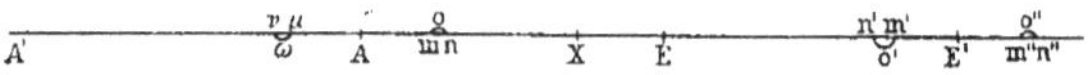

Fig. 3.

encore dans un parfait équilibre, et voyons comment ce dérangement se communique successivement avec les autres particules de l'air. Dans cette hypothese la fonction Σ évanouit et il ne reste que la fonction Θ, qui exprime les appliquées de la courbe *mon*, tant que les abscisses tombent dans l'espace *mn*. Or, puisqu'au commencement, où $t = 0$, les particules d'air hormis l'espace *mn* sont en équilibre, la ligne entiere qui représente cet état initial sera composée de la droite Am, de la courbe *mon* et de la droite nE et partant une ligne mixtiligne $AmonE$, dans laquelle, prenant une abscisse $= u$, l'appliquée donnera la valeur de $\Theta : u$. Ensuite, puisque $\Theta : (-u) = -\Theta : u$, il faut dans la continuation précédente $AA' = a$ concevoir la même ligne $A\mu\omega\nu A'$ dans une situation renversée. De plus, puisque

$$\Theta : (a + u) = -\Theta : (a - u),$$

il faut dans la continuation EE' établir la même ligne aussi renversée et ainsi de suite pour les autres intervalles $= a$ pris sur cette ligne de part et d'autre.

26. De là on voit que l'appliquée $\Theta : u$ sera toujours $= 0$, à moins que l'abscisse u, à compter depuis le point A en droite, ne tombe

$$\text{ou entre les limites } \begin{cases} Am \\ An \end{cases} \text{ ou entre } \begin{cases} An' \\ Am' \end{cases} \text{ ou entre } \begin{cases} Am'' \\ An'' \end{cases} \text{ etc.}$$

$$\text{ou entre } \begin{cases} -A\mu \\ -A\nu \end{cases} \text{ ou entre } \begin{cases} -A\nu' \\ -A\mu' \end{cases} \text{ etc.}$$

Donc, si nous posons $Am = m$ et $An = n$, ces limites hors desquelles l'appliquée $\Theta : u$ est partout $= 0$, seront

$$\text{ou } \begin{cases} m \\ n \end{cases} \text{ ou } \begin{cases} 2a - n \\ 2a - m \end{cases} \text{ ou } \begin{cases} 2a + m \\ 2a + n \end{cases} \text{ ou } \begin{cases} 4a - n \\ 4a - m \end{cases} \text{ ou } \begin{cases} 4a + m \\ 4a + n \end{cases} \text{ etc.}$$

$$\text{ou } \begin{cases} -m \\ -n \end{cases} \text{ ou } \begin{cases} -2a + n \\ -2a + m \end{cases} \text{ ou } \begin{cases} -2a - m \\ -2a - n \end{cases} \text{ ou } \begin{cases} -4a + n \\ -4a + m \end{cases} \text{ ou } \begin{cases} -4a - m \\ -4a - n \end{cases} \text{ etc.}$$

En général donc deux limites quelconques seront

$$\begin{cases} \pm 2ia \pm m \\ \pm 2ia \pm n \end{cases}$$

et à moins que l'abscisse u ne tombe entre deux telles limites, l'appliquée $\Theta : u$ sera toujours $= 0$.

27. Prenons à présent un point quelconque X sur la droite AE, posant $AX = x$, et cherchons les agitations qu'il subira, que nous connoitrons par la quantité y dont la valeur après le tems t est

$$y = \tfrac{1}{2}\Theta : (x + t\sqrt{2gh}) + \tfrac{1}{2}\Theta : (x - t\sqrt{2gh}),$$

et d'abord nous voyons que le premier membre est $= 0$, à moins que $x + t\sqrt{2gh}$ ne tombe entre les limites

$$\begin{cases} m \\ n \end{cases} \text{ ou } \begin{cases} 2a-n \\ 2a-m \end{cases} \text{ ou } \begin{cases} 2a+m \\ 2a+n \end{cases} \text{ etc.}$$

Or, l'autre membre évanouit toujours, à moins que la quantité $x - t\sqrt{2gh}$ ne tombe entre les limites $\begin{cases} m \\ n \end{cases}$ ou son négatif $t\sqrt{2gh} - x$ entre

$$\begin{cases} m \\ n \end{cases} \text{ ou } \begin{cases} 2a-n \\ 2a-m \end{cases} \text{ ou } \begin{cases} 2a+m \\ 2a+n \end{cases} \text{ etc.}$$

Donc, si nous supposons $AX = x > n$, cette particule demeurera en repos jusqu'à ce qu'il devienne

$$x - t\sqrt{2gh} = n \quad \text{ou} \quad t = \frac{x-n}{\sqrt{2gh}}.$$

Ce n'est donc qu'après ce tems, que la particule en X commence à s'ébranler et ensuite elle sera rétablie en repos après le tems $\frac{x-m}{\sqrt{2gh}}$, de sorte que l'ébranlement durera un tems $\frac{n-m}{\sqrt{2gh}}$. D'où l'on voit que chaque particule d'air n'est ébranlée que pendant un très petit tems selon l'étendue de l'agitation initiale mn, et c'est alors que le son y est senti.

28. Il faut donc un tems $t = \frac{x-n}{\sqrt{2gh}}$, avant que le son parvienne de n en X, ou qu'il soit transmis par l'espace $nX = x - n$. D'où l'on voit que ce tems est proportionel à l'espace, tout comme on le sait par l'expérience. J'ai déjà remarqué que le tems t est exprimé en secondes, si l'on prend pour g la hauteur d'où tombe un corps grave dans une seconde; donc, pendant une seconde, posant $t = 1$, le son sera transmis par un espace $= \sqrt{2gh}$. Or on sait que $g = 15\frac{5}{8}$ pieds de Rhin, et si le ressort de l'air est contrebalancé

par une colonne d'eau de 32 pieds, en supposant l'eau 800 fois plus pesante que l'air, la hauteur h sera $= 32 \cdot 800$ pieds, d'où l'on trouve

$$\sqrt{2gh} = \sqrt{31\tfrac{1}{4} \cdot 32 \cdot 800} = 400\sqrt{5} = 894 \text{ pieds.}$$

Or on sait que le son est transmis dans une seconde par un espace de presque 1100 pieds et personne n'a encore bien découvert la cause de cette accélération sur la théorie.

29. Mais, après que la particule d'air en X a été ébranlée la premiere fois, elle sera depuis mise en agitation encore plusieurs et même une infinité de fois, car elle se trouvera agitée toutes les fois que le tems écoulé t sera contenu entre les limites suivantes:

$$t\sqrt{2gh} = \begin{cases} x+m, & 2a-n-x, \quad 2a-n+x, \quad 2a+m-x, \quad 2a+m+x \quad \text{etc.} \\ x+n, & 2a-m-x, \quad 2a-m+x, \quad 2a+n-x, \quad 2a+n+x \quad \text{etc.} \end{cases}$$

Si la ligne AE n'étoit point du tout terminée, la particule en X ne seroit ébranlée qu'une seule fois; si elle n'étoit terminée qu'à une extremité A, la distance $AE = a$ étant infinie, elle recevroit encore un ébranlement après le tems $= \frac{x+m}{\sqrt{2gh}}$, ce qui est l'explication d'un écho simple. Mais, si la ligne AE est terminée par les deux bouts A et E, l'ébranlement arrivera plusieurs fois de suite, ce qui sert à expliquer les échos réitérés. Pour cet effet, il faut que les dernieres particules d'air en A et E ne soient succeptibles d'aucun ébranlement, ce qui est une condition nécessaire pour la production des échos.

30. Puisque nous avons trouvé

$$y = \tfrac{1}{2}\,\Theta : (x + t\sqrt{2gh}) + \tfrac{1}{2}\,\Theta : (x - t\sqrt{2gh}),$$

il faut encore remarquer que l'ébranlement de la particule X n'est que la moitié de celui dont la particule mn a été primitivement agitée. Car la quantité y ne reçoit de grandeur que lorsque l'un ou l'autre membre tombe dans l'intervalle mn et puisque tous les deux n'y sauroient tomber à la fois, la quantité y ne deviendra égale qu'à la moitié de l'appliquée dans l'intervalle mn, d'où il s'ensuit que les agitations de la particule X sont deux fois plus foibles que l'agitation primitive dans la particule mn. Cela est aussi une suite nécessaire du principe, que l'effet ne sauroit être plus grand que la cause; car, puisque l'agitation originaire en mn se communique également vers A et E, à chaque instant il y aura deux particules également éloignées de part et d'autre de mn qui seront ébranlées, dont les mouvemens pris ensemble doivent être égaux au mouvement primitif en mn, de sorte que chacun n'en puisse être que la moitié. Mais cette diminution sera bien plus grande, quand l'agitation en mn sera répandue en tous sens; d'où l'on voit que les sons transmis par un tuyau doivent être plus forts.

EXPLICATION D'UN PARADOXE

31. Il se présente ici un doute, qui n'est pas si facile à lever; il semble que l'agitation qui se trouve à présent en X, pourroit être regardée comme l'agitation primitive en mn et qu'elle devroit être transmise aussi bien en arriere qu'en avant; cependant cela n'arrive pas, puisque nous venons de voir, que l'agitation qui est à présent en X, se transmet successivement en avant vers E et point du tout en arriere vers A; il en est de même des agitations, qui de mn se répandent en sens contraire vers A, qui sont transmises dans le même sens, sans qu'elles engendrent de nouvelles agitations en sens contraire. Je fais ici abstraction des limites A et E, ou je les considère comme éloignées à l'infini, puisque je ne les ai introduites dans le calcul que pour expliquer les *échos*. On demandera donc avec raison, quelle est la différence entre l'agitation primitive en mn et celle qui en est engendrée depuis en X: car, si tout est en repos excepté les particules auprès de X, qui se trouvent déplacées de leur état naturel, il semble que cette agitation pourroit être envisagée comme la primitive et qu'elle devroit se communiquer aussi bien vers A que vers E. Cependant cela seroit tout à fait contraire à l'expérience et l'on sait qu'il y a une grande différence entre le lieu où le son est engendré et ceux où il est apperçu.

32. Il faut donc qu'il y ait une différence essentielle entre l'agitation communiquée aux particules d'air en X et l'agitation primitive en mn; et tout revient à découvrir cette différence. Or, ayant introduit dans le calcul l'agitation primitive en mn, j'y ai supposé une restriction, en négligeant les fonctions marquées par le signe Σ, qui renferme cette condition, que les parti-

cules de l'espace mn, ayant été déplacées de leur situation naturelle, se soient trouvées sans aucun mouvement et que de cet état elles ayent été relâchées subitement. De là il faut bien conclure que, si les particules de X, après avoir été déplacées, se trouvoient tout à la fois en repos, il en devroit résulter le même effet que de l'agitation primitive en mn. Mais, quoique chaque particule de X, étant parvenue à sa plus grande digression, y soit réduite en repos, cela n'arrive pas dans toutes les particules qui sont autour de X au même instant et partant c'est ici, sans doute, qu'il faut chercher l'explication de notre difficulté.

33. De là on comprend que la propagation dépend non seulement du déplacement des particules en mn, mais aussi du mouvement qui leur aura été imprimé au premier instant, qui influe tant sur la propagation, que dans un certain cas elle ne se fait que dans un sens. Il est donc bien important de traiter ce sujet dans toute son étendue, sans négliger les fonctions du signe Σ. Pour cet effet je ne me bornerai pas à une ligne ou tuyau terminé et je le supposerai infini, puisqu'il ne s'agit plus des échos. Qu'au commencement donc les particules d'air contenues dans l'espace mn (Fig. 4) ayent

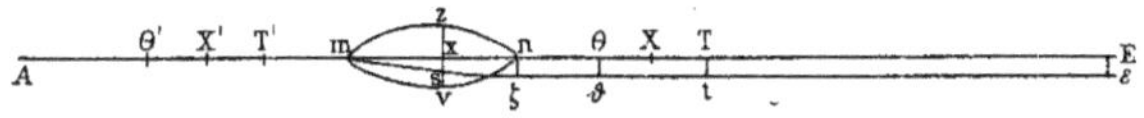

Fig. 4.

été ébranlées, en sorte que le point x ait été transporté vers E par un espace $= xz$ appliquée de la courbe donnée mzn, et qu'à ce même point ait été imprimée alors une vitesse $= xv$ aussi dans le même sens vers E, où xv, appliquée de la courbe donnée mvn, exprime l'espace que cette vitesse parcouroit dans une seconde. Qu'on forme par la quadrature de cette courbe mvn une nouvelle, $ms\zeta$, en sorte que son appliquée $xs = \frac{mxv}{\sqrt{2gh}}$, et puisque la ligne de vitesse mvn se confond de part et d'autre de l'espace mn avec l'axe même mA et nE, la continuation de la courbe $ms\zeta$ sera vers A l'axe même mA et vers E la droite $\zeta\varepsilon$ parallele à l'axe nE.

34. Cela posé, prenant un point quelconque X et posant $AX = x$, après le tems $= t$ il sera poussé vers E par un espace y, de sorte que

$$y = \tfrac{1}{2}\,\Theta:(x + t\sqrt{2gh}) + \tfrac{1}{2}\,\Theta:(x - t\sqrt{2gh}) + \tfrac{1}{2}\,\Sigma:(x + t\sqrt{2gh}) - \tfrac{1}{2}\,\Sigma:(x - t\sqrt{2gh}),$$

puisqu'ici le dénominateur $\sqrt{2gh}$ qui se trouve § 22 est déjà renfermé dans la fonction Σ. Or ici Θ marque les appliquées de la courbe mzn, qui de part et d'autre de l'espace mn se confond avec l'axe, de sorte que $\Theta : u$ est toujours zéro, à moins que u ne soit compris entre les limites Am et An, où A est un point fixe pris à volonté, d'où je compte les abscisses, sans que le tuyau y soit terminé ou fermé. De la même maniere, le caractere Σ marque les appliquées de la ligne $Ams\zeta\varepsilon$, de sorte que la valeur de $\Sigma : u$ est zéro, quand $u < Am$, et égale à $n\zeta = E\varepsilon$, quand $u > An$. Or, si u se trouve entre ces deux limites, comme si $u = Ax$, alors on aura $\Sigma : u = xs$. Il n'est pas besoin d'avertir que, si quelque appliquée tomboit en sens contraire, qu'elle est représentée dans la figure, il la faudroit considérer comme négative.

35. Considérons premierement un point X plus éloigné du point fixe A que l'intervalle mn, et puisque $AX = x$, prenons de part et d'autre les intervalles $XT = X\Theta = t\sqrt{2gh}$, pour avoir $AT = x + t\sqrt{2gh}$ et $A\Theta = x - t\sqrt{2gh}$, et il est clair que, tant que $X\Theta < Xn$, il y aura

$$y = \tfrac{1}{2}\, Tt - \tfrac{1}{2}\, \Theta\vartheta = 0,$$

puisque

$$\Theta : AT = 0, \quad \Theta : A\Theta = 0 \quad \text{et} \quad \Sigma : AT = Tt, \quad \Sigma : A\Theta = \Theta\vartheta.$$

Or, quand le point Θ tombe dans l'espace mn, ou que $X\Theta = t\sqrt{2gh} = Xx$, on aura

$$\Theta : AT = 0, \quad \Theta : Ax = xz, \quad \Sigma : AT = Tt = n\zeta \quad \text{et} \quad \Sigma : Ax = xs$$

et partant

$$y = \tfrac{1}{2}(xz + n\zeta - xs),$$

qui est l'espace par lequel le point X sera transporté de son lieu naturel vers E après le tems $t = \frac{Xx}{\sqrt{2gh}}$. Mais, après le tems $t = \frac{Xm}{\sqrt{2gh}}$, on aura

$$y = \tfrac{1}{2}\, n\zeta,$$

qui demeurera aussi la valeur de y, lorsque $t > \frac{Xm}{\sqrt{2gh}}$; de sorte que depuis ce tems il sera en repos, quoiqu'éloigné de son lieu naturel de l'espace

$=\frac{1}{2}n\zeta$, son agitation n'ayant duré que depuis le tems $t=\frac{Xn}{\sqrt{2gh}}$ jusqu'au tems $t=\frac{Xm}{\sqrt{2gh}}$.

36. Considérons maintenant un point quelconque X' de l'autre côté de l'espace ébranlé mn, de sorte que $AX'=x$, et, prenant de part et d'autre les intervalles égaux $X'T'=X'\Theta'=t\sqrt{2gh}$, on voit que, tant que $X'T'<X'm$, ou $t<\frac{X'm}{\sqrt{2gh}}$, le point X' restera en repos; mais, si T' avance en x, de sorte que $t=\frac{X'x}{\sqrt{2gh}}$, à cause de

$$\Theta : Ax = xz, \quad \Theta : A\Theta' = 0, \quad \Sigma : Ax = xs \quad \text{et} \quad \Sigma : A\Theta' = 0,$$

on aura

$$y=\frac{1}{2}xz+\frac{1}{2}xs=\frac{1}{2}(xz+xs),$$

et après le tems $t=\frac{X'n}{\sqrt{2gh}}$ on aura

$$y=\frac{1}{2}n\zeta,$$

qui demeurera depuis constamment la valeur de y, de sorte que cette particule X' aussi, après avoir été ébranlée, se trouvera éloignée de son lieu naturel vers E de l'intervalle $=\frac{1}{2}n\zeta$. Donc, après que tous les ébranlemens seront passés, toute la ligne d'air AE sera avancée dans la direction AE de l'intervalle $\frac{1}{2}n\zeta$.

37. De là on voit que les ébranlemens des particules X et X', dont l'une est en deça et l'autre au delà de l'agitation primitive mn, sont tout à fait différentes, vu qu'en X le plus grand déplacement est $=\frac{1}{2}(xz-xs+n\zeta)$ et en X' $=\frac{1}{2}(xz+xs)$, et partant dans ce cas le son est tout autrement transmis en avant qu'en arriere, au lieu que, dans le cas précédent, où les vitesses primitives xv évanouissoient, la propagation étoit de part et d'autre la même. Mais on voit de plus, qu'il seroit possible que la propagation se fît seulement dans un sens; ce qui arriveroit, s'il y avoit par tout l'espace mn $xz-xs+n\zeta=0$. Pour cet effet, puisque xz et xs évanouissent en m, il faudroit qu'il fût $n\zeta=0$ et $xs=xz$. Posant donc

$$xz=z, \quad xv=v \quad \text{et} \quad xs=\frac{\int v\,dx}{\sqrt{2gh}},$$

cette condition exige qu'il soit

$$z\sqrt{2gh} = \int v\,dx \quad \text{et} \quad v = \frac{dz\sqrt{2gh}}{dx}.$$

Dans ce cas la courbe $ms\zeta$ sera égale et semblable à l'autre mzn et se rejoindra en n avec l'axe, de sorte que $n\zeta = 0$. Alors les particules X situées d'une part de l'espace ébranlé mn vers E, n'en seront point ébranlées et la propagation ne se fera que vers l'autre part de m vers A.

38. Or, c'est précisément le cas des ébranlemens qui sont produits par une agitation primitive quelconque, lesquels sont toujours tels que, quand même ils seraient primitifs, ils ne se communiqueroient que dans un sens. Pour s'en asseurer on n'a qu' à donner à z la valeur de y trouvée ci-dessus et à v la valeur de $\left(\frac{dy}{dt}\right)$; alors on aura

$$z = \tfrac{1}{2}\,\Theta:(x+t\sqrt{2gh}) + \tfrac{1}{2}\,\Theta:(x-t\sqrt{2gh}) + \tfrac{1}{2}\,\Sigma:(x+t\sqrt{2gh}) - \tfrac{1}{2}\,\Sigma:(x-t\sqrt{2gh}),$$

$$\frac{v}{\sqrt{2gh}} = \tfrac{1}{2}\,\Theta':(x+t\sqrt{2gh}) - \tfrac{1}{2}\,\Theta':(x-t\sqrt{2gh}) + \tfrac{1}{2}\,\Sigma':(x+t\sqrt{2gh}) + \tfrac{1}{2}\,\Sigma':(x-t\sqrt{2gh}),$$

et prenant le différentiel de z, en ne supposant que x variable,

$$\left(\frac{dz}{dx}\right) = \tfrac{1}{2}\,\Theta':(x+t\sqrt{2gh}) + \tfrac{1}{2}\,\Theta':(x-t\sqrt{2gh}) + \tfrac{1}{2}\,\Sigma':(x+t\sqrt{2gh}) - \tfrac{1}{2}\,\Sigma':(x-t\sqrt{2gh}).$$

Or, il n'y a toujours, comme nous avons vu ci-dessus, que l'une des deux abscisses $x + t\sqrt{2gh}$ ou $x - t\sqrt{2gh}$ à laquelle réponde une appliquée finie. Donc, si c'est la premiere, il y aura évidemment

$$\left(\frac{dz}{dx}\right) = \frac{v}{\sqrt{2gh}};$$

et partant une telle agitation ne sauroit se communiquer que dans un seul sens. Voilà donc la véritable explication du paradoxe proposé.

POURQUOI PLUSIEURS SONS NE SONT PAS CONFONDUS

39. De là on comprend clairement la raison, pourquoi plusieurs sons ne sont pas confondus, question qui a de tout tems tourmenté les Physiciens. La théorie du grand Newton, quoique juste au fond, ne paroit pas suffisante

pour expliquer ce phénomene, puisqu'elle ne détermine point la véritable nature des ébranlemens auxquels toutes les particules de l'air sont assujetties. M. DE MAIRAN[1]) s'est imaginé que chaque son, selon qu'il est grave ou aigu, n'est transmis que par certaines particules d'air, dont le ressort lui est convenable. Mais, outre que l'état d'équilibre demande absolument que toutes les particules d'air soient douées d'un même degré de ressort, cette explication est renversée par les premiers principes sur lesquels notre théorie est fondée et dont la certitude ne sauroit être révoquée en doute. En effet, la propagation ne se rapporte qu'à un seul ébranlement excité dans l'air et il n'importe pas, si celui-ci est suivi des autres ou non, et encore moins dépend-elle de l'ordre de leur succession, d'où l'on juge le grave et l'aigu des sons.

40. Pour s'éclaircir entierement là dessus on n'a qu'à supposer plusieurs agitations primitives $a, b, c, d, \alpha, \beta$ etc. sur la ligne droite AE (Fig. 5) et, en

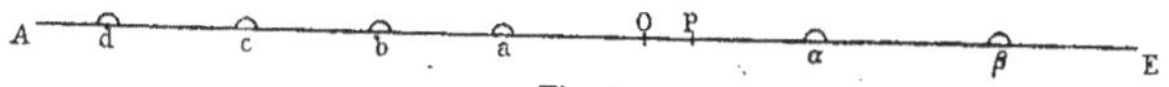

Fig. 5.

considérant une particule d'air quelconque en P, on voit par ce que je viens d'expliquer que l'agitation α lui sera communiquée après le tems $\frac{P\alpha}{\sqrt{2gh}}$; ensuite elle recevra l'agitation a après le tems $\frac{Pa}{\sqrt{2gh}}$ et ainsi des autres, de sorte que chaque agitation est transmise par la même particule P dans un tems déterminé et une oreille placée en P percevra tous ces ébranlemens, sans que les uns soient troublés par les autres. Il pourra aussi arriver que deux ébranlemens arrivent au même instant à la même particule, comme O, les distances aO et αO étant égales; mais alors cette particule sera tout autrement ébranlée, que si elle recevoit une simple agitation, et elle communiquera ensuite son ébranlement tant en avant qu'arriere. Or, c'est précisément le cas où l'on devroit penser que les agitations se confondissent, ce qui n'arrive pas pourtant, aussi peu en O qu'en tout autre point P.

1) J. J. DORTOUS DE MAIRAN (1678—1771), *Discours sur la propagation du son*, Mém. de l'acad. d. sc. de Paris, 1737. F. R.

REFLEXIONS SUR LA THEORIE PRECEDENTE

41. D'abord il faut remarquer que je n'ai ici considéré la propagation que sur une ligne droite, ou comme si l'air étoit renfermé dans un tuyau cylindrique fort étroit; d'où l'on pourroit penser que dans un air libre elle devroit suivre des loix tout à fait différentes. Du moins est-il évident que les agitations, étant répandues en tous sens, doivent diminuer bien plus considérablement que dans le cas d'un tuyau; mais, pour ce qui regarde la nature des ébranlemens et la vitesse dont elles sont transmises à des distances quelconques, il semble certain qu'il en sera de même dans l'air libre que dans un air renfermé dans un tuyau; car, puisque le son, de même que la lumiere, se communique par des lignes droites, qu'on peut nommer des rayons sonores, la transmission par chacune de ces lignes droites doit suivre les mêmes regles que je viens de découvrir, avec cette seule différence que les agitations deviendront d'autant plus foibles, plus sera grande la distance. Cependant il seroit fort à souhaiter qu'on fût en état de résoudre le même probleme dans le cas d'un air libre.

42. En second lieu, c'est toujours une grande difficulté, que le son parcourt effectivement un plus grand espace que celui que la théorie indique; je reconnois à présent que les ébranlemens suivans n'en sauroient être la cause, comme je me l'étois imaginé autrefois. Mais il faut bien comparer le cas de l'expérience avec celui auquel la théorie est adstreinte. Sans prétendre que l'air libre puisse causer cette différence, il faut se souvenir que notre calcul suppose des agitations quasi infiniment petites, qui produiroient des sons trop foibles, pour qu'on puisse observer la distance de leur propagation pendant une seconde. Donc, puisque les sons qu'on a employés dans les expériences sont produits par des agitations très fortes, il est fort vraisemblable que dans l'équation principale § 17, qui est

$$\left(1+\left(\frac{dy}{dx}\right)^2\right)\left(\frac{ddy}{dt^2}\right)=2gh\left(\frac{ddy}{dx^2}\right),$$

il n'est plus permis de négliger le terme $\left(\frac{dy}{dx}\right)^2$, comme j'ai fait dans le calcul précédent. Peut-être que c'est ici qu'il faudroit chercher le développement de cette difficulté.

43. Enfin, quoique ce soit à Mr. DE LA GRANGE qu'on est redevable de cette importante découverte, je me flatte que ce Mémoire ne manque pas de recherches très intéressantes. Car, outre que mon analyse est très simple, j'y ai mis dans tout son jour l'usage des fonctions discontinues, contesté par quelques grands Géometres, mais qui est absolument nécessaire toutes les fois qu'il s'agit de trouver par intégration des fonctions de deux ou plusieurs variables, et que l'on demande une solution générale. Ensuite, quoique la résolution soit semblable à celle des cordes vibrantes, que j'ai donnée autrefois, j'ai ici déterminé avec plus d'exactitude les fonctions arbitraires par les conditions propres à la nature de la question. Mais aussi cette solution appliquée aux cordes est plus générale, puisque pour l'état initial on ne peut pas seulement donner à la corde une figure quelconque, mais aussi à tous ses élémens un mouvement quelconque; ce que je n'avois pas remarqué dans mon Mémoire là dessus, ni même ceux qui ont traité la même matiere. Enfin je crois que l'explication du paradoxe, que les ébranlemens causés par la propagation du son sont d'une nature tout à fait différente que les primitifs, nous fournit des éclaircissemens très considérables dans cette matiere épineuse.

SUPPLEMENT AUX RECHERCHES SUR LA PROPAGATION DU SON

Commentatio 306 indicis ENESTROEMIANI
Mémoires de l'académie des sciences de Berlin [15] (1759), 1766, p. 210—240

1. Dans le Mémoire précédent je n'ai supposé à l'air par lequel le son est transmis qu'une seule dimension selon une ligne droite; en quoi j'ai suivi les autres Géometres qui ont traité cette même matiere. Puisqu'on a principalement en vue la vitesse de la propagation, il semble qu'elle doit être la même, soit que l'air ait une étendue selon toutes les trois dimensions ou selon une seule, quoiqu'il soit certain que les ébranlemens excités dans l'air diminuent beaucoup plus considérablement, lorsque l'air est répandu de toutes parts. Mais la principale raison de cette restriction est sans doute, qu'on rencontre des difficultés insurmontables, lorsqu'on veut supposer à l'air une étendue vers toutes les trois dimensions, ou seulement vers deux, en ne considérant qu'une couche d'air renfermée entre deux plans paralleles et extrêmement proches.

2. Cependant il est encore douteux, si la vitesse du son, qu'on trouve dans l'hypothese d'une seule dimension, n'est pas altérée par l'étendue selon les autres dimensions, et puisque la vitesse actuelle du son conclue par les expériences est considérablement plus grande que celle que donne la théorie fondée sur l'hypothese d'une seule dimension, on a lieu de soupçonner que l'étendue vers toutes les dimensions pourroit bien causer cette accélération. Du moins sera-t-il toujours fort important de faire des efforts pour développer les autres hypotheses où l'on suppose à l'air ou deux ou toutes les trois

dimensions; pour l'une et l'autre hypothese je tâcherai de ramener les ébranlemens de l'air à des formules analytiques, dont la résolution sera un très digne sujet pour occuper l'adresse des Géometres.

3. Je commence par l'hypothese de deux dimensions, ou l'air soit étendu selon un plan, qui soit celui de la planche; on lui peut donner une petite épaisseur, qui soit partout la même $= e$, et d'abord je considere l'état d'équilibre, où l'air a partout la même densité et le même ressort. Que l'unité exprime cette densité naturelle de l'air, et que son élasticité soit en équilibre avec le poids d'une colonne d'air dont la hauteur soit $= h$, en supposant aussi cet air de l'état naturel, dont la densité $= 1$; on voit bien que cette hauteur h se détermine par celle du barometre, en multipliant celle-ci par le rapport dont la densité ou gravité spécifique du vif argent surpasse celle de l'air. Ainsi la hauteur du barometre étant $= k$, si nous supposons la gravité spécifique du vif argent 14 fois plus grande que celle de l'eau, et celle-ci 800 fois plus grande que celle de l'air naturel, nous aurons

$$h = 14 \cdot 800\, k = 11200\, k.$$

4. Dans l'état d'équilibre considérons un point quelconque Y (Fig. 1), duquel on baisse à une ligne fixe AE la perpendiculaire YX, pour avoir les deux coordonnées $AX = X$ et $XY = Y$, qui déterminent le lieu du point Y. Maintenant, après une agitation quelconque excitée dans notre air, et à un instant donné, que le point Y se trouve en y, dont le lieu soit déterminé par les coordonnées $Ax = x$ et $xy = y$, et il est clair que x et y seront certaines fonctions de X et Y, où le tems entre bien aussi, mais tant que nous considérons l'état de l'air pour le même instant, le tems n'y entre pas encore en considération, ou sera regardé comme constant. Donc, puisque tant x que y est une fonction de deux variables X et Y, supposons

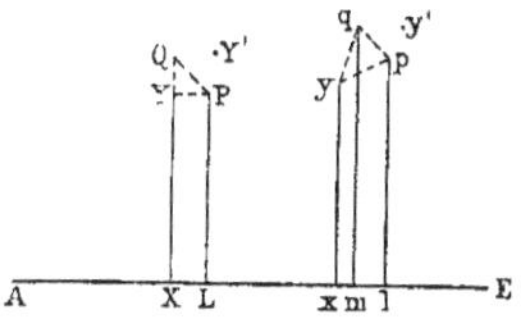

Fig. 1.

$$dx = L dX + M dY \quad \text{et} \quad dy = P dX + Q dY.$$

5. Pour trouver tant la densité que l'élasticité en y dans l'état troublé, considérons un volume d'air infiniment petit, qui dans l'état naturel soit YPQ, et après l'agitation dans l'état troublé soit ypq; dont le rapport à celui-là fera connoitre tant la densité que l'élasticité du volume ypq. Comme le point Y déterminé par les coordonnées X et Y est transporté en y déterminé par les coordonnées x et y, tout autre point infiniment proche de Y et déterminé par les coordonnées $X + dX$ et $Y + dY$ sera transporté dans un point déterminé par les coordonnées

$$x + LdX + MdY \quad \text{et} \quad y + PdX + QdY.$$

Que le triangle YPQ soit pris en sorte comme il est représenté dans la figure, et posons $YP = XL = \alpha$ et $YQ = \beta$, et

le point	dont les coordonnées	se trouvera	au point	dont les coordonnées
Y	X et Y		y	x et y
P	$X+\alpha$ et Y		p	$x + L\alpha$ et $y + P\alpha$
Q	X et $Y+\beta$		q	$x + M\beta$ et $y + Q\beta$

6. Donc, ayant tiré de p et q les ordonnées pl et qm, nous aurons

$$Ax = x, \quad Al = x + L\alpha, \quad Am = x + M\beta,$$

$$xy = y, \quad lp = y + P\alpha, \quad mq = y + Q\beta,$$

d'où il faut chercher l'aire du triangle ypq, qui se détermine par celle des trapezes $xypl$, $xyqm$, $lpqm$ en sorte

$$\Delta ypq = \tfrac{1}{2} xm(xy + mq) + \tfrac{1}{2} ml(mq + lp) - \tfrac{1}{2} xl(xy + lp);$$

or

$$xm = M\beta, \quad ml = L\alpha - M\beta \quad \text{et} \quad xl = L\alpha,$$

donc

$$\Delta ypq = \tfrac{1}{2}\beta M(2y + \beta Q) + \tfrac{1}{2}(\alpha L - \beta M)(2y + \alpha P + \beta Q) - \tfrac{1}{2}\alpha L(2y + \alpha P)$$

ou

$$\Delta ypq = \tfrac{1}{2}\beta M(-\alpha P) + \tfrac{1}{2}\alpha L(\beta Q) = \tfrac{1}{2}\alpha\beta(LQ - MP).$$

Donc, puisque dans l'état naturel l'aire du triangle YPQ étoit $\frac{1}{2}\alpha\beta$, la densité du même air remplissant maintenant le triangle ypq sera

$$=\frac{1}{LQ-MP}$$

et l'élasticité

$$=\frac{h}{LQ-MP};$$

d'où nous tirons cette conclusion: densité en y

$$=\frac{1}{LQ-MP},$$

l'élasticité en y

$$=\frac{h}{LQ-MP}.$$

7. Comme le lieu du point y dépend de celui de Y, le ressort ou élasticité en y $\left(\text{que l'on la pose } = \Pi, \text{ de sorte que } \Pi=\frac{h}{LQ-MP}\right)$ sera aussi une fonction de X et Y, considérant encore toujours le tems comme constant; et partant nous aurons $d\Pi = EdX + FdY$, où E et F sont déterminées en sorte des lettres L, M, P, Q:

$$E=\frac{-h\left(Q\left(\frac{dL}{dX}\right)+L\left(\frac{dQ}{dX}\right)-P\left(\frac{dM}{dX}\right)-M\left(\frac{dP}{dX}\right)\right)}{(LQ-MP)^2},$$

$$F=\frac{-h\left(Q\left(\frac{dL}{dY}\right)+L\left(\frac{dQ}{dY}\right)-P\left(\frac{dM}{dY}\right)-M\left(\frac{dP}{dY}\right)\right)}{(LQ-MP)^2}.$$

C'est à dire un point Y' dans l'état d'équilibre infiniment proche de Y, déterminé par les coordonnées $X+dX$ et $Y+dY$, étant transporté par l'agitation en y', l'élasticité y sera exprimée par la hauteur

$$\Pi + EdX + FdY,$$

pendant que l'élasticité en y répond à la hauteur

$$\Pi=\frac{h}{LQ-MP}.$$

8. Or, le lieu du point y' étant déterminé par les coordonnées

$$x + L\,dX + M\,dY \quad \text{et} \quad y + P\,dX + Q\,dY,$$

nous pourrons assigner la variation du ressort depuis le point y dans l'état troublé jusqu'à un autre point y' infiniment proche. Soient pour le point y' les coordonnées $x + \alpha$ et $y + \beta$, prenant α et β pour marquer des élémens infiniment petits, et nous n'avons qu'à chercher le lieu Y' du même point dans l'état naturel. Pour cet effet posons

$$L\,dX + M\,dY = \alpha \quad \text{et} \quad P\,dX + Q\,dY = \beta,$$

d'où nous tirons

$$dX = \frac{\alpha Q - \beta M}{LQ - MP} \quad \text{et} \quad dY = \frac{\beta L - \alpha P}{LQ - MP}.$$

Donc, pour le point y' dans l'état troublé, déterminé par les coordonnées $x + \alpha$ et $y + \beta$, nous aurons l'élasticité exprimée par la hauteur

$$\Pi + \frac{\alpha(EQ - FP) + \beta(FL - EM)}{LQ - MP}.$$

9. Pour mieux développer cette valeur et celle des lettres E et F, il faut remarquer qu'ayant posé

$$dx = L\,dX + M\,dY \quad \text{et} \quad dy = P\,dX + Q\,dY,$$

nous aurons

$$\left(\frac{dL}{dY}\right) = \left(\frac{dM}{dX}\right) \quad \text{et} \quad \left(\frac{dP}{dY}\right) = \left(\frac{dQ}{dX}\right)$$

et partant

$$E = \frac{h\left(P\left(\frac{dL}{dY}\right) - Q\left(\frac{dL}{dX}\right) - L\left(\frac{dP}{dY}\right) + M\left(\frac{dP}{dX}\right)\right)}{(LQ - MP)^2},$$

$$F = \frac{h\left(P\left(\frac{dM}{dY}\right) - Q\left(\frac{dL}{dY}\right) - L\left(\frac{dQ}{dY}\right) + M\left(\frac{dP}{dY}\right)\right)}{(LQ - MP)^2},$$

d'où nous tirons

$$EQ - FP$$

$$= \frac{h\left(2PQ\left(\frac{dL}{dY}\right) - QQ\left(\frac{dL}{dX}\right) - PP\left(\frac{dM}{dY}\right) - (LQ + MP)\left(\frac{dP}{dY}\right) + MQ\left(\frac{dP}{dX}\right) + LP\left(\frac{dQ}{dY}\right)\right)}{(LQ - MP)^2},$$

$$FL - EM$$

$$= \frac{h\left(2LM\left(\frac{dP}{dY}\right) - MM\left(\frac{dP}{dX}\right) - LL\left(\frac{dQ}{dY}\right) - (LQ + MP)\left(\frac{dL}{dY}\right) + MQ\left(\frac{dL}{dX}\right) + LP\left(\frac{dM}{dY}\right)\right)}{(LQ - MP)^2}.$$

Ensuite il faut aussi observer qu'il y a

$$L = \left(\frac{dx}{dX}\right), \quad M = \left(\frac{dx}{dY}\right), \quad P = \left(\frac{dy}{dX}\right) \quad \text{et} \quad Q = \left(\frac{dy}{dY}\right).$$

10. De là, si nous considérons dans l'état troublé un élément d'air $yprq$ (Fig. 2) dont la figure soit rectangle, les côtés étant $yp = \delta$ et $yq = \varepsilon$ et pris paralleles à nos coordonnées, nous pourrons pour les quatre points y, p, q, r déterminer l'élasticité. Car, ayant pour le point y l'élasticité $= \Pi$, pour le point p, dont les coordonnées sont $x + \delta$ et y (donc $\alpha = \delta$ et $\beta = 0$), l'élasticité sera $= \Pi + \frac{\delta(EQ - FP)}{LQ - MP}$. Ensuite pour le point q, dont les coordonnées sont x et $y + \varepsilon$ (donc $\alpha = 0$ et $\beta = \varepsilon$), l'élasticité sera $= \Pi + \frac{\varepsilon(FL - EM)}{LQ - MP}$.

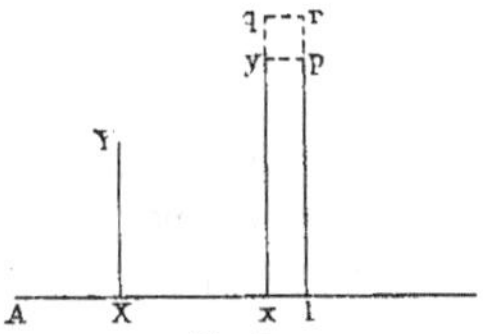

Fig. 2.

Et pour le point r, dont les coordonnées sont $x + \delta$ et $y + \varepsilon$ (donc $\alpha = \delta$ et $\beta = \varepsilon$) l'élasticité sera

$$= \Pi + \frac{\delta(EQ - FP) + \varepsilon(FL - EM)}{LQ - MP},$$

d'où nous pourrons déterminer la pression de l'air sur les quatre côtés du rectangle $ypqr$.

11. Le côté $yp = \delta$ ayant une épaisseur $= e$ et partant l'aire $= \delta e$, puisque les pressions en y et p sont inégales, si nous prenons un milieu, la

pression sur le côté yp sera égale au poids d'un volume d'air: pression sur yp

$$= \delta e\left(2\Pi + \frac{\delta(EQ - FP)}{2(LQ - MP)}\right).$$

De même sur le côté opposé qr nous aurons pression sur qr

$$= \delta e\left(2\Pi + \frac{\delta(EQ - EP) + 2\varepsilon(FL - EM)}{2(LQ - MP)}\right).$$

Ensuite sur le côté $yq = \varepsilon e$, nous aurons la pression sur yq

$$= \varepsilon e\left(2\Pi + \frac{\varepsilon(FL - EM)}{2(LQ - MP)}\right)$$

et de la même maniere pression sur pr

$$= \varepsilon e\left(2\Pi + \frac{2\delta(EQ - FP) + \varepsilon(FL - EM)}{2(LQ - MP)}\right).$$

Puisque la différence entre les forces en y et q est égale à celle des forces en p et r, on voit bien que l'inégalité des forces ne trouble point l'effet.

12. Puisque ces forces agissent perpendiculairement sur les côtés, l'élément $ypqr$ sera poussé par les deux premieres forces suivant la direction yx par une force qui est

$$= \frac{\delta\varepsilon e(FL - EM)}{LQ - MP};$$

et les deux dernieres produisent ensemble une force

$$= \frac{\delta\varepsilon e(EQ - FP)}{LQ - MP}$$

selon xA. Ou bien l'élément $ypqr$ sera poussé par les deux forces suivantes: force suivant la direction Ax

$$= \frac{\delta\varepsilon e(FP - EQ)}{LQ - MP},$$

force suivant la direction xy

$$= \frac{\delta\varepsilon e(EM - FL)}{LQ - MP}.$$

Or le volume contenu dans ce rectangle $ypqr$ étant $= \delta\varepsilon e$, si nous le multiplions par la densité $\frac{1}{LQ-MP}$, la masse sera

$$= \frac{\delta\varepsilon e}{LQ-MP}.$$

13. Ayant trouvé ces forces sollicitantes, introduisons le tems t, et dans l'élément du tems dt nous pourrons assigner les accélérations suivant les mêmes directions. Si nous exprimons le tems t en secondes et que g marque la hauteur d'où un corps pesant tombe dans une seconde, les principes de Mécanique nous fournissent les équations suivantes

$$\frac{\delta\varepsilon e}{LQ-MP}\cdot\left(\frac{ddx}{dt^2}\right) = 2g\cdot\frac{\delta\varepsilon e(FP-EQ)}{LQ-MP}$$

et

$$\frac{\delta\varepsilon e}{LQ-MP}\cdot\left(\frac{ddy}{dt^2}\right) = 2g\cdot\frac{\delta\varepsilon e(EM-FL)}{LQ-MP},$$

ou bien celles-ci

$$\left(\frac{ddx}{dt^2}\right) = 2g(FP-EQ) \quad \text{et} \quad \left(\frac{ddy}{dt^2}\right) = 2g(EM-FL),$$

et maintenant il faut regarder x et y comme des fonctions non seulement des deux variables primitives X et Y, mais aussi du tems t.

14. Voilà la solution générale de notre probleme; mais, pour en faire l'application au cas que nous avons en vue, il faut regarder tous les changemens causés par l'agitation comme extrêmement petits, de même qu'on le suppose dans l'hypothese d'une seule dimension. Les différences entre x et X, de même qu'entre y et Y, seront donc extrêmement petites; pour tenir compte de cette circonstance, posons $x = X+p$ et $y = Y+q$; et les quantités p et q doivent être considérées comme évanouissantes. De là nous aurons

$$dX + dp = LdX + MdY \quad \text{et} \quad dY + dq = PdX + QdY$$

ou

$$dp = (L-1)dX + MdY \quad \text{et} \quad dq = PdX + (Q-1)dY,$$

et partant les quantités M et P seront extrêmement petites, et L et Q ne différeront de l'unité qu'extrêmement peu.

15. Donc, pour les agitations infiniment petites, nous aurons à peu près

$$L=1,\quad M=0,\quad P=0 \quad\text{et}\quad Q=1,$$

et ensuite

$$L=1+\left(\frac{dp}{dX}\right),\quad M=\left(\frac{dp}{dY}\right),\quad P=\left(\frac{dq}{dX}\right),\quad Q=1+\left(\frac{dq}{dY}\right),$$

d'où nous tirons

$$\left(\frac{dL}{dX}\right)=\left(\frac{ddp}{dX^2}\right),\quad \left(\frac{dL}{dY}\right)=\left(\frac{ddp}{dXdY}\right)=\left(\frac{dM}{dX}\right),\quad \left(\frac{dM}{dY}\right)=\left(\frac{ddp}{dY^2}\right),$$

$$\left(\frac{dP}{dX}\right)=\left(\frac{ddq}{dX^2}\right),\quad \left(\frac{dP}{dY}\right)=\left(\frac{ddq}{dXdY}\right)=\left(\frac{dQ}{dX}\right),\quad \left(\frac{dQ}{dY}\right)=\left(\frac{ddq}{dY^2}\right).$$

De là, ayant $LQ-MP=1$, nous aurons

$$E=h\left(-\left(\frac{ddp}{dX^2}\right)-\left(\frac{ddq}{dXdY}\right)\right)=-h\left(\frac{ddp}{dX^2}\right)-h\left(\frac{ddq}{dXdY}\right),$$

$$F=h\left(-\left(\frac{ddp}{dXdY}\right)-\left(\frac{ddq}{dY^2}\right)\right)=-h\left(\frac{ddq}{dY^2}\right)-h\left(\frac{ddp}{dXdY}\right),$$

et substituant ces valeurs, nous obtiendrons les deux équations suivantes pour la détermination du mouvement

$$\left(\frac{ddp}{dt^2}\right)=2gh\left(\frac{ddp}{dX^2}\right)+2gh\left(\frac{ddq}{dXdY}\right)$$

et

$$\left(\frac{ddq}{dt^2}\right)=2gh\left(\frac{ddq}{dY^2}\right)+2gh\left(\frac{ddp}{dXdY}\right).$$

16. Au lieu des lettres p et q écrivons les lettres x et y, pour marquer mieux leur rapport avec les coordonnées principales X et Y, et nous aurons la solution suivante. Une particule d'air, qui dans l'état d'équilibre étoit en Y, les coordonnées étant $AX=X$ et $XY=Y$, se trouvera après une agitation infiniment petite quelconque, le tems écoulé étant $=t$, au point y, dont les coordonnées étant posées $Ax=X+x$ et $xy=Y+y$, les quantités x et y seront quasi infiniment petites et certaines fonctions des trois variables X, Y et t, dont la nature doit être déterminée par les deux équations suivantes

$$\frac{1}{2gh}\left(\frac{ddx}{dt^2}\right) = \left(\frac{ddx}{dX^2}\right) + \left(\frac{ddy}{dXdY}\right)$$

et

$$\frac{1}{2gh}\left(\frac{ddy}{dt^2}\right) = \left(\frac{ddy}{dY^2}\right) + \left(\frac{ddx}{dXdY}\right).$$

Tout revient donc à la résolution de ces deux équations, qui est sans doute incomparablement plus difficile que celle que nous avions trouvée pour le cas d'une seule dimension et qui se déduit aisément de ces formules, en posant $Y = 0$ et $y = 0$, d'où l'on obtient

$$\frac{1}{2gh}\left(\frac{ddx}{dt^2}\right) = \left(\frac{ddx}{dX^2}\right).$$

17. D'abord j'observe qu'on peut satisfaire à ces deux équations en supposant

$$x = B\Phi : (\alpha X + \beta Y + \gamma t)$$

et

$$y = C\Phi : (\alpha X + \beta Y + \gamma t),$$

le signe Φ marquant une fonction quelconque de la quantité adjointe; et il ne s'agit que de déterminer les quantités constantes α, β, γ, B et C. Or, de là nous tirons

$$\left(\frac{ddx}{dt^2}\right) = B\gamma\gamma\Phi'' : (\alpha X + \beta Y + \gamma t)$$

$$\left(\frac{ddy}{dt^2}\right) = C\gamma\gamma\Phi'' : (\alpha X + \beta Y + \gamma t),$$

$$\left(\frac{ddx}{dX^2}\right) = B\alpha\alpha\Phi'' : (\alpha X + \beta Y + \gamma t),$$

$$\left(\frac{ddx}{dXdY}\right) = B\alpha\beta\Phi'' : (\alpha X + \beta Y + \gamma t),$$

$$\left(\frac{ddy}{dY^2}\right) = C\beta\beta\Phi'' : (\alpha X + \beta Y + \gamma t),$$

$$\left(\frac{ddy}{dXdY}\right) = C\alpha\beta\Phi'' : (\alpha X + \beta Y + \gamma t),$$

où il faut se souvenir que, posant $v = \Phi : u$, je me sers des signes suivans pour marquer la différentiation:

$$\frac{dv}{du} = \Phi' : u \quad \text{et} \quad \frac{ddv}{du^2} = \Phi'' : u.$$

18. Substituant ces valeurs et divisant par $\Phi'':(\alpha X+\beta Y+\gamma t)$, nous obtiendrons les deux équations suivantes

$$\frac{B\gamma\gamma}{2gh}=B\alpha\alpha+C\alpha\beta \quad \text{et} \quad \frac{C\gamma\gamma}{2gh}=C\beta\beta+B\alpha\beta,$$

dont l'une divisée par l'autre donne

$$\frac{B}{C}=\frac{B\alpha\alpha+C\alpha\beta}{C\beta\beta+B\alpha\beta}=\frac{\alpha}{\beta};$$

donc

$$B=\alpha \text{ et } C=\beta$$

et ensuite

$$\frac{\gamma\gamma}{2gh}=\alpha\alpha+\beta\beta$$

ou

$$\gamma=\sqrt{2gh(\alpha\alpha+\beta\beta)}.$$

Maintenant on pourra joindre autant de telles fonctions qu'on voudra et on aura

$$x=\alpha\Phi:(\alpha X+\beta Y+t\sqrt{2gh(\alpha\alpha+\beta\beta)})+\alpha'\Psi:(\alpha' X+\beta' Y+t\sqrt{2gh(\alpha'\alpha'+\beta'\beta')})+\text{etc.},$$

$$y=\beta\Phi:(\alpha X+\beta Y+t\sqrt{2gh(\alpha\alpha+\beta\beta)})+\beta'\Psi:(\alpha' X+\beta' Y+t\sqrt{2gh(\alpha'\alpha'+\beta'\beta')})+\text{etc.},$$

où Φ, Ψ etc. marquent des fonctions quelconques; mais le même charactere signifie dans l'une et l'autre expression la même fonction; or, α, β, α', β' etc. sont des quantités constantes arbitraires.

19. Pour mettre cette solution plus clairement devant les yeux, soit P une fonction quelconque de

$$\alpha X+\beta Y+t\sqrt{2gh(\alpha\alpha+\beta\beta)},$$

P' une fonction quelconque de

$$\alpha' X+\beta' Y+t\sqrt{2gh(\alpha'\alpha'+\beta'\beta')},$$

P'' une fonction quelconque de

$$\alpha'' X+\beta'' Y+t\sqrt{2gh(\alpha''\alpha''+\beta''\beta'')}$$

etc.,

où l'on peut prendre pour α, β, α', β', α'', β'' etc. des nombres quelconques; et l'on aura pour la solution du probleme les formules suivantes

$$x = \alpha P + \alpha' P' + \alpha'' P'' + \alpha''' P''' + \text{etc.},$$

$$y = \beta P + \beta' P' + \beta'' P'' + \beta''' P''' + \text{etc.}$$

Si l'on suppose ici $t = 0$, on aura l'état au premier instant après l'agitation; lequel étant donné, il en faut convenablement déterminer les nombres α, α', β, β' etc. Cependant il s'en faut beaucoup que cette solution soit générale, à moins qu'on n'augmente à l'infini le nombre des formules P, P', P'' etc.

20. Faisons un autre effort pour résoudre nos deux équations trouvées (§ 16), qui renferment la solution de notre probleme. Posons

$$\left(\frac{dx}{dX}\right) + \left(\frac{dy}{dY}\right) = v,$$

et nos deux équations deviendront

$$\frac{1}{2gh}\left(\frac{ddx}{dt^2}\right) = \left(\frac{dv}{dX}\right)$$

et

$$\frac{1}{2gh}\left(\frac{ddy}{dt^2}\right) = \left(\frac{dv}{dY}\right),$$

d'où nous tirons

$$\frac{1}{2gh}\left(\frac{d^3x}{dt^2dX}\right) = \left(\frac{ddv}{dX^2}\right)$$

et

$$\frac{1}{2gh}\left(\frac{d^3y}{dt^2dY}\right) = \left(\frac{ddv}{dY^2}\right).$$

Or, la premiere supposition donne

$$\left(\frac{ddv}{dt^2}\right) = \left(\frac{d^3x}{dt^2dX}\right) + \left(\frac{d^3y}{dt^2dY}\right),$$

d'où il s'ensuit

$$\frac{1}{2gh}\left(\frac{ddv}{dt^2}\right) = \left(\frac{ddv}{dX^2}\right) + \left(\frac{ddv}{dY^2}\right).$$

Voilà donc réduit notre probleme à l'invention d'une seule fonction v des trois variables t, X, Y, ce qui paroit être la route la plus aisée pour parvenir à la solution.

21. Puisque nous venons de trouver

$$\frac{1}{2gh}\left(\frac{ddx}{dt^2}\right)=\left(\frac{dv}{dX}\right)$$

et

$$\frac{1}{2gh}\left(\frac{ddy}{dt^2}\right)=\left(\frac{dv}{dY}\right),$$

la différentiation ultérieure donne

$$\frac{1}{2gh}\left(\frac{d^3x}{dt^2dY}\right)=\left(\frac{ddv}{dXdY}\right)=\frac{1}{2gh}\left(\frac{d^3y}{dt^2dX}\right).$$

Donc, posant

$$\left(\frac{dx}{dY}\right)=p \quad \text{et} \quad \left(\frac{dy}{dX}\right)=q,$$

nous aurons

$$\left(\frac{ddp}{dt^2}\right)=\left(\frac{ddq}{dt^2}\right),$$

d'où, traitant X et Y de constantes, nous en tirons par intégration

$$\frac{dp}{dt}=\frac{dq}{dt}+M$$

et

$$p=q+Mt+N,$$

où M et N sont des fonctions quelconques de X et Y, de sorte que nous ayons

$$\left(\frac{dx}{dY}\right)-\left(\frac{dy}{dX}\right)=Mt+N,$$

laquelle étant jointe à l'une de nos deux équations principales contiendra aussi la solution du probleme.

22. De cette derniere équation nous concluons

$$\left(\frac{ddx}{dXdY}\right)=\left(\frac{ddy}{dX^2}\right)+t\left(\frac{dM}{dX}\right)+\left(\frac{dN}{dX}\right),$$

$$\left(\frac{ddy}{dXdY}\right)=\left(\frac{ddx}{dY^2}\right)-t\left(\frac{dM}{dY}\right)-\left(\frac{dN}{dY}\right)$$

et ces formules étant substituées dans nos équations principales donneront

$$\frac{1}{2gh}\left(\frac{ddx}{dt^2}\right)=\left(\frac{ddx}{dX^2}\right)+\left(\frac{ddx}{dY^2}\right)-t\left(\frac{dM}{dY}\right)-\left(\frac{dN}{dY}\right),$$

$$\frac{1}{2gh}\left(\frac{ddy}{dt^2}\right)=\left(\frac{ddy}{dY^2}\right)+\left(\frac{ddy}{dX^2}\right)+t\left(\frac{dM}{dX}\right)+\left(\frac{dN}{dX}\right),$$

où il faut remarquer que M et N sont des fonctions des deux variables X et Y seulement et qu'elles ne renferment point le tems t. De là on peut encore tirer une solution particuliere, prenant pour M et N des fonctions quelconques des deux variables X et Y:

$$x=\alpha tX+t\left(\frac{dM}{dY}\right)+\gamma X+\left(\frac{dN}{dY}\right),$$

$$y=\beta tY-t\left(\frac{dM}{dX}\right)+\delta Y-\left(\frac{dN}{dX}\right).$$

Car de là il s'ensuit

$$\left(\frac{ddx}{dt^2}\right)=0,\quad \left(\frac{ddy}{dt^2}\right)=0,$$

$$\left(\frac{dx}{dX}\right)+\left(\frac{dy}{dY}\right)=v=(\alpha+\beta)t+\gamma+\delta,$$

donc

$$\left(\frac{dv}{dX}\right)=0 \quad \text{et} \quad \left(\frac{dv}{dY}\right)=0.$$

23. Cette solution particuliere peut être jointe aux autres solutions particulieres données ci-dessus; car, si les valeurs $x=P$ et $y=Q$ fournissent une solution et aussi celles-ci $x=P'$ et $y=Q'$, on en pourra toujours former une solution nouvelle plus générale

$$x=\alpha P+\beta P'$$

et

$$y=\alpha Q+\beta Q'.$$

Or, ci-dessus j'ai indiqué une infinité de fonctions, dont chacune fournit une solution du probleme; les prenant donc toutes ensemble et y joignant encore les valeurs de x et y que je viens de trouver ici en dernier lieu, et qui ne semblent pas être comprises dans les précédentes, on aura une solution infiniment plus générale. Cependant il ne paroit pas encore, comment on doit déterminer toutes ces fonctions, pour que, posant $t = 0$, on obtienne une agitation initiale donnée. Cependant chaque solution particuliere se rapporte à un certain état initial, lequel étant supposé avoir lieu, on en pourra assigner pour tout tems l'agitation qui aura lieu dans l'air.

24. Pour en donner un exemple, considérons cette solution particuliere

$$x = \Phi : (X + t\sqrt{2gh}) + \Psi : (X - t\sqrt{2gh}),$$
$$y = \Sigma : (Y + t\sqrt{2gh}) + \Theta : (Y - t\sqrt{2gh}),$$

où les caracteres Φ, Ψ, Σ, Θ marquent des fonctions quelconques des quantités qui leur sont attachées, sans en excepter les fonctions irrégulieres et discontinues. Cela posé, ces formules donnent non seulement pour chaque tems proposé t les déplacemens x et y de chaque particule d'air, dont le lieu dans l'état d'équilibre est déterminé par les coordonnées X et Y, mais aussi le mouvement de cette même particule, qu'on connoit par les vitesses suivant la direction des coordonnées; et ces vitesses seront

$$\left(\frac{dx}{dt}\right) = \left(\Phi' : (X + t\sqrt{2gh}) - \Psi' : (X - t\sqrt{2gh})\right)\sqrt{2gh},$$
$$\left(\frac{dy}{dt}\right) = \left(\Sigma' : (Y + t\sqrt{2gh}) - \Theta' : (Y - t\sqrt{2gh})\right)\sqrt{2gh}.$$

25. Maintenant, pour l'état initial posant $t = 0$, on aura

$$x = \Phi : X + \Psi : X,$$
$$y = \Sigma : Y + \Theta : Y$$

et

$$\left(\frac{dx}{dt}\right) = (\Phi' : X - \Psi' : X)\sqrt{2gh},$$
$$\left(\frac{dy}{dt}\right) = (\Sigma' : Y - \Theta' : Y)\sqrt{2gh}.$$

Donc, si au commencement on a eu

$$x = \Gamma : X, \quad y = \Delta : Y,$$
$$\left(\frac{dx}{dt}\right) = \Lambda' : X \cdot \sqrt{2gh}, \quad \frac{dy}{dt} = \Xi' : Y \cdot \sqrt{2gh},$$

nos fonctions seront déterminées par celles-ci en sorte

$$\Phi : X + \Psi : X = \Gamma : X,$$
$$\Phi : X - \Psi : X = \mathit{\Lambda} : X,$$
$$\Sigma : Y + \Theta : Y = \Delta : Y,$$
$$\Sigma : Y - \Theta : Y = \Xi : Y,$$

et partant

$$\Phi : X = \tfrac{1}{2}\Gamma : X + \tfrac{1}{2}\mathit{\Lambda} : X, \quad \Psi : X = \tfrac{1}{2}\Gamma : X - \tfrac{1}{2}\mathit{\Lambda} : X,$$

$$\Sigma : Y = \tfrac{1}{2}\Delta : Y + \tfrac{1}{2}\Xi : Y, \quad \Theta : Y = \tfrac{1}{2}\Delta : Y - \tfrac{1}{2}\Xi : Y,$$

d'où nos équations seront

$$x = \tfrac{1}{2}\Gamma : (X + t\sqrt{2gh}) + \tfrac{1}{2}\mathit{\Lambda} : (X + t\sqrt{2gh}) + \tfrac{1}{2}\Gamma : (X - t\sqrt{2gh}) - \tfrac{1}{2}\mathit{\Lambda} : (X - t\sqrt{2gh}),$$

$$y = \tfrac{1}{2}\Delta : (Y + t\sqrt{2gh}) + \tfrac{1}{2}\Xi : (Y + t\sqrt{2gh}) + \tfrac{1}{2}\Delta : (Y - t\sqrt{2gh}) - \tfrac{1}{2}\Xi : (Y - t\sqrt{2gh}).$$

26. Supposons ces fonctions telles, que

$$\Gamma : u, \quad \mathit{\Lambda} : u, \quad \Delta : u \quad \text{et} \quad \Xi : u$$

soient toujours égales à zéro, excepté les seuls cas où $u = 0$, auquel leurs valeurs soient α, β, γ, δ infiniment petites, et l'on voit que l'agitation initiale aura été telle que pour $X = 0$ et $Y = 0$ on a $x = \alpha$ et $y = \gamma$, c'est à dire la ligne d'air BC (Fig. 3) a été poussée en bc et la ligne DE en de, tout le reste de l'air demeurant en repos au premier instant; les autres fonctions expriment les vitesses imprimées à ces lignes d'air au commencement. Cela posé, après un tems quelconque t, qu'on prenne

$$AP = AP' = t\sqrt{2gh} \quad \text{et} \quad AL = AL' = t\sqrt{2gh},$$

et toute la ligne QPR sera déplacée en qr par l'intervalle

$$= \frac{1}{2}\Gamma : 0 - \frac{1}{2}\mathit{\Lambda} : 0 = \frac{\alpha - \beta}{2};$$

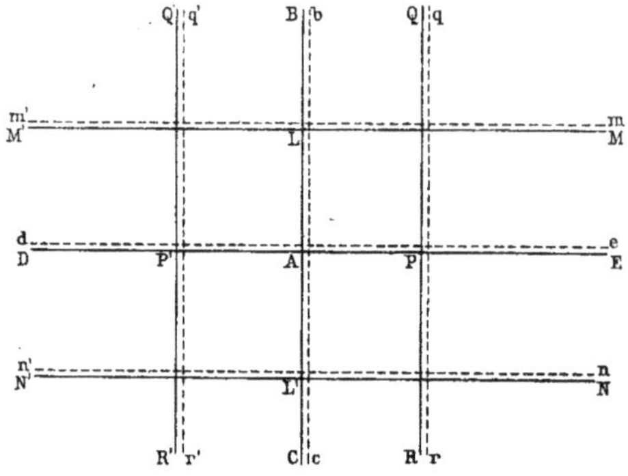

Fig. 8.

or, de l'autre côté la ligne $Q'P'R'$ se trouvera en $q'r'$ par l'intervalle

$$= \frac{1}{2}\Gamma : 0 + \frac{1}{2}\Delta : 0 = \frac{\alpha + \beta}{2}.$$

Ensuite, la ligne MLM' sera transportée en mm' par l'intervalle $= \frac{\gamma - \delta}{2}$ et la ligne $NL'N'$ en nn' par l'intervalle $= \frac{\gamma + \delta}{2}$. Or tout le reste sera en repos. Donc les ébranlemens originaires selon les lignes BC et ED sont continués par des lignes paralleles, sans se troubler mutuellement, avec une vitesse de $\sqrt{2gh}$ par seconde.

27. Pour le cas où l'agitation originaire n'aura subsisté que dans un très petit espace autour du point A, il est évident que les agitations produites se continueront par des cercles concentriques. Dans ce cas donc, les déplacemens x et y seront proportionnels aux coordonnées X et Y; pour cet effet posons

$$x = vX \quad \text{et} \quad y = vY$$

et nous aurons

$$\left(\frac{dx}{dt}\right) = X\left(\frac{dv}{dt}\right), \quad \left(\frac{dx}{dX}\right) = v + X\left(\frac{dv}{dX}\right), \quad \left(\frac{dx}{dY}\right) = X\left(\frac{dv}{dY}\right),$$

$$\left(\frac{ddx}{dt^2}\right) = X\left(\frac{ddv}{dt^2}\right), \quad \left(\frac{ddx}{dX^2}\right) = 2\left(\frac{dv}{dX}\right) + X\left(\frac{ddv}{dX^2}\right), \quad \left(\frac{ddx}{dXdY}\right) = \left(\frac{dv}{dY}\right) + X\left(\frac{ddv}{dXdY}\right),$$

et de la même maniere

$$\left(\frac{ddy}{dt^2}\right)=Y\left(\frac{ddv}{dt^2}\right),\quad \left(\frac{ddy}{dY^2}\right)=2\left(\frac{dv}{dY}\right)+Y\left(\frac{ddv}{dY^2}\right),\quad \left(\frac{ddy}{dXdY}\right)=\left(\frac{dv}{dX}\right)+Y\left(\frac{ddv}{dXdY}\right),$$

d'où nos équations principales [§ 16] deviendront

$$\frac{X}{2gh}\left(\frac{ddv}{dt^2}\right)=3\left(\frac{dv}{dX}\right)+X\left(\frac{ddv}{dX^2}\right)+Y\left(\frac{ddv}{dXdY}\right),$$

$$\frac{Y}{2gh}\left(\frac{ddv}{dt^2}\right)=3\left(\frac{dv}{dY}\right)+Y\left(\frac{ddv}{dY^2}\right)+X\left(\frac{ddv}{dXdY}\right).$$

28. Mais il est évident que v est une fonction seulement des deux variables t et $\sqrt{(XX+YY)}$; posons donc

$$\sqrt{(XX+YY)}=Z \quad \text{et} \quad dv=Mdt+NdZ;$$

d'où, puisque

$$dZ=\frac{XdX+YdY}{Z},$$

nous tirons

$$\left(\frac{dv}{dt}\right)=M,$$

$$\left(\frac{dv}{dX}\right)=\frac{NX}{Z} \quad \text{et} \quad \left(\frac{dv}{dY}\right)=\frac{NY}{Z}$$

et ensuite

$$\left(\frac{ddv}{dt^2}\right)=\left(\frac{dM}{dt}\right)$$

et

$$\left(\frac{ddv}{dX^2}\right)=\frac{X}{Z}\left(\frac{dN}{dX}\right)+\frac{N}{Z}-\frac{NXX}{Z^3}=\frac{X}{Z}\left(\frac{dN}{dX}\right)+\frac{NYY}{Z^3},$$

$$\left(\frac{ddv}{dXdY}\right)=\frac{X}{Z}\left(\frac{dN}{dY}\right)-\frac{NXY}{Z^3},$$

$$\left(\frac{ddv}{dY^2}\right)=\frac{Y}{Z}\left(\frac{dN}{dY}\right)+\frac{N}{Z}-\frac{NYY}{Z^3}=\frac{Y}{Z}\left(\frac{dN}{dY}\right)+\frac{NXX}{Z^3}.$$

Posons

$$dN=Pdt+QdZ=Pdt+\frac{QXdX+QYdY}{Z};$$

et puisque

$$\left(\frac{dN}{dX}\right)=\frac{QX}{Z},\quad \left(\frac{dN}{dY}\right)=\frac{QY}{Z},$$

nous aurons

$$\left(\frac{ddv}{dX^2}\right)=\frac{QXX}{ZZ}+\frac{NYY}{Z^3},$$

$$\left(\frac{ddv}{dXdY}\right)=\frac{QXY}{ZZ}-\frac{NXY}{Z^3},$$

$$\left(\frac{ddv}{dY^2}\right)=\frac{QYY}{ZZ}+\frac{NXX}{Z^3}.$$

29. Ces valeurs étant substituées, nos équations deviendront

$$\frac{X}{2gh}\left(\frac{ddv}{dt^2}\right)=\frac{3NX}{Z}+QX$$

et

$$\frac{Y}{2gh}\left(\frac{ddv}{dt^2}\right)=\frac{3NY}{Z}+QY$$

et se réduisent par conséquent à une seule

$$\frac{1}{2gh}\left(\frac{ddv}{dt^2}\right)=\frac{3N}{Z}+Q.$$

Or, puisque

$$N=\left(\frac{dv}{dZ}\right)\quad\text{et}\quad Q=\left(\frac{dN}{dZ}\right)=\left(\frac{ddv}{dZ^2}\right),$$

il s'agit de trouver pour v une telle fonction des deux variables t et Z qui satisfasse à cette équation

$$\frac{1}{2gh}\left(\frac{ddv}{dt^2}\right)=\frac{3}{Z}\left(\frac{dv}{dZ}\right)+\left(\frac{ddv}{dZ^2}\right).$$

Alors un point quelconque Z (Fig. 4), dont la distance au point fixe A est dans l'équilibre $AZ=Z$, sera transporté après le tems $=t$ par un espace

$$Zz=\sqrt{(xx+yy)}=vZ,$$

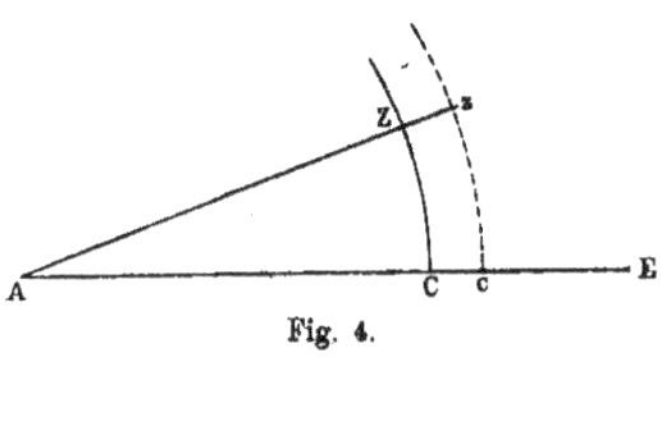

Fig. 4.

dont il s'éloignera du point fixe A. Si nous nommons cet éloignement $Zz = vZ = z$, de sorte que $v = \frac{z}{Z}$, nous aurons

$$\frac{1}{2gh}\left(\frac{ddz}{dt^2}\right) = -\frac{z}{ZZ} + \frac{1}{Z}\left(\frac{dz}{dZ}\right) + \left(\frac{ddz}{dZ^2}\right).$$

30. Si cette équation admettoit une telle solution qu'il fût

$$z = P\Phi : (Z \pm t\sqrt{2gh}),$$

on en concluroit que la propagation des ébranlemens se fit avec la même vitesse que dans la premiere hypothese, qui seroit par conséquent moindre que selon l'expérience. Mais une telle forme substituée pour z ne satisfait point à notre équation, d'où l'on peut conclure que la propagation du son pourroit bien se faire avec une autre vitesse dans cette hypothese. Cependant on n'en sauroit rien conclure de positif, avant qu'on soit en état de résoudre généralement cette équation; mais, quoiqu'on en puisse aisément assigner plusieurs valeurs particulieres, il ne paroit pas comment on en pourroit déduire la valeur générale. Par cette raison on ne sauroit apporter trop de soins à perfectionner la partie de l'Analyse qui s'occupe à résoudre ces sortes d'équations.

CETTE MÊME RECHERCHE
POUR L'HYPOTHESE DE TROIS DIMENSIONS

31. Dans l'état d'équilibre considérons un point quelconque Z (Fig. 5), dont la position soit déterminée par les trois coordonnées

$$AX = X, \quad XY = Y, \quad YZ = Z.$$

Or, après une agitation excitée dans l'air pour un tems donné, ce même point ait été transporté en z, dont le lieu soit déterminé par de semblables trois coordonnées

$$Ax = x, \quad xy = y, \quad yz = z,$$

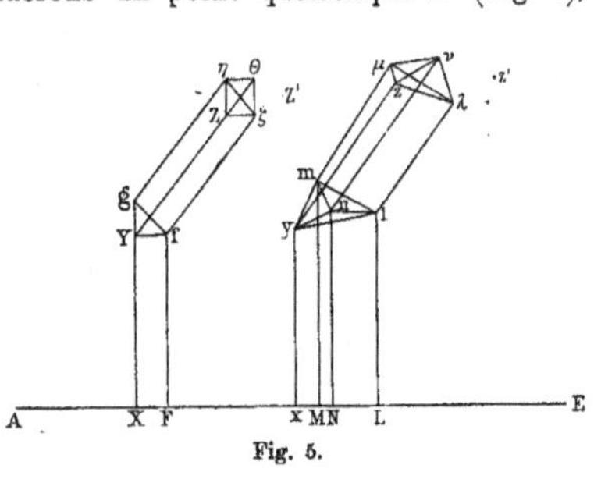

Fig. 5.

perpendiculaires entr'elles. Et il est clair que chacune de ces coordonnées sera une certaine fonction des trois principales X, Y, Z, qui répondent à l'état d'équilibre; posons donc

$$dx = LdX + MdY + NdZ,$$

$$dy = PdX + QdY + RdZ,$$

$$dz = SdX + TdY + VdZ,$$

car, quoiqu'elles renferment aussi le tems t, je n'en tiens pas encore compte, puisque je rapporte toutes ces recherches au même instant.

32. Considérons maintenant dans l'état d'équilibre une pyramide d'air infiniment petite $Z\zeta\eta\theta$ (Fig. 5), terminée par les quatre points Z, ζ, η, θ, auxquels répondent les coordonnées comme il suit:

du point	les trois coordonnées		
Z	$X,$	$Y,$	$Z,$
ζ	$X+\alpha,$	$Y,$	$Z,$
η	$X,$	$Y+\beta,$	$Z,$
θ	$X,$	$Y,$	$Z+\gamma,$

cette pyramide sera la sixieme partie du parallelepipede formé par les trois côtés α, β, γ, que je suppose infiniment petits. Donc, la solidité de cette pyramide sera $=\frac{1}{6}\alpha\beta\gamma$, dont la densité est supposée $=1$ et l'élasticité exprimée par la hauteur h, en sorte qu'une colonne d'air naturel de cette hauteur tienne l'élasticité en équilibre.

33. Qu' après l'agitation cette même pyramide ait été transportée en $z\lambda\mu\nu$, dont les quatre angles seront déterminés chacun par les trois coordonnées suivantes:

du point	les trois coordonnées		
z	$Ax = x,$	$xy = y,$	$yz = z,$
λ	$AL = x + L\alpha,$	$Ll = y + P\alpha,$	$l\lambda = z + S\alpha,$
μ	$AM = x + M\beta,$	$Mm = y + Q\beta,$	$mu = z + T\beta,$
ν	$AN = x + N\gamma,$	$Nn = y + R\gamma,$	$n\nu = z + V\gamma.$

Or, la solidité de cette pyramide est égale à

$$ymnz\mu\nu + ylnz\lambda\nu + lmn\lambda\mu\nu - ylmz\lambda\mu$$

et partant, en prenant la solidité de chaque part,

$$\left.\begin{aligned} &+\tfrac{1}{3}\,yln\,(yz + l\lambda + n\nu)\\ &+\tfrac{1}{3}\,ymn(yz + m\mu + n\nu)\\ &+\tfrac{1}{3}\,lmn(l\lambda + m\mu + n\nu)\\ &-\tfrac{1}{3}\,ylm\,(yz + l\lambda + m\mu)\end{aligned}\right\} = \left\{\begin{aligned} &+\tfrac{1}{3}yln\,(3z + S\alpha + V\gamma)\\ &+\tfrac{1}{3}ymn(3z + T\beta + V\gamma)\\ &+\tfrac{1}{3}lmn(3z + S\alpha + T\beta + V\gamma)\\ &-\tfrac{1}{3}ylm\,(3z + S\alpha + T\beta)\end{aligned}\right.$$

laquelle expression se réduit à celle-ci

$$-\tfrac{1}{3}S\alpha\cdot\triangle ymn - \tfrac{1}{3}T\beta\cdot\triangle yln + \tfrac{1}{3}V\gamma\cdot\triangle ylm.$$

34. Or, les aires de ces triangles se trouvent en sorte:

$$\triangle ymn = \tfrac{1}{2}xM(xy + Mm) + \tfrac{1}{2}MN(Mm + Nn) - \tfrac{1}{2}xN(xy + Nn),$$

$$\triangle yln = \tfrac{1}{2}xN(xy + Nn) + \tfrac{1}{2}LN(Ll + Nn) - \tfrac{1}{2}xL(xy + Ll),$$

$$\triangle ylm = \tfrac{1}{2}xM(xy + Mm) + \tfrac{1}{2}LM(Ll + Mm) - \tfrac{1}{2}xL(xy + Ll),$$

et partant les aires de ces triangles seront

$$\triangle ymn = \tfrac{1}{2}xM(2y + Q\beta) + \tfrac{1}{2}MN(2y + Q\beta + R\gamma) - \tfrac{1}{2}xN(2y + R\gamma)$$

ou

$$\triangle\, ymn = \tfrac{1}{2}\, Q\beta \cdot xN - \tfrac{1}{2}\, R\gamma \cdot xM;$$

$$\triangle\, yln = \tfrac{1}{2}\, xN(2y + R\gamma) + \tfrac{1}{2}\, LN(2y + P\alpha + R\gamma) - \tfrac{1}{2}\, xL(2y + P\alpha)$$

ou

$$\triangle\, yln = \tfrac{1}{2}\, R\gamma \cdot xL - \tfrac{1}{2}\, P\alpha \cdot xN;$$

$$\triangle\, ylm = \tfrac{1}{2}\, xM(2y + Q\beta) + \tfrac{1}{2}\, LM(2y + P\alpha + Q\beta) - \tfrac{1}{2}\, xL(2y + P\alpha)$$

ou

$$\triangle\, ylm = \tfrac{1}{2}\, Q\beta \cdot xL - \tfrac{1}{2}\, P\alpha \cdot xM.$$

Or

$$xL = L\alpha, \quad xM = M\beta \quad \text{et} \quad xN = N\gamma.$$

Donc

$$\triangle\, ymn = \tfrac{1}{2}\, NQ\beta\gamma - \tfrac{1}{2}\, MR\beta\gamma = \tfrac{1}{2}\beta\gamma(NQ - MR),$$

$$\triangle\, yln = \tfrac{1}{2}\, LR\alpha\gamma - \tfrac{1}{2}\, NP\alpha\gamma = \tfrac{1}{2}\, \alpha\gamma(LR - NP),$$

$$\triangle\, ylm = \tfrac{1}{2}\, LQ\alpha\beta - \tfrac{1}{2}\, MP\alpha\beta = \tfrac{1}{2}\, \alpha\beta(LQ - MP).$$

35. De là nous trouvons la solidité de notre pyramide

$$-\tfrac{1}{6}\, \alpha\beta\gamma S(NQ - MR) - \tfrac{1}{6}\, \alpha\beta\gamma\, T(LR - NP) + \tfrac{1}{6}\, \alpha\beta\gamma\, V(LQ - MP)$$

et partant la densité de l'air y sera

$$\frac{1}{LQV - MPV + MRS - NQS + NPT - LRT}$$

et par conséquent, si nous posons Π pour la hauteur qui y mesure l'élasticité, nous aurons

$$\Pi = \frac{h}{LQV - MPV + MRS - NQS + NPT - LRT}.$$

Cette quantité sera donc aussi une fonction des trois variables X, Y, Z, et si nous posons

$$d\Pi = E dX + F dY + G dZ,$$

les quantités E, F, G se détermineront aisément par la différentiation de la valeur de Π, puisque

$$E=\left(\frac{d\Pi}{dX}\right),\quad F=\left(\frac{d\Pi}{dY}\right),\quad G=\left(\frac{d\Pi}{dZ}\right).$$

36. Si nous concevons dans l'état d'équilibre un point Z' infiniment proche de Z et déterminé par ces trois coordonnées $X+dX$, $Y+dY$, $Z+dZ$, il se trouvera maintenant en z', en sorte que les coordonnées seront

$$\begin{aligned}&x+LdX+MdY+NdZ,\\&y+PdX+QdY+RdZ,\\&z+SdX+TdY+VdZ.\end{aligned}$$

Donc, si la position du point z' infiniment proche de z est donnée par les coordonnées $x+\alpha$, $y+\beta$, $z+\gamma$, nous en pourrons trouver le lieu dans l'état d'équilibre. Car, si nous posons pour abréger

$$LQV-MPV+MRS-NQS+NPT-LRT=K,$$

de sorte que $\Pi=\frac{h}{K}$, nous aurons

$$dX=\frac{\alpha(QV-RT)+\beta(NT-MV)+\gamma(MR-NQ)}{K},$$

$$dY=\frac{\alpha(RS-PV)+\beta(LV-NS)+\gamma(NP-LR)}{K},$$

$$dZ=\frac{\alpha(PT-QS)+\beta(MS-LT)+\gamma(LQ-MP)}{K}.$$

37. De là l'élasticité en z étant $=\frac{h}{K}=\Pi$, elle sera en z'

$$=\Pi+EdX+FdY+GdZ;$$

donc, si nous posons pour abréger

$$\begin{aligned}E(QV-RT)+F(RS-PV)+G(PT-QS)&=A,\\E(NT-MV)+F(LV-NS)+G(MS-LT)&=B,\\E(MR-NQ)+F(NP-LR)+G(LQ-MP)&=C,\end{aligned}$$

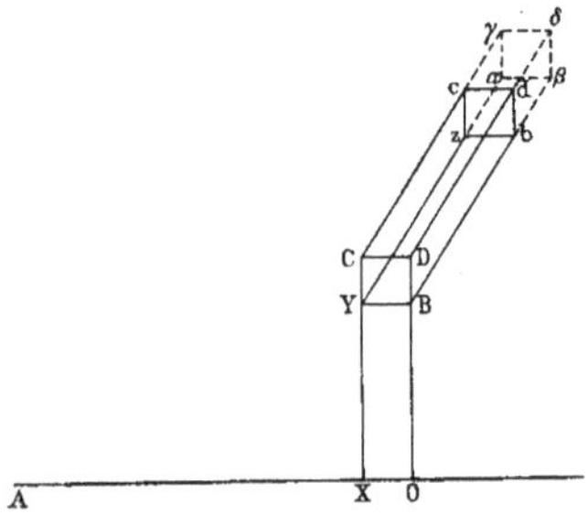

Fig. 6.

l'élasticité en z' sera

$$\Pi + \frac{A\alpha + B\beta + C\gamma}{K}.$$

Or, la densité en z est $= \frac{1}{K}$. Donc, si nous considérons un parallelepipede rectangle infiniment petit $zbcd\alpha\beta\gamma\delta$ (Fig. 6), dont les côtés soient paralleles à nos trois coordonnées, et que nous nommions

$$zb = \alpha, \quad zc = \beta, \quad z\alpha = \gamma,$$

la solidité de ce parallelepipede sera $= \alpha\beta\gamma$ et la masse d'air qui y est contenue $= \frac{\alpha\beta\gamma}{K}$.

38. Voyons maintenant les forces dont ce parallelepipede sera sollicité; pour cet effet, cherchons l'élasticité à chacun de ses angles, ce qui se fera aisément par les trois coordonnées qui répondent à chacun:

du point	les coordonnées			l'élasticité
z	$x,$	$y,$	z	$\Pi,$
b	$x+\alpha,$	$y,$	z	$\Pi + \frac{A\alpha}{K},$
c	x	$y+\beta,$	z	$\Pi + \frac{B\beta}{K},$
d	$x+\alpha,$	$y+\beta,$	z	$\Pi + \frac{A\alpha + B\beta}{K},$
α	$x,$	$y,$	$z+\gamma$	$\Pi + \frac{C\gamma}{K},$
β	$x+\alpha,$	$y,$	$z+\gamma$	$\Pi + \frac{A\alpha + C\gamma}{K},$
γ	$x,$	$y+\beta,$	$z+\gamma$	$\Pi + \frac{B\beta + C\gamma}{K},$
δ	$x+\alpha,$	$y+\beta,$	$z+\gamma$	$\Pi + \frac{A\alpha + B\beta + C\gamma}{K}.$

39. Pour trouver la force dont le parallelepipede est poussé vers la direction AX, considérons les faces $z c \alpha \gamma$ et $b d \beta \delta$, et nous voyons que toutes les pressions sur la face $b d \beta \delta$ surpassent celles qui agissent sur l'autre $z c \alpha \gamma$ de la quantité $\frac{A\alpha}{K}$. Donc, l'aire de chacune de ces deux faces étant $= \beta\gamma$, il en résulte une force selon la direction Ax

$$= -\frac{A\alpha\beta\gamma}{K}.$$

De la même maniere les forces qui agissent sur la face $c d \gamma \delta$ surpassent celles qui agissent sur la face $z b \alpha \beta$ de la quantité $\frac{B\beta}{K}$; donc, l'aire de ces faces étant $= \alpha\gamma$, il en résulte une force selon la direction xy

$$= -\frac{B\alpha\beta\gamma}{K}.$$

Enfin, les forces qui agissent sur la face $\alpha\beta\gamma\delta$ surpassent celles qui agissent sur la face $zbcd$ de la quantité $\frac{C\gamma}{K}$; donc, l'aire de ces faces étant $= \alpha\beta$, il en résulte une force dans la direction yz

$$= -\frac{C\alpha\beta\gamma}{K}.$$

40. Après avoir trouvé ces forces selon les directions de nos trois coordonnées, le parallelepipede, dont la masse est $= \frac{\alpha\beta\gamma}{K}$, recevra les accélérations suivantes:

$$\left(\frac{ddx}{dt^2}\right) = -2gA, \quad \text{suivant} \quad Ax,$$

$$\left(\frac{ddy}{dt^2}\right) = -2gB, \quad \text{suivant} \quad xy,$$

$$\left(\frac{ddz}{dt^2}\right) = -2gC, \quad \text{suivant} \quad yz,$$

où l'on n'a qu'à mettre pour A, B, C les valeurs supposées cidessus. Mais ici, considérant les agitations comme extrêmement petites, pour en tenir compte posons

$$x = X + p, \quad y = Y + q \quad \text{et} \quad z = Z + r,$$

de sorte que p, q, r soient des quantités quasi infiniment petites; et partant on aura

$$dp = (L-1)dX + MdY + NdZ,$$

$$dq = PdX + (Q-1)dY + RdZ,$$

$$dr = SdX + TdY + (V-1)dZ.$$

41. De là nous aurons à peu près

$$L=1,\ M=0,\ N=0,\ P=0,\ Q=1,\ R=0,\ S=0,\ T=0,\ V=1,$$

donc $K=1$, en tant que nous n'en considérions les différentiels; mais pour le différentiel de Π nous aurons

$$E = \left(\frac{d\Pi}{dX}\right) = -\left(\left(\frac{dL}{dX}\right) + \left(\frac{dQ}{dX}\right) + \left(\frac{dV}{dX}\right)\right)h,$$

$$F = \left(\frac{d\Pi}{dY}\right) = -\left(\left(\frac{dL}{dY}\right) + \left(\frac{dQ}{dY}\right) + \left(\frac{dV}{dY}\right)\right)h,$$

$$G = \left(\frac{d\Pi}{dZ}\right) = -\left(\left(\frac{dL}{dZ}\right) + \left(\frac{dQ}{dZ}\right) + \left(\frac{dV}{dZ}\right)\right)h.$$

Ensuite nous trouvons

$$A = E,\quad B = F,\quad C = G$$

et enfin, pour éliminer les autres lettres, remarquons que

$$L = 1 + \left(\frac{dp}{dX}\right),\quad Q = 1 + \left(\frac{dq}{dY}\right),\quad V = 1 + \left(\frac{dr}{dZ}\right)$$

et outre les coordonnées principales X, Y, Z avec le tems t nous n'aurons que les trois petites quantités p, q, r, qui marquent le déplacement de chaque point.

42. Substituons donc ces valeurs, et le mouvement de l'air causé par une agitation quelconque, mais extrêmement petite, sera déterminé par les trois équations suivantes:

$$\frac{1}{2gh}\left(\frac{ddp}{dt^2}\right)=\left(\frac{ddp}{dX^2}\right)+\left(\frac{ddq}{dXdY}\right)+\left(\frac{ddr}{dXdZ}\right),$$

$$\frac{1}{2gh}\left(\frac{ddq}{dt^2}\right)=\left(\frac{ddp}{dXdY}\right)+\left(\frac{ddq}{dY^2}\right)+\left(\frac{ddr}{dYdZ}\right),$$

$$\frac{1}{2gh}\left(\frac{ddr}{dt^2}\right)=\left(\frac{ddp}{dXdZ}\right)+\left(\frac{ddq}{dYdZ}\right)+\left(\frac{ddr}{dZ^2}\right),$$

ou bien, si nous posons

$$\left(\frac{dp}{dX}\right)+\left(\frac{dq}{dY}\right)+\left(\frac{dr}{dZ}\right)=v,$$

nos équations prendront les formes suivantes

$$\left(\frac{ddp}{dt^2}\right)=2gh\left(\frac{dv}{dX}\right),\quad \left(\frac{ddq}{dt^2}\right)=2gh\left(\frac{dv}{dY}\right),\quad \left(\frac{ddr}{dt^2}\right)=2gh\left(\frac{dv}{dZ}\right),$$

d'où nous concluons

$$\frac{1}{2gh}\left(\frac{ddv}{dt^2}\right)=\left(\frac{ddv}{dX^2}\right)+\left(\frac{ddv}{dY^2}\right)+\left(\frac{ddv}{dZ^2}\right),$$

où il n'y a qu'une seule variable inconnue, v.

43. Voilà donc la solution du probleme sur la propagation du son ayant égard à toutes les dimensions de l'air. Un élément d'air, dont le lieu dans l'état d'équilibre est déterminé par les trois coordonnées X, Y, Z, se trouvera après le tems t dans un lieu déterminé par les coordonnées $X+x$, $Y+y$, $Z+z$, où x, y, z sont telles fonctions des quatre variables X, Y, Z et t dont la nature est exprimée par les équations suivantes:

$$\frac{1}{2gh}\left(\frac{ddx}{dt^2}\right)=\left(\frac{ddx}{dX^2}\right)+\left(\frac{ddy}{dXdY}\right)+\left(\frac{ddz}{dXdZ}\right),$$

$$\frac{1}{2gh}\left(\frac{ddy}{dt^2}\right)=\left(\frac{ddx}{dXdY}\right)+\left(\frac{ddy}{dY^2}\right)+\left(\frac{ddz}{dYdZ}\right),$$

$$\frac{1}{2gh}\left(\frac{ddz}{dt^2}\right)=\left(\frac{ddx}{dXdZ}\right)+\left(\frac{ddy}{dYdZ}\right)+\left(\frac{ddz}{dZ^2}\right).$$

Ou bien, posant

$$\left(\frac{dx}{dX}\right)+\left(\frac{dy}{dY}\right)+\left(\frac{dz}{dZ}\right)=v,$$

on aura

$$\left(\frac{ddx}{dt^2}\right)=2gh\left(\frac{dv}{dX}\right),\quad \left(\frac{ddy}{dt^2}\right)=2gh\left(\frac{dv}{dY}\right),\quad \left(\frac{ddz}{dt^2}\right)=2gh\left(\frac{dv}{dZ}\right)$$

et

$$\frac{1}{2gh}\left(\frac{ddv}{dt^2}\right)=\left(\frac{ddv}{dX^2}\right)+\left(\frac{ddv}{dY^2}\right)+\left(\frac{ddv}{dZ^2}\right).$$

44. Il n'est pas difficile de trouver une infinité de solutions particulieres; on n'a qu'à poser

$$x=A\Phi:(\alpha t+\beta X+\gamma Y+\delta Z),$$

$$y=B\Phi:(\alpha t+\beta X+\gamma Y+\delta Z),$$

$$z=C\Phi:(\alpha t+\beta X+\gamma Y+\delta Z),$$

et l'on obtiendra les égalités suivantes:

$$\frac{A\alpha\alpha}{2gh}=A\beta\beta+B\beta\gamma+C\beta\delta=\beta(A\beta+B\gamma+C\delta),$$

$$\frac{B\alpha\alpha}{2gh}=A\beta\gamma+B\gamma\gamma+C\gamma\delta=\gamma(A\beta+B\gamma+C\delta),$$

$$\frac{C\alpha\alpha}{2gh}=A\beta\delta+B\gamma\delta+C\delta\delta=\delta(A\beta+B\gamma+C\delta),$$

d'où il s'ensuit

$$A=\beta,\quad B=\gamma,\quad C=\delta \quad \text{et} \quad \alpha=\sqrt{2gh(\beta\beta+\gamma\gamma+\delta\delta)}.$$

Or, on peut prendre à volonté les trois nombres β, γ, δ, et partant on aura une infinité de pareilles fonctions qui, étant ajoutées ensemble, donneront des valeurs convenables pour les inconnues x, y, z.

45. Tirons de là le cas où les agitations partant d'un point A se répandent en tout sens également. Alors on aura $x=Xs$, $y=Ys$, $z=Zs$ et s sera une fonction des deux quantités t et $\sqrt{(XX+YY+ZZ)}$. Posons $V=\sqrt{(XX+YY+ZZ)}$, de sorte que V marque la distance du point Z au centre A dans l'état d'équilibre; et puisque

$$ds=dt\left(\frac{ds}{dt}\right)+dV\left(\frac{ds}{dV}\right)$$

ou bien

$$ds = dt\left(\frac{ds}{dt}\right) + \frac{XdX}{V}\left(\frac{ds}{dV}\right) + \frac{YdY}{V}\left(\frac{ds}{dV}\right) + \frac{ZdZ}{V}\left(\frac{ds}{dV}\right),$$

nous aurons

$$\left(\frac{dx}{dX}\right) = s + \frac{XX}{V}\left(\frac{ds}{dV}\right), \quad \left(\frac{dy}{dY}\right) = s + \frac{YY}{V}\left(\frac{ds}{dV}\right), \quad \left(\frac{dz}{dZ}\right) = s + \frac{ZZ}{V}\left(\frac{ds}{dV}\right),$$

donc

$$\left(\frac{dx}{dX}\right) + \left(\frac{dy}{dY}\right) + \left(\frac{dz}{dZ}\right) = 3s + V\left(\frac{ds}{dV}\right).$$

Maintenant, ayant

$$\left(\frac{ds}{dX}\right) = \frac{X}{V}\left(\frac{ds}{dV}\right), \quad \left(\frac{dV}{dX}\right) = \frac{X}{V} \quad \text{et} \quad \left(\frac{dds}{dVdX}\right) = \frac{X}{V}\left(\frac{dds}{dV^2}\right),$$

car puisque en général

$$\left(\frac{du}{dX}\right) = \frac{X}{V}\left(\frac{du}{dV}\right)$$

posant $u = \left(\frac{ds}{dV}\right)$ nous aurons

$$\left(\frac{dds}{dXdV}\right) = \frac{X}{V}\left(\frac{dds}{dV^2}\right),$$

la premiere équation sera

$$\frac{X}{2gh}\left(\frac{dds}{dt^2}\right) = \frac{3X}{V}\left(\frac{ds}{dV}\right) + \frac{X}{V}\left(\frac{ds}{dV}\right) + X\left(\frac{dds}{dV^2}\right),$$

ou bien

$$\frac{1}{2gh}\left(\frac{dds}{dt^2}\right) = \frac{4}{V}\left(\frac{ds}{dV}\right) + \left(\frac{dds}{dV^2}\right)$$

et à cette même équation aussi les autres conduiront.

46. Le point Z s'éloignera directement du centre par le petit intervalle $s\sqrt{(XX+YY+ZZ)} = Vs$; donc, si nous posons cet intervalle $Vs = u$, à cause de $s = \frac{u}{V}$ nous aurons

$$\left(\frac{dds}{dt^2}\right) = \frac{1}{V}\left(\frac{ddu}{dt^2}\right), \quad \left(\frac{ds}{dV}\right) = -\frac{u}{VV} + \frac{1}{V}\left(\frac{du}{dV}\right)$$

et

$$\left(\frac{dds}{dV^2}\right) = \frac{2u}{V^3} - \frac{2}{VV}\left(\frac{du}{dV}\right) + \frac{1}{V}\left(\frac{ddu}{dV^2}\right),$$

d'où l'intervalle du déplacement u sera exprimé par cette équation

$$\frac{1}{2gh}\left(\frac{ddu}{dt^2}\right) = -\frac{2u}{VV} + \frac{2}{V}\left(\frac{du}{dV}\right) + \left(\frac{ddu}{dV^2}\right).$$

C'est donc de la résolution de cette équation que dépend la propagation du son par l'air étendu en tout sens. Puisque cette équation est différente de celle que nous avons trouvée pour le cas de deux dimensions, la propagation du son sera aussi différente.

47. Or, pour trouver une solution générale de nos formules du § 43, qu'on prenne

O fonction quelconque de $\alpha X + \beta Y + \gamma Z \pm t\sqrt{2gh(\alpha\alpha + \beta\beta + \gamma\gamma)}$,

O' fonction quelconque de $\alpha' X + \beta' Y + \gamma' Z \pm t\sqrt{2gh(\alpha'\alpha' + \beta'\beta' + \gamma'\gamma')}$,

O'' fonction quelconque de $\alpha'' X + \beta'' Y + \gamma'' Z \pm t\sqrt{2gh(\alpha''\alpha'' + \beta''\beta'' + \gamma''\gamma'')}$

etc.

en augmentant le nombre de telles fonctions à l'infini, puisque α, β, γ, α', β', γ' etc. sont des nombres arbitraires. Ensuite soient L, M, N, P, Q, R des fonctions quelconques des trois variables X, Y, Z, sans qu'elles renferment le tems t, et on aura les valeurs suivantes pour les variables cherchées x, y, z:

$$x = \alpha O + \alpha' O' + \alpha'' O'' + \text{etc.} + t\left(\frac{dd(L-M)}{dYdZ}\right) + \left(\frac{dd(P-Q)}{dYdZ}\right),$$

$$y = \beta O + \beta' O' + \beta'' O'' + \text{etc.} + t\left(\frac{dd(M-N)}{dXdZ}\right) + \left(\frac{dd(Q-R)}{dXdZ}\right),$$

$$z = \gamma O + \gamma' O' + \gamma'' O'' + \text{etc.} + t\left(\frac{dd(N-L)}{dXdY}\right) + \left(\frac{dd(R-P)}{dXdY}\right),$$

d'où l'on connoitra aussi les vitesses

$$\left(\frac{dx}{dt}\right),\quad \left(\frac{dy}{dt}\right),\quad \left(\frac{dz}{dt}\right)$$

de chaque particule d'air pour chaque moment.

48. Posant ensuite $t=0$, on aura l'état où l'air se trouve immédiatement après la premiere agitation qui lui aura été imprimée; les formules que nous venons de trouver marqueront pour cet instant tant les trois déplacemens x, y, z, arrivés à chaque particule d'air, que les trois vitesses qui leur auront été imprimés; c'est en quoi consiste l'état initial. Or, cet état étant donné, il s'agit de déterminer convenablement toutes les fonctions O, O', O'' etc. avec leurs nombres respectifs α, β, γ, α', β', γ', α'', β'', γ'' etc., de même que les fonctions L, M, N, P, Q, R, pour que l'état initial qui en résulte convienne précisément avec celui qui est proposé. Mais c'est ici qu'on rencontre la plus grande difficulté, et il est encore fort douteux, si nos formules, quoiqu'on augmente leurs nombres à l'infini, s'étendent à tous les cas possibles; du moins seroit-il fort à souhaiter, qu'on trouvât moyen de les représenter sous une forme finie et plus commode.

CONTINUATION DES RECHERCHES SUR LA PROPAGATION DU SON

Commentatio 307 indicis ENESTROEMIANI
Mémoires de l'académie des sciences de Berlin [15] (1759), 1766, p. 241—264

1. Dans les deux Mémoires précédens sur cette matiere j'ai suffisamment fait sentir, combien il seroit important, si l'on pouvoit déterminer par la théorie la propagation du son en considérant l'air étendu en tout sens; et qu'on pût réussir dans cette hypothese aussi bien que dans celle où l'on ne supposoit à l'air qu'une seule dimension selon une ligne droite. Après avoir expliqué la propagation du son dans cette hypothese d'une seule dimension, dans mon premier Mémoire sur cette matiere, j'ai tâché de traiter ce même sujet dans le supplément, en supposant d'abord à l'air deux dimensions suivant un plan et ensuite en introduisant dans le calcul toutes les trois dimensions. J'ai aussi réussi à trouver des formules analytiques qui contiennent tous les mouvemens possibles dont l'air est susceptible; mais l'application à la question proposée me parut trop difficile, pour que j'en eusse osé espérer un heureux succès.

2. Quand je considérai seulement deux dimensions, j'avois bien appliqué les formules trouvées au cas où la premiere agitation se fait quasi dans un point, d'où les ébranlemens se répandent ensuite par des cercles concentriques partout également, puisque c'est en particulier le cas de la propagation du son. Mais la formule que j'y ai trouvée est assujettie à des difficultés si grandes, que je n'ai vu aucun moyen pour les surmonter; et ayant fait la même application dans l'hypothese de trois dimensions, je pouvois d'autant

moins espérer qu'il me seroit possible de développer la formule qui détermine les ébranlemens répandus en tout sens d'un point fixe par des surfaces sphériques concentriques.

3. Cependant c'est précisément ici, comme je l'ai remarqué depuis, que les difficultés ne sont pas invincibles; et c'est là qu'a lieu un cas semblable à ceux que le Comte RICCATI[1]) a proposés autrefois, où une certaine équation devient intégrable, pendant qu'en général elle ne l'est pas. Cette découverte est d'autant plus importante, qu'elle me mit bientôt en état de déterminer parfaitement la propagation du son, dans l'hypothese que l'air est répandu en tout sens; ce qui m'a paru jusque là presque impossible. Il n'y a aussi aucun doute qu'ayant surmonté ce grand obstacle, on ne parvienne enfin à une méthode de résoudre directement les formules que j'avois trouvées pour la communication des ébranlemens dans l'air et peut être même des formules plus compliquées du même genre, d'où la partie la plus sublime des Mathématiques retireroit les plus grands avantages.

4. Soit A (Fig. 1) le centre de l'agitation primitive, qui se répande successivement par des couches concentriques en tout sens; soit $AP = AV = V$ le rayon d'une surface sphérique quelconque PV dans l'état d'équilibre, laquelle,

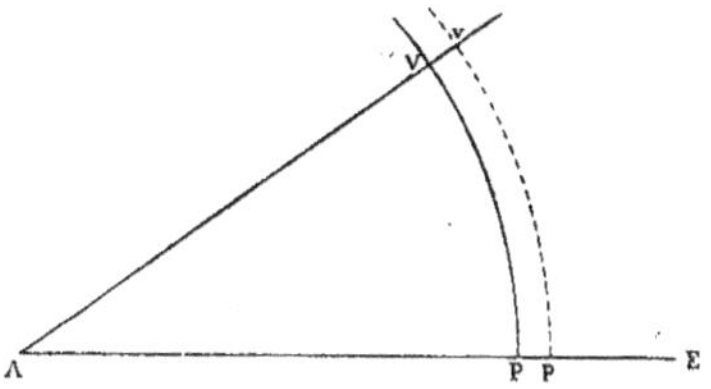

Fig. 1.

après le tems $= t$, prenne la situation pv, dont le rayon soit $Ap = Av = V + u$, où l'intervalle $Pp = Vv = u$, que je suppose extrêmement petit, et il s'agit de déterminer cet intervalle u par le rayon naturel $AV = V$ et le tems

1) I. RICCATI (1676—1754). Voir par ex. la note 1 p. 279 dans *LEONHARDI EULERI Opera omnia*, series I, vol. 11. F. R.

t écoulé depuis l'agitation. Cela posé, j'ai trouvé dans le § 45 du Mémoire précédent, posant $s = \frac{u}{V}$ ou $u = Vs$, cette équation[1])

$$\frac{1}{2gh}\left(\frac{dds}{dt^2}\right) = \frac{4}{V}\left(\frac{ds}{dV}\right) + \left(\frac{dds}{dV^2}\right);$$

ou bien, en remettant pour s sa valeur $\frac{u}{V}$, le paragraphe suivant a fourni cette équation[1])

$$\frac{1}{2gh}\left(\frac{ddu}{dt^2}\right) = -\frac{2u}{VV} + \frac{2}{V}\left(\frac{du}{dV}\right) + \left(\frac{ddu}{dV^2}\right),$$

où h est la hauteur d'une colonne d'air dont le poids est en équilibre avec l'élasticité de l'air, g marque la hauteur d'où les corps tombent dans une seconde, exprimant le tems t en secondes.

5. Si l'on ne supposoit à l'air que deux dimensions selon un plan et que les ébranlemens se répandissent par des cercles concentriques, en conservant les mêmes dénominations, on auroit à résoudre cette équation

$$\frac{1}{2gh}\left(\frac{dds}{dt^2}\right) = \frac{3}{V}\left(\frac{ds}{dV}\right) + \left(\frac{dds}{dV^2}\right),$$

qui me paroit irrésoluble, du moins par la même méthode qui réussit dans l'équation précédente. Pour faire mieux sentir cette différence, considérons ces équations sous une forme plus générale

$$\frac{1}{2gh}\left(\frac{dds}{dt^2}\right) = \frac{n}{V}\left(\frac{ds}{dV}\right) + \left(\frac{dds}{dV^2}\right)$$

et voyons comment il faudroit s'y prendre pour trouver la fonction des deux variables V et t à laquelle est égale la variable s. Je me servirai d'une méthode, qui semble pouvoir être employée avec succès dans toutes sortes de semblables équations où le tems entre en considération et qui consiste à éliminer tout à fait le tems.

6. Pour cet effet, je pose

$$s = P\sin(\alpha t + \mathfrak{A}),$$

1) Voir p. 481—482 de ce volume. F. R.

où P soit une fonction de la seule variable V, et puisqu'on aura

$$\left(\frac{ds}{dt}\right)=\alpha P\cos(\alpha t+\mathfrak{A}),\quad \left(\frac{dds}{dt^2}\right)=-\alpha\alpha P\sin(\alpha t+\mathfrak{A}),$$

$$\left(\frac{ds}{dV}\right)=\frac{dP}{dV}\sin(\alpha t+\mathfrak{A}),\quad \left(\frac{dds}{dV^2}\right)=\frac{ddP}{dV^2}\sin(\alpha t+\mathfrak{A}),$$

notre équation deviendra divisible par $\sin(\alpha t+\mathfrak{A})$ et sera

$$-\frac{\alpha\alpha P}{2gh}=\frac{ndP}{VdV}+\frac{ddP}{dV^2},$$

qui ne contient que deux variables V et P, où le différentiel dV est pris constant. Il s'agit donc de résoudre cette équation différentio-différentielle, qui, posant

$$\frac{\alpha\alpha}{2gh}=mm,$$

prendra cette forme

$$mmPdV^2+\frac{ndVdP}{V}+ddP=0,$$

qui a cette propriété, que la variable P n'a partout qu'une seule dimension.

7. Donc, posant

$$P=e^{\int pdV}\quad\text{ou}\quad \frac{dP}{P}=pdV,$$

cette équation sera réduite à une différentielle du premier degré

$$mmdV+\frac{npdV}{V}+dp+ppdV=0,$$

laquelle, posant

$$V^np=q\quad\text{ou}\quad p=\frac{q}{V^n},$$

se transforme en celle-ci

$$\frac{dq}{V^n}+\frac{qqdV}{V^{2n}}+mmdV=0$$

ou

$$dq+\frac{qqdV}{V^n}+mmV^ndV=0.$$

Posons de plus $V^{n-1} = \frac{1}{r}$, pour avoir

$$\frac{1}{V^{n-1}} = r \quad \text{et} \quad -\frac{(n-1)dV}{V^n} = dr,$$

et puisque

$$V = r^{\frac{-1}{n-1}}, \quad \text{donc} \quad V^{2n} = r^{\frac{-2n}{n-1}},$$

nous aurons

$$-(n-1)V^n dV = r^{\frac{-2n}{n-1}} dr$$

et partant notre équation prendra cette forme

$$dq - \frac{qqdr}{n-1} - \frac{mm}{n-1} r^{\frac{-2n}{n-1}} dr = 0,$$

qui est la même qu'autrefois avoit proposée le Comte Riccati.

8. De là il est clair, si l'on prend $n = 3$, pour le cas de deux dimensions de l'air, qu'on aura

$$dq - \frac{1}{2} qqdr - \frac{mm}{2} r^{-3} dr = 0,$$

ce qui est un des cas irréductibles de l'équation de Riccati; et cette raison m'a fait désespérer qu'on pourroit jamais déterminer la propagation du son, à moins qu'on ne suppose à l'air qu'une seule dimension selon une ligne droite. Mais, posant $n = 4$, cette équation devenant

$$dq - \frac{1}{3} qqdr - \frac{1}{3} mmr^{-\frac{8}{3}} dr = 0$$

est un des cas réductibles de l'équation de Riccati, ce qui change tout à fait la nature de l'équation que nous avons à résoudre et nous laisse espérer que le cas de trois dimensions, que nous donnons à l'étendue de l'air, pourroit admettre la solution, quoique celui de deux dimensions n'en fût pas susceptible.

9. Pour trouver dans ce cas réductible l'équation intégrale, il est bon de se tenir à l'équation différentio-différentielle

$$mmPdV^2 + \frac{ndVdP}{V} + ddP = 0,$$

qu'il faut transformer en supposant

$$\frac{dP}{P} = QdV + \frac{dp}{p},$$

où Q est une certaine fonction de V, qu'il faut déterminer en sorte que l'intégrale ou la valeur de p puisse commodément être développée par une série. Ayant donc, à cause de dV constant, en différentiant

$$\frac{ddP}{P} - \frac{dP^2}{P^2} = dQdV + \frac{ddp}{p} - \frac{dp^2}{p^2}.$$

Or

$$\frac{dP^2}{P^2} = QQdV^2 + \frac{2QdVdp}{p} + \frac{dp^2}{pp},$$

donc

$$\frac{ddP}{P} = QQdV^2 + \frac{2QdVdp}{p} + dQdV + \frac{ddp}{p},$$

d'où nous tirons cette équation

$$\begin{aligned} mmdV^2 &+ \frac{nQdV^2}{V} + \frac{ndVdp}{Vp} + \frac{ddp}{p} = 0. \\ + QQdV^2 &+ dQdV + \frac{2QdVdp}{p} \end{aligned}$$

Où il faut faire en sorte que la variable V ait ou nulle ou une seule dimension partout.

10. Posons donc

$$Q = m\sqrt{-1} + \frac{\lambda}{V},$$

de sorte que

$$dQ = -\frac{\lambda dV}{VV},$$

pour avoir

$$\begin{aligned} 2\lambda m\sqrt{-1}\cdot\frac{dV^2}{V} &+ \frac{\lambda\lambda dV^2}{V^2} + \frac{ndVdp}{Vp} + 2m\sqrt{-1}\cdot\frac{dVdp}{p} + \frac{ddp}{p} = 0. \\ + mn\sqrt{-1}\cdot\frac{dV^2}{V} &+ \frac{\lambda ndV^2}{V^2} + \frac{2\lambda dVdp}{Vp} \\ &- \frac{\lambda dV^2}{V^2} \end{aligned}$$

Soit de plus $\lambda = -n+1$, pour obtenir cette plus simple forme

$$-\frac{(n-2)mdV^2\sqrt{-1}}{V} - \frac{(n-2)dVdp}{Vp} + \frac{2mdVdp\sqrt{-1}}{p} + \frac{ddp}{p} = 0$$

ou bien, en la multipliant par Vp, celle-ci

$$Vddp + 2mVdVdp\sqrt{-1} - (n-2)dVdp - (n-2)mpdV^2\sqrt{-1} = 0,$$

dont on cherche la valeur de p par une série.

11. Supposons

$$p = A + BV + CV^2 + DV^3 + EV^4 + \text{etc.},$$

et la substitution donnera

$$\frac{Vddp}{dV^2} = +1\cdot 2CV + 2\cdot 3DV^2 + 3\cdot 4EV^3 + 4\cdot 5FV^4 + \text{etc.},$$

$$+\frac{2mVdp\sqrt{-1}}{dV} = +2mBV\sqrt{-1} + 4mCV^2\sqrt{-1} + 6mDV^3\sqrt{-1}$$
$$+ 8mEV^4\sqrt{-1} + \text{etc.},$$

$$-\frac{(n-2)dp}{dV} = -(n-2)B - 2(n-2)CV - 3(n-2)DV^2 - 4(n-2)EV^3$$
$$- 5(n-2)FV^4 - \text{etc.},$$

$$-(n-2)mp\sqrt{-1} = -(n-2)mA\sqrt{-1} - (n-2)mBV\sqrt{-1}$$
$$-(n-2)mCV^2\sqrt{-1} - (n-2)mDV^3\sqrt{-1}$$
$$-(n-2)mEV^4\sqrt{-1} - \text{etc.}$$

Ces séries, prises ensemble devant être $=0$, donnent les déterminations suivantes

$B + mA\sqrt{-1} = 0$	$B = -\frac{mA\sqrt{-1}}{1}$
$2(n-3)C + (n-4)mB\sqrt{-1} = 0$	$C = -\frac{(n-4)mB\sqrt{-1}}{2(n-3)}$
$3(n-4)D + (n-6)mC\sqrt{-1} = 0$	$D = -\frac{(n-6)mC\sqrt{-1}}{3(n-4)}$
$4(n-5)E + (n-8)mD\sqrt{-1} = 0$	$E = -\frac{(n-8)mD\sqrt{-1}}{4(n-5)}$
$5(n-6)F + (n-10)mE\sqrt{-1} = 0$	etc.

d'où l'on voit que cette série devient finie aux cas

$$n=4,\quad n=6,\quad n=8,\quad n=10\quad \text{etc.}$$

12. Donc, pour notre cas, où $n=4$, nous aurons

$$B=-mA\sqrt{-1},\quad C=0,\quad D=0\quad \text{etc.}$$

et partant

$$p=A-mAV\sqrt{-1},\quad \text{donc}\quad Q=m\sqrt{-1}-\frac{3}{V}$$

et

$$\int Q\,dV=mV\sqrt{-1}-3lV.$$

Or, ayant posé

$$\frac{dP}{P}=Q\,dV+\frac{dp}{p},$$

nous aurons en intégrant

$$lP=mV\sqrt{-1}-3lV+lp$$

ou

$$P=\frac{Ae^{mV\sqrt{-1}}(1-mV\sqrt{-1})}{V^3}.$$

Or, puisqu'on peut prendre $\sqrt{-1}$ aussi bien négatif, nous aurons aussi

$$P=\frac{Be^{-mV\sqrt{-1}}(1+mV\sqrt{-1})}{V^3},$$

et parce que dans notre équation

$$mmPdV^2+\frac{4dVdP}{V}+ddP=0$$

P n'a partout qu'une seule dimension [§ 6], ces deux valeurs combinées

$$P=\frac{Ae^{mV\sqrt{-1}}(1-mV\sqrt{-1})}{V^3}+\frac{Be^{-mV\sqrt{-1}}(1+mV\sqrt{-1})}{V^3}$$

en donnent l'intégrale complette.

13. Il ne s'agit maintenant que de prendre les constantes A et B en sorte que les imaginaires se détruisent. Pour cet effet il faut remarquer que

$$e^{mV\sqrt{-1}}=\cos mV+\sqrt{-1}\cdot\sin mV$$

et

$$e^{-mV\sqrt{-1}}=\cos mV-\sqrt{-1}\cdot\sin mV,$$

et partant nous aurons

$$PV^3 = A(1 - mV\sqrt{-1})(\cos mV + \sqrt{-1}\cdot\sin mV) \\ + B(1 + mV\sqrt{-1})(\cos mV - \sqrt{-1}\cdot\sin mV)$$

ou

$$PV^3 = (A + B)\cos mV + (A - B)\sqrt{-1}\cdot\sin mV \\ - mV(A - B)\sqrt{-1}\cdot\cos mV + mV(A + B)\sin mV.$$

Soit donc

$$A + B = C \quad \text{et} \quad (A - B)\sqrt{-1} = D,$$

pour avoir cette expression réelle

$$PV^3 = C\cos mV + D\sin mV - mDV\cos mV + mCV\sin mV;$$

soit de plus

$$C = E\sin\zeta \quad \text{et} \quad D = E\cos\zeta,$$

pour rendre cette équation plus simple,

$$PV^3 = E\sin(mV + \zeta) - mEV\cos(mV + \zeta)$$

ou bien

$$P = \frac{E\sin(mV + \zeta)}{V^3} - \frac{mE\cos(mV + \zeta)}{V^2}.$$

14. Nous avons posé [§ 6]

$$\frac{\alpha\alpha}{2gh} = mm,$$

d'où il s'ensuit $\alpha = m\sqrt{2gh}$, et de là, à cause de $s = P\sin(\alpha t + \mathfrak{A})$, nous aurons

$$s = \frac{E\sin(mV + \zeta)\sin(mt\sqrt{2gh} + \mathfrak{A})}{V^3} - \frac{mE\cos(mV + \zeta)\sin(mt\sqrt{2gh} + \mathfrak{A})}{V^2},$$

où les quantités E, m, ζ, $\mathfrak{A}$ sont absolument arbitraires, de sorte qu'on peut donner une infinité de formules semblables, dont non seulement chacune séparément mais aussi toutes ensemble satisfont également à notre équation [§ 4]

$$\frac{1}{2gh}\left(\frac{dds}{dt^2}\right) = \frac{4}{V}\left(\frac{ds}{dV}\right) + \left(\frac{dds}{dV^2}\right),$$

et pour la premiere équation

$$\frac{1}{2gh}\left(\frac{ddu}{dt^2}\right)=-\frac{2u}{VV}+\frac{2}{V}\left(\frac{du}{dV}\right)+\left(\frac{ddu}{dV^2}\right)$$

nous aurons

$$u=\frac{E\sin(mV+\zeta)\sin(mt\sqrt{2gh}+\mathfrak{A})}{VV}-\frac{mE\cos(mV+\zeta)\sin(mt\sqrt{2gh}+\mathfrak{A})}{V},$$

ou à un assemblage d'autant de semblables formules qu'on voudra.

15. Or, tout cela n'est encore d'aucun secours pour notre dessein, qui demande des fonctions absolument arbitraires, qui puissent même être discontinues. Mais la considération de ces formes m'a fourni l'idée que notre équation pourroit être résolue par une telle expression:

$$u=\frac{A}{V^2}\Phi:(V+t\sqrt{2gh})+\frac{B}{V}\Phi':(V+t\sqrt{2gh}),$$

où Φ marque une fonction quelconque, et la fonction Φ' en dépend en sorte que

$$d.\,\Phi:z=dz\,\Phi':z;$$

de la même maniere je poserai

$$d.\,\Phi':z=dz\,\Phi'':z,\quad d.\,\Phi'':z=dz\,\Phi''':z\quad \text{etc.}$$

Or de cette position nous tirons

$$\left(\frac{ddu}{dt^2}\right)=+\frac{2ghA}{V^2}\Phi'':(V+t\sqrt{2gh})+\frac{2ghB}{V}\Phi''':(V+t\sqrt{2gh}),$$

$$\left(\frac{du}{dV}\right)=-\frac{2A}{V^3}\Phi\cdots+\frac{A}{V^2}\Phi'\cdots+\frac{B}{V}\Phi''\cdots,$$
$$-\frac{B}{V^2}\Phi'\cdots$$

$$\left(\frac{ddu}{dV^2}\right)=\frac{6A}{V^4}\Phi\cdots-\frac{4A}{V^3}\Phi'\cdots+\frac{A}{V^2}\Phi''\cdots+\frac{B}{V}\Phi'''\cdots$$
$$+\frac{2B}{V^3}\Phi'\cdots-\frac{2B}{V^2}\Phi''\cdots$$

16. Substituons ces valeurs dans notre équation

$$0 = -\frac{1}{2gh}\left(\frac{ddu}{dt^2}\right) - \frac{2u}{VV} + \frac{2}{V}\left(\frac{du}{dV}\right) + \left(\frac{ddu}{dV^2}\right)$$

et nous aurons

$$\begin{aligned} 0 = &\frac{6A}{V^4}\Phi\cdots + \frac{2B-4A}{V^3}\Phi'\cdots + \frac{A-2B}{V^2}\Phi''\cdots + \frac{B}{V}\Phi'''\cdots,\\ &-\frac{4A}{V^4}\Phi\cdots + \frac{2A-2B}{V^3}\Phi'\cdots + \frac{2B}{V^2}\Phi''\cdots\\ &-\frac{2A}{V^4}\Phi\cdots - \frac{2B}{V^3}\Phi'\cdots - \frac{A}{V^2}\Phi''\cdots - \frac{B}{V}\Phi'''\cdots \end{aligned}$$

qui se réduit à

$$\frac{-2A-2B}{V^3}\Phi'\cdots = 0$$

et partant $B = -A$, de sorte que notre intégrale soit

$$u = \frac{A}{V^2}\Phi : (V + t\sqrt{2gh}) - \frac{A}{V}\Phi' : (V + t\sqrt{2gh}),$$

qui est infiniment plus générale que celle que nous avions trouvée ci-dessus exprimée par des sinus et cosinus.

17. On pourra aussi prendre le signe du radical $\sqrt{2gh}$ négatif et on aura

$$u = \frac{A}{V^2}\Phi : (V - t\sqrt{2gh}) - \frac{A}{V}\Phi' : (V - t\sqrt{2gh})$$

et cette formule jointe à la précédente donnera l'intégrale complette de notre formule. Mais, puisque par l'hypothese les agitations se répandent en tout sens également, cette derniere formule suffira seule, puisqu'on ne sauroit prendre V négatif. De là, quelque fonction qu'on prenne pour Φ, on en connoitra pour chaque tems proposé t la quantité u dont une couche sphérique quelconque, dont le rayon $AV = V$, sera répandue. On en connoitra aussi la vitesse que cette couche aura pour s'éloigner davantage du centre A; cette vitesse sera

$$\left(\frac{du}{dt}\right) = -\frac{A\sqrt{2gh}}{VV}\Phi' : (V - t\sqrt{2gh}) + \frac{A\sqrt{2gh}}{V}\Phi'' : (V - t\sqrt{2gh}).$$

Or, pour l'état initial, où $t = 0$, on aura

$$u = \frac{A}{VV}\Phi : V - \frac{A}{V}\Phi' : V$$

et pour la vitesse

$$\left(\frac{du}{dt}\right) = -\frac{A\sqrt{2gh}}{VV}\Phi' : V + \frac{A\sqrt{2gh}}{V}\Phi'' : V.$$

18. Puisqu'il faut supposer qu'au commencement toute l'agitation soit renfermée dans un petit espace autour du centre A, la nature de la fonction Φ doit être telle, que ces trois expressions $\Phi : z$, $\Phi' : z$, $\Phi'' : z$ soient toujours évanouissantes dès que z surpasse une petite quantité donnée. Pour cet effet,

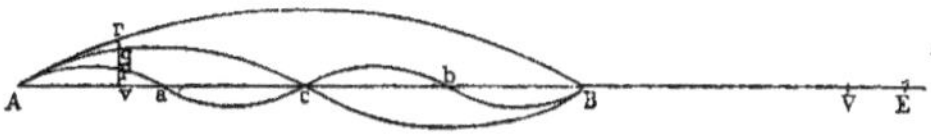

Fig. 2.

qu'on décrive (Fig. 2) sur l'axe AE une courbe quelconque Apa, qu'on dessine encore trois fois alternativement au dessus et au dessous de l'axe, pour avoir la courbe $ApacbB$ dont l'appliquée vp, qui répond à une abscisse quelconque $Av = z$, soit $= \Phi'' : z$. Ensuite, qu'on décrive une autre courbe $AqcB$ quadratrice de celle-là, de sorte que

$$vq = \frac{ar.\, Avp}{c},$$

et l'on aura

$$vq = \frac{1}{c}\Phi' : z,$$

puisque $\Phi' : z = \int dz\, \Phi'' : z$. Ensuite, qu'on décrive la troisieme courbe ArB quadratrice de celle-ci, dont l'appliquée soit

$$vr = \frac{ar.\, Avq}{c} \quad \text{ou} \quad vr = \frac{1}{cc}\Phi : z,$$

de sorte que par ces trois courbes on aura

$$\Phi : z = cc \cdot vr, \quad \Phi' : z = c \cdot vq \quad \text{et} \quad \Phi'' : z = vp.$$

19. Donc, pour l'état initial, prenant l'abscisse Av égale au rayon de la couche sphérique dont on cherche le déplacement, ou $Av = V$, on aura le déplacement

$$u = \frac{Acc}{VV} \cdot vr - \frac{Ac}{V} \cdot vq$$

et la vitesse

$$\left(\frac{du}{dt}\right) = -\frac{Ac\sqrt{2gh}}{VV} \cdot vq + \frac{A\sqrt{2gh}}{V} \cdot vp,$$

d'où l'on connoit l'agitation initiale, et l'on comprend que, celle-ci étant donnée, on en tirera réciproquement la construction de la courbe arbitraire Apa. Cependant il importe fort peu de savoir la nature de cette agitation, puisque notre but tend principalement à déterminer la propagation. Au reste on pourroit aussi décrire de semblables courbes tirées des fonctions de $V + t\sqrt{2gh}$, qu'on peut combiner avec celles-ci. Mais on verra bientôt que la vitesse de la propagation n'en est pas altérée et qu'elle demeure la même, quelque courbe qu'on prenne pour Apa. Par cette raison je m'arrêterai au cas que je viens d'indiquer.

20. Je dois aussi remarquer que, quoique les membres de nos formules soient divisés par V et VV, ils ne deviennent pas pourtant infinis au cas $V = 0$, pourvu que la premiere courbe Apa fasse un angle aigu avec l'axe. Car, posant $Av = V$, $vp = p$, $vq = q$ et $vr = r$, soit pour le commencement $p = nV$, où n est un nombre fini quelconque, et on aura

$$q = \frac{nVV}{2c} \quad \text{et} \quad r = \frac{nV^3}{6cc},$$

de là, si l'abscisse V est extrêmement petite, on aura

$$u = \frac{1}{6}nAV - \frac{1}{2}nAV = -\frac{1}{3}nAV$$

et

$$\left(\frac{du}{dt}\right) = -\frac{1}{2}nA\sqrt{2gh} + nA\sqrt{2gh} = +\frac{1}{2}nA\sqrt{2gh},$$

de sorte que le déplacement du centre A soit même infiniment petit, et si l'on veut que sa vitesse évanouisse aussi, on n'a qu'à prendre $n = 0$ ou faire en sorte que la courbe Apa touche l'axe en A.

21. Prenant maintenant un point quelconque V hors de l'agitation initiale, on voit qu'au commencement, où $t=0$, tant le déplacement u que la vitesse $\left(\frac{du}{dt}\right)$ sera zéro. Car, si $V > AB$, toutes ces fonctions $\Phi : V$, $\Phi' : V$ et $\Phi'' : V$ évanouissent, puisque toutes les trois courbes sont censées se réunir avec l'axe au delà de B. Mais, après le premier instant, dès que la quantité $V - t\sqrt{2gh}$ commence à devenir plus petite que AB, la couche qui passe par V sera ébranlée. Qu'on prenne alors $Vv = t\sqrt{2gh}$, et on aura pour le déplacement de cette couche

$$u = \frac{Acc}{VV} \cdot vr - \frac{Ac}{V} \cdot vq$$

et pour la vitesse

$$\left(\frac{du}{dt}\right) = -\frac{Ac\sqrt{2gh}}{VV} \cdot vq + \frac{A\sqrt{2gh}}{V} \cdot vp,$$

d'où l'on voit que, plus le point V est éloigné du centre A, plus seront aussi petits tant son déplacement que sa vitesse, et cela en raison des distances à peu près, si la distance V est fort grande.

22. On se sera imaginé que les agitations répandues dans l'air devroient diminuer en raison des quarrés des distances, et on sera surpris de voir que les petits espaces par lesquels les couches s'avancent diminuent seulement en raison des distances, lorsque les distances sont fort grandes. Mais il faut observer que l'agitation de chaque couche ne dépend pas uniquement de son déplacement u, mais aussi de sa vitesse pendant qu'elle est ébranlée; et celle-ci étant aussi réciproquement proportionnelle à la distance au centre, d'où l'agitation entiere doit être censée bien plus petite. Au reste, si la force du son, en tant qu'il est apperçu, dépend ou du seul déplacement des particules d'air ou seulement de leur vitesse, on pourra dire que la force d'un son diminue en raison des distances; mais, si elle dépend de tous les deux conjointement, elle suivra la raison réciproque quarrée des distances.

23. Posons la distance $AB = a$, qui est le rayon de la sphere qui aura été primitivement agitée, et cette agitation sera transmise jusqu'en V, la distance AV étant $= V$, après le tems t, en sorte que $V - t\sqrt{2gh} = AB = a$, d'où l'on tire

$$t = \frac{V-a}{\sqrt{2gh}};$$

ou bien, dans une seconde l'agitation sera transmise par un espace $V = a + \sqrt{2gh}$, qui est de la quantité a plus grand que celui que nous avions trouvé dans l'hypothese d'une seule dimension, quoique cette même augmentation y ait également lieu. Mais cela ne suffit en aucune maniere pour obtenir la vitesse qu'on connoit par les expériences, et partant il n'y a plus de doute que la force de l'agitation produise cette accélération, pendant que les sons extrêmement foibles seroient d'accord avec notre formule, qui, comme j'ai d'abord remarqué, n'a lieu que lorsque les agitations sont quasi infiniment petites.

24. Or, l'intégrale complette de notre équation étant

$$u = \frac{A}{V^2}\Phi:(V + t\sqrt{2gh}) - \frac{A}{V}\Phi':(V + t\sqrt{2gh})$$
$$+ \frac{B}{V^2}\Psi:(V - t\sqrt{2gh}) - \frac{B}{V}\Psi':(V - t\sqrt{2gh}),$$

on en peut faire varier à l'infini l'agitation primitive, non seulement par rapport au déplacement de chaque couche sphérique, mais aussi par rapport à la vitesse qui leur sera imprimée, puisqu'on a en général pour la vitesse

$$\left(\frac{du}{dt}\right) = \frac{A\sqrt{2gh}}{VV}\Phi':(V+t\sqrt{2gh}) - \frac{A\sqrt{2gh}}{V}\Phi'':(V+t\sqrt{2gh})$$
$$- \frac{B\sqrt{2gh}}{VV}\Psi':(V-t\sqrt{2gh}) + \frac{B\sqrt{2gh}}{V}\Psi'':(V-t\sqrt{2gh}),$$

d'où l'on a pour l'état initial, en posant $t = 0$,

$$u = \frac{A}{V^2}\Phi:V - \frac{A}{V}\Phi':V + \frac{B}{V^2}\Psi:V - \frac{B}{V}\Psi':V$$

et

$$\left(\frac{du}{dt}\right) = \frac{A\sqrt{2gh}}{VV}\Phi':V - \frac{A\sqrt{2gh}}{V}\Phi'':V - \frac{B\sqrt{2gh}}{VV}\Psi':V + \frac{B\sqrt{2gh}}{V}\Psi'':V,$$

où les caracteres Φ et Ψ marquent des fonctions quelconques, tant continues que discontinues, ce qui nous met en état de donner une solution générale de notre probleme, en supposant l'agitation primitive quelconque.

25. On peut bien supposer $B = A$, puisque la variété des fonctions Φ et Ψ renferme déjà cette différence, et pour qu'on puisse faire l'application à une agitation primitive quelconque, posons

$$\Phi : V + \Psi : V = \Sigma : V \quad \text{et} \quad \Phi : V - \Psi : V = \Theta : V,$$

de sorte que

$$\Phi : V = \tfrac{1}{2} \Sigma : V + \tfrac{1}{2} \Theta : V \quad \text{et} \quad \Psi : V = \tfrac{1}{2} \Sigma : V - \tfrac{1}{2} \Theta : V,$$

et nous aurons pour l'état initial

$$u = \frac{A}{V^2} \Sigma : V - \frac{A}{V} \Sigma' : V$$

et

$$\left(\frac{du}{dt}\right) = \frac{A\sqrt{2gh}}{VV} \Theta' : V - \frac{A\sqrt{2gh}}{V} \Theta'' : V.$$

Maintenant, posons pour ce même état

$$u = AP \quad \text{et} \quad \left(\frac{du}{dt}\right) = AQ\sqrt{2gh},$$

de sorte que P et Q soient des fonctions données de V conformément à l'agitation primitive, et il s'agit de trouver les fonctions Σ et Θ de ces égalités:

$$\Sigma : V - V\Sigma' : V = V^2 P \quad \text{et} \quad \Theta' : V - V\Theta'' : V = V^2 Q.$$

26. Posons pour cet effet

$$\Sigma : V = p \quad \text{et} \quad \Theta' : V = q,$$

pour avoir

$$p - \frac{Vdp}{dV} = V^2 P \quad \text{et} \quad q - \frac{Vdq}{dV} = V^2 Q$$

ou bien

$$\frac{pdV - Vdp}{VV} = PdV \quad \text{et} \quad \frac{qdV - Vdq}{VV} = QdV,$$

d'où l'on tire

$$-\frac{p}{V} = \int PdV \quad \text{et} \quad -\frac{q}{V} = \int QdV.$$

Donc, connoissant les fonctions P et Q par l'agitation primitive, nous en formerons nos fonctions en sorte

$$\Sigma : V = -V\int P dV, \quad \Theta' : V = -V\int Q dV,$$

donc

$$\Theta : V = -\int V dV \int Q dV$$

et ensuite

$$\Sigma' : V = -\int P dV - VP \quad \text{et} \quad \Theta'' : V = -\int Q dV - VQ,$$

d'où l'on tracera aisément des courbes dont les appliquées représentent toutes les fonctions dont nous avons besoin dans cette recherche.

27. Après avoir déterminé la nature de ces fonctions par l'agitation imprimée au commencement, on en déterminera pour un tems quelconque t l'élargissement u de toutes les couches sphériques dont le rayon est supposé $= V$. On aura pour u l'expression suivante:

$$u = \begin{cases} +\dfrac{A}{2VV}\Sigma:(V+t\sqrt{2gh}) + \dfrac{A}{2VV}\Theta:(V+t\sqrt{2gh}) \\ +\dfrac{A}{2VV}\Sigma:(V-t\sqrt{2gh}) - \dfrac{A}{2VV}\Theta:(V-t\sqrt{2gh}) \\ -\dfrac{A}{2V}\ \Sigma':(V+t\sqrt{2gh}) - \dfrac{A}{2V}\ \Theta':(V+t\sqrt{2gh}) \\ -\dfrac{A}{2V}\ \Sigma':(V-t\sqrt{2gh}) + \dfrac{A}{2V}\ \Theta':(V-t\sqrt{2gh}) \end{cases}$$

d'où l'on voit comme auparavant que, pendant une seconde, le son ne sauroit être transmis que par un espace $= \sqrt{2gh}$, mais pourtant avec cette restriction que le son soit extrêmement foible; pour les sons plus forts on n'en sauroit rien conclure.

28. Cette propagation par des couches concentriques nous fournit une infinité de solutions particulieres des formules générales que j'avois trouvées pour des agitations quelconques dans l'air (voyez le § 43 du Mémoire précédent):

$$\frac{1}{2gh}\left(\frac{ddx}{dt^2}\right) = \left(\frac{ddx}{dX^2}\right) + \left(\frac{ddy}{dXdY}\right) + \left(\frac{ddz}{dXdZ}\right),$$

$$\frac{1}{2gh}\left(\frac{ddy}{dt^2}\right) = \left(\frac{ddx}{dXdY}\right) + \left(\frac{ddy}{dY^2}\right) + \left(\frac{ddz}{dYdZ}\right),$$

$$\frac{1}{2gh}\left(\frac{ddz}{dt^2}\right) = \left(\frac{ddx}{dXdZ}\right) + \left(\frac{ddy}{dYdZ}\right) + \left(\frac{ddz}{dZ^2}\right).$$

Car, pour avoir une solution particuliere quelconque, supposons le centre précédent des agitations dans un point déterminé par les coordonnées a, b, c, et nous aurons

$$V = \sqrt{((X-a)^2 + (Y-b)^2 + (Z-c)^2)}$$

et ensuite

$$x = \frac{X-a}{V} \cdot u, \quad y = \frac{Y-b}{V} \cdot u, \quad z = \frac{Z-c}{V} \cdot u.$$

29. Prenant donc pour a, b, c trois constantes quelconques, soit pour abréger

$$\sqrt{((X-a)^2 + (Y-b)^2 + (Z-c)^2)} = V,$$

et que les caracteres Φ et Ψ marquent des fonctions quelconques régulieres ou irrégulieres, d'où par la différentiation on aura les fonctions dérivées Φ' et Ψ', et qu'on prenne

$$u = \frac{A}{V^2}\Phi:(V + t\sqrt{2gh}) - \frac{A}{V}\Phi':(V + t\sqrt{2gh})$$
$$+ \frac{B}{V^2}\Psi:(V - t\sqrt{2gh}) - \frac{B}{V}\Psi':(V - t\sqrt{2gh}).$$

Alors on aura pour la résolution de nos trois formules les valeurs suivantes des trois variables x, y, z cherchées:

$$x = \frac{X-a}{V} \cdot u, \quad y = \frac{Y-b}{V} \cdot u, \quad z = \frac{Z-c}{V} \cdot u$$

et en changeant les constantes a, b, c à volonté on obtiendra une infinité de semblables valeurs pour x, y, z, qui, étant jointes ensemble, donneront une solution assez générale de notre probleme.

30. Cette solution sert à nous faire comprendre que, s'il y a plusieurs centres d'agitation, la propagation de chacune se fait de la même maniere que si elle se trouvoit toute seule dans l'air. Donc, si plusieurs sons sont excités en différens endroits de l'air, chacun se répand par des couches sphériques et concentriques de la même maniere que s'il existoit tout seul dans l'air, et tous les autres n'en troubleront pas la propagation, et s'il arrive que les mêmes particules de l'air sont ébranlées à la fois par plusieurs sons, leur mouvement sera composé de tous les mouvemens que chaque son y

produiroit séparément; ce qui est la cause que la propagation de chacun n'est pas troublée par les autres. L'explication de ce phénomene, que nous devons uniquement à la théorie, est sans doute bien importante.

31. Avant que de finir cette matiere, je proposerai encore une autre méthode de traiter les trois équations principales rapportées dans le § 28, laquelle consiste dans l'élimination du tems t. Pour cet effet, qu'on pose

$$x = p \sin(\alpha t + \beta), \quad y = q \sin(\alpha t + \beta), \quad z = r \sin(\alpha t + \beta),$$

où p, q, r soient des fonctions des trois variables X, Y et Z, sans renfermer le tems t. Alors, après avoir fait la substitution, on aura les trois équations suivantes, d'où il faut déterminer les trois inconnues p, q, r:

$$\frac{\alpha\alpha}{2gh} p + \left(\frac{ddp}{dX^2}\right) + \left(\frac{ddq}{dXdY}\right) + \left(\frac{ddr}{dXdZ}\right) = 0,$$

$$\frac{\alpha\alpha}{2gh} q + \left(\frac{ddp}{dXdY}\right) + \left(\frac{ddq}{dY^2}\right) + \left(\frac{ddr}{dYdZ}\right) = 0,$$

$$\frac{\alpha\alpha}{2gh} r + \left(\frac{ddp}{dXdZ}\right) + \left(\frac{ddq}{dYdZ}\right) + \left(\frac{ddr}{dZ^2}\right) = 0.$$

32. Si nous posons

$$\left(\frac{dp}{dX}\right) + \left(\frac{dq}{dY}\right) + \left(\frac{dr}{dZ}\right) = v,$$

nous aurons

$$p = -\frac{2gh}{\alpha\alpha}\left(\frac{dv}{dX}\right), \quad q = -\frac{2gh}{\alpha\alpha}\left(\frac{dv}{dY}\right), \quad r = -\frac{2gh}{\alpha\alpha}\left(\frac{dv}{dZ}\right),$$

d'où il est évident que

$$\left(\frac{dp}{dY}\right) = \left(\frac{dq}{dX}\right), \quad \left(\frac{dp}{dZ}\right) = \left(\frac{dr}{dX}\right), \quad \left(\frac{dq}{dZ}\right) = \left(\frac{dr}{dY}\right)$$

ou que la formule

$$p\,dX + q\,dY + r\,dZ$$

est intégrable, l'intégrale étant

$$= -\frac{2gh}{\alpha\alpha} v = -\frac{2gh}{\alpha\alpha}\left(\left(\frac{dp}{dX}\right) + \left(\frac{dq}{dY}\right) + \left(\frac{dr}{dZ}\right)\right).$$

Or, de là nous concluons de plus

$$\frac{\alpha\alpha}{2gh}p + \left(\frac{ddp}{dX^2}\right) + \left(\frac{ddp}{dY^2}\right) + \left(\frac{ddp}{dZ^2}\right) = 0,$$

$$\frac{\alpha\alpha}{2gh}q + \left(\frac{ddq}{dX^2}\right) + \left(\frac{ddq}{dY^2}\right) + \left(\frac{ddq}{dZ^2}\right) = 0,$$

$$\frac{\alpha\alpha}{2gh}r + \left(\frac{ddr}{dX^2}\right) + \left(\frac{ddr}{dY^2}\right) + \left(\frac{ddr}{dZ^2}\right) = 0,$$

de sorte que toutes les trois quantités p, q, r sont déterminées par la même équation, dont il s'agit de trouver la résolution générale.

AUTRE MANIERE DE PARVENIR A LA SOLUTION

33. L'explication de la propagation du son que je viens de trouver peut être déduite immédiatement de nos formules principales, qui, posant

$$\left(\frac{dx}{dX}\right) + \left(\frac{dy}{dY}\right) + \left(\frac{dz}{dZ}\right) = v,$$

sont

$$\left(\frac{ddx}{dt^2}\right) = 2gh\left(\frac{dv}{dX}\right), \quad \left(\frac{ddy}{dt^2}\right) = 2gh\left(\frac{dv}{dY}\right), \quad \left(\frac{ddz}{dt^2}\right) = 2gh\left(\frac{dv}{dZ}\right),$$

d'où l'on tire cette équation pour trouver v

$$\frac{1}{2gh}\left(\frac{ddv}{dt^2}\right) = \left(\frac{ddv}{dX^2}\right) + \left(\frac{ddv}{dY^2}\right) + \left(\frac{ddv}{dZ^2}\right),$$

comme je l'ai fait voir dans mon Mémoire précédent [§ 43]. Or, si l'on pose

$$(X-a)^2 + (Y-b)^2 + (Z-c)^2 = VV,$$

où l'on peut prendre pour a, b, c des quantités constantes quelconques, cette équation est remplie par cette formule

$$v = \frac{A}{V}\Phi:(V \pm t\sqrt{2gh}),$$

comme on peut le voir en faisant la substitution.

34. Car, puisque V ne dépend point du tems t, on aura

$$\left(\frac{ddv}{dt^2}\right) = \frac{2Agh}{V}\,\Phi'':(V \pm t\sqrt{2gh});$$

ensuite, à cause de

$$\left(\frac{dV}{dX}\right) = \frac{X-a}{V}, \quad \left(\frac{dV}{dY}\right) = \frac{Y-b}{V} \quad \text{et} \quad \left(\frac{dV}{dZ}\right) = \frac{Z-c}{V},$$

on a

$$\left(\frac{dv}{dX}\right) = -\frac{A(X-a)}{V^3}\,\Phi:(V \pm t\sqrt{2gh}) + \frac{A(X-a)}{V^2}\,\Phi':(V \pm t\sqrt{2gh}),$$

et différentiant encore

$$\left(\frac{ddv}{dX^2}\right) = -\frac{A}{V^3}\,\Phi:(V \pm t\sqrt{2gh}) - \frac{3A(X-a)^2}{V^4}\,\Phi':(V \pm t\sqrt{2gh})$$
$$+ \frac{A(X-a)^2}{V^3}\,\Phi'':(V \pm t\sqrt{2gh}) + \frac{3A(X-a)^2}{V^5}\,\Phi:(V \pm t\sqrt{2gh}) + \frac{A}{V^2}\,\Phi':(V \pm t\sqrt{2gh}),$$

d'où l'on formera aisément les valeurs des formules $\left(\frac{ddv}{dY^2}\right)$ et $\left(\frac{ddv}{dZ^2}\right)$, et partant la somme de ces trois formules, à cause de

$$(X-a)^2 + (Y-b)^2 + (Z-c)^2 = V^2,$$

se réduit à

$$\frac{A}{V}\,\Phi'':(V \pm t\sqrt{2gh});$$

et cette même valeur est aussi celle de $\frac{1}{2gh}\left(\frac{ddv}{dt^2}\right)$, d'où l'on voit que la formule

$$v = \frac{A}{V}\,\Phi:(V \pm t\sqrt{2gh})$$

satisfait parfaitement à l'équation rapportée ci-dessus.

35. Pour trouver de là les quantités x, y, z, donnons à la valeur trouvée pour v cette forme

$$v = \frac{A}{V}\,\Phi'':(V + t\sqrt{2gh}),$$

d'où nous aurons

$$\left(\frac{dv}{dX}\right) = -\frac{A(X-a)}{V^3}\,\Phi'':(V + t\sqrt{2gh}) + \frac{A(X-a)}{V^2}\,\Phi''':(V + t\sqrt{2gh}),$$

ce qui est aussi la valeur de $\frac{1}{2gh}\left(\frac{ddx}{dt^2}\right)$. Prenons donc les intégrales en supposant le seul tems t variable et, puisque

$$\int dt\,\Phi''':(V+t\sqrt{2gh})=\frac{1}{\sqrt{2gh}}\,\Phi'':(V+t\sqrt{2gh}),$$

nous obtiendrons

$$\frac{1}{\sqrt{2gh}}\left(\frac{dx}{dt}\right)=-\frac{A(X-a)}{V^3}\,\Phi':(V+t\sqrt{2gh})+\frac{A(X-a)}{V^2}\,\Phi'':(V+t\sqrt{2gh})+\frac{P}{\sqrt{2gh}},$$

où P est une fonction quelconque de X, Y et Z, qu'on regarde ici comme constante, et en intégrant encore,

$$x=-\frac{A(X-a)}{V^3}\,\Phi:(V+t\sqrt{2gh})+\frac{A(X-a)}{V^2}\,\Phi':(V+t\sqrt{2gh})+Pt+\mathfrak{P},$$

où $\mathfrak{P}$ est aussi une fonction quelconque de X, Y et Z.

36. De la même maniere on trouvera

$$y=-\frac{A(Y-b)}{V^3}\,\Phi:(V+t\sqrt{2gh})+\frac{A(Y-b)}{V^2}\,\Phi':(V+t\sqrt{2gh})+Qt+\mathfrak{Q},$$

$$z=-\frac{A(Z-c)}{V^3}\,\Phi:(V+t\sqrt{2gh})+\frac{A(Z-c)}{V^2}\,\Phi':(V+t\sqrt{2gh})+Rt+\mathfrak{R},$$

où Q, R et $\mathfrak{Q}$, $\mathfrak{R}$ sont aussi des fonctions des trois variables X, Y, Z, qui dépendent en sorte des précédentes P et $\mathfrak{P}$ que

$$\left(\frac{ddP}{dX^2}\right)+\left(\frac{ddQ}{dY^2}\right)+\left(\frac{ddR}{dZ^2}\right)=0$$

et

$$\left(\frac{dd\mathfrak{P}}{dX^2}\right)+\left(\frac{dd\mathfrak{Q}}{dY^2}\right)+\left(\frac{dd\mathfrak{R}}{dZ^2}\right)=0.$$

Mais pour notre dessein on peut négliger toutes ces fonctions P, Q, R et $\mathfrak{P}$, $\mathfrak{Q}$, $\mathfrak{R}$, ou les supposer égales à 0.

37. Donc, si l'on suppose dans l'air autant de points fixes c, c', c'' etc. (Fig. 3) qu'on voudra, déterminés par les coordonnées

$$Aa = a,\quad ab = b,\quad bc = c;\quad Aa' = a',\quad a'b' = b',\quad b'c' = c' \text{ etc.},$$

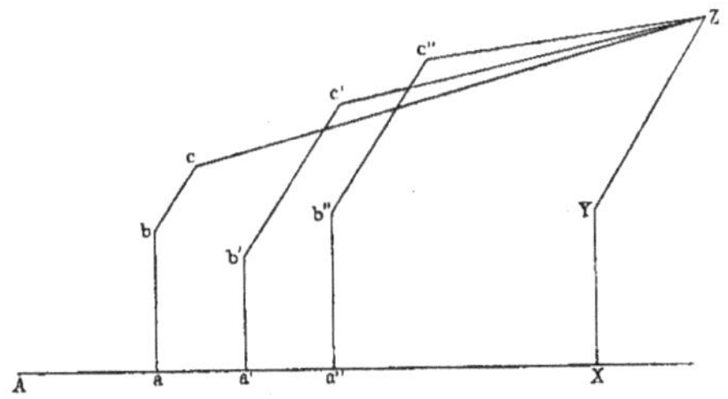

Fig. 3.

et après y avoir tiré d'un point quelconque Z, déterminé par les coordonnées $AX = X$, $XY = Y$ et $YZ = Z$, les droites Zc, Zc', Zc'', qu'on nomme ces distances

$$Zc = V,\quad Zc' = V',\quad Zc'' = V''$$

et qu'on pose pour abréger

$$\begin{aligned}
&-\frac{1}{V}\,\Phi:(V+t\sqrt{2gh}) + \Phi':(V+t\sqrt{2gh})\\
&-\frac{1}{V}\,\Sigma:(V-t\sqrt{2gh}) + \Sigma':(V-t\sqrt{2gh}) = P,\\
&-\frac{1}{V'}\,\Psi:(V'+t\sqrt{2gh}) + \Psi':(V'+t\sqrt{2gh})\\
&-\frac{1}{V'}\,\Theta:(V'-t\sqrt{2gh}) + \Theta':(V'-t\sqrt{2gh}) = Q,\\
&-\frac{1}{V''}\,\Omega:(V''+t\sqrt{2gh}) + \Omega':(V''+t\sqrt{2gh})\\
&-\frac{1}{V''}\,\Xi:(V''-t\sqrt{2gh}) + \Xi':(V''-t\sqrt{2gh}) = R,
\end{aligned}$$

les dérangemens du point Z seront exprimés par les équations suivantes:

$$\begin{aligned}
x &= \frac{(X-a)P}{VV} + \frac{(X-a')Q}{V'V'} + \frac{(X-a'')R}{V''V''},\\
y &= \frac{(Y-b)P}{VV} + \frac{(Y-b')Q}{V'V'} + \frac{(Y-b'')R}{V''V''},\\
z &= \frac{(Z-c)P}{VV} + \frac{(Z-c')Q}{V'V'} + \frac{(Z-c'')R}{V''V''}.
\end{aligned}$$

38. Ces mêmes formules expriment l'état initial, quand on pose $t=0$, et celui-ci étant donné, on en connoitra la nature des fonctions Φ, Σ, Ψ, Θ, Ω, Ξ. Supposons ces fonctions telles que, posant $t=0$, les quantités P, Q, R soient toujours égales à zéro, excepté les seuls cas où les distances V, V', V'' sont à peu près égales à ces quantités D, D', D'', et alors le point Z sera en repos, à moins qu'il n'y ait

$$\text{ou}\quad V-t\sqrt{2gh}=D,\quad \text{ou}\quad V'-t\sqrt{2gh}=D',\quad \text{ou}\quad V''-t\sqrt{2gh}=D'',$$

d'où l'on voit que les agitations primitives excitées autour des points c, c', c'' sont séparément transmises au point Z et chacune de la même maniere que si les autres n'existoient point. Et partant il est clair que toutes ces agitations ne se troublent pas entr'elles.

CONJECTURE SUR LA RAISON DE QUELQUES DISSONANCES GENERALEMENT REÇUES DANS LA MUSIQUE[1]

Commentatio 314 indicis ENESTROEMIANI
Mémoires de l'académie des sciences de Berlin [20] (1764), 1766, p. 165—173

1. L'accord de la *septieme* et celui qui en résulte de la *sixieme* jointe à la *quinte,* sont employés dans la musique avec tant de succès, qu'on ne sauroit douter de leur harmonie ou de leur agrément. Il est bien vrai qu'on les rapporte à la classe des dissonances, mais il faut convenir que les dissonances ne different des consonances que par ce que celles-ci sont renfermées en des proportions plus simples, qui se présentent plus aisément à l'entendement, pendant que les dissonances renferment des proportions plus compliquées et partant plus difficiles à comprendre. Ce n'est donc que par degré que les dissonances different des consonances, et il faut que les unes et les autres soient perceptibles à l'esprit. Plusieurs sons qui n'auroient aucun rapport perceptible entr'eux feroient un bruit confus absolument intolérable dans la musique. De là il est certain que les dissonances que j'ai en vue contiennent des proportions perceptibles, sans quoi on ne les sauroit admettre dans la musique.

2. Or, exprimant en nombres les sons qui forment l'accord de la septieme, ou de la sixieme avec la quinte, on parvient à des proportions si compliquées, qu'il semble presque impossible que l'oreille les puisse saisir;

---

1) Voir pour cette dissertation *Tentamen novae theoriae musicae,* surtout les chapitres 7—10, p. 281—333 de ce volume. E. B.

au moins y a-t-il des accords bien moins compliqués qui sont bannis de la musique, par la raison, que l'esprit n'en sauroit appercevoir les proportions. Voici l'accord de la septieme exprimé en nombres

G,	*H*,	*d*,	*f*,
36,	45,	54,	64.

Or, le plus petit nombre divisible par ceux-ci est 8640, ou par facteurs $2^6 \times 3^3 \times 5$, que je nomme l'exposant de cet accord et par lequel on doit juger de la facilité dont l'oreille peut comprendre cet accord. L'autre accord est représenté en sorte

H,	*d*,	*f*,	*g*,
45,	54,	64,	72,

dont l'exposant est le même.

3. Il est difficile de croire que l'oreille puisse distinguer les proportions entre ces grands nombres, et la dissonance ne paroit pas si forte pour demander un si haut degré d'adresse. En effet, si l'oreille appercevoit cet exposant tant composé, en y ajoutant encore d'autres sons compris dans le même exposant, la perception ne devroit pas devenir plus difficile. Or, sans sortir de cette octave, l'exposant $2^6 \times 3^3 \times 5$ contient encore les facteurs 40, 48, 60, auxquels répondent les sons *A*, *c*, *e*, de sorte que nous eussions cet accord

G,	*A*,	*H*,	*c*,	*d*,	*e*,	*f*
36,	40,	45,	48,	5,	460,	64,

qui devroit être également agréable à l'oreille que le proposé. Or, tous les Musiciens conviendront que cette dissonance seroit insupportable; il faudroit donc porter le même jugement de la dissonance proposée; ou bien il faut dire qu'elle s'écarte des regles de l'harmonie établies dans la théorie de la musique.

4. C'est le son *f*, qui trouble ces accords en rendant leur exposant si compliqué et qui fait aussi de l'aveu des Musiciens la dissonance. On n'a qu'à omettre ce son et, les nombres des autres étant divisibles par 9, l'accord

G,	*H*,	*d*,
4,	5,	6

donne la consonance agréable et parfaite, connue sous le nom de la triade harmonique, dont l'exposant est $2^2 \times 3 \times 5 = 60$ et partant 144 fois plus petit qu'auparavant. D'où il semble que l'addition du son *f* gâte trop la belle harmonie de cette consonance pour qu'on lui puisse accorder une place dans la musique. Cependant, au jugement de l'oreille, cette dissonance n'est rien moins que désagréable et on s'en sert dans la musique avec le meilleur succès; il semble même que la composition musicale en acquiert une certaine force, sans laquelle elle seroit trop unie. Voilà donc un grand paradoxe, où la théorie semble être en contradiction avec la pratique, dont je tâcherai de donner une explication.

5. Mr. D'ALEMBERT, dans son Traité sur la composition musicale[1]), semble être du même sentiment à l'égard de cette dissonance qui lui paroit trop rude en elle-même et selon les principes de l'harmonie, mais il croit que c'est une autre circonstance tout à fait particuliere qui la fait tolérer dans la musique. Il remarque qu'on n'employe cet accord *G, H, d, f* que lorsque la composition se rapporte au ton *C* et il croit qu'on y ajoute le son *f* pour fixer l'attention des auditeurs à ce ton, afin qu'ils ne s'imaginent pas que la composition ait passé au ton *G*, où l'accord *G, H, d* est la consonance principale. Suivant cette explication, ce n'est donc point par quelque principe de l'harmonie, qu'on se sert de la dissonance *G, H, d, f,* mais uniquement pour avertir les auditeurs, que la piece qu'on joue doit être rapportée au ton *C*. Sans cette précaution on pourroit se tromper et croire que l'harmonie dût être rapportée au ton *G*. Par la même raison il dit qu'en employant l'accord *F, A, c* on y ajoute le son *d*, qui est la *sexte* à *F*, afin que les auditeurs ne pensent que la piece ait passé au ton *F*.

6. Je doute fort que cette explication soit goûtée de tout le monde; elle me paroit trop arbitraire et éloignée des vrais principes de l'harmonie. S'il étoit absolument nécessaire que chaque accord représentât le systeme tout entier des sons que le ton où l'on joue embrasse, on n'auroit qu'à les employer tous à la fois; mais cela feroit sans contredit un très mauvais effet dans la musique. Cependant le doute demeure dans son entiere force, qui

---

1) J. L. D'ALEMBERT (1717—1783), *Elémens de musique théorique et pratique suivant les principes de Mr. RAMEAU*, Paris 1752, livre I, chap. XIV, p. 72. E. B.

est, que l'accord *G*, *H*, *d*, *f*, étant écouté tout seul sans être lié avec d'autres, ne choque pas tant les oreilles, qu'il semble qu'il devroit faire à cause des grands nombres dont il renferme les rapports. Il est certain que la pluspart des oreilles ne sont pas capables d'appercevoir des proportions si compliquées; et ce nonobstant, nous voyons que presque tout le monde trouve cet accord assès agréable. Il s'agit donc de découvrir la cause physique de ce phénomene paradoxe.

7. Pour cet effet, je remarque d'abord qu'il faut bien distinguer les proportions que nos oreilles apperçoivent actuellement de celles que les sons exprimés en nombres renferment. Rien n'arrive plus souvent dans la musique que ce que l'oreille sent une proportion bien différente de celle qui subsiste effectivement parmi les sons. Dans la température égale, où tous les 12 intervalles d'une octave sont égaux, il n'y a point de consonances exactes, excepté les seules octaves; la quinte y est exprimée par la proportion irrationnelle de 1 à $\sqrt[12]{2^7}$, qui est un peu différente de celle de 2 à 3. Cependant, quoiqu'un instrument soit accordé selon cette règle, l'oreille n'est pas blessée par cette proportion irrationnelle et entendant l'intervalle *C* à *G* ne laisse pas d'appercevoir une quinte, ou la proportion de 2 à 3; et s'il étoit possible, que l'oreille sentît la véritable proportion des sons, elle en seroit beaucoup plus choquée qu'écoutant la plus forte dissonance, comme celle de la fausse quinte.

8. Aussi sait-on que dans la température harmonique, où les sons d'une octave sont exprimés par les nombres ci-joints, quelques quintes ne sont pas parfaites que l'oreille prend pourtant pour telles. Ainsi l'intervalle de *B* à *f*, étant contenu dans la proportion de 675 à 1024, surpasse la proportion d'une véritable quinte de 2 à 3 de l'intervalle $\frac{2048}{2025}$ et cependant l'oreille la distingue à peine d'une quinte exacte. De même, l'intervalle *A* à *d* contient la proportion de 20 à 27, que l'oreille confond avec celle de 3 à 4, quoique la différence soit un *comma*, exprimé par la proportion 80 : 81. On prend aussi l'intervalle de *Gs* à *c*, dont la proportion est 25 : 32, pour une tierce majeure, ou pour la proportion de 4 : 5, nonobstant la différence de 125 à 128. Et je doute fort qu'en écoutant l'accord *d* : *f*, on sente la proportion de 27 à 32 plutôt que celle de 5 à 6, qui est sans doute plus simple.

Voici le systeme ordinaire

F	. . .	2^9	$= 512$
Fs	. . .	$2^2 \cdot 3^3 \cdot 5$	$= 540$
G	. . .	$2^6 \cdot 3^2$	$= 576$
Gs	. . .	$2^3 \cdot 3 \cdot 5^2$	$= 600$
A	. . .	$2^7 \cdot 5$	$= 640$
B	. . .	$3^3 \cdot 5^2$	$= 675$
H	. . .	$2^4 \cdot 3^2 \cdot 5$	$= 720$
c	. . .	$2^8 \cdot 3$	$= 768$
cs	. . .	$2^5 \cdot 5^2$	$= 800$
d	. . .	$2^5 \cdot 3^3$	$= 864$
ds	. . .	$2^2 \cdot 3^2 \cdot 5^2$	$= 900$
e	. . .	$2^6 \cdot 3 \cdot 5$	$= 960$
f	. . .	2^{10}	$= 1024.$

9. Il est donc suffisamment prouvé que la proportion apperçue par les sens est souvent différente de celle qui subsiste actuellement entre les sons. Toutes les fois que cela arrive, la proportion apperçue est plus simple que la réelle et la différence est si petite qu'elle échappe à la perception; l'organe de l'ouïe est accoutumé de prendre pour une proportion simple toutes les proportions qui n'en different que fort peu, de sorte que la différence soit quasi imperceptible. Or, plus une proportion est simple, plus notre sentiment est aussi sensible et distingue de plus petites aberrations; c'est la raison pourquoi on ne sauroit supporter presque aucune aberration dans les octaves et on prétend que toutes les octaves soient exactes et qu'elles ne s'écartent point du tout de la raison double. Cependant, quand même dans un concert quelques octaves seroient environ d'une centieme partie d'un ton trop hautes ou trop basses, je doute fort que la plus délicate oreille s'en appercevroit; il semble plutôt qu'on souffre encore une plus grande aberration, sans que les oreilles en soient blessées.

10. Dans les quintes on peut souffrir une plus grande aberration; les Musiciens conviennent que celle que la température égale renferme est absolument imperceptible; or l'erreur y monte à la centieme partie d'un ton. Dans la température harmonique il y a des quintes qui different d'un comma

de la raison double et le comma vaut environ la dixieme partie d'un ton exprimé par la raison de 8 à 9. Aussi cette différence est-elle sensible et semble avoir déterminé la plupart des Musiciens d'embrasser la température égale, où l'erreur est 10 fois plus petite. Peut être que la moitié ou le tiers d'un *comma* seroit encore supportable dans les quintes. Dans les tierces majeures, dont la juste mesure est la raison de 4 à 5, la température égale s'en écarte de deux tiers d'un comma et dans les tierces mineures on ne distingue pas un comma entier; vu que la température harmonique contient deux especes de cette tierce, l'une exprimée par la raison 5 à 6 et l'autre par 27 à 32, qu'on confond ordinairement dans la pratique, quoique la différence soit un comma.

11. Cependant on ne sauroit ici fixer des limites; la chose dépend de la sensibilité des oreilles, et il est certain que des oreilles fines et délicates distinguent des différences plus petites, que des oreilles grossieres. Si les hommes avoient le jugement de leur oreille si exact, qu'ils pussent distinguer les plus petites aberrations, c'en seroit fait de toute la musique; car où trouveroit-on des Musiciens capables d'exécuter tous les sons si exactement, qu'il n'y auroit point la moindre aberration? Presque tous les accords paroitroient à ces hommes comme les plus insupportables dissonances, pendant que des oreilles moins délicates les trouvent parfaitement bien harmoniques. C'est donc un grand avantage pour la musique pratique que le sens de l'ouïe n'est pas porté au plus haut degré de perfection et qu'il pardonne généreusement les petits défauts dans l'exécution. Il est aussi certain que, plus le goût des auditeurs est exquis, plus aussi doit être exacte l'exécution; pendant que des auditeurs dont le goût est moins délicat se contentent d'une exécution plus grossiere.

12. Quand la proportion actuelle entre les sons qu'on entend est assès simple, comme de $2:3$ ou $3:4$ ou $4:5$ etc., la proportion apperçue est aussi la même pour toutes les oreilles. Mais, quand la proportion actuelle est fort compliquée, de sorte pourtant qu'elle approche beaucoup d'une proportion simple, alors l'oreille appercevra cette proportion simple, sans remarquer la petite aberration de l'actuelle. Ainsi, en entendant deux sons en raison de 1000 à 2001, on les prendra pour une octave, ou bien la proportion apperçue sera 1 à 2 exactement. De même, deux sons en raison de 200 à 301, ou de

200 à 299, exciteront le sentiment d'une quinte parfaite, et généralement, par quelques nombres que les sons soient exprimés, si les proportions sont trop compliquées, l'oreille leur en substitue d'autres fort approchantes dont les proportions sont plus simples. C'est ainsi que les proportions apperçues sont différentes des actuelles et c'est par celles-là qu'il faut juger de la véritable harmonie et point du tout par celles-ci.

13. Donc, quand on entend cet accord *G, H, d, f,* exprimé par ces nombres 36, 45, 54, 64, une oreille parfaite comprendra bien les proportions renfermées dans ces nombres; mais des oreilles moins parfaites, auxquelles la perception de ces proportions est trop difficile, tâcheront de substituer d'autres nombres qui donnent des proportions plus simples. Elles ne changeront rien dans les trois premiers sons *G, H, d,* puisqu'ils renferment une consonance parfaite; mais je suis porté à croire qu'elles substitueront à la place du dernier 64 celui de 63, afin que tous les nombres devenant divisibles par 9, les rapports de nos quatre sons soient maintenant exprimés par ces nombres 4, 5, 6, 7, dont la perception est sans doute moins embarrassée. En effet, si l'on nous présentoit ces deux accords, l'un contenu dans les nombres 36, 45, 54, 64 et l'autre dans ceux-ci 36, 45, 54, 63, il faudroit une oreille bien fine pour les distinguer, à moins qu'elle ne les entendit à la fois; mais, hormis ce cas, ces deux accords feront certainement la même impression.

14. Je crois donc qu'en entendant les sons 36, 45, 54, 64, on s'imagine d'entendre ceux-ci 36, 45, 54, 63, ou bien ceux-ci 4, 5, 6, 7, attendu que l'effet est absolument le même. Je ne sais pas si la raison suivante est suffisante pour prouver mon sentiment: si l'oreille appercevoit les premiers nombres, l'accord ne devroit pas être troublé, quoiqu'on y ajoutât encore d'autres sons contenus dans le même exposant, comme ceux de 40, 48 et 60. Or il est certain que par cette addition l'accord changeroit tout à fait de nature et deviendroit insupportable. De là je conclus que l'oreille sent effectivement les sons exprimés par ces petits nombres 4, 5, 6, 7, dont l'exposant ne permet aucune interpolation. Ainsi, quand on entend cet accord de la septieme *G, H, d, f,* on substitue au lieu du son *f* un autre tant soit peu plus grave, dont le rapport au véritable est comme 63 à 64. Il est vrai que cet intervalle est un peu plus grand qu'un comma; mais on néglige souvent d'aussi grandes erreurs, surtout dans des accords si composés.

15. Il semble donc qu'un tel accord *G, H, d, f* n'est admis dans la musique qu'en tant qu'il répond aux nombres 4, 5, 6, 7 et que l'oreille substitue au lieu du son *f* un autre un peu plus bas en raison de 64 à 63. C'est le jugement qui attribue à ce son une autre valeur qu'il n'a actuellement; et si, dans un instrument de musique, ce son *f* étoit un peu plus bas que selon les règles de l'harmonie, je ne doute pas que ce même accord ne produisit encore un meilleur effet. Mais les autres accords qui précedent ou suivent, supposent à ce son *f* sa valeur naturelle et il en sera de même que si l'on avoit employé deux sons différens, répondans aux nombres 64 et 63, quoique ce ne soit que le même son, mais différemment rapporté par le jugement du sens. Peut être est-ce ici qu'est fondée la règle sur la préparation et résolution des dissonances, pour avertir quasi les auditeurs, que c'est le même son, quoiqu'on s'en serve comme de deux différens, afin qu'ils ne s'imaginent pas qu'on ait introduit un son tout à fait étranger.

16. On soutient communément qu'on ne se sert dans la musique que des proportions composées de ces trois nombres premiers 2, 3 et 5 et le grand LEIBNITZ[1]) a déjà remarqué que dans la musique on n'a pas encore appris à compter au delà de 5; ce qui est aussi incontestablement vrai dans les instrumens accordés selon les principes de l'harmonie. Mais, si ma conjecture a lieu, on peut dire que dans la composition on compte déjà jusqu'à 7 et que l'oreille y est déjà accoutumée; c'est un nouveau genre de musique, qu'on a commencé à mettre en usage et qui a été inconnu aux anciens. Dans ce genre l'accord 4, 5, 6, 7 est la plus complette harmonie, puisqu'elle renferme les nombres 2, 3, 5 et 7; mais il est aussi plus compliqué que l'accord parfait dans le genre commun qui ne contient que les nombres 2, 3 et 5. Si c'est une perfection dans la composition, on tâchera peut-être de porter les instrumens au même degré.

---

1) *GODEFRIDI GUIL. LEIBNITII epistolae ad diversos* etc. Lipsiae 1734—42, 4 vol. Vol. I p. 239, ep. 154 ad GOLDBACHIUM: *„Nos in Musica non numeramus ultra quinque, similes illis populis, qui etiam in Arithmetica non ultra ternarium progrediebantur, et in quibus phrasis Germanorum de homine simplice locum haberet: Er kan nicht über drey zählen."* — Voir aussi la note 1 p. 332 de ce volume. E. B.

DU VERITABLE CARACTERE DE LA MUSIQUE MODERNE[1]

Commentatio 315 indicis Enestroemiani

Mémoires de l'académie des sciences de Berlin [20] (1764), 1766, p. 174—199

1. Tout le monde convient qu'il y a une différence très essentielle entre la musique moderne et celle dont on s'est servi autrefois; mais les sentimens sur le vrai caractere, qui en établit la distinction, sont fort partagés et il y a toute apparence que personne ne s'est encore apperçu de la véritable différence qui regne entre la musique ancienne et la moderne. Ceux qui s'imaginent que toute la différence ne consiste que dans certains tours que les Musiciens mettent aujourdhui en pratique et qui ont été inconnus autrefois, ne distinguent pas assès ces deux especes de musique. Or ceux qui mettent la préférence de la musique moderne dans un usage libre de toutes sortes de dissonances, qui auroient paru insupportables aux anciens, poussent la différence trop loin et même au delà des bornes de la véritable harmonie, dont les principes doivent toujours également servir de règle tant à la musique moderne qu'à l'ancienne.

2. C'est donc une vérité incontestable que, quelque grande que soit la différence entre la musique ancienne et la moderne, l'une et l'autre doivent absolument être d'accord avec les principes de l'harmonie et que tout ce qui leur est contraire ne sauroit jamais être mis en pratique avec succès. Le jugement de l'oreille, auquel tout doit être rapporté, quelque bizarre qu'il

1) Voir pour cette dissertation *Tentamen novae theoriae musicae*, surtout les chapitres 7—10, p. 281—333 de ce volume. E. B.

paroisse souvent, n'est cependant rien moins qu'arbitraire, mais il se règle toujours sur de certains principes qui sont ceux de la véritable harmonie; et si l'on employe aujourdhui quantité de dissonances, qui auroient paru aux anciens absolument incompatibles avec les principes de l'harmonie, il faut bien qu'elles ne leur soient point contraires; et cela par la même raison qu'elles ne choquent point l'oreille.

3. A cette occasion il est important de remarquer que le mot de *dissonances* est peu propre à exprimer l'idée qu'on y attache; cette idée n'est rien moins qu'opposée à celle qu'on attache au mot de consonance, comme l'étymologie semble l'indiquer, et partant, puisque les consonances sont agréables à l'oreille, il ne faut pas s'imaginer que les dissonances lui soient désagréables, ou bien révoltantes; sur ce pied-là les dissonances devroient sans doute être entierement bannies de toute la musique. Les dissonances ne different donc des consonances proprement ainsi dites que parce qu'elles sont moins simples ou plus compliquées, et il est également nécessaire que cette plus grande complication soit aussi bien agréable à l'oreille, que la simplicité des consonances.

4. Après cette remarque je soutiens donc et je le prouverai, que le caractere distinctif de la musique moderne consiste dans une certaine espece de consonances, prises dans le sens que je viens d'expliquer, qui ont été inconnues aux anciens, ou qu'ils n'ont pas eu la hardiesse ou bien l'adresse d'employer. Ce sentiment en lui-même n'a pas besoin d'être prouvé; puisqu'aucun Musicien ne niera que les ouvrages modernes sont tout à fait remplis de telles dissonances qu'on ne trouve point dans les anciens; mais il s'agit principalement d'expliquer la nature de ces nouvelles dissonances et de faire voir comment elles peuvent subsister avec les principes de l'harmonie; ou plutôt, comme c'est un fait constaté par le jugement de l'oreille, que ces nouvelles dissonances sont d'accord avec les principes de l'harmonie, il s'agit de donner une explication claire et complette de ce même accord.

5. Pour mettre cette matiere dans tout son jour, je commencerai par prouver que l'ancienne musique a été renfermée dans de telles bornes, qui ont entierement exclus ces nouvelles dissonances et ensuite je ferai voir que les bornes de la musique moderne sont beaucoup plus étendues et que les

nouvelles dissonances y conviennent parfaitement bien; de sorte que le véritable caractere de la musique moderne doit établir dans une extension très considérable les bornes de la musique ancienne, ce qui met sans doute une différence très essentielle entre ces deux especes de la musique. Cependant, il [est] bien certain que l'une et l'autre est également conforme aux principes de la véritable harmonie, et si la chose paroissoit encore douteuse, ce seroit une marque qu'on ne connoitroit pas assès le fondement de la veritable harmonie.

6. Pour prouver que les nouvelles dissonances ne sauroient avoir lieu dans l'ancienne musique, je remarque dabord qu'on n'y a admis que trois consonances fondamentales qui sont 1°. l'octave, 2°. la quinte et 3°. la tierce majeure et que toutes les autres consonances et dissonances qu'on y peut employer, sont toujours composées de ces trois. Or on sait que l'octave renferme deux sons, qui sont dans la raison de 1 à 2, la quinte deux en raison de 2 à 3 et la tierce majeure deux en raison de 4 à 5. Donc, cette musique n'admet d'autres sons que de tels, dont les rapports peuvent être exprimés par ces seuls trois nombres premiers 2, 3 et 5, ou bien tous les nombres qui ne sauroient être décomposés dans ces trois nombres comme facteurs, sont exclus de cette musique. Ainsi les nombres propres à représenter ses sons sont: 1, 2, 3, 4, 5, 6, 8, 9, 10, 12, 15, 16, 18, 20, 24, 25, 27, 30, 32, 36, 40, 45, 48, 50, 54, 60, 64, 72, 75, 80, 81, 90, 96 etc. et les autres, qui renferment des nombres premiers plus grands que 5, en sont exclus; ce qui a fait dire autre fois au grand LEIBNITZ[1]) que dans la musique on ne sauroit compter au delà de 5.

7. C'est par de tels nombres, qu'on représente les sons de l'ancienne musique, et qui composent le genre diatonique, où il faut remarquer que plus ces nombres sont petits, plus sera simple la musique qui en résulte: ainsi nommant les sons exprimés par 2 et ses puissances de la lettre F et f, f', f'' etc., les octaves deviendront de plus en plus remplis de sons, comme on verra par les arrangemens suivans:

I.	II.	III.	IV.
1, 2	2, 3, 4	4, 5, 6, 8	8, 9, 10, 12, 15, 16
F, f	F, c, f	F, A, c, f	F, G, A, c, e, f

1) Voir la note 1 p. 515. E. B.

V.							
16,	18,	20,	24,	25,	27,	30,	32
F,	*G*,	*A*,	*c*,	*cs*,	*d*,	*e*,	*f*

VI.								
32,	36,	40,	45,	48,	50,	54,	60,	64
F,	*G*,	*A*,	*H*,	*c*,	*cs*	*d*,	*e*,	*f*

VII.												
64,	72,	75,	80,	81,	90,	96,	100,	108,	120,	125,	128	
F,	*G*,	*Gs*,	*A*,	*A**,	*H*,	*c*,	*cs*,	*d*,	*e*,	*f**,	*f*	

VIII.													
128,	135,	144,	150,	160,	162,	180,	192,	200,	216,	225,	240,	250,	256
F,	*Fs*,	*G*,	*Gs*,	*A*,	*A**,	*H*,	*c*,	*cs*,	*d*,	*ds*,	*e*,	*f**	*f*.

8. Sur ces diverses octaves qu'on peut rapporter au genre diatonique je fais les remarques suivantes.

1°. La premiere qui ne contient que deux sons dans le rapport de 1 à 2, ou d'une octave, est trop simple pour pouvoir servir à la musique, si ce n'est dans les octaves les plus basses.

2°. La seconde contient déjà la quinte outre l'octave et fournit un accord très agréable, mais encore trop simple pour être susceptible de quelque variété.

3°. La troisieme ajoute à l'octave et à la quinte encore la tierce majeure et fournit ce qu'on nomme un parfait accord dans la musique; aussi la pluspart des accords dont on se sert dans l'ancienne musique se réduisent à celui-ci.

4°. La quatrieme octave reçoit, outre les précédens, deux nouveaux sons *G* et *e*, c'est à dire, la seconde majeure *G* et la septieme majeure *e* au son fondamental *F*; ces sons ensemble forment déjà un accord trop compliqué pour la musique et qui révolte l'oreille. Mais, en n'en prenant que les sons (10)*A*, (12)*c*, (15)*e*, on a l'accord parfait de la tierce mineure pour le mode nommé *mol*.

5°. La cinquieme octave reçoit encore deux nouveaux sons *cs* et *d*, qui rendent cette octave déjà assès complette et susceptible d'une grande variété, vu qu'elle renferme trois accords parfaits, qui peuvent se suivre les uns les autres; car il n'est plus question de les faire sonner tous ensemble.

6°. La sixieme fournit l'échelle complette du genre diatonique, qui représente les sons principaux des clavecins, outre que le son *cs* y paroit superflu, quoiqu'il soit fort essentiel.

7°. Les octaves suivantes sont encore plus chargées de sons et on y en rencontre comme *A** et *f**, qui ne se trouvent point sur les clavecins; or à leur place on se sert des sons *A* et *f*, qui n'en different pas sensiblement.

9. La considération de ces sons étrangers *A** et *f** me conduit à une réflexion qui nous fournira tous les éclaircissemens sur la question dont il s'agit. Quoique ces sons ne se trouvent point dans l'echelle représentée sur les clavecins, les Musiciens ne laissent pas de les employer dans la pratique, ou plutôt l'oreille s'imagine les appercevoir, quoiqu'elle entende effectivement d'autres sons qui n'en different que fort peu; ce qui est sans doute un paradoxe qui mérite d'être développé plus soigneusement. Nous savons par l'expérience que lorsqu'une quinte ou tierce n'est pas accordée exactement, l'oreille a néantmoins la complaisance de les entendre, comme si c'étoient des consonances parfaites, pourvu que la différence ne soit pas trop considérable. Ainsi deux tons accordés selon la proportion des nombres 27 à 40 sont pris par l'oreille pour une quinte parfaite, puisque la raison de 27 à 40 ne differe de la véritable raison d'une quinte 2 à 3 que d'un comma contenu dans la raison de 80 à 81: car la raison 27 : 40 étant la même que 54 : 80, elle ne differe presque point de celle-ci 54 : 81, qui se réduit à 2 : 3. Par la même raison, deux sons représentés par les nombres 25 et 32 sont pris pour une tierce majeure, puisque ces nombres contiennent à peu près la même raison que 4 à 5.

10. L'explication de ce paradoxe n'est pas difficile quand nous réfléchissons que la mesure de chaque son n'est qu'un certain nombre de vibrations, dont l'organe de l'ouïe est frappé dans un certain tems, et qu'un son est estimé d'autant plus haut ou plus bas, plus le nombre de ces vibrations produites en même tems est grand ou petit. Or, le sentiment d'une consonance est excité, lorsque l'oreille étant frappée par deux sons à la fois s'apperçoit du rapport qui regne entre les deux nombres de vibrations rendues en même tems; d'où l'on comprend aisément, que ce rapport doit être assès simple pour pouvoir être apperçu par l'oreille. Mais, lorsque deux sons different

fort peu d'un tel rapport simple, l'oreille en sera presque également affectée et sentira le même agrément, que si ces deux sons tenoient entr'eux précisément ce rapport simple dont la perception est agréable à l'oreille.

11. Et en effet, si l'âme ne jouissoit de ce sentiment doux et agréable que lorsque les sons seroient parfaitement accordés selon les rapports simples qui constituent l'essence des consonances, c'en seroit fait de toute la musique, puisqu'il n'arrive presque jamais que les tons des instrumens soient si exactement accordés. Il y a même des Musiciens qui prétendent que pour remplir toutes les vues de la musique il faudroit rendre égaux tous les douze *demitons* de chaque octave. Or dans ce cas il n'y auroit ni quinte ni tierce exacte, sans que l'harmonie en soit détruite; ce qui devroit pourtant arriver, si l'oreille appercevoit toujours les mêmes rapports qui règnent actuellement entre les sons. De là il faut conclure que, dès que le rapport entre deux sons approche beaucoup de la raison de 1 à 2, ou de 2 à 3, ou de 4 à 5, l'oreille en est également affectée, que si ces consonances étoient parfaites; ce qui est aussi suffisamment confirmé par l'expérience qu'une musique ne manque point de succès, quoique les instrumens ne soient pas parfaitement bien accordés.

12. C'est donc une vérité incontestable que l'oreille ne juge pas si séverement des sons qu'elle entend; mais, pourvu qu'ils ne s'écartent point trop sensiblement des justes proportions qui constituent l'essence des consonances, elle substitue quasi sans y penser les véritables proportions, pour en retirer les sensations agréables qui leur conviennent. Ce n'est pas que l'oreille ne sente point du tout ces petits écarts, mais elle les supprime plutôt pour ne pas être troublée dans la jouissance de l'harmonie. Cependant il n'y a aucun doute que, si les instrumens étoient parfaitement bien accordés et que tous les tons ne s'écartassent point de leurs justes proportions, le plaisir que l'oreille en retireroit seroit aussi baucoup plus grand.

13. De là on comprend, comment le même ton d'un instrument de musique peut tenir lieu de deux sons assès différens, selon les différentes combinaisons avec d'autres sons. Ainsi dans les arrangemens d'une octave marqués ci-dessus No. VII et VIII le ton nommé A* est bien le même avec A dans les instrumens, et quand on l'entend combiné, ou avec le ton *e*, qui

en est la quinte, ou avec F, dont il est la tierce majeure, l'oreille lui attache le nombre 80, qui forme avec les nombres 120 et 64 les raisons de 2 à 3 et de 5 à 4, quoique peut-être ce son soit un peu plus aigu dans les instrumens et exprimé par le nombre 81. Mais, quand on combine le même son A avec le ton $d = 108$, ou son octave en bas $D = 54$, alors l'oreille s'imagine entendre le son A* qui répond au nombre 81, pour jouir de la sensation d'une quinte, quoique peut-être les instrumens sonnent un ton tant soit peu plus grave et rapporté au nombre 80. Or, si les instrumens contenoient tous les deux sons $A = 80$ et $A^* = 81$ et qu'on se servît du premier dans la combinaison avec les tons F et *e* et de l'autre avec le ton D, on ne sauroit douter qu'il n'en résultât une harmonie beaucoup plus parfaite.

14. Cette circonstance me fournit une réflexion qui doit être d'une grande importance dans la musique pratique; c'est que, lorsque le même ton des instrumens peut tenir lieu de deux sons différens, ce divers emploi ne sauroit être exécuté en même tems, ou immédiatement l'un après l'autre; mais il faut laisser écouler quelques momens, pour faire quasi oublier à l'oreille l'usage qu'on en avoit fait auparavant. Il semble même que les Musiciens observent effectivement cette maxime. Car, dans l'exemple rapporté, tant qu'on combine le ton A avec F comme sa tierce majeure, on évite soigneusement de le combiner avec le ton D comme sa quinte; l'expérience leur a appris sans doute que cela troubleroit l'harmonie; mais, dès qu'on commence à employer le ton A comme la quinte du ton D, on est censé d'avoir changé de mode et avoir passé par exemple du mode C dur au mode G dur; et alors il ne faut plus joindre le même son A avec le ton F, parce qu'il ne seroit plus sa tierce majeure, étant à présent la quinte au ton D.

15. La même maxime a aussi lieu dans les autres tons, dont les nombres ne tiennent pas entr'eux un rapport assès simple. Considérons le sixieme arrangement de l'octave rapporté ci-dessus § 7, qui, en retranchant le ton $cs = 50$, répond au mode nommé C dur; ici l'intervalle des tons *d* et *f*, exprimé par la raison 54 à 64, ou 27 à 32, differe un peu de la raison de 5 à 6 qui est la juste mesure d'une tierce mineure; et si l'on employoit cet intervalle, l'oreille y substitueroit la raison de 5 à 6, ou bien attribueroit au ton *d* le nombre $53\frac{1}{3}$; mais cela même troubleroit l'harmonie, puisque ce même ton *d* est déjà employé en qualité de quinte au ton G, de sorte

que, dès qu'on voudroit traiter ce ton *d* en qualité de tierce mineure à *f*, il faudroit renoncer au premier emploi, ce qui produiroit un changement du *mode*.

16. Après ces réflexions sur la musique ancienne, ou plutôt commune, pour la distinguer de la musique moderne, ou plutôt sublime, puisque son caractere consiste dans un plus haut degré de l'harmonie, comme je ferai voir, je m'en vais montrer que les accords qui distinguent la musique moderne sont absolument incompatibles avec la nature des consonances que je viens de développer. Pour cet effet, je n'ai qu'à considérer quelques accords dont on se sert dans le mode C dur, pour les comparer avec les echelles données ci-dessus § 7 pour ce mode.

Ici les accords No. 1, 3, 5 et 7 sont parfaitement conformes aux principes communs de l'harmonie, vu qu'ils contiennent le parfait accord du ton C avec la tierce majeure. Mais le second accord étant réduit en nombres est

$$\begin{array}{cccc} D, & d, & f, & h, \\ 13\frac{1}{2}, & 27, & 32, & 45, \end{array}$$

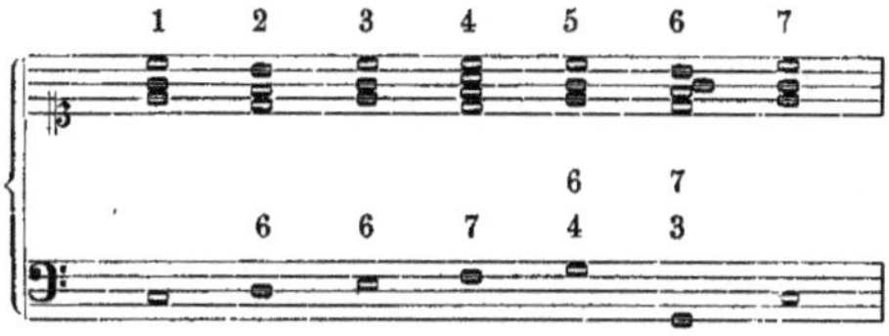

où le premier intervalle D : *d* est bien une octave, mais le second *d* : *f* n'est pas une tierce mineure parfaite et le troisieme *f* : *h* est une quinte fausse, qui acheve de rendre cet accord imcompatible avec les principes de l'harmonie. Il en est de même du quatrieme et sixieme accord qui se réduisent aux nombres suivans:

		4						6		
F,	*d*,	*f*,	*a*,	*c*		G,	*d*,	*f*,	*g*,	*h*
16,	27,	32,	40,	48		18,	27,	32,	36,	45

où les raisons 27 : 32 et 32 : 45 doivent encore gâter toute harmonie, sans parler de la quinte défectueuse entre *d* et *a* dans le quatrieme accord. Si l'on vouloit dire, que l'oreille substituât au lieu de l'intervalle 27 : 32 une tierce mineure parfaite, comme j'ai remarqué ci-dessus, alors, ou le ton *f* ne demeureroit plus la quarte au son fondamental *c*, ou le ton *d* ne seroit plus la quinte du son principal G, dont cependant l'un et l'autre est absolument nécessaire par les principes de l'harmonie.

17. Les Musiciens conviennent bien que de tels accords ne sauroient être conciliés avec les principes de l'harmonie et ils tâchent de les soutenir par le nom de dissonance qu'ils leur imposent; mais, s'ils entendent par ce terme un tel accord où l'oreille ne sauroit découvrir aucun rapport, on devroit pouvoir se servir avec autant de succès de tout autre mêlange de tons, quelque absurde qu'il soit; ce que les Musiciens sont bien éloignés d'admettre. On sera aussi peu content de l'explication que Mr. RAMEAU[1]) donne de ce phénomene, en disant que dans le sixieme accord le ton *f* n'y est ajouté que pour avertir les auditeurs qu'ils doivent rapporter ce rapport au mode C et non pas au mode G. Dans le quatrieme, le ton *d* sert, selon le même Auteur, à avertir que cet accord ne doit pas être regardé comme appartenant au mode F, de sorte que selon lui cette addition n'est employée que pour caractériser le mode C dur. Je ne crois pas que cette explication ait besoin d'être réfutée.

18. Si ces mêlanges de sons ne présentoient à l'oreille aucune proportion à y appercevoir, ils seroient sans doute contraires aux principes de l'harmonie et devroient être bannis de la musique. Mais les Musiciens, bien loin d'avouer cela, trouvent plutôt dans ces accords quelque chose de fort agréable; et sans l'addition de ces sons, qui semblent troubler toute harmonie, ces accords leur paroitroient trop simples et trop peu remplis; de la même maniere que si, dans la musique commune, on vouloit retrancher des accords parfaits la tierce, ils deviendroient trop vuides et peu propres à remplir l'oreille. C'est pour rendre la musique plus pleine, qu'on ajoute aux accords rapportés ces sons, qui nous semblent contraires à l'harmonie; et il faut bien qu'ils produisent un semblable effet, que lorsqu'on a commencé d'ajouter encore la tierce aux

---

1) J. PH. RAMEAU (1683—1764), *Traité d'harmonie*, Paris 1722. E. B.

accords qui ne contenoient d'abord que l'octave et la quinte; et comme il n'a pas été indifférent d'y ajouter quelque son que ce fût, mais que les principes mêmes de l'harmonie ont décidé pour la tierce, nous devons aussi être persuadés que les accords rapportés ci-dessus sont également fondés dans les principes de l'harmonie.

19. Voilà donc deux faits que nous devons prendre en considération; le premier est que les accords No. 2, 4 et 6 rapportés ci-dessus § 16 excitent dans l'oreille un certain sentiment de plaisir; et l'autre est que ces mêmes accords représentés par les nombres qui leur ont été attachés devroient être insupportables à l'oreille, attendu qu'ils renfermeroient des intervalles impurs et exprimés par des nombres trop compliqués pour pouvoir être apperçus de l'oreille. Il faut donc absolument que l'oreille entendant ces accords substitue, au lieu d'un ou deux sons, d'autres qui n'en different que fort peu soient exprimés par de tels nombres qui renferment entr'eux des proportions assès simples pour être apperçues par l'oreille. Il n'y a aussi aucun doute que ces accords ne constituent une espece toute particuliere de consonances qui ne sauroit être représentée par les seuls nombres premiers 2, 3 et 5; car, de quelque maniere qu'on change tant soit peu les rapports numériques exprimés ci-dessus, en n'y admettant que les dits trois nombres premiers, on parvient toujours à des nombres encore plus grands et par conséquent plus contraires à l'harmonie.

20. Toutes ces raisons nous obligent à reconnoitre qu'il faut recourir au nombre premier 7 pour expliquer le succès de ces accords; de sorte que dans les proportions qui constituent la nature de ces nouveaux accords, il entre outre les nombres premiers 2, 3 et 5 encore le suivant 7 et partant nous pourrons dire avec feu Mr. DE LEIBNITZ[1]) que la musique a maintenant appris à compter jusqu'à sept. En effet, nous n'avons qu'à changer tant soit peu un seul son dans les accords rapportés pour les ramener au principes de l'harmonie. Et d'abord, considérons-en le second exprimé en nombres entiers

D,	*d*,	*f*,	*h*
27,	54,	64,	90

1) Voir la note 1 p. 515. E. B.

et changeons seulement le nombre 64 du ton *f* en 63, pour avoir les nombres 27 : 54 : 63 : 90, qui étant tous divisibles par 9, les sons seront dans le même rapport entr'eux que ces nombres 3, 6, 7, 10, qui sont assurément assès petits pour produire une sensation agréable dans l'oreille; et il n'y a maintenant plus aucun doute que l'oreille, en entendant cet accord, ne substitue à la place du ton *f* un autre tant soit peu plus grave, dans la raison de 64 à 63, et qu'elle s'apperçoit alors d'un très beau rapport entre ces sons; qui doit être beaucoup plus agréable que celui qui résulteroit des premiers nombres 27, 54, 64, 90, supposé même que l'oreille fût capable de les appercevoir.

21. Le sixieme accord du passage précédent se réduit de la même maniere aux principes de l'harmonie. Car, les sons étant représentés en sorte

G, *d*, *f*, *g*, *h*,

36, 54, 64, 72, 90,

on n'a qu'à substituer 63 au lieu du nombre 64 et ces nombres, étant divisés par 9, se réduisent encore à ces proportions assés simples: 4, 6, 7, 8, 10. Cet accord est donc précisément de la même nature que le précédent, puisque le son 8 n'est que l'octave du basse 4. Cependant le précédent est un peu plus simple, parce que le cube de 2 ne s'y trouve pas, et en prenant le ton G encore d'une octave plus bas pour avoir ces nombres 2, 6, 7, 8, 10, l'oreille y trouvera encore plus d'agrément. Mais, comme le ton *f* subit ici un changement dans le jugement de l'oreille, on voit bien que cet accord ne doit suivre ni être suivi d'un tel accord, où le ton *f* se trouveroit dans sa véritable signification. Aussi les Musiciens observent-ils soigneusement cette regle, à laquelle la seule expérience les a sans doute conduit.

22. Le quatrieme accord du passage rapporté ci-dessus est un peu plus difficile à expliquer; car, en doublant les nombres que j'y ai attachés, pour avoir

F, *d*, *f*, *a*, *c*,

32, 54, 64, 80, 96,

on gâteroit tout, si l'on vouloit substituer le nombre 63 au lieu de 64, et on ne parviendroit point à un diviseur commun, pour rendre les proportions assès simples. Mais, en laissant les premiers nombres, qui étoient

F, *d*, *f*, *a*, *c*,
16, 27, 32, 40, 48,

il est évident que, si nous donnons au son *d* le nombre 28 au lieu de 27, tous les nombres seront divisibles par 4 et se réduiront aux proportions suivantes assés simples

F, *d*, *f*, *a*, *c*,
4, 7, 8, 10, 12,

lequel accord est encore de la même nature que les précédentes. Or, comme c'est ici le son *d* qui est varié, je fais encore cette remarque que cet accord ne sauroit suivre ni être suivi d'un autre qui contiendroit le son *d* dans sa valeur naturelle.

23. Il paroitra sans doute bien dur que, pour rendre harmonieuse cette derniere consonance, l'oreille soit obligée de changer le son *d* presque de l'intervalle d'un demi-ton. Je conviens que ce changement est très considérable et que, si une quinte différoit autant de sa juste proportion de 2 à 3, elle seroit insupportable et que l'oreille tâcheroit en vain d'y remédier. Mais je remarque que, quoique les octaves et les quintes ne souffrent presque aucun écart de leur juste proportion, les tierces en admettent déjà un beaucoup plus considérable qui peut même surpasser l'intervalle nommé *dièse*, compris dans la raison de 125 à 128, sans que l'harmonie en soit détruite. Donc, si les consonances, moins elles sont simples, admettent un écart plus grand, il est très naturel que notre nouvelle consonance, dont la juste proportion renferme le nombre 7, ne soit point trop troublée par un son qui s'écarte de la justesse en raison de 27 à 28. Mais il n'y a aucun doute que cet accord seroit beaucoup plus agréable, si au lieu du ton *d* on employoit un autre un peu plus aigu, et si l'on mettoit à sa place le ton *ds*, la proportion seroit presque tout à fait juste. Aussi voyons-nous que l'accord F, A, *c*, *ds* est très fort en usage parmi les Musiciens; d'où il faut conclure que le précédent devroit produire dans l'oreille le même effet que celui-ci.

24. Nous voilà donc arrivés à notre but qui est d'assigner le vrai caractere de la musique moderne, et l'on ne sauroit plus douter que ce carac-

tere ne consiste dans l'emploi d'une nouvelle espece de consonances qui ont été entierement inconnues dans la musique du tems passé; ces nouvelles consonances étant exprimées en nombres renferment le nombre premier 7, pendant qu'autrefois on n'a admis dans la musique que des consonances résolubles dans les trois nombres premiers 2, 3 et 5. C'est donc en effet un plus haut degré de perfection auquel on a porté la musique, y ayant introduit cette nouvelle espece de consonances. Mais, aussi par cette même raison, la musique moderne demande des oreilles plus délicates et plus habiles pour bien appercevoir et distinguer ces nouvelles consonances; et partant il ne faut pas être surpris, si bien des personnes ne trouvent point de goût dans les nouvelles pieces de musique, car, dès que ces nouvelles consonances surpassent la portée de leurs oreilles, elles leur doivent paroitre comme de véritables dissonances.

25. Pour nous former une idée de l'adresse de l'oreille requise pour saisir ces nouvelles consonances, je commence par observer qu'il n'y a peut-être point d'oreille qui ne soit capable de bien distinguer une octave. Dès qu'un homme s'applique à la musique, il faut qu'il ait une juste idée d'une octave et qu'il soit en état d'accorder sur les instrumens de musique deux sons exactement à l'octave; ou bien il faut que son oreille ait une juste idée de la raison de 1 à 2. Ensuite, on prétend une égale adresse de bien distinguer une quinte et d'y accorder exactement deux sons sur les instrumens, ou bien l'oreille doit être mise en état d'appercevoir la raison de 2 à 3; ce qui est déjà plus difficile. Pour mieux s'y accoutumer, il est bon de commencer par les intervalles composés d'une octave et d'une quinte, dont la raison étant comme 1 à 3, l'oreille les saisit plus aisément et en sentira l'agrément. Un petit exercice suffira pour cet effet et mettra l'oreille en état de bien distinguer, non seulement la quinte elle-même renfermée dans la raison de 2 à 3, mais aussi la quarte, ou la raison de 3 à 4, et d'y remarquer la moindre aberration, s'il y en a.

26. Quand l'oreille aura acquis cette double adresse de bien distinguer les octaves et les quintes d'avec les quartes, il faut l'accoutumer à la tierce majeure exprimée par la raison de 4 à 5; ce qui demande déjà un plus grand exercice selon la délicatesse de l'oreille. Pour lui procurer quelque secours on peut commencer par lui faire connoitre les intervalles composés d'une oc-

tave et tierce majeure, compris dans la raison de 2 à 5; ou même ceux qui sont composés de deux octaves et d'une tierce majeure et repondent à la raison de 1 à 5. Dès que l'oreille y sentira un certain agrément, elle parviendra aisément à bien distinguer la raison de 4 à 5, ou bien la tierce majeure simple. On y pourra aussi d'abord ajouter la quinte, pour l'accoutumer à bien saisir l'accord parfait compris dans les trois nombres 4 : 5 : 6. Car, si la quinte est bien accordée, on s'appercevra aisément, si la tierce est juste ou non; et dans ce cas, l'oreille acquerra aussi une juste idée de la tierce mineure contenue dans le rapport des nombres 5 à 6, et ensuite aussi des intervalles qui en sont dérivés, comme de la sexte majeure contenue dans la raison de 3 à 5, et de la mineure dans la raison de 5 à 8.

27. Je crois qu'un tel exercice, soutenu assès long-tems et varié par tous les tons, seroit infiniment plus utile à ceux qui veulent s'appliquer à la musique, que quand on leur apprend à chanter et à former les sons selon une échelle prescrite, où la pluspart des sons sont arbitraires, pendant que les consonances dont je viens de parler sont fondées dans la nature même et accompagnées d'une certaine espece d'agrément qu'il est sur tout essentiel de faire bien sentir aux oreilles. En effet, comment peut-on prétendre qu'un écolier entonne exactement les tons C, D, E, ou *ut, re, mi*, dans un tems, où il n'a encore aucune idée juste des consonances fondamentales; et quand il attrappe quelquefois la juste mesure, ce n'est qu'un pur hazard. Ensuite, puisqu'il y a deux especes de l'intervalle nommé *un ton*, l'un compris dans la raison de 8 à 9 et l'autre dans celle de 9 à 10, lequel de ces deux veut-on que l'écolier suive en montant de *ut* à *re*? Voudroit-on se contenter d'un à peu près? Ce seroit renverser tous les principes de l'harmonie, puisqu'on prétend qu'en montant par l'échelle *ut, re, mi* etc. il parvienne enfin à la juste octave du premier *ut*.

28. Il ne sera pas hors de saison d'expliquer ici, de quelle maniere on pourroit beaucoup mieux réussir, non seulement à bien apprendre à chanter, mais aussi à former dès le commencement un goût juste et précis pour la musique; ce qui est sans doute l'objet principal auquel on devroit s'appliquer. Je commencerai donc par l'exercice dont je viens de parler pour imprimer aux oreilles un sentiment bien exact des trois consonances fondamentales de l'octave, de la quinte et de la tierce majeure, dont chacune ne manquera pas

de faire une impression particuliere et accompagnée d'un certain agrément dans l'oreille; par ce moyen on acquerra bientôt l'habitude, un ton quelconque étant proposé, d'en entonner exactement, ou l'octave ou la quinte ou la tierce majeure, comme on veut, et cela tant en montant qu'en descendant. Un tel exercice rendra enfin ces consonances si familieres à l'oreille qu'elle les distinguera au milieu de plusieurs autres sons; et en cas que ces intervalles ne soient pas exacts, qu'elle en remarquera aisément l'aberration.

29. Après cette préparation, il ne sera pas difficile de mettre l'oreille au fait de tous les autres intervalles. On n'a qu'à considérer comment chaque intervalle résulte des trois consonances principales; ainsi le ton majeur $8:9$ se décomposant dans les raisons $2:3$ et $4:3$, pour monter par cet intervalle du son C en D, on n'a qu'à se représenter la quinte au dessus de C, qui est G, et ensuite en descendre par l'intervalle d'une quarte, ce qui conduira au son D. Au commencement il faut bien permettre d'entonner ce ton auxiliaire G, mais bientôt on s'accoutumera de le chanter dans la pensée; ou bien, quand le ton C est accompagné par un instrument de sa quinte G, cela aidera à sauter d'abord sur le vrai ton D. Mais le saut de D en E devant être un ton mineur contenu dans la raison de $9:10$, il faut la décomposer dans ces trois $3:4$, $3:2$ et $4:5$ et partant on montera d'abord de D dans sa quarte G, d'où l'on descendra dans la quinte C et de là on remonte par l'intervalle d'une tierce majeure en E. Ou bien, si le ton précédent C est encore présent à l'oreille, sa tierce majeure E en sera immédiatement déterminée; ces sauts en pensée peuvent être représentés en sorte:

Ton majeur

Ton mineur

30. Or, pour monter de E en F, ou chanter l'intervalle *mi, fa,* qui étant un *demi-ton majeur* contenu dans la raison $15:16$, on la décompose en ces deux $5:4$ et $3:4$ et partant on descend d'abord de E en C par l'intervalle d'une tierce majeure et de C on remonte par une quarte en F, comme

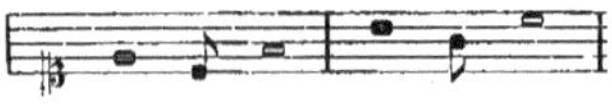

Les sauts suivans de l'échelle ordinaire sont les mêmes que je viens d'expliquer, puisque de F en G il y a un ton majeur, de G en A un ton mineur, de A en H encore un majeur et de H en C un demi-ton majeur. Ainsi le chant de toute cette échelle avec les tons auxiliaires sera représenté en sorte:

On jugera aisément que ces sons auxiliaires ne sont pas superflus, mais qu'ils peuvent servir à remplir la mélodie et à déterminer les sons suivans.

31. Par une semblable méthode, on peut apprendre à entonner tous les autres intervalles dont on se sert dans la musique, et un tel exercice ne manquera point de perfectionner le discernement de l'oreille et de la rendre plus propre à goûter les bonnes pieces de musique. Je m'en vai donc parcourir ces intervalles.

1°. Le demi-ton mineur contenu dans la raison de 24 : 25: on descend d'une quinte de G en C et de là on remonte par deux tierces majeures C, E et E, G*s*.

2°. La tierce mineure contenue dans la raison de 5 : 6: on descend par une tierce majeure de E en C et de là on monte par une quinte en G. Ou bien on monte d'abord de E dans sa quinte H et de là on descend par une tierce majeure en G. Or un petit exercice mettra l'oreille bientôt en état de distinguer immédiatement la tierce mineure.

3°. La quarte superflue contenue dans la raison 32 : 45 ou de F en H: on descend d'abord de F par une quarte en C, d'où l'on remonte par une quinte en G et de là par une tierce majeure en H. Mais cet intervalle est peu en usage.

4°. La sexte mineure contenue dans la raison de 5 : 8, comme de E en *c*, s'entonne en descendant par une tierce majeure en C et de là en remontant par une octave en *c*.

5°. La sexte majeure contenue dans la raison de 3 : 5, comme de C en A, s'entonne en montant de C par une quarte en F et de là par une tierce majeure en A.

6°. La septieme mineure contenue dans la raison de 9 : 16, comme de D en *c*, s'entonne en montant par une quarte en G et de là encore par une quarte en *c*.

7°. L'autre septieme mineure contenue dans la raison de 5 : 9, comme de E en *d*, s'entonne en descendant d'abord par une tierce majeure en C et de là par deux quintes successives en G et *d*.

8°. La septieme majeure contenue dans la raison de 8 : 15, comme de C en H, s'entonne en montant d'abord par une quinte en G et de là par une tierce majeure en H.

32. Un tel exercice continué pendant quelque tems formera l'oreille à reconnoitre la nature de chacun de ces intervalles et à en sentir les agrémens. On s'appercevra aussi bientôt que cette méthode est beaucoup plus propre à former les génies à la musique que celle dont on se sert ordinairement et qui n'est pour la plûpart fondée sur aucun principe de l'harmonie. Il n'y a aussi aucun doute que par ce moyen le sentiment de l'oreille ne devienne beaucoup plus délicat et qu'il s'appercevra des moindres écarts des justes proportions qui devroient regner dans les consonances. Mais il paroit encore

fort douteux, si une telle délicatesse seroit avantageuse à la musique, puisque peut-être quantité d'assès belles pieces deviendroient insupportables. Or il pourroit aussi arriver que les plus excellentes pieces révolteroient une telle oreille trop délicate à cause de leur exécution peu exacte. Car, puisque les sons des instrumens ne s'écartent que trop souvent de la juste proportion que les consonances exigent, d'un comma ou même davantage, il seroit fort à craindre qu'un tel defaut ne fût insupportable à de telles oreilles.

33. Les intervalles que je viens de développer sont ceux que la musique moderne a de commun avec l'ancienne; il sera donc fort intéressant d'examiner de la même maniere les consonances et les intervalles qui sont propres à la musique moderne et qui en constituent le caractere distinctif. Or toutes ces nouvelles consonances résultent du nombre 7 et partant la principale qui sert de base à toutes les autres sera celle qui est contenue dans la raison de 4 : 7, qui est un peu plus simple. Il s'agit donc d'abord d'accoutumer l'oreille à cette nouvelle consonance, afin qu'elle en comprenne bien la nature et l'agrément dont elle est accompagnée. Or comme la proportion de 4 : 7 n'est pas résoluble en de plus simples, il faut bien que l'oreille la saisisse immédiatement, de la même maniere qu'elle apperçoit l'octave, la quinte et la tierce majeure; mais il n'y a aucun doute qu'une telle adresse ne demande beaucoup plus d'application et un plus long exercice. Voyons donc de quelle maniere on pourra réussir à rendre sensible aux oreilles cette nouvelle consonance.

34. Prenons le ton C pour le son qui répond au nombre 4, et le nombre 7 répondra à un son tant soit peu plus grave que le ton B, ou compris entre les tons A et B, puisque l'intervalle 4 : 7 est un peu plus petit que la septieme mineure 9 : 16, ou un peu plus grand que la sexte majeure 3 : 5. Donc, pendant qu'on sonne le ton C, qu'on produise sur un violon successivement plusieurs sons entre A et B, et on en trouvera parmi eux un qui fera avec C un assés bon accord; et pour s'assurer que ce son n'est, ni la sexte majeure, ni la septieme mineure, on n'a qu'à y joindre les tons E et G, celui-là comme la tierce majeure et celui-ci comme la quinte à C, et on s'appercevra que ledit son entre A et B produit avec ceux-ci une assès belle harmonie, douée d'une espece tout particuliere d'agrément. Par ce moyen on obtiendra le véritable accord qui constitue le caractere de la musique moderne. Mar-

quons donc ce nouveau son entre A et B par le signe B*, puisqu'il approche plus de B que de A, et les quatre tons qui composent ce nouvel accord C, E, G, B* seront exprimés par ces nombres assés simples 4, 5, 6, 7 et ce même accord pourra être représenté en sorte par des notes de musique

35. Ce nouvel accord renferme donc d'abord le parfait accord ordinaire du son fondamental C, c'est à dire sa quinte G et sa tierce majeure E; mais à ceux-ci on ajoute en haut le nouveau ton B*, qui est au fondamental C dans la raison de 7 à 4. Ces quatre sons forment donc un accord plus complet que le parfait accord ordinaire et le nouveau son B* qu'on y ajoute lui procure une grace toute particuliere, à laquelle il faut principalement attribuer les avantages de la musique moderne. Comme ce nouveau ton B* tient au fondamental C la raison de 7 : 4, considérons aussi plus soigneusement le rapport qu'il tient aux autres tons E et G. Or, la raison des tons E : B* étant comme 5 : 7, cet intervalle est presque une quarte superflue, ou une quinte fausse contenue dans la raison de 32 : 45, la différence se réduisant au petit intervalle de 224 : 225; mais, à cause de cette petite différence, cet intervalle doit être beaucoup plus agréable que la fausse quinte, ou la quarte superflue. Enfin l'intervalle G : B* étant exprimé par la raison de 6 : 7 est un peu plus petit qu'une tierce mineure, ou la raison de 5 : 6, et si l'on ajoutoit encore en haut le ton *c*, octave du fondamental C, on auroit l'intervalle B* : *c*, exprimé par la raison 7 : 8, un peu plus grand qu'un ton majeur, 8 : 9.

36. La diminution successive des intervalles qui composent ce nouvel accord C : E : G : B* : *c* est bien remarquable, le premier C : E étant une tierce majeure en raison de 4 : 5, le second E : G une tierce mineure en raison de 5 : 6, le troisieme G : B* un peu plus petit qu'une tierce mineure et représenté par la raison 6 : 7 et enfin le quatrieme B* : *c* un peu plus grand qu'un ton majeur, dont la mesure est la raison de 7 : 8. C'est donc la simplicité et le bel ordre de ces nombres 4 : 5 : 6 : 7 : 8 qui rend ce nouvel accord agréable et lui procure une grace toute particuliere et inconnue à la musique ancienne. Il est aussi clair que cet accord peut entrer dans la musique sous plusieurs faces différentes, selon qu'on exprime ses tons d'une ou de deux octaves plus

hauts ou plus bas, dont la plus simple et la plus agréable à l'oreille est sans doute celle qui est exprimée par les nombres primitifs eux-mêmes 1 : 3 : 5 : 7 et qui sera représentée en sorte par les notes de musique

37. Pour mieux comprendre l'étendue de ce nouvel accord et son application à la pratique, j'ajouterai encore toutes ses variations qui peuvent avoir lieu dans l'espace d'une octave.

1°. La premiere forme est celle que j'ai déjà rapportée et qui répond à ces nombres 4 : 5 : 6 : 7

2°. La seconde forme est représentée par ces nombres 5 : 6 : 7 : 8, où la tierce mineure occupe le plus bas lieu.

3°. La troisieme forme commence en bas par le son 6 et contient cet ordre de nombres 6 : 7 : 8 : 10.

4°. La quatrieme variation porte enfin le nouveau ton 7 au plus bas selon cet ordre 7 : 8 : 10 : 12.

On n'a qu'à jetter les yeux sur les compositions modernes des Musiciens et on verra que toutes ces variations y sont employées avec le plus grand succès, avec cette seule différence, qu'au lieu du nouveau son marqué ici d'une étoile * ils se servent de celui des tons ordinaires qui en approche le plus.

38. Or la musique auroit sans doute beaucoup plus d'agrémens, si l'on étoit en état d'exprimer exactement tous ces sons; ce qu'il seroit bien possible d'exécuter avec des violons et autres instrumens, où l'on est le maitre de modérer les sons à son gré. Mais, quand on se sert d'un clavecin, ou d'autres instrumens qui ne contiennent qu'un certain nombre de sons fixes et déterminés, on est dans la nécessité de substituer, au lieu des ces sons nouveaux, d'autres qui n'en different pas beaucoup, et j'ai déjà remarqué que l'oreille n'est pas assès scrupuleuse pour ne pas souffrir une telle substitution, mais qu'elle y supplée plutôt elle même, en mettant, à la place des sons peu justes, ceux que l'harmonie exige. Ainsi, quand les quintes et les tierces des instrumens ne sont pas exactes, l'oreille est toujours prête à remédier à ce défaut, pourvû qu'il ne soit pas trop considérable, et quand même les instrumens seroient parfaitement bien accordés, cette justesse n'auroit lieu que pour les pieces composées dans le mode *c* dur et quelques autres; pour les autres modes il y a toujours des tierces ou des quintes ou toutes les deux qui ne sauroient être exactes; et c'est ce même défaut de justesse qui semble caractériser chacun de ces modes différens et qui sans cette différence devroient se ressembler parfaitement.

39. Puisque ces sons nouveaux qui entrent dans les accords caractéristiques de la musique moderne ne se trouvent point dans les instrumens dont tous les sons sont fixes, je les nommerai à cet égard *étrangers* et il faudra regarder comme une *licence musique* qu'il soit permis de se servir, au lieu de ces sons, de ceux des instrumens qui en approchent le plus; aussi admet-on quelquefois un plus grand écart de la justesse, comme j'ai déjà remarqué, qu'au lieu de l'accord C : E : G : B, qui répondroit assès bien aux nombres 4 : 5 : 6 : 7 on employe celui-ci: C : E : G : A, puisque le véritable ton B* qui rendroit cet accord exact est contenu entre les tons A et B, quoiqu'il approche beaucoup plus de B que de A. La raison pourquoi on employe dans ces cas plutôt le ton A que B est évidemment que le ton B ne se trouve pas alors dans l'échelle diatonique qui caractérise le *mode* de la piece. On aime donc mieux employer le son A, qui entre déjà dans les accords et dont l'oreille a déjà été frappée, quoique ce fût dans une signification tout à fait différente.

40. De là je tire cette regle fort importante dans la composition musicale, qui est que ces accords nouveaux ne sauroient suivre ni être suivis de

tels accords, où les tons étrangers de ceux-là, ou plutôt les tons ordinaires dont on se sert à leur place, se trouvent employés dans leur signification naturelle. Ainsi l'accord rapporté ci-dessus C : E : G : B* a proprement lieu dans le mode F tant dur que mol, où C est nommée la *note dominante*; mais on ne sauroit l'employer ni avant ni après l'accord B : *d* : *f*, où le ton B, qui est l'étranger, a sa valeur naturelle. Il en est de même de l'accord F : *d** : *f* : *a* : *c*, considéré ci-dessus § 22, où *d** est le ton étranger représentant le nombre 7; cet accord est quasi propre au mode C dur et partant ne doit jamais ni suivre ni être suivi immédiatement par l'accord G : H : *d*, où le ton *d* se trouve dans son état naturel. Or je remarque que cette regle est pour l'ordinaire bien observée par les Musiciens, et si elle ne l'étoit pas, on conviendra aisément que tout ce que les Compositeurs se permettent, n'est pas pour cela fondé dans l'harmonie; il semble plutôt qu'un pur caprice y ait souvent bien de la part.

41. Enfin, il faut bien prendre garde de ne pas confondre ces accords, qui caractérisent proprement la musique moderne, avec d'autres accords compliqués et connus sous le nom de dissonances qui, selon les regles des Musiciens, doivent être préparées et résolues d'une certaine façon, pendant que les accords dont j'ai parlé jusqu'ici n'ont besoin d'aucune préparation et peuvent être employés tout comme les accords parfaits. Mais pour ceux qu'on nomme proprement *dissonances*, il est bon d'observer qu'ils ne sont qu'une réunion ou complication de deux accords parfaits qui devroient se suivre l'un l'autre, mais où le premier s'applique trop longtems et se confond ainsi avec le suivant. Or, quand ces deux accords, en se suivant l'un l'autre, produisent un bon effet, l'oreille ne sauroit être choquée en les entendant tous les deux à la fois et on s'appercevra aisément que c'est la véritable raison de l'emploi de ces accords nommés dissonances. Mais celui des accords que je nomme ici nouveau est entierement différent, puisque leur essence renferme des sons étrangers qui répondent au nombre 7 inconnu à la musique ancienne.

42. Cette considération peut aussi servir à découvrir peut-être de nouveaux accords de cette nature, dont les Musiciens ne se sont pas encore avisé de se servir. Pour cet effet nous n'avons qu'à mettre sous les yeux une échelle de sons renfermés dans l'intervalle d'une octave qui peuvent être employés dans le même mode de musique; ce qui arrive lorsque les nombres qui sont

les mesures de ces sons ne sont pas trop grands. Voilà donc une telle octave

64 : 72 : 75 : 80 : 90 : 96 : 100 : 108 : 120 : 128
F : G : G*s* : A : H : C : C*s* : D : E : *f*

qui convient tant au mode C dur qu'à A mol. Maintenant nous n'avons qu'à marquer dans cet intervalle les nombres divisibles par 7 et cela par un nombre composé uniquement des facteurs 2, 3, 5; tels sont

1°. $70 = 10 \times 7$, 2°. $84 = 12 \times 7$, 3°. $105 = 15 \times 7$,
4°. $112 = 16 \times 7$, 5°. $126 = 18 \times 7$.

Ces nombres donnent donc les sons étrangers, au lieu desquels on peut employer les tons du clavecin qui en approchent le plus, comme

pour le nombre	70	84	105	112	126
les tons	G* ou F*s*	B*	D*	D*s**	*f**

43. Joignons maintenant à chacun de ces multiples du nombre 7 de semblables multiples des nombres 4, 5, 6 et 8 et nous obtiendrons les accords nouveaux suivans:

I. 40 : 50 : 60 : 70 : 80
A : C*s* : E : G* : *a*

dont les diverses représentations se trouvent ici à côté:

II. 48 : 60 : 72 : 84 : 96
C : E : G : B* : *c*

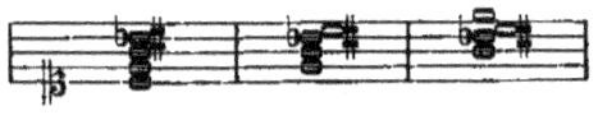

III. 60 : 75 : 90 : 105 : 120
E : G*s* : H : D* : *e*

IV. 64 : 80 : 96 : 112 : 128
F : A : C : D*s* : *f*

V. 72 : 90 : 108 : 126 : 144
G : H : D : F* : *g*

où j'ai partout marqué d'une étoile * les sons étrangers.

44. Mais comme il n'y a aucun doute que tous ces accords produiroient un meilleur effet, si l'on pouvoit exprimer exactement sur les instrumens les sons étrangers qui y entrent, la musique pourroit aussi de ce côté être portée à un plus haut degré de perfection, si l'on trouvoit moyen de doubler le nombre des tons sur les clavecins. Comme les 12 tons ordinaires d'une octave sont compris dans cet exposant $2^n \cdot 3^3 \cdot 5^2$ dont tous les diviseurs fournissent ces 12 tons, il faudroit alors employer cet exposant $2^n \cdot 3^3 \cdot 5^2 \cdot 7$ qui fournit 24 tons dans chaque octave, c'est à dire douze nouveaux, pour représenter exactement les tons que je nomme étrangers. Voici les uns et les autres:

Tons principaux	Nombres exposans	Tons étrangers	Nombres exposans
F	$2^{12} = 4096$	F*	$2^6 \cdot 3^2 \cdot 7 = 4032$
F*s*	$2^5 \cdot 3^3 \cdot 5 = 4320$	F*s**	$2^3 \cdot 3 \cdot 5^2 \cdot 7 = 4200$
G	$2^9 \cdot 3^2 = 4608$	G*	$2^7 \cdot 5 \cdot 7 = 4480$
G*s*	$2^6 \cdot 3 \cdot 5^2 = 4800$	G*s**	$3^3 \cdot 5^2 \cdot 7 = 4725$
A	$2^{10} \cdot 5 = 5120$	A*	$2^4 \cdot 3^2 \cdot 5 \cdot 7 = 5040$
B	$2^3 \cdot 3^3 \cdot 5^2 = 5400$	B*	$2^8 \cdot 3 \cdot 7 = 5376$
H	$2^7 \cdot 3^2 \cdot 5 = 5760$	H*	$2^5 \cdot 5^2 \cdot 7 = 5600$
C	$2^{11} \cdot 3 = 6144$	C*	$2^5 \cdot 3^3 \cdot 7 = 6048$
C*s*	$2^8 \cdot 5^2 = 6400$	C*s**	$2^2 \cdot 3^2 \cdot 5^2 \cdot 7 = 6300$
D	$2^8 \cdot 3^3 = 6912$	D*	$2^6 \cdot 3 \cdot 5 \cdot 7 = 6720$
D*s*	$2^5 \cdot 3^2 \cdot 5^2 = 7200$	D*s**	$2^{10} \cdot 7 = 7168$
E	$2^9 \cdot 3 \cdot 5 = 7680$	E*	$2^3 \cdot 3^3 \cdot 5 \cdot 7 = 7560$
f	$2^{13} = 8192$	*f**	$2^7 \cdot 3^2 \cdot 7 = 8064$

Il est évident qu'il suffit d'avoir déterminé un seul des tons étrangers' puisque tous les autres en peuvent ensuite être formés par de simples quintes et tierces majeures.

ECLAIRCISSEMENS PLUS DETAILLES SUR LA GENERATION ET LA PROPAGATION DU SON ET SUR LA FORMATION DE L'ECHO[1])

Commentatio 340 indicis Enestroemiani
Mémoires de l'académie des sciences de Berlin [21] (1765), 1767, p. 335—363

1. La plus sublime recherche que les Géometres ayent entreprise de nos jours avec succès, est sans contredit à tous égards celle de la propagation du son. Comme il y est question d'une certaine agitation de l'air, cette recherche a été d'autant plus difficile, que parmi toutes celles qu'on a faites sur le mouvement de différens corps, il ne s'en trouve pas une seule, où l'on ait réussi à soumettre au calcul le mouvement de l'air; de sorte que cette partie de la Mécanique a été jusqu'ici entierement inconnue. Car on n'y sauroit rapporter le peu de chose qu'on a fait sur le mouvement des corps poussés par la force d'un air comprimé, puisqu'on n'y a considéré que la seule force de l'air, sans examiner le mouvement dont ces différentes particules de l'air sont agitées entr'elles. Ainsi on ne savoit encore absolument rien des différens mouvemens dont une masse d'air est susceptible.

2. Outre cette difficulté, on en a rencontré encore une autre aussi grande de la part de l'Analyse; quelque perfectionnée que paroisse déjà cette science par les soins des plus grands Géometres, elle n'étoit pas encore suffisante pour

1) Voir pour cette dissertation les mémoires 2, 305, 306, 307 de ce volume. Voir aussi le mémoire 151 (suivant l'index d'Eneström) *Coniectura physica de propagatione soni ac luminis*, [Opuscula varii argumenti] [2], Berolini 1750, p. 1—22; *Leonhardi Euleri Opera omnia*, series III, vol. 2. F. R.

entreprendre cette recherche; il falloit quasi ouvrir une carriere tout à fait nouvelle, où il s'agit d'étendre l'Analyse à des fonctions de deux ou plusieurs variables, pendant que presque toutes les découvertes des Géometres ont été bornées à des fonctions d'une seule variable. Il falloit donc s'appliquer à une branche tout à fait nouvelle de l'Analyse des infinis, dont même les premiers élémens n'étoient presque pas encore développés. De là on ne sera pas surpris, si cette nouvelle Analyse rencontre de grandes contradictions, même de la part des plus grands Géometres, quand on se rapelle à combien de contradictions le calcul différentiel a été exposé dans sa premiere naissance.

3. Quoique j'aye déjà traité ce sujet en quelques Mémoires[1]) après le célebre M. DE LA GRANGE[2]), à qui on est redevable de cette importante découverte, tant la nouveauté que l'importance mérite bien toute l'attention, et des recherches ultérieures ne manqueront pas de nous fournir encore de plus grands éclaircissemens. Lorsque je traitai cette matiere pour la premiere fois, je me suis attaché principalement à déterminer la vitesse dont un trémoussement est transmis par l'air; mais à présent je tacherai de développer toutes les particularités qui peuvent avoir lieu dans les agitations de l'air, et la maniere dont elles sont altérées dans leur propagation. Cette recherche est d'autant plus intéressante, que c'est de là que résultent toutes les variétés que nous observons dans les sons. Mais, ayant déjà fait voir que la propagation se fait à peu près de la même maniere dans le plein air que dans un tuyau, je bornerai mes recherches présentes à des tuyaux et même également larges par toute leur étendue; il n'importe presque rien, si ces tuyaux sont droits ou courbés d'une maniere quelconque, puisque les phénomenes du son n'en souffrent aucun changement.

4. Soit donc AB (Fig. 1) un tuyau de la même largeur $=ff$ par toute sa longueur, que la figure représente droit, quoiqu'il puisse avoir une figure courbée quelconque; je regarde aussi encore sa longueur indéterminée, puisque ce n'est qu' après toutes les intégrations, qu'on tiendra compte des bouts du

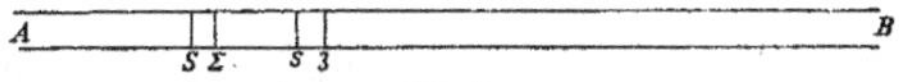

Fig. 1.

1) Voir les mémoires 2, 305, 306, 307 de ce volume. F. R.

2) Voir la note 2 p. 428 de ce volume. F. R.

tuyau, soit qu'ils soyent ouverts ou fermés. Je suppose donc que l'équilibre de l'air contenu dans ce tuyau ait été troublé d'une maniere quelconque, ou par toute sa longueur, ou seulement dans une partie. Que B exprime la densité naturelle de l'air, mais qu'au point S, posant la distance $AS = S$ prise d'un point fixe A, la densité de l'air ait été réduite à Q et qu'on ait imprimé à cette particule d'air en S un mouvement vers B avec la vitesse $= V$, de sorte que les deux quantités Q et V expriment le dérangement dont l'équilibre de l'air dans le tuyau a été troublé au commencement. Si quelque part on avoit laissé l'air dans son état naturel, on n'auroit qu'à y mettre $Q = B$ et $V = 0$. C'est ainsi que je représente l'état initial de l'air contenu dans le tuyeau.

5. Maintenant après un tems écoulé de t secondes la couche de l'air qui au commencement a rempli l'élément $S\Sigma = dS$, soit parvenue en $s\zeta$, et nommons l'espace $As = s$, dont l'élément $s\zeta = ds$; que la densité de l'air y soit à présent $= q$ et la vitesse vers B $= v$, en exprimant chaque vitesse par l'espace qui en seroit parcouru dans une seconde, de sorte que tout revient à déterminer ces trois quantités s, q et v, auxquelles ont été réduites après le tems t les trois quantités S, Q et V de l'état initial. Or, à l'égard de celles-ci il est bon de remarquer que, puisque l'état initial doit être regardé comme donné, les lettres Q et V sont de certaines fonctions de l'espace $AS = S$, mais les quantités s, q et v, puisqu'elles dépendent non seulement de l'état initial, mais aussi du tems t, sont effectivement des fonctions de deux variables S et t et partant leur détermination appartient à cette nouvelle partie de l'Analyse, qui traite des fonctions de deux variables et qui est fondée sur des principes, qui lui sont particuliers.

6. Donc puisque s est une fonction de S et t, en augmentant tant S que t de leurs différentiels dS et dt, la valeur de s deviendra

$$= s + dS\left(\frac{ds}{dS}\right) + dt\left(\frac{ds}{dt}\right),$$

où il faut remarquer que la partie $dS\left(\frac{ds}{dS}\right)$ exprime proprement l'élément $s\zeta$, dont le point Σ sera plus avancé que le point S après le tems t. Mais l'autre partie, $dt\left(\frac{ds}{dt}\right)$, exprime l'espace par lequel le point s avencera pendant l'élément du tems suivant dt; lequel étant divisé par dt donnera par conséquent la vitesse de l'air en s après le tems t, de sorte que nous en tirons $v = \left(\frac{ds}{dt}\right)$. Ensuite l'élément de la masse d'air, qui occupoit au commencement l'espace $S\Sigma = dS$ avec la densité Q, la largeur du tuyau étant $= ff$, est exprimé par la formule $ffQdS$. Or cette même masse occupant après le tems t l'espace $s\zeta = dS\left(\frac{ds}{dS}\right)$ avec la densité q, la largeur demeurant la même $= ff$, sera exprimée par la formule $ffqdS\left(\frac{ds}{dS}\right)$, d'où nous tirons cette égalité

$$Q = q\left(\frac{ds}{dS}\right);$$

de sorte qu'ayant trouvé la nature de la fonction s, nous en connoissons d'abord tant la vitesse $v = \left(\frac{ds}{dt}\right)$ qui se trouve en s après le tems t, que sa densité $q = Q : \left(\frac{ds}{dS}\right)$. Or cet air en s est le même, qui au commencement a été en S.

7. La vitesse de l'air en s après le tems t étant $v = \left(\frac{ds}{dt}\right)$, l'incrément de cette vitesse pendant l'élément du tems suivant dt sera

$$= dt\left(\frac{dv}{dt}\right) = dt\left(\frac{dds}{dt^2}\right),$$

lequel étant divisé par dt donne l'accélération $= \left(\frac{dds}{dt^2}\right)$, qui doit être la même que celle qui est produite par les forces qui agissent sur l'élément de l'air en $s\zeta$; or ces forces ne résultent que de la pression de l'air, dont il agit en vertu de son élasticité tant en s qu'en ζ. Soit dont la pression en s égale au poids d'une colonne de mercure dont la hauteur $= p$, laquelle dépendant de la densité de l'air en s doit aussi être considérée comme une fonction des deux variables S et t; d'où nous concluons pour le même tems la pression en ζ égale à la hauteur $= p + dS\left(\frac{dp}{dS}\right)$. Donc l'élément d'air en $s\zeta$, dont la masse est $= ffQdS$, est repoussé vers A par le poids d'une colonne de mercure dont la hauteur $= dS\left(\frac{dp}{dS}\right)$ et qui agit sur la base $= ff$. Que l'unité exprime la densité du mercure, et le poids ou la masse de cette colonne étant $= ffdS\left(\frac{dp}{dS}\right)$, la force accélératrice sera $= -\frac{1}{Q}\left(\frac{dp}{dS}\right)$.

8. Or posant la hauteur $= g$, d'où les corps pesans tombent dans une seconde, qui est comme on sait de 15,625 pieds de Rhin[1]), les principes de Mécanique fournissent cette équation

$$\left(\frac{dds}{dt^2}\right) = -\frac{2g}{Q}\left(\frac{dp}{dS}\right)$$

ou

$$\left(\frac{dp}{dS}\right) + \frac{Q}{2g}\left(\frac{dds}{dt^2}\right) = 0,$$

où il faut observer que Q marque une fraction qui est à l'unité comme la densité de l'air en S à la densité du mercure, ou bien en raison de leur gravités spécifiques. Ou ayant déjà trouvé

$$Q = q\left(\frac{ds}{dS}\right)$$

nous aurons

$$\left(\frac{dp}{dS}\right) + \frac{q}{2g}\left(\frac{ds}{dS}\right)\left(\frac{dds}{dt^2}\right) = 0.$$

Maintenant puisque la pression p est proportionelle à la densité q, supposons qu'à une densité connue $= b$ il répond la hauteur du barometre $= a$, et nous aurons $p = \frac{aq}{b}$, donc

$$\left(\frac{dp}{dS}\right) = \frac{a}{b}\left(\frac{dq}{dS}\right);$$

de sorte que notre équation prend cette forme

$$\frac{2ag}{bQ}\left(\frac{dq}{dS}\right) + \left(\frac{dds}{dt^2}\right) = 0,$$

qui conjointement avec la précédente $Q = q\left(\frac{ds}{dS}\right)$ renferme la détermination du mouvement de l'air dans le tuyau.

9. De là nous pourrons d'abord éliminer la lettre q; car puisque Q est une fonction du seul S, nous aurons

$$\left(\frac{dQ}{dS}\right) = \left(\frac{dq}{dS}\right)\left(\frac{ds}{dS}\right) + q\left(\frac{dds}{dS^2}\right),$$

---

1) Un pied de Rhin = 313,8355 mm. F. R.

d'où nous tirons

$$\left(\frac{dq}{dS}\right) = \left(\frac{dQ}{dS}\right) : \left(\frac{ds}{dS}\right) - Q\left(\frac{dds}{dS^2}\right) : \left(\frac{ds}{dS}\right)^2$$

et cette valeur substituée dans l'autre équation donne

$$\frac{2agdQ}{bQdS} : \left(\frac{ds}{dS}\right) - \frac{2ag}{b}\left(\frac{dds}{dS^2}\right) : \left(\frac{ds}{dS}\right)^2 + \left(\frac{dds}{dt^2}\right) = 0.$$

Puisque Q est une fonction donnée de S, posons pour abréger

$$\frac{dQ}{QdS} = P \quad \text{et} \quad \frac{2ag}{b} = cc,$$

pour avoir en multipliant par $\left(\frac{ds}{dS}\right)^2$ cette équation

$$ccP\left(\frac{ds}{dS}\right) - cc\left(\frac{dds}{dS^2}\right) + \left(\frac{ds}{dS}\right)^2\left(\frac{dds}{dt^2}\right) = 0,$$

de l'intégration de laquelle dépend la détermination du mouvement qu'on cherche; or quelques peines que je me suis données, je n'en ai pu trouver la nature de la fonction s, ni comment elle est composée de deux variables S et t.

10. Donc, quelque simple que paroisse le cas que je me suis proposé, où il ne s'agit que du mouvement de l'air contenu dans un tuyau de même largeur par toute son étendue, il est pourtant encore de beaucoup trop compliqué, pour que les bornes de l'Analyse soyent suffisantes à le résoudre. La difficulté ne réside pas dans le mouvement, que je suppose avoir été d'abord imprimé à l'air dans le tuyau, puisque la lettre V, qui en désigne la vitesse, n'entre pas même dans le calcul. Donc, si l'on supposoit une certaine quantité d'air dans le tuyau réduite à une plus grande densité et qu'il s'y trouve un boulet qui en seroit poussé, il faut avouer que même dans ce cas la détermination du mouvement de l'air surpasseroit encore les forces du calcul; tout ce qu'on a fait sur ce sujet se réduit au seul mouvement du boulet qu'on a déterminé en faisant abstraction de celui de l'air, ou bien en négligeant l'inertie de l'air; laquelle étant si extrêmement petite à l'égard de celle du boulet, le calcul ne laisse pas d'être très bien d'accord avec les expériences.

11. Je ne vois qu'une seule condition, sous laquelle l'équation que je viens de trouver puisse être réduite à l'intégrabilité; cette condition est que la formule $\left(\frac{ds}{dS}\right)$ retienne toujours presque la même valeur. Donc, puisqu'au commencement il étoit $s = S$ et partant $\left(\frac{ds}{dS}\right) = 1$, cette condition aura lieu, quand les valeurs de $\left(\frac{ds}{dS}\right)$ ne different jamais sensiblement de l'unité. On voit bien que cela arrivera, lorsque l'espace Ss, par lequel l'air en S est transporté pendant le tems t, est toujours extrêmement petit, ou bien lorsque chaque particule de l'air contenu dans le tuyau ne change presque point de place. Or c'est précisément le cas de la propagation du son que j'ai ici principalement en vue; mais il pourra aussi être appliqué avec le même succès à tous les autres cas, où il ne s'agit que de déterminer un trémoussement de l'air dans le tuyau; tels cas sont premierement la génération et ensuite la production du son dans les tuyau d'orgue, que je me propose de développer à la premiere occasion, où je me servirai des mêmes principes, que je m'en vai établir dans les articles suivans.

12. Puisque je supposerai donc que la quantité s ne differe jamais que quasi infiniment peu de S, je pose $s = S + z$, de sorte que z marque l'espace Ss, par lequel l'air qui étoit en S se trouve transporté après le tems t. De là nous aurons

$$\left(\frac{ds}{dS}\right) = 1 + \left(\frac{dz}{dS}\right),$$

où le terme $\left(\frac{dz}{dS}\right)$ étant infiniment petit par rapport à l'unité, peut être omis; mais cela non obstant la valeur

$$\left(\frac{dds}{dS^2}\right) = \left(\frac{ddz}{dS^2}\right)$$

demeurera dans le calcul, puisqu'il n'y a rien, par rapport auquel on la pourroit rejetter; enfin on aura

$$\left(\frac{ds}{dt}\right) = v = \left(\frac{dz}{dt}\right) \quad \text{et} \quad \left(\frac{dds}{dt^2}\right) = \left(\frac{ddz}{dt^2}\right),$$

d'où notre équation [§ 9] se réduit à cette forme à cause de $\left(\frac{ds}{dS}\right) = 1$:

$$ccP - cc\left(\frac{ddz}{dS^2}\right) + \left(\frac{ddz}{dt^2}\right) = 0.$$

Où je remarque que cette même équation résulteroit, si l'on posoit $s = S + \alpha t + z$, quelque grande que soit la quantité α, pourvu que z soit une très petite; mais ce cas n'est que celui, où le tuyau entier seroit transporté uniformément selon la même direction, ou bien si l'air passoit par le tuyau d'un mouvement uniforme.

13. Lorsque je traitai la premiere fois ce sujet de la propagation du son, l'équation, à laquelle je suis parvenu, différoit de celle-ci en ce que le premier terme ccP ne s'y trouvoit point[1]); mais cela nonobstant la rapidité de la propagation, que j'en ai tirée, étoit très juste, puisque ce terme alors omis renferme la nature de l'agitation, à laquelle je n'ai fait alors aucune attention. Mais à présent ce terme me servira à découvrir toutes les variétés des sons, qui dépendent de la nature de la premiere agitation de l'air dans le tuyau; car on sait que les sons, quoiqu'ils soyent également graves ou aigus et aussi également forts, admettent encore plusieurs variations et différences, comme sont celles des différentes voyelles, dont personne n'a encore entrepris d'expliquer la nature. Ensuite ce même terme ccP me mettra aussi en état d'expliquer la formation du son dans les flutes ou tuyaux d'orgues, ce que je remets à une autre occasion, me contentant pour le présent d'examiner plus en détail la production et propagation du son.

14. D'abord je remarque que le terme ccP ne trouble point l'intégration de l'équation trouvée; car posant $z = u + R$, de sorte que R soit une fonction de la variable S, nous aurons

$$ccP - \frac{ccddR}{dS^2} - cc\left(\frac{ddu}{dS^2}\right) + \left(\frac{ddu}{dt^2}\right) = 0.$$

Faisons donc

$$\frac{ddR}{dS^2} = P = \frac{dQ}{QdS}$$

et nous aurons

$$\frac{dR}{dS} = l\frac{Q}{C} \quad \text{et} \quad R = \int dSl\frac{Q}{C}.$$

Or pour la quantité u on aura cette équation

$$\left(\frac{ddu}{dt^2}\right) = cc\left(\frac{ddu}{dS^2}\right),$$

1) Voir le mémoire 305 de ce volume, § 17. F. R.

dont on sait par le mouvement des cordes vibrantes que l'intégrale complette est

$$u = \Gamma:(S+ct) + \varDelta:(S-ct),$$

où Γ et $\varDelta$ désignent des fonctions quelconques des quantités y jointes. Par conséquent l'intégrale complette de notre équation est

$$z = \int dS\, l\frac{Q}{C} + \Gamma:(S+ct) + \varDelta:(S-ct),$$

et de là ensuite $s = S + z$.

15. Maintenant il ne reste plus que d'ajuster cette équation infiniment générale au cas dont il est question. Pour cet effet il en faut déduire les valeurs $\left(\frac{ds}{dS}\right)$ et $\left(\frac{ds}{dt}\right)$, qui résultent

$$\left(\frac{ds}{dS}\right) = 1 + \left(\frac{dz}{dS}\right) = 1 + l\frac{Q}{C} + \Gamma':(S+ct) + \varDelta':(S-ct)$$

et

$$\left(\frac{ds}{dt}\right) = \left(\frac{dz}{dt}\right) = c\Gamma':(S+ct) - c\varDelta':(S-ct).$$

Appliquons à présent ces formules à l'état initial en posant $t = 0$, et puisqu'alors il devient

$$s = S, \quad \left(\frac{ds}{dt}\right) = V \quad \text{et} \quad \left(\frac{ds}{dS}\right) = \frac{Q}{q} = 1,$$

à cause de $q = Q$, nous aurons

$$0 = \int dS\, l\frac{Q}{C} + \Gamma:S + \varDelta:S,$$

$$V = c\Gamma':S - c\varDelta':S$$

et

$$0 = l\frac{Q}{C} + \Gamma':S + \varDelta':S.$$

Or, de ces trois équations la premiere est déjà comprise dans la troisieme et la constante C peut encore être prise à volonté. Posons donc $C = B$, ce qui est la densité naturelle de l'air dans le tuyau, et remarquons que de là il ne nait aucune restriction, puisque la généralité de la lettre C est déjà comprise dans les deux fonctions générales.

16. En prenant $C = B$, puisque la densité Q ne sauroit différer considérablement de la densité naturelle, vu que nous supposons que les changemens de place de chaque particule d'air sont toujours très petits, la fraction $\frac{Q}{B}$ ne différera presque pas de l'unité et partant son logarithme sera

$$l\frac{Q}{B} = \frac{Q-B}{B}.$$

De là nous déterminerons les deux fonctions différentielles

$$\Gamma' : S = \frac{V}{2c} - \frac{1}{2}\,l\frac{Q}{B} \quad \text{et} \quad \varDelta' : S = -\frac{V}{2c} - \frac{1}{2}\,l\frac{Q}{B}$$

et partant les fonctions Γ und $\varDelta$ mêmes seront

$$\Gamma : S = \frac{1}{2c}\int V dS - \frac{1}{2}\int dS\,l\frac{Q}{B}$$

et

$$\varDelta : S = -\frac{1}{2c}\int V dS - \frac{1}{2}\int dS\,l\frac{Q}{B}.$$

Donc, puisque l'état initial donne à connoitre pour chaque abscisse S les valeurs V et Q, on en tirera aisément les fonctions

$$\Gamma' : S, \quad \varDelta' : S, \quad \Gamma : S \quad \text{et} \quad \varDelta : S,$$

non seulement pour l'abscisse S, mais aussi pour toute autre abscisse $S + ct$, ou $S - ct$, qui entrent dans nos formules qui expriment l'état de l'air après le tems t. D'où cette question est parfaitement résolue, quelle qu'ait été l'agitation initiale, pourvu qu'elle soit extrêmement petite.

17. Nous voilà donc parvenus à la solution de ce problème assèz général: *L'état d'équilibre de l'air dans le tuyau AB* (Fig. 1) *ayant été troublé d'une maniere quelconque, pourvu que les dérangemens soyent extrêmement petits, déterminer le mouvement de l'air qui en sera causé dans le tuyau.*

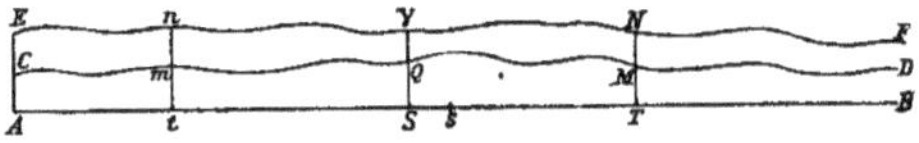

Fig. 2.

Pour en donner la solution, considérons d'abord tout ce qui est donné; ce qui se réduit aux points suivans.

1°. La densité du mercure étant exprimée par 1, soit b celle de l'air naturel et a la hauteur du mercure dans le barometre, d'où l'on tire l'espace $c = \sqrt{\frac{2ag}{b}}$, où g marque la hauteur de la chûte dans une seconde.

2°. Que dans l'état initial le dérangement d'équilibre ait été tel, que l'air au point S (Fig. 2) du tuyau ait reçu la densité $= Q$, d'où je construis la courbe CQD, en posant ses appliquées

$$SQ = cl\frac{Q}{b} = \frac{Q-b}{b}c,$$

que je nommerai *l'échelle* des densités.

3°. Qu'outre ce dérangement on ait imprimé à l'air en S une vitesse selon la direction SB et, posant l'espace qui en seroit parcouru dans une seconde $= V$, je constitue l'appliquée $SV = V$, d'où je construis *l'échelle des vitesses* EVF.

L'axe de ces deux échelles est la droite AB, qui représente en même tems le tuyau étendu en ligne droite, en cas qu'il soit courbé.

SOLUTION ANALYTIQUE DU PROBLEME

18. Qu'après le tems de t secondes écoulé depuis le commencement, la particule d'air qui étoit alors en S (Fig. 2) se trouve à présent en s, et posons l'espace $Ss = z$; soit ensuite la densité de cet air en $s = q$ et sa vitesse $= v$ dirigée vers B, et il est clair que toute la solution se réduit à la détermination de ces trois élémens z, q et v. Pour cet effet on n'a qu'à établir les fonctions suivantes pour l'abscisse $AS = S$:

$$\Gamma' : S = \frac{V}{2c} - \frac{1}{2}l\frac{Q}{b}, \quad \Delta' : S = -\frac{V}{2c} - \frac{1}{2}l\frac{Q}{b}$$

et

$$\Gamma : S = \frac{1}{2c}\int V dS - \frac{1}{2}\int dS l\frac{Q}{b}, \quad \Delta : S = -\frac{1}{2c}\int V dS - \frac{1}{2}\int dS l\frac{Q}{b},$$

et de là on aura

$$z = \int dS\, l\frac{Q}{b} + \Gamma:(S+ct) + \Delta:(S-ct),$$

$$\frac{Q}{q} = 1 + l\frac{Q}{b} + \Gamma':(S+ct) + \Delta':(S-ct),$$

et

$$v = c\Gamma':(S+ct) - c\Delta':(S-ct).$$

Or, puisque q diffère très peu de Q, on aura assèz exactement

$$\frac{q}{b} = 1 - \Gamma':(S+ct) - \Delta':(S-ct).$$

CONSTRUCTION GEOMETRIQUE DU PROBLEME

19. Les échelles construites sur l'état initial de l'air dans le tuyau donnent d'abord pour l'abscisse $AS = S$ les valeurs suivantes:

$$l\frac{Q}{b} = \frac{1}{c}\cdot SQ,$$

donc

$$\int dS\, l\frac{Q}{b} = \frac{1}{c}\cdot ACSQ$$

et

$$V = SV;$$

donc

$$\int V ds = AESV,$$

d'où nous tirons

$$\Gamma':S = \frac{1}{2c}\cdot SV - \frac{1}{2c}\cdot SQ, \quad \Delta':S = -\frac{1}{2c}\cdot SV - \frac{1}{2c}\cdot SQ,$$

$$\Gamma:S = \frac{1}{2c}\cdot AESV - \frac{1}{2c}\cdot ACSQ, \quad \Delta:S = -\frac{1}{2c}\cdot AESV - \frac{1}{2c}\cdot ACSQ.$$

Donc, prenant pour un tems écoulé quelconque de t secondes les abscisses $AT = S+ct$ et $At = S-ct$, de sorte que $ST = St = ct$, nous aurons semblablement

$$\Gamma' : (S+ct) = \frac{1}{2c} \cdot TN - \frac{1}{2c} \cdot TM, \quad \Delta' : (S-ct) = -\frac{1}{2c} \cdot tn - \frac{1}{2c} \cdot tm,$$

$$\Gamma : (S+ct) = \frac{1}{2c} \cdot AETN - \frac{1}{2c} \cdot ACTM,$$

$$\Delta : (S-ct) = -\frac{1}{2c} \cdot AEtn - \frac{1}{2c} \cdot ACtm,$$

d'où il est à présent aisé de construire les formules trouvées pour les trois quantités z, q et v.

20. Or, d'abord pour la quantité z, qui exprime l'espace Ss, dont la particule d'air qui étoit au commencement en S se trouve à présent plus avancée vers B, nous aurons

$$z = \frac{1}{c} \cdot ACSQ + \frac{1}{2c} \cdot AETN - \frac{1}{2c} \cdot ACTM - \frac{1}{2c} \cdot AEtn - \frac{1}{2c} \cdot ACtm,$$

ou bien

$$z = \frac{1}{2c}(tnTN - SQTM + SQtm),$$

où $tnTN$, $SQTM$ et $SQtm$ marquent des espaces renfermés par les deux échelles données.

Ensuite, pour la densité q de l'air, qui se trouve à présent en s, nous aurons

$$q = b\left(1 - \frac{1}{2c} \cdot TN + \frac{1}{2c} \cdot TM + \frac{1}{2c} \cdot tn + \frac{1}{2c} \cdot tm\right),$$

ou bien

$$q = b + \frac{b}{2c}(TM + tm - TN + tn).$$

Enfin, pour la vitesse de cet air en s, qui est $= v$ et dirigée vers B, nous aurons

$$v = \frac{1}{2} TN - \frac{1}{2} TM + \frac{1}{2} tn + \frac{1}{2} tm,$$

ou bien

$$v = \frac{1}{2}(TN + tn - TM + tm).$$

Cette vitesse est exprimée par l'espace qui en seroit parcouru dans une seconde.

DE LA GENERATION ET PROPAGATION DU SON

21. Je conçois ici que notre tuyau (Fig. 3) s'étend de part et d'autre à l'infini, ayant partout la même largeur, et qu'au commencement une petite

Fig. 3.

partie d'air contenu dans l'espace IK ait été ébranlée d'une maniere quelconque, dont la nature soit exprimée par les deux échelles IQK et IVK; la premiere IQK étant celle des densités dont chaque appliquée OQ est

$$=\frac{Q-b}{b}c,$$

où Q marque la densité de l'air en O et b la densité naturelle, pendant que c est un espace égal à $\sqrt{\frac{2ag}{b}}$, comme j'ai expliqué ci-dessus; de sorte qu'on en aura la densité

$$Q=b\left(1+\frac{OQ}{c}\right).$$

De l'autre échelle des vitesses IVK, chaque appliquée OV exprime la vitesse qui a été imprimée à l'air en O selon la direction OB; où il est bon d'observer que les appliquées positives, ou dirigées en haut, de l'échelle IQK marquent une plus grande densité de l'air que la naturelle, et que de semblables appliquées de l'échelle IVK se rapportent à la direction OB. Tout le reste de l'air dans le tuyau étant encore en équilibre, toutes les deux échelles se réunissent, hormis l'espace IK, avec l'axe et leurs appliquées évanouissent.

22. Maintenant, considérons un point quelconque S du tuyau, pour y déterminer l'état de l'air après cette agitation excitée en IK, et puisque, pour un tems quelconque de t secondes, il faut prendre du point S de part et d'autre sur l'axe des intervalles $ST=St=ct$ et y tirer des appliquées aux deux échelles, il est clair qu'à moins que l'un ou l'autre des points T et t ne tombe dans l'espace IK, toutes les appliquées étant alors $=0$, l'air en S

se trouvera en repos avec sa densité naturelle $= b$. Premierement donc, tant que le tems écoulé t est plus petit que $\frac{IS}{c}$, l'air en S demeurera en équilibre et il ne commencera à être ébranlé qu'après le tems $t = \frac{IS}{c}$. Posons donc le tems écoulé $t = \frac{ST}{c}$ et, puisqu'au point t pris de l'autre côté ne répond aucune appliquée tm ou tn, dans cet instant le point S se trouvera en s, de sorte que l'espace

$$Ss = \frac{1}{2c}(ITN - ITM) = \frac{1}{2c}\cdot MIN,$$

et alors la densité de l'air en s sera

$$q = b + \frac{b}{2c}(TM - TN) = b - \frac{b}{2c}\cdot MN$$

et sa vitesse dirigée vers B sera

$$v = \frac{1}{2}(TN - TM) = \frac{1}{2}MN.$$

Or, dès que le tems écoulé t devient plus grand que $\frac{SK}{c}$, l'air en s se trouvera rétabli dans l'état d'équilibre, où il demeurera.

23. Ayant pris le point S quasi derriere l'agitation produite dans l'espace IK, considérons aussi un point S' pris de l'autre côté, et l'air dans ce lieu demeurera en équilibre jusqu'à ce qu'il s'écoule un tems plus grand que $\frac{KS'}{c}$ secondes. Soit donc le tems écoulé $t = \frac{S't'}{c}$, et puisqu'en prenant en avant un pareil espace $S'T'$, les appliquées $T'M'$ et $T'N'$ y sont nulles, l'air qui a été en S' se trouvera à présent avancé en s', de sorte que l'espace

$$S's' = \frac{1}{2c}(Kt'n' + Kt'm').$$

Ensuite la densité de l'air dans ce lieu s' sera

$$q = b + \frac{b}{2c}(t'n' + t'm')$$

et la vitesse dirigée vers B

$$v = \frac{1}{2}(t'n' + t'm').$$

D'où l'on voit que l'agitation initiale ne se propage point de la même maniere en avant et en arriere et qu'une très grande différence y peut avoir lieu. Et on voit même que, si les deux échelles IQK et IVK se réunissoient dans une seule courbe, la propagation vers A évanouiroit entierement et l'air y resteroit toujours en équilibre.

24. Mais, nonobstant cette différence, la vitesse de la propagation est la même vers A et vers B, et par un espace $= x$ l'agitation est toujours transmise dans le tems de $\frac{x}{c}$ secondes, d'où l'on voit que l'espace $c = \sqrt{\frac{2ag}{b}}$ est précisément celui que le son parcourt dans une seconde. C'est la même vitesse que le grand NEWTON avait déjà trouvée et l'on sait qu'elle est considérablement plus petite que l'expérience ne la découvre.[1] Il y a grande apparence qu'il en faut chercher la raison dans les petites parcelles solides qui voltigent dans l'air, à travers desquelles l'agitation est transmise dans un instant; si la dixieme partie de tout l'espace étoit remplie de telles parcelles, le son devroit se propager de la dixieme partie plus vite; ce qui mettroit d'accord la théorie avec l'expérience. Mais, quelle qu'en soit la cause, il est toujours certain que la théorie ne sauroit être révoquée en doute pour cela, surtout quand on fait attention que nous supposons les agitations extrêmement petites, pendant qu'on a fait les expériences sur le bruit des canons, qui cause sans doute dans l'air une agitation très violente, à laquelle on ne sauroit plus appliquer la théorie.

25. Il paroit des formules que je viens de trouver, qu'après que toute l'agitation a été transmise par les points S et S', les particules d'air qui ont été au commencement dans ces lieux n'y sont pas rétablies nécéssairement, mais qu'elles reposeront ensuite en d'autres points s et s'. Ainsi, dans le cas que la figure représente, l'air qui étoit en S sera transporté après l'agitation par l'espace

$$Ss = \frac{1}{2c}(IVK - IQK),$$

et de l'autre côté vers B l'air qui étoit en S' par l'espace

$$S's' = \frac{1}{2c}(IVK + IQK).$$

1) Voir les paragraphes 14 et 15 et la note 3 p. 187 de ce volume. F. R.

Il semble que ces déplacemens n'affectent en aucune façon la sensation du son; mais, si les deux échelles IVK et IQK se trouvent en partie au dessus et en partie au dessous de l'axe, puisque les aires qui tombent au dessous doivent être prises négativement, les aires entieres IVK et IQK peuvent bien évanouir; or cela arrive ordinairement dans les agitations de quelques parties de l'air, où il y a toujours autant d'air rarefié qu'il y en a de condensé; et si quelques particules ont reçu quelque mouvement vers B, il y en a toujours d'autres qui sont d'autant poussées vers A. Par cette raison on peut se dispenser d'avoir égard à ces déplacemens actuels et se contenter de connoitre la densité et le mouvement de chaque particule, pendant qu'elle est agitée.

26. Voyons à présent plus en détail, comment l'agitation de l'air excitée au commencement dans l'espace IK (Fig. 4) est transmise par le tuyau tant en avant qu'en arriere. Les deux échelles étant donc celle des densités

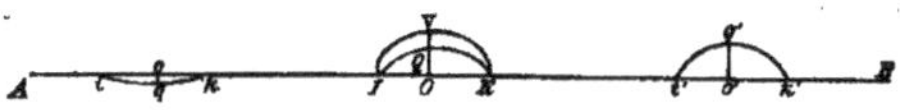

Fig. 4.

IQK et celle des vitesses IVK, soit proposé le tems de t secondes, après lequel il faut déterminer l'agitation qui se trouvera dans le tuyau; pour cet effet on n'a qu'à prendre des deux côtés les espaces

$$Ii = Kk = ct \quad \text{et} \quad Ii' = Kk' = ct,$$

et l'agitation initiale se trouvera à présent partagée par les deux intervalles ik et $i'k'$; en sorte que, prenant $io = IO$ et $i'o' = IO$, la densité en o sera

$$q = b + \frac{b}{2c}(OQ - OV)$$

et la vitesse

$$= \tfrac{1}{2}(OV - OQ)$$

et de l'autre côté en o' la densité

$$q = b + \frac{b}{2c}(OQ + OV)$$

et la vitesse

$$=\frac{1}{2}(OV+OQ).$$

Donc, si nous construisons sur *ik* l'échelle des densités *iqk*, prenant son appliquée

$$oq=\frac{1}{2}(OQ-OV)=\frac{q-b}{b}c,$$

elle sera en même tems l'échelle des vitesses dirigées vers *A*. De la même maniere, construisant sur l'espace *i'k'* l'échelle des densités, en prenant

$$o'q'=\frac{1}{2}(OQ+OV),$$

elle sera aussi l'échelle des vitesses dirigées vers *B*. Dans tous les autres endroits du tuyau l'air se trouvera en équilibre, sans excepter l'espace *IK*, où la premiere agitation a été excitée.

27. C'est une propriété bien remarquable de toutes les agitations produites par la propagation, que les deux échelles des densités et des vitesses se réduisent partout à la même ligne courbe; d'où nous apprenons que, plus l'air y est condensé, plus il a aussi de vitesse en même sens que le son va, et où la densité est plus petite que la naturelle, là aussi le mouvement est dirigé en sens contraire. Il est donc évident que les agitations produites peuvent très considérablement différer de l'agitation initiale; et en effet, si celle-ci étoit déjà telle que l'échelle des vitesses fût égale à celle des densités, la propagation se feroit dans un seul sens et l'air de l'autre côté dans le tuyau n'en seroit jamais ébranlé. Puisque donc le son se répand presque également en tout sens, ce qui arrive, lorsque l'échelle des vitesses dans l'agitation initiale évanouit, nous pourrons regarder cette échelle comme réunie avec l'axe *IK*; puisqu'on peut toujours imaginer une telle échelle de densités qui seule produise le même effet.

28. Dans ce cas, on auroit partout dans les agitations produites les appliquées oq et $o'q'$ égales à $\frac{1}{2}OQ$ et ce sera toujours de la figure de l'échelle *iqk* que dépend la nature du son, puisque l'oreille n'est frappée que par ces agitatios produites; car je ne parle pas ici du grave ou aigu des sons, qui est causé par la fréquence de plusieurs trémoussemens qui se succedent les

uns aux autres et dont la différence fait le principal objet de la musique. Toutes les autres qualités des sons qui ne se rapportent pas à la succession de plusieurs vibrations ne sauroient dépendre que de la figure des échelles *iqk*, qui caractérisent les agitations propagées dans l'air et en constituent quasi l'essence. Or on comprend aisément qu'une variété infinie peut avoir lieu dans ces figures; et partant il n'y a aucun doute, que toutes les différentes qualités que nous appercevons dans les sons n'en tirent pas leur origine; quoiqu'il soit encore incertain, quelle qualité répond à chaque figure, et s'il a été jusqu'ici si difficile de découvrir la différence qui regne dans la pronociation des diverses voyelles, nous voyons à présent que chaque voyelle doit être appropriée à une certaine figure des échelles *iqk*, d'où dépendent aussi toutes les autres variétés que l'oreille peut distinguer dans les sons.

29. Or, d'abord je remarque que plus ou moins de largeur dans la figure *iqk* ne fait que rendre le son plus ou moins fort, sans en altérer les autres qualités. Car, plus les appliquées *oq* sont grandes, plus aussi est grande leur force pour frapper l'oreille; et quoique dans le tuyau cette figure demeure la même à toutes les distances de l'agitation principale *IQK*, dans l'air libre sa largeur va de plus en plus en diminuant, d'où ne résulte d'autre effet que l'affoiblissement du son, sans que ses autres qualités en soient altérées. D'où l'on peut conclure que, si toutes les appliquées *oq* de la figure *iqk* sont diminuées dans la même raison, il n'en arrive d'autre changement dans le son que l'affoiblissement. Mais, si la figure *iqk* changeoit en sorte que quelquesunes de ses appliquées fussent augmentées ou diminuées dans une plus grande raison que d'autres, le son en souffriroit sans doute un changement plus essentiel et il semble que l'expression des lettres consones, dans la voix, dépend d'une telle modification, ou dans la premiere ou dans la derniere des agitations dont chaque syllabe est composée; vu que les consones n'affectent que le commencement ou la fin de chaque syllabe.

30. Mais la longueur *ik* de chaque agitation *iqk* est invariable, non seulement dans le tuyau, mais aussi dans l'air libre, d'où l'on peut conclure qu'une qualité plus essentielle des sons en dépend, qui demeure la même, pendant que la force va en diminuant. Peut-être que c'est dans cette longueur *ik* qu'il faut chercher la cause des différentes voyelles; qui dans ce cas ne differeront entr'elles que du plus au moins. Si cela ne paroissoit assez conforme

à la vérité, il faudroit recourir aux différentes figures des échelles *iqk*, où l'on trouveroit principalement à distinguer celles qui n'ont qu'un ventre de celles qui en ont deux ou trois ou plusieurs; d'où sans doute doit résulter une différence très essentielle dans les sons. Mais je ne donne tout cela que pour des conjectures et il s'en faut beaucoup qu'on puisse esperer si tôt une explication suffisante de toutes les variétés qu'on observe dans les sons; et il ne paroit pas encore, quel secours on pourroit attendre des expériences qu'on voudroit faire sur ce sujet.

SUR LA FORMATION DE L'ECHO

31. Jusqu'ici j'ai considéré le tuyau comme étendu à l'infini de part et d'autre; mais à présent je le considérerai comme terminé, ou d'un côté, ou de tous les deux; et nous verrons avec d'autant plus de surprise, que cette seule circonstance est capable de produire l'écho, qu'on s'est formé jusqu'ici des idées tout à fait différentes sur la formation de ce phénomene. D'abord donc, je supposerai terminé le tuyau d'un seul côté en *B* (Fig. 5), pendant

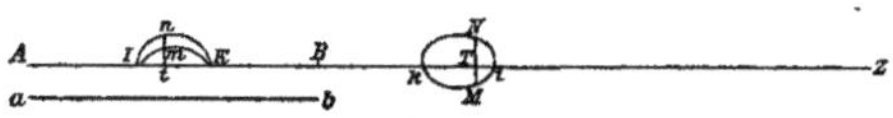

Fig. 5.

que de l'autre côté il demeure étendu à l'infini, partout avec la même largeur. Or il y a ici deux cas à examiner, l'un où le tuyau en *Bb* est ouvert et l'autre où il y est fermé comme dans la Fig. 6. Dans l'un et l'autre cas

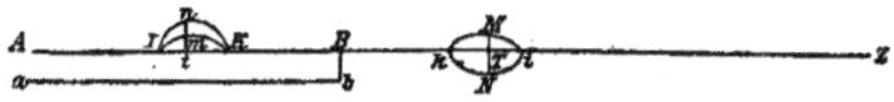

Fig. 6.

il s'engendre un écho simple; ce qui paroitra bien étrange pour le premier, où l'on ne sauroit concevoir aucune réflexion, comme on se l'est communément imaginé; d'où l'on comprendra aussi pour l'autre cas, où le tuyau est bouché en *Bb*, que ce n'est pas proprement à la réflexion qu'il faut attribuer la formation de l'écho.

PREMIER CAS

32. [Soit] donc, *premierement*, le tuyau terminé et ouvert en Bb et qu'on y ait imprimé à l'air contenu dans l'espece IK une agitation quelconque, dont l'échelle des densités soit ImK et l'échelle des vitesses InK. Or, puisque le tuyau est ouvert en Bb, où il communique avec l'air extérieur, il est impossible que la densité en B soit différente de la naturelle, que je suppose $= b$. Donc, concevant le tuyau au delà de B vers Z prolongé à l'infini, il faut absolument que les deux échelles, qu'on doit supposer sur cette continuation, soient telles que la densité en B demeure toujours la même $= b$, de quelque maniere que puisse varier la vitesse. Donc, pour un tems écoulé quelconque de t secondes, prenant du point B de part et d'autre les intervalles $BT = Bt = ct$, soient tm et tn les appliquées des deux échelles en t et TM et TN celles en T; et puisque nous avons vu § 20, que la densité en B est

$$q = b + \frac{b}{2c}(TM + tm - TN + tn),$$

il faut donc qu'il soit partout $TM = -tm$ et $TN = tn$, pour qu'il devienne $q = b$; d'où l'on détermine pour toute la continuation BZ à l'infini les deux échelles des densités et des vitesses, quoique cette continuation n'existe que dans l'imagination.

33. De là il est clair que, sur la continuation BZ, les deux échelles se réunissent avec l'axe, à l'exception du seul espace $ik = IK$ et également éloigné de B que celui où la premiere agitation a été excitée, où l'échelle des densités iMk est égale à la principale ImK, mais dans une situation renversée, pendant que celle des vitesses iNk se trouve située en même sens que la principale InK; d'où l'on voit que la densité en B doit demeurer toujours la même en vertu de la construction donnée ci-dessus. Maintenant, ayant trouvé la juste continuation des deux échelles au delà de B à l'infini, la même construction nous découvrira tous les phénomenes dont l'agitation initiale excitée en IK sera suivie dans le tuyau. Car, pour les agitations qui en sont communiquées à l'air libre par l'ouverture Bb, notre calcul ne s'y étend point. Ainsi, il faut bien se garder de s'imaginer que l'agitation ik existe réellement hors du tuyau et il ne la faut regarder que comme un moyen propre à nous découvrir les agitations de l'air dans le tuyau, causées par l'agitation initiale

IK. Cependant il est certain que, dès que cette agitation parvient au bout Bb, elle est ensuite propagée par l'air libre; mais cette propagation n'est plus soumise à notre calcul.

34. Puisque la densité de l'air dans l'ouverture Bb ne sauroit recevoir aucun changement, voyons quelle en sera la vitesse à chaque moment. Or, après le tems de t secondes, prenant les intervalles $BT = Bt = ct$, à cause de l'appliquée TM négative, nous aurons par le § 20 la vitesse de l'air en Bb vers Z

$$v = \frac{1}{2}(TN + tn + TM + tm) = tm + tn;$$

donc, avant le tems $= \frac{BK}{c}$, l'air en Bb sera en repos; ensuite il recevra ce mouvement, dont la vitesse est égale à la somme des deux appliquées tm et tn, tant qu'elles sont toutes les deux positives, mais ce mouvement ne durera que pendant un tems $= \frac{IK}{c}$ secondes, après lequel l'équilibre sera parfaitement rétabli en Bb. Ici je remarque que, quoique l'agitation en Bb soit tout à fait différente de la principale IK, les agitations qui en sont produites dans l'air libre sont pourtant de la même nature que celles dans le tuyau; car on voit par ce qui est expliqué ci-dessus que de très différentes agitations initiales peuvent résulter les mêmes agitations propagées, pourvu que les deux échelles ayent un certain rapport entr'elles; or on s'assurera aisément que ce rapport se trouve précisément dans l'agitation de l'ouverture Bb.

35. Voyons à présent ce qui doit arriver dans un autre lieu quelconque A du tuyau; et il est d'abord clair qu'après le tems $= \frac{AI}{c}$ secondes l'agitation y commencera et durera pendant le tems $= \frac{IK}{c}$ secondes, de sorte qu'après le tems $= \frac{At}{c}$ secondes la densité y sera

$$q = b + \frac{b}{2c}(tm - tn)$$

et la vitesse

$$v = \frac{1}{2}(tn - tm)$$

dirigée vers B; alors une oreille placée en A entendra le son, qui aura été produit en IK. Après cela, l'air en A demeurera tranquille, mais cette tranquillité ne dure que pendant le tems

$$\frac{Kk}{c} = \frac{2BK}{c},$$

au bout duquel une nouvelle agitation y sera excitée, provenant de l'agitation imaginaire *ik*; de sorte qu'au tems $= \frac{AT}{c}$ secondes depuis le commencement la densité y sera

$$q = b + \frac{b}{2c}(-TM - TN) = b - \frac{b}{2c}(tm + tn)$$

et la vitesse

$$v = \frac{1}{2}(TN + TM) = \frac{1}{2}(tm + tn).$$

Cette nouvelle agitation différera de la premiere, puisque l'une est déterminée par la somme des deux appliquées tm et tn, pendant que l'autre l'est par leur différence. Si dans l'agitation initiale IK il étoit partout $tn = tm$, la premiere agitation en A évanouiroit entierement, mais l'autre deviendroit d'autant plus forte; et s'il arrivoit le contraire, qu'il fût $tn = -tm$, la seconde évanouiroit.

36. De là il est clair que le même son excité en IK sera entendu deux fois en A et partout ailleurs dans le tuyau AB, hormis près de l'embouchûre Bb, et que, si le lieu A est pris derriere l'espace IK, la répétition du son suit après le tems $= \frac{2BK}{c}$, où il faut remarquer que c désigne l'espace que le son parcourt dans une seconde, qui est de 1040 pieds de Paris environ. Voilà donc un cas bien remarquable d'un *écho* simple, dont l'origine suit très naturellement des principes de la Mécanique, quoiqu'aucune réflexion n'y puisse avoir lieu. Un tel écho se formera donc dans un tuyau ouvert d'un côté et continué de l'autre à l'infini; et quoique dans ce calcul la largeur du tuyau ait été supposée très petite, le même phénomene doit aussi arriver dans de tuyaux très larges, comme par exemple dans les galeries voûtées, où plus un homme s'y trouvera éloigné du bout Bb, et plus entendra-t-il tard la répétition de sa propre voix; comme, s'il en étoit éloigné de 520 pieds, l'écho viendroit précisément après une seconde.

SECOND CAS

37. Le même phénomene aura également lieu, quand (Fig. 6) le tuyau est fermé en Bb, en le supposant encore infini vers l'autre côté. Pour appliquer nos formules à ce cas, il faut considérer que l'air en Bb ne sauroit avoir aucun mouvement. Donc la continuation des deux échelles vers Z doit

être telle, que notre construction donne toujours pour le lieu B la vitesse $v = 0$, quelle qu'y puisse être la densité. Pour cet effet, prenons du point B de part et d'autre les intervalles égaux $BT = Bt$, et puisque les appliquées tm et tn sont connues au point t, soyent TM et TN celles au point T, d'où en vertu du § 20 la vitesse en B résulte

$$v = \frac{1}{2}(TN + tn - TM + tm);$$

qui devant toujours être $= 0$, il faut qu'il soit $TN = -tn$ et $TM = tm$. L'agitation initiale en IK étant donc représentée par l'échelle des densités ImK et celle des vitesses InK, on n'a qu'à prendre les intervalles $Bi = BI$ et $Bk = BK$ et y décrire l'échelle des densités iMk égale à ImK et celle des vitesses iNk égale, mais contraire à InK. Partout ailleurs les deux échelles sont réunies avec l'axe.

38. En Bb la vitesse demeurant toujours $= 0$, la densité après le tems $= t$, en prenant $BT = Bt = ct$, à cause de l'appliquée TN négative, y sera

$$q = b + \frac{b}{2c}(TM + tm + TN + tn) = b + \frac{b}{c}(tm + tn).$$

Mais pour tout autre endroit A dans le tuyau, derriere l'agitation initiale IK, après que le son en sera entendu en A, l'écho y parviendra après le tems

$$= \frac{Kk}{c} = \frac{2BK}{c}.$$

Cet intervalle de tems sera d'autant plus grand, plus l'agitation initiale IK se trouvera reculée du bout Bb, d'où l'on voit que les phénomenes de l'écho seront les mêmes, soit que le bout Bb soit fermé ou ouvert; la seule différence consistera dans la nature de l'agitation, qui n'affecte point l'intervalle du tems écoulé entre le son principal et sa répétition. Ici on pourroit bien dire que l'écho provient de la réflexion du fond Bb; mais, puisque le même écho se forme, lorsque le tuyau est ouvert en Bb, on voit bien que l'idée de la réflexion ne fournit point la juste explication de ce phénomene, mais que cette explication demande des recherches beaucoup plus profondes.

TROISIEME CAS

39. Considérons maintenant (Fig. 7) un tuyau terminé des deux côtés en A et B, et puisque nous avons déjà vu, que les phénomenes sont à peu près les mêmes, soit que les bouts soyent fermés ou ouverts, je supposerai le tuyau

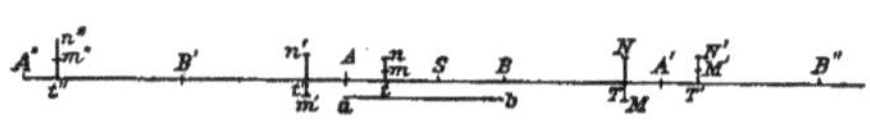

Fig. 7.

AB ouvert des deux côtés. Ensuite, pour ne pas trop embrouiller les idées, je conçois l'agitation initiale comme faite dans un seul point t, la densité y étant $= b + \frac{b}{c} . tm$ et la vitesse $= tn$, et que partout ailleurs sur AB les deux appliquées évanouissent. Qu'on prolonge la droite AB de part et d'autre à l'infini et qu'on prenne les intervalles AB', BA', $A'B''$, $B'A''$ etc. égaux à la longueur du tuyau AB, et puisque le tuyau est ouvert en B, à la distance $BT = Bt$, il faut établir les appliquées TM et TN; et à cause de l'ouverture Aa par la même raison il faut établir en t', prenant $At' = At$, les appliquées $t'm'$ et $t'n'$; ensuite aussi, à la distance $At'' = AT$, les appliquées $t''m''$ et $t''n''$. Selon la même loi, en prenant $BT' = Bt'$, il y faut mettre les appliquées $T'M'$ et $T'N'$ et ainsi de suite; d'où l'on voit, comment on doit établir dans tous les intervalles AB', BA', $A'B''$ etc. les deux appliquées, celles des vitesses étant toutes dirigées en haut et celles des densités alternativement en haut et en bas.

40. Soit à présent une oreille en A, et après le tems $= \frac{At}{c}$ elle recevra la premiere impression, causée par les deux agitations tmn et $t'm'n'$ conjointement; c'est le son principal qu'elle entendra alors. Ensuite après le tems

$$\frac{tT}{c} = \frac{t't''}{c} = \frac{2Bt}{c}$$

elle entendra le premier écho, qui sera suivi du second après le tems $= \frac{2At}{c}$, depuis du troisieme après le tems $= \frac{2Bt}{c}$, ensuite du quatrieme après le tems $= \frac{2At}{c}$ et ainsi de suite. Le son principal sera donc répété une infinité de fois, les intervalles de chaque écho au suivant étant alternativement de

$$\frac{2Bt}{c} \quad \text{et} \quad \frac{2At}{c}$$

secondes. Si le bruit étoit excité au lieu A même, la multitude des échos se réduiroit à la moitié et les intervalles de tems entr'eux seroient tous égaux et $= \frac{2AB}{c}$ secondes; de sorte que, si la longueur du tuyau AB étoit de 520 pieds, tous ces échos se suivroient toutes les secondes.

41. Que le premier son s'excite en t et que l'oreille soit placée au même endroit; dans ce cas le premier écho suivra le son principal après le tems

$$\frac{tt'}{c} = \frac{2At}{c},$$

le second après le tems

$$\frac{tT}{c} = \frac{2Bt}{c},$$

le troisième après le tems

$$\frac{tT'}{c} = \frac{tt''}{c} = \frac{2AB}{c},$$

qui étant produit par les deux agitations $T'M'N'$ et $t''m''n''$ égales et semblables à la principale, sera plus fort et plus distinct. Or celui-ci sera suivi en même ordre de nouveau après le tems

$$\frac{2At}{c}, \quad \frac{2Bt}{c} \quad \text{et} \quad \frac{2AB}{c}$$

et ainsi de suite. D'où l'on voit que, si le point t étoit pris au milieu du tuyau AB, tous les échos se succéderoient à intervalles égaux, chacun étant $= \frac{AB}{c}$ secondes. Si l'oreille se trouvoit dans un autre endroit S, le nombre des échos seroit encore plus multiplié et cela par des intervalles de tems plus inégaux entr'eux; pour en juger mieux, on n'a qu'à s'imaginer qu'en tous les endroits t, T, t', T', t'', T'' etc. le même cri soit produit au même instant, et voir à quel instant chacun d'eux parvient au lieu proposé S dans le tuyau, selon la loi de la propagation.

42. Si la longueur du tuyau est au dessous de 100 pieds, de sorte que les intervalles de tems entre les deux échos consécutifs[1]) ne sauroient être distingués, tous les échos se réduiront à une résonance confuse; d'où l'on comprend clairement ce que c'est qu'une résonance. Mais, si le tuyau est beaucoup plus long que 100 pieds et que les intervalles de tems entre les échos successifs deviennent assez sensibles, alors on entendra plusieurs échos de suite, dont le nombre devroit même être infini, si par des causes physiques les répétitions ne devenoient de plus en plus foibles.

Or, ce que je viens d'exposer, pourra selon toute apparence être appliqué à des galeries fort longues et bien fermées de tous côtés, quoiqu'à la rigueur ces recherches ne s'étendent qu'à des tuyaux fort étroits; cependant il n'y a presque point de doute qu'on y observera une telle multiplicité d'échos. On trouve même quelques observations dans les oeuvres de KIRCHER[2]) qui semblent très bien confirmer cette production des échos.

43. Mais on comprend aisément, que tout ce que je viens de développer ne regarde qu'un cas très particulier et qu'on se tromperoit bien grossierement, si l'on vouloit assigner à tous les échos cette même origine. Je n'ai considéré que des tuyaux également larges par toute leur étendue; ce qui est sans doute un cas très particulier, auquel les bornes de l'Analyse m'ont attaché, vu qu'il est encore impossible de définir le mouvement de l'air dans les tuyaux, dont la largeur varie d'une maniere quelconque. Cependant on avouera que ce cas, quelque particulier qu'il soit, nous a fourni des éclaircissemens très importans tant sur la génération et propagation du son, que sur la formation des *échos*; d'où nous pourrons puiser des idées beaucoup plus justes qu'on n'en a eu jusqu'ici. Mais, comme cette recherche est fondée sur une branche tout à fait nouvelle de l'Analyse, elle doit principalement exciter tous les Géometres à la cultiver; puisque c'est de là qu'on peut attendre les plus importantes découvertes, qui sont entierement inaccessibles à l'Analyse ordinaire et parmi lesquelles il faut surtout compter celles où le mouvement de l'air entre en considération.

44. Donc, si nous possédons encore à peine les premiers principes pour connoitre le mouvement de l'air et si tout ce que nous en savons se réduit

---

1) Edition originale: *constructifs*. Corrigé par F. R.

2) A. KIRCHER (1601—1680), *Musurgia universalis sive Ars magna consoni et dissoni*, Romae 1650, 10 vol. F. R.

à certaines especes de tuyaux, combien sommes-nous encore éloignés de déterminer toutes les modifications que le son reçoit dans des cavités quelconques? La cavité de la bouche humaine nous en fournit un exemple frappant, dont nous ne connoissons que fort en gros l'effet dans la formation de la voix[1]), ne sachant presque rien de la maniere dont les articulations et autres modifications sont opérées. Mais il n'y a aucun doute que, s'il nous étoit possible de pénétrer dans ces mysteres, nous découvririons aussi dans la figure de la bouche un vrai chef-d'oeuvre de la souveraine sagesse, qui surpasse infiniment tout ce que le plus sublime Géometre est capable d'imaginer. C'est ainsi que partout le Créateur a mis l'empreinte de son infinie sagesse, même dans les choses qui en paroissent le moins susceptibles.

1) Voir le mémoire 852 de ce volume. F. R.

DE HARMONIAE VERIS PRINCIPIIS PER SPECULUM MUSICUM REPRAESENTATIS[1])

Commentatio 457 indicis ENESTROEMIANI
Novi commentarii academiae scientiarum Petropolitanae 18 (1773), 1774, p. 330—353
Summarium ibidem p. 35—37

SUMMARIUM

Universa musica quatuor consonantiis innititur: *Unisono, Octava, Quinta* et *Tertia maiore*, quibus consuetudo recentiorum novam, *Septimae* titulo insignitam, addidisse videtur. Has quinque consonantias, tanquam totidem universae harmoniae columnas, ad examen exactius, quam communiter fieri solet, revocat Ill. Auctor huius dissertationis. Unisonus constat perfecta duorum pluriumve tonorum musicorum aequalitate, qui scilicet uno minuto secundo eundem vibrationum numerum edunt; dum contra, qui eodem tempore vibrationes peragunt frequentiores, soni vocantur aliis acutiores; qui vero pauciores, soni aliis graviores adpellantur. *Unisoni* perceptio non iucunda solum auditui est, sed ita quoque nobis a natura videtur ingenita, ut eum et agnoscere et efficere facillime queamus. Numeri vibrationum a sonis intervallo *octavae* distantibus editarum inter se rationem duplam tenent, ita ut, dum gravior centum, acutior ducentas vibrationes peragat; quae ratio cum ab intellectu facillime percipiatur, auditum insigni suavitate permulcet. Ratio inter numeros vibrationum eodem tempore editarum tripla tertiam consonantiam principalem seu *Quintam* progenerat; quae cum ratio 1 : 3 post duplam facillime percipiatur, etiam post *Octavam* est suavissima. *Tertia* denique *maior* continetur ratione minus simplici 4 : 5 et ultimo loco consonantia a recentioribus adoptata seu *Septima* ratione 4 : 7.

---

1) Vide ad hanc commentationem EULERI *Tentamen novae theoriae musicae*, imprimis cap. X, p. 323 huius voluminis. E. B.

His constitutis Auctor examinat, cuiusmodi sonos in instrumenta musica recipere conveniat, siquidem soni diversi, quos musica, ars variationi amica, postulat, non nisi per vera harmoniae principia sunt definiendi, quae harmonia in perceptione consonantiarum principalium, de quibus modo diximus, est quaerenda. Atque hanc ob causam a quolibet sono ad quemlibet alium in musica transilire non licet, sed ad eos tantum, qui a priori remoti sunt vel Octavae vel Quintae vel Tertiae maioris intervallo; atque in his saltibus, quos simplices adpellare licet, prima utique compositionis regula continetur; quando autem a quopiam sono per aliud quodcunque intervallum fuerit vel ascendendum vel descendendum, id simplici saltu exsequi non licet; unde saltuum compositorum necessitas resultat; quos transitus ab uno sono ad alium Ill. Auctor compluribus exemplis egregie illustrat. Construxit hunc in finem peculiarem schematismum quendam, quem adpellat *speculum musicum*, quoniam scilicet hoc speculum inspicienti statim patet, quinam saltus a quolibet sono ad quemlibet alium perducant simulque, quot modis quilibet transitus institui possit. Eius ope quaestio etiam haud parum in musicis curiosa potest resolvi, quemadmodum scilicet omnes duodecim sonos scalae musicae percurri oporteat per saltus simplices, Quintam nempe et Tertiam maiorem, ut singulis semel tantum impulsis reversio fiat ad primum sonum, a quo cursus fuit inceptus; porro pro quibusnam scalae sonis trias detur harmonica, sive duri sive mollis modi; et quae sunt egregia huius generis alia.

1. Omnis harmonia atque adeo universa musica quatuor vel quinque consonantiis simplicibus innititur, quibus tirones huius artis aures assuescere et quas vel voce vel instrumentis quam exactissime edere sunt instruendi. Hae autem consonantiae sunt sequentes:

I°. Unisonus; II^{do}. Octava sive Diapason; III^{io}. Quinta sive Diapente; IV^{to}. Tertia maior; quibus quatuor antiqua musica erat superstructa, recentior vero insuper quintam, quae nomine Septimae insigniri solet, adoptasse videtur. Has igitur quinque consonantias, quasi columnas harmoniae, aliquanto accuratius perpendamus, quandoquidem plerique, qui hanc scientiam tradere sunt conati, haec elementa nimis negligenter pertractarunt.

2. Incipiamus igitur ab *unisono*, qui constat perfecta aequalitate duorum pluriumve sonorum musicorum; cum enim omnis sonitus motu vibratorio sive tremore in aere excitato producatur, sive iste tremor fuerit aequabilis sive inaequabilis, in musica alii soni non admittuntur, nisi ubi omnes vibra-

tiones inter se sunt isochronae sive aequalibus tempusculis absolvuntur. Ita cuiuslibet soni musici notionem adaequatam habebimus, quando noverimus, quot vibrationes dato tempore, verbi gratia uno minuto secundo, edantur; duo ergo pluresve soni, qui uno minuto secundo eundem vibrationum numerum edunt, erunt unisoni; ac cum soni ex numero vibrationum, quas dato tempore edunt, aestimari soleant, natura unisoni in ratione aequalitatis erit constituenda; ii autem soni diversi censentur, qui non aeque multas vibrationes eodem tempore edunt. Qui enim eodem tempore frequentiores vibrationes edunt, acutiores, qui autem pauciores, graviores appellari solent.

3. Sonos autem eatenus tantum percipimus, quatenus illae vibrationes in aere excitatae per aurem in organon auditus transmittuntur; auditus noster totidem quoque vibrationibus ad sentiendum ciebitur; unde, quando duo soni aequales simul offeruntur, hac ipsa ratione aequalitatis sensus noster suavitate quapiam afficietur, dum contra, si ab hac ratione tantillum aberretur, molestiam quandam sentit. Perceptio autem sonorum aequalium omnibus hominibus ita a natura videtur ingenita, ut non solum hanc aequalitatem facillime agnoscant, sed etiam vel viva voce producere vel in instrumentis efficere valeant; nihil enim facilius est quam duas chordas ita intendere, ut sonos aequales edant, et minima aberratio auditui quasi est intolerabilis.

4. Secunda consonantia principalis, *octava* seu *diapason* dicta, tam prope ad naturam unisoni accedit, ut, qui datum sonum vel ob gravitatem vel acumen assequi nequeunt, sponte sua sonum octava superiorem vel inferiorem edant, unde fit, ut in musica soni una pluribusve octavis discrepantes pro similibus habeantur et paribus signis sive litteris designari soleant; ita si sonus quispiam gravior littera A signetur, acutiores una pluribusve octavis illum superantes litteris a, $\bar{a}$, $\bar{\bar{a}}$, $\bar{\bar{\bar{a}}}$ etc. indicari solent.

5. Duo autem soni huiusmodi intervallo octavae distantes auditum gratissima harmonia afficiunt ac tam egregio consensu gaudere videntur, ut propemodum pro uno eodemque sono habeantur. Causa autem huius pulcherrimae consonantiae in eo est posita, quod numeri vibrationum his sonis editarum inter se rationem duplam teneant, ut, si gravior uno minuto secundo centum vibrationes absolvat, alter eodem tempore ducentas peragat; quae ratio uti ab intellectu facillime percipitur, ita etiam duo soni hanc inter se rationem

tenentes auditum insigni suavitate permulcent; quin etiam levissima aberratio ab hac ratione sensum auditus maxime offendit, unde etiam tirones facillime naturam huius consonantiae addiscunt. Quare cum omnes soni aptissime per numeros vibrationum, quas certo tempore edunt, repraesententur, si sonus A edat n vibrationes, soni sequentes a, $\bar{a}$, $\bar{\bar{a}}$, $\bar{\bar{\bar{a}}}$ edent $2n$, $4n$, $8n$, $16n$ vibrationes.

6. Tertia consonantia principalis, *quinta* seu *diapente* dicta, auribus quoque suavissimam harmoniam offert, etiamsi eius indoles a natura octavae plurimum dissideat, atque etiam facultas hanc consonantiam percipiendi et dignoscendi maiorem exercitationem postulat, unde tirones diligenter sunt exercendi, ut hanc consonantiam dignoscere atque accurate sive voce sive instrumentis proferre addiscant. Causa autem huius consonantiae in ratione tripla continetur, quae, uti post rationem duplam facillime percipitur, ita etiam auribus post octavam gratissimam harmoniam exhibet; cum autem ratio $1:3$ maius intervallum una octava complectatur, si sonus gravior fuerit A et numero vibrationum n designetur, is sonus, qui eodem tempore $3n$ vibrationes edit, acutior erit sono a, sed tamen gravior quam $\bar{a}$, sicque inter sonos a et $\bar{a}$ incidet atque ad illum a tenebit intervallum diapente dictum, ad ipsum autem sonum A relatus intervallum ex una octava et quinta compositum constituet. Hinc igitur duo soni intervallo unius quintae distantes rationem tenent $2:3$.

7. Cum in scala sonorum musicorum recepta gravissimus littera C designari soleat eiusque octavae litteris c, $\bar{c}$, $\bar{\bar{c}}$, $\bar{\bar{\bar{c}}}$ etc., sonus ipso C una quinta superior designatur littera G eiusque octavae sequentes g, $\bar{g}$, $\bar{\bar{g}}$, $\bar{\bar{\bar{g}}}$ etc. Quodsi iam sonum C numero quocunque n repraesentemus, omnes isti soni sequentibus numeris subscriptis exhibebuntur:

$$\begin{array}{cccccccccc} C, & G, & c, & g, & \bar{c}, & \bar{g}, & \bar{\bar{c}}, & \bar{\bar{g}}, & \bar{\bar{\bar{c}}}, & \bar{\bar{\bar{g}}} \\ n, & \frac{3}{2}n, & 2n, & 3n, & 4n, & 6n, & 8n, & 12n, & 16n, & 24n. \end{array}$$

Cum autem ratio $1:3$ sine dubio simplicior sit ac facilius percipiatur quam ratio $2:3$, etiam in musica facilius erit ad datum sonum C sonum g producere quam G, atque etiam auribus facilius erit intervallum sonorum $C:g$ agnoscere et vel minimam aberrationem a vera ratione $1:3$ quam in ipso quintae intervallo $C:G$; unde, si instrumentum musicum chordis vel intendendis vel relaxandis iuste sit instruendum, constituto sono C formetur statim sonus g hincque per unam octavam descendendo pervenietur ad sonum G. Interim tamen exiguum exercitium sufficiet, ut tirones etiam immediate ipsum intervallum unius quintae C : G accurate efformare discant, et quoniam sonus G a sono c intervallo unius quartae distat, etiam merito postulamus, ut tirones quoque hoc intervallum, quod ratione 3 : 4 continetur, pernoscant eiusque indolem auribus diiudicare assuescant.

8. Quarta vero consonantia principalis, *tertia maior* dicta, singularem quandam suavitatis speciem auditui exhibet, ad quam accurate dignoscendam et sive voce sive instrumentis producendam tirones insigni studio exerceri conveniet; continetur autem haec consonantia ratione 4 : 5, quae, uti minus est simplex quam praecedentes, ita etiam maiori exercitatione est elaborandum, ut sensus auditus illi agnoscendae et diiudicandae assuefiat. In scala autem sonorum solita sonus tanto intervallo superans fundamentalem C littera E insigniri solet, unde, si sono C tribuatur numerus n, huic E conveniet $\frac{5}{4}n$; hunc ergo cum suis octavis superiori ordini insuper adiungamus:

C,	E,	G,	c,	e,	g,	$\bar{c}$,	$\bar{e}$,	$\bar{g}$,	$\bar{\bar{c}}$,	$\bar{\bar{e}}$,	$\bar{\bar{g}}$,	$\bar{\bar{\bar{c}}}$,	$\bar{\bar{\bar{e}}}$,	$\bar{\bar{\bar{g}}}$
n,	$\frac{5}{4}n$,	$\frac{3}{2}n$,	$2n$,	$\frac{5}{2}n$,	$3n$,	$4n$,	$5n$,	$6n$,	$8n$,	$10n$,	$12n$,	$16n$,	$20n$,	$24n$.

9. Quia ratio 4 : 5 ab intellectu non tam facile percipitur quam ratio 2 : 5 vel adeo 1 : 5, etiam simili modo in musica pro dato sono C facilius excitabitur sonus e quam E, ac fortasse adhuc facilius sonus $\bar{e}$, qui se habet ad C ut 5 : 1; sive autem sonum e sive $\bar{e}$ effecerimus, inde sponte reliqui vel graviores vel acutiores exhibebuntur.

10. Atque hae sunt quatuor illae consonantiae principales, quibus universa musica quondam fuit superstructa; recentiores autem insuper quintam consonantiam principalem introduxerunt, quam *septimam minorem* adpellare liceat, etiamsi in systemate sonorum, quo instrumenta musica institui solent, non occurrat. Continetur autem haec nova consonantia ratione 4 : 7; quae cum parum discrepet a ratione 5 : 9 vel 9 : 16, alterutra harum loco illius 4 : 7 abuti solent; interim tamen imprimis utile erit tirones in hac ratione 4 : 7 tam dignoscenda quam diiudicanda exercere, utrum scilicet soni hanc

rationem accurate teneant necne; quocirca, cum tales soni nondum in instrumentis habeantur, necesse erit huiusmodi sonos rationem $4:7$ tenentes super monochordo excitare atque aures iis assuescere, quae inde non exiguam voluptatis speciem persentient.

11. Constitutis iam consonantiis principalibus, quibus universa musica superstruitur, videamus, cuiusmodi sonos in instrumenta musica recipi conveniat, quandoquidem variatio, qua haec ars plurimum delectatur, plures diversos sonos requirit secundum vera principia harmoniae stabiliendos. Ac primo quidem assumto pro lubitu quopiam sono F, quippe ex quo instrumentis musicis reliqui soni plerumque deducti videntur, quem numero n designemus, qui indicet, quot vibrationes uno minuto secundo peragantur, ex eo per octavas ascendendo nanciscimur sequentes sonos suis numeris insignitos:

$$f = 2n, \quad \bar{f} = 4n, \quad \bar{\bar{f}} = 8n, \quad \bar{\bar{\bar{f}}} = 16n \quad \text{etc.}$$

At si liceat adhuc ad graviores sonos descendere, eos ita repraesentare licet:

$$\underline{F} = \tfrac{1}{2}n, \quad \underline{\underline{F}} = \tfrac{1}{4}n, \quad \underline{\underline{\underline{F}}} = \tfrac{1}{8}n \quad \text{etc.}$$

Tum unicuique horum sonorum adiungamus quintam ratione $2:3$ contentam, atque ex F orietur sonus numero $\frac{3}{2}n$ expressus, quem Musici littera c designare solent, unde sonus octava gravior C numero $\frac{3}{4}n$ exprimetur, sicque adipiscimur sonorum seriem

$$C = \tfrac{3}{4}n, \quad c = \tfrac{3}{2}n, \quad \bar{c} = 3n, \quad \bar{\bar{c}} = 6n, \quad \bar{\bar{\bar{c}}} = 12n \quad \text{etc.};$$

hoc scilicet modo a sono fundamentali F per intervallum quintae ascendimus. Si iam ab his sonis denuo per intervallum quintae ascendamus, impetrabimus sequentes novos sonos:

$$G = \tfrac{9}{8}n, \quad g = \tfrac{9}{4}n, \quad \bar{g} = \tfrac{9}{2}n, \quad \bar{\bar{g}} = 9n, \quad \bar{\bar{\bar{g}}} = 18n \quad \text{etc.};$$

hinc denuo per tantum intervallum quintae ascendamus ac prodibit sequens novorum sonorum series:

$$\mathrm{D} = \frac{27}{32}n, \quad d = \frac{27}{16}n, \quad \bar{d} = \frac{27}{8}n, \quad \bar{\bar{d}} = \frac{27}{4}n, \quad \bar{\bar{\bar{d}}} = \frac{27}{2}n \quad \text{etc.}$$

Postquam autem per intervallum unius quintae ter repetitum ascenderimus, hic ulteriorem progressionem sisti oportet; si enim supra D denuo per quintam ascendere vellemus, perveniremus ad sonum numero $\frac{81}{64}$ expressum, qui nimis parum a sono A per numerum $\frac{5}{4}n$ expresso discrepat, quam ut ambo simul in musicam introduci et a se invicem distingui possent; at vero iste sonus $\mathrm{A} = \frac{5}{4}n$, qui ad intervallum fundamentale tertiae maioris stat, necessario in musica insignem occupat locum, quia alioquin haec egregia consonantia penitus exsularet; quocirca a singulis sonis iam constitutis insuper per intervallum tertiae maioris ascendamus, unde resultabunt sequentes soni:

ex	F	$\mathrm{A} = \frac{5}{4}n,$	$a = \frac{5}{2}n,$	$\bar{a} = 5n,$	$\bar{\bar{a}} = 10n$	etc.
	C	$\mathrm{E} = \frac{15}{16}n,$	$e = \frac{15}{8}n,$	$\bar{e} = \frac{15}{4}n,$	$\bar{\bar{e}} = \frac{15}{2}n$	etc.
	G	$\mathrm{H} = \frac{45}{32}n,$	$h = \frac{45}{16}n,$	$\bar{h} = \frac{45}{8}n,$	$\bar{\bar{h}} = \frac{45}{4}n$	etc.
	D	$\mathrm{F}s = \frac{135}{128}n,$	$fs = \frac{135}{64}n,$	$\bar{f}s = \frac{135}{32}n,$	$\bar{\bar{f}}s = \frac{135}{16}n$	etc.

12. Hoc igitur modo ipsis harmoniae principiis ducti pervenimus ad genus musicum, quod vulgo *diatonicum* adpellari solet, nisi quod hic sonus F*s* insuper accessit, quem veteres omiserunt, qui tamen nihilominus in hoc genus necessario ingreditur; hos igitur sonos genus diatonicum constituentes cum suis numeris ordine conspectui exponamus.

Sumamus numerum $= 128$, ubi commode usu venit, ut sonus F, cui numerum n tribuimus, praecise 128 vibrationes uno minuto secundo absolvit, quemadmodum experimenta chordis instituta docuere; hoc modo omnes numeri in sequenti Tabula exhibiti simul ostendent, quot vibrationibus quisque sonus uno minuto secundo editis contineatur:

$C = 96$,	$c = 192$,	$\bar{c} = 384$,	$\bar{\bar{c}} = 768$,	$\bar{\bar{\bar{c}}} = 1536$,
$D = 108$,	$d = 216$,	$\bar{d} = 432$,	$\bar{\bar{d}} = 864$,	$\bar{\bar{\bar{d}}} = 1728$,
$E = 120$,	$e = 240$,	$\bar{e} = 480$,	$\bar{\bar{e}} = 960$,	$\bar{\bar{\bar{e}}} = 1920$,
$F = 128$,	$f = 256$,	$\bar{f} = 512$,	$\bar{\bar{f}} = 1024$,	$\bar{\bar{\bar{f}}} = 2048$,
$Fs = 135$,	$fs = 270$,	$\bar{f}s = 540$,	$\bar{\bar{f}}s = 1080$,	$\bar{\bar{\bar{f}}}s = 2160$,
$G = 144$,	$g = 288$,	$\bar{g} = 576$,	$\bar{\bar{g}} = 1152$,	$\bar{\bar{\bar{g}}} = 2304$,
$A = 160$,	$a = 320$,	$\bar{a} = 640$,	$\bar{\bar{a}} = 1280$,	$\bar{\bar{\bar{a}}} = 2560$,
$H = 180$,	$h = 360$,	$\bar{h} = 720$,	$\bar{\bar{h}} = 1440$,	$\bar{\bar{\bar{h}}} = 2880$,
$c = 192$,	$\bar{c} = 384$,	$\bar{\bar{c}} = 768$,	$\bar{\bar{\bar{c}}} = 1536$,	$\bar{\bar{\bar{\bar{c}}}} = 3072$.

Atque ex hoc genere desumtae sunt denominationes:

I°. *Octavae*, quia omisso sono F*s* a C ad *c* octo numerantur soni, II^{do}. *Quintae*, quia a C ad G numerantur quinque soni, III^{tio}. *Quartae*, quia a C ad F numerantur quatuor soni, IV^{to}. *Tertiae*, quia a C ad E numerantur tres soni.

13. Quemadmodum hic ex quatuor sonis primo constitutis F, C, G, D per intervallum tertiae maioris ascendimus, ita, si hunc saltum duplicemus, denuo quatuor novos sonos adipiscimur, quibus adiunctis genus musicum etiamnunc usu receptum resultat, quod genus *diatonico-chromaticum* adpellari solet, cuius originem ex hoc schematismo perspicere licet:

	Per quintam ascendendo			
Per tertiam ascendendo	F,	C,	G,	D
	A,	E,	H,	Fis
	Cis,	Gis,	Dis,	B
	100,	150,	$112\frac{1}{2}$,	$168\frac{3}{4}$.

Hic scilicet quatuor novis sonis debitos numeros subscripsimus.

14. Ex hoc schemate luculenter perspicitur, quemadmodum instrumenta musica ad istud sonorum genus facillime accommodari oporteat; constituto scilicet sono fundamentali F ab eo per binas tertias maiores ascendatur ad sonos A et Cis; tum vero a quolibet horum trium sonorum ascendatur per ternas quintas sicque omnes duodecim soni unius octavae obtinebuntur, unde facillime reliquae octavae omnes suis sonis implebuntur, sicque totum instrumentum ad veram harmoniam optime erit adtemperatum.

15. Conspectui igitur omnes sonos huius generis diatonico-chromaticos cum debitis numeris exponamus atque, ut fractiones evitemus, praecedentes numeros quadruplicemus, tum vero etiam eosdem numeros per factores simplices repraesentemus, quo ratio, quam singuli inter se tenent, facilius perspiciatur; sufficiet autem unicam octavam hoc modo evolvisse:

signa sonorum	numeri debiti	per factores evoluti
C	384	$2^7 \cdot 3$
Cis	400	$2^4 \cdot 5^2$
D	432	$2^4 \cdot 3^3$
Dis	450	$2 \cdot 3^2 \cdot 5^2$
E	480	$2^5 \cdot 3 \cdot 5$
F	512	2^9
Fis	540	$2^2 \cdot 3^3 \cdot 5$
G	576	$2^6 \cdot 3^2$
Gis	600	$2^3 \cdot 3 \cdot 5^2$
A	640	$2^7 \cdot 5$
B	675	$3^3 \cdot 5^2$
H	720	$2^4 \cdot 3^2 \cdot 5$
c	768	$2^8 \cdot 3$

16. Stabilitis igitur his sonis universa musica eo reducitur, ut variis huiusmodi sonis inter se coniungendis auditui grata harmonia offeratur, cuius natura atque indoles in perceptione consonantiarum principalium supra expositarum est quaerenda, quandoquidem ab auribus ad musicam accommodatis

plus non requiritur, quam ut consonantias illas principales probe pernoscant et, utrum sint accuratae necne, diiudicare valeant. Ut primum enim hanc facultatem crebro exercitio fuerint adepti, ab ipsa natura singularem quandam voluptatem persentient. Initio autem quintam illam consonantiam principalem ratione $4:7$ contentam merito praetermittimus, cum in musicam soni illi ad eas producendas apti nondum sint introducti, sed eorum loco Musici aliis sonis ab illis quidem parum discrepantibus abuti soleant; sed quia hoc modo puritas harmoniae negligitur, merito dubitare licet, an musica hoc modo ad maiorem perfectionis gradum sit evecta. Caeterum usum harum novarum consonantiarum, quemadmodum ab artificibus adhiberi soleant, fusius in Actis Regiae Academiae Borussicae[1]) explicavi.

17. A quolibet ergo sono huius generis musici immediate ad alios sonos transilire non licebit, nisi qui ab illo sive intervallo octavae, sive quintae vel etiam quartae, sive tertiae maioris fuerint remoti, quos saltus idcirco simplices adpellare liceat, in quo ipso prima regula compositionis contineri est censenda; supra autem iam innuimus, cum rationes $1:3$ et $1:5$ facilius percipiantur quam rationes $2:3$ et $4:5$, quibus propria intervalla quintae et tertiae exprimuntur, saltum per haec intervalla sublevari posse, id quod plenius ostendisse iuvabit. Ita si a sono f per quintam ad $\bar{c}$ sit ascendendum, id facilius fiet interpolando vel sonum F vel sonum $\bar{\bar{c}}$ hoc modo:

$$\begin{array}{lll} f:\mathrm{F}:\bar{c} & \text{vel etiam} & f:\bar{\bar{c}}:\bar{c} \\ 2:1 & & 1:3 \\ \quad 1:3 & & \quad 2:1. \end{array}$$

Sin autem a sono c per quartam ad sonum f sit transeundum, id commodissime ita fieri poterit:

$$\begin{array}{l} c:\bar{c}:\mathrm{F}:f \\ 1:2 \\ \quad 3:1 \\ \qquad 1:2. \end{array}$$

1) Vide Commentationes 314 et 315 huius voluminis. E. B.

Si denique a sono f per tertiam maiorem in a transilire oporteat, id hoc modo commodissime efficietur:

$$\begin{array}{llll} f : & F : & \bar{a} : & a \\ 2 : & 1 & & \\ & 1 : & 5 & \\ & & 2 : & 1. \end{array}$$

18. Merito autem sensum auditus iam ita perpolitum esse assumimus, ut immediate intervalla quintae, quartae et tertiae maioris assequi et sentire valeat, ita ut hos saltus tamquam simplices spectare queamus. In genere autem musico diatonico-chromatico non ab omnibus sonis per haec intervalla transire licet, quoniam ii soni, ad quos esset perveniendum, in nostra scala non occurrunt; ita per intervallum quintae ab his tribus sonis D, Fis et B ascendere non licet, tum vero per intervallum quartae a sonis F, A et Cis ascendere non licet, tumque per intervallum tertiae maioris ab his quatuor sonis Cis, Gis, Dis et B ascendere non licet, neque vero per idem intervallum descendere a sonis F, C, G et D; a reliquis vero omnibus praeter hos memoratos isti transitus succedunt.

19. Quando igitur a quopiam sono per aliud quodcunque intervallum fuerit vel ascendendum vel descendendum, id simplici saltu neutiquam exsequi licet, sed transitum per duos pluresve saltus simplices institui oportebit. Quo autem huiusmodi saltus compositos clarius ob oculos ponamus, signis idoneis utamur; denotemus scilicet ascensum per intervallum quintae hoc modo $+$ V, descensum vero hoc modo $-$ V, similique modo hoc signum $+$ III denotet ascensum per intervallum tertiae maioris, at $-$ III descensum per idem intervallum, atque his signis omnes transitus a quolibet sono nostrae scalae ad quemlibet alium succincte repraesentare poterimus; proinde igitur hi transitus vel duobus vel tribus pluribusve saltibus sive per quintam sive per tertiam fuerint expediendi, ordine evolvamus.

I. TRANSITUS PER + V + V SEU PER INTERVALLUM 8 : 9

20. Istud intervallum 8 : 9 *Tonus maior* adpellari solet atque in nostra scala sequentia talia intervalla occurrunt:

$$F : G, \quad C : D,$$
$$A : H, \quad E : Fs,$$
$$Cs : Ds, \quad Gs : B.$$

Saltus ergo, quibus haec intervalla produci oportet, ita se habebunt:

$$F : G = (F : C)(C : G), \quad C : D = (C : G)(G : D),$$
$$A : H = (A : E)(E : H), \quad E : Fs = (E : H)(H : Fs),$$
$$Cs : Ds = (Cs : Gs)(Gs : Ds), \quad Gs : B = (Gs : Ds)(Ds : B).$$

Hoc scilicet modo ista intervalla binis saltibus simplicioribus absolvuntur. In praxi quidem musica non semper opus est hos sonos medios actu interpolare; nam si concentus pluribus vocibus constet, sufficit, ut alia vox sonum interpolandum edat, id quod a Practicis plerumque observari solet.

Sequeretur nunc transitus — V — V, intervallo 9 : 8 conveniens; evidens autem est praecedentes transitus retro sumtos huc esse referendos, unde superfluum foret eum seorsim evolvere, quod etiam de sequentibus est intelligendum.

II. TRANSITUS + V + III SEU PER INTERVALLUM 16 : 15

21. Hoc intervallum 16 : 15 *Semitonium maius* adpellari solet atque in scala nostra inter sequentes sonos occurrit:

$$F : E, \quad C : H, \quad G : Fs,$$
$$A : Gs, \quad E : Ds, \quad H : B.$$

Singula autem haec intervalla duplici modo resolvi possunt, prouti bini saltus capiuntur, vel + V + III vel ordine inverso:

	+V+III	+III+V
F : E =	(F : C)(C : E)	= (F : A)(A : E)
C : H =	(C : G)(G : H)	= (C : E)(E : H)
G : Fs =	(G : D)(D : Fs)	= (G : H)(H : Fs)
A : Gs =	(A : E)(E : Gs)	= (A : Cs)(Cs : Gs)
E : Ds =	(E : H)(H : Ds)	= (E : Gs)(Gs : Ds)
H : B =	(H : Fs)(Fs : B)	= (H : Ds)(Ds : B)

Sin autem per semitonium maius descendere velimus, tantum opus est sonos hic exhibitos ordine inverso collocare; cum igitur hi transitus duplicis sint generis, in concentibus musicis haec semitonia maiora duplici modo usurpari possunt, dum scilicet soni hic interpolati in aliis vocibus exprimuntur atque hic diversus usus etiam ad diversos modos musicos pertinere censetur, prout scilicet haec vel illa interpolatio adhibetur, etiam ipsa harmonia aliam speciem induit.

III. TRANSITUS +V—III SEU PER INTERVALLUM 5:6 VEL ETIAM 5:3

22. Intervallum 5 : 6 vocatur *Tertia minor*, alterum 5 : 3 *Sexta maior*; talia intervalla in scala musica reperiuntur

A : C, E : G, H : D,
Cs : E, Gs : H, Ds : Fs.

Transitus autem hic duplex datur, scilicet:

	+V —III	—III +V
A : C	(A : E)(E : C)	(A : F)(F : C)
E : G	(E : H)(H : G)	(E : C)(C : G)
H : D	(H : Fs)(Fs : D)	(H : G)(G : D)
Cs : E	(Cs : Gs)(Gs : E)	(Cs : A)(A : E)
Gs : H	(Gs : Ds)(Ds : H)	(Gs : E)(E : H)
Ds : Fs	(Ds : B)(B : Fs)	(Ds : H)(H : Fs)

Hic duplex transitus ad tertiam minorem a Musicis manifesto ad diversos modos referri solet.

IV. TRANSITUS + III + III SEU PER INTERVALLUM 16 : 25

23. Hoc intervallum in musica parum consuetum sub nomine *Quintae redundantis* comprehendi solet; talia autem intervalla in scala nostra quatuor tantum sequentia occurrunt:

$$F : Cs, \quad C : Gs, \quad G : ds, \quad D : B,$$

quae singula unico tantum modo resolvuntur

$$F : Cs = (F : A)(A : Cs), \quad C : Gs = (C : E)(E : Gs),$$
$$G : ds = (G : H)(H : ds), \quad D : B = (D : Fs)(Fs : B).$$

Si prior sonus octava exaltetur, ut intervallum fiat 32 : 25, id in musica sive *Tertia superflua* sive *Quarta diminuta* adpellari solet; caeterum denominatio in hoc negotio nullius plane est momenti. Si bini illi soni invertantur, formulae hae ordine retrogrado tantum sunt legendae.

V. TRANSITUS + V + V + V SEU PER INTERVALLUM 32 : 27 VEL ETIAM 16 : 27

24. Intervallum 32 : 27 etiam nomen *Tertiae minoris* in musica obtinet, quod autem a praecedente uno commate deficit. Talia intervalla reperiuntur tria:

$$F : D, \quad A : Fs, \quad Cs : B,$$

per quae datur unicus transitus:

$$F : D = (F : C)(C : G)(G : D),$$
$$A : Fs = (A : E)(E : H)(H : Fs),$$
$$Cs : B = (Cs : Gs)(Gs : Ds)(Ds : B).$$

VI. TRANSITUS + V + V + III SEU PER INTERVALLUM 32 : 45 VEL 45 : 64

25. Prius intervallum 32 : 45 dicitur *Quarta abundans*, alterum 45 : 64 *Quinta deficiens*, cuiusmodi intervalla in scala occurrunt sequentia:

$$F : H, \quad C : Fs, \quad A : Ds. \quad E : B,$$

per quae triplices dantur transitus:

	+V +V +III	+V +III +V
F : H	(F : C) (C : G) (G : H)	(F : C) (C : E) (E : H)
C : Fs	(C : G) (G : D) (D : Fs)	(C : G) (G : H) (H : Fs)
A : Ds	(A : E) (E : H) (H : Ds)	(A : E) (E : Gs) (Gs : Ds)
E : B	(E : H) (H : Fs) (Fs : B)	(E : H) (H : Ds) (Ds : B)

+III +V +V
(F : A) (A : E) (E : H)
(C : E) (E : H) (H : Fs)
(A : Cs) (Cs : Gs) (Gs : Ds)
(E : Gs) (Gs : Ds) (Ds : B)

VII. TRANSITUS + V + V — III SEU PER INTERVALLUM 5 : 9 VEL ETIAM 10 : 9

26. Intervallum 5 : 9 vocatur *Septima minor* perinde ac 9 : 16, at vero intervallum 10 : 9 nomen habet *Toni minoris*; talia intervalla sunt:

A : G, E : D, Cs : H, Gs : Fs,

per quae singula transitus etiam datur triplex:

	+V +V −III	+V −III +V
A : G	(A : E) (E : H) (H : G)	(A : E) (E : C) (C : G)
E : D	(E : H) (H : Fs) (Fs : D)	(E : H) (H : G) (G : D)
Cs : H	(Cs : Gs) (Gs : Ds) (Ds : H)	(Cs : Gs) (Gs : E) (E : H)
Gs : Fs	(Gs : Ds) (Ds : B) (B : Fs)	(Gs : Ds) (Ds : H) (H : Fs)

−III +V +V
(A : F) (F : C) (C : G)
(E : C) (C : G) (G : D)
(Cs : A) (A : E) (E : H)
(Gs : E) (E : H) (H : Fs)

Qui transitus manifesto ad ternos diversos modos sunt referendi.

VIII. TRANSITUS + III + III + V SEU PER INTERVALLUM 64 : 75

27. Hoc intervallum denuo *Tertia minor* vocatur, cum tamen fere duobus commatibus deficiat a vera ratione 5 : 6. Talia intervalla sunt tria:

F : G*s*, C : D*s*, G : B,

transitus autem triplici modo institui potest ut sequitur:

	+ III + III + V	+ III + V + III
F : G*s*	(F : A) (A : C*s*) (C*s* : G*s*)	(F : A) (A : E) (E : G*s*)
C : D*s*	(C : E) (E : G*s*) (G*s* : D*s*)	(C : E) (E : H) (H : D*s*)
G : B	(G : H) (H : D*s*) (D*s* : B)	(G : H) (H : F*s*) (F*s* : B)

+ V + III + III
(F : C) (C : E) (E : G*s*)
(C : G) (G : H) (H : D*s*)
(G : D) (D : F*s*) (F*s* : B)

IX. TRANSITUS + III + III − V SEU PER INTERVALLUM 24 : 25

28. Hoc intervallum minus est semitonio et *Limma minus* vocari solet, cuiusmodi sunt tria sequentia:

C : C*s*, G : G*s*, D : D*s*,

ubi quodlibet admittit ternos saltus:

	+ III + III − V	+ III − V + III
C : C*s*	(C : E) (E : G*s*) (G*s* : C*s*)	(C : E) (E : A) (A : C*s*)
G : G*s*	(G : H) (H : D*s*) (D*s* : G*s*)	(G : H) (H : E) (E : G*s*)
D : D*s*	(D : F*s*) (F*s* : B) (B : D*s*)	(D : F*s*) (F*s* : H) (H : D*s*)

− V + III + III
(C : F) (F : A) (A : C*s*)
(G : C) (C : E) (E : G*s*)
(D : G) (G : H) (H : D*s*)

29. Simili modo transitus magis complicatos, qui sunt

$$+\mathrm{V}+\mathrm{V}+\mathrm{V}\pm\mathrm{III},\quad +\mathrm{V}+\mathrm{V}\pm\mathrm{III}\pm\mathrm{III},\quad +\mathrm{V}+\mathrm{V}+\mathrm{V}\pm\mathrm{III}\pm\mathrm{III},$$

facile evolvere liceret; verum omnes huiusmodi transitus multo clarius et concinnius obtutui repraesentari possunt per schematismum supra § 13 allatum, quem ergo ad hunc scopum accommodatum ob eximium eius usum *speculum musicum* adpellare liceat:

```
F — C — G — D
|   |   |   |
A — E — H — Fs
|   |   |   |
Cs— Gs— Ds— B.
```

Hoc scilicet speculum inspicienti statim patet, quinam saltus a quolibet sono ad quemlibet alium perducant, simulque, quot modis quilibet transitus institui possit; tantum enim secundum ductum linearum sive horizontalium sive verticalium est procedendum, ubi horizontales saltum per quintam, verticales autem per tertiam declarant. Ita si a sono F ad sonum B esset transeundum, id decem diversis modis fieri posse facile patet, qui sunt

I.	F : C : G : D : F*s* : B,
II.	F : C : G : H : F*s* : B,
III.	F : C : G : H : D*s* : B,
IV.	F : C : E : H : F*s* : B,
V.	F : C : E : H : D*s* : B,
VI.	F : C : E : G*s* : D*s* : B,
VII.	F : A : E : H : F*s* : B,
VIII.	F : A : E : H : D*s* : B,
IX.	F : A : E : G*s* : D*s* : B,
X.	F : A : C*s* : G*s* : D*s* : B.

30. Ope huius speculi etiam quaestio in musica non parum curiosa resolvi potest, quemadmodum scilicet omnes duodecim sonos scalae musicae percurri oporteat per saltus simplices, quintam nempe et tertiam maiorem, ut singulis semel tantum impulsis reversio fiat ad primum sonum, a quo cursus

fuit inceptus; talis autem progressio in se rediens duplici modo institui potest:

I. Circulatio F : C : G : D : F*s* : B : D*s* : H : E : G*s* : C*s* : A : F,

II. Circulatio F : C : E : H : G : D : F*s* : B : D*s* : G*s* : C*s* : A : F.

Ex eodem quoque speculo statim patet, pro quibusnam sonis scalae musicae detur trias harmonica, sive modi duri, sive modi mollis; terni enim soni triadem primi generis constituent, qui tali gnomone ⌈‾‾‾ exprimuntur; qui autem tali gnomone ___⌋ indicantur, triadem mollem constituunt. Ecce ergo sequentes triades modi duri:

F, A, C; C, E, G; G, H, D;

A, C*s*, E; E, G*s*, H; H, D*s*, F*s*.

Triades autem modi mollis erunt

A, C, E; E, G, H; H, D, F*s*;

C*s*, E, G*s*; G*s*, H, D*s*; D*s*, F*s*, B;

utriusque scilicet modi tres dantur triades harmonicae purae.

31. Dum autem hic alias consonantias simplices praeter octavam, quintam et tertiam maiorem non admittimus, neutiquam consonantias magis compositas neque etiam dissonantias, ut quidem a Musicis vocantur, reiecimus; quin potius earum resolutionem in saltus simplices eum in finem hic docuimus, ut pateret, quo modo istae consonantiae vel etiam dissonantiae in usum vocari atque ab auribus percipi ac diiudicari queant; eatenus enim tantum consonantiis magis compositis et dissonantiis locus in musica conceditur, quatenus eas in consonantias simplices resolvere licet. At qui regulis hic traditis uti voluerit, ante omnia curare debet, ut instrumentum musicum exacte ad eos sonos sit attemperatum, quos harmonia postulat et quemadmodum in nostro speculo musico sunt repraesentati.

32. Omni autem iure assumere videmur cunctas consonantias hic expositas in instrumentis musicis tam exacte exhiberi, ut ne minima quidem aberratio sentiri possit. Ab hac ergo regula ad harmoniam producendam maxime necessaria ii Musici plurimum recesserunt, qui intervallum unius oc-

tavae in duodecim partes aequales distribuendum esse putarunt, quoniam hoc modo concentum musicum in omnes alios sonos transponere liceret. Cum autem hoc modo in tota scala musica nulla quinta pura daretur et omnes tertiae maiores a vera ratione non mediocriter aberrarent, etiam haec opinio nunc quidem a plerisque Musicis est explosa, quippe qui facile agnoverunt a veris harmoniae principiis in gratiam transpositionis nullatenus recedi oportere. Denique consuetus modus pueros in musica instruendi a principiis harmoniae maxime est alienus; quomodo enim postulari potest, ut tirones sonos *ut re mi fa sol la* intonare addiscant, cum in hac progressione *ut* : *re* sit tonus maior, sequens *re* : *mi* tonus minor, tum vero *mi* : *fa* semitonium maius, quae intervalla nequidem exercitatissimi Musici edere valent, nisi vel instrumentis vel resolutione in saltus simplices adiuti? Quin potius ergo tirones statim ab initio essent omni studio exercendi, ut consonantias simplices, scilicet octavam, quintam et tertiam maiorem, efferre addiscerent; sic enim hoc ipso exercitio iudicium aurium acuent et voluptati ex his consonantiis percipiendae magis magisque assuescerent.

MEDITATIO DE FORMATIONE VOCUM[1])

Commentatio 852 indicis ENESTROEMIANI
Opera postuma 2, 1862, p. 798–799

Saepe et multum id mecum cogitaveram, quae sit ratio tam diversorum eorumque fere innumerabilium sonorum, quos homines edere valent ad animae suae cogitata aliis patefacienda. Eiusmodi enim est vox humana, ut nullo instrumento eam imitari eiusque diversas inflexiones exprimere artifices hucusque potuerint. Quae organis pneumaticis inseruntur instrumenta humanam vocem mentientia, ea non quidem ipsam vocem, sed cantum hominum, sonum quendam simplicem, repraesentant. Neque iisdem instrumentis varios exhibent vocales; de consonantibus nihil dixerim, quanquam facile sit percipere alios sonos ad alium inclinare vocalem. Ut, quae acutiores edunt sonos, praecipue ad *ae* latinum vel *αι* graecum inclinant, graviores vero ad *o* vel potius *u* obtusum. Haec mihi observanti in mentem venit, an ista instrumenta non ita parari possent, ut unumquemque vocalem edere queant. Id quod observavi a figura tubi dependere, eodem modo, quo varia conformatio oris una est causa variorum vocalium. Quae conformatio si cognita sit, poterit inde figura tubi, ut datum edat vocalem, determinari. Observemus ergo, quos motus faciamus, quae sit figura oris, quae forma labiorum, qui situs linguae et quae conditio faucium, quando diversos efferimus vocales.

1) Confer hac cum dissertatione epistolam 137 *Sur les merveilles de la voix humaine,* in L. EULERI *Lettres à une princesse d'Allemagne sur divers sujets de physique et de philosophie,* t. II, St. Pétersbourg 1768; *LEONHARDI EULERI Opera omnia,* series III, vol. 9. F. R.

In hanc rem intenti deprehendimus duas vocalium classes, unam crassiorum, alteram graciliorum, quas inter quidem infinitae intermediae seu gradus ex hac ad alteram existunt. Hae duae autem sunt quasi extremae. Discrimen essentiale inter has classes est conformatio oris ad fauces seu forma faucium. Graciles prodeunt soni, si fauces contrahuntur et ita cavitas oris versus fauces convergens redditur. Sin autem ibi os dilatatur [et fauces] remittuntur, vocales oriuntur crassiores. Utraque classis infinitis modis distinctos sonos suppeditabit pro alia atque [alia] oris anterioris conformatione. Praecipue tamen quaevis tres continet vocales primarios, pro anterioris oris maxima dilatatione, maxima restrictione et statu medio. Ad primam, quam graciliorum ponam, classem quod attinet, si ibi anterior oris cavitas dilatatur, orietur vocalis *ae*, qui vulgo pessime pro diphtongo habetur. Quomodo autem res se habeat cum diphtongis, ex sequentibus intelligitur. Germanis iste vocalis in maximo est usu sub signo *e* in terminationibus verborum praecipue ut *werden*, *leben*, et hoc modo littera *e* plerumque effertur vocaturque *e femininum*. Si anterior oris cavitas ope linguae, quantum fieri potest, contrahitur, sonus hinc ortus erit *i*, vocalis isque acutus, quemadmodum enunciatur in germanicis verbis *ich*, *Mathis*. Si cavitas oris in statum intermedium constituatur, habebitur vocalis *e masculinum*, ut in germanicis *stehen*, *gehen* etc. Sunt ergo tres principales primae classis vocales hi: 1) *e* femininum, 2) *e* masculinum et 3) *i* acutum.

Hos inter dantur quidem plurimi intermedii. Inter 1 et 2 tamen nullus est in usu; inter 2) *e* masculinum et 3) *i* acutum maxime in usu est medius, nempe *i* obtusum ut in germanicis *dich*, *richten* etc.

Eodem modo prodeunt tres vocales primarii classis secundae, sonorum crassiorum. Si cavitas oris anterior, quantum fieri potest, extendatur, oritur vocalis *a*, planum apertum, Hebraeis אַ patach, *Blatt*, *matt* Germanis. Si eadem anterior oris pars maxime contrahitur et labia protenduntur, audietur vocalis *u* acutum ut in germanico *Uhr*. Si eadem cavitas anterior in statu medio collocetur, percipietur vocalis *o*. Sunt ergo tres primarii secundae classis sonorum crassiorum hi: 1) *a* apertum, 2) *o* et 3) *u* acutum. Horum inter 1 et 2 vocalis medius usurpatur *a* obtusum ut in germanico *Grad* et fere omne *a*, prout a Suevis et Bavaris pronuntiatur. Hebraeis est *a* longum Kametz אָ. Inter *o* et *u* usu venit medius vocalis *u* obtusum ut in germanicis *Bruch*, *Stuck* etc. Dantur iam etiam soni intermedii inter vocales utriusque classis, cum scilicet pars oris posterior medium tenet inter maximam extensionem et contractionem. Et ita inter utriusque primos *e* femininum et *a* apud Gallos in usu est medius quidam crassior quam *e* [femininum] tamen gracilior quam *a* ut in verbis *infaillible, paille*, nec non in *Roi* etc. Inter utriusque classis secundos vocales *e* masulinum et *o* datur medius *oe*, apud Germanos usitatus in vocibus *König, göttlich* etc. Inter tertios *i* et *u* acutos in usu est medius *ü* acutum. Sub hoc sono enuntiant Helvetii *eu*, ut in *heulen*, ubi legunt *hülen*. Inter utriusque classis intermedios *i* obtusum et *u* obtusum habemus denuo intermedium *ü* obtusum in vocibus germanicis *Übel, verkündigen* etc.

Quomodo vocales formentur et qua in re posita sit eorum differentia, expositum est. Pervenitur ergo ad consonantes, qui sunt modificationes certae vocalium, quibus initium vel finis eorum afficitur. Variis modis vocales sono inchoare possumus, variis item eos finire, unde fit, ut varii sint consonantes. Organa, quibus vel initia vel fines vocalium afficiuntur, sunt 1) halitus per os, 2) halitus per nares, 3) labia, 4) lingua et 5) fauces. Si halitus per os sonum praecedit, oritur littera *h*, Graecorum spiritus asper. Si sonum sequitur, itidem signo *h* indicatur. Si lingua ita collocetur, ut aër exiens in eam eundem edat effectum ac in lingulam in instrumentis lingulis instructis, si nempe lingua motu tremulo nunc aëri transitum praebeat, nunc occludat, hoc si sonum comitetur, oritur consonans *r*. Hoc modo alius posset formari consonans, eiusmodi motum tremulum labiis infligendo, ut alternatim aërem emittant et cohibeant, ista autem modificatio in loquela nulla, quantum scio, in usu est. Reliqui consonantes ortum ducunt a varia labiorum, linguae et faucium cum aperitione tum conclusione. Si labia subito aperiuntur vel clauduntur neque accedente halitu oris neque narium, oritur littera *b*; si simul aspiratio *h* accedit, littera *p*. Si idem fiat cum lingua, ut sono exitum subito eam a palato removendo praebeat vel prohibeat eam palato admovendo, habebitur littera *d* et accedente aspiratione littera *t*. Apertis subito ad soni initium faucibus seu clausis ad finem nullo accedente halitu, oritur littera *g*; si eadem aspirata efferatur, littera *k*. Si eodem modo labia aperiantur vel claudantur accedente autem halitu per nares, oritur littera *m*. Eidem operationi linguae si accedat halitus per nares, orietur littera *n*, et tandem faucium aperitionem et conclusionem si comitetur halitus per nares, effertur littera Hebraeorum ע, si recte pronuntiatur per *gn*. Si labia non penitus clauduntur, ut halitus libere fieri queat, oritur littera *w*. Si lingua palato admoveatur quidem, sed tamen halitu liberum exitum non deneget, audietur littera *l*. Idem si observetur in faucibus, habebitur littera *j* consonans ut in germanicis *ja, jagen*. Si tandem, labia, lingua et fauces aliquantum magis claudantur, aër vero vi expellatur, labia formabunt litteram *f*, lingua litteram *s* et fauces litteram *ch*, Graecorum χ et Hebraeorum ש.

Potest ergo formare homo sequentes simplices consonantes: 1) *h*, 2) *r*, 3) ille, qui ex vibrationibus labiorum oritur, 4) *b*, 5) *d*, 6) *g*, 7) *m*, 8) *n*, 9) ŋ, 10) *w*, 11) *l*, 12) *j*, 13) *f*, 14) *s*, 15) χ. Hisce tres *p*, *t* et *k* non adnumero tanquam compositas ex *b*, *d*, *g* et *h*. Existimo hanc esse consonantium perfectam enumerationem neque ullum alium formari posse, qui nec hic habeatur nec ex hisce componatur.

INDEX NOMINUM